分析化学

（第二版）

主　编　廖力夫　刘晓庚　邱凤仙
副主编　肖锡林　王冬梅　陈立新　欧玉静
　　　　景伟文　罗杨合　李　晶　曹崇江
参　编　刘文娟　刘新玲　刘　红　郑先君
　　　　范伟强　杨文建　王　平

华中科技大学出版社
中国·武汉

内 容 提 要

本书根据工科类本科化学教学的要求编写，着眼于培养有创新能力、高素质的工科人才。全书分为13章，主要内容包括定量分析的误差与数据处理、各类滴定分析法（酸碱滴定法、配位滴定法、氧化还原滴定法、沉淀滴定法）、重量分析法、电位分析法、分光光度法、原子吸收光谱分析法、气相色谱分析法、分离与富集方法、定量分析步骤和复杂体系的定量分析等。力求突出重点，将基本理论叙述清楚。书中有例题、小结和习题，便于教学。

本书适合于作为高等院校化工、轻工、石油、环境、制药、生物工程等工科类专业的本科教材，也可作为其他专业的分析化学教学参考书，还可供从事相关工作的专业人员阅读参考。

图书在版编目(CIP)数据

分析化学/廖力夫，刘晓庚，邱凤仙主编．—2版．—武汉：华中科技大学出版社，2015.5(2023.7重印)
全国普通高等院校工科化学规划精品教材
ISBN 978-7-5680-0921-8

Ⅰ．①分…　Ⅱ．①廖…　②刘…　③邱…　Ⅲ．①分析化学-高等学校-教材　Ⅳ．①O65

中国版本图书馆CIP数据核字(2015)第120099号

分析化学(第二版)　　　　廖力夫　刘晓庚　邱凤仙　主编

策划编辑：王新华
责任编辑：王新华
封面设计：原色设计
责任校对：何　欢
责任监印：周治超
出版发行：华中科技大学出版社(中国·武汉)　　电话：(027)81321913
　　　　　武汉市东湖新技术开发区华工科技园　　邮编：430223
录　　排：华中科技大学惠友文印中心
印　　刷：武汉邮科印务有限公司
开　　本：787mm×1092mm　1/16
印　　张：23
字　　数：563千字
版　　次：2008年8月第1版　2023年7月第2版第7次印刷
定　　价：48.80元

第二版前言

随着我国国民经济的高速发展，分析化学作为高等学校中理工科专业的基础课程，必须适应形势的新变化，尽力满足新形势下对人才的培养要求。因此，结合分析化学的学科进展、本书第一版的使用情况与反馈意见，根据各兄弟院校在教学中提出的要求，对第一版进行修订。

本次修订在第一版基础上主要做了以下的工作：根据部分院校的教学要求，增加了两章，即“原子吸收光谱分析法”和“气相色谱分析法”；将原第 2 章中“定量分析的一般步骤”的内容与原第 11 章“复杂体系的定量分析”的内容合并，组成新的第 13 章，并增加了“食品安全分析”的内容，以适应形势的发展；第 3 章“滴定分析”中，增加了滴定度与物质的量浓度的换算关系式，以方便学生更熟练掌握滴定度的概念；为扩展学生的知识面，增加了阅读材料部分等。新增章节为选讲内容。

参加本次修订工作的有：廖力夫（南华大学）、刘晓庚（南京财经大学）、邱凤仙（江苏大学）、肖锡林（南华大学）、王冬梅（山东科技大学）、陈立新（湖南工程学院）、欧玉静（兰州理工大学）、景伟文（新疆农业大学）、罗杨合（贺州学院）、李晶（辽宁科技大学）、曹崇江（南京财经大学）、刘文娟（南华大学）、刘新玲（湖南工程学院）、刘红（石河子大学）、郑先君（郑州轻工业学院）、范伟强（江苏大学）、杨文建（南京财经大学）、王平（南华大学）。全书由廖力夫统稿、修改和定稿，由华中科技大学博士生导师陆晓华教授主审。

期盼关心本书的读者对书中的不足之处提出批评、建议，不胜感激。

编　者

2015 年 5 月

第一版前言

分析化学是高等院校化工、轻工、石油、环境、制药等工科类专业学生的一门极其重要的专业基础课。为了贯彻教育部全面提高教育质量、培养与造就高素质的人才及加强教材建设的精神，我们根据2006年全国普通高等院校工科化学规划精品教材建设研讨会的要求，编写了这本具有思想性、科学性、先进性、启发性和适用性的分析化学教材。

本书的编写成员来自国内多所高校，且均是长期从事分析化学教学和科研的教师，具有较高的学术水平和丰富的教学实践经验。

本书对工科相关专业学生必须掌握的分析化学的基础理论、基本知识和基本技能进行了精选和整合。全书分为11章，主要包括定量分析的误差与数据处理、各类滴定分析法(酸碱滴定法、配位滴定法、氧化还原滴定法、沉淀滴定法)、重量分析法、电位分析法、分光光度法、分离与富集方法、复杂体系的定量分析等。全书注重对学生分析问题、综合解决问题和创新思维能力的培养与提高，在编写过程中力求做到重点突出，基本原理叙述清楚，概念准确，语言简练。另外，书中有例题、小结和习题，便于教学。

参加本书编写的有南华大学廖力夫(第1、7章)、郑州轻工业学院谢冰(第2章)、山东科技大学王冬梅(第3章)、郑州轻工业学院郑先君(第4章)、湖南工程学院刘新玲(第5章)、石河子大学刘红(第6章)、辽宁科技大学李晶(第8章)、山东科技大学李春露(第9章)、湖南工程学院陈立新(第10章)、江苏大学邱凤仙和曹永林(第11章)。全书由廖力夫统稿、修改和定稿，由华中科技大学博士生导师陆晓华教授主审。

由于编者水平有限，书中难免存在错误和不足之处，敬请读者批评指正。

编　者

2008年5月

目　　录

第1章　绪　　论

1.1　分析化学的任务和作用

分析化学(analytical chemistry)是研究获取物质化学组成和结构信息的方法及有关理论的一门科学,是化学的一个分支学科。分析化学的主要任务是确定物质的化学组成、测量各组成的含量和表征物质的化学结构,它们分别属于分析化学的定性分析、定量分析和结构分析。

分析化学要完成其承担的任务,就需要吸取化学、物理学、数学、信息学、电子学、生命科学等各方面的成果,研究物质的各种物理和化学性质,创建并运用各种方法、仪器、技术及有关理论,以最大限度地获取物质的化学组成和结构信息。因此,分析化学是一门多学科交叉的化学信息学科。

在工业生产中,资源和能源的勘探、生产原料的成分分析、工艺条件的选择、生产过程的质量监控、生产技术的改革与创新、中间体和产品的质量检验,以及环境污染的防治等都离不开分析化学。在农业生产中,水土成分的调查、肥料和农药的质量控制、新型农业生产技术的开发、农产品的质量检验、农产品深加工过程的质量监控等同样离不开分析化学。

在国家安全中,国防核武器燃料的质量保障、新型武器材料和航天材料的研制、核污染和生化污染的预警与防范、出入境检验等都离不开分析化学。

在医药卫生中,病因的调查、疾病的临床检验诊断和疗效跟踪、新药的开发研究、药物作用机制研究、药物的质量检验、药物生产工艺条件选择和生产过程的质量监控、疾病预防中的食品检验和环境检测等都需要分析化学。

分析化学的理论与技术已经应用于物理学、电子学、生物学、医药学、天文学、材料学、地质学、海洋学等领域。尤其是在能源与资源科学、信息科学、生命科学与环境科学等学科的发展中,分析化学更是发挥着不可替代的作用。

在高等教育中,分析化学是化学、化工、制药、轻工、材料、生物工程、资源与环境等许多专业的基础课程。通过分析化学课程的学习,学生不仅可以掌握各种分析方法的理论和技术,而且可以培养观察与判断的能力、掌握科学实验的技能和科学的研究方法、形成实事求是的科学态度,从而培养科学技术工作者应具备的基本素质。

在学习分析化学课程时,要注意理论联系实际,深入理解所学的知识,培养分析问题和解决问题的能力,为后续课程的学习及以后从事科学研究和生产等实际工作打下良好的基础。

1.2　分析方法的分类

分析化学中有多种分析方法,这些分析方法可以按照分析任务、分析对象、分析原理等进行分类。

1. 根据分析任务划分

根据分析任务的不同,可将分析方法分为定性分析(qualitative analysis)、定量分析(quantitative analysis)和结构分析(structural analysis)三类。

定性分析的任务是确定物质的化学组成,即确定样品中是否含有某种或某几种化学成分,化学成分可以是元素、离子、原子团、化合物等。定量分析的任务是确定物质中有关化学成分的含量。结构分析的任务是确定物质中原子间的结合方式,包括化学结构、晶体结构、空间分布等。例如,要鉴定某矿石中是否含有铀元素,这属于定性分析的范畴;要确定矿石中含有多少铀,则属于定量分析的范畴;要了解矿石中铀的晶形,则属于结构分析的范畴。

定性分析、定量分析和结构分析既有不同的分工,又相互关联。一般来说,对于一个成分已知的样品,可以直接进行定量分析;对于一个成分未知的样品,要先进行定性分析,再进行定量分析;对于一个新发现的未知化合物,则要先进行结构分析,然后才能进行定性分析和定量分析。例如,对于一个天然有机化合物,在经过结构分析得知其分子结构后,就可根据其分子结构信息,鉴定该物质在某样品中是否存在,以及确定其具体含量。

本书主要介绍定量分析的有关理论和技术。

2. 根据分析对象划分

根据分析对象的不同,可将分析方法分为无机分析(inorganic analysis)和有机分析(organic analysis)两类。

无机分析的对象是无机物。无机分析包括无机定性分析、无机定量分析和无机结构分析。无机定性分析主要是鉴定样品中的无机成分,无机定量分析主要是对样品中的无机成分进行定量测定,无机结构分析则主要是测定无机物的晶形结构。

有机分析的对象是有机物。有机分析包括有机定性分析、有机定量分析和有机结构分析。虽然组成有机物的元素不多,但有机化合物非常多且往往分子结构复杂,因此有机结构分析在有机分析中占有非常重要的地位。有机物一般只有在弄清结构后,才能有效地进行定性分析和定量分析。

本书主要介绍无机分析的有关理论和技术。

3. 根据分析原理划分

根据分析原理的不同,可将分析方法分为化学分析(chemical analysis)和仪器分析(instrumental analysis)两类。

化学分析是以物质的化学反应为基础的分析方法。化学分析的历史悠久,是分析化学的基础,故又称为经典分析方法。

化学分析又分为化学定性分析和化学定量分析两类。化学定性分析是根据化学反应的现象和特征来鉴定物质化学组成的定性分析方法。化学定量分析则是根据化学反应中各物质之间的计量关系来测定各组分相对含量的定量分析方法。化学定量分析又有多种方法,其中最常用的有滴定分析法和重量分析法。滴定分析法是通过滴定的方式将已知准确浓度的试剂定量地加到被测试液中,使其与被测组分按化学计量关系刚好反应完全,从而计算出被测组分含量的方法。重量分析法是使被测组分经过化学反应生成固定组成的产物,再通过称量产物的质量来计算被测组分含量的方法。

化学分析所用的仪器设备简单,操作简便,分析结果准确,因而得到广泛应用。但化学分析也存在着对低含量物质的分析不够灵敏、分析速度较慢等局限性。

仪器分析是以特殊的仪器测定物质的物理或物理化学性质的分析方法。这些性质有光学性质(如吸光度、发射光谱强度、旋光度、折光率等)、电学性质(如电流、电势、电导、电容等)、热学性质、磁学性质等。由于仪器分析要用到物质的物理或物理化学性质，故仪器分析法又称为物理分析法或物理化学分析法。

仪器分析法又可分为电化学分析法、光谱分析法、质谱分析法、色谱分析法、热分析法、放射化学分析法、流动注射分析法等，它们测量的物理或物理化学性质各不相同，其中每种方法又可进一步细分。例如，光谱分析法可分为吸收光谱法、发射光谱法、散射光谱法等，而吸收光谱法又可分为紫外-可见光谱法、红外光谱法、原子吸收光谱法等。表1-1列出了常用仪器分析法的分类。

表1-1　常用仪器分析法的分类

电化学分析法	电位分析法	直接电位法、电位滴定法
	伏安分析法	极谱分析法、溶出分析法、电流滴定法
	电导分析法	直接电导法、电导滴定法
	电解分析法	库仑分析法、电重量分析法、库仑滴定法(恒电流库仑法)
	电化学传感器	化学修饰电极、生物传感器、压电传感器
光谱分析法	吸收光谱法	紫外-可见光谱法、红外光谱法、原子吸收光谱法
	发射光谱法	原子发射光谱法、分子荧光法、化学发光法
	散射光谱法	拉曼光谱法、共振光散射法
	波谱分析法	顺磁共振谱法、核磁共振谱法
	放射分析法	活化分析法、质子荧光法
色谱分析法	气相色谱法	填充柱气相色谱法、毛细管柱气相色谱法
	液相色谱法	柱色谱法、薄层色谱法、纸色谱法
	毛细管电泳法	毛细管电泳法
质谱分析法	质谱分析法	无机质谱法、有机质谱法
热分析法	热分析法	热重法、差热法、测温滴定法

仪器分析法既可用于定性分析和定量分析，又可用于结构分析。不过不同的仪器分析方法侧重的方面不同。例如，紫外-可见光谱法主要用于定量分析，而红外光谱法则主要用于结构分析。

仪器分析法具有灵敏、快速、准确的优点，因此特别适用于含量低的组分的分析和要求快速得到结果的分析。当组分的含量非常低时，一般只能用仪器分析法而不能用化学分析法进行测定。在一些生产过程的控制分析中，要求在非常短的时间内即得到分析结果，此时也可以用仪器分析法而不用化学分析法。仪器分析法发展很快，应用非常广。但仪器分析法也存在着仪器价格高、分析成本高等局限性。

本书主要介绍化学分析中的滴定分析法和重量分析法，并适当介绍仪器分析法中的电位分析法、分光光度法和气相色谱法。

4. 根据试样用量划分

根据试样用量的多少,可将分析方法分为常量分析、半微量分析、微量分析和超微量分析。这些分析方法所需的试样用量见表 1-2。

表 1-2 分析方法按试样用量分类

方 法	试样质量/mg	试样体积/mL
常量分析	>100	>10
半微量分析	10～100	1 ～10
微量分析	0.1～10	0.01～1
超微量分析	<0.1	<0.01

在化学分析中一般采用常量分析或半微量分析,其中化学定量分析常采用常量分析,化学定性分析则常采用半微量分析。微量分析和超微量分析一般需采用仪器分析法。

也可将分析方法根据试样中被测组分的含量分为常量组分分析、微量组分分析和痕量组分分析等。常量组分是指该组分在试样中的含量大于 1%,微量组分是指该组分在试样中的含量为 0.01%～1%,痕量组分是指该组分在试样中的含量小于 0.01%。这种按试样中被测组分含量分类的方法与按试样用量分类的方法是不同的。在分析时具体采用哪种取样量的分析方法,一般还应该考虑试样中被测组分的含量,但并没有一一对应的关系。例如,常量组分分析既可用常量分析法进行,也可用微量分析法进行。微量分析法既可用于常量组分分析,也可用于痕量组分分析。

5. 根据分析结果的用途划分

根据分析结果的用途,可将分析方法分为常规分析与仲裁分析。常规分析是指一般实验室在日常工作中的分析,又称为例行分析。例如,某工厂化验室进行的日常分析就属于常规分析。仲裁分析是指某仲裁单位用法定的方法对某产品进行的准确分析。当不同单位对某产品的分析结果有争议时,就需经过仲裁分析裁定原分析结果是否正确。

1.3 分析化学的进展

1. 分析化学的发展简史

分析化学是最早发展起来的化学分支学科,对人类的进步和科学技术的发展作出了巨大的贡献。早在古代的炼金术中就已经包含了分析化学的一些技术。在早期化学的一个很长历史阶段中,化学的前沿一直是对新元素和新化合物的发现、合成、鉴定及研究,因此分析化学在早期化学的发展中一直处于前沿和主要的地位。但直到 19 世纪末,分析化学还只是处于没有系统理论指导的技术阶段。

进入 20 世纪以来,生产和科学技术及其理论的发展促进了分析化学的不断发展,其间分析化学曾经历了三次大的变革。

第一次变革起源于 20 世纪初。此时随着物理化学中溶液化学理论的发展,建立了溶液的四大平衡(溶解-沉淀平衡、酸碱平衡、氧化还原平衡、配位平衡)理论,从而为以溶液化学反应为基础的经典分析化学(化学分析法)奠定了理论基础,使分析化学从单纯的技术发展成为具有系统理论的科学。

第二次变革开始于20世纪40年代。此时随着物理学和电子学的发展，许多新技术(如X射线、原子光谱、极谱、红外光谱、放射性等)得到了广泛的应用，促进了一系列以测量物理或物理化学性质为基础的仪器分析法的发展，使仪器分析成为分析化学的重要内容，极大地促进了分析质量的提高和分析速度的加快。

第三次变革开始于20世纪70年代。此时以计算机应用为主要标志的信息时代的来临，给分析化学带来了更加深刻的变革。由于现代科学技术和生产的蓬勃发展，特别是计算机科学和生命科学的发展，分析化学不再局限于定性与定量分析，而是逐渐突破原有的框架，开始介入物质的形态、能态、结构及其时空分布等的测量。同时，为最大限度地获取物质的各种信息，分析化学吸取了当代科学技术的各种最新成果，创建并运用各种方法(包括化学的、物理学的、数学和统计学的、电子学的、计算机科学的乃至生物医学的方法)进行测量，建立了多种测量新方法和新技术，如无损分析、遥测分析、在线分析、原位分析等。通过此次变革，分析化学进入一个蓬勃发展的新阶段，并上升为一门多学科交叉的化学信息学科。分析化学已成为目前最有活力的学科之一。

2. 分析化学发展的前沿和趋势

分析化学是近年来发展最为迅速的学科之一，这是同现代科学技术总的发展形势密切相关的。现代科学技术的飞速发展给分析化学提出了越来越高的要求，同时，由于各门学科向分析化学渗透并提供了新的理论、方法和手段，分析化学得以不断丰富和发展。

目前在世界各个国家的科技领域，从事分析化学研究的人员占了相当大的比例。例如，在英国的全部科学家中，分析化学家就占了将近1/8。全世界有许多种分析化学专业期刊，其中被SCI收录的分析化学专业期刊就有约70种，这还不包括SCI收录的化学类综合期刊。大型的分析化学专业国际学术会议平均每年有十多次。在美国，分析化学已被列入化学中需优先发展的领域之一。这些都说明分析化学是目前最为活跃的学科之一。

分析化学目前在许多领域中发挥着越来越突出的关键作用。例如，20世纪90年代开始的人类基因组计划，期间曾经处于停滞状态，正是分析化学家及时研究和开发了一系列DNA测序新技术，才使该计划得以完成。又如，已有人调查证实，在美国的疾病诊断中，70%靠的是分析化验，只有30%靠的是医生的经验。

现在分析化学已进入一个新的发展时期，为了使之在科学进步中发挥更为重要的作用，人们对分析化学提出了更高的要求。目前分析化学主要从以下几个方面进行发展：一是要研究新的仪器和测量技术以应对日新月异的各种挑战；二是要与计算机科学等领域紧密结合，使分析化学能够从非常复杂的体系和巨量的数据中挖掘出丰富的信息，并向智能化发展；三是要积极进入生命科学、环境科学、材料科学等当今的研究前沿，不仅作为数据的提供者，而且要提供解决问题的新思路、新方法。

随着人们对各个领域的深入探索，人们对分析化学仪器和测量技术提出了以下一些更高的要求：灵敏度要高，能检测超痕量物质，达到在单细胞内检测到单分子的水平；分析速度要快，能在尽可能短的时间内得出分析结果；对复杂体系有很高的选择性；能同时得到体系的各种信息；对检测对象无损害和影响等。目前有些新的仪器和测量技术已在某些方面接近了这些要求。例如，近年发展起来的毛细管电泳法具有柱效高、分离速度快、进样量小等特点，可用于各种痕量物质的检测，已成为生命科学等领域的重要研究手段，具有广阔的应用空间和发展前景。又如，最新发展起来的微全分析系统(芯片实验室)可实现分析的超微型化、集成化及自动化，已成功地应用于人类基因的分析，是很有发展前景的新技术。另外，色谱-光谱联用、色谱-质谱联用等将两种分析技术联用的方法是对复杂混合物体系进行定性、定量分析的有力手段，在近年来也得到了迅速的发展。尽管目前已出现了不少新的高性能的仪器和测量技术，但继续研究更好的仪器和测量技术以不断满足人们的更高要求仍是分析化学目前最重要的发展方向。

计算机科学技术的发展推动了信息科学的迅速发展。分析化学是一门化学信息科学，将分析化学与计算机科学紧密结合是分析化学发展的重要方向。目前计算机不但已成为分析仪器的重要部分，为仪器的自动化和智能化提供了条件和基础，而且计算机与分析化学相结合使一门新的学科得到了迅速的发展，这就是化学计量学(chemometrics)。化学计量学是化学的一个分支学科，它应用数学、统计学及计算机科学，设计和优化测量程序与实验方法，并通过解析化学测量数据而最大限度地获得化学信息。化学计量学目前研究的主要内容有分析信息理论、取样理论、分析实验设计、分析信号处理、分析数据解析、误差理论等。随着研究的深入，化学计量学的研究内容还在不断地充实与扩大。化学计量学已在分析化学的各个领域得到了广泛的应用并取得了巨大的成就。随着分析化学与计算机科学的紧密结合，分析化学将取得更大的进展。

研究解决在各个学科领域中与分析化学相关的关键问题是促使分析化学发展的原动力。当前，随着科技的进步和社会的发展，人们对健康、环境、能源、信息、材料等给予了更大的关注，因此生命科学、环境科学、能源科学、材料科学、信息科学等已成为当前的科学前沿。分析化学的重点应用领域向生命科学等领域转移是分析化学的机遇。在这些领域中，食品安全，疾病预防、诊断和治疗，环境监测等各个方面都向分析化学提出了许多前所未有的越来越复杂的挑战，要求分析化学提供在分子水平上实时研究生命过程、了解基因结构及表达、现场监测环境变化等方面的新技术，这些新技术涉及计算机技术、激光技术、纳米技术、芯片技术、光纤技术、仿生技术、微电子技术、生物技术等。分析化学在生命科学等领域的应用必将使分析化学取得更加辉煌的成就。

阅读材料

分析化学与诺贝尔化学奖

分析化学作为一门多学科交叉的化学信息学科，在人类科学研究发展历程中取得了大量的研究成果，并涉及化学、物理学、数学信息学、电子学、生命科学等多个领域。下面就介绍几位分析化学家，他们由于在分析化学领域所作出的突出贡献而获得诺贝尔化学奖。

T. W. 理查兹(Theodore William Richards)，美国人，理查兹发展了涉及银和氯的重量法分析技术，发明了浊度计，引用了石英玻璃仪器等。他从 1883 年开始研究相对原子质量的测定。他大大改进了重量法测定相对原子质量的技术。他的实验极为精细，首先测定了氧的相对原子质量，然后重新测定了铜、钡、锶、钙、锌、镁、镍、钴、铁、银、碳及氮的相对原子质量。他还最先发现同一种元素的相对原子质量随来源不同而可能出现差异。他仔细测定了不同来源的放射性矿物中铅的相对原子质量，测得由铀衰变生成的铅的相对原子质量是 206.08，从钍衰变而来的铅的相对原子质量是 208，普通的铅的相对原子质量是 207.2。由此于 1913 年证实了同位素的存在，并进一步证实了放射性衰变理论。他由于精确测定大量元素的相对原子质量，于 1914 年获得诺贝尔化学奖。

A. W. K. 梯塞留斯(Arme Wilhelm Kaurin Tiselius)，瑞典人，研究电泳、吸附分析和血清蛋白，发现了血清蛋白的组分。他于 1948 年获得诺贝尔化学奖。

W. F. 利比(Willard Frank Libby)，美国人，一生致力于放射性碳定年法(radiocarbon dating)的发展，该方法被广泛使用于考古学、地质学、地球物理学以及其他学科，他于 1960 年因此获得诺贝尔化学奖。

美国科学家芬恩(J. B. Fenn) 和日本科学家田中耕一由于发明了一种基于质谱识别和分析生物大分子结构的方法而荣获 2002 年度诺贝尔化学奖的一半，他们的工作给新药的开发带来了革命，还使某些癌症的早期诊断成为可能。2002 年度诺贝尔化学奖的另一半给了瑞士科学家维特里希 (K. Wüthrich)，他发明的核磁共振新技术可确定类似于活性细胞环境中蛋白质分子的三维结构。

可以这样说，假如没有分析化学，人类就不可能进入现代社会。现在，分析化学依然发挥着重大作用。诺贝尔奖的评委们充分意识到这一点，对由于分析化学取得成果的科学家一视同仁，决不吝啬奖金。据统计，1901—2009 年，有23 位科学家因分析化学成果获得了诺贝尔化学奖。

第 2 章　定量分析的误差与数据处理

2.1　定量分析中的误差

测量是人类认识和改造客观世界必不可少的手段之一。对自然界所发生的量变现象的研究，常常借助各式各样的实验与测量来完成。由于认识能力和科学发展水平的限制，测得的数值和真实值并不一致，这种在数值上的差别就是误差(error)。随着科学发展水平的提高和人们的经验、技巧及专业知识的积累，误差被控制得越来越小，但不能使误差减小到零。分析工作者，在一定条件下应尽可能使误差减小，使其符合测定工作对准确度的要求；能对自己和别人的测定结果作出正确的评价，找出产生误差的原因及减小误差的途径。

2.1.1　误差的分类及表示方法

按误差的性质，可将其分为系统误差和随机误差两大类。

1. 系统误差

系统误差(systematic error)又称为可测误差(determinate error)。它是在分析过程中由某些确定因素所引起的误差，对分析结果的影响较固定，在同一条件下测定时重复出现，使测定结果总是偏高或偏低，具有单向性。因此，系统误差的大小、正负是可以测定和估计的，也可设法减小或加以校正。

根据系统误差的性质和产生的原因，可将其分为以下几种。

1) 方法误差

这种误差是由分析方法本身所造成的。例如，重量分析中沉淀的溶解、共沉淀现象，滴定分析中的化学计量点和滴定终点不相符合等，都会产生这种误差，系统导致测定结果偏高或偏低。

2) 仪器和试剂误差

仪器不够精确或所使用的天平、砝码、容量器皿等未经校正，所用的化学试剂和蒸馏水不纯等，都会使测定结果产生误差。

3) 操作误差

操作误差是由于分析人员个人操作不当引起的误差。例如，沉淀条件控制不当，滴定管读数偏高或偏低，滴定终点颜色辨别不够敏锐等使测定结果产生误差。个人操作误差，其数值可能因人而异，但对某一具体操作者基本上是一相对固定值。

在同一次测定中，以上三种误差可能同时存在。系统误差对分析结果的作用有两种表现形式，即恒定误差和比例误差。

如果在多次测定中，系统误差的绝对值保持不变，但相对值随被测组分含量的增大而减小，这种误差称为恒定误差(constant error)。例如，在滴定分析中终点误差的绝对值是一定值，其相对值随试样量的增大而减小。如果系统误差的绝对值随试样量的增大而成比例地增大，但相对值保持不变，则这种误差称为比例误差(proportional error)。例如，试样中存在的干扰成分引起的误差，其绝对值随试样量的增大而成比例地增大，而其相对值保持不变。

2. 随机误差

随机误差(accidental error)又称为偶然误差(random error)。它是由偶然因素所致。例如，在测定时环境温度、湿度和气压的微小波动，仪器性能的微小变化等引起随机误差，其影响有时大、有时小，有时正、有时负，方向不定，致使几次重复分析结果不相符合。产生随机误差的原因一般不易察觉，因此难以控制。但在消除系统误差后，在同样条件下进行多次测定，则可发现随机误差服从统计规律，即绝对值相近而符号相反的误差以同等的概率出现。出现小误差的概率大，出现大误差的概率小，出现特别大的误差的概率极小。因此适当增加平行测定的次数，正、负误差能相互抵消或部分抵消，从而减小随机误差。

在分析工作中，除系统误差和随机误差外，还有过失误差。这是由于操作者在工作中不遵守操作规程等所引起的差错，如丢损试液、看错刻度、记录及计算错误等。只要在操作中严格认真，恪守操作规程，养成良好的实验习惯，过失误差是完全可以避免的。

3. 准确度和误差

准确度(accuracy)是指测定结果与真实值的符合程度。测定结果越接近真实值，则准确度越高，准确度用误差的大小来衡量。测定结果 x 与真实值 μ 之差，称为绝对误差(absolute error)，常用 E 表示，即

$$E=x-\mu$$

准确度除用绝对误差表示外，还常用相对误差表示。相对误差(relative error)表示误差在真实值中所占的百分比，在相互比较时它能更客观地反映分析结果的准确度，用 E_r 表示，即

$$E_r=\frac{E}{\mu}\times 100\%$$

例如，有两个物体，其真实质量分别为 1.638 1 g 和 0.163 8 g，而所称得的结果分别为 1.638 0 g 和 0.163 7 g，那么称量结果的绝对误差和相对误差计算如下：

$$E_1=(1.638\,0-1.638\,1)\ \text{g}=-0.000\,1\ \text{g}$$

$$E_2=(0.163\,7-0.163\,8)\ \text{g}=-0.000\,1\ \text{g}$$

$$E_{r(1)}=\frac{-0.000\,1}{1.638\,1}\times 100\%=-0.006\%$$

$$E_{r(2)}=\frac{-0.000\,1}{0.163\,8}\times 100\%=-0.06\%$$

绝对误差和相对误差都有正、负之分，正值表示分析结果偏高，负值表示分析结果偏低。

4. 精密度和偏差

在分析工作中，为了得到准确可靠的分析结果，经常进行多次平行测定。每次测定得到一个测定值 x_i。若进行了 n 次测定，得到 n 个测定值 $x_1,x_2,\cdots,x_n$。可求出 n 次测定结果的平均值 $\bar{x}$，则个别测定值 x_i 与平均值 $\bar{x}$ 之差称为偏差(deviation)。n 次测定结果的算术平均值为

$$\bar{x}=\frac{x_1+x_2+\cdots+x_n}{n}=\frac{\sum_{i=1}^{n}x_i}{n}$$

测定结果与平均值的偏差为

$$d_1 = x_1 - \bar{x}$$
$$d_2 = x_2 - \bar{x}$$
$$\vdots$$
$$d_n = x_n - \bar{x}$$

各单个偏差绝对值的平均值称为平均偏差(average deviation),用 $\bar{d}$ 表示。即

$$\bar{d} = \frac{|x_1 - \bar{x}| + |x_2 - \bar{x}| + \cdots + |x_n - \bar{x}|}{n} = \frac{\sum_{i=1}^{n} |x_i - \bar{x}|}{n}$$

而测定结果的相对平均偏差(relative average deviation)为

$$相对平均偏差 = \frac{\bar{d}}{\bar{x}} \times 100\%$$

由以上可以看出,个别测定值的偏差指某次测定结果偏离平均值的情况,它有正、负之分。平均偏差反映了一组(n 次)测定结果相互之间的符合程度,即重复性的好坏,它没有正、负之分。各次平行测定结果的相互符合程度,称为精密度(precision),精密度可由平均偏差和相对平均偏差的大小来衡量。

例如,标定某一标准溶液的浓度,三次测定结果分别是 0.182 7 mol/L、0.182 5 mol/L 和 0.182 8 mol/L,则三次测定的平均值为

$$\bar{x} = \frac{0.1827 + 0.1825 + 0.1828}{3} \text{ mol/L} = 0.1827 \text{ mol/L}$$

三次测定的绝对偏差分别是

$$d_1 = (0.1827 - 0.1827) \text{ mol/L} = 0$$
$$d_2 = (0.1825 - 0.1827) \text{ mol/L} = -0.0002 \text{ mol/L}$$
$$d_3 = (0.1828 - 0.1827) \text{ mol/L} = 0.0001 \text{ mol/L}$$

由于实际试样的真值一般未知,故实际计算中可将多次测定的平均值作为真值。

三次测定的相对误差分别是

$$\frac{d_1}{\bar{x}} = \frac{0}{0.1827} \times 100\% = 0$$

$$\frac{d_2}{\bar{x}} = \frac{-0.0002}{0.1827} \times 100\% = -0.1\%$$

$$\frac{d_3}{\bar{x}} = \frac{0.0001}{0.1827} \times 100\% = 0.06\%$$

【例 2-1】 测定煤中的灰分,甲、乙两人的测定结果分别为

甲	15.2	14.8	15.7	15.3	15.0
乙	15.1	15.5	15.0	15.5	14.9

试比较甲、乙两人测量结果精密度的高低。

解 分别计算甲、乙两人的平均偏差。

$$\bar{x}_{甲} = \frac{15.2 + 14.8 + 15.7 + 15.3 + 15.0}{5} = 15.2$$

$$\bar{d}_{甲} = \frac{|15.2 - 15.2| + |14.8 - 15.2| + |15.7 - 15.2| + |15.3 - 15.2| + |15.0 - 15.2|}{5}$$

$$=\frac{0+0.4+0.5+0.1+0.2}{5}=0.24$$

$$\bar{x}_{乙}=\frac{15.1+15.5+15.0+15.5+14.9}{5}=15.2$$

$$\bar{d}_{乙}=\frac{|15.1-15.2|+|15.5-15.2|+|15.0-15.2|+|15.5-15.2|+|14.9-15.2|}{5}$$

$$=\frac{0.1+0.3+0.2+0.3+0.3}{5}=0.24$$

归纳　甲、乙两人测定结果的平均偏差相同，似乎精密度一样。但实际上甲的测定数据中出现两个大偏差，即 0.4 和 0.5，明显比乙的测定数据分散，精密度差。因此，用平均偏差反映不出甲、乙两人测定数据的好坏。而用标准偏差或相对标准偏差可以很明显地反映出甲、乙两人测定精密度的差别。

标准偏差(standard deviation)，又称为均方差。当测定次数趋于无限多时，称为总体标准偏差，用 σ 表示，其表达式为

$$\sigma=\sqrt{\frac{\sum_{i=1}^{n}(x_i-\mu)^2}{n}} \tag{2-1}$$

式(2-1)中，μ 为总体平均值，在校正了系统误差的情况下，μ 即代表真值，n 为测定次数。

在一般的分析工作中，测定次数是有限的，这时的标准偏差称为样本标准偏差，以 S 表示，其表达式为

$$S=\sqrt{\frac{\sum_{i=1}^{n}(x_i-\bar{x})^2}{n-1}}=\sqrt{\frac{\sum_{i=1}^{n}d_i^2}{n-1}} \tag{2-2}$$

式(2-2)中，$n-1$ 表示 n 个测定值中具有独立偏差的数目，又称为自由度，用 f 表示。

相对标准偏差(relative standard deviation, RSD)，又称为变异系数(coefficient of variation)，以 CV 表示，其表达式为

$$\mathrm{CV}=\frac{S}{\bar{x}}\times 100\% \tag{2-3}$$

【例 2-2】　由例 2-1 中的数据分别计算甲、乙两人测定结果的标准偏差。

解

$$S_{甲}=\sqrt{\frac{\sum_{i=1}^{n}d_i^2}{n-1}}=\sqrt{\frac{0^2+(-0.4)^2+0.5^2+0.1^2+(-0.2)^2}{5-1}}=0.34$$

$$S_{乙}=\sqrt{\frac{\sum_{i=1}^{n}d_i^2}{n-1}}=\sqrt{\frac{(-0.1)^2+0.3^2+(-0.2)^2+0.3^2+(-0.3)^2}{5-1}}=0.28$$

归纳　通过标准偏差的计算可以很明显地看出乙的测定数据精密度高，所以用标准偏差更优越。但是在要求不高的分析工作中，采用计算简便的平均偏差能满足衡量的要求。对于要求较高的分析，经常采用标准偏差来衡量精密度。

标准偏差比平均偏差更灵敏地反映出较大偏差的存在，因此，标准偏差能较好地反映测定结果的精密度。

精密度的高低还常用重复性(repeatability)和再现性(reproducibility)表示。

重复性：在相同条件下，同一操作者获得一系列结果之间的一致程度。

再现性：在不同条件下，不同操作者用相同方法获得的单个结果之间的一致程度。

【例 2-3】 分析某一铁矿石的含铁量，测得 5 个数据(%)：39.10、39.12、39.19、39.17、39.22。试计算这个分析结果的平均值、平均偏差、相对平均偏差、标准偏差和变异系数。

解
$$\bar{x}=\frac{39.10+39.12+39.19+39.17+39.22}{5}=39.16$$

$$\bar{d}=\frac{|39.10-39.16|+|39.12-39.16|+|39.19-39.16|+|39.17-39.16|+|39.22-39.16|}{5}$$

$$=\frac{0.06+0.04+0.03+0.01+0.06}{5}=0.04$$

$$相对平均偏差=\frac{0.04}{39.16}\times100\%=0.1\%$$

$$S=\sqrt{\frac{\sum_{i=1}^{n}(x_i-\bar{x})^2}{n-1}}=\sqrt{\frac{\sum_{i=1}^{n}d_i^2}{n-1}}=\sqrt{\frac{0.06^2+0.04^2+0.03^2+0.01^2+0.06^2}{4}}=0.049$$

$$CV=\frac{S}{\bar{x}}\times100\%=\frac{0.049}{39.16}\times100\%=0.13\%$$

5. *准确度和精密度的关系*

在实际工作中，由于不知道真值，所以常用精密度来衡量分析工作的好坏，但精密度高的测定结果不一定准确，而准确度高的测定结果要求其精密度也要高，两者的关系可以用图 2-1 说明，图 2-1 是甲、乙、丙、丁四人测定同一试样中含铁量所得的结果。

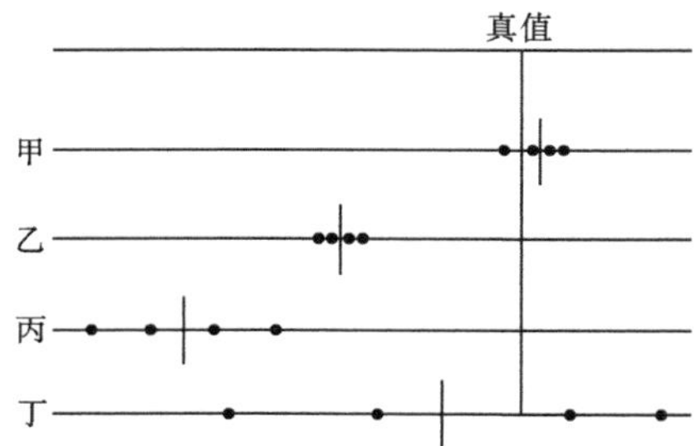

图 2-1　定量分析方法的准确度和精密度

从图 2-1 可以看出，甲的测定结果精密度和准确度都很高，说明方法中的系统误差和偶然误差均很小。乙的测定数据相差很小，故精密度高，说明它的偶然误差很小，但平均值与真实值相差较大，故准确度不高，其系统误差很大。丙的测定结果系统误差和偶然误差都很大，即准确度和精密度都很差。丁的测定结果精密度很差，表明方法中的偶然误差很大。虽然其平均值接近于真实值，但测定数据彼此间相差很大，只是由于正、负误差相互抵消才使结果接近于真实值。

综上所述，准确度高必须精密度好，但精密度好不一定准确度高。精密度是保证准确度的先决条件，只有在精密度高的条件下，准确度高的测定结果才是可信的。若精密度很差，说明测定结果不可靠，虽然由于测定次数多可能使正、负偏差相互抵消，但已失去衡量准确度的前提。因此，在评价分析结果的时候，还必须将系统误差的影响结合起来考虑，以提高分析结果的准确度。

2.1.2　随机误差的正态分布

平行测定的一系列数据误差正负不定，有的出现正误差，有的出现负误差，这就是随机误差。随机误差是由于某些偶然因素造成的，如室温、气压、湿度的波动。随机误差影响精密度。

随机误差的分布是有一定规律的，可以用图 2-2 来描述。随机误差的正态分布曲线清楚地反映出随机误差的规律性：小误差出现的概率大，大误差出现的概率小，特别大的误差出现的概率极小，正误差和负误差出现的概率是相等的。随机误差的分布有以下特点。

(1) 对称性：绝对值相等的正误差和负误差出现的概率相等。

(2) 单峰性：小误差出现的频率高，大误差出现的频率低，误差分布曲线只有一个峰值，即偶然误差的分布情况是符合正态分布的。

(3) 有界性：大误差出现的概率非常小。

(4) 抵偿性：误差的算术平均值的极限为零，即

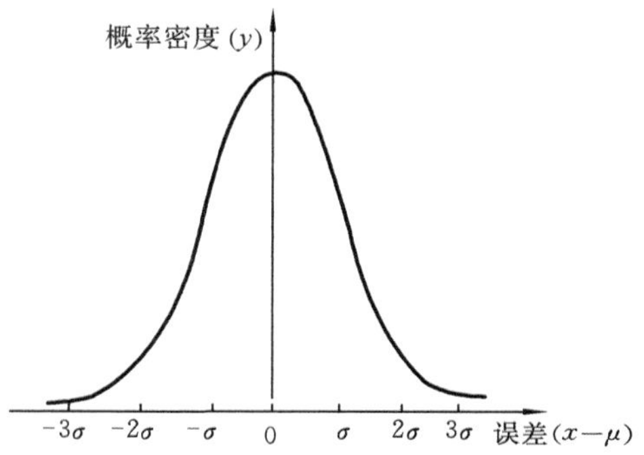

图 2-2　随机误差的正态分布曲线

$$\lim_{n\to\infty}\sum_{i=1}^{n}\frac{d_i}{n}=0$$

减小随机误差的办法是增加测定次数，最后取平均值。

若将非正态分布曲线的横坐标改用 $u=\frac{x-\mu}{\sigma}$ 表示，则可得到标准正态分布曲线。

2.1.3　误差的传递

分析结果通常是经过一系列测量步骤之后获得的，其中每一步骤的测量误差都会反映到分析结果中去。它们是怎样影响分析结果的准确度呢？这就是误差传递所要讨论的问题。

1. 系统误差的传递

1) 加减法

若 R 是 A、B、C 三个测量值相加、减的结果，例如：

$$R=A+B-C$$

若以 E 表示相应各项的误差，则分析结果 R 的误差 E_R 为

$$E_R=E_A+E_B-E_C$$

即分析结果的绝对误差是各测量步骤绝对误差的代数和。如果有关项有系数，例如：

$$R=A+mB-C$$

则

$$E_R=E_A+mE_B-E_C$$

2) 乘除法

若分析结果 R 是 A、B、C 三个测量值相乘、除的结果，例如：

$$R=\frac{AB}{C}$$

则

$$\frac{E_R}{R}=\frac{E_A}{A}+\frac{E_B}{B}-\frac{E_C}{C}$$

即分析结果的相对误差是各测量步骤相对误差的代数和。

3) 指数关系

若分析结果 R 与测量值 A 有下列关系：

$$R=mA^n$$

其误差传递关系式为 $$\frac{E_R}{R}=n\frac{E_A}{A}$$

即分析结果的相对误差为测量值的相对误差的指数倍。

4）对数关系

若分析结果 R 与测量值 A 有下列关系：

$$R=m\lg A$$

其误差传递关系式为 $$E_R=0.434m\frac{E_A}{A}$$

2. 随机误差的传递

1）加减法

若 R 是 A、B、C 三个测量值相加、减的结果，例如：

$$R=A+B-C$$

若以 S 表示相应各项的标准偏差，则有

$$S_R^2=S_A^2+S_B^2+S_C^2$$

即分析结果的标准偏差的平方是各测量步骤标准偏差平方的总和。

对于一般情况

$$R=aA+bB-cC+\cdots$$

应为 $$S_R^2=a^2S_A^2+b^2S_B^2+c^2S_C^2+\cdots$$

2）乘除法

若分析结果 R 是 A、B、C 三个测量值相乘、除的结果，例如：

$$R=\frac{AB}{C}$$

则 $$\frac{S_R^2}{R^2}=\frac{S_A^2}{A^2}+\frac{S_B^2}{B^2}+\frac{S_C^2}{C^2}$$

即分析结果的相对标准偏差的平方是各测量步骤相对标准偏差平方的总和。

3）指数关系

若分析结果 R 与测量值 A 有下列关系：

$$R=mA^n$$

其误差传递关系式为 $$\left(\frac{S_R}{R}\right)^2=n^2\left(\frac{S_A}{A}\right)^2 \quad 或 \quad \frac{S_R}{R}=n\frac{S_A}{A}$$

4）对数关系

若分析结果 R 与测量值 A 有下列关系：

$$R=m\lg A$$

其误差传递关系式为 $$S_R=0.434m\frac{S_A}{A}$$

【例 2-4】 设用天平称量时的标准偏差 $S=0.10$ mg，求称量试样的标准偏差。

解 称取试样时，无论是用差减法称量，还是将试样置于适当的称样器皿中进行称量，都需要称量两次，读取两次平衡点。m 是两次称量所得质量 m_1 与 m_2 的差值，即

$$m=m_1-m_2 \quad 或 \quad m=m_2-m_1$$

称量 m_1 和 m_2 时读取平衡点的偏差，要反映到 m 中去。因此根据加减法随机误差传递关系式，求得

$$S_m=\sqrt{S_1^2+S_2^2}=\sqrt{2S^2}=0.14\ \text{mg}$$

3. 极值误差

在分析化学中，通常用一种简便的方法来估计分析可能出现的最大误差，即考虑在最不利的情况下，各步骤带来的误差互相累加在一起，这种误差称为极值误差。当然，这种情况出现的概率是很小的。但是，用这种方法来粗略估计可能出现的最大误差，在实际上仍是有用的。

如果分析结果 R 是 A、B、C 三个测量值相加、减的结果，例如：

$$R=A+B-C$$

则极值误差为

$$E_R=|E_A|+|E_B|+|E_C|$$

如果分析结果 R 是 A、B、C 三个测量值相乘、除的结果，例如：

$$R=\frac{AB}{C}$$

则极值误差为

$$\frac{E_R}{R}=\frac{|E_A|}{A}+\frac{|E_B|}{B}+\frac{|E_C|}{C}$$

【例 2-5】 滴定管的初读数为(0.05±0.01) mL，末读数为(22.10±0.01) mL，则滴定剂的体积可能在多大范围内波动？

解 极值误差　　$E=(|\pm0.01|+|\pm0.01|)\ \text{mL}=0.02\ \text{mL}$

故滴定剂体积为[(22.10－0.05)±0.02] mL＝(22.05±0.02) mL。

应该指出，以上讨论的是分析结果可能出现的最大误差，即考虑在最不利的情况下，各步骤带来的误差互相累加在一起。但在实际工作中，个别测量误差对分析结果的影响可能是相反的，因而，彼此部分抵消，这种情况在定量分析中是经常遇到的。

2.1.4 提高分析准确度的方法

为使测定结果达到一定的准确度，满足实际工作的需要，首先要选择合适的分析方法。各种分析方法的准确度和灵敏度各有侧重。重量分析法与滴定分析法测定的准确度高，但灵敏度低，适于常量组分的测定；仪器分析法测定的灵敏度高，但准确度较差，适于微量、痕量组分的测定。测定方法选定以后，可采用以下方法减少分析过程的误差。

1. 减小测定误差

为了保证分析结果的准确度，必须尽量减小测定误差。例如，在重量分析中，测量步骤是称重，这就应设法减小称量误差。一般分析天平的称量误差为 0.000 1 g，用减重法称量两次，可能引起的最大误差是±0.000 2 g。为了使称量的相对误差小于 0.1%，试样质量就不能太小。

$$\text{试样质量}=\frac{\text{绝对误差}}{\text{相对误差}}=\frac{0.000\ 2}{0.1\%}\ \text{g}=0.2\ \text{g}$$

可见试样质量必须不小于 0.2 g，才能保证称量的相对误差不大于 0.1%。

在滴定分析中，滴定管读数有±0.01 mL 误差，在一次滴定中，需要读数两次，可能造成最大误差为±0.02 mL。为使测量体积的相对误差小于 0.1%，消耗滴定剂必须在 20 mL 以上。

$$\text{试样体积}=\frac{\text{绝对误差}}{\text{相对误差}}=\frac{0.02}{0.1\%}\ \text{mL}=20\ \text{mL}$$

【例 2-6】 用返滴定法测定某酸的质量分数，为了保证测定的准确度，加入过量的 40.00 mL 0.10 mol/L NaOH 溶液，再用浓度相近的 HCl 溶液返滴定，消耗 39.10 mL，某学生报告结果为 10.12%，对不对？

解 不对。因为实际消耗在被测酸上的 NaOH 溶液体积只有

$$(40.00-39.10)\ \text{mL}=0.90\ \text{mL}$$

如果读数误差按±0.02 mL 计，则体积测量误差达 2%，所以该实验结果只能为 10.1%。

2. 增加平行测定次数，减小随机误差

如前所述，增加平行测定次数，可以减少随机误差，但测定次数也不宜过多。一般分析测定，平行做 4～6 次即可。

3. 消除测定过程中的系统误差

为检查分析过程中有无系统误差，做对照实验是最有效的方法。可采用以下三种方法。

(1) 选用其组成及含量与试样相近的标准试样来做测定，将测定结果与标准值比较，用统计检验方法确定有无系统误差。

(2) 采用标准方法和所选方法同时测定某一试样，对测定结果做统计检验。

(3) 采用标准加入法做对照实验，即称取等量试样两份，在一份试样中加入已知量的欲测组分，对两份试样进行平行测定，由加入被测组分量是否定量回收判断有无系统误差。这种方法在对试样组成情况不清楚时是适用的。

对照实验的结果同时也能说明系统误差的大小。

若对照实验说明有系统误差存在，则应设法找出产生系统误差的原因，并加以消除。通常采用如下方法消除系统误差。

(1) 做空白实验，消除试剂、蒸馏水及器皿引入的杂质所造成的系统误差。即在不加试样的情况下，按照试样分析步骤和条件进行分析实验，所得结果称为空白值，从试样测定结果中扣除此空白值。

(2) 校准仪器以消除仪器不准所引起的系统误差。如对砝码、移液管、容量瓶与滴定管进行校准。

(3) 引用其他分析方法进行校正。例如，用重量分析法测定 SiO_2，滤液中的硅可用光度法测定，然后加到重量分析法的结果中去。

2.2 分析结果的数据处理

分析工作者获得了一系列数据后，需对这些数据进行处理。例如，个别偏离较大的数据是保留还是该弃去？样本的平均值与真值或标准值的差异是否合理？用相同方法测得的两组数据或用两种不同方法对同一试样测得的两组数据间的差异是否在允许的范围内？对此都应作出判断，不能随意舍去。

2.2.1 可疑数据的取舍

在平行测定的一组数据中，有时其中某一数据和其他数据相比相差很远，这一数据称为可疑值，又称极端值或离群值。可疑值的取舍，从原则上说，在无限次测量中，任何一个测量

值，不论其偏差有多大，都不能舍弃，因为正态分布曲线是渐近线。但是在少量数据的处理中，可疑值就会在一定程度上影响平均值的可靠性。可疑值的取舍问题，实质上是区分偶然误差和过失误差的问题。在实验中，如确实是由错误操作引起数据异常，此时应将该次测定结果舍弃；否则，必须根据误差规律，进行合理的舍弃，才能得到正确的分析结果。

可疑值的取舍的方法很多，现简单介绍在统计学上所使用的 Q 检验法。Q 检验法的步骤如下：

(1) 将数据按大小顺序排列；

(2) 计算最大值与最小值之差(极差)R；

(3) 计算可疑值与其相邻值之差的绝对值 d；

(4) 计算舍弃商 Q：$Q=\dfrac{d}{R}$；

(5) 根据测定次数和要求的置信度，查舍弃商 Q 值表(如表 2-1 所示)，得到 $Q_{表}$；

(6) 将计算所得 Q 与 $Q_{表}$ 进行比较，若 Q 与$>Q_{表}$，则舍去可疑值，否则应予以保留。

表 2-1　舍弃商 Q 值表

测定次数 n	3	4	5	6	7	8	9	10
$Q_{0.90}$	0.94	0.77	0.64	0.56	0.51	0.47	0.44	0.41
$Q_{0.95}$	0.98	0.85	0.71	0.62	0.57	0.53	0.49	0.48

【例 2-7】 一组平行测定数据为：22.38、22.39、22.36、22.40、22.44，用 Q 检验法判断能否舍去 22.44，要求置信度为 95%。

解　(1) 排序：22.36、22.38、22.39、22.40、22.44

(2) $x_n-x_1=22.44-22.36=0.08$

(3) $x_n-x_{n-1}=22.44-22.40=0.04$

(4) $Q=\dfrac{x_n-x_{n-1}}{x_n-x_1}=\dfrac{0.04}{0.08}=0.5$

(5) 查表 2-1，$n=5$ 时，$Q_{0.95,5}=0.71$，$Q<Q_{0.95,5}$，则 22.44 不是可疑值，应予以保留。

如果排序以后，$x_1,x_2,\cdots,x_n$ 中有一个以上的值(两头)可疑，应先检验与平均值相差较大的值。

最后应该指出，可疑值的取舍是一项十分重要的工作。在实验过程中得到一组数据后，如果不能确定个别可疑值确实是由于“过失”引起的，则不能轻易地舍弃这些数据，而要用上述统计检验方法进行判断之后，才能确定其取舍。如果测定次数比较少，如 $n=3$，而且计算所得 Q 与 $Q_{表}$ 值相近，这时为了慎重起见，最好再补做一两个数据，然后确定可疑值的取舍。在这一步工作完成后，就可以计算该组数据的平均值、标准偏差或进行其他有关的数理统计工作。

2.2.2　有限次测定随机误差的 t 分布

在分析测试工作中，测定次数是有限的，一般平行测定 3～5 次，无法计算总体标准偏差 σ 和总体平均值 μ，而有限次测定的随机误差并不完全服从正态分布，而是服从类似于正态分布的 t 分布，t 分布是由英国统计学家与化学家戈塞特(Gosset)提出的。t 的定义与 $u=\dfrac{x-\mu}{\sigma}$一致，只是用 S 代替 σ，即

$$t = \frac{x-\mu}{S} \tag{2-4}$$

t 分布曲线的纵坐标是概率密度，横坐标是 t。图 2-3 所示为 t 分布曲线，y 为概率密度。

由图 2-3 可见，t 分布曲线随自由度 f 而改变。当 $f\to\infty$ 时，t 分布曲线即为标准正态分布曲线。t 分布曲线下面某区间的面积表示随机误差在某区间的概率，如图 2-4 所示。

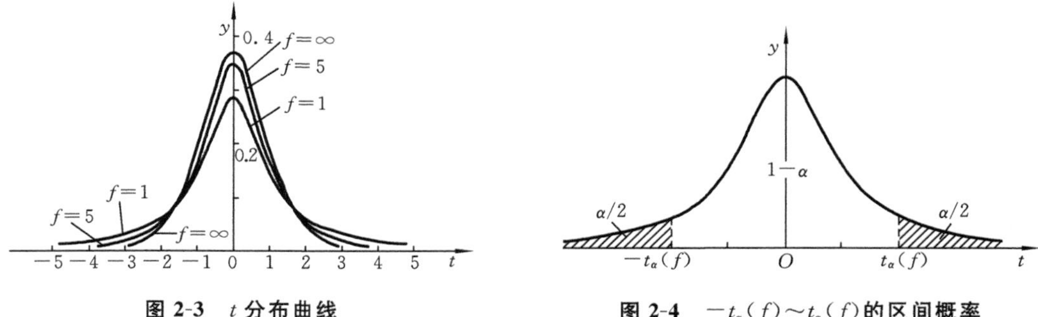

图 2-3　t 分布曲线　　　图 2-4　$-t_\alpha(f)\sim t_\alpha(f)$ 的区间概率

t 值不仅随概率而异，还随 f 值变化。不同概率与 f 值所对应的 t 值已由数学家计算出。表 2-2 列出了常用的部分值，表中的 α 为 t 出现在大于 $t_\alpha(f)$ 和小于 $-t_\alpha(f)$ 时的概率（又称为显著性水平）。t 出现在 $(-t_\alpha(f), t_\alpha(f))$ 区间的概率则为 $1-\alpha$（又称为置信度），可用 P 表示。

表 2-2　t 分布值表

测定次数	f	P			
		50%	90%	95%	99%
2	1	1.000	6.314	12.71	63.68
3	2	0.816	2.920	4.303	9.925
4	3	0.765	2.353	3.182	5.841
5	4	0.741	2.132	2.776	4.604
6	5	0.727	2.015	2.571	4.032
7	6	0.718	1.943	2.447	3.707
8	7	0.711	1.895	2.365	3.500
9	8	0.706	1.860	2.306	3.355
10	9	0.703	1.833	2.262	3.250
11	10	0.700	1.812	2.228	3.169
21	20	0.687	1.725	2.086	2.845
∞	∞	0.674	1.645	1.960	2.576

理论上，当 $f\to\infty$ 时，$S\to\sigma$，t 即 u。实际上，$f=20$ 时，t 与 u 已很接近。

2.2.3　平均值的精密度和置信区间

单次测定值的标准偏差 S 反映的是单次测定值之间的离散性。平均值的标准偏差反映的是若干组平行测定时，各平均值之间的离散性。若对某试样做 n' 批测定，每批又做 n 个平行测定，则有

$$\begin{matrix} x_{1(1)}, x_{1(2)}, \cdots, x_{1(n)} & \bar{x}_1 \\ x_{2(1)}, x_{2(2)}, \cdots, x_{2(n)} & \bar{x}_2 \\ \vdots \quad \vdots \quad \vdots & \vdots \\ x_{n'(1)}, x_{n'(2)}, \cdots, x_{n'(n)} & \bar{x}_{n'} \end{matrix}$$

这时应当用平均值的标准偏差 $\sigma_{\bar{x}}$ 来表示平均值的分散程度，显然平均值的精密度应当比单次测定的精密度更好，统计学已证明

$$\sigma_{\bar{x}} = \frac{\sigma}{\sqrt{n}} \tag{2-5}$$

对有限次测定，样本(n 有限)平均值的标准偏差为

$$S_{\bar{x}} = \frac{S}{\sqrt{n}} \tag{2-6}$$

也就是说，平均值的标准偏差与测定次数的平方根成反比，增加测定次数可以提高测量的精密度，但增加测定次数的代价不一定能从减小误差中得到补偿，两者的关系如图 2-5 所示。

从图 2-5 可见，开始时 $S_{\bar{x}}/S$ 随 n 增加而减小得很快，但当 $n>5$ 时，其变化就较慢了，而当 $n>10$ 时，其变化已很小，进一步增加测定次数，对提高分析结果可靠性并无更多好处。实际工作中测定次数无须过多，4 ～ 6 次已足够。而对标准试样、物理常数、相对原子质量的测定，测定次数应多一些。

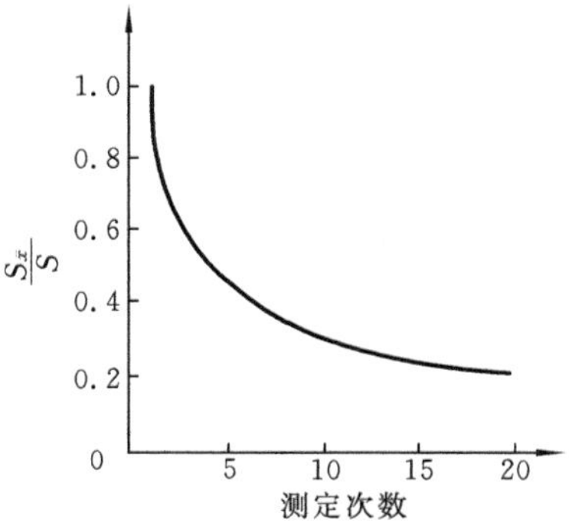

图 2-5　平均值的标准偏差与测定次数的关系

在实际工作中，通常把测定数据的平均值作为分析的结果，它带有不确定性，不能明确说明测定的可靠程度。因此，英国化学家戈塞特用统计方法推导出有限次测定的真值(或称总体均值)与平均值之间的关系：

$$\mu = \bar{x} \pm \frac{tS}{\sqrt{n}} \tag{2-7}$$

式中：S 为标准偏差；n 为测定次数；t 为选定的某一置信度下的概率系数，可从表 2-2 中查得。由表 2-2 可以看出，t 值随着测定次数的增加而减小，随着置信度的增高而增大。

利用式(2-7)可以估算出，在某一可能性下，总体均值在以测定的平均值为中心的多大范围内出现，这个范围称为总体均值的置信区间，总体均值属于这个范围的可能性称为置信度或置信水平。

2.2.4　显著性检验

在分析化学中，经常需要检验仪器或分析方法的准确性。例如，某一分析人员对标准试样进行分析，得到的平均值与标准值不完全一致；或者用两种不同的方法分析同一试样，得到的两组数据的平均值不完全相符；或者不同的分析人员、不同的实验室分析同一试样，得到两组数据的平均值存在着差异。这种差异可能完全是由随机误差引起的，也可能还包含系统误差。如果分析结果之间存在明显的系统误差，就认为它们之间有显著性差异，否则，就认为无显著性差异，即分析结果之间的差异纯属随机误差引起的，是正常的。

显著性检验方法很多，下面介绍两种方法。

1. t 检验法

此法是检验测量的平均值与标准值之间或两种分析方法的平均值之间是否有显著性差异。

1）测量值与标准值比较

在实际工作中，为了检验测量仪器或分析方法是否存在较大的系统误差，可分析一个标准试样，利用 t 检验法比较分析结果的平均值与标准试样的标准值之间是否存在显著性差异，进行判断。

将式(2-7)重排得

$$t=\frac{|x-\mu|}{S}\sqrt{n} \tag{2-8}$$

按式(2-8)计算出一定置信度条件下的 t 值，将计算所得 t 值与表 2-2 中查到的 t 值比较，若 $t>t_{表}$，则存在显著性差异，说明测量仪器或分析方法存在问题；若 $t<t_{表}$，则不存在显著性差异，说明测量仪器或分析方法准确。在分析化学中，通常以 95％的置信度为检验标准，即显著性水平为 5％。

【例 2-8】 采用某种新方法测定基准物质明矾中铝的质量分数，得到下列 9 个分析结果：10.74％、10.77％、10.77％、10.77％、10.81％、10.82％、10.73％、10.86％、10.81％。已知明矾中铝含量的标准值(以理论值代)为 10.77％。在采用该新方法后，是否引起系统误差(置信度为 95％)？

解 $n=9$，$\bar{x}=10.79\%$，$S=0.042\%$。

$$t=\frac{|\bar{x}-\mu|}{S}\sqrt{n}=\frac{|10.79\%-10.77\%|}{0.042\%}\times\sqrt{9}=1.43$$

查表 2-2，$P=0.95$ 时，$t_{0.95,9}=2.306$。

$t<t_{表}$，故 $\bar{x}$ 与 μ 之间不存在显著性差异，即采用新方法后，没有引起明显的系统误差。

2）两组平均值的比较

不同分析人员或同一分析人员采用不同方法分析同一试样所得到的平均值，经常是不完全相等的。要判断这两个平均值之间是否有显著性差异，也可采用 t 检验法。

现有两组分析数据，第一组测定次数为 n_1，平均值为 $\bar{x}_1$，标准偏差为 S_1；第二组测定次数为 n_2，平均值为 $\bar{x}_2$，标准偏差为 S_2。

S_1 和 S_2 分别表示第一组和第二组分析数据的精密度，它们之间是否有显著性差异，可采用后面介绍的 F 检验法进行判断。如果证明它们之间没有显著性差异，则可认为 $S_1\approx S_2$，用下式求得合并标准偏差 $S_{合}$：

$$\begin{aligned}S_{合}&=\sqrt{\frac{偏差平方和}{总自由度}}\\&=\sqrt{\frac{\sum(x_{1i}-\bar{x}_1)^2+\sum(x_{2i}-\bar{x}_2)^2}{(n_1-1)+(n_2-1)}}\end{aligned} \tag{2-9}$$

或

$$S_{合}=\sqrt{\frac{S_1^2(n_1-1)+S_2^2(n_2-1)}{(n_1-1)+(n_2-1)}} \tag{2-10}$$

然后计算出 t 值：

$$t=\frac{|\bar{x}_1-\bar{x}_2|}{S_{合}}\sqrt{\frac{n_1n_2}{n_1+n_2}} \tag{2-11}$$

在一定置信度时，查出 $t_{表}$ 值(总自由度 $f=n_1+n_2-2$)。当 $t>t_{表}$ 时，两组平均值存在显著性差异；当 $t \leqslant t_{表}$ 时，则不存在显著性差异。

2. *F* 检验法

F 检验法是通过比较两组数据的方差 S^2，以确定它们的精密度是否有显著性差异的方法。若要判断两组数据之间是否存在系统误差，通常在进行 *F* 检验并确定它们的精密度无显著性差异后，再进行 *t* 检验。

统计量 *F* 的定义为：两组数据的方差的比值，方差大的为分子，方差小的为分母，即

$$F = \frac{S_{大}^2}{S_{小}^2} \tag{2-12}$$

将计算所得 *F* 值与表 2-3 中的 *F* 值进行比较。如果两组数据的精密度相差不大，则 *F* 值趋近于 1；如果两者之间存在显著性差异，*F* 值就较大。当置信度一定时，若 $F > F_{表}$，则认为它们之间存在显著性差异（置信度为 95%）；若 $F \leqslant F_{表}$，则不存在显著性差异。

表 2-3　置信度为 95% 的单侧检验 *F* 值

$f_{小}$ \ $f_{大}$	2	3	4	5	6	7	8	9	10	∞
2	19.00	19.16	19.25	19.30	19.33	19.36	19.37	19.38	19.39	19.50
3	9.55	9.28	9.12	9.01	8.94	8.88	8.84	8.81	8.78	8.53
4	6.94	6.59	6.39	6.26	6.16	6.09	6.04	6.00	5.96	5.63
5	5.79	5.41	5.19	5.05	4.95	4.88	4.82	4.78	4.74	4.36
6	5.14	4.76	4.53	4.39	4.28	4.21	4.15	4.10	4.06	3.67
7	4.74	4.35	4.12	3.97	3.87	3.79	3.73	3.68	3.63	3.23
8	4.46	4.07	3.84	3.69	3.58	3.50	3.44	3.39	3.34	2.93
9	4.26	3.86	3.63	3.48	3.37	3.29	3.23	3.18	3.13	2.71
10	4.10	3.71	3.48	3.33	3.22	3.14	3.07	3.02	2.97	2.54
∞	3.00	2.60	2.37	2.21	2.10	2.01	1.94	1.88	1.83	1.00

注：$f_{大}$ 为大方差数据的自由度；$f_{小}$ 为小方差数据的自由度。

【例 2-9】 在分光光度分析中，用一台旧仪器测定溶液的吸光度，共测定 6 次，$S_1 = 0.055$；再用一台性能稍好的新仪器测定 4 次，$S_2 = 0.022$。新仪器的精密度是否显著地优于旧仪器的精密度？

解　已知 $n_1 = 6, S_1 = 0.055$；$n_2 = 4$，$S_2 = 0.022$。

$$S_{大}^2 = 0.055^2 = 0.003\,0,\quad S_{小}^2 = 0.022^2 = 0.000\,48$$

$$F = \frac{S_{大}^2}{S_{小}^2} = \frac{0.003\,0}{0.000\,48} = 6.25$$

$f_{大} = 6 - 1 = 5$，$f_{小} = 4 - 1 = 3$，查表 2-3，$F_{表} = 9.01$，$F < F_{表}$，故两种仪器的精密度之间不存在显著性差异，即不能得出新仪器显著地优于旧仪器的结论。由表 2-3 给出的置信度可知，作出这种判断的可靠性达 95%。

【例 2-10】 甲、乙二人对同一试样不同方法进行测定，得两组测定值如下：

甲　1.26　1.25　1.22

乙　1.35　1.31　1.33　1.34

两种方法间有无显著性差异？

解　$n_{甲} = 3, \bar{x}_{甲} = 1.24$，$S_{甲} = 0.021$；$n_{乙} = 4$，$\bar{x}_{乙} = 1.33$，$S_{乙} = 0.017$

$$F = \frac{S_{大}^2}{S_{小}^2} = \frac{0.021^2}{0.017^2} = 1.53$$

查表 2-3,F 值为 9.55,说明两种方法的精密度无显著性差异。进一步用 t 公式进行计算。

$$t=\frac{|\bar{x}_1-\bar{x}_2|}{S_{合}}\sqrt{\frac{n_1 n_2}{n_1+n_2}}$$

式中

$$S_{合}=\sqrt{\frac{S_1^2(n_1-1)+S_2^2(n_2-1)}{(n_1-1)+(n_2-1)}}$$

代入数据,得

$$S_{合}=\sqrt{\frac{0.021^2\times(3-1)+0.017^2\times(4-1)}{(3-1)+(4-1)}}=0.019$$

则

$$t=\frac{|1.24-1.33|}{0.019}\times\sqrt{\frac{3\times4}{3+4}}=6.20$$

因为 $f=n_1+n_2-2=3+4-2=5$,则 $n=6$,置信度取 95%,查表 2-2,得 $t_{表}=2.571$。

由于 $t>t_{表}$,表明两人采用的不同方法间存在显著性差异。

本例中两种方法所得平均值的差为

$$\bar{x}_1-\bar{x}_2=0.09$$

其中包含了系统误差和随机误差。根据 t 分布规律,随机误差允许最大值为

$$|\bar{x}_1-\bar{x}_2|=t_{表}S_{合}\sqrt{\frac{n_1+n_2}{n_1\times n_2}}=2.571\times0.019\times\sqrt{\frac{3+4}{3\times4}}\approx0.04$$

说明可能有 0.05 的值由系统误差产生。

2.3 有效数字及其运算规则

在科学实验中,为了得到准确的测量结果,不仅要克服实验过程中可能产生的各种误差,还要注意正确地记录数据和运算。分析结果的数据不仅表示分析对象的量,还反映了测定的准确程度。例如,用台式天平称取 1 g 某试样与用分析天平称量 1 g 该试样,实际上是不相同的。台式天平只能称准到 0.1 g,而分析天平可以称准到 0.000 1 g。正确记录测量结果:前者应记为 1.0 g,而后者应记为1.000 0 g,后者较前者准确 1 000 倍。同理,在数据运算过程中也有类似问题,所以记录实验数据和计算结果时应保留几位数字,是一件很重要的事,不能随便增加或减少位数。因此,必须明白有效数字(significant figure)的意义及其运算规则。

2.3.1 有效数字

有效数字是指在分析工作中实际上能测量到的数字。因此,在定量分析中,记录数据的位数必须与所用的分析方法和所使用仪器的精密程度相适应,计算过程必须遵循有效数字的计算规则。

在记录数据和计算结果时,有效数字中只允许保留一位可疑数字,它的位数直接与测定的相对误差有关。例如,用分析天平称量时,以 g 为单位可以读到小数点后第 4 位,若用分析天平称量某物体的质量为 0.512 0 g,第 4 位小数是可疑数字,因为天平称量的误差为 ±0.000 1 g,也就是说,该物体的质量应在 0.511 9 g 与0.512 1 g之间,其相对误差为 $\pm\frac{0.000\,1}{0.512\,0}\times100\%=\pm0.02\%$。但不能把数据记为 0.512 g,这样就表示第 3 位小数是可疑数字,可能有±0.001 g 的误差,其相对误差为$\pm\frac{0.001}{0.512}\times100\%=\pm0.2\%$,这与称量的准确度不相符。若写成 0.512 00 g,也同样与称量的准确度不相符。若记为 0.5 g,则会认为此

结果是由台式天平称量所得。

需要注意，当数据中有“0”时，应分析具体情况，然后才能肯定数据中的“0”哪些是有效数字，哪些不是有效数字。

例如：	1.000 2		五位有效数字
0.600 0	70.03%	5.200×10^3	四位有效数字
0.034 2	5.29×10^{-6}		三位有效数字
0.004 0	0.30%		二位有效数字
0.4	0.005%		一位有效数字

在 1.000 2 中的三个“0”和 0.600 0 中的后三个“0”都是有效数字；而 0.004 0 中“4”前面的“0”起定位作用，不是有效数字，因为这些“0”只与使用的单位有关，与测量的准确度无关，而最后一位“0”是有效数字。同样，上面这些数据的最后一位都是可疑数字。因此，在记录测定数据和计算结果时，就要根据所使用仪器的精密程度，必须使所保留的有效数字中，只有最后一位是可疑数字。例如，用感量为 0.01 g 的台式天平称物质的质量，由于仪器本身能精确到±0.01 g，所以物质的质量如果是 10.50 g，就应记为 10.50 g，而不能记为 10.5 g。对于数字后面的“0”，究竟是不是有效数字，要根据具体情况而定。例如，340 0 这个数字，可能是 2 位、3 位或 4 位有效数字，遇到这种情况，应采用科学记数法，写成 3.4×10^3、3.40×10^3 或 3.400×10^3。

另外，在分析化学中，经常会遇到 pH、pM、lg*K* 等对数值，其有效数字的位数仅取决于小数部分数字的位数，因整数部分只说明该数的方次。例如，pH=13.44，即$[H^+]=3.6\times10^{-14}$ mol/L，有效数字为 2 位，而不是 4 位。

2.3.2　修约规则

在计算和读取数据时，数据的位数可能比规定的有效数字位数多。例如，用计算器可得 7 位的数据；在用分析天平称量时，可读出小数点后 5 位。因此，需要将多余的数字舍去，舍去多余数字的过程称为数字修约过程，所遵循的规则称为数字修约规则。过去多采用“四舍五入”的原则，其缺点是引起系统的舍入误差。现在国家标准规定采用“四舍六入五留双”的修约规则，即当尾数≤4 时舍去，当尾数≥6时进位；当尾数恰为 5 而后面数为 0 时，如果“5”的前一位是奇数则进位，如果“5”的前一位是偶数则舍去；当尾数恰为 5，而 5 后面还有不为 0 的任何数时，无论 5 前面是奇数或偶数皆进位。下面是数据修约为 4 位有效数字的示例：

0.238 44→0.238 4　2.345 6→2.346　0.305 150→0.305 2

24.385 0→24.38　103.158→103.2　0.734 253→0.734 3

“四舍六入五留双”的规则避免了舍入时的单向性，降低舍入时产生的误差。

2.3.3　运算规则

数据的运算规则，是根据误差的传递规律而确定的。

在处理数据时，常遇到一些准确度不相同的数据。对于这些数据，必须按一定的规则进行计算，一方面可以节省时间，另一方面也可以避免因计算过于烦琐而引起错误。常用的规则如下。

(1) 记录数据或计算结果只保留一位可疑数字。

(2) 当有效数字位数确定后,其余多余的或不正确的数字(尾数)应一律弃去。舍弃办法采用"四舍六入五留双"的原则。

(3) 计算有效数字时,若第一位有效数字为 8 或 9,其有效数字的位数可以多算一位。例如,9.12 实际上只有三位,但它接近于 10.00,故可以认为它有 4 位有效数字。

(4) 加减运算。数字的加减是各个测量值绝对误差的传递过程,绝对误差最大的测量值的绝对误差决定了分析结果的不确定性。因此,几个数据相加减时,其和或差的有效数字的保留应以小数点后位数最少的数据为依据,即有效数字的保留取决于绝对误差最大的那个数据。例如,将 0.012 1、25.64 和 1.057 82 三个数相加,若各数最后一位为可疑数字,则 25.64 中的"4"已是可疑数字。因此,三个数相加后,小数点后第二位已属可疑,所以应先把其他多余的数字按"四舍六入五留双"原则舍弃,然后再相加,0.012 1 应写成 0.01,1.057 82 应写成 1.06。三者之和为:0.01+25.64+1.06=26.71。

(5) 乘除运算。数字的乘除是各个测量值相对误差的传递过程,结果的相对误差应与各测量值中相对误差最大的那个数相适应。因此,在乘除法运算中通常根据有效数字位数最少的数来进行修约。例如,

$$\frac{0.0325\times5.103\times60.06}{139.8}=0.071250$$

各数的相对误差分别为

$$E_{r(1)}=\frac{\pm0.0001}{0.0325}\times100\%=\pm0.3\%$$

$$E_{r(2)}=\frac{\pm0.001}{5.103}\times100\%=\pm0.02\%$$

$$E_{r(3)}=\frac{\pm0.01}{60.06}\times100\%=\pm0.02\%$$

$$E_{r(4)}=\frac{\pm0.1}{139.8}\times100\%=\pm0.07\%$$

相对误差最大的数据 0.032 5 有 3 位有效数字,故计算结果应为 0.071 2。

运算时可先修约,修约时应多保留一位有效数字,多出的一位数字称为安全数字。

在确定计算结果的有效数字位数时,还应注意以下几点。

(1) 有些分数或自然数,如某个物质的量比为 1∶2,在这儿不能把"1"或"2"看成只有一位有效数字,而把其他数都处理成一位,应该把它们看成足够多有效数字,因为它们不是测量数据,而是自然数。

(2) 表示误差时,取一位有效数字就可以了,最多取两位。

(3) 表示含量时,若含量不小于 10%,用四位有效数字;若含量为 1%~10%,用三位有效数字。

2.4 回归分析法

回归分析是研究随机现象中变量之间关系的一种数理统计方法,它在生产实践和科学研究中有着广泛的应用。目前在寻找经验公式、探索新配方、制定新标准、预测效果等方面都已取得不少成绩。

在生产实践及科学研究中，同一个事物中常常有多个变量存在，而且它们相互关联、相互制约。这种关联和制约表明它们之间客观存在一定关系。但要找出它们之间关系的数学解析式是非常困难的，有时是不可能的。因此，需要用数理统计的方法，在大量的实验中，寻找出隐藏在各变量间的统计规律性或近似的数学模型，这种关系称为回归关系。有关回归关系的计算方法及理论称为回归分析。

回归分析的主要内容如下：

(1) 从一组数据出发，确定这些变量间的定量关系式；

(2) 对这些关系的可信度进行统计检验；

(3) 寻找某个因变量和哪些自变量有关，及其影响程度；

(4) 利用上述关系，进行预测和控制；

(5) 选择较少的实验点，获得更多的信息，对实验进行较好的设计。

2.4.1　一元线性回归方程

在生产实践和科学研究中，测得的物理量之间常常存在着线性关系。如光度法、电位法的工作曲线，滴定中滴定剂消耗量与被测组分的含量之间的关系等。又如，在分光光度法实验中用邻二氮杂菲测定铁的含量，测得一组标准溶液的吸光度为 $A_1, A_2, \cdots, A_5$，它们对应的浓度分别为 $C_1, C_2, \cdots, C_5$，可据此绘制标准工作曲线，若在同样条件下测得未知溶液的吸光度为 A_x，则从工作曲线上很容易查得浓度为 C_x。

对同样的实验数据，不同的人所绘制的标准工作曲线不会完全相同，根据未知溶液的吸光度所查得的浓度也就不会相同。手工绘制标准工作曲线的要求是让直线尽可能通过所有工作点，这是一个定性的做法，没法进行定量的说明，从绘制标准工作曲线所获得的几组数据中，也不能得到更多的统计信息。

一元线性回归的目的就是通过一组实验数据进行最小二乘法回归处理，求出直线的斜率和截距，并根据一定的统计方法处理，得到较多的统计信息，对实验数据的线性相关性进行检验及预测等。

设有一组数据 $(x_1, y_1), (x_2, y_2), \cdots, (x_n, y_n)$，它们之间存在以下线性关系：

$$y = a + bx \tag{2-13}$$

若将 $(x_i, y_i)(i = 1, 2, \cdots, n)$ 代入式(2-13)，得到计算值

$$\hat{y}_i = a + bx_i \tag{2-14}$$

它们与测量值的偏差 $\Delta y_i = y_i - \hat{y}_i$ 应尽可能地小，令

$$Q = \sum_{i=1}^{n} (y_i - \hat{y}_i)^2$$

则根据最小二乘法原理可以得到线性方程组

$$\frac{\partial Q}{\partial a} = -2\sum_{i=1}^{n} (y_i - a - bx_i) = 0$$

$$\frac{\partial Q}{\partial b} = -2\sum_{i=1}^{n} (y_i - a - bx_i)x_i = 0$$

即

$$na + b\sum_{i=1}^{n} x_i = \sum_{i=1}^{n} y_i \quad 也即 \quad a + b\bar{x} = \bar{y} \tag{2-15}$$

$$a\sum_{i=1}^{n}x_i + b\sum_{i=1}^{n}x_i^2 = \sum_{i=1}^{n}x_iy_i \tag{2-16}$$

其中
$$\bar{x} = \frac{1}{n}\sum_{i=1}^{n}x_i \tag{2-17}$$

$$\bar{y} = \frac{1}{n}\sum_{i=1}^{n}y_i \tag{2-18}$$

解式(2-15)、式(2-16)联立而成的方程组,即可算得 a、b 的值。

为了得到更多的统计信息,对回归得到的方程做如下讨论。根据差方和的关系,定义

$$l_{xx} = \sum_{i=1}^{n}(x_i-\bar{x})^2 = \sum_{i=1}^{n}x_i^2 - \frac{1}{n}\Big(\sum_{i=1}^{n}x_i\Big)^2 \tag{2-19}$$

$$l_{yy} = \sum_{i=1}^{n}(y_i-\bar{y})^2 = \sum_{i=1}^{n}y_i^2 - \frac{1}{n}\Big(\sum_{i=1}^{n}y_i\Big)^2 \tag{2-20}$$

$$l_{xy} = \sum_{i=1}^{n}(x_i-\bar{x})(y_i-\bar{y}) = \sum_{i=1}^{n}x_iy_i - \frac{1}{n}\Big(\sum_{i=1}^{n}x_i\sum_{i=1}^{n}y_i\Big) \tag{2-21}$$

则
$$b = \frac{l_{xy}}{l_{xx}} \tag{2-22}$$

$$a = \bar{y} - b\,\bar{x} \tag{2-23}$$

由式(2-15)可知,回归方程一定通过($\bar{x}$,$\bar{y}$)点,这对作回归直线是重要的。a、b 又称为回归系数。

【例 2-11】 用分光光度法测定合金钢中 Mn 的含量,吸光度与 Mn 的含量间有下列关系:

Mn 的质量 $m/\mu g$	0	0.02	0.04	0.06	0.08	0.10	0.12	未知样
吸光度 A	0.032	0.135	0.187	0.268	0.359	0.435	0.511	0.242

试列出标准曲线的回归方程,并计算未知试样中 Mn 的含量。

解 在此组数据中,组分浓度为零时,吸光度不为零,这可能是在试剂中含有少量 Mn,或者含有其他在该测量波长下有吸光的物质。

设未知试样中 Mn 的含量为 x,吸光度值为 y,先按式(2-22)及式(2-23)计算回归系数 a、b 值。(n=7)

$$\bar{x} = 0.06,\quad \bar{y} = 0.275$$

$$l_{xy} = \sum_{i=1}^{7}(x_i-\bar{x})(y_i-\bar{y}) = 0.044\ 2$$

$$l_{xx} = \sum_{i=1}^{7}(x_i-\bar{x})^2 = 0.011\ 2$$

故
$$b = \frac{l_{xy}}{l_{xx}} = \frac{0.044\ 2}{0.011\ 2} = 3.95$$

$$a = \bar{y} - b\,\bar{x} = 0.275 - 3.95\times 0.06 = 0.038$$

该标准曲线的回归方程为

$$y = 0.038 + 3.95x$$

未知试样的吸光度为

$$y = 0.242$$

$$x = \frac{0.242-0.038}{3.95}\ \mu g = 0.052\ \mu g$$

2.4.2　回归方程的检验

因变量 y 与自变量 x 之间是否确实存在线性相关关系，在求一元线性回归方程的过程中并没有回答这个问题。即使是对平面上任何一群杂乱无章的实验点，也可用最小二乘法求得回归方程，然而，这样求得的回归方程是否有实际意义，在数学上对此提供了一些检验方法。

1. 相关系数检验法

对于 y 的每次测量值，其方差大小通过该次测量值与平均值 $\bar{y}$ 的差值来表示，则总方差和

$$S = \sum_{i=1}^{n}(y_i - \bar{y})^2 = \sum_{i=1}^{n}[(y_i - \hat{y}_i) + (\hat{y}_i - \bar{y})]^2$$

$$= \sum_{i=1}^{n}(y_i - \hat{y}_i)^2 + \sum_{i=1}^{n}(\hat{y}_i - \bar{y})^2 + 2\sum_{i=1}^{n}(y_i - \hat{y}_i)(\hat{y}_i - \bar{y})$$

从统计学上看，等式右边的第三项为零，所以

$$S = \sum_{i=1}^{n}(y_i - \hat{y}_i)^2 + \sum_{i=1}^{n}(\hat{y}_i - \bar{y})^2 \tag{2-24}$$

即　　总方差和(S)＝剩余方差和(Q)＋回归方差和(U)

U 反映在 y 的总变差中由 x 和 y 的线性关系而引起的 y 的变化的部分，它的数值越大越好；Q 则反映测量值 y_i 与按拟合函数计算值 $\hat{y}_i$ 的偏差，越小越好。拟合的好坏取决于 U 在 S 中所占的比例，故定义线性相关系数 r 为

$$r = \sqrt{\frac{U}{S}} = \frac{l_{xy}}{\sqrt{l_{xx}l_{yy}}} \tag{2-25}$$

$|r| \leqslant 1$。r 越大，表示相关性越好。$r>0$，y 与 x 正相关，直线的斜率为正；$r<0$，y 与 x 负相关，直线的斜率为负；$r=0$，y 与 x 不相关，即 y 与 x 之间无线性关系。r 值的取值为多少才使得 y 与 x 之间有相关关系呢？这可由自由度 f 及指定置信度下的 $r_{\alpha,f}$ 值来判断，这称为 r 检验法。$r_{\alpha,f}$ 可以从相关系数检验表 2-4 中查得。如果 r 的计算值大于相同 f 及指定 α 下的 $r_{\alpha,f}$，则说明 y 与 x 显著相关；否则，y 与 x 之间无线性关系，拟合函数即失去意义。

表 2-4　检验相关系数的临界值表

置信度 \ $f=n-2$	1	2	3	4	5	6	7	8	9	10
90%	0.988	0.900	0.805	0.729	0.669	0.622	0.582	0.549	0.521	0.497
95%	0.997	0.950	0.878	0.811	0.755	0.707	0.666	0.632	0.602	0.576
99%	0.999 8	0.990	0.959	0.917	0.875	0.834	0.798	0.765	0.735	0.708
99.9%	0.999 99	0.999	0.991	0.974	0.951	0.925	0.898	0.872	0.847	0.822

【例 2-12】 求例 2-11 中标准曲线回归方程的相关系数，并判断 Mn 的含量与吸光度之间线性关系如何(置信度为 99%)。

解　按式(2-25)，有

$$r = \frac{l_{xy}}{\sqrt{l_{xx}l_{yy}}} = \frac{0.044\ 2}{\sqrt{0.011\ 2 \times 0.175}} = 0.998\ 3$$

查表 2-4，$r_{99\%,5} = 0.875 < r$

因此,Mn 的含量与吸光度之间具有很好的线性关系。

2. F 检验法

在实际工作中也常用 F 检验法。

$$F=\frac{(n-2)r^2}{1-r^2} \tag{2-26}$$

在一元线性回归分析中,$f_S=n-1$,$f_Q=n-2$,$F_U=1$,根据给定的置信度 α,从 F 检验表中查得 $F_\alpha(f_U,f_Q)$的临界值。若计算得到的 F 值大于 $F_\alpha(f_U,f_Q)$,则说明 y 与 x 之间有线性关系;否则,y 与 x 之间无线性关系。

3. 回归的精度

回归的精度可以用剩余标准偏差 σ 来估计,其表达式为

$$\sigma=\sqrt{\frac{Q}{n-2}}=\sqrt{\frac{(1-r)^2}{n-2}}=\sqrt{\frac{l_{xx}-bl_{xy}}{n-2}} \tag{2-27}$$

σ 值越小,表示根据拟合函数预测的 y 就越准确。若在拟合函数所表示的直线

$$y=a+bx$$

两侧各画一条直线

$$y'=a+bx+z\sigma$$
$$y''=a+bx-z\sigma$$

可以预料,在全部可能出现的 y 值中,当 $z=0.5$ 时,则 38.0%的点落在这两条直线所夹的范围之内;当 $z=1$ 时,则 68.3%的点落在这两条直线所夹的范围之内;当 $z=2$ 时,大约有95.4%的点落在这两条直线所夹的范围之内;当 $z=3$ 时,则99.7%的点落在这两条直线所夹的范围之内。

4. a、b 的变动性

由于 y 是随机量,因此,根据样本值(x_i,y_i)计算得到的 a、b 值也是随机量,也就是说,同一个实验做若干次,或由不同人来做,每次得到的 a、b 值是不完全相同的,在统计学上用 a、b 的方差来衡量 a、b 的变动性。其计算式为

$$\sigma_a=\sigma\sqrt{\frac{\sum_{i=1}^{n}x_i^2}{nl_{xx}}}$$

$$\sigma_b=\frac{\sigma}{\sqrt{l_{xx}}}$$

σ_a和σ_b也是衡量拟合函数好坏的一对重要参数,由其计算式可见,a、b 变动性的大小与剩余标准偏差 σ 的大小及 x_i 的波动有关,x_i 越分散,σ_a 和 σ_b 就越小。另外,σ_a 还与测量点数 n 有关,n 值越大,σ_a 就越小。这就从统计学上指明了改进实验的方法。最后,根据拟合函数预测 y 时,还与 x 有关,即 x 越靠近$\bar{x}$,预测就越准,因此,在计算时,一般做内插预测,而不要任意外推。

本章小结

1. 定量分析中的误差

系统误差(方法误差、仪器与试剂误差、操作误差)的分类及其特点(单向性、重现性和可

测性)，随机误差的特点(对称性、单峰性和有界性)。准确度和精密度的含义、准确度与误差的关系、精密度与偏差的关系。系统误差影响测定结果的准确度，随机误差对测定的精密度与准确度均有影响。误差的传递，以及减小误差提高分析准确度的方法。

2. 测定数据的统计处理

有限次测定随机误差的 t 分布规律及其与正态分布的区别与联系；描述测定值的集中趋势和离散性，置信度与置信区间的含义及 μ 值置信区间的计算；显著性检验的含义和检验分析数据的方法(t 检验法——准确度检验，F 检验法——精密度检验)；可疑数据的取舍，区分可疑数据是由随机误差还是由过失所引起的，并给出相应的检验方法(Q 检验法)；有效数字的概念、修约和运算规则；能根据准确度的要求正确选择量器和分析方法，在数据处理中正确取舍有效数字，正确表示测定结果。

3. 回归分析法

回归分析的意义及其研究内容；一元线性回归方程的推导及其在分析数据中的应用；判别分析数据相关性的方法。

阅读材料

化学信息学

化学信息学(chemoinformatics)是一门应用信息学方法来解决化学问题的学科。20世纪中后期，伴随着计算机技术的发展，化学家开始意识到，多年来所积累的大量信息，只有通过计算机技术才能让科学界容易获取和处理。换言之，这些信息必须以数据库的形式存在，才能为科学界所用。1973年，在荷兰 Nordwijkerhout 举办了“化学信息学的计算机表征与处理”研讨班，标志着一个崭新的化学分支学科——“化学信息学”应运而生，而且它隐含在化学各分支之间。

化学信息是一种信息源的混合体。化学信息学可将数据转换为信息，再由信息转换为知识。它包含化学信息的设计、制造、组织、处理、检索、分析、传播和使用。化学信息学是近几年发展起来的一个新的化学分支，它利用计算机和计算机网络技术，对化学信息进行组织、表示、管理、分析、模拟、传播和使用，以实现化学信息的提取、转化与共享，揭示化学信息的实质与内在联系，促进化学学科的知识创新。

作为化学量测科学，分析化学从采样、实验设计到分析信号的数据处理和解析、化学信息的提取与利用，无一不涉及化学计量学所研究的统计与数学方法。化学计量学对现代分析化学基础理论的发展作出了重要贡献，基本形成了分析信息理论、分析采样理论、分析实验设计与优化理论、分析检测理论、分析校正理论、分析误差理论、分析仪器信号处理技术、化学数据库及专家系统技术等，极大地丰富了现代分析化学的理论与技术工具。

另外，化学信息学的发展将推动传统的化学教育模式的改革，为培养能适应现代社会发展需求，有足够解决实际问题能力，有现代创新人格的更多更好的高素质的综合型创新人才开辟了新天地。

习　　题

1. 试述准确度和精密度的关系。
2. 提高分析准确度的方法有哪些?
3. 试述误差的分类及其特点,并说明其相对应的可能的误差来源。
4. 影响置信区间的因素是什么?
5. 在进行有限量实验数据的统计检验时,如何正确选择置信度?
6. 指出下面分别是方法误差、仪器误差、试剂误差和操作误差中的哪一种,并指出消除它们的办法。
   (1) 砝码受腐蚀;
   (2) 天平的两臂不等长;
   (3) 容量瓶与移液管不配套;
   (4) 在重量分析中,试样的非被测组分被沉淀;
   (5) 配制试样所用溶剂中含有被测组分;
   (6) 试样在称量过程中吸湿;
   (7) 化学计量点不在指示剂的变色范围内;
   (8) 在分光光度测定中,吸光度读数不准(读数误差);
   (9) 在分光光度测定中,波长指示器所示波长与实际波长不符;
   (10) 在 pH 值测定中,所用的基准物质不纯。
7. 判断下列叙述是否正确,错误的请指出并纠正。
   (1) 方法误差属于系统误差;　(2) 系统误差包括操作误差;
   (3) 系统误差又称为可测误差;　(4) 系统误差呈正态分布;
   (5) 系统误差具有单向性。
8. 下列情况中,使分析结果产生负误差的是哪几项?
   (1) 以 HCl 溶液滴定某碱性试样,所用滴定管未洗净,滴定时内壁挂液珠。
   (2) 用于标定标准溶液的基准物质在称量时吸潮了。
   (3) 滴定速度太快,并在达到终点后立即读取滴定管读数。
   (4) 测定基本单元($H_2C_2O_4 \cdot 2H_2O$)的摩尔质量时,$H_2C_2O_4 \cdot 2H_2O$ 失去了部分结晶水。
   (5) 滴定前用标准溶液荡洗了用于滴定的锥形瓶。
9. 试写出下列系统误差的校正方法。
   (1) 主观系统误差;　(2) 仪器系统误差;　(3) 试剂系统误差。
10. 下列数据各包括了几位有效数字?
   (1) 0.052 0;　(2) 13.050;　(3) 0.035 20;
   (4) 3.2×10^{-5};　(5) $pK_a=5.23$;　(6) pH=8.30。

((1)3;(2)5;(3)4;(4)2;(5)2;(6)2)

11. 根据有效数字的运算规则进行计算。
   (1) $\frac{8.563}{2.1}-1.025$;　(2) $(5.64-0.25)\times0.123\ 2$;　(3) $\frac{0.532\times3.124}{2.023\times25.28}$。

((1)3.1;(2)0.66;(3)0.032 5)

12. 某人以差示光度法测定某药物中主成分含量时,称取 0.025 0 g 此药物,最后计算其主成分含量为 98.25%,此结果是否正确?若不正确,正确值应为多少?

(此结果不正确,正确值为 98.2%)

13. 对某铁矿中铁的质量分数测定 10 次,得到下列结果(%):15.48、15.51、15.52、15.52、15.53、15.53、

15.54、15.56、15.56、15.65。以 Q 检验法判断在置信度为 90%时有无可疑值需舍弃（$n=10, Q_{0.90}=0.40$；$n=9, Q_{0.90}=0.44$；$n=8, Q_{0.90}=0.47$）。若有，请指出。

（有，15.65）

14. 用分析天平称样，一份 0.203 4 g，一份 0.002 0 g，称量的绝对误差均为+0.000 2 g，试计算两次称量的相对误差。从中可以得出什么结论？

（0.1%，10%）

15. 某分析工作者拟定了一种分析矿石中 Cu 含量的新方法，他用此新方法对某含 Cu 量为 9.82 mg/kg 的标准样品分析 5 次，分析结果的平均值为 9.94 mg/kg，标准偏差为 0.10 mg/kg。新方法在置信度为 95%时，是否存在系统误差？（$t_{95\%,4}=2.776$，$t_{95\%,5}=2.571$）

（$t=2.68>2.571$，存在系统误差）

16. 用某种新方法测定试样中的含锰量，用含锰量为 11.7 g/kg 的标准样品得到下列 5 个分析结果(g/kg)：10.9、11.8、10.9、10.3、10.0。试问采用新方法后是否引起系统误差(置信度为 95%)。（$t_{95\%,4}=2.776$，$t_{95\%,5}=2.571$）

（$t=2.87>2.571$，存在系统误差）

17. 用移液管移取 25.00 mL NaOH 溶液，以 0.100 0 mol/L HCl 溶液滴定，用去 30.00 mL。已知用移液管移取溶液的标准偏差 $S_1=0.02$ mL，每次读取滴定管读数的标准偏差 $S_2=0.01$ mL。假设 HCl 溶液的浓度是准确的，试计算标定 NaOH 溶液的标准偏差。

（0.000 1 mol/L）

18. 对某未知试样中 Cl^- 的百分含量进行测定，4 次结果为 47.64%、47.69%、47.52%、47.55%。试计算置信度为 90%、95%和 99%时的总体均值 μ 的置信区间。

（(47.60±0.09)%，(47.60±0.13)%，(47.60±0.23)%）

19. 某药厂分析某批次药品中的活性成分含量，得到下列结果：20.39%、20.41%和 20.43%。试计算该活性成分含量的平均值的标准偏差及置信度为 95%时的置信区间。

（0.01%，(20.41±0.05)%）

20. 甲、乙两人分析同一试样中某成分的含量，两人所得数据(%)如下：

甲　7.38　7.62　7.46　7.38　7.53　7.47

乙　7.47　7.38　7.47　7.50　7.45　7.50

(1) 试计算每组数据的平均值、标准偏差、置信度为 99%时的置信区间；

(2) 用 F 检验法和 t 检验法判断两人的分析结果在置信度为 95%时是否存在显著性差异。

（(1)甲　7.47%，0.09%，(7.47±0.14)%。乙　7.46%，0.04%，(7.47±0.06)%；
(2)$F=4.37<5.05$，$t=0.24<2.571$，无显著性差异）

21. 用分光光度法测定硅的含量。测得数据如下，试列出标准曲线的回归方程和相关系数。

硅标准溶液的浓度 C/(mg/mL)	0.100	0.200	0.300	0.400	0.600	0.800
吸光度 A	0.114	0.212	0.335	0.434	0.670	0.868

（$A=0.002+1.09C$，$r=0.999\ 6$）

第3章 滴定分析

3.1 滴定分析法概述

滴定分析法(titrimetric analysis)是化学分析法中最重要的分析方法之一。滴定分析法又称为容量分析法,主要用于组分含量在1%以上的高、中含量组分(称为常量组分)的测定。该法的特点是准确度高,其分析误差可达±0.1%,能够满足一般工作的要求,同时所需的仪器设备简单、价廉,操作简便、快速,并且可应用多种类型的化学反应进行测定,方法成熟、可靠。因此,它是目前最常用的定量分析方法。

3.1.1 滴定分析法的基本概念和术语

滴定分析法:将已知浓度的试剂溶液滴加到待测物质的溶液中,或者将待测物质的溶液滴加到标准溶液中,使标准溶液与待测组分按照化学计量关系恰好完全反应,根据加入试剂的量(浓度与体积),计算待测组分的含量。下面是在滴定分析法中经常用到的一些术语及其定义。

(1) 标准溶液(standard solution):浓度准确已知的试剂溶液,又称为滴定剂(titrant)。

(2) 待测溶液:含有待测组分的试样溶液。

(3) 滴定(titration)和标定(standardization):将标准溶液由滴定管滴加到待测溶液的过程称为滴定;若滴定是为了确定标准溶液的浓度,则此过程称为标定。

(4) 化学计量点(stoichiometric point):标准溶液与待测组分恰好按化学计量关系完全反应的那一点,也称为理论终点、等量点(equivalent point)。

(5) 指示剂(indicator):在实际滴定操作时,常在待测物质的溶液中加入一种辅助试剂,将其颜色变化作为到达化学计量点的指示信号,这种辅助试剂称为指示剂。

(6) 滴定终点(end point of titration):滴定过程中指示剂发生颜色突变而终止滴定反应的那一点。

(7) 终点误差(end point error):在实际分析操作中,滴定终点与化学计量点的不一致而造成的测定误差,其大小取决于化学反应的完全程度和指示剂的选择合适度,终点误差又称为滴定误差(titration error)。

(8) 基准物质(primary standard substance):那些能够直接用来配制标准溶液或标定溶液浓度的物质。

3.1.2 滴定分析的操作程序

滴定分析法的操作主要包括以下步骤:标准溶液的配制、标准溶液的标定和待测物质含量的测定。下面分别加以介绍。

1. 标准溶液的配制

1）直接配制法

直接称取一定量的基准物质，溶解后转入容量瓶中，稀释定容。根据溶质的量和溶液的体积可计算出该溶液的准确浓度。

基准物质必须符合下列条件：

(1) 物质的组成应与化学式相符，若含结晶水，其结晶水的含量也应与化学式相符；

(2) 试剂纯度高，含量一般要求在99.9%以上；

(3) 试剂要稳定，例如，不易吸收空气中的水分及二氧化碳，不易被空气氧化等；

(4) 有比较大的相对分子质量，以减少称量所引起的相对误差；

(5) 试剂在滴定反应过程中严格按反应式定量进行，无副反应。

常用的基准物质有邻苯二甲酸氢钾、二水合草酸、重铬酸钾、十水合碳酸钠、氯化钠等。

2）间接配制法

由于大多数试剂不能满足基准物质的条件，也就不能直接用来配制标准溶液。这时可先将它们配成近似所需浓度的溶液，再通过该物质与一种基准物质或另外一种已知浓度的溶液的反应测量出该溶液的准确浓度，这种方法称为间接配制法(又称为标定法)。

2. 标准溶液浓度的标定

可以用待标定溶液滴定一定量的基准物质的溶液来确定其浓度，也可以用待标定溶液和已知准确浓度的标准溶液进行相互滴定，测定该待测溶液的浓度。例如，欲标定 HCl 溶液的浓度，可称取一定量的分析纯无水碳酸钠(基准物质)，将其溶于水中，然后用此 HCl 溶液进行滴定。其反应式为

$$2HCl + Na_2CO_3 = 2NaCl + H_2O + CO_2 \uparrow$$

当反应完全时，根据滴定所用此 HCl 溶液的体积和碳酸钠的质量，即可求出 HCl 溶液的准确浓度。

3. 待测物质含量的测定

标准溶液的浓度确定后，即可对待测物质的含量进行测定。例如：已标定的 HCl 溶液可以用来测定某些碱性物质的含量；已标定的氧化剂溶液可以用来测定某些还原性物质的含量。

3.1.3 滴定分析法的分类和滴定反应条件

1. 滴定分析法的分类

目前滴定分析法按反应类型主要分为酸碱滴定法、配位滴定法、氧化还原滴定法和沉淀滴定法等。

1）酸碱滴定法(又称为中和法)

这是以质子传递为基础的滴定分析法，可用来测定酸、碱含量。其反应式为

$$H_3O^+ + OH^- = 2H_2O$$

$$H_3O^+ + A^- = HA + H_2O$$

2）配位滴定法

这是以配位反应为基础的滴定分析法，主要用于测定各种金属离子的含量。最常使用的是以 EDTA(配位体)作为滴定剂来滴定各种金属离子，化学反应通式为

$$M^{n+} + H_2Y^{2-} = MY^{n-4} + 2H^+$$

式中的 M^{n+} 表示金属离子,H_2Y^{2-} 为 EDTA 阴离子,MY^{n-4} 则为金属离子与 EDTA 生成的配合物。

3) 氧化还原滴定法

这是以氧化还原反应为基础的滴定分析法,可以测定具有氧化还原性质的物质的含量,以及能与氧化还原剂起定量反应的物质的含量。例如,常用 $K_2Cr_2O_7$ 标准溶液来滴定二价铁离子,反应式为

$$6Fe^{2+} + Cr_2O_7^{2-} + 14H^+ = 6Fe^{3+} + 2Cr^{3+} + 7H_2O$$

4) 沉淀滴定法

这是利用沉淀反应进行滴定的方法,最常用的是以 $AgNO_3$ 标准溶液滴定卤化物,反应式为

$$Ag^+ + Cl^- = AgCl \downarrow$$

以上四种类型的滴定分析方法将在第 4 章至第 7 章中详细讨论。

2. 滴定分析法对化学反应的要求

化学反应的类型很多,但能够用于滴定分析的化学反应必须具备以下条件:

(1) 化学反应能按一定的化学计量关系定量进行;

(2) 化学反应进行完全,能达到 99.9%以上,并无副反应发生;

(3) 化学反应的速率要快,如果反应速率较慢,则可采取相应措施以提高其反应速率;

(4) 有合适、简便的方法来指示滴定终点的到达。

3.1.4 滴定方式

如果化学反应具备上述的四个条件,就可采用直接滴定法的方式进行滴定。此外,有些反应不完全符合上述要求,可采用其他方法进行滴定。

1. 直接滴定法

如果滴定反应能满足滴定分析的要求,就可以采用标准溶液对试样进行直接滴定,这种滴定方式称为直接滴定法,这是最常用和最基本的滴定方式。

2. 返滴定法

若滴定反应速率较慢或滴定的是固体物质,反应不能立即完成或者没有合适的指示剂来指示滴定终点,此时不能用直接滴定法。可先准确地加入过量的滴定剂,与试剂中的待测物质或固体试样反应,待反应完成后,再用另一种标准溶液滴定剩余的滴定剂,根据反应中实际消耗滴定剂的量计算待测物质的含量,这种滴定方式称为返滴定法,又称为回滴法。

例如,用 HCl 标准溶液不能直接滴定 $CaCO_3$,由于在接近化学计量点时 $CaCO_3$ 溶解得很慢,甚至不能完全溶解,所以不可采用直接滴定法。此时可加入过量 HCl 标准溶液使之与 $CaCO_3$ 完全反应,剩余的 HCl 可用 NaOH 标准溶液返滴定,根据所使用 HCl 和 NaOH 的量计算出 $CaCO_3$ 的含量。

当没有合适的指示剂时,往往也采用返滴定法。例如,用 $AgNO_3$ 标准溶液滴定 Cl^- 时,若无合适的指示剂,此时可先加入过量的 $AgNO_3$ 标准溶液,剩余的 $AgNO_3$ 可用 NH_4SCN 标准溶液返滴定,以 Fe^{3+} 为指示剂,当出现淡红色($Fe(SCN)^{2+}$ 的颜色)时,即为终点。

3. 置换滴定法

对于一些不按确定化学计量关系进行(如伴有副反应)的化学反应,不能用直接滴定法来滴定待测组分,此时可通过它与另外一种试剂发生反应,转换出一定量的可以被滴定的物质,然后用适当的滴定剂进行滴定,这种滴定方式称为置换滴定法。

例如,$Na_2S_2O_3$不能用来直接滴定 $K_2Cr_2O_7$或其他强氧化剂,因为在酸性溶液中这些强氧化剂能将 $S_2O_3^{2-}$ 氧化为 SO_4^{2-} 及 $S_4O_6^{2-}$ 等混合物,反应没有定量的化学计量关系。但若在 $K_2Cr_2O_7$的酸性溶液中加入过量的 KI,KI 与 $K_2Cr_2O_7$发生氧化还原反应并析出一定量的 I_2,再将溶液调为弱酸性,即可用 $Na_2S_2O_3$标准溶液滴定生成的 I_2,从而计算出 $K_2Cr_2O_7$的含量,其反应式如下:

$$Cr_2O_7^{2-} + 6I^- + 14H^+ = 2Cr^{3+} + 3I_2 + 7H_2O$$

$$I_2 + 2S_2O_3^{2-} = 2I^- + S_4O_6^{2-}$$

这种方法常用于以 $K_2Cr_2O_7$作为基准物质来标定 $Na_2S_2O_3$溶液的浓度。

4. 间接滴定法

对不能与滴定剂直接反应的物质,有时可以通过另外的化学反应进行间接滴定。例如,Ca^{2+}没有可变价态,不能直接用氧化还原法滴定,但可先使 Ca^{2+}生成 CaC_2O_4沉淀,过滤洗净后用 H_2SO_4溶解,产生的 $H_2C_2O_4$便可用 $KMnO_4$标准溶液滴定,从而间接测得 Ca^{2+}的含量。

3.2 物质组成的标度方法

在滴定分析法中,物质组成的标度方法包括待测组分含量和标准溶液浓度的表示方法,这里主要介绍待测组分含量的表示方法,标准溶液浓度的表示方法将在下一节中介绍。

3.2.1 不同试样组成的表示方法

对于待测组分的含量,不同的物质形态有不同的表示方法。下面分别对固体试样、液体试样和气体试样加以阐述。

1. 固体试样

固体试样(B)中待测组分的含量,通常以质量分数(w_B)表示,量纲为 1。

2. 液体试样

液体试样中待测组分的含量可用下列方式来表示。

(1) 物质的量浓度:待测组分的物质的量与试液的体积的比值,常用单位为 mol/L。

(2) 质量摩尔浓度:待测组分的物质的量与溶剂质量的比值,单位为 mol/kg。

(3) 质量分数:待测组分的质量与试液质量的比值,量纲为 1。

(4) 摩尔分数:待测组分的物质的量与试液物质的量的比值,量纲为 1。

(5) 体积分数:待测组分的体积与试液体积的比值,量纲为 1。例如,75%乙醇溶液表示 100 mL 乙醇溶液中含有 75 mL 乙醇。

(6) 质量浓度:单位体积中某种物质的质量,以 kg/L、g/L、mg/L、μg/L、g/mL、mg/mL、μg/mL 等为单位。

3. 气体试样

气体试样中的常量或微量组分的含量,通常以体积分数表示,即待测组分的体积与总体积的比值,量纲为1。

3.2.2 溶液组成的表示方法

在化学分析工作中,随时都要使用各种浓度的溶液。溶液的浓度是指在一定量的溶液或溶剂中,所含溶质的量。根据对准确度的不同要求,溶液浓度值的有效数字可以是不同的。像常用的试剂、沉淀剂、指示剂、缓冲溶液等,通常只需要一位有效数字,如5%$(NH_4)_2C_2O_4$溶液、0.5%酚酞、2 mol/L H_2SO_4溶液等。而在滴定分析中用的标准溶液浓度值,则需要准确到四位有效数字。如0.250 1 mol/L HCl标准溶液。

1. 常用的几个基本量

在具体介绍浓度表示法之前,先根据SI单位制对常用的几个基本量进行介绍。

(1) 质量:以 m 表示,单位为kg。例如,0.5 kg的Zn,即 $m_{Zn}=0.5$ kg。

(2) 摩尔:1 mol物质所包含的基本单元数就是 6.023×10^{23}个(阿伏伽德罗常数),基本单元可以是原子、分子、离子、电子或其他粒子,使用时应予以说明。例如,1 mol Cu原子为 6.023×10^{23}个Cu原子。

(3) 摩尔质量:1 mol某物质的质量。用 M 表示,单位为kg/mol。例如,NaOH的摩尔质量为 40.00×10^{-3} kg/mol,即 $M_{NaOH}=40.00\times10^{-3}$ kg/mol 或 $M_{NaOH}=40.00$ g/mol。

(4) 物质的量:用 n 表示,其单位为mol或mmol。n_B代表物质B的物质的量。即表示基本单元数 N(分子、离子等)除以阿伏伽德罗常数 N_B,$n_B=N/N_B$。例如,对于58.44 g的NaCl,其NaCl的物质的量则为

$$n_{NaCl}=\frac{m_{NaCl}}{M_{NaCl}}=\frac{58.44\times10^{-3}}{58.44\times10^{-3}}\ \text{mol}=1.000\ \text{mol}$$

2. 常用的几种浓度表示法

下面对使用较多的几种浓度表示方法分别加以介绍。

(1) 物质的量浓度:若体积为 V 的溶液中所含溶质B的物质的量为 n_B,则溶液的物质的量浓度 c_B 为

$$c_B=\frac{n_B}{V_B} \tag{3-1}$$

若溶质B的质量为 m_B,其摩尔质量为 M_B,可知溶质B的物质的量 n_B,即

$$n_B=\frac{m_B}{M_B} \tag{3-2}$$

由此可知溶质的质量 m_B与物质的量浓度 c_B、溶液的体积 V_B、摩尔质量 M_B之间的关系,即

$$c_B=\frac{m_B}{M_BV_B}\quad 或\quad m_B=c_BM_BV_B \tag{3-3}$$

(2) 质量分数:指待测组分的质量除以试样(液)的质量,其量纲为1,一般用 ω_B表示。如果试样中含待测物质B的质量以 m_B表示,试样的质量以 m_S表示,其比值称为物质B的质量分数,以符号 w_B表示,即

$$w_B=\frac{m_B}{m_S} \tag{3-4}$$

应当注意的是 m_B 与 m_S 的单位应当一致。其结果可表示成指数形式。

一般所称物质的含量就是用“%”表示的质量分数(即该物质的百分含量)。例如,某铜合金中 Fe 的含量为 0.56%,实际上其质量分数 w_B 为 0.005 6。

当待测组分含量非常低时,可采用 μg/g(或 10^{-6})、ng/g(或 10^{-9})和 pg/g(或 10^{-12})表示。

根据国际标准,现仅采用%表示 10^{-2},其余均予以废除。如 $w_{Ag}=3.2\times10^{-6}=3.2\times10^{-4}\%$。

(3) 质量浓度:物质 B 的质量浓度为物质 B 的质量除以溶液的总体积。B 的质量浓度为

$$\rho_B = \frac{m_B}{V} \tag{3-5}$$

式中:ρ_B 为 B 的质量浓度,单位和密度单位相同,常用 kg/L、g/L、mg/L 或 μg/L 等表示;V 为溶液的体积,常用单位为 L 或 mL;m_B 为 B 的质量,常用单位为 kg、g、mg 或 μg 等。

物质的量浓度与质量浓度的关系如下:

$$\rho_B = \frac{m_B}{V} = \frac{n_B M_B}{V} = c_B M_B \tag{3-6}$$

3. 物质组成的其他标度方法

除了上面介绍的物质的量浓度、质量分数和质量浓度等几种常用的标度方法外,物质组成还可以用质量摩尔浓度、体积分数、摩尔分数及滴定度等表示。

(1) 质量摩尔浓度:1 kg 溶剂中所含溶质的物质的量,以 m 或 b 表示,单位为 mol/kg。例如,$m_{NaCl}=0.010\ 00$ mol/kg,表示 1 kg 水中所含 NaCl 的物质的量 $n_{NaCl}=0.010\ 00$ mol。若配制此溶液,则称取 0.584 4 g NaCl 溶于 1 kg 水即可。

(2) 体积分数:单位体积溶液中所含溶质的体积,或者溶液中各组分的体积比,以 φ 表示。例如,1∶1 的盐酸是取 1 体积浓盐酸用 1 体积水稀释而成。当液体试剂互相混合或用水稀释时,常用这种表示法。

(3) 摩尔分数:待测组分的物质的量与试液(样)的物质的量的比值,即混合物中某物质的物质的量与混合物的物质的量的比值,符号为 x 或 y。当指物质 B 的摩尔分数时,采用符号 x_B 或 x(B) 表示。定义式为

$$x_B = \frac{n_B}{n_S} \tag{3-7}$$

式中:n_B 是物质 B(待测组分)的物质的量;n_S 是混合物(试样)的物质的量;x_B 表示样品中组分 B 的含量,可用百分数表示,此量的量纲是 1。可用物质的量分数(amount of substance fraction)来替换摩尔分数(旧时称为克分子分数)。

(4) 滴定度:每毫升标准溶液相当于待测物质的质量,用 $T_{B/A}$ 表示,单位为 g/mL,其中 A 为标准溶液中溶质的分子式,B 为待测物质的分子式。例如,用重铬酸钾法测定铁时,若每毫升 $K_2Cr_2O_7$ 标准溶液可滴定 0.005 000 g 的铁,则此 $K_2Cr_2O_7$ 溶液的滴定度是 $T_{Fe/K_2Cr_2O_7}=0.005\ 000$ g/mL,若某次滴定用去此标准溶液 22.00 mL,则此试样中 Fe 的质量为

$$V_{K_2Cr_2O_7} T_{Fe/K_2Cr_2O_7} = 22.00\times0.005\ 000\ \text{g} = 0.110\ 0\ \text{g}$$

这种浓度表示法常用于生产单位的例行分析,可简化计算。

若采用固定试样称量，滴定度还可以直接表示待测物质的质量分数。例如，$T_{Fe/K_2Cr_2O_7}=1.00\%\ mL^{-1}$，表示称取的固定试样质量为某一定值时，1 mL $K_2Cr_2O_7$标准溶液相当于试样中铁的质量分数为 1.00%。测定时，若用去 $K_2Cr_2O_7$ 标准溶液 26.18 mL，则试样中铁的质量分数为

$$V_{K_2Cr_2O_7}T_{Fe/K_2Cr_2O_7}=26.18\times1.00\%=26.18\%$$

还有一种是以每毫升标准溶液 A 中所含溶质的质量(g)表示，用 T_M表示，其中 M 为标准溶液中溶质的化学式。例如：$T_{HCl}=0.010\ 00$ g/mL，表示每毫升 HCl 标准溶液中溶质 HCl 的含量为 0.010 00 g。这种方法应用不广泛，但在微量组分测定中较为方便。

浓度 c(mol/L)与滴定度 T 之间换算关系推导如下：

$$aA+bB=cC+dD$$

A 为标准物质，B 为被测组分，若以 V_A为反应完成时消耗标准溶液的体积(mL)，m_B和 M_B分别为物质 B 的质量(g)和摩尔质量(g/mol)，当反应达到化学计量点时，有

$$\frac{m_B}{M_B}=\frac{b}{a}\cdot\frac{c_AV_A}{1000}$$

$$\frac{m_B}{V_A}=\frac{bc_AM_B}{1000a}$$

由滴定度定义 $T_{B/A}=\frac{m_B}{V_A}$，得到

$$T_{B/A}=\frac{b}{a}\cdot\frac{c_AM_B}{1000} \tag{3-8}$$

3.3　基准物质和标准溶液

3.3.1　基准物质

下面介绍最常用的几类基准物质。

(1) 用于酸碱反应的基准物质：无水碳酸钠(Na_2CO_3)、硼砂($Na_2B_4O_7\cdot10H_2O$)、邻苯二甲酸氢钾($KHC_8H_4O_4$)、苯甲酸($H(C_7H_5O_2)$)、草酸($H_2C_2O_4\cdot2H_2O$)等。

(2) 用于配位反应的基准物质：硝酸铅($Pb(NO_3)_2$)、氧化锌(ZnO)、碳酸钙($CaCO_3$)、硫酸镁($MgSO_4\cdot7H_2O$)及各种纯金属(如 Cu、Zn、Cd、Al、Co、Ni)等。

(3) 用于氧化还原反应的基准物质：重铬酸钾($K_2Cr_2O_7$)、溴酸钾($KBrO_3$)、碘酸钾(KIO_3)、碘酸氢钾($KH(IO_3)_2$)、草酸钠($Na_2C_2O_4$)、三氧化二砷(As_2O_3)、硫酸铜($CuSO_4\cdot5H_2O$)和纯铁等。

(4) 用于沉淀反应的基准物质：银(Ag)、硝酸银($AgNO_3$)、氯化钠(NaCl)、氯化钾(KCl)、溴化钾(从溴酸钾制备的)等。

以上这些物质的含量一般在 99.9%以上，有的甚至在 99.99%以上。值得注意的是，有些超纯物质和光谱纯试剂的纯度虽然很高，但这只说明其中金属杂质的含量很低而已，并不表明它的主成分含量在 99.9%以上。有时候由于其中含有组成不定的水分和气体杂质，以及试剂本身的组成不固定等，主成分的含量达不到 99.9%，因此，该物质也就不能用做基准物质了。表 3-1 列出几种最常用基准物质的干燥条件及其应用。

表 3-1 最常用基准物质的干燥条件和应用

基准物质		干燥后的组成	干燥条件	标定对象
名称	分子式			
碳酸氢钠	$NaHCO_3$	Na_2CO_3	270～300 ℃	酸
十水合碳酸钠	$Na_2CO_3 \cdot 10H_2O$	Na_2CO_3	270～300 ℃	酸
硼砂	$Na_2B_4O_7 \cdot 10H_2O$	$Na_2B_4O_7 \cdot 10H_2O$	放在含 NaCl 和蔗糖饱和溶液的干燥器中	酸
碳酸氢钾	$KHCO_3$	K_2CO_3	270～300 ℃	酸
二水合草酸	$H_2C_2O_4 \cdot 2H_2O$	$H_2C_2O_4 \cdot 2H_2O$	室温,空气干燥	碱或 $KMnO_4$
邻苯二甲酸氢钾	$KHC_8H_4O_4$	$KHC_8H_4O_4$	110～120 ℃	碱
重铬酸钾	$K_2Cr_2O_7$	$K_2Cr_2O_7$	140～150 ℃	还原剂
溴酸钾	$KBrO_3$	$KBrO_3$	130 ℃	还原剂
碘酸钾	KIO_3	KIO_3	130 ℃	还原剂
铜	Cu	Cu	室温干燥器中保存	还原剂
三氧化二砷	As_2O_3	As_2O_3	室温干燥器中保存	氧化剂
草酸钠	$Na_2C_2O_4$	$Na_2C_2O_4$	130 ℃	氧化剂
碳酸钙	$CaCO_3$	$CaCO_3$	110 ℃	EDTA
硝酸铅	$Pb(NO_3)_2$	$Pb(NO_3)_2$	室温干燥器中保存	EDTA
氧化锌	ZnO	ZnO	900～1 000 ℃	EDTA
锌	Zn	Zn	室温干燥器中保存	EDTA
氯化钠	NaCl	NaCl	500～600 ℃	$AgNO_3$
氯化钾	KCl	KCl	500～600 ℃	$AgNO_3$
硝酸银	$AgNO_3$	$AgNO_3$	220～250 ℃	氯化物

【例 3-1】 下列基准物质的处理方法是否正确？为什么？

(1) 碳酸钠于 500 ℃ 灼烧；

(2) 硼砂置于 110 ℃ 烘箱中烘干后,置于普通干燥器中保存；

(3) 二水合草酸置于普通干燥器中保存。

解 (1) 是错误的,因碳酸钠在此温度下分解。其反应式为

$$Na_2CO_3 \longrightarrow Na_2O + CO_2 \uparrow$$

(2) 是错误的,硼砂($Na_2B_4O_7 \cdot 10H_2O$)含有结晶水,经此处理后失水。

(3) 是错误的,二水合草酸($H_2C_2O_4 \cdot 2H_2O$)含 2 个结晶水,普通干燥器中有干燥剂,置于其中易失水。

上述三种基准物质必须按表 3-1 中所示的方法保存。

3.3.2 标准溶液的配制

标准溶液是具有准确浓度的溶液,用于滴定待测试样,其配制方法有直接配制法和标定法两种。

1. 直接配制法

准确称取一定量的基准物质,溶解后定量转入容量瓶中,用蒸馏水稀释至刻度。如图 3-1所示。根据称取物质的质量和容量瓶的容积,计算出该溶液的准确浓度。

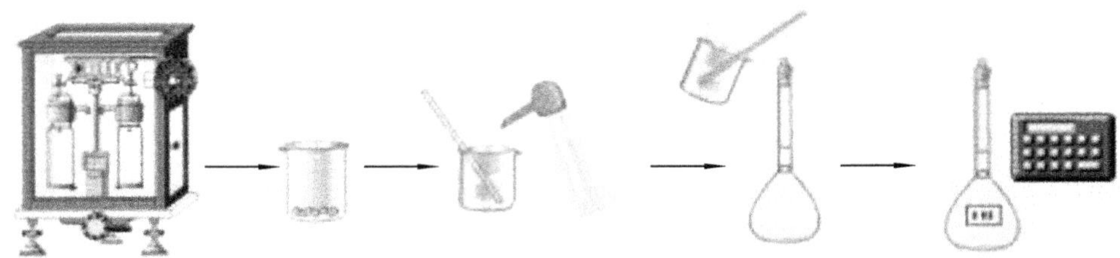

图 3-1　直接配制法简单示意图

【例 3-2】 如何配制浓度为 0.020 00 mol/L 的 $K_2Cr_2O_7$ 标准溶液?

解 称取 1.470 9 g 基准物质 $K_2Cr_2O_7$,用水溶解后,置于 250 mL 容量瓶中,用水稀释至刻度,即得 $K_2Cr_2O_7$ 的浓度 $c_{K_2Cr_2O_7}=0.020\ 00\ mol/L$。

$$m_{K_2Cr_2O_7}=c_{K_2Cr_2O_7}M_{K_2Cr_2O_7}V_{K_2Cr_2O_7}=0.020\ 00\times294.184\ 6\times0.250\ 0\ g=1.471\ g$$

2. 标定法

有些物质不具备作为基准物质的条件,便不能直接用来配制标准溶液,这时可采用标定法。将该物质先配成一种近似于所需浓度的溶液,然后用基准物质(或已知准确浓度的另一种溶液)来标定它的准确浓度。例如,HCl 试剂易挥发,欲配制浓度为 0.1 mol/L 的 HCl 标准溶液时,就不能直接配制,而是先将浓盐酸配制成浓度大约为 0.1 mol/L 的溶液,然后称取一定量的基准物质(如硼砂)对其进行标定,或者用已知准确浓度的 NaOH 标准溶液来进行标定,从而求出 HCl 溶液的准确浓度,如图 3-2 所示。

在实际工作中,有时选用与待测试样组成相似的标准试样来标定标准溶液,以消除共存元素的影响,这样就提高了标定的准确度。

用基准物质或标准试样来测定所配标准溶液浓度的过程称为标定。用基准物质来进行标定时,可采用下列两种方式。

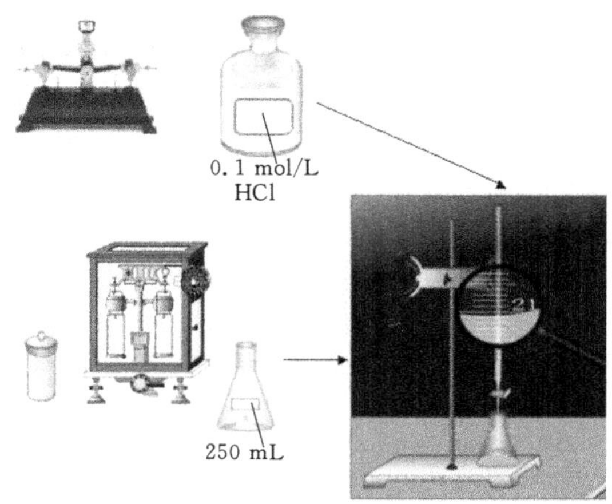

图 3-2　标定法简单示意图

1) 称量法

准确称取 n 份基准物质(当用待标定溶液滴定时,每份约需该溶液 25 mL),分别溶于适量水中,用待标定溶液滴定。例如,常用于标定 NaOH 溶液的基准物质是邻苯二甲酸氢钾($KHC_8H_4O_4$)。邻苯二甲酸氢钾的摩尔质量为 204.2 g/mol,欲标定浓度为 0.1 mol/L 的

NaOH 溶液，可准确称取 0.4～0.6 g 邻苯二甲酸氢钾三份，分别放入 250 mL 锥形瓶中，加 20～30 mL 热水溶解后，加入 5 滴 0.5%酚酞指示剂，用 NaOH 溶液滴定至溶液呈现微红色即为终点。根据所消耗的 NaOH 溶液体积便可算出 NaOH 溶液的准确浓度。

【例 3-3】 若称取 0.510 5 g $KHC_8H_4O_4$，用 NaOH 溶液滴定时消耗体积为 25.00 mL，则如何计算 NaOH 溶液的准确浓度？

解 此滴定所依据的反应式为

$$C_6H_4(COOH)(COOK) + NaOH \rightleftharpoons C_6H_4(COONa)(COOK) + H_2O$$

故

$$n_{NaOH} = n_{KHC_8H_4O_4}$$

已知 $KHC_8H_4O_4$ 的摩尔质量为 204.2 g/mol。则

$$n_{KHC_8H_4O_4} = \frac{m_{KHC_8H_4O_4}}{M_{KHC_8H_4O_4}} = \frac{0.510\ 5 \times 1\ 000}{204.2}\ \text{mmol} = 2.500\ \text{mmol}$$

也就是

$$n_{NaOH} = 2.500\ \text{mmol}$$

于是得出 NaOH 溶液的准确浓度为

$$c_{NaOH} = \frac{n_{NaOH}}{V_{NaOH}} = \frac{2.500}{25.00}\ \text{mol/L} = 0.100\ 0\ \text{mol/L}$$

2）移液管法

准确称取较大量的基准物质，在容量瓶中配成一定体积的溶液，标定前，先用移液管移取 $1/n$（例如，用 25 mL 移液管从 250 mL 容量瓶中每份移取 1/10），分别用待标定的溶液滴定。例如，在用基准物质无水碳酸钠标定 HCl 溶液浓度时便时常采用此法。首先准确称取无水碳酸钠 1.2～1.5 g，置于 250 mL 烧杯中，加水溶解后，定量转入 250 mL 容量瓶中，用水稀释至刻度，摇匀备用。然后用移液管移取 25.00 mL（即每份移取其 1/10）上述碳酸钠标准溶液于 250 mL 锥形瓶中，加入 1 滴甲基橙指示剂，用 HCl 溶液滴定至溶液刚好由黄色变为橙色即为终点。记下所消耗的 HCl 溶液的体积，由此计算出 HCl 溶液的准确浓度。

【例 3-4】 采用移液管法，若称取无水碳酸钠 1.325 0 g，消耗 HCl 溶液体积为 25.00 mL，则如何计算 HCl 溶液的准确浓度？

解 此滴定所依据的反应式为

$$2HCl + Na_2CO_3 = 2NaCl + H_2O + CO_2\uparrow$$

故

$$n_{HCl} = 2n_{Na_2CO_3}$$

已知碳酸钠的摩尔质量为 105.99 g/mol，则

$$n_{Na_2CO_3} = \frac{m_{Na_2CO_3}}{M_{Na_2CO_3}} = \frac{1.325\ 0}{105.99} \times 0.1 \times 100\ 0\ \text{mmol} = 1.250\ \text{mmol}$$

从而得

$$n_{HCl} = 2 \times 1.250\ \text{mmol} = 2.500\ \text{mmol}$$

则 HCl 溶液的浓度为

$$c_{HCl} = \frac{2.500}{25.00}\ \text{mol/L} = 0.100\ 0\ \text{mol/L}$$

这种方法的优点在于一次称取较多的基准物质，可作几次平行测定，既可节省称量时间，又可降低称量的相对误差。值得注意的是，为了保证移液管移取部分的准确度，必须进行容量瓶与移液管的相对校准。

这两种方式不仅适用于标准溶液的标定，而且对于试样中组分的测定，同样适用。在配制和标定标准溶液时，必须注意尽可能地降低操作中的误差，其中以下几点尤为重要。

（1）试样质量不能太小。一般分析天平的称量误差为±0.000 2 g，为保证分析结果的

准确度,试样称量必须大于 0.200 0 g。而滴定管读数常有±0.02 mL 的误差,所以消耗滴定剂的体积必须在 20 mL 以上。实际上经常使滴定剂的消耗量达 25 mL 左右。

(2) 应用校准过的仪器。通常应将所使用的设备和量器(如砝码、滴定管、容量瓶、移液管等)做相对校准。

(3) 标定标准溶液与测定试样组分时的实验条件应力求一致,以便抵消实验过程中的系统误差。例如,使用同一指示剂和标准试样来标定标准溶液等。

3.3.3 标准溶液浓度的计算示例

标准溶液的表示方法通常有物质的量浓度和滴定度两种方法,在前面已有介绍,这里简单举例加以说明。

1. 物质的量浓度

【例 3-5】 计算下列几种常用试剂的物质的量浓度。

(1) 浓盐酸中 HCl 的质量分数为 37%,密度为 1.19 g/mL,HCl 的相对分子质量为36.5。

(2) 浓硫酸中 H_2SO_4 的质量分数为 98%,密度为 1.84 g/mL,H_2SO_4 的相对分子质量为 98.0。

(3) 浓硝酸中 HNO_3 的质量分数为 65%,密度为 1.42 g/mL,HNO_3 的相对分子质量为 63.0。

解 根据物质的量浓度的定义,可以分别计算浓盐酸、浓硫酸和浓硝酸的浓度。

(1) $c_{HCl}=\dfrac{1.19\times10^3\times37\%}{36.5}$ mol/L=12 mol/L

(2) $c_{H_2SO_4}=\dfrac{1.84\times10^3\times98\%}{98.0}$ mol/L=18 mol/L

(3) $c_{HNO_3}=\dfrac{1.42\times10^3\times65\%}{63.0}$ mol/L=15 mol/L

2. 滴定度

【例 3-6】 用含硫量为 0.051%的标准钢样来标定 I_2 溶液,如果固定称样 0.500 0 g,滴定时消耗 I_2 溶液 11.8 mL,试用两种滴定度方法来表示碘溶液的滴定度。

解 $T_{I_2/S}=\dfrac{0.500\ 0\times0.051\%}{11.8}$ g/mL=0.000 022 g/mL

$T_{I_2/S}=\dfrac{0.051\%}{11.8}=0.004\ 3\%\ mL^{-1}$

3.4 滴定分析的计算

3.4.1 滴定分析计算的依据

滴定分析法中涉及一系列的计算问题,如标准溶液的配制和标定、滴定剂和待测物质之间的计量关系及分析结果的计算等,此时滴定分析计算的依据是:当滴定剂与待测物质作用完全时,反应达到了化学计量点,此时,两者参加反应的物质的量必定符合反应式的计量比例。

设滴定剂 T 与待测物 A 有反应

$$tT+aA=cC+dD$$

则待测物 A 的物质的量 n_A 与滴定剂 T 的物质的量 n_T 之间的关系,可以通过以下两种方式求得。

(1) 根据滴定反应中 T 与 A 的化学计量数。

化学计量点时 $n_T : n_A = t : a$

则 A 的物质的量(mol) $n_A = (a/t)n_T$

T 的物质的量(mol) $n_T = (t/a)n_A$

(2) 换算因数。

设待测物 A 的溶液体积为 V_A(mL)，浓度为 c_A(mol/L)，滴定剂 T 溶液消耗的体积为 V_T(mL)，浓度为 c_T(mol/L)，A 的质量为 m_A(g)，A 的摩尔质量为 M_A(g/mol)，则有

$$c_A V_A = (a/t)c_T V_T \quad 或 \quad m_A/M_A = (a/t)c_T V_T/1\ 000$$

$$m_A = (a/t)c_T V_T M_A/1\ 000$$

3.4.2 滴定分析计算示例

1. 计算待测溶液浓度

【例 3-7】 用 0.099 04 mol/L H_2SO_4 标准溶液滴定 20.00 mL NaOH 溶液时，消耗 22.40 mL H_2SO_4 溶液，计算该 NaOH 溶液的浓度。

解

$$H_2SO_4 + 2NaOH \xlongequal{} Na_2SO_4 + 2H_2O$$

$$n_{NaOH} = 2n_{H_2SO_4} \quad (a/t = 2/1)$$

$$c_{NaOH}V_{NaOH} = 2c_{H_2SO_4}V_{H_2SO_4}$$

$$c_{NaOH} = \frac{2\times 0.099\ 04\times 22.40}{20.00}\ \text{mol/L} = 0.221\ 8\ \text{mol/L}$$

2. 配制一定浓度溶液所需固体量的计算

【例 3-8】 用容量瓶配制 0.020 00 mol/L $K_2Cr_2O_7$ 标准溶液 500 mL，需称取多少克 $K_2Cr_2O_7$？

解

$$m_{K_2Cr_2O_7} = \frac{c_{K_2Cr_2O_7}V_{K_2Cr_2O_7}M_{K_2Cr_2O_7}}{1\ 000}$$

$$= \frac{0.020\ 00\times 500\times 294.2}{1\ 000}\ \text{g} = 2.942\ \text{g}$$

3. 标定标准溶液浓度的计算

【例 3-9】 用 0.203 6 g 无水 Na_2CO_3 作为基准物质，以甲基橙为指示剂，标定 HCl 溶液浓度时，消耗 36.06 mL HCl 溶液，计算 HCl 溶液的浓度。

解

$$Na_2CO_3 + 2HCl \xlongequal{} 2NaCl + H_2O + CO_2\uparrow$$

$$n_{HCl} = 2n_{Na_2CO_3} \quad (t/a = 2/1)$$

$$\frac{c_{HCl}V_{HCl}}{1\ 000} = \frac{2m_{Na_2CO_3}}{M_{Na_2CO_3}}$$

$$c_{HCl} = \frac{2m_{Na_2CO_3}\times 1\ 000}{M_{Na_2CO_3}V_{HCl}}$$

$$= \frac{2\times 0.203\ 6\times 1\ 000}{106.0\times 36.06}\ \text{mol/L} = 0.106\ 5\ \text{mol/L}$$

4. 基准物质(或待测物)取量的估算

【例 3-10】 标定 NaOH 溶液时，如欲控制消耗 0.10 mol/L NaOH 滴定液 22 mL 左右，估计应称取多少克基准物质(邻苯二甲酸氢钾)？

解

$$C_6H_4(COOH)(COOK) + NaOH \rightleftharpoons C_6H_4(COONa)(COOK) + H_2O$$

$$n_{KHC_8H_4O_4} = n_{NaOH} \quad (a/t = 1/1)$$

$$\frac{m_{KHC_8H_4O_4}}{M_{KHC_8H_4O_4}}=\frac{c_{NaOH}V_{NaOH}}{1\ 000}$$

$$m_{KHC_8H_4O_4}=\frac{0.10\times 22\times 204}{1\ 000}\ g=0.45\ g$$

5. 待测物质百分含量的计算

【例 3-11】 用 HCl 标准溶液(0.100 0 mol/L)滴定 0.198 6 g Na_2CO_3 试样，滴定时消耗 37.31 mL HCl 标准溶液。计算试样中 Na_2CO_3 的质量分数。

解

$$Na_2CO_3+2HCl \longrightarrow 2NaCl+CO_2\uparrow+H_2O$$

$$n_{Na_2CO_3}=\frac{1}{2}n_{HCl}\quad (a/t=1/2)$$

$$m_{Na_2CO_3}=\frac{1}{2}\frac{c_{HCl}V_{HCl}M_{Na_2CO_3}}{1\ 000}$$

$$m_S w_{Na_2CO_3}=\frac{1}{2}\frac{c_{HCl}V_{HCl}M_{Na_2CO_3}}{1\ 000}$$

$$w_{Na_2CO_3}=\frac{1}{2}\times\frac{0.100\ 0\times 37.31\times 106.0}{1\ 000\times 0.198\ 6}=99.57\%$$

【例 3-12】 称取 0.250 1 g $CaCO_3$ 试样，用 25.00 mL HCl 标准溶液(0.260 2 mol/L)溶解，回滴剩余的酸用去 6.50 mL NaOH 标准溶液(0.245 0 mol/L)，求试样中 $CaCO_3$ 的质量分数。

解

$$CaCO_3+2HCl(过量) \longrightarrow CaCl_2+CO_2\uparrow+H_2O$$

$$NaOH+HCl(剩余) \longrightarrow NaCl+H_2O$$

$$n_{CaCO_3}=\frac{1}{2}n_{HCl}\quad (a/t=1/2)$$

$$n_{CaCO_3}=\frac{1}{2}(n_{HCl过量}-n_{NaOH})$$

$$m_S w_{CaCO_3}=\frac{1}{2}\frac{(c_{HCl}V_{HCl过量}-c_{NaOH}V_{NaOH})M_{CaCO_3}}{1\ 000}$$

$$w_{CaCO_3}=\frac{1}{2}\frac{(c_{HCl}V_{HCl过量}-c_{NaOH}V_{NaOH})M_{CaCO_3}}{1\ 000\times m_S}$$

$$=\frac{1}{2}\times\frac{(0.260\ 2\times 25.00-0.245\ 0\times 6.50)\times 100.09}{1\ 000\times 0.250\ 1}$$

$$=98.30\%$$

本 章 小 结

本章主要内容与学习要求：了解滴定分析方法的分类与滴定反应条件；理解分析化学中的基准物质及其必须具备的条件；掌握定量分析的一般过程；掌握标准溶液的配制和标定，以及标准溶液浓度的几种常用的表示方法；熟练掌握滴定分析结果的计算及表示方法。

阅读材料

滴定分析法的发展史

滴定分析法是在 18 世纪中叶发展起来的，化学工业的兴起是其产生的直接动力。18 世纪时，硫酸、盐酸、苏打和氯水是化学工业的中心产品。当时使用这些化工产品的部门都会因这些化工产品质量方面的差错造成极大的损失。因此，各类化工厂要求产品质量有可靠的保证，质量检验问题很自然地被提出来了，急需一些实用的化学分析方法。在很短时间内，各个厂家几乎都建立了专门的化验室，并使其成为一个重要的部门，这对分析化学是极大的推动。由于工业生产是不允许拖延的，所以它需要的是快速而简易的分析方法，当时流行的重量分析法无法满足这个要求，因而滴定分析法便迅速发展起来了。这种方法的基础是，完成某种反应所需要的某种试剂的量是固定的。然而，对于某种试剂消耗量的测定，既可以称量，也可以通过容量方式进行，所以最早形成了滴定分析法的两个分支，分别称为重量分析和容量分析。

早在 1685 年，格劳贝尔曾在介绍用硝酸和锅灰碱制造硝石的过程时说，逐滴地将硝酸加到锅灰碱中，直到加入硝酸后不再发生气泡，这两种物质就已合成成功了。由此可见，当时已经有了反应中和点的概念。1729 年，法国人日夫鲁瓦首次将中和反应用在分析物质上。当时，他为了测定乙酸的浓度，以碳酸钾为基准物质，将乙酸逐滴加入其中，以气泡停止产生为滴定终点，用消耗的碳酸钾量来计算乙酸的浓度。

1750 年，法国的富朗索瓦在分析矿泉水时，以硫酸滴定矿泉水，再加入一种紫罗兰浸液作为指示剂，滴定到溶液刚刚变红为止，然后再用融化的雪水进行对照滴定，来判断矿泉水的含碱量，这一方法已接近滴定分析法了。直到 1786 年，法国人德克劳西率先采用了体积量度的方法进行锅灰碱的检验，并且发明了第一支标有刻度的滴定管，称为“碱量计”。1806 年，德克劳西出版了《商品碱的报告》，标志着体积量度原则的建立。

由此可见，在 18 世纪末和 19 世纪初，酸碱滴定的原始形式和基本原则已经确定，在以后相当长的时期内，其发展只是仪器的改进和标准溶液体系的通用化。

目前滴定分析法的应用包括以下几个方面：①双指示剂法测定混合碱；②盐中氨含量的测定（酸碱滴定）方法与原理；③硼酸的测定；④高锰酸钾法的应用；⑤重铬酸钾法的应用；⑥碘量法的应用；⑦沉淀滴定法的应用等。其应用已经推广到化学、化工、生物、医药、食品、环境等诸多领域。

习　题

1. 在空气中暴露过的氢氧化钾，经测定知其组分：7.62% H_2O、2.38% K_2CO_3 及 90.00% KOH。将 1.000 g 此试样加 46.00 mL 1.000 mol/L HCl 溶液，过量的酸再用 1.070 mol/L KOH 溶液返滴定至完全反应，将此溶液蒸发至干。问：所得残渣是什么？有多少克？

(KCl，3.427 g)

2. 标定浓度约为 0.1 mol/L 的 NaOH 溶液，欲消耗 NaOH 溶液 20 mL 左右，应称取基准物质 $H_2C_2O_4 \cdot 2H_2O$ 多少克？若改用邻苯二甲酸氢钾为基准物质，结果又如何？

(0.13 g，0.41 g)

3. 分析下列纯物质，用什么方法将它们配制成标准溶液？如需标定，应该选用哪些相应的基准物质？
H_2SO_4、KOH、邻苯二甲酸氢钾、无水碳酸钠。

4. 配制浓度为 2.0 mol/L 的下列物质的溶液各 500 mL，应各取其浓溶液多少毫升？
(1) 氨水（密度为 0.89 g/cm^3，NH_3的质量分数为 29%）；
(2) 冰乙酸（密度为 1.84 g/cm^3，HAc 的质量分数为 100%）；
(3) 浓硫酸（密度为 1.84 g/cm^3，H_2SO_4的质量分数为 96%）。

((1)66 mL；(2)57 mL；(3)56 mL)

5. 欲配制 $c_{KMnO_4} \approx 0.020$ mol/L 的溶液 500 mL，需称取多少克 $KMnO_4$？如何配制？应在 500.0 mL

0.080 00 mol/L NaOH溶液中加入多少毫升0.500 0 mol/L NaOH 溶液,才能使最后得到的溶液浓度为 0.200 0 mol/L?

(1.6 g,200.0 mL)

6. 要加多少毫升水到 1.000 L 0.200 0 mol/L HCl 溶液里,才能使稀释后的 HCl 溶液对 CaO 的滴定度 $T_{CaO/HCl}$ = 0.005 000 g/mL?

(121.7 mL)

7. 欲使滴定时消耗 0.10 mol/L HCl 溶液 20～25 mL,应称取多少克基准试剂 Na_2CO_3? 此时称量误差能否小于 0.1%?

(20 mL 时,0.11 g;25 mL 时,0.13 g;不能,因为称量值小于 0.2 g)

8. 用标记为 0.100 0 mol/L HCl 标准溶液标定 48.48 mL NaOH 溶液,测得其浓度为 0.101 8 mol/L。已知 HCl 溶液的真实浓度为 0.099 9 mol/L,设标定过程中其他误差均可忽略,求 NaOH 溶液的真实浓度。

(0.101 7 mol/L)

9. 称取 1.850 g 分析纯 $MgCO_3$,溶解于过量的(48.48 mL)HCl 溶液中,待两者反应完全后,剩余的 HCl 需 3.83 mL NaOH 溶液返滴定。已知 30.33 mL NaOH 溶液可以中和 36.40 mL HCl 溶液,计算该 HCl 溶液和 NaOH 溶液的浓度。

(HCl 溶液和 NaOH 溶液的浓度分别为 1.000 mol/L 和 1.200 mol/L)

10. 称取 14.709 g 分析纯 $K_2Cr_2O_7$,配成 500.0 mL 溶液,试计算:

(1) $K_2Cr_2O_7$溶液的物质的量浓度;

(2) $K_2Cr_2O_7$溶液对 Fe、Fe_2O_3的滴定度。

((1)0.100 mol/L; (2)0.033 51 g/mL、0.047 29 g/mL)

11. 已知 1.00 mL 某 HCl 标准溶液中含 0.004 374 g/mL HCl,试计算:

(1) 该 HCl 溶液对 NaOH 的滴定度 $T_{NaOH/HCl}$;

(2) 该 HCl 溶液对 CaO 的滴定度 $T_{CaO/HCl}$。

((1)0.004 794 g/mL; (2)0.003 361 g/mL)

12. 为了分析食醋中 HAc 的含量,移取 10.00 mL 试样,用 0.302 4 mol/L NaOH 标准溶液滴定,用去 20.17 mL。已知食醋的密度为 1.055 g/cm^3,计算试样中 HAc 的质量分数。

(3.47%)

13. 在 1.000 g $CaCO_3$试样中加入 50.00 mL 0.510 0 mol/L HCl 溶液,待完全反应后再用0.490 0 mol/L NaOH 标准溶液返滴定剩余的 HCl 溶液,用去了 25.00 mL NaOH 溶液,求 $CaCO_3$的纯度。

(66.31%)

14. 用 0.200 0 mol/L HCl 标准溶液滴定含有 20% CaO、75% $CaCO_3$和 5%酸不溶物质的混合物,欲使 HCl 溶液的用量控制在 25 mL 左右,应称取多少克混合物试样?

(0.23 g)

第4章　酸碱滴定法

酸碱滴定法(acid-base titration)是以质子转移为基础的滴定分析方法。由于酸碱滴定反应具有反应过程简单、反应速率快、滴定终点指示剂的选择范围广等优点，因此，酸碱滴定法在化学分析中得到广泛应用。酸度是影响溶液中各种化学反应进行程度的重要因素，溶液中酸碱平衡不仅是酸碱滴定的基础，也涉及其他化学分析法的基本理论。因此，酸碱平衡及其有关计算是分析课程的基本内容之一。

本章采用酸碱质子理论来处理水溶液和非水溶液中的酸碱平衡问题，重点讨论溶液中的酸碱平衡、各种酸碱组分在溶液中的分布、各种酸碱溶液 pH 值的计算、酸碱滴定过程中 pH 值的变化及指示剂的选择等。

4.1　酸碱质子理论

4.1.1　酸碱质子理论的基本概念

按照酸碱电离理论，电解质在水溶液中电离出的阳离子全部为 H^+ 的是酸；电解质在水溶液中电离出的阴离子全部为 OH^- 的是碱。酸碱电离理论存在局限性，如不能够解释 NH_3 是碱但不含有 OH^-；另外，该理论仅适用于水溶液而不适用于非水溶液。基于此，本章介绍酸碱质子理论(acid-base proton theory)。

布朗斯台德(Brönsted)的酸碱定义：凡是能够给出质子(H^+)的物质就是酸；凡是能够接受质子的物质就是碱。酸(HA)失去一个质子后变成碱(A^-)，同样，碱(A^-)得到一个质子后变成酸(HA)。这样，酸 HA 和其相应的碱 A^- 构成共轭关系，可以用下式简单表示：

$$\underset{\text{酸}}{HA} \rightleftharpoons \underset{\text{碱}}{A^-} + \underset{\text{质子}}{H^+}$$

酸与其共轭碱之间因一个质子的得失而互为共轭酸碱对。在上述酸碱半反应中，HA 是 A^- 的共轭酸，A^- 是 HA 的共轭碱，HA-A^- 称为共轭酸碱对。例如：

$$HCl \rightleftharpoons Cl^- + H^+$$

$$HAc \rightleftharpoons Ac^- + H^+$$

$$NH_4^+ \rightleftharpoons NH_3 + H^+$$

$$HCO_3^- \rightleftharpoons CO_3^{2-} + H^+$$

$$H_2O \rightleftharpoons OH^- + H^+$$

$$NH_2CH_2CH_2NH_3^+ \rightleftharpoons NH_2CH_2CH_2NH_2 + H^+$$

在以上各酸碱半反应中，HCl、HAc、NH_4^+、HCO_3^-、H_2O、$NH_2CH_2CH_2NH_3^+$ 都是酸，Cl^-、Ac^-、NH_3、CO_3^{2-}、OH^-、$NH_2CH_2CH_2NH_2$ 都是碱。根据酸碱质子理论，酸、碱可以是中性分子，也可以是阴离子或阳离子。另外，对于某具体物质到底是酸还是碱，要在具体环境下进行分析。例如，NH_4^+、HCl、H_3PO_4 是酸；CO_3^{2-}、PO_4^{3-}、NH_3、S^{2-} 是碱；但 HS^-、

HCO_3^-、HPO_4^{2-}既可以得到质子,又可以失去质子,通常称为两性物质。

事实上,酸碱半反应不能单独存在,酸给出质子的同时必须有另一种能够接受质子的碱。酸碱反应实际上是两对共轭酸碱对共同作用的结果,因此,酸碱反应的实质是质子的转移。例如:

半反应 $HCOOH(酸_1) \rightleftharpoons HCOO^-(碱_1) + H^+$

半反应 $H^+ + H_2O(碱_2) \rightleftharpoons H_3O^+(酸_2)$

总反应 $HCOOH(酸_1) + H_2O(碱_2) \rightleftharpoons HCOO^-(碱_1) + H_3O^+(酸_2)$

上述酸碱反应的结果是质子从 HCOOH 转移到 H_2O,在这个质子的转移过程中,H_2O 起着碱的作用,如果没有 H_2O 的存在,质子转移就无法实现。

由于质子的半径极小,电荷密度极高,因此,质子在水溶液中不能单独存在,通常以水合质子的形式(H_3O^+)存在。在本书中,常把 H_3O^+ 简写为 H^+。甲酸在水溶液中的离解反应可以简写为

$$HCOOH \rightleftharpoons HCOO^- + H^+$$

同样,碱在溶液中的离解反应也需要溶剂水参加。例如:

$$NH_3 + H_2O \rightleftharpoons NH_4^+ + OH^-$$

某些在无机化学中称为“盐的水解”的反应,按照酸碱质子理论也可以看成质子的转移反应。例如:

$$NH_4^+ + H_2O \rightleftharpoons NH_3 + H_3O^+$$

$$S^{2-} + H_2O \rightleftharpoons HS^- + OH^-$$

$$CO_3^{2-} + H_2O \rightleftharpoons HCO_3^- + OH^-$$

同理,酸与碱的中和反应也可以看成质子在不同物质之间的转移反应。例如:

$$NH_3 + H_3O^+ \rightleftharpoons NH_4^+ + H_2O$$

$$HAc + OH^- \rightleftharpoons Ac^- + H_2O$$

【例 4-1】 下列物质哪些互为共轭酸碱对?

H_2A-A^{2-} HA-A^- H_2CO_3-CO_3^{2-} H_3PO_4-HPO_4^{2-} H_3O^+-H_2O

$NH_3^+CH_2CH_2NH_3^+$-$NH_2CH_2CH_2NH_2$ PO_4^{3-}-HPO_4^{2-} OH^--H_2O

解 根据共轭酸碱对的定义,互为共轭酸碱对的有 HA-A^-、H_3O^+-H_2O、PO_4^{3-}-HPO_4^{2-}、OH^--H_2O。

4.1.2 水溶液中的酸碱平衡

在水溶液中存在酸碱的离解平衡,为了比较不同种类酸或碱的强弱,把化学平衡理论引入酸碱的离解平衡,通过酸或碱离解常数的大小来表征酸碱的强弱,进而评价酸碱反应进行的程度,考察某种酸或碱能否直接用酸碱滴定法测定。

某弱酸 HA 在水溶液中存在离解反应,达到平衡状态时其平衡常数定义为 K_a。根据化学平衡理论,则

$$HA \rightleftharpoons H^+ + A^-$$

$$K_a = \frac{[H^+][A^-]}{[HA]}$$

K_a称为酸 HA 的离解常数。该值越大,表示该酸的酸性越强;反之,该值越小,则表示该酸的酸性越弱。该常数在一定温度条件下是一个常数,与酸的浓度无关。

同理，某弱碱 A^- 在水溶液中同样存在离解反应，其平衡常数定义为 K_b，则

$$A^- + H_2O \rightleftharpoons OH^- + HA$$

$$K_b = \frac{[OH^-][HA]}{[A^-]}$$

K_b称为碱 A^- 的离解常数，该值越大，表示该碱的碱性越强；反之，该值越小，则表示该碱的碱性越弱。该常数在一定温度条件下是一个常数，与碱的浓度无关。

水是两性物质，在水溶液中存在水分子之间的质子自传递反应，其平衡常数定义为水质子自传递常数，通常用 K_w来表示。

$$H_2O \rightleftharpoons H^+ + OH^-$$

$$K_w = [H^+][OH^-]$$

K_w在一定条件下是一个常数，其数值受温度的影响，并且随着温度的升高而增加。在 25 ℃时，$K_w = 1.0 \times 10^{-14}$。

由于 HA-A^- 互为共轭酸碱对，那么酸的 K_a与其共轭碱的 K_b之间有何联系呢？

根据 K_a和 K_b的定义，有

$$K_a K_b = \frac{[H^+][A^-]}{[HA]} \cdot \frac{[OH^-][HA]}{[A^-]} = [H^+][OH^-] = K_w$$

即

$$pK_a + pK_b = pK_w = 14.00$$

酸的 K_a与其共轭碱的 K_b之积在一定温度下是一个常数。若酸的酸性越强，其共轭碱的碱性越弱；反之，若酸的酸性越弱，其共轭碱的碱性越强。另外，根据酸的 K_a可以求出其共轭碱的 K_b，同样，根据碱的 K_b也可以求出其共轭酸的 K_a。

对于二元酸 H_2A，其在水溶液中是逐级离解的，离解常数分别为 $K_{a(1)}$、$K_{a(2)}$，其相应的共轭碱的离解常数分别为 $K_{b(1)}$、$K_{b(2)}$。则

$$pK_{a(1)} + pK_{b(2)} = pK_{a(2)} + pK_{b(1)} = pK_w$$

同理，对于三元酸 H_3A，其在水溶液中是逐级离解的，离解常数分别为 $K_{a(1)}$、$K_{a(2)}$、$K_{a(3)}$，其相应的共轭碱的离解常数分别为 $K_{b(1)}$、$K_{b(2)}$、$K_{b(3)}$。则

$$pK_{a(1)} + pK_{b(3)} = pK_{a(2)} + pK_{b(2)} = pK_{a(3)} + pK_{b(1)} = pK_w$$

由于三元酸的 $K_{a(1)} > K_{a(2)} > K_{a(3)}$，所以其共轭碱的 $K_{b(1)} > K_{b(2)} > K_{b(3)}$。多元酸较复杂，必须根据共轭酸碱对之间的对应关系，掌握 K_a与 K_b之间的换算。

【例 4-2】 计算 HPO_4^{2-} 的 pK_b。

解　根据题意，HPO_4^{2-} 作为碱，其共轭酸为 $H_2PO_4^-$，共轭酸 $H_2PO_4^-$ 的离解常数为 $K_{a(2)}$，因此，所求 HPO_4^{2-} 的 K_b即为 $K_{b(2)}$。

查表得

$$pK_{a(2)} = 7.20$$

则

$$pK_b = pK_{b(2)} = pK_w - pK_{a(2)} = 14.00 - 7.20 = 6.80$$

4.2　酸碱溶液有关浓度的计算

在分析中大量使用沉淀剂、显色剂、配位剂等有机试剂，这些有机试剂大多数为有机弱酸或弱碱，在水溶液中往往有多种型体（存在形式）共存。由于通常只有某种型体参加沉淀反应、配位反应、显色反应，为了使反应进行完全，必须考察各种型体在溶液中的分布情况及其影响因素。例如，H_4Y(EDTA)在水溶液中存在七种型体，只有 Y^{4-} 与溶液中的金属离子

发生配位反应,为了使配位反应进行完全,必须控制溶液的 pH 值,即溶液的酸度。

4.2.1 溶液中酸碱组分的分布

1. 酸碱平衡体系的相关概念

1) 浓度与活度

在溶液中,离子之间及离子与溶剂之间的相互作用,使得离子在溶液中的浓度与有效浓度之间存在差别,通常将离子在溶液中表现的有效浓度称为活度(a)。活度与浓度之间的关系用下式表示:

$$a=\gamma c$$

在上式中,γ 为活度系数,其数值随溶液中离子强度的改变而改变。在极稀的溶液中,$\gamma\approx1$,这时可以用浓度代替活度。

然而,对于高浓度电解质溶液中离子的活度系数,由于情况复杂,无法较好地定量计算。对于稀溶液(浓度小于 0.1 mol/L)中离子的活度系数,可以采用德拜-休克尔公式来计算:

$$-\lg\gamma_i = 0.512Z_i^2\ \frac{\sqrt{I}}{1+B\mathring{a}\sqrt{I}}$$

式中:Z_i是 i 离子的电荷数;B 是常数,25 ℃时为 0.00328;$\mathring{a}$ 是离子体积参数,约为水化离子的有效半径,以 pm(10^{-12}m)为单位,一些常见的离子的 $\mathring{a}$ 值列在附录 K 里;I 是离子强度。当离子强度较小时,可以忽略水化离子的大小,活度系数可以按德拜-休克尔极限公式来计算:

$$-\lg\gamma_i=0.512Z_i^2\sqrt{I}$$

严格地说,德拜-休克尔公式仅适用于较稀的溶液($I<0.1$ mol/L)。对于离子强度不太高的溶液,可由极限公式计算出活度系数的近似值。对于中性分子的活度系数,当溶液的离子强度改变时,会有所变化,但是这种变化很小,可以认为中性分子的活度系数近似等于 1。

离子强度与溶液中各种离子的浓度及所带电荷有关,稀溶液中的计算公式如下:

$$I = \frac{1}{2}\sum_{i=1}^{n}c_iZ_i^2$$

式中,c_i和 Z_i分别为 i 离子的浓度(单位为 mol/L)和电荷数。

本章主要涉及酸碱溶液各种型体浓度的计算和溶液 pH 值的计算,除少数特殊情况外,大部分酸碱浓度和 pH 值的计算准确度要求不高(一般允许 5%的误差),通常用浓度代替活度,忽略离子强度对溶液浓度的影响。

2) 活度常数及浓度常数

对于反应 $A_mB_n \xlongequal{} mA^{n+}+nB^{m-}$,其平衡常数

$$K=\frac{a_A^m a_B^n}{a_{A_mB_n}}$$

式中 a 为活度。平衡常数 K 是热力学常数,它只是温度的函数。

当使用浓度表示时的平衡常数称为浓度常数(K_c),即

$$K_c = \frac{[A]^m[B]^n}{[A_mB_n]}$$

K 与 K_c之间的关系为

$$K = K_c \frac{\gamma_A^m \gamma_B^n}{\gamma_{A_mB_n}}$$

在分析化学的计算中，通常溶液的浓度不很大，如果准确度要求不是太高，可以忽略离子强度的影响，用活度常数代替浓度常数进行近似计算。但在准确度要求较高时（如标准缓冲溶液 pH 值的计算），应考虑离子强度的影响。若溶液的离子强度较高，最好采用浓度常数或混合常数来计算。

【例 4-3】 计算 0.10 mol/L HCl 溶液中 H^+ 的活度。

【解】

$$I = \frac{1}{2}\sum_i c_i Z_i^2 = \frac{1}{2} \times ([H^+]Z_{H^+}^2 + [Cl^-]Z_{Cl^-}^2) = \frac{1}{2} \times (0.10 \times 1^2 + 0.10 \times 1^2)\ \text{mol/L} = 0.10\ \text{mol/L}$$

从离子体积参数的表中可查到 H^+ 的 $\mathring{a}=0.9$ nm，由离子活度系数表中可查得当 $\mathring{a}=0.9$ nm，$I=0.1$ mol/L 时，$\gamma_{H^+}=0.83$。所以

$$a_{H^+} = 0.83 \times 0.10\ \text{mol/L} = 0.083\ \text{mol/L}$$

【例 4-4】 混合溶液中 $BaCl_2$ 和 HCl 的浓度分别为 0.05 mol/L 和 0.10 mol/L，请计算该溶液中 H^+ 的活度。

【解】 在混合溶液中各离子的浓度分别为

$$c_{Ba^{2+}} = 0.05\ \text{mol/L}$$

$$c_{Cl^-} = (0.10 + 0.05 \times 2)\text{mol/L} = 0.20\ \text{mol/L}$$

$$c_{H^+} = 0.10\ \text{mol/L}$$

$$I = \frac{1}{2} \times (0.05 \times 2^2 + 0.20 \times 1^2 + 0.10 \times 1^2)\ \text{mol/L} = 0.25\ \text{mol/L}$$

查附录 K 可知，H^+ 的 $\mathring{a}=0.9$ nm，代入德拜-休克尔公式得

$$-\lg\gamma_i = 0.512 Z_i^2 \frac{\sqrt{I}}{1 + B\mathring{a}\sqrt{I}}$$

$$-\lg\gamma_{H^+} = \frac{0.512 \times 1^2 \times \sqrt{0.25}}{1 + 3.28 \times 0.9 \times \sqrt{0.25}} = 0.103$$

$$\gamma_{H^+} = 0.79$$

$$a_{H^+} = \gamma_{H^+} \cdot c_{H^+} = 0.79 \times 0.10\ \text{mol/L} = 0.079\ \text{mol/L}$$

由此可见，当溶液的浓度较大时，活度系数不等于 1，浓度与活度就有差别。

3）酸的浓度和酸度

酸的浓度（用 mol/L 来表示）指的是酸的分析浓度，即 1 L 溶液中含有酸的物质的量，包括已离解的和未离解的酸的浓度。酸度则是指溶液中 H^+ 的浓度，通常用溶液的 pH 值来表示。

同样，碱的浓度和碱度的含义也是不一样的，碱的浓度是指溶液中碱的分析浓度；碱度则是指溶液中 OH^- 的浓度，通常用溶液的 pOH 值来表示。

4）平衡浓度、分析浓度及分布系数

平衡浓度（equilibrium concentration）是指在溶液中，各共轭酸碱对处于平衡状态时酸碱各种型体的浓度，用[　]表示。

分析浓度（analytical concentration）是指溶液中酸碱各型体的平衡浓度之和，也称为总浓度，用 c 表示。

分布系数（distribution coefficient）是指溶液中某种酸碱组分的平衡浓度占总浓度的分

数,用 δ 表示。某种酸碱组分的分布系数取决于该酸碱的性质和溶液的 pH 值,与该酸碱的总浓度无关。分布系数的大小定量地反映溶液中各酸碱型体的分布情况,总浓度已知时就可以求出某一 pH 值下各种型体的平衡浓度。这对分析化学中研究沉淀反应、配位反应、显色反应的进行程度至关重要。

2. 溶液中酸碱各种型体的分布

1) 一元弱酸

在一元弱酸(HA)的溶液中,存在两种型体,即 HA 和 A^-,若其平衡浓度分别为[HA]和$[A^-]$,弱酸的总浓度为 c,则

$$c=[HA]+[A^-]$$

根据弱酸在溶液中的离解平衡,有

$$K_a=\frac{[H^+][A^-]}{[HA]}$$

以 δ_0、δ_1 分别表示 A^- 和 HA 在溶液中的分布系数,则

$$\delta_0=\frac{[A^-]}{[HA]+[A^-]}=\frac{[A^-]}{\frac{[H^+][A^-]}{K_a}+[A^-]}=\frac{K_a}{[H^+]+K_a}$$

$$\delta_1=\frac{[HA]}{[HA]+[A^-]}=\frac{[HA]}{[HA]+\frac{[HA]K_a}{[H^+]}}=\frac{[H^+]}{[H^+]+K_a}$$

且 $$\delta_0+\delta_1=1$$

【例 4-5】 计算乙酸(HAc)在 pH 值分别等于 3.0、5.0、7.0 时各种型体的分布系数。

解 查表可得 HAc 的 $pK_a=4.74$。

pH=3.0 时 $[H^+]=10^{-3.0}$

HAc、Ac^- 的分布系数分别为 δ_1、δ_0,则

$$\delta_0=\frac{K_a}{[H^+]+K_a}=\frac{10^{-4.74}}{10^{-3.0}+10^{-4.74}}=0.018$$

$$\delta_1=\frac{[H^+]}{[H^+]+K_a}=\frac{10^{-3.0}}{10^{-3.0}+10^{-4.74}}=0.982$$

pH=5.0 时 $\delta_0=0.645$, $\delta_1=0.355$

pH=7.0 时 $\delta_0=0.995$, $\delta_1=0.005$

求出在不同 pH 值下 HAc 两种型体的分布系数 δ_0、δ_1,然后以分布系数对 pH 值作图,得到分布系数与 pH 值之间的变化曲线(如图 4-1 所示)。

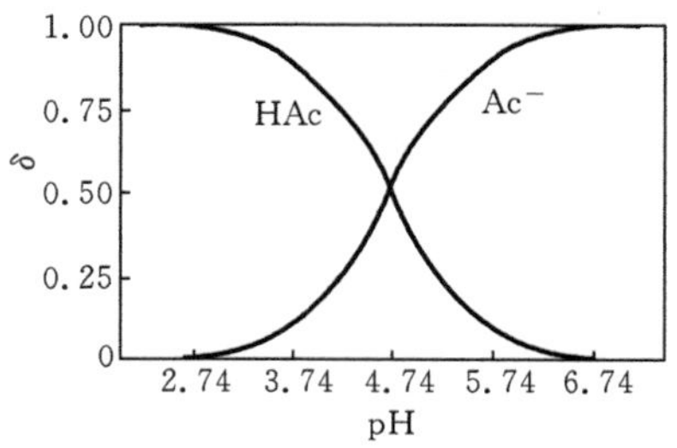

图 4-1 HAc 各种型体的分布系数与 pH 值的变化曲线

从图 4-1 可以看出:HAc 组分的浓度随 pH 值的升高而减少,而 Ac^- 的浓度则随 pH 值的升高而增加。当 $pH=pK_a=4.74$时,HAc、Ac^- 的浓度相等;当 pH<4.74 时,以 HAc 为主;当 pH>4.74 时,以 Ac^- 为主。

2) 二元弱酸

二元弱酸(H_2A)在溶液中存在三种型体,分别是 H_2A、HA^- 和 A^{2-},若它们在溶液中的总浓度为 c,则

$$c=[H_2A]+[HA^-]+[A^{2-}]$$

二元弱酸在溶液中存在两级离解平衡:

$$H_2A \rightleftharpoons HA^- + H^+ \qquad K_{a(1)} = \frac{[HA^-][H^+]}{[H_2A]}$$

$$HA^- \rightleftharpoons A^{2-} + H^+ \qquad K_{a(2)} = \frac{[A^{2-}][H^+]}{[HA^-]}$$

$$K_{a(1)}K_{a(2)} = \frac{[A^{2-}][H^+]^2}{[H_2A]}$$

以 δ_0、δ_1、δ_2 分别表示 A^{2-}、HA^- 和 H_2A 在溶液中的分布系数，则

$$\delta_0 = \frac{[A^{2-}]}{[H_2A]+[HA^-]+[A^{2-}]} = \frac{[A^{2-}]}{\frac{[A^{2-}][H^+]^2}{K_{a(1)}K_{a(2)}} + \frac{[A^{2-}][H^+]}{K_{a(2)}} + [A^{2-}]}$$

$$= \frac{K_{a(1)}K_{a(2)}}{[H^+]^2 + K_{a(1)}[H^+] + K_{a(1)}K_{a(2)}}$$

$$\delta_1 = \frac{[HA^-]}{[H_2A]+[HA^-]+[A^{2-}]} = \frac{K_{a(1)}[H^+]}{[H^+]^2 + K_{a(1)}[H^+] + K_{a(1)}K_{a(2)}}$$

$$\delta_2 = \frac{[H_2A]}{[H_2A]+[HA^-]+[A^{2-}]} = \frac{[H^+]^2}{[H^+]^2 + K_{a(1)}[H^+] + K_{a(1)}K_{a(2)}}$$

且

$$\delta_0 + \delta_1 + \delta_2 = 1$$

【例 4-6】 计算草酸在 pH 值分别等于 1.0、3.0 和 6.0 时各种型体的分布系数。

解　查表可得草酸的 $pK_{a(1)} = 1.22$，$pK_{a(2)} = 4.19$。

pH＝1.0 时　　$[H^+] = 10^{-1.0}$

设 $C_2O_4^{2-}$、$HC_2O_4^-$、$H_2C_2O_4$ 的分布系数分别为 δ_0、δ_1、δ_2，则

$$\delta_0 = \frac{K_{a(1)}K_{a(2)}}{[H^+]^2 + K_{a(1)}[H^+] + K_{a(1)}K_{a(2)}}$$

$$= \frac{10^{-1.22} \times 10^{-4.19}}{10^{-1.0\times2} + 10^{-1.22-1.0} + 10^{-1.22-4.19}} = 0.000\,2$$

$$\delta_1 = \frac{K_{a(1)}[H^+]}{[H^+]^2 + K_{a(1)}[H^+] + K_{a(1)}K_{a(2)}}$$

$$= \frac{10^{-1.22-1.0}}{10^{-1.0\times2} + 10^{-1.22-1.0} + 10^{-1.22-4.19}} = 0.375\,9$$

$$\delta_2 = 1 - \delta_0 - \delta_1 = 0.623\,9$$

pH＝3.0 时　$\delta_0 = 0.060$，　$\delta_1 = 0.925$，　$\delta_2 = 0.015$

pH＝6.0 时　$\delta_0 = 0.985$，　$\delta_1 = 0.015$，　$\delta_2 = 0.000$

以不同 pH 值下的草酸各种型体的分布系数 δ_0、δ_1、δ_2 分别对 pH 值作图(见图4-2)。

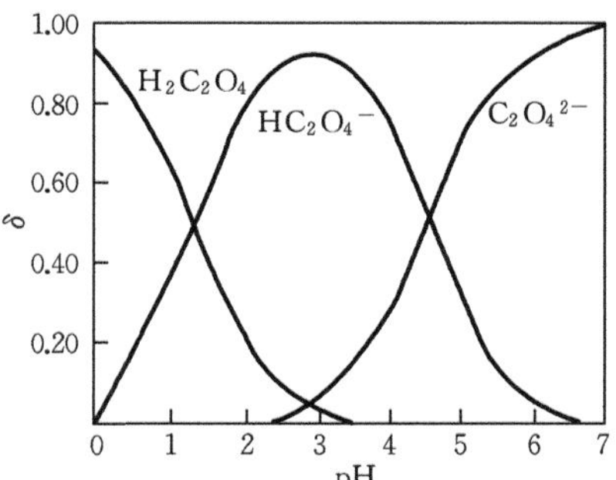

图 4-2　草酸各种型体的分布系数与 pH 值的变化曲线

从图 4-2 可以看出：当 pH＜1.22 时，以 $H_2C_2O_4$ 为主；当 1.22＜pH＜4.19 时，以 $HC_2O_4^-$ 为主；当 pH＞4.19 时，以 $C_2O_4^{2-}$ 为主。

3) 多元酸

三元酸(H_3A)在溶液中有四种型体共存，分别是 H_3A、H_2A^-、HA^{2-}、A^{3-}，若它们在溶液中的总浓度为 c，则

注：为简化运算式，本章略去运算式中浓度单位(mol/L)。

$$c=[H_3A]+[H_2A^-]+[HA^{2-}]+[A^{3-}]$$

三元酸存在三级离解平衡:

$$H_3A \rightleftharpoons H_2A^- + H^+ \qquad K_{a(1)}=\frac{[H_2A^-][H^+]}{[H_3A]}$$

$$H_2A^- \rightleftharpoons HA^{2-} + H^+ \qquad K_{a(2)}=\frac{[HA^{2-}][H^+]}{[H_2A^-]}$$

$$HA^{2-} \rightleftharpoons A^{3-} + H^+ \qquad K_{a(3)}=\frac{[A^{3-}][H^+]}{[HA^{2-}]}$$

以 δ_0、δ_1、δ_2、δ_3 分别表示 A^{3-}、HA^{2-}、H_2A^-、H_3A 在溶液中的分布系数,则

$$\delta_0=\frac{K_{a(1)}K_{a(2)}K_{a(3)}}{[H^+]^3+K_{a(1)}[H^+]^2+K_{a(1)}K_{a(2)}[H^+]+K_{a(1)}K_{a(2)}K_{a(3)}}$$

$$\delta_1=\frac{K_{a(1)}K_{a(2)}[H^+]}{[H^+]^3+K_{a(1)}[H^+]^2+K_{a(1)}K_{a(2)}[H^+]+K_{a(1)}K_{a(2)}K_{a(3)}}$$

$$\delta_2=\frac{K_{a(1)}[H^+]^2}{[H^+]^3+K_{a(1)}[H^+]^2+K_{a(1)}K_{a(2)}[H^+]+K_{a(1)}K_{a(2)}K_{a(3)}}$$

$$\delta_3=\frac{[H^+]^3}{[H^+]^3+K_{a(1)}[H^+]^2+K_{a(1)}K_{a(2)}[H^+]+K_{a(1)}K_{a(2)}K_{a(3)}}$$

【例 4-7】 计算 pH 值分别为 1.0、5.0、10.0、13.0 时 H_3PO_4 各种型体的分布系数。

解 查表可得 H_3PO_4 的 $pK_{a(1)}=2.12$,$pK_{a(2)}=7.20$,$pK_{a(3)}=12.36$。

(1) 当 pH=1.0 时,$[H^+]=10^{-1.0}$

$$\delta_0=\frac{K_{a(1)}K_{a(2)}K_{a(3)}}{[H^+]^3+K_{a(1)}[H^+]^2+K_{a(1)}K_{a(2)}[H^+]+K_{a(1)}K_{a(2)}K_{a(3)}}$$

$$=\frac{10^{-2.12-7.20-12.36}}{10^{-3.0}+10^{-2.12-2.0}+10^{-2.12-7.20-1.0}+10^{-2.12-7.20-12.36}}=0.000$$

$$\delta_1=\frac{K_{a(1)}K_{a(2)}[H^+]}{[H^+]^3+K_{a(1)}[H^+]^2+K_{a(1)}K_{a(2)}[H^+]+K_{a(1)}K_{a(2)}K_{a(3)}}$$

$$=\frac{10^{-2.12-7.20-1.0}}{10^{-3.0}+10^{-2.12-2.0}+10^{-2.12-7.20-1.0}+10^{-2.12-7.20-12.36}}=0.000$$

$$\delta_2=\frac{K_{a(1)}[H^+]^2}{[H^+]^3+K_{a(1)}[H^+]^2+K_{a(1)}K_{a(2)}[H^+]+K_{a(1)}K_{a(2)}K_{a(3)}}$$

$$=\frac{10^{-2.12-2.0}}{10^{-3.0}+10^{-2.12-2.0}+10^{-2.12-7.20-1.0}+10^{-2.12-7.20-12.36}}=0.070$$

$$\delta_3=1-\delta_0-\delta_1-\delta_2=0.930$$

(2) 当 pH=5.0 时,$[H^+]=10^{-5.0}$

同理求得 $\delta_0=0.000$, $\delta_1=0.006$, $\delta_2=0.992$

$\delta_3=1-\delta_0-\delta_1-\delta_2=0.002$

(3) 当 pH=10.0 时,$[H^+]=10^{-10.0}$

同理求得 $\delta_0=0.004$, $\delta_1=0.994$, $\delta_2=0.002$, $\delta_3=0.000$

(4) 当 pH=13.0 时,$[H^+]=10^{-13.0}$

同理求得 $\delta_0=0.814$, $\delta_1=0.186$, $\delta_2=0.000$, $\delta_3=0.000$

H_3PO_4 各种型体的分布系数 δ_0、δ_1、δ_2、δ_3 与 pH 值的变化曲线如图 4-3 所示。

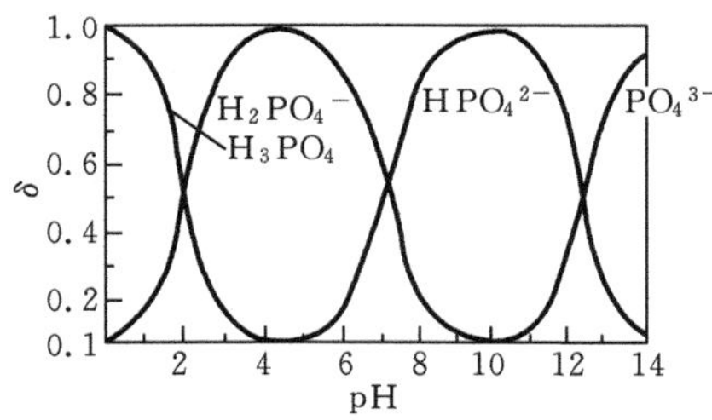

图 4-3 H_3PO_4 **各种型体的分布系数与 pH 值的变化曲线**

从图 4-3 可以看出：当 $pH<pK_{a(1)}=2.12$ 时，以 H_3PO_4 为主；当 $2.12<pH<7.20$ 时，以 $H_2PO_4^-$ 为主；当 $7.20<pH<12.36$ 时，以 HPO_4^{2-} 为主；当 $pH>pK_{a(3)}=12.36$ 时，以 PO_4^{3-} 为主。

4.2.2　酸碱溶液 pH 值的计算

在水溶液中发生的各种化学反应与溶液的 pH 值密切相关，因此，pH 值的计算对于酸碱滴定及指示剂的选择具有重要的理论和现实意义。本书主要根据酸碱各组分在水溶液到达平衡状态时的质子条件来推导 pH 值的精确计算公式，然后根据具体条件，分清主次，合理取舍，推导出 pH 值的简化计算公式。由于本书对 pH 值的计算要求不高，一般允许有百分之几的误差，因此，在计算过程中忽略离子强度的影响。

1. 水溶液中酸碱平衡的处理方法

在水溶液中，当酸碱各组分到达平衡状态时，存在多种平衡关系式，主要有物料平衡式(material balance equation)、电荷平衡式(charge balance equation)和质子条件式(proton balance equation)三种。这些关系式是计算溶液 pH 值的基础。由于酸碱反应的本质是质子的转移，所以本书重点讨论质子条件式，而简单介绍其他平衡式。

1) 物料平衡式

在酸碱溶液中，各组分的平衡浓度之和等于分析浓度，这就是物料平衡式。例如，浓度为 c 的 HF 溶液，其物料平衡式为

$$c=[HF]+[F^-]$$

又如，浓度为 c 的 Na_2CO_3 溶液，其物料平衡式为

$$c=\frac{1}{2}[Na^+]=[CO_3^{2-}]+[HCO_3^-]+[H_2CO_3]$$

2) 电荷平衡式

在酸碱溶液中，当各组分达到平衡状态时，由于溶液是电中性的，溶液中带正电荷离子的总浓度等于溶液中带负电荷离子的总浓度，这就是电荷平衡式。中性分子不包含在电荷平衡式中。例如，NaF 溶液的电荷平衡式为

$$[Na^+]+[H^+]=[F^-]+[OH^-]$$

又如，Na_2CO_3 溶液的电荷平衡式为

$$[Na^+]+[H^+]=2[CO_3^{2-}]+[HCO_3^-]+[OH^-]$$

注意，对于多价离子，其平衡浓度前面还要乘以相应的系数，这样电荷平衡式才能成立。

3) 质子条件式

在酸碱溶液中，当各组分到达平衡状态时，酸失去的质子数必然等于碱得到的质子数，这就是质子条件式。书写质子条件式的一般步骤如下：①选择参考水准，即以溶液中大量存在并参与质子转移的物质作为参考水准，由于在水溶液中水参与质子转移，参考水准一般有 H_2O；②以参考水准为参照，分别写出得到质子的产物和失去质子的产物，并且注意得失质子的数目；③得到的质子产物写在左边，失去的质子产物写在右边，并且在其平衡浓度前面添加相应的得失质子数。

【例 4-8】　写出一元弱酸 HA 溶液的质子条件式。

解　(1) 选择参考水准，由于 HA、H_2O 在溶液中大量存在并参与质子转移，所以选择 HA、H_2O 为参

考水准。

(2) 列出得、失质子的产物。

$$\text{无} \longleftarrow HA \longrightarrow A^-$$
$$H^+ \longleftarrow H_2O \longrightarrow OH^-$$

(3) 写出质子条件。

$$[H^+]=[A^-]+[OH^-]$$

【例 4-9】 写出 Na_3PO_4 的水溶液的质子条件式。

解 (1) 选择 PO_4^{3-}、H_2O 为参考水准。

(2) 列出得、失质子产物。

$$H_3PO_4 \xleftarrow{3} H_2PO_4^- \xleftarrow{2} HPO_4^{2-} \longleftarrow PO_4^{3-} \longrightarrow \text{无}$$
$$H^+ \longleftarrow H_2O \longrightarrow OH^-$$

(3) 写出质子条件式。

$$[H^+]+[HPO_4^-]+2[H_2PO_4^-]+3[H_3PO_4]=[OH^-]$$

【例 4-10】 写出 $(NH_4)_2CO_3$ 的水溶液的质子条件式。

解 (1) 选择 NH_4^+、CO_3^{2-}、H_2O 为参考水准。

(2) 列出得、失质子产物。

$$\text{无} \longleftarrow NH_4^+ \longrightarrow NH_3$$
$$H^+ \longleftarrow H_2O \longrightarrow OH^-$$
$$H_2CO_3 \xleftarrow{2} HCO_3^- \longleftarrow CO_3^{2-} \longrightarrow \text{无}$$

(3) 写出质子条件式。

$$[H^+]+[HCO_3^-]+2[H_2CO_3]=[NH_3]+[OH^-]$$

2. 酸碱溶液的 pH 值的计算

1) 一元弱酸溶液的 pH 值的计算

对于一元弱酸 HA,其在水溶液中的质子条件式为

$$[H^+]=[A^-]+[OH^-] \tag{4-1}$$

将弱酸离解常数表达式和水的离子积常数关系式代入式(4-1),有

$$[H^+]=\frac{K_a[HA]}{[H^+]}+\frac{K_w}{[H^+]}$$

整理得

$$[H^+]=\sqrt{K_a[HA]+K_w} \tag{4-2}$$

式(4-2)为求一元弱酸溶液 pH 值的精确表达式。在式(4-2)中,HA 的平衡浓度还是未知的,如果把$[HA]=c\delta_1$代入式(4-2)后,就会得到表达式

$$[H^+]^3+K_a[H^+]^2-(K_ac+K_w)[H^+]-K_aK_w=0 \tag{4-3}$$

式(4-3)是关于$[H^+]$的一元三次方程,直接用数学方法求解非常麻烦。同时,在实际工作中也没有必要,可根据具体情况进行合理的近似处理。

若弱酸的浓度较大,弱酸本身酸性又较弱,可以忽略弱酸的离解($\frac{c}{K_a}>500$,产生的误差小于 5%),则有

$$[HA]\approx c$$
$$[H^+]=\sqrt{K_a[HA]+K_w}=\sqrt{K_ac+K_w}$$

如果 $K_a c > 20K_w$，可以忽略水的离解(产生的误差小于 5%)，则有

$$[H^+] = \sqrt{K_a c} \tag{4-4}$$

式(4-4)为一元弱酸 pH 值计算的最简式。

如果弱酸的浓度比较小，并且本身酸性又比较强($\frac{c}{K_a} < 500$)，此时不可以忽略弱酸的离解，则有

$$[HA] \approx c - [A^-] \approx c - [H^+]$$

$$[H^+] = \sqrt{K_a[HA]} = \sqrt{K_a(c - [H^+])}$$

整理得

$$[H^+]^2 + K_a[H^+] - K_a c = 0$$

$$[H^+] = \frac{-K_a + \sqrt{K_a^2 + 4K_a c}}{2}$$

【例 4-11】 计算 0.2 mol/L HF 溶液的 pH 值。

解　查表得 HF 的 $pK_a = 3.18$。

由于 $\frac{c}{K_a} = \frac{0.2}{1.0 \times 10^{-3.18}} < 500$，且 $K_a c = 10^{-3.18} \times 0.2 \gg 20K_w$，因此有

$$[H^+] = \frac{-K_a + \sqrt{K_a^2 + 4K_a c}}{2} = \frac{-10^{-3.18} + \sqrt{10^{-3.18 \times 2} + 4 \times 10^{-3.18} \times 0.2}}{2} = 10^{-1.95}$$

$$pH = 1.95$$

【例 4-12】 计算 0.18 mol/L HAc 溶液的 pH 值。

解　查表得 HAc 的 $pK_a = 4.74$。

由于 $\frac{c}{K_a} = \frac{0.18}{10^{-4.74}} > 500$，且 $K_a c = 10^{-4.74} \times 0.18 \gg 20K_w$，因此有

$$[H^+] = \sqrt{K_a c} = \sqrt{10^{-4.74} \times 0.18} = 10^{-2.74}$$

$$pH = 2.74$$

【例 4-13】 计算 1.0×10^{-5} mol/L 苯酚溶液的 pH 值。

解　查表得苯酚的 $pK_a = 9.95$。

由于 $\frac{c}{K_a} = \frac{1.0 \times 10^{-5}}{10^{-9.95}} > 500$，且 $K_a c = 10^{-9.95} \times 1.0 \times 10^{-5} < 20K_w$

$$[H^+] = \sqrt{K_a c + K_w} = \sqrt{10^{-9.95} \times 1.0 \times 10^{-5} + 10^{-14.00}} = 10^{-6.98}$$

$$pH = 6.98$$

2）一元弱碱溶液 pH 值的计算

对于一元弱碱 A^- 溶液，其水溶液中的质子条件式为

$$[H^+] + [HA] = [OH^-]$$

同理可得

$$\frac{K_w}{[OH^-]} + \frac{K_b[A^-]}{[OH^-]} = [OH^-]$$

$$[OH^-] = \sqrt{K_b[A^-] + K_w}$$

当满足 $\frac{c}{K_b} > 500$ 时，$[A^-] \approx c$，上式近似为

$$[OH^-] = \sqrt{K_b c + K_w}$$

当满足 $K_b c > 20K_w$ 时，上式可以进一步近似简化为

$$[OH^-] = \sqrt{K_b c}$$

$$pH=14.00-pOH$$

该式为一元弱碱溶液 pH 值计算的最简式。

当满足 $K_bc>20K_w$，且$\frac{c}{K_b}<500$ 时，则计算公式为

$$[OH^-]=\frac{-K_b+\sqrt{K_b^2+4K_bc}}{2}$$

【例 4-14】 计算 0.25 mol/L NH_3溶液的 pH 值。

解 查表得 NH_3 的 $pK_b=4.74$。

由于$\frac{c}{K_b}=\frac{0.25}{10^{-4.74}}>500$，且 $K_bc=10^{-4.74}\times0.25>20K_w$，因此有

$$[OH^-]=\sqrt{K_bc}=\sqrt{10^{-4.74}\times0.25}=10^{-2.67}$$

$$pOH=2.67$$

$$pH=14.00-2.67=11.33$$

【例 4-15】 计算 0.05 mol/L 乙胺($CH_3CH_2NH_2$)溶液的 pH 值。

解 查表得乙胺的 $pK_b=3.25$。

由于$\frac{c}{K_b}=\frac{0.05}{10^{-3.25}}<500$，且 $K_bc=10^{-3.25}\times0.05>20K_w$，因此有

$$[OH^-]=\frac{-K_b+\sqrt{K_b^2+4K_bc}}{2}=\frac{-10^{-3.25}+\sqrt{10^{-3.25\times2}+4\times10^{-3.25}\times0.05}}{2}=10^{-2.30}$$

$$pOH=2.30$$

$$pH=14.00-2.30=11.70$$

【例 4-16】 计算 0.20 mol/L NaF 溶液的 pH 值。

解 查表得 HF 的 $pK_a=3.18$，$pK_b=14.00-3.18=10.82$。

由于$\frac{c}{K_b}=\frac{0.20}{10^{-10.82}}>500$，$K_bc=10^{-10.82}\times0.20>20K_w$

$$[OH^-]=\sqrt{K_bc}=\sqrt{10^{-10.82}\times0.20}=10^{-5.76}$$

$$pOH=5.76$$

$$pH=14.00-5.76=8.24$$

3) 多元弱酸溶液 pH 值的计算

在多元弱酸的水溶液中，多元酸是逐步离解的，第一步离解往往对第二步、第三步的离解产生抑制作用，这导致多元酸的离解常数之比达到 4～5 数量级。通常在多元酸的 pH 值的计算中忽略离子强度的影响，一般允许有 5%左右的误差。因此，在多元酸的 pH 值的计算中，可以忽略后面离解的影响，把多元酸看成一元酸来处理。例如，二元酸 H_2A 的质子条件式为

$$[H^+]=[HA^-]+2[A^{2-}]+[OH^-]$$

由于溶液为酸性，忽略上式的$[OH^-]$，把相关平衡常数代入上式并整理得

$$[H^+]=\frac{K_{a(1)}[H_2A]}{[H^+]}+\frac{2K_{a(1)}K_{a(2)}[H_2A]}{[H^+]^2}=\frac{K_{a(1)}[H_2A]}{[H^+]}\left(1+\frac{2K_{a(2)}}{[H^+]}\right)$$

若$\frac{2K_{a(2)}}{[H^+]}\approx\frac{2K_{a(2)}}{\sqrt{K_{a(1)}c}}<0.05$，上式可以进一步简化为

$$[H^+]=\sqrt{K_{a(1)}[H_2A]}$$

若同时满足$\frac{c}{K_{a(1)}}>500$,可以进一步简化为

$$[H^+]=\sqrt{K_{a(1)}c} \tag{4-5}$$

式(4-5)同前面讲的一元弱酸的 pH 值的计算公式(4-4)完全一样。当满足以上简化条件时,对于其他三元酸等多元酸的处理方法类似,一般可以按照一元酸来处理。

【例 4-17】 计算 0.20 mol/L $H_2C_2O_4$溶液的 pH 值。

解 查表得 $H_2C_2O_4$的 $pK_{a(1)}=1.22$,$pK_{a(2)}=4.19$。

由于$\frac{2K_{a(2)}}{\sqrt{K_{a(1)}c}}=\frac{2\times10^{-4.19}}{\sqrt{0.20\times10^{-1.22}}}<0.05$,且$\frac{c}{K_{a(1)}}=\frac{0.20}{10^{-1.22}}<500$,因此有

$$[H^+]=\frac{-K_{a(1)}+\sqrt{K_{a(1)}^2+4K_{a(1)}c}}{2}=\frac{-10^{-1.22}+\sqrt{10^{-1.22\times2}+4\times10^{-1.22}\times0.20}}{2}=10^{-1.07}$$

$$pH=1.07$$

【例 4-18】 计算 0.10 mol/L H_3PO_4溶液的 pH 值。

解 查表得 H_3PO_4的 $pK_{a(1)}=2.12$,$pK_{a(2)}=7.20$。

由于$\frac{2K_{a(2)}}{\sqrt{K_{a(1)}c}}=\frac{2\times10^{-7.20}}{\sqrt{0.10\times10^{-2.12}}}<0.05$,且$\frac{c}{K_{a(1)}}=\frac{0.10}{10^{-2.12}}<500$,因此有

$$[H^+]=\frac{-K_{a(1)}+\sqrt{K_{a(1)}^2+4K_{a(1)}c}}{2}=\frac{-10^{-2.12}+\sqrt{10^{-2.12\times2}+4\times10^{-2.12}\times0.10}}{2}=10^{-1.62}$$

$$pH=1.62$$

4) 多元弱碱溶液 pH 值的计算

多元弱碱溶液 pH 值计算的处理方法同多元弱酸类似,可以直接按照一元弱碱的方法来进行处理。例如,对于二元弱碱 Na_2A,其在水溶液中的质子条件式为

$$[OH^-]=[H^+]+[HA^-]+2[H_2A] \tag{4-6}$$

由于溶液为碱性,忽略式(4-6)中的$[H^+]$,把相关平衡常数代入上式并整理得

$$[OH^-]=\frac{K_{b(1)}[A^{2-}]}{[OH^-]}+\frac{2K_{b(1)}K_{b(2)}[A^{2-}]}{[OH^-]^2}=\frac{K_{b(1)}[A^{2-}]}{[OH^-]}\left(1+\frac{2K_{b(2)}}{[OH^-]}\right)$$

若$\frac{2K_{b(2)}}{[OH^-]}\approx\frac{2K_{b(2)}}{\sqrt{K_{b(1)}c}}<0.05$,上式可以进一步近似简化为

$$[OH^-]=\sqrt{K_{b(1)}[A^{2-}]}$$

若同时满足$\frac{c}{K_{b(1)}}>500$,可以进一步近似简化为

$$[OH^-]=\sqrt{K_{b(1)}c}$$

$$pH=14.00-pOH$$

该公式同一元弱碱的 pH 值计算公式完全一样,在满足简化条件的情况下,对于其他三元碱等多元碱的处理方法类似,一般可以按照一元碱来处理。

【例 4-19】 计算 0.20 mol/L Na_2CO_3溶液的 pH 值。

解 查表得 H_2CO_3的 $pK_{a(1)}=6.38$,$pK_{a(2)}=10.25$。

$$pK_{b(1)}=14.00-10.25=3.75,\quad pK_{b(2)}=14.00-6.38=7.62$$

由于$\frac{2K_{b(2)}}{\sqrt{K_{b(1)}c}}=\frac{2\times10^{-7.62}}{\sqrt{10^{-3.75}\times0.20}}<0.05$,且$\frac{c}{K_{b(1)}}=\frac{0.20}{10^{-3.75}}>500$,因此有

$$[OH^-]=\sqrt{K_{b(1)}c}=\sqrt{10^{-3.75}\times0.20}=10^{-2.23}$$

$$pOH=2.23$$

$$pH=14.00-2.23=11.77$$

5）两性物质溶液 pH 值的计算

两性物质是在溶液中既起酸的作用又起碱的作用的物质，其水溶液的酸碱平衡比较复杂。同前面的处理方法类似，将弱酸和弱碱的平衡合并，根据具体条件进一步简化计算公式。以 NaHA 为例，其在水溶液中的质子条件式为

$$[H^+]+[H_2A]=[A^{2-}]+[OH^-]$$

把相关离解常数($K_{a(1)}$、$K_{a(2)}$)表达式代入上式可得

$$[H^+]+\frac{[H^+][HA^-]}{K_{a(1)}}=\frac{K_{a(2)}[HA^-]}{[H^+]}+\frac{K_w}{[H^+]} \tag{4-7}$$

对式(4-7)进行整理，可得计算$[H^+]$的精确公式为

$$[H^+]=\sqrt{\frac{K_{a(1)}(K_{a(2)}[HA^-]+K_w)}{K_{a(1)}+[HA^-]}} \tag{4-8}$$

一般情况下，多元酸的离解常数 $K_{a(1)}$、$K_{a(2)}$ 相差 3～5 数量级，HA^- 的酸式离解和碱式离解的趋势都很小，可以认为$[HA^-]\approx c$，式(4-8)可以近似简化为

$$[H^+]=\sqrt{\frac{K_{a(1)}(K_{a(2)}c+K_w)}{K_{a(1)}+c}} \tag{4-9}$$

若 HA^- 的酸性离解不太弱，满足 $K_{a(2)}c>20K_w$，式(4-9)又可以近似简化为

$$[H^+]=\sqrt{\frac{K_{a(1)}K_{a(2)}c}{K_{a(1)}+c}} \tag{4-10}$$

若 HA^- 的浓度较大，且满足 $c>20K_{a(1)}$，式(4-10)又可以进一步近似简化为

$$[H^+]=\sqrt{K_{a(1)}K_{a(2)}} \tag{4-11}$$

式(4-11)为 NaHA 型两性物质溶液的 pH 值的计算最简式，需要指出的是只要两性物质的浓度较大且酸性离解不太弱，一般情况下，可忽略水的离解，可以用最简式直接计算溶液的 pH 值。

对于三元酸，其两性物质分别为 NaH_2A 型和 Na_2HA 型的，同理可以推导出溶液中 pH 值的计算公式分别为

NaH_2A 型　　$[H^+]=\sqrt{K_{a(1)}K_{a(2)}}$

Na_2HA 型　　$[H^+]=\sqrt{K_{a(2)}K_{a(3)}}$

对于比较复杂的多元酸和弱酸弱碱类两性物质溶液的 pH 值的计算公式都可以用类似的方法进行推导。

【例 4-20】 计算 0.20 mol/L NaH_2PO_4溶液的 pH 值。

解　查表得 H_3PO_4 的 $pK_{a(1)}=2.12$，$pK_{a(2)}=7.20$。

由于 $K_{a(2)}c=10^{-7.20}\times0.20>20K_w$，且 $c=0.20>20K_{a(1)}$，因此有

$$[H^+]=\sqrt{K_{a(1)}K_{a(2)}}=\sqrt{10^{-2.12}\times10^{-7.20}}=10^{-4.66}$$

$$pH=4.66$$

【例 4-21】 计算 0.002 2 mol/L Na_2HPO_4溶液的 pH 值。

解　查表得 H_3PO_4 的 $pK_{a(2)}=7.20$，$pK_{a(3)}=12.36$。

由于 $K_{a(3)}c=10^{-12.36}\times0.002\,2<20K_w$，且 $c=0.002\,2>20K_{a(2)}$，因此有

$$[H^+]=\sqrt{\frac{K_{a(2)}(K_{a(3)}c+K_w)}{c}}=\sqrt{\frac{10^{-7.20}\times(10^{-12.36}\times0.0022+10^{-14.00})}{0.0022}}=10^{-9.25}$$

$$pH=9.25$$

6）混合酸溶液的 pH 值的计算

对于由强酸和弱酸组成的混合溶液（$H^+ + HA$），由于强酸在溶液中全部离解，若强酸和弱酸的分析浓度分别为 c_0、c_1，则混合溶液的质子条件式为

$$[H^+]=[A^-]+[OH^-]+c_0 \tag{4-12}$$

由于溶液为酸性，$[OH^-]$可以忽略，式(4-12)可以近似简化为

$$[H^+]=[A^-]+c_0 \tag{4-13}$$

若满足 $c_0>20[A^-]$，式(4-13)可以进一步近似简化为

$$[H^+]=c_0 \tag{4-14}$$

若不满足 $c_0>20[A^-]$，把弱酸的型体分布计算公式代入式(4-13)并整理得

$$[H^+]=\frac{c_1K_a}{[H^+]+K_a}+c_0$$

$$[H^+]^2+(K_a-c_0)[H^+]-K_a(c_0+c_1)=0$$

解上述一元二次方程可得

$$[H^+]=\frac{(c_0-K_a)+\sqrt{(c_0-K_a)^2+4K_a(c_0+c_1)}}{2}$$

对于两弱酸（HA＋HB）组成的混合溶液，若它们的分析浓度分别为 c_{HA}、c_{HB}，离解常数分别为 K_{HA}、K_{HB}，则混合溶液的质子条件式为

$$[H^+]=[A^-]+[B^-]+[OH^-] \tag{4-15}$$

混合溶液呈酸性，忽略$[OH^-]$，式(4-15)近似简化为

$$[H^+]=[A^-]+[B^-] \tag{4-16}$$

把相关离解常数表达式代入式(4-16)并整理得

$$[H^+]=\frac{K_{HA}[HA]}{[H^+]}+\frac{K_{HB}[HB]}{[H^+]}$$

$$[H^+]=\sqrt{K_{HA}[HA]+K_{HB}[HB]}$$

若两弱酸的酸性较弱，忽略其酸式离解的影响，则有

$$c_{HA}\approx[HA],\quad c_{HB}\approx[HB]$$

$$[H^+]=\sqrt{K_{HA}c_{HA}+K_{HB}c_{HB}} \tag{4-17}$$

式(4-17)是计算弱酸混合溶液 pH 值的最简式。

7）混合碱溶液的 pH 值的计算

对于强碱和弱碱（OH^- ＋NaA）组成的混合溶液，由于强碱在水溶液中是全部离解的，若强碱和弱碱的分析浓度分别为 c_0、c_1，则混合溶液的质子条件式为

$$[OH^-]=[H^+]+[HA]+c_0 \tag{4-18}$$

由于混合溶液呈碱性，$[H^+]$可以忽略，式(4-18)可以近似简化为

$$[OH^-]=[HA]+c_0 \tag{4-19}$$

若满足 $c_0>20[HA]$，式(4-19)可以进一步近似简化为

$$[OH^-]=c_0 \tag{4-20}$$

式(4-20)为计算强碱和弱碱混合溶液 pH 值的最简式。

若不满足 $c_0>20[A^-]$，把弱酸的型体分布计算公式代入式(4-19)并整理得

$$[OH^-]=\frac{c_1[H^+]}{[H^+]+K_a}+c_0=\frac{c_1\dfrac{K_w}{[OH^-]}}{\dfrac{K_w}{[OH^-]}+\dfrac{K_w}{K_b}}+c_0$$

$$[OH^-]=\frac{K_bc_1}{[OH^-]+K_b}+c_0$$

$$[OH^-]^2+(K_b-c_0)[OH^-]-K_b(c_0+c_1)=0 \tag{4-21}$$

解上述一元二次方程可得

$$[OH^-]=\frac{(c_0-K_b)+\sqrt{(c_0-K_b)^2+4K_b(c_0+c_1)}}{2}$$

对于由两弱碱(NaA+NaB)组成的混合溶液，若它们的分析浓度分别为 c_{NaA}、c_{NaB}，碱式离解常数分别为 K_{NaA}、K_{NaB}，同理可以推导出混合溶液 pH 值的计算公式为

$$[OH^-]=\sqrt{K_{NaA}c_{NaA}+K_{NaB}c_{NaB}}$$

4.3 缓冲溶液

对溶液中的酸度起稳定作用的溶液称为缓冲溶液(buffer solution)。由于缓冲溶液的存在，当向溶液中加入少量酸或碱，或者将溶液稀释，或者某种化学反应的进行产生少量的酸或碱等情况时，溶液的 pH 值基本上保持不变。缓冲溶液在分析化学和生物化学中的应用非常广泛。例如，不同的金属离子与 EDTA 的配位反应的稳定常数不同，就要求在不同 pH 值下滴定，必须用缓冲溶液控制滴定过程中溶液的 pH 值。又如，金属离子与显色剂生成的有色配合物的颜色受溶液 pH 值的影响，必须用缓冲溶液控制显色反应的 pH 值。

4.3.1 缓冲溶液的组成和作用机制

常用的缓冲溶液主要由两类构成。一类是由高浓度的弱酸及其共轭碱组成，如 HAc-NaAc、NH_3-NH_4Cl、$NaHCO_3$-Na_2CO_3 等。这类缓冲溶液的作用机制是溶液中存在弱酸及其共轭碱的酸碱平衡反应，当向溶液中加入少量的酸或碱时，酸碱平衡就会向生成碱或酸的方向移动，所以溶液的 pH 值基本不发生改变。另一类是由高浓度的强酸(pH<2)或高浓度强碱(pH>12)单独构成，如 0.25 mol/L HNO_3溶液、0.10 mol/L NaOH 溶液等。该类缓冲溶液的作用机制是由于强酸或强碱溶液本身的$[H^+]$或$[OH^-]$ 比较高，向溶液中添加少量的酸或碱不会对溶液的 pH 值产生较大的影响。

4.3.2 缓冲溶液 pH 值的计算

对于由弱酸及其共轭碱构成的缓冲溶液，即 HA+NaA，若分析浓度分别为 c_a、c_b，则根据物料平衡式可得

$$[HA]+[A^-]=c_a+c_b$$

根据电荷平衡式可得

$$[H^+]+[Na^+]=[OH^-]+[A^-] \tag{4-22}$$

把$[Na^+]=c_b$代入式(4-22)可得

$$[A^-]=c_b+[H^+]-[OH^-] \tag{4-23}$$

把式(4-23)代入物料平衡式并整理可得

$$[HA]=c_a-[H^+]+[OH^-]$$

根据弱酸及其共轭碱在溶液中离解平衡有

$$[H^+]=K_a\frac{[HA]}{[A^-]}=K_a\frac{c_a-[H^+]+[OH^-]}{c_b+[H^+]-[OH^-]} \tag{4-24}$$

式(4-24)为计算缓冲溶液 pH 值的精确计算式。

当溶液为酸性(pH<6)时,溶液中的$[OH^-]$可以忽略,式(4-24)可以近似简化为

$$[H^+]=K_a\frac{c_a-[H^+]}{c_b+[H^+]}$$

当溶液为碱性(pH>8)时,溶液中的$[H^+]$可以忽略,上式可以近似简化为

$$[H^+]=K_a\frac{c_a+[OH^-]}{c_b-[OH^-]}$$

当溶液中弱酸及其共轭碱分析浓度 c_a、c_b 比较大,溶液中$[H^+]$、$[OH^-]$都可以忽略时,可以得到缓冲溶液 pH 值的计算最简式,即

$$[H^+]=K_a\frac{c_a}{c_b} \tag{4-25}$$

对式(4-25)两边取以 10 为底的对数并整理可得

$$pH=pK_a+\lg\frac{c_b}{c_a}$$

【例 4-22】 计算 0.20 mol/L HF 和 0.24 mol/L NaF 缓冲溶液的 pH 值。

解 查表得 HF 的 $pK_a=3.18$。

由于 HF 和 NaF 的分析浓度比较大,可以用最简式计算,有

$$[H^+]=K_a\frac{c_a}{c_b}=10^{-3.18}\times\frac{0.20}{0.24}=10^{-3.26}$$

$$pH=3.26$$

c_a、c_b的浓度远大于$[H^+]$和$[OH^-]$,因此采用最简式计算是合理的。

【例 4-23】 计算 0.12 mol/L NH_3和 0.25 mol/L NH_4Cl 缓冲溶液的 pH 值。

解 查表得 NH_3的 $pK_b=4.74$。

其共轭酸 NH_4^+ 的 $pK_a=14.00-4.74=9.26$。

由于 NH_3 和 NH_4Cl 的分析浓度比较大,直接采用最简式计算。

$$[H^+]=K_a\frac{c_a}{c_b}=10^{-9.26}\times\frac{0.25}{0.12}=10^{-8.94}$$

$$pH=8.94$$

c_a、c_b的浓度远大于$[H^+]$和$[OH^-]$,因此采用最简式计算是合理的。

【例 4-24】 计算 20.00 mL 0.100 0 mol/L HAc 溶液和 15.00 mL 0.100 0 mol/L NaOH 溶液混合后溶液的 pH 值。

解 查表得 HAc 的 $pK_a=4.74$。

由于乙酸过量,溶液混合后成为由 HAc 和 NaAc 构成的缓冲溶液。

$$c_a=\frac{0.100\,0\times5.00}{20.00+15.00}=0.014\,29$$

$$c_b=\frac{0.1000\times 15.00}{20.00+15.00}=0.04286$$

$$[H^+]=K_a\frac{c_a}{c_b}=10^{-4.74}\times\frac{0.01429}{0.04286}=10^{-5.22}$$

$$pH=5.22$$

溶液中 HAc 和 NaAc 浓度远大于$[H^+]$和$[OH^-]$，因此采用最简式计算是合理的。

4.3.3　缓冲容量

需要指出的是任何缓冲溶液对溶液 pH 值的缓冲能力是有一个限度的，如果加入过多的酸或碱，或将溶液过度稀释，缓冲溶液将失去缓冲能力。通常用缓冲容量来衡量缓冲溶液缓冲能力的大小。缓冲容量(β)的定义式为

$$\beta=-\frac{da}{dpH}=\frac{db}{dpH}$$

根据这个定义式，缓冲容量的含义是使 1 L 溶液减小一个 pH 单位所需要强酸的物质的量(mol)或使 1 L 溶液增加一个 pH 单位所需要强碱的物质的量(mol)。由于酸增加导致溶液的 pH 值减小，故加负号使缓冲容量的值为正。

下面以弱酸及其共轭碱构成缓冲溶液为例，来考察缓冲溶液酸碱组分的浓度比值及浓度之和对缓冲容量的影响。对于缓冲溶液 HA+NaA，若 HA 和 NaA 的浓度分别为 c_a、c_b，两者浓度之和为 c，则有

$$[HA]+[A^-]=c_a+c_b=c$$

若向溶液中加入物质的量浓度为 b 的 NaOH 溶液，则溶液的质子条件式为

$$[H^+]+b=[OH^-]+[A^-]$$

对上式整理得

$$b=-[H^+]+[OH^-]+[A^-]=-[H^+]+\frac{K_w}{[H^+]}+\frac{cK_a}{[H^+]+K_a} \tag{4-26}$$

对式(4-26)两边求导，则有

$$\frac{db}{d[H^+]}=-1-\frac{K_w}{[H^+]^2}-\frac{cK_a}{([H^+]+K_a)^2}$$

又因

$$pH=-\lg[H^+]$$

所以

$$dpH=-\frac{1}{2.303[H^+]}d[H^+]$$

$$\beta=\frac{db}{dpH}=\frac{db}{d[H^+]}\times\frac{d[H^+]}{dpH}=2.303\left[[H^+]+[OH^-]+\frac{cK_a[H^+]}{([H^+]+K_a)^2}\right] \tag{4-27}$$

对于弱酸及其共轭碱构成的缓冲溶液，其分析浓度比较大且酸(碱)性较弱，所以溶液中的$[H^+]$、$[OH^-]$可以忽略，式(4-27)可以近似简化为

$$\beta=\frac{db}{dpH}=\frac{2.303cK_a[H^+]}{([H^+]+K_a)^2} \tag{4-28}$$

对式(4-28)求极值，当$[H^+]=K_a(c_a=c_b)$时，缓冲容量有极大值。

$$\beta_{max}=\frac{2.303cK_a^2}{(2K_a)^2}=0.575c$$

对一元弱酸 HA，根据分布系数的定义有

$$\delta_0=\frac{K_a}{[H^+]+K_a}$$

$$\delta_1=\frac{[H^+]}{[H^+]+K_a}$$

把 δ_0、δ_1 的表达式代入缓冲容量(β)的表达式可得

$$\beta=\frac{db}{dpH}=\frac{2.303cK_a[H^+]}{([H^+]+K_a)^2}=2.303c\frac{K_a}{[H]+K_a}\times\frac{[H]}{[H]+K_a}=2.303c\delta_0\delta_1$$

对于弱酸及其共轭碱构成的缓冲溶液,缓冲容量取决于以下两种因素。

(1) 缓冲容量与构成缓冲溶液弱酸、弱碱浓度之和成正比,总浓度越大,缓冲溶液的缓冲容量越大,过分稀释将导致缓冲容量急剧下降,进而失去缓冲能力。

(2) 缓冲容量与弱酸在溶液各组分的分布系数有关,即与弱酸和弱碱的浓度之比有关。当 $\delta_0:\delta_1$ 为 1∶1 时,缓冲容量有最大值($0.575c$)。当 $\delta_0:\delta_1$ 为 10∶1 或 1∶10 时,$\beta=0.190c\approx\frac{1}{3}\beta_{max}$;当 $\delta_0:\delta_1$ 为 100∶1 或 1∶100 时,$\beta=0.0225c\approx\frac{1}{25}\beta_{max}$。

(3) 根据缓冲溶液 pH 值的计算公式 $pH=pK_a+\lg\frac{c_b}{c_a}$ 可知,缓冲溶液有效的 pH 值范围为 $pK_a-1<pH<pK_a+1$。

对于由强酸、强碱构成的缓冲溶液,其缓冲容量的表达式为

$$\beta=2.303([H^+]+[OH^-])$$

对于由强酸构成的缓冲溶液,忽略$[OH^-]$,且 $c=[H^+]$,有

$$\beta=2.303c$$

同样,对于由强碱构成的缓冲溶液有

$$\beta=2.303c$$

由此可见,与同浓度的弱酸相比,由强酸(碱)构成缓冲溶液的缓冲容量是弱酸缓冲容量的 4 倍。

4.3.4 缓冲溶液的配制

由于缓冲溶液在分析化学、生物化学及分子生物学等方面应用广泛,因此必须掌握缓冲溶液的配制方法。下面简单介绍缓冲溶液的配制原则和方法。

(1) 根据所配制缓冲溶液的 pH 值,选择合适的弱酸或弱碱。根据缓冲溶液 pH 值的计算公式 $pH=pK_a+\lg\frac{c_b}{c_a}$ 可知,缓冲溶液最佳的缓冲范围为 $pK_a-1<pH<pK_a+1$,已知要配制缓冲溶液的 pH 值,就可以选择合适的弱酸或弱碱($pK_a\approx pH$)。例如,要配制 pH=5 的缓冲溶液,根据计算公式可知,弱酸的 $pK_a=5$,查表可知可由 HAc-NaAc 来配制;同样,pH=9 的缓冲溶液可用 NH_3-NH_4Cl 来配制;当要配制缓冲溶液的 pH<2 或 pH>12 时,可用强酸或强碱直接来配制。

(2) 由于缓冲容量与构成缓冲溶液的弱酸和弱碱的总浓度成正比,所以配制缓冲溶液时要使缓冲物质的总浓度较大,一般缓冲溶液总浓度为 0.1~1.0 mol/L。

(3) 缓冲容量与弱酸在溶液各组分的分布系数有关,即与弱酸和弱碱的浓度之比有关。配制缓冲溶液时,尽量使弱酸和弱碱的浓度之比等于或接近 1。

（4）所配制缓冲溶液的酸碱组分对分析过程没有副反应或其他影响。例如，在分光光度法分析中，使用的缓冲溶液在所测试的波长范围内应没有吸收；在配位滴定法中，使用的缓冲溶液对待测金属离子没有副反应；生物缓冲溶液的培养基对生物生长发育没有副作用等。表 4-1 列出一些常见的缓冲溶液。

表 4-1　分析化学中常见的缓冲溶液

缓冲溶液	酸组分	碱组分	pK_a	pH 值的范围
NH_2CH_2COOH-HCl	$NH_3^+CH_2COOH$	$NH_3^+CH_2COO^-$	2.35	1.4～3.4
$CH_2ClCOOH$-NaOH	$CH_2ClCOOH$	CH_2ClCOO^-	2.86	1.9～3.9
HCOOH-NaOH	HCOOH	$HCOO^-$	3.77	2.8～4.8
HAc-NaAc	HAc	Ac^-	4.76	3.8～5.8
$(CH_2)_6N_4$-HCl	$(CH_2)_6N_4H^+$	$(CH_2)_6N_4$	5.13	4.1～6.1
NaH_2PO_4-Na_2HPO_4	$H_2PO_4^-$	HPO_4^{2-}	7.21	6.2～8.2
$N(CH_2CH_2OH)_3$-HCl	$NH^+(CH_2CH_2OH)_3$	$N(CH_2CH_2OH)_3$	7.76	6.8～8.8
$Na_2B_4O_7$-HCl	H_3BO_3	$H_2BO_3^-$	9.24	8.2～10.2
NH_3-NH_4Cl	NH_4^+	NH_3	9.25	8.3～10.3
$NaHCO_3$-Na_2CO_3	HCO_3^-	CO_3^{2-}	10.32	9.3～11.3

4.4　酸碱指示剂

在酸碱滴定过程中，溶液的 pH 值随着滴定剂的不断加入而不断变化，为了指示滴定终点的到达，常见最简单的方法是采用酸碱指示剂（acid-base indicator）。酸碱指示剂是一类多元有机弱酸或弱碱，它们的酸式组分和碱式组分具有不同的颜色，当溶液的 pH 值发生改变时，指示剂得到质子转化为酸式组分或失去质子转化为碱式组分而发生结构的改变，导致指示剂的颜色发生改变。下面以甲基橙（methyl orange）和酚酞（phenolphthalein）为例来说明指示剂的变色原理。

甲基橙是一种双色指示剂，随着溶液的 pH 值发生改变，其酸式组分和碱式组分的浓度发生改变，伴随着溶液颜色的改变。

$$(CH_3)_2N-C_6H_4-N{=}N-C_6H_4-SO_3^- \underset{OH^-}{\overset{H^+}{\rightleftharpoons}}$$

黄色（偶氮式）

$$(CH_3)_2N^+{=}C_6H_4{=}N-N(H)-C_6H_4-SO_3^-$$

红色（醌式）

甲基橙在溶液以偶氮式结构存在时呈黄色，当溶液的 pH 值减小时，上述离解平衡向右移动，甲基橙逐渐转化为以醌式结构存在为主，此时溶液呈红色；同样，当溶液中 pH 值增加时，离解平衡向左移动，甲基橙逐渐从醌式结构转化为偶氮式结构，溶液从红色经橙色转变为黄色。

酚酞是一种四元弱酸的单色指示剂，在酸性溶液中是无色的，当溶液的 pH 值逐渐增加时，首先发生离解的是羧基上的质子，此时无结构改变，酚酞呈无色；当溶液的 pH 值继续增加到碱性范围时，羟基上的质子全部离解，结构转变为醌式，此时酚酞从无色转变为红色。

当溶液的 pH 值增加到强碱范围时，酚酞又转变为无色的羧酸盐。

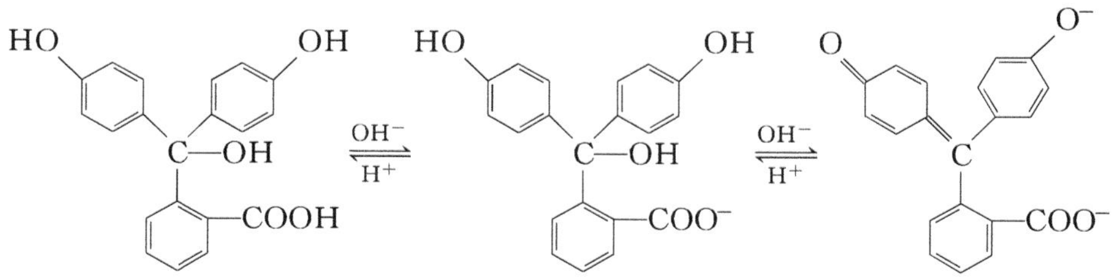

无色　　无色　　红色(醌式结构)

4.4.1　酸碱指示剂的变色原理

酸碱指示剂在溶液中颜色的改变与溶液的 pH 值密切相关，为了定量反映指示剂颜色改变与溶液 pH 值之间的关系，以 HIn 代表指示剂在溶液中的酸式型体，以 In^- 代表指示剂在溶液中的碱式型体。指示剂在溶液中存在的离解平衡为

$$HIn \rightleftharpoons H^+ + In^-$$

指示剂的离解常数为 K_{HIn}，有

$$K_{HIn}=\frac{[H^+][In^-]}{[HIn]} \tag{4-29}$$

式(4-29)可进一步改写为

$$\frac{K_{HIn}}{[H^+]}=\frac{[In^-]}{[HIn]} \tag{4-30}$$

根据式(4-30)可知，在一定条件下，指示剂的离解常数 K_{HIn} 为一定值，溶液的颜色取决于指示剂碱式组分与酸式组分浓度的比值($[In^-]/[HIn]$)。当溶液中$[H^+]$发生改变时，碱式组分与酸式组分浓度的比值发生改变，从而导致溶液颜色发生改变。注意，溶液颜色改变是过渡式而不是突跃式。根据人们目视指示剂颜色的改变，一般情况下，当$\frac{[In^-]}{[HIn]}=\frac{1}{10}$时，酸式组分占主导地位，指示剂呈酸式型体的颜色；当$\frac{[In^-]}{[HIn]}=\frac{10}{1}$时，碱式组分占主导地位，指示剂呈碱式型体的颜色；当$\frac{1}{10}<\frac{[In^-]}{[HIn]}<\frac{10}{1}$时，指示剂呈混合色。

4.4.2　酸碱指示剂的变色范围

对式(4-29)进行变形，有

$$[H^+]=\frac{[HIn]}{[In^-]}K_{HIn} \tag{4-31}$$

对式(4-31)两边分别取以 10 为底的对数并整理，可得

$$pH=pK_{HIn}+\lg\frac{[In^-]}{[HIn]}$$

当$\frac{1}{10}<\frac{[In^-]}{[HIn]}<\frac{10}{1}$时，可得

$$pK_{HIn}-1<pH<pK_{HIn}+1 \tag{4-32}$$

理论上讲，指示剂的变色范围(colour change interval)可以用公式 $pH=pK_{HIn}\pm1$ 来计

算,但实际上指示剂的变色范围是由人观察确定的。由于人对不同颜色的敏锐程度不同,观察到的指示剂的变色范围与理论计算结果是有差别的。例如,对于甲基橙的变色范围,有报道 pH 值为 3.1～4.4,也有报道 pH 值为 3.2～4.5 和2.9～4.3。需要指出的是,在实际滴定过程中并不需要指示剂全部从酸式颜色转变为碱式颜色,只要观察到明显的颜色变化即可。即使人对酸式颜色和碱式颜色同样敏感,一般目视观察也有 0.3 个 pH 单位的误差。表 4-2 列出常用的指示剂及其变色范围,可以看出,大多数指示剂的变色范围在 1～2 个 pH 单位。

表 4-2 常用的指示剂及其变色范围

指示剂	颜色			pK_{HIn}	pH 值的变色范围
	酸式色	过渡色	碱式色		
百里酚蓝(Ⅰ步离解)	红	橙	黄	1.7	1.2～2.8
甲基黄	红	橙黄	黄	3.3	2.9～4.0
溴酚蓝	黄		紫	4.1	3.1～4.6
甲基橙	红	橙	黄	3.4	3.1～4.4
溴甲酚绿	黄	绿	蓝	4.9	3.8～5.4
甲基红	红	橙	黄	5.0	4.4～6.2
溴百里酚蓝	黄	绿	蓝	7.3	6.0～7.6
中性红	红		黄橙	7.4	6.8～8.0
酚红	黄	橙	红	8.0	6.7～8.4
百里酚蓝(Ⅱ步离解)	黄		蓝	8.9	8.0～9.6
酚酞	无色	粉红	红	9.1	8.0～9.6
百里酚酞	无色	淡蓝	蓝	10.0	9.4～10.6

4.4.3 影响指示剂变色范围的因素

影响指示剂变色范围的因素主要有指示剂的用量、温度及离子强度等。

1. *指示剂的用量*

对于双色指示剂(如甲基橙),由指示剂的离解平衡可知,指示剂的变色范围只取决于[In]/[HIn]的值,与指示剂的用量无关。但是,当指示剂用量过多时,指示剂的色调变化不明显,同时指示剂本身也是酸(碱),会消耗一定量的滴定剂,给酸碱滴定分析带来一定的误差。

对于单色指示剂(如酚酞),指示剂的用量对指示剂的变色范围影响较大。若指示剂的浓度为 c,人眼观察到出现红色的碱式组分的最低浓度等于 c_0(该值在一定条件下为常数),根据指示剂的离解平衡有

$$\frac{K_{HIn}}{[H^+]}=\frac{[In^-]}{[HIn]}=\frac{c_0}{c-c_0} \tag{4-33}$$

在式(4-33)中,当条件一定时,K_{HIn}、c_0 都是定值,如果指示剂用量增加,则 c 值增加,要维持平衡必须增加溶液的$[H^+]$。也就是说,指示剂在 pH 值较低时发生颜色改变。一般在 100 mL 的溶液中加入 2～3 滴 0.1%酚酞指示剂,在 pH≈9 时,溶液呈淡红色;如果同样的溶液加入 15～20 滴 0.1%酚酞指示剂,在 pH≈8 时,溶液就呈淡红色,由此给滴定分析带来误差。

2. *温度*

指示剂的离解常数和水的质子自传递常数都受温度的影响,因此,指示剂的变色范围也

受温度的影响。例如，当温度从室温升高到100 ℃时，甲基橙的变色范围从3.1～4.4提前到2.5～3.7。因此，滴定分析一般在室温下进行，特殊条件要求加热溶液的，也要冷却到室温进行滴定。

3. 离子强度

溶液中大量强电解质的存在会影响带电离子的有效浓度(活度)，因此以浓度表示的指示剂的离解常数和水的质子自传递常数都受溶液离子强度的影响。同时，离子强度对指示剂变色范围的影响比较复杂，不同指示剂的变色范围受离子强度的影响也不尽相同，要依据具体条件进行具体分析。

4.4.4 混合酸碱指示剂

在某些酸碱滴定中，往往需要把滴定终点pH值的变化范围限制在很窄的区间内，由于单一指示剂的变色范围一般为1.5～2.0个pH单位，难以满足滴定精度的要求，这时通常采用混合指示剂(mixed indicator)。

混合指示剂是利用不同指示剂颜色互补的原理使滴定终点的变色范围变得更窄，更易于观察。根据其作用原理分为两类。一类是将两种酸碱指示剂混合，利用颜色互补作用，使混合指示剂的变色范围变得更窄，颜色变化更敏锐。例如，甲酚红(变色范围为7.2～8.8，黄一紫)与百里酚蓝(8.0～9.6，黄一蓝)按1∶3的比例混合，混合指示剂的变色范围为8.2～8.4，颜色由粉红到紫。另一类是由一种酸碱指示剂与一种惰性染料利用颜色互补的原理混合而成，惰性染料不是酸碱指示剂，其变色范围不受pH值的影响。例如，甲基橙(变色范围为3.1～4.4，红一黄)与靛蓝磺酸钠(蓝)按照一定比例混合后所得到的混合指示剂的变色范围为3.1～4.4，颜色由紫到黄绿，颜色变化更敏锐。表4-3列出常用的混合酸碱指示剂。

表4-3 常用的混合酸碱指示剂

混合指示剂构成	pH变色点	颜色变化		备注
		酸式色	碱式色	
一份0.1%甲基橙水溶液 一份0.25%靛蓝磺酸钠水溶液	4.1	紫	黄绿	pH 4.1灰色
三份0.1%溴甲酚绿乙醇溶液 一份0.2%甲基红乙醇溶液	5.1	酒红	绿	pH 5.1灰色
一份0.1%溴甲酚绿钠盐水溶液 一份0.1%氯酚红钠盐水溶液	6.1	黄绿	蓝紫	pH 5.4蓝绿 pH 5.8蓝 pH 6.0蓝带紫 pH 6.2蓝紫
一份0.1%中性红乙醇溶液 一份0.1%次甲基蓝乙醇溶液	7.0	蓝紫	绿	pH 7.0蓝紫
一份0.1%甲酚红钠盐水溶液 三份0.1%百里酚蓝钠盐水溶液	8.3	黄	紫	pH 8.2玫瑰红 pH 8.4清晰的紫
一份0.1%百里酚蓝的50%乙醇溶液 三份0.1%酚酞的50%乙醇溶液	9.0	黄	紫	由黄经绿到紫

4.5 酸碱滴定法的基本原理

酸碱滴定法是以质子转移为基础的滴定方法,本章主要以强碱滴定强酸、强碱滴定弱酸为例来讨论酸碱滴定过程 pH 值的变化曲线,并且以滴定曲线为核心内容来分别讨论酸或碱完全滴定的条件、滴定突跃及其影响因素、酸碱指示剂的选择、滴定误差等。

4.5.1 强碱滴定强酸

强碱滴定强酸的滴定反应为

$$H^+ + OH^- = H_2O$$

由反应式可知,强碱滴定强酸的反应产物为水,因此,滴定反应速率比较快且反应程度比较完全,现以 0.100 0 mol/L NaOH 溶液滴定 20.00 mL 0.100 0 mol/L HCl 溶液为例来讨论强碱滴定强酸的滴定曲线及其指示剂的选择。为了讨论方便,把整个滴定过程分为滴定开始前、滴定开始至化学计量点前、化学计量点时、化学计量点以后四个阶段。

1. *滴定开始前*

滴定开始前,溶液的组成为 20.00 mL 0.100 0 mol/L HCl 溶液,可知,$[H^+]$等于 HCl 溶液的分析浓度。

$$[H^+]=0.100\,0\ \text{mol/L}$$
$$pH=1.00$$

2. *滴定开始至化学计量点前*

这个阶段由于 NaOH 溶液的不断加入,HCl 的浓度逐渐减小,溶质主要由 NaCl 和剩余 HCl 组成,溶液的 pH 值主要取决于溶液中剩余 HCl 的浓度,$[H^+]$的计算公式为

$$[H^+]=\frac{V_{HCl}-V_{NaOH}}{V_{HCl}+V_{NaCl}}\times c_{HCl}$$

其中,V_{HCl}、c_{HCl}、V_{NaOH}分别为待滴定 HCl 溶液的体积、HCl 溶液的浓度及 NaOH 溶液滴定体积。

当 $V_{NaOH}=18.00$ mL,此时滴定反应进行了 90%,根据 pH 值的计算公式有

$$\begin{aligned}[H^+]&=\frac{V_{HCl}-V_{NaOH}}{V_{HCl}+V_{NaCl}}\times c_{HCl}\\&=\frac{20.00-18.00}{20.00+18.00}\times 0.100\,0\ \text{mol/L}\\&=5.26\times 10^{-3}\ \text{mol/L}\end{aligned}$$

$$pH=2.28$$

当滴定反应进行了 99%,$V_{NaOH}=19.80$ mL,有

$$\begin{aligned}[H^+]&=\frac{V_{HCl}-V_{NaOH}}{V_{HCl}+V_{NaCl}}\times c_{HCl}\\&=\frac{20.00-19.80}{20.00+19.80}\times 0.100\,0\ \text{mol/L}\end{aligned}$$

$$= 5.03 \times 10^{-4}\ \text{mol/L}$$

$$\text{pH} = 3.30$$

当滴定反应进行了 99.9%，$V_{NaOH}=19.98$ mL，有

$$[\text{H}^+]=\frac{V_{HCl}-V_{NaOH}}{V_{HCl}+V_{NaCl}}\times c_{HCl}$$

$$=\frac{20.00-19.98}{20.00+19.98}\times 0.1000\ \text{mol/L}$$

$$= 5.00 \times 10^{-5}\ \text{mol/L}$$

$$\text{pH} = 4.30$$

3. 化学计量点时

在化学计量点时，强碱强酸完全反应，其产物为 NaCl 和 H_2O，溶液的 pH 值由产物水决定，根据水的质子自传递常数可知：

$$[\text{H}^+]=1.0\times 10^{-7.00}\ \text{mol/L}$$

$$\text{pH}=7.00$$

4. 化学计量点以后

在化学计量点以后，溶液中的 HCl 完全被反应，随着 NaOH 溶液的不断加入，溶液的 pH 值取决于溶液中剩余 NaOH 的浓度，$[\text{OH}^-]$的计算公式为

$$[\text{OH}^-]=\frac{V_{NaOH}-V_{HCl}}{V_{HCl}+V_{NaCl}}\times c_{NaOH}$$

其中，V_{HCl}、V_{NaOH}、c_{NaOH}分别为待滴定 HCl 溶液的体积、NaOH 溶液的滴定体积及 NaOH 溶液的分析浓度。

当滴定反应进行了 100.1%时，$V_{NaOH}=20.02$ mL，$[\text{OH}^-]$的计算公式为

$$[\text{OH}^-]=\frac{V_{NaOH}-V_{HCl}}{V_{HCl}+V_{NaCl}}\times c_{NaOH}$$

$$=\frac{20.02-20.00}{20.02+20.00}\times 0.1000\ \text{mol/L}$$

$$= 5.00 \times 10^{-5}\ \text{mol/L}$$

$$\text{pOH}=4.30$$

$$\text{pH}=14.00-4.30=9.70$$

同理，当滴定反应进行了 200%时，计算公式为

$$[\text{OH}^-]=0.03333\ \text{mol/L}$$

$$\text{pOH}=1.48$$

$$\text{pH}=14.00-1.48=12.52$$

用类似方法，可以计算出 NaOH 溶液滴定 HCl 溶液整个过程的 pH 值，表 4-4 重点列出滴定过程中化学计量点前、后 pH 值的变化。

以溶液的 pH 为纵坐标，以加入的 NaOH 溶液的体积或滴定比例为横坐标作图，得到强碱滴定强酸的滴定曲线，如图 4-4 中的实线所示。

表 4-4 0.100 0 mol/L NaOH **溶液滴定** 20.00 mL 0.100 0 mol/L HCl **溶液的** pH **值的变化**

V_{NaOH} /mL	滴定比例 /(%)	$V_{HCl(未)}$ /mL	$V_{NaOH(过)}$ /mL	$[H^+]$ /(mol/L)	pH 值
0.00	0.00	20.00		1.00×10^{-1}	1.00
18.00	90.00	2.00		5.26×10^{-3}	2.28
19.00	95.00	1.00		2.56×10^{-3}	2.59
19.80	99.00	0.20		5.03×10^{-4}	3.30
19.96	99.80	0.04		1.00×10^{-4}	4.00
19.98	99.90	0.02		5.00×10^{-5}	4.30 } 突跃范围
20.00	100.0	0.00	0.00	1.00×10^{-7}	7.00
20.02	100.1		0.02	2.00×10^{-10}	9.70
20.04	100.2		0.04	1.00×10^{-10}	10.00
20.20	101.0		0.20	2.01×10^{-11}	10.70
22.00	110.0		2.00	2.11×10^{-12}	11.68
40.00	200.0		20.00	3.00×10^{-13}	12.52

由图 4-4 中的实线可以看出,滴定开始时,由于溶液中存在大量未反应的 HCl,有很大的缓冲容量,随着 NaOH 溶液的不断加入,溶液的 pH 值变化幅度较小,当 NaOH 溶液的加入体积为 19.00 mL 时,pH 值才升高了 1.3 个单位;继续滴定时,溶液中未反应的 HCl 的量越来越少,其缓冲能力也越来越小,溶液的 pH 值变化幅度加大,当继续滴加 1.8 mL NaOH 溶液时,pH 值就改变 1 个单位;再继续滴加仅 0.18 mL NaOH 溶液,pH 值又升高 1 个单位,这时滴定反应进行了 99.9%,溶液中仅有 0.1%的 HCl 未反应,产生的误差为−0.1%;再滴加 NaOH 溶液仅一滴(0.04 mL),此时溶液中的 HCl 完全反应,且 NaOH 溶液过量 0.02 mL,产生的误差为+0.1%。仅这一滴就使溶液从酸性变到碱性,pH 值从 4.30 突变到 9.70。通常把化学计量点前、后滴定误差为±0.1%范围内 pH 值的突变称为滴定突跃(titration jump),滴定突跃相当于滴定曲线上近似垂直的一段曲线。

滴定突跃在酸碱滴定中不仅具有重要的理论意义,同时还有重要的实际意义。在酸碱滴定中可以根据不同酸碱滴定突跃的大小来选择合适的指示剂。凡是能够在滴定突跃范围内变色的指示剂都可以作为酸碱滴定的指示剂。如图 4-4 所示,甲基橙、甲基红、酚酞等指示剂都可以作为强碱滴定强酸的指示剂。

例如,用 0.100 0 mol/L HCl 溶液滴定 20.00 mL 0.100 0 mol/L NaOH 溶液,其滴定曲线的形状如图 4-4 中的虚线所示。此滴定曲线与图 4-4 中的实线位置正好相反,随着 HCl 溶液的体积不断增加,溶液的 pH 值逐渐减小,滴定突跃大小相同,位置相反。另外,除了与滴定酸碱有关外,影响滴定突跃的重要因素是浓度,图 4-5 为不同浓度的 NaOH 溶液滴定不同浓度 HCl 溶液的滴定曲线。从图 4-5 可以看出:当酸碱浓度增加 10 倍时,滴定突跃的 pH 值增加 2 个单位,例如,用 0.100 0 mol/L NaOH 溶液滴定 20.00 mL 0.100 0 mol/L HCl 溶液的滴定突跃为 4.30~9.70;用1.00 0 mol/L NaOH 溶液滴定 20.00 mL 1.00 0 mol/L HCl 溶液的滴定突跃为 3.30~10.70;用0.010 00 mol/L NaOH 溶液滴定 20.00 mL 0.010 00 mol/L HCl溶液的滴定突跃则为 5.30~8.70,由于滴定突跃较小,甲基橙就不适合作为指示剂，可以选择甲基红、酚酞作为指示剂。

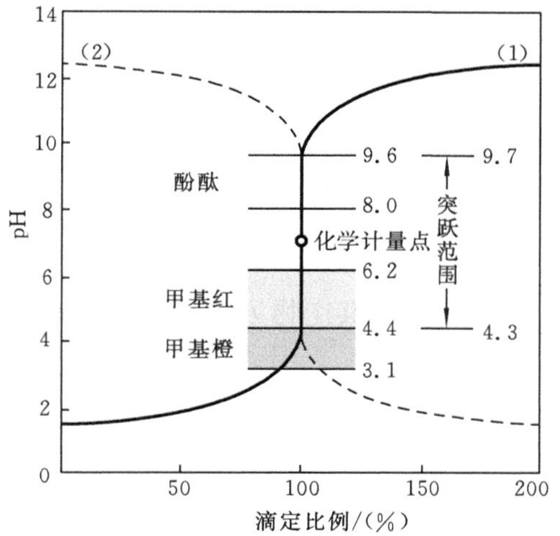

图 4-4　强酸和强碱的滴定曲线

(1) 0.100 0 mol/L NaOH 溶液滴定 20.00 mL 0.100 0 mol/L HCl 溶液；

(2) 0.100 0 mol/L HCl 溶液滴定 20.00 mL 0.100 0 mol/L NaOH 溶液

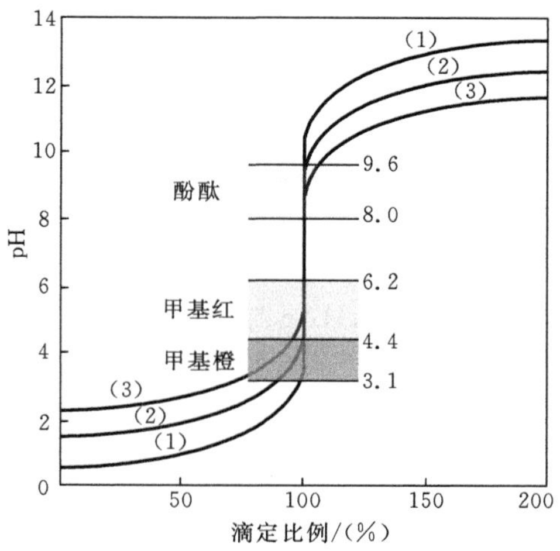

图 4-5　突跃范围与酸碱浓度的关系

(1) 用 1.00 0 mol/L NaOH 溶液滴定相应浓度的 HCl 溶液；

(2) 用 0.100 0 mol/L NaOH 溶液滴定相应浓度的 HCl 溶液；

(3) 用 0.010 00 mol/L NaOH 溶液滴定相应浓度的 HCl 溶液

4.5.2　强碱滴定一元弱酸

强碱滴定弱酸的滴定反应式为

$$HA + OH^- \longrightarrow H_2O + A^-$$

由反应式可知，强碱滴定弱酸的反应产物为水和另一种弱碱。现以 0.100 0 mol/L NaOH 溶液滴定 20.00 mL 0.100 0 mol/L HAc 溶液为例来讨论强碱滴定弱酸的滴定曲线及其指示剂的选择。为了与强碱滴定强酸进行对比，同样把整个滴定过程分为滴定开始前、滴定开始至化学计量点前、化学计量点时、化学计量点以后四个阶段。

1. *滴定开始前*

滴定开始前，溶液的组成为待滴定的 HAc 溶液，HAc 的浓度较大，pH 值的计算可以用弱酸的计算公式的最简式，即

$$[H^+] = \sqrt{K_a c} = \sqrt{10^{-4.74} \times 0.100\ 0}\ \text{mol/L} = 10^{-2.87}\ \text{mol/L}$$

$$pH = 2.87$$

2. *滴定开始至化学计量点前*

滴定开始至化学计量点前，溶液的组成为滴定产物 NaAc 和未反应的 HAc，两者构成缓冲溶液，其 pH 值可以通过缓冲溶液的计算公式进行计算。若 NaOH 溶液的滴定体积为 19.98 mL，则

$$c_{HAc(未)} = \frac{V_{HAc} - V_{NaOH}}{V_{HAc} + V_{NaOH}} \times c_{HAc}$$

$$= \frac{20.00 - 19.98}{20.00 + 19.98} \times 0.100\ 0\ \text{mol/L} = 5.00 \times 10^{-5}\ \text{mol/L}$$

$$c_{NaAc} = \frac{V_{NaOH}}{V_{HAc} + V_{NaOH}} \times c_{HAc}$$

$$= \frac{19.98}{20.00 + 19.98} \times 0.1000 \text{ mol/L} = 5.00 \times 10^{-2} \text{ mol/L}$$

$$[H^+] = \frac{c_{HAc(未)}}{c_{NaAc}} \times K_a = \frac{5.00 \times 10^{-5}}{5.00 \times 10^{-2}} \times 10^{-4.74} \text{ mol/L} = 10^{-7.74} \text{ mol/L}$$

$$pH = 7.74$$

3. 化学计量点时

化学计量点时,HAc 与 NaOH 按照化学计量关系完全反应,其产物为另一弱碱 NaAc,可以用弱碱的计算公式计算溶液的 pH 值,即

$$c_{Ac^-} = 0.050 \text{ mol/L}, \quad pK_b = 14.00 - 4.74 = 9.26$$

$$[OH^-] = \sqrt{K_b c} = \sqrt{10^{-9.26} \times 0.050} \text{ mol/L} = 10^{-5.28} \text{ mol/L}$$

$$pOH = 5.28$$

$$pH = 14.00 - 5.28 = 8.72$$

4. 化学计量点以后

化学计量点以后,由于溶液中的 HAc 完全反应,溶液的组成为强碱和弱碱的混合溶液,Ac^- 的碱性较弱,可以直接用强碱 NaOH 的浓度来计算溶液的 pH 值。若 NaOH 溶液的滴定体积为 20.02 mL,则

$$[OH^-] = c_{NaOH} = \frac{V_{NaOH} - V_{HAc}}{V_{NaOH} + V_{HAc}} \times c_{NaOH}$$

$$= \frac{20.02 - 20.00}{20.02 + 20.00} \times 0.1000 \text{ mol/L} = 5.00 \times 10^{-5} \text{ mol/L}$$

$$pOH = 4.30$$

$$pH = 14.00 - 4.30 = 9.70$$

用类似方法,可以计算出 NaOH 溶液滴定 HAc 溶液整个过程的 pH 值,表4-5重点列出滴定过程中化学计量点前、后的 pH 值变化。

表 4-5 0.1000 mol/L NaOH **溶液滴定** 20.00 mL 0.1000 mol/L HAc **溶液的** pH **值的变化**

V_{NaOH} /mL	滴定比例 /(%)	$V_{HAc(未)}$ /mL	$V_{NaOH(过)}$ /mL	pH 值
0.00	0.00	20.00		2.87
10.00	50.00	10.00		4.74
18.00	90.00	2.00		5.69
19.80	99.00	0.20		6.74
19.98	99.90	0.02		7.74 }
20.00	100.0	0.00	0.00	8.72 } 突跃范围
20.02	100.1		0.02	9.70 }
20.20	101.0		0.20	10.70
22.00	110.0		2.00	11.68
40.00	200.0		20.00	12.52

以溶液的 pH 为纵坐标，以加入的 NaOH 溶液的体积或滴定比例为横坐标作图，得到强碱滴定弱酸的滴定曲线，如图 4-6 所示。

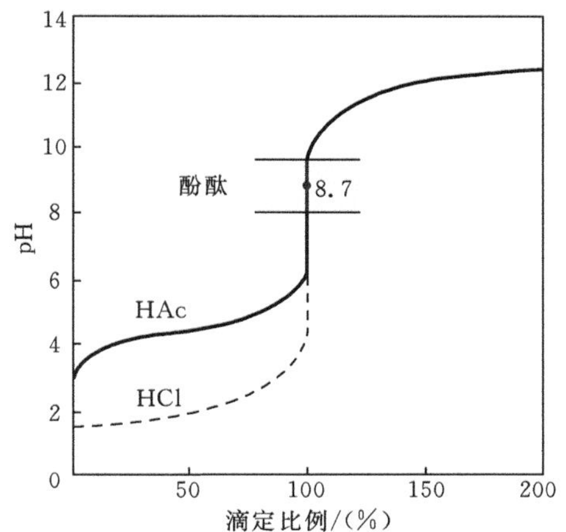

图 4-6　0.100 0 mol/L NaOH **溶液滴定** 20.00 mL 0.100 0 mol/L HAc **溶液的滴定曲线**

从图 4-6 可以看出，与同浓度强酸相比，弱酸离解度较小且缓冲能力弱，溶液中[H^+]较小，pH 值起始点高。滴定开始后，随着少量弱碱 Ac^- 的生成并抑制弱酸 HAc 的离解，pH 值上升较快。随着 NaOH 溶液的不断加入，Ac^- 的浓度不断增加，溶液中 HAc-NaAc 的缓冲能力逐渐增强，pH 值上升缓慢，直到 $c_{HAc}:c_{Ac^-}=1:1$ 时，溶液的缓冲能力最大，曲线最平。当继续加入 NaOH 溶液时，未反应的 HAc 的浓度越来越小，溶液的缓冲能力逐渐减小，pH 值的变化幅度逐渐加大。在化学计量点附近，当滴定误差从 −0.1% 变化到 +0.1% 时，溶液的 pH 值从 7.74 快速增加到 9.70。强碱滴定弱酸在化学计量点的产物为弱碱，其 pH 值是8.72而不是 7.00。化学计量点以后，溶液的组成为弱碱和剩余强碱的混合物，其 pH 值由强碱的浓度控制，这与强碱滴定强酸类似。

从图 4-6 可以看出，与同浓度的强碱滴定强酸相比，强碱滴定弱酸的滴定突跃范围要小得多。一般来说，由于化学计量点的滴定产物为弱碱，滴定突跃在弱碱性区域。在弱酸性区域变色的一些指示剂(如甲基橙、甲基红等)不可以作为强碱滴定弱酸的指示剂，一些在弱碱区域内变色的指示剂(如酚酞、百里酚酞等)是强碱滴定弱酸的合适指示剂。用 0.100 0 mol/L NaOH 溶液滴定 20.00 mL 0.100 0 mol/L HAc 溶液的滴定突跃为 7.74～9.70，酚酞的变色点恰好在滴定突跃范围内，选择酚酞为指示剂时滴定误差小于 0.1%。

同强酸滴定强碱类似，弱酸的强度和浓度是影响强碱滴定弱酸的两个重要因素，其中弱酸的强度是最重要的影响因素。弱酸的酸性越强，滴定突跃的范围就越大。从图 4-7 可以看出，当弱酸的离解常数为 $10^{-5.0}$ 时，滴定突跃大小约为 1.7 个 pH 单位，完全能够准确测定；当弱酸的离解常数为 $10^{-7.0}$ 时，滴定突跃大小约为0.3个 pH 单位，刚刚能够准确滴定；当弱酸的离解常数为 $10^{-9.0}$ 时，滴定突跃大小为 0.03 个 pH 单位，基本没有滴定突跃了，即使浓度为 1.0 mol/L 也无法准确滴定。另外，浓度也影响滴定突跃的大小，浓度越大时，滴定突跃越大。

对于弱酸的滴定，酸的强度和浓度为多少才能保证准确滴定呢？一般来说，用酸碱指示剂来指示终点，只要滴定突跃不小于 0.3 个 pH 单位，人眼就可以观察到滴定终点颜色的变化，滴定就可以进行了。在此条件下，要求 $K_a c \geqslant 10^{-8.0}$，滴定终点误差可以控制在 ±0.1% 左右。

对于用强酸滴定弱碱，其滴定曲线的形状与强碱滴定弱酸类似，但位置正好相反。图 4-8为 0.100 0 mol/L HCl 溶液滴定 20.00 mL 0.100 0 mol/L NH_3 的滴定曲线，在化学计量点的 pH=5.25，滴定突跃的范围为 6.25～4.30，甲基红、溴甲酚绿是较合适的指示剂，滴定终点误差小于 ±0.1%。一般情况下，强酸滴定弱碱的终点产物为另一种弱酸，滴定突跃处于弱酸性区域，选择在弱酸性区域变色的指示剂比较合适，常用的酸性范围变色的指示剂有甲基橙、甲基红、溴甲酚绿等。同强碱滴定弱酸类似，在强酸滴定弱碱时，弱碱的强度和浓度会影响滴定突跃的大小。当弱碱的离解常数和浓度分别为 K_b 和 c 时，弱碱能够准确滴定的条件是 $K_b c \geqslant 10^{-8.0}$，此时滴定的终点误差可以控制在±0.1%左右。

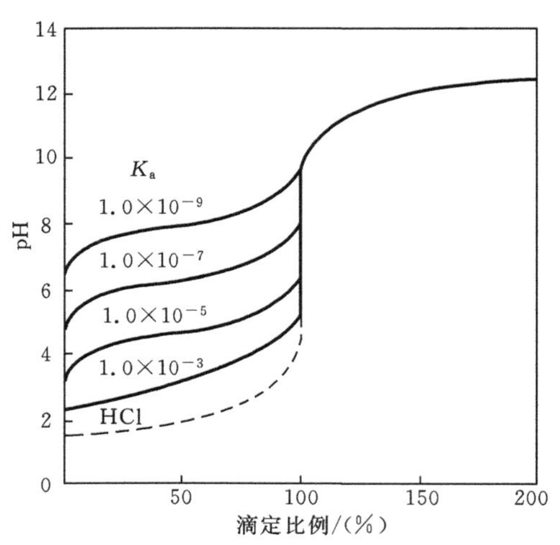

图 4-7　0.100 0 mol/L NaOH **溶液滴定 0.100 0 mol/L 各种强度的弱酸的滴定曲线**

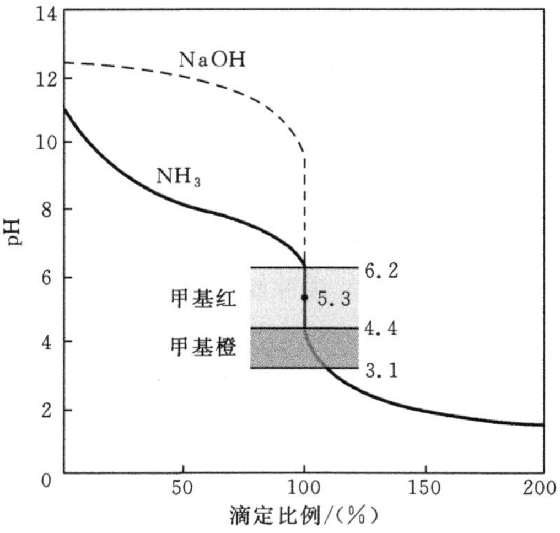

图 4-8　0.100 0 mol/L HCl **溶液滴定** 20.00 mL 0.100 0 mol/L NH_3**的滴定曲线**

4.5.3　多元酸、碱和混合酸的滴定

1. 多元酸的滴定

大部分多元酸是弱酸，它们在水溶液中是分步离解的，因此，在多元酸的滴定过程中要解决的关键问题是：在什么样的条件下实现多元酸的分步滴定？如果能够分步滴定，有几个滴定终点？如何选择指示剂？

对于多元酸 H_3A，若其浓度为 c，三步离解常数分别为 $K_{a(1)}$、$K_{a(2)}$、$K_{a(3)}$，由于是多元酸滴定，一般允许滴定误差为±0.5%，若要准确滴定到第一化学计量点必须满足的条件如下：

(1) $K_{a(1)} c \geqslant 10^{-8.0}$；

(2) $\dfrac{K_{a(1)}}{K_{a(2)}} \geqslant 10^5$。

同样，若要准确滴定到第二化学计量点必须满足的条件如下：

(1) $K_{a(2)} c \geqslant 10^{-8.0}$；

(2) $\dfrac{K_{a(2)}}{K_{a(3)}} \geqslant 10^5$。

由于多元酸的 $K_{a(3)}$ 比较小，不满足 $K_{a(3)} c \geqslant 10^{-8.0}$ 的要求，只能准确滴定到第二化学计量点，第三化学计量点一般不能准确滴定。

若满足 $K_{a(2)} c \geqslant 10^{-8.0}$，$K_{a(1)} c \geqslant 10^{-8.0}$ 且 $\dfrac{K_{a(1)}}{K_{a(2)}} < 10^5$，则不能实现分步滴定，但可以准确滴定到第二化学计量点。有些多元有机酸，相邻两级的离解常数之比太小，不能实现分别滴定。例如：

酒石酸　$pK_{a(1)} = 3.04$　$pK_{a(2)} = 4.37$

草酸　　$pK_{a(1)} = 1.25$　$pK_{a(2)} = 4.29$

但由于最后一级离解常数大于 $10^{-7.0}$，能够用 NaOH 溶液准确滴定全部 H^+，其中草酸就是常用的用来标定 NaOH 溶液的基准物质。

H_3PO_4是常见的三元酸，三级离解常数分别为 $pK_{a(1)}=2.16$，$pK_{a(2)}=7.21$，$pK_{a(3)}=12.32$。用 0.100 0 mol/L NaOH 溶液滴定 0.100 0 mol/L H_3PO_4溶液的滴定曲线如图4-9所示。

在第一化学计量点，满足 $K_{a(1)}c \geqslant 10^{-8.0}$ 且$\dfrac{K_{a(1)}}{K_{a(2)}}=10^{5.05}>10^5$，可以准确滴定到第一化学计量点。滴定产物为 NaH_2PO_4，化学计量点的 pH 值为4.68，可以选择甲基橙为指示剂，滴定误差不大于 0.5%。

在第二化学计量点，满足 $K_{a(2)}c \approx 10^{-8.0}$ 且$\dfrac{K_{a(2)}}{K_{a(3)}}=10^{5.11}>10^5$，可以准确滴定到第二化学计量点。滴定产物为$Na_2HPO_4$，化学计量点的 pH 值为 9.66，可以选择百里酚酞作为指示剂，滴定误差为 0.5%左右。

在第三化学计量点，由于 $K_{a(3)}$ 太小，不能直接滴定到第三化学计量点，可以加入 $CaCl_2$ 溶液置换出质子，然后用 NaOH 溶液滴定，其化学反应式为

$$2HPO_4^{2-}+3Ca^{2+} \xlongequal{} Ca_3(PO_4)_2\downarrow+2H^+$$

2. 混合酸的滴定

1）弱酸混合溶液

对于两种弱酸 HA 和 HB 的混合溶液（$K_{HA}>K_{HB}$），其分别滴定条件与多元酸类似。若满足 $K_{HA}c \geqslant 10^{-8}$ 且$\dfrac{K_{HA}}{K_{HB}} \geqslant 10^5$，就可以单独滴定弱酸 HA，不受 HB 的影响。在第一化学计量点，溶液的组成为 A^-+HB，若弱酸的酸性较强，pH 值的计算公式为

$$[H^+]=\sqrt{\frac{K_{HA}K_{HB}c_{HB}}{c_{HA}}}$$

2）强酸与弱酸的混合溶液

若用 0.100 0 mol/L NaOH 溶液滴定 20.00 mL 0.100 0 mol/L HCl 和0.200 0 mol/L HA 的混合溶液。当弱酸的酸性较强（$K_a \geqslant 10^{-5}$）时，强酸与弱酸混合溶液在第一化学计量点的滴定突跃较小，不能实现强酸与弱酸的分步滴定。但在第二化学计量点的滴定突跃较大，可以准确滴定强酸和弱酸的总量。

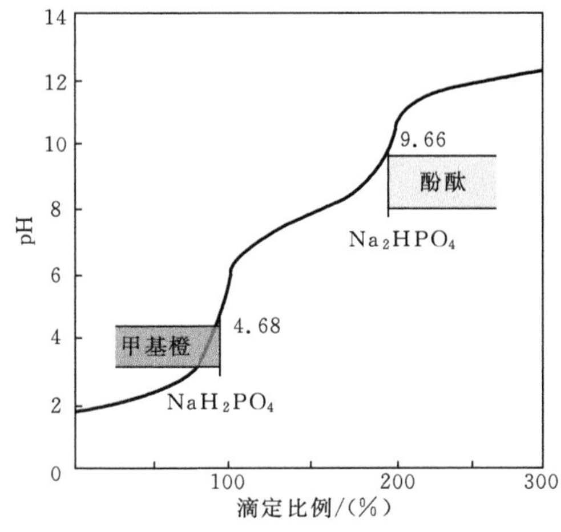

图 4-9　0.100 0 mol/L NaOH **溶液滴定** 0.100 0 mol/L H_3PO_4 **溶液的滴定曲线**

当弱酸的酸性为中等强度（$10^{-9}<K_a<10^{-5}$）时，在第一化学计量点和第二化学计量点的滴定突跃都较大，可以实现强酸与弱酸的分步滴定。在第一化学计量点滴定的是强酸的量，在第二化学计量点滴定的是弱酸的量。

当弱酸的酸性较弱（$K_a \leqslant 10^{-9}$）时，在第一化学计量点的滴定突跃比较大，在第二化学计量点的滴定突跃较小。可以准确滴定强酸的量，不能

准确滴定弱酸的量。

3. 多元碱的滴定

多元碱的分步滴定类似于多元酸，对于二元碱 Na_2A，若其浓度为 c，两步离解常数分别为 $K_{b(1)}$、$K_{b(2)}$，由于是多元碱滴定，一般允许滴定误差为±0.5%，若要准确滴定到第一化学计量点必须满足的条件如下：

(1) $K_{b(1)}c \geqslant 10^{-8.0}$；

(2) $\dfrac{K_{b(1)}}{K_{b(2)}} \geqslant 10^5$。

若 $K_{b(2)}c \geqslant 10^{-8.0}$，还可以继续滴定到第二化学计量点。

例如，Na_2CO_3 是常用的二元碱，它常作为基准物质用来标定 HCl 溶液的浓度，其 $pK_{b(1)}=3.75$，$pK_{b(2)}=7.62$，如果用 HCl 标准溶液滴定到第一化学计量点，只满足 $K_{b(1)}c \geqslant 10^{-8.0}$，但 $\dfrac{K_{b(1)}}{K_{b(2)}}=10^{3.87}<10^5$，因此滴定 HCO_3^- 的准确度不高，滴定的终点误差大于 0.5%。在第一化学计量点的 $pH=\dfrac{1}{2}(pK_{a(1)}+pK_{a(2)})=8.32$，可以选择酚酞作指示剂，但终点误差较大。若采用甲酚红和百里酚蓝混合指示剂来指示终点可减少滴定误差。

在第二化学计量点，滴定产物为 $H_2CO_3(H_2O+CO_2)$，其饱和浓度约为 0.04 mol/L，由于 $K_{b(2)}c=10^{-7.62}\times 0.04=10^{-8.02}\approx 10^{-8.0}$，可以用 HCl 标准溶液滴定到第二化学计量点。在第二化学计量点的 pH 值的计算公式为

$$[H^+]=\sqrt{K_{a(1)}c}=\sqrt{10^{-6.38}\times 0.04}\ \text{mol/L}=10^{-3.89}\ \text{mol/L}$$

$$pH=3.89$$

可以采用甲基橙来指示终点，在室温下滴定时，终点变化不敏锐。

用 0.100 0 mol/L HCl 溶液滴定 0.050 00 mol/L Na_2CO_3 溶液的滴定曲线如图 4-10 所示。

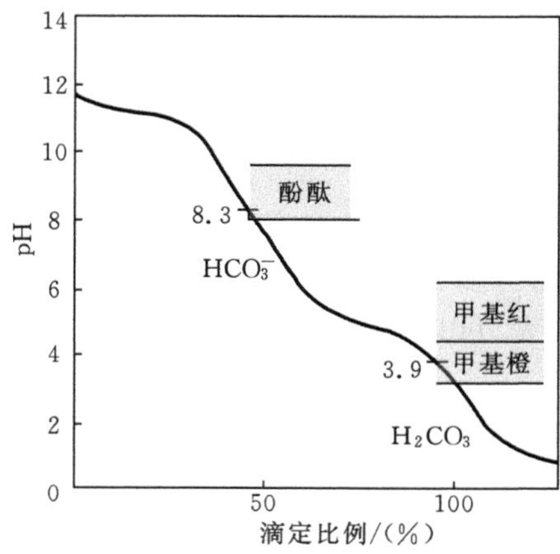

图 4-10 0.100 0 mol/L HCl **溶液滴定** 0.050 00 mol/L Na_2CO_3 **溶液的滴定曲线**

另外，对于强碱与弱碱混合溶液的滴定，可以参考强酸与弱酸混合溶液的分步滴定条件。

4.6　滴定终点误差

酸碱滴定的计算根据滴定反应的化学计量关系进行，由于在滴定过程采用酸碱指示剂来指示滴定终点的到达，滴定终点与化学计量点常常不一致，由此产生的误差称为滴定终点误差（TE）。滴定终点误差常用百分数来表示，下面简单介绍滴定终点误差的计算公式。

4.6.1　强酸的滴定终点误差

以 NaOH 滴定 HCl 为例，来推导滴定终点误差的计算公式。

1. 滴定终点在化学计量点前

在化学计量点前，溶液中还有少量的 HCl 未发生反应，其质子条件式为

$$[H^+]=[OH^-]+c_{HCl(未)}$$

因此，未反应 HCl 的浓度为

$$c_{HCl(未)}=[H^+]-[OH^-]$$

由于滴定终点在化学计量点前，滴定误差为负值，其计算公式为

$$TE=-\frac{c_{HCl(未)}}{c_{HCl(计量点)}}\times 100\%$$

$$=\frac{[OH^-]_{终}-[H^+]_{终}}{c_{HCl(计量点)}}\times 100\%$$

2. 滴定终点在化学计量点后

滴定终点在化学计量点后，NaOH 过量，此时溶液的质子条件式为

$$[OH^-]=[H^+]+c_{NaOH(过)}$$

过量 NaOH 的浓度为

$$c_{NaOH(过)}=[OH^-]-[H^+]$$

滴定终点误差的计算公式为

$$TE=\frac{c_{NaOH(过)}}{c_{NaOH(计量点)}}\times 100\%=\frac{c_{NaOH(过)}}{c_{HCl(计量点)}}\times 100\%$$

$$=\frac{[OH^-]_{终}-[H^+]_{终}}{c_{HCl(计量点)}}\times 100\%$$

实际上，无论滴定终点在化学计量点前或后，所得到的滴定终点误差的计算公式是相同的。若滴定终点在化学计量点前，终点误差为负值；若滴定终点在化学计量点之后，则滴定终点误差为正值。

【例 4-25】 计算 0.200 0 mol/L NaOH 溶液滴定 0.200 0 mol/L HCl 溶液至甲基橙变色（pH=4.4）和酚酞变色（pH=9.0）的滴定终点误差。

解　(1) 滴定到甲基橙变色时，pH=4.4，则有

$$[H^+]=10^{-4.4}\ \text{mol/L},\quad [OH^-]=10^{-9.6}\ \text{mol/L}$$

根据滴定终点误差的计算公式有

$$TE=\frac{[OH^-]_{终}-[H^+]_{终}}{c_{HCl(计量点)}}\times 100\%=\frac{10^{-9.6}-10^{-4.4}}{0.100\ 0}\times 100\%=-0.04\%$$

(2) 滴定到酚酞变色时，pH=9.0，则有

$$[H^+]=10^{-9.0}\ \text{mol/L},\quad [OH^-]=10^{-5.0}\ \text{mol/L}$$

根据滴定终点误差的计算公式有

$$\mathrm{TE}=\frac{[\mathrm{OH}^-]_{终}-[\mathrm{H}^+]_{终}}{c_{\mathrm{HCl}(计量点)}}\times100\%=\frac{10^{-5.0}-10^{-9.0}}{0.1000}\times100\%=+0.01\%$$

从计算结果可以看出,选择酚酞指示终点的误差小于甲基橙的。

4.6.2　弱酸的滴定终点误差

用 NaOH 滴定一元弱酸 HA,在化学计量点时溶液的质子条件式为

$$[\mathrm{H}^+]+[\mathrm{HA}]=[\mathrm{OH}^-]$$

若滴定终点在化学计量点前,溶液中未反应弱酸的浓度(c_{HA})应从[HA]中扣除,此时的质子条件式为

$$[\mathrm{H}^+]+[\mathrm{HA}]-c_{\mathrm{HA}(未)}=[\mathrm{OH}^-]$$

未反应弱酸的浓度为

$$c_{\mathrm{HA}(未)}=[\mathrm{HA}]+[\mathrm{H}^+]-[\mathrm{OH}^-] \tag{4-34}$$

由于强碱滴定弱酸的滴定终点的产物为弱碱,其 pH 值通常在碱性范围内,在终点误差的精度要求不高的情况下,可以忽略$[\mathrm{H}^+]$,式(4-34)可以进一步简化为

$$c_{\mathrm{HA}(未)}=[\mathrm{HA}]-[\mathrm{OH}^-]$$

$$\mathrm{TE}=-\frac{c_{\mathrm{HA}(未)}}{c_{\mathrm{HA}(计量点)}}\times100\%=\frac{[\mathrm{OH}^-]-[\mathrm{HA}]}{c_{\mathrm{HA}(计量点)}}\times100\%$$

若滴定终点在化学计量点之后,此时滴定剂 NaOH 过量,过量的 NaOH 的浓度($c_{\mathrm{NaOH}(过)}$)应从$[\mathrm{OH}^-]$中扣除,此时质子条件式为

$$[\mathrm{HA}]+[\mathrm{H}^+]=[\mathrm{OH}^-]-c_{\mathrm{NaOH}(过)}$$

过量 NaOH 的浓度为

$$c_{\mathrm{NaOH}(过)}=[\mathrm{OH}^-]-[\mathrm{H}^+]-[\mathrm{HA}] \tag{4-35}$$

同样,忽略溶液中$[\mathrm{H}^+]$,式(4-35)进一步简化为

$$c_{\mathrm{NaOH}(过)}=[\mathrm{OH}^-]-[\mathrm{HA}]$$

$$\mathrm{TE}=\frac{c_{\mathrm{NaOH}(过)}}{c_{\mathrm{NaOH}(计量点)}}\times100\%=\frac{[\mathrm{OH}^-]-[\mathrm{HA}]}{c_{\mathrm{HA}(计量点)}}\times100\%$$

同样,无论滴定终点在化学计量点前或后,滴定终点误差的计算公式是一样的,这与强酸类似。

【例 4-26】 计算 0.200 0 mol/L NaOH 溶液滴定 0.200 0 mol/L HA($K_a=10^{-4.00}$)溶液至酚酞变色(pH=9.0)的滴定终点误差。

解　滴定到酚酞变色时,pH=9.0,$[\mathrm{OH}^-]=10^{-5.0}$ mol/L。

$$[\mathrm{HA}]=c_{\mathrm{HA}(计量点)}\times\frac{[\mathrm{H}^+]}{K_a+[\mathrm{H}^+]}=\frac{0.1000\times10^{-9.0}}{10^{-4.00}+10^{-9.0}}\ \mathrm{mol/L}=10^{-6.00}\ \mathrm{mol/L}$$

$$\mathrm{TE}=\frac{[\mathrm{OH}^-]-[\mathrm{HA}]}{c_{\mathrm{HA}(计量点)}}\times100\%=\frac{10^{-5.0}-10^{-6.00}}{0.1000}\times100\%=0.01\%$$

4.7　酸碱滴定法的应用

酸碱滴定法在工、农业生产中应用广泛。一些化工产品(如烧碱、纯碱、碳酸氢铵等)采用酸碱滴定法测定纯度。另外,与酸碱有关的医药工业、食品工业、冶金工业的原料、中间产

品及产品的分析也采用酸碱滴定法。在废水处理中，也采用酸碱滴定测定工业废水的酸度或碱度。

4.7.1　酸碱标准溶液的配制与标定

在酸碱滴定法的分析测定中，滴定方式多为强酸滴定强碱或强碱滴定强酸、强碱滴定弱酸和强酸滴定弱碱三类。由于准确度不高，在一般情况下，弱酸与弱碱不能直接滴定。所以通常在酸碱滴定中使用的标准溶液都是强酸标准溶液或强碱标准溶液，最常用的两种标准溶液是 NaOH 标准溶液和 HCl 标准溶液。配制的标准溶液的浓度一般为 0.1～0.2 mol/L。若配制浓度过高，消耗较多的试剂造成浪费；相反，若配制标准溶液浓度太低，使滴定突跃的范围减小，导致滴定误差过大。

1. HCl 标准溶液

由于浓盐酸有较强的挥发性和腐蚀性，一般含有少量的酸性杂质，不能采用直接法配制标准溶液。一般先配制近似浓度的标准溶液，然后用基准物质对其准确浓度进行标定。标定 HCl 标准溶液的常用基准物质有无水碳酸钠和硼砂。

无水碳酸钠容易提纯，价格便宜，是理想的基准物质。由于其具有一定的吸潮性，在使用之前，一般在 270～300 ℃烘 1～2 h，然后在干燥器中冷却至室温备用。碳酸钠标定 HCl 标准溶液的反应方程式为

$$Na_2CO_3 + 2HCl \xlongequal{} 2NaCl + H_2O + CO_2\uparrow$$

在上述反应式中，Na_2CO_3 与 HCl 的化学计量关系为 1∶2，若采用 50 mL 的滴定管，控制 HCl 标准溶液的消耗体积在 20～30 mL，需称量 0.1～0.15 g Na_2CO_3，有少许的称量误差。通常选择甲基橙指示剂指示滴定终点的到达。

硼砂容易提纯、无吸湿性、相对分子质量大，是另一种较理想的基准物质。缺点是在干燥空气中易风化失去部分结晶水，需要保存在相对湿度为 60% 的恒湿器中。硼砂在水溶液中水解，得到等浓度的 H_3BO_3 和 $H_2BO_3^-$ 的混合溶液，标定 HCl 标准溶液的反应方程式为

$$B_4O_7^{2-} + 5H_2O \xlongequal{} 2H_3BO_3 + 2H_2BO_3^-$$

$$2H_2BO_3^- + 2H^+ \xlongequal{} 2H_3BO_3$$

硼砂与 HCl 反应的化学计量关系也为 1∶2，若采用 50 mL 的滴定管，控制 HCl 标准溶液的消耗体积为 20～30 mL，需称量 0.4～0.6 g 硼砂，同碳酸钠相比，称量误差较小。用硼砂标定 HCl 标准溶液，通常选择甲基红为指示剂。

2. NaOH 标准溶液

由于氢氧化钠具有很强的腐蚀性、吸湿性，同时含有少量的碱性杂质，也易吸收空气中的二氧化碳，不能直接在分析天平上称量，所以不能采用直接法配制 NaOH 标准溶液。先配制近似浓度的 NaOH 标准溶液，然后用基准物质标定其浓度。常用标定 NaOH 标准溶液的基准物质有邻苯二甲酸氢钾和草酸。

邻苯二甲酸氢钾非常容易提纯，在空气中不吸收水分和二氧化碳，相对分子质量较大，是理想的基准物质。邻苯二甲酸氢钾与 NaOH 的反应方程式为

$$KHC_8H_4O_6 + NaOH \xlongequal{} KNaC_8H_4O_6 + H_2O$$

邻苯二甲酸氢钾与 NaOH 反应的化学计量关系也为 1∶1，若采用 50 mL 的滴定管，控制 NaOH 标准溶液的消耗体积为 20～30 mL，需称量 0.4～0.6 g 邻苯二甲酸氢钾，称量误

差较小。滴定终点的 pH 值为 9.0,通常选择酚酞作为指示剂。

草酸是一种二元弱酸,在空气中性质稳定,容易提纯,常作为基准物质来标定 NaOH 标准溶液的浓度。草酸与 NaOH 的反应方程式为

$$H_2C_2O_4 + 2NaOH = Na_2C_2O_4 + H_2O$$

由于 $K_{a(1)}$、$K_{a(2)}$ 相差较小,不能分步滴定,草酸与 NaOH 反应的化学计量关系为 1∶2,若采用 50 mL 的滴定管,控制 NaOH 标准溶液的消耗体积为 20～30 mL,需称量 0.1～0.2 g 草酸,有少量的称量误差。通常选择酚酞作为指示剂来指示滴定终点。

4.7.2　直接滴定法的应用与示例

1. 混合碱的分析

在纯碱、烧碱产品纯度的分析中,通常要分析混合碱中 NaOH、Na_2CO_3、$NaHCO_3$ 的含量,一般采用双指示剂法测定混合碱的组成及含量。具体分析步骤如下:①准确称取一定量的混合碱试样于锥形瓶中,用蒸馏水溶解;②以酚酞为指示剂,用 HCl 标准溶液滴定至粉红色刚好消失,所消耗 HCl 标准溶液的体积为 V_1(mL);③加入甲基橙指示剂,继续滴定至黄色再变为橙红色,所消耗 HCl 标准溶液的体积为 V_2(mL);④根据 V_1、V_2 的大小来判断混合碱组成。

(1) 若 $V_1 \neq 0$,$V_2 = 0$,表明碱样由 NaOH 组成,其含量的计算公式为

$$w_{NaOH} = \frac{c_{HCl} V_1 M_{NaOH}}{m_S \times 1\ 000} \times 100\%$$

(2) 若 $V_1 \neq 0$,$V_2 \neq 0$ 且 $V_1 > V_2$,表明碱样由 NaOH 和 Na_2CO_3 组成,各组分含量的计算公式为

$$w_{NaOH} = \frac{c_{HCl}(V_1 - V_2) M_{NaOH}}{m_S \times 1\ 000} \times 100\%$$

$$w_{Na_2CO_3} = \frac{c_{HCl} V_2 M_{Na_2CO_3}}{m_S \times 1\ 000} \times 100\%$$

(3) 若 $V_1 \neq 0$,$V_2 \neq 0$ 且 $V_1 < V_2$,表明碱样由 Na_2CO_3 和 $NaHCO_3$ 组成,各组分含量的计算公式为

$$w_{Na_2CO_3} = \frac{c_{HCl} V_1 M_{Na_2CO_3}}{m_S \times 1\ 000} \times 100\%$$

$$w_{NaHCO_3} = \frac{c_{HCl}(V_2 - V_1) M_{NaHCO_3}}{m_S \times 1\ 000} \times 100\%$$

(4) 若 $V_1 \neq 0$,$V_2 \neq 0$ 且 $V_1 = V_2$,表明碱样由 Na_2CO_3 组成,其含量的计算公式为

$$w_{Na_2CO_3} = \frac{c_{HCl} V_1 M_{Na_2CO_3}}{m_S \times 1\ 000} \times 100\%$$

(5) 若 $V_1 = 0$,$V_2 \neq 0$,表明碱样由 $NaHCO_3$ 组成,其含量的计算公式为

$$w_{NaHCO_3} = \frac{c_{HCl} V_2 M_{NaHCO_3}}{m_S \times 1\ 000} \times 100\%$$

2. 含氮化合物中氮的分析

1) 无机铵盐中氮含量的分析

在肥料分析中,对于碳酸氢铵等无机铵盐中氮的测定,通常将试样加以处理,将各种含

氮化合物转化为 NH_3，然后用酸碱滴定法测定，其处理方法有以下两种。

(1) 甲醛法。由于 NH_4^+ 的酸性较弱，不能直接准确滴定。在溶液中加入甲醛，甲醛与 NH_4^+ 作用生成等量的强酸，可以用强碱直接滴定，其反应方程式为

$$4NH_4^+ + 6HCHO = (CH_2)_6N_4H^+ + 3H^+ + 6H_2O$$

可以选择酚酞作为指示剂来指示终点。另外，如果试样含有游离酸，可以采用甲基红为指示剂，先用碱标准溶液中和。该法适合于易溶解于水的无机铵盐的分析测定。

(2) 蒸馏法。将铵盐试样加入蒸馏瓶中，加入过量的 NaOH 溶液进行加热蒸馏，蒸馏出来的气态 NH_3 先用硼酸溶液吸收，然后以甲基红和溴甲酚绿混合指示剂来指示终点，直接用 HCl 标准溶液进行滴定。由于硼酸的酸性非常弱，不干扰滴定，故不需要定量加入。测定的反应方程式为

$$NH_3 + H_3BO_3 = NH_4^+ + H_2BO_3^-$$

$$H_2BO_3^- + H^+ = H_3BO_3$$

另外，对蒸馏出来的其他 NH_3 也可以用过量的 H_2SO_4(或 HCl)标准溶液，然后以甲基红和亚甲基蓝混合指示剂指示终点，用 NaOH 标准溶液回滴过量的 H_2SO_4(或 HCl)标准溶液，该方法需要配制两种标准溶液。测定的反应方程式为

$$NH_3 + H^+ = NH_4^+$$

$$H^+ + OH^- = H_2O$$

2) 食品中蛋白质含量的分析

对于食品中蛋白质和许多含氮有机化合物中氮的测定通常采用凯氏定氮法，该方法是目前蛋白质中氮测定的国标方法。测定过程如下：将试样用浓硫酸加热分解，为了使有机物分解彻底，通常加入硫酸钾提高溶液的沸点，加入硫酸铜为催化剂。这时有机物中的氮转化为 NH_4^+，然后加入过量的 NaOH 溶液，加热蒸馏，蒸馏出来的气态 NH_3 用过量硼酸溶液吸收，最后以甲基红和溴甲酚绿混合指示剂来指示终点，用 HCl 标准溶液进行滴定。测定的反应式为

$$\text{有机物} \xrightarrow{\text{消解}} H_2O + CO_2\uparrow + NH_3\uparrow$$

$$NH_3 + H_3BO_3 = NH_4^+ + H_2BO_3^-$$

$$H_2BO_3^- + H^+ = H_3BO_3$$

3. 磷肥中磷的测定

磷肥中磷的测定通常采用酸碱滴定法。该方法的分析过程如下：将试样进行预处理使磷转化为磷酸，在硝酸介质中加入钼酸铵，与磷酸反应生成黄色的磷钼酸铵沉淀；然后，将沉淀过滤，洗涤至中性；最后，将洗涤后的沉淀溶解于过量的 NaOH 标准溶液中，过量部分的 NaOH 标准溶液用 HNO_3 标准溶液滴定至酚酞刚好褪色为终点。主要的反应方程式为

$$PO_4^{3-} + 12MoO_4^{2-} + 2NH_4^+ + 25H^+ = (NH_4)_2H[PMo_{12}O_{40}]\cdot H_2O\downarrow + 11H_2O$$

$$(NH_4)_2H[PMo_{12}O_{40}]\cdot H_2O + 27OH^- = PO_4^{3-} + 12MoO_4^{2-} + 2NH_3 + 16H_2O$$

$$OH^- + H^+ = H_2O$$

$$PO_4^{3-} + H^+ = HPO_4^{2-}$$

$$2NH_3 + 2H^+ = 2NH_4^+$$

综合上面几个反应方程式可知，磷与氢氧化钠反应的化学计量关系为 1∶24，该方法还

可以用于测定钢铁中微量磷。

4. 硅酸盐中二氧化硅的测定

测定水泥、岩石等硅酸盐试样中的二氧化硅含量通常采用重量分析法，如盐酸二次蒸干法、动物胶凝聚法等。由于操作费时，在日常工业生产的控制分析中一般采用氟硅酸钾滴定法。该方法的分析步骤如下：取硅酸盐试样，于坩埚中用固体氢氧化钠熔融分解，将硅转化为可溶解性的硅酸盐；在强酸介质中，加入过量的 KCl、KF，与硅酸反应生成难溶性氟硅酸钾沉淀；将所得的氟硅酸钾过滤，用 KCl 的乙醇溶液洗涤至中性后，转移至沸水中使氟硅酸钾沉淀水解，用 NaOH 标准溶液滴定水解产生的 HF，其主要的反应方程式为

$$H_2SiO_3 + 2K^+ + 6F^- + 4H^+ \xlongequal{\quad} K_2SiF_6\downarrow + 3H_2O$$

$$K_2SiF_6 + 3H_2O \xlongequal{\quad} H_2SiO_3 + 2KF + 4HF$$

$$HF + OH^- \xlongequal{\quad} F^- + H_2O$$

综合上面几个反应方程式可知，硅与氢氧化钠反应的化学计量关系为 1∶4，分析结果通常用 SiO_2 的质量分数来表示。

5. 食品中酸碱度的测定

食品中的有机酸含量影响食品的香味、颜色、稳定性和质量的好坏。在水果和蔬菜中，常见的有机酸主要是苹果酸、柠檬酸、酒石酸等多元酸；在油脂中主要有各种不同碳链的脂肪酸。在我国标准分析方法中，通常采用酸碱滴定法测定食品中的总酸度。例如，测定水果中总酸度的方法如下：首先，称取一定量的试样，经过粉碎后，用蒸馏水定量转移到容量瓶中，于水浴中加热提取有机酸；然后，经冷却、过滤分离，移取一定体积的滤液，以酚酞为指示剂，直接用 NaOH 标准溶液滴定。

4.7.3 间接滴定法的应用与示例

1. 硼酸的测定

硼酸的酸性很弱，其 $pK_a = 9.24$，不能用 NaOH 标准溶液直接进行滴定。通常利用硼酸与多羟基化合物(甘油或甘露醇)反应生成稳定的配合物，该配合物的酸性较强，以酚酞为指示剂用 NaOH 标准溶液直接测定。其反应方程式为

$$2\begin{array}{c} H \\ | \\ R\text{—}C\text{—}OH \\ | \\ R\text{—}C\text{—}OH \\ | \\ H \end{array} + H_3BO_3 \rightleftharpoons \left[\begin{array}{ccccc} H & & & & H \\ | & & & & | \\ R\text{—}C\text{—}O & & & & O\text{—}C\text{—}R \\ | & \diagdown & & \diagup & | \\ | & & B & & | \\ | & \diagup & & \diagdown & | \\ R\text{—}C\text{—}O & & & & O\text{—}C\text{—}R \\ | & & & & | \\ H & & & & H \end{array}\right]H + 3H_2O$$

2. 酯类化合物的测定

在有机分析中，通常利用酯类化合物在强碱溶液中发生皂化反应，结合酸碱滴定法测定其含量。具体分析步骤如下：称取一定量的酯于过量的 NaOH 的乙醇标准溶液中，进行加热、皂化 1～2 h，溶液冷却后，以酚酞为指示剂，过量的碱用 HCl 标准溶液回滴，其主要的反应方程式为

$$RCOOC_2H_5 + NaOH \xlongequal{\quad} RCOONa + C_2H_5OH$$

$$OH^- + H^+ \xlongequal{\quad} H_2O$$

3. 酸酐的测定

与酯类化合物的分析类似，利用酸酐的水解反应可以测定酸酐的含量。具体分析步骤如下：称取一定量的酸酐试样于过量的 NaOH 标准溶液中，加热、回流1～2 h，多余的 NaOH 以酚酞为指示剂用 HCl 标准溶液进行回滴，其主要的反应方程式为

$$(RCO)_2O+2NaOH \longrightarrow 2RCOONa+H_2O$$

$$OH^- +H^+ \longrightarrow H_2O$$

4. 简单无机阴离子的测定

一些常见的无机离子(如 F^-、SO_4^{2-}、NO_3^-)，可以通过预处理转化为较强的酸、碱，用间接法测定。例如，NaF 的碱性很弱($pK_b=10.82$)，不能直接用 HCl 滴定。将一定量的 NaF 溶液经过处理并洗涤至中性的强碱性的阴离子交换柱，定量置换出等量的强碱 NaOH，可以用 HCl 标准溶液直接滴定，其反应方程式为

$$R_4N—OH+F^- \longrightarrow R_4N—F+OH^-$$

$$OH^- +H^+ \longrightarrow H_2O$$

4.8　非水溶液中的酸碱滴定

前面介绍的酸碱滴定都是在水溶液中进行的，然而以水为介质有时会遇到一些困难。例如，当弱酸或弱碱离解常数小于 10^{-7}时，就无法准确滴定；许多有机酸、有机碱在水中的溶解度很小，使滴定无法进行；强度比较接近的多元混合酸(碱)无法分步滴定或分别滴定。如果采用非水溶剂为介质，上述难题就可以得到解决。在水溶液中只能连续滴定两种组分，而在非水溶剂中往往能连续滴定几种物质。因此，非水酸碱滴定扩展了酸碱滴定范围，特别是在有机分析中得到广泛的应用。

4.8.1　非水酸碱滴定中的溶剂

1. 非水溶剂的分类

在非水酸碱滴定中，通常使用的有机溶剂较多，根据溶剂的酸碱性可分为质子性溶剂、非质子性溶剂和混合溶剂三大类。

1) 质子性溶剂

根据酸碱质子理论，这类溶剂既可以作为酸，又可以作为碱。同水一样，溶剂分子之间有质子的传递，即质子自传递反应。两性溶剂根据得失质子能力的不同，可以进一步分为以下三类。

(1) 酸性溶剂。这类溶剂的特点是给出质子的能力比水强，接受质子的能力比水弱。例如，硫酸、甲酸、乙酸、丁酸等脂肪酸，它们在酸性介质中能够增加被测碱的强度，主要用于测定弱碱性物质。

(2) 碱性溶剂。这类溶剂的特点是接受质子的能力比水强，而给出质子的能力比水弱。例如，甲胺、乙胺、乙二胺等有机胺，该类溶剂在碱性介质中能够增强被测酸的强度，主要用于测定弱酸性物质。

(3) 中性溶剂。这类溶剂的特点是得失质子的能力同水相当。例如，甲醇、乙醇、丙醇等有机醇，该类溶剂在中性介质中传递质子，主要用于酸性或碱性较强的物质的滴定。

2) 非质子性溶剂

该类溶剂可以简单分为以下两类。

(1) 偶极亲质子溶剂，也称为非质子亲质子溶剂，这类溶剂的特点是溶剂分子中无转移性质子，但具有较强的接受质子的倾向，且具有不同程度形成氢键的能力。例如，酮类、酰胺类、腈类、吡啶类等有机化合物，由于具有微弱碱性或弱的形成氢键能力，可以用于滴定弱酸性物质。

(2) 惰性溶剂。这类溶剂的特点是溶剂分子无转移性质子和接受质子的倾向，也无形成氢键的能力。例如，苯、甲苯、氯仿、四氯化碳等，该类溶剂不参加酸碱滴定反应，主要用于溶解、分散、稀释溶质，可以用于滴定弱酸性物质。

3) 混合溶剂

质子性溶剂与惰性溶剂混合，可以使样品易于溶解、滴定突跃范围增加和滴定终点变色敏锐，如冰乙酸-乙酸酐、冰乙酸-苯、苯-甲醇等。

2. 溶剂的性质

1) 溶剂的离解性

对于质子性溶剂 SH，其离解反应主要有酸离解半反应、碱离解半反应和溶剂质子自传递反应三类。

溶剂 SH 作为酸，其离解半反应为

$$SH \xlongequal{} H^+ + S^-$$

令其酸离解常数为 K_a^{SH}，根据定义有

$$K_a^{SH} = \frac{[H^+][S^-]}{[SH]}$$

K_a^{SH}通常称为溶剂的固有酸度常数，它衡量溶剂给出质子能力的强弱，目前无法测定其数值。

同样，当溶剂 SH 作为碱，其离解半反应为

$$SH + H^+ \xlongequal{} SH_2^+$$

令其碱离解常数为 K_b^{SH}，根据定义有

$$K_b^{SH} = \frac{[SH_2^+]}{[H^+][SH]}$$

K_b^{SH}通常称为溶剂的固有碱度常数，它衡量溶剂接受质子能力的强弱。

溶剂 SH 发生质子自传递反应，其反应式为

$$SH + SH \xlongequal{} SH_2^+ + S^-$$

令溶剂的质子自传递常数为 K_S，根据定义有

$$K_S = \frac{[SH_2^+][S^-]}{[SH]^2} = \frac{[H^+][S^-]}{[SH]} \times \frac{[SH_2^+]}{[H^+][SH]} = K_a^{SH} K_b^{SH} \tag{4-36}$$

由式(4-36)可见，溶剂的质子自传递系数取决于溶剂本身固有酸度常数和固有碱度常数，两者的数值越小，溶剂的质子自传递系数就越小。常见几种溶剂的质子自传递常数及介电常数(ε)见表 4-6。

溶剂的质子自传递系数是非水溶剂的重要特性，它决定了酸碱反应进行的程度，可以了解混合酸(碱)有无连续滴定的可能性。在两性溶剂 SH 中，强酸就是质子化溶剂 SH_2^+，强碱

就是溶剂阴离子 S^-，因此，两性溶剂 SH 中强碱滴定强酸的反应式为

$$SH_2^+ + S^- = 2SH$$

表 4-6　常见几种溶剂的质子自传递常数和介电常数(25 ℃)

溶　剂	介电常数(ε)	质子自传递常数(pK_S)
甲酸	58.5(16 ℃)	6.22
水	78.5	14.00
冰乙酸	6.13	14.45
乙酸酐	20.5	14.5
乙二胺	14.2	15.3
甲醇	31.5	16.7
乙醇	24.0	19.1
乙腈	36.6	28.5
甲基异丁酮	13.1	>30

由反应式可知，溶剂的 K_S越小，酸碱滴定反应进行完全的程度就越大。例如，当用 0.1 mol/L 强碱滴定 0.1 mol/L 强酸时，以水为溶剂($pK_S=14.00$)，在化学计量点前后的滴定突跃的 pH 值为 4.3～9.7；以甲醇为溶剂($pK_S=19.1$)，在化学计量点前后的滴定突跃的 pH 值为 4.3～14.8。溶剂的 K_S越小，滴定单一组分的滴定突跃就越大，滴定准确度就越高。同时，由于滴定突跃范围越宽，选择指示剂较容易，还可以连续滴定强度不同的酸(碱)混合物。甲基异丁酮的 K_S非常小，它作为溶剂时可以连续滴定五种强度不同的酸。

2) 溶剂的酸碱性

酸 HA 在溶剂 SH 中的离解过程可用如下反应表示：

半反应(1)　　$HA = H^+ + A^-$

半反应(2)　　$SH + H^+ = SH_2^+$

总反应(3)　　$HA + SH = SH_2^+ + A^-$

酸 HA 固有酸度常数为

$$K_a^{HA} = \frac{[H^+][A^-]}{[HA]}$$

溶剂 SH 固有碱度常数为

$$K_b^{SH} = \frac{[SH_2^+]}{[H^+][SH]}$$

酸 HA 在溶剂 SH 中的表观离解常数为

$$K_a = \frac{[SH_2^+][A^-]}{[HA][SH]} = K_a^{HA} K_b^{SH} \tag{4-37}$$

由式(4-37)可见，酸在溶剂中的表观酸度的强弱取决于酸本身固有酸度的强弱和溶剂固有碱度的强弱。当酸的固有酸度越强，溶剂的固有碱度越强，则其酸在溶剂中的表观酸度越强。例如，苯酚在溶剂水中表观酸性很弱($pK_a \approx 10$)，但在溶剂碱性较强的乙二胺中的表观酸性为强酸。

同样，碱 A 在溶剂 SH 中的离解过程可用如下反应表示：

半反应(1)　　$A^- + H^+ = HA$

半反应(2)　　$SH \rightleftharpoons H^+ + S^-$

总反应(3)　　$A^- + SH \rightleftharpoons S^- + HA$

碱 A^- 固有碱度常数为　　$K_b^{A^-} = \dfrac{[HA]}{[A^-][H^+]}$

溶剂 SH 固有酸度常数为　　$K_a^{SH} = \dfrac{[S^-][H^+]}{[SH]}$

碱 A^- 在溶剂 SH 中的表观离解常数为

$$K_b = \frac{[HA][S^-]}{[A^-][SH]} = K_b^{A^-} K_a^{SH} \tag{4-38}$$

由式(4-38)可见,碱在溶剂中的表观碱度的强弱取决于碱本身的固有碱度的强弱和溶剂固有酸度的强弱。碱本身固有碱度越强,溶剂的固有酸度越强,则其碱在溶剂中的表观碱度越强。例如,吡啶在溶剂水中表观碱性很弱($pK_b \approx 9$),但在溶剂酸性较强的冰乙酸中的表观碱性为强碱。

3) 溶剂的极性

通常用溶剂本身介电常数的大小来表征溶剂的极性强弱。介电常数是表示两个带相反电荷的离子在溶剂中离解所需要的能量。不带电荷的酸碱在溶剂中的离解过程可分为以下两步:第一步是电离过程,酸碱与溶剂间发生质子转移,在静电引力的作用下形成离子对;第二步是离解过程,即离子对在溶剂作用下分开形成溶剂合质子或溶剂阴离子,具体过程为

$$HA + SH \xrightarrow{\text{电离}} SH_2^+ \cdot A^- \xrightarrow{\text{离解}} SH_2^+ + A^-$$

$$A + SH \xlongequal{\text{电离}} HA^+ \cdot S^- \xlongequal{\text{离解}} HA^+ + S^-$$

根据库仑定律,离子间的作用力与溶剂介电常数成反比,酸碱在介电常数大的溶剂中离解所需要的能量小,有利于离子对的离解,增加酸碱的强度。

带电荷的酸碱在溶剂中的离解情况有所不同,由于没有离子对的形成,其离解过程几乎不受溶剂极性的影响。NH_4^+ 的离解过程为

$$NH_4^+ + SH \rightleftharpoons NH_3 \cdot SH_2^+ \rightleftharpoons NH_3 + SH_2^+$$

4) 溶剂的拉平效应和区分效应

在溶剂水中,$HClO_4$、H_2SO_4、HCl、HNO_3 等稀溶液都是强酸,无法区分其强弱。原因是上述四种强酸在水溶液中全部离解,碱性较强的 H_2O 可以全部接受其质子定量生成 H_3O^+,由于 H_3O^+ 是水中最强的酸,所有的强酸都被均化为 H_3O^+ 的水平。这种能把酸或碱的强度调至溶剂合质子或溶剂阴离子的水平的效应称为拉平效应。在碱性比水弱的冰乙酸介质中,只有 $HClO_4$ 的酸性比 H_2Ac^+ 强,同样,H_2SO_4、HCl、HNO_3 的离解程度也有差别,这样就可以分辨出它们的强弱了。由于 HAc 的碱性小于 H_2O 的,无法全部接受四种强酸离解的质子生成 H_2Ac^+,从而导致它们之间酸性的差别。这种能区分酸碱强弱的效应称为区分效应。

拉平效应和区分效应与溶质、溶剂酸碱相对强度有关,溶剂的酸碱性相对于溶质的酸碱性越强,溶剂的区分效应就越强;溶剂的酸碱性相对于溶质的酸碱性越弱,溶剂的拉平效应就越强。酸性溶剂是溶质酸的区分溶剂,是溶质碱的拉平溶剂;相反,碱性溶剂是溶质碱的区分溶剂,是溶质酸的拉平溶剂。非质子性溶剂无质子接受现象,是良好的区分溶剂。另外,利用溶剂的拉平效应可以测定混合酸(碱)的总量,利用溶剂的区分效应可以测定混合酸

(碱)中各组分的分量。

4.8.2　非水酸碱滴定条件的选择

1. 溶剂的选择

在非水酸碱滴定中，溶剂的选择非常重要。在溶剂选择中，首先要考察的是溶剂的酸碱性，它直接影响滴定反应进行的完全程度。其次，还要考虑溶剂的极性及氢键形成能力的大小等因素。

对于酸的滴定，溶剂的酸性越弱越好，通常选择碱性溶剂或非质子性溶剂。相反，对于碱的滴定，溶剂的碱性越弱越好，通常选择酸性溶剂或惰性溶剂。另外，选择溶剂时，一般要求溶剂对试样及滴定产物有良好的溶解能力，同时要求溶剂的纯度高、黏度小、挥发性低、价格便宜且易于回收等。

2. 滴定剂的选择

1）酸性滴定剂

在非水介质中滴定碱时，一般选择冰乙酸为溶剂。在冰乙酸中，由于高氯酸的酸性最强且滴定产物溶解性较好，所以高氯酸是常用的滴定剂。$HClO_4$-HAc 滴定剂通常由 72% $HClO_4$溶液直接配制而成，然后加入一定量乙酸酐来除去水分。配制好的滴定剂用邻苯二甲酸氢钾为基准物质进行标定，选择甲基紫或结晶紫为指示剂。

2）碱性滴定剂

在非水介质中滴定酸时，一般选择醇钠或醇钾为滴定剂，碱金属的氢氧化物、季铵盐也可以作为滴定剂。特别是，季铵盐碱性较强且滴定产物在有机溶剂中溶解性较好，是理想的滴定剂。在滴定过程中，一般选择惰性溶剂为滴定介质，该类溶剂为非酸碱性且区分效应好。

3. 指示剂的选择

在非水酸碱滴定中，可以选择指示剂来指示终点的到达。水中各指示剂的变色范围也可以作为选择非水酸碱滴定指示剂的依据。在非水酸碱滴定中，强碱滴定弱酸的指示剂有百里酚酞、偶氮紫、邻硝基苯胺等，强酸滴定碱的指示剂有甲基紫、结晶紫。

4.8.3　非水酸碱滴定的应用

非水酸碱滴定主要解决在水溶液中不能滴定的弱酸、弱碱物质的测定问题，以及水溶解性较差有机化合物的滴定问题。下面简单介绍在这方面的具体应用。

1. 弱酸性有机化合物的测定

1）长碳链的脂肪酸

脂肪酸的酸性较强（pK_a为 4～5），小分子的脂肪酸（如乙酸、丁酸等）可以在水溶液中直接用强碱滴定。但是，大分子的脂肪酸由于水溶解性差、滴定产物是肥皂，滴定过程产生泡沫，使滴定终点模糊。在非水介质中滴定，可以解决上述问题。选择苯-甲醇为溶剂，以甲醇钾为滴定剂进行滴定。

2）苯酚

苯酚在水溶液中酸性很弱，在水溶液中滴定困难，可以通过非水滴定来解决。通常选择二乙胺为溶剂，以偶氮紫为指示剂，用季铵盐为滴定剂进行滴定。

2. 弱碱性物质的测定

常见的弱碱性有机化合物有胺类、生物碱、含氮杂环化合物等，这些物质在水溶液中难以测定。在非水滴定中，通常选择冰乙酸或惰性溶剂为滴定介质，以结晶紫、甲基紫或孔雀绿为指示剂，以 $HClO_4$ 为滴定剂进行滴定。

本章小结

(1) 了解酸碱质子理论，重点掌握酸碱的基本概念、酸碱强弱的表示方法及相关计算。

(2) 了解溶液 pH 值对酸碱型体分布的影响，会计算在不同 pH 值下各种型体的分布系数。

(3) 掌握酸碱溶液质子条件式的书写方法和各种酸碱溶液 pH 值的计算，重点是一元酸碱、两性物质及缓冲溶液 pH 值的计算；了解缓冲溶液的组成、缓冲容量的概念及常见缓冲溶液的配制方法。

(4) 掌握酸碱指示剂的变色原理及常见指示剂的变色范围。

(5) 掌握强酸强碱的滴定、强碱滴定弱酸、强酸滴定弱碱的滴定曲线和酸碱准确滴定的条件；重点掌握滴定突跃的计算及相关指示剂的选择；了解多元酸(碱)和混合酸(碱)溶液分步滴定的条件及指示剂的选择。

(6) 掌握酸碱滴定法的应用及相关计算。

(7) 了解非水滴定法的原理及相关应用。

阅读材料

卡尔·费休与卡尔·费休滴定法

卡尔·费休(Karl Fischer，1901—1958)是一位德国化学家。他于 1935 年发明了一种测定样品中微量的水的方法。这种方法现在被称为卡尔·费休滴定法，简称费休法或 KF 法。费休法是测定物质水分的各类化学方法中，对水最为专一、最为准确的方法。该方法经过多年改进，提高了准确度，扩大了测量范围，已是世界公认的测定物质水分含量的经典方法。该方法可快速测定液体、固体、气体中的水分含量，在石油、化工、电力、医药、农药、染料和粮食行业及高校科研院所等用于水含量的测定，而且该方法已从最初的手动目测滴定操作发展为全自动化滴定。

费休法有滴定法与库仑电量法两种。卡尔·费休试剂(卡式试剂)成分有甲醇(CH_3OH)、吡啶(C_5H_5N)、碘(I_2)、二氧化硫(SO_2)。费休法原理是利用碘和二氧化硫的氧化还原反应，在有机碱和甲醇的环境中，与水发生定量反应。

库仑电量法是一种电化学方法。其原理是当仪器的电解池中的卡氏试剂达到平衡时注入含水的样品，水参与碘、二氧化硫的氧化还原反应，在吡啶和甲醇存在的情况下，生成氢碘酸吡啶和甲基硫酸吡啶，消耗了的碘由阳极电解产生来补充，从而使氧化还原反应不断进行，直至水分全部耗尽为止，依据法拉第电解定律，电解产生碘的量是同电解时耗用的电量成正比的。其反应式如下：

$$H_2O + I_2 + SO_2 + 3C_5H_5N \longrightarrow 2C_5H_5N \cdot HI + C_5H_5N \cdot SO_3$$

$$C_5H_5N \cdot SO_3 + CH_3OH \longrightarrow C_5H_5N \cdot HSO_4CH_3$$

在电解过程中,电极反应如下:

阳极: $2I^- - 2e \longrightarrow I_2$

阴极: $I_2 + 2e \longrightarrow 2I^-$ $2H^+ + 2e \longrightarrow H_2\uparrow$

从以上反应中可以看出,即 1 mol 的碘氧化 1 mol 的二氧化硫,需要 1 mol 的水。即电解碘的电量等于电解水的电量。

这项技术是目前库仑法水分测量领域的最前沿技术,已经获得国际广泛认可。

习 题

1. 对下列酸(碱)分别按照酸(碱)强度从小到大进行排列。

(1) $H_2PO_4^-$、NH_4^+、HCN、HF、HCl、CH_3COOH、$CHCl_2COOH$、HPO_4^{2-}、$CH_3NH_3^+$;

(2) CO_3^{2-}、F^-、Cl^-、NH_3、PO_4^{3-}、S^{2-}、CN^-、$CH_3CH_2NH_2$、HPO_4^{2-}、$HCOO^-$。

2. 写出下列物质在水溶液中的质子条件式。

(1) HA+HB; (2) NH_4HCO_3; (3) Na_2CO_3;

(4) Na_3PO_4; (5) Na_2S; (6) $(NH_4)_3PO_4$;

(7) H_2SO_3; (8) H_2CO_3+HF; (9) $(NH_4)_2S$。

3. 某二元弱酸 H_2A 的 $pK_{a(1)}$、$pK_{a(2)}$ 分别为 4.19 和 5.57,计算当溶液的 pH=5.0 时,H_2A、HA^- 和 A^{2-} 的分布系数。

(0.11, 0.70, 0.19)

4. 计算下列物质水溶液的 pH 值。

(1) 0.10 mol/L H_2SO_4; (2) 0.050 mol/L NaAc; (3) 0.15 mol/L NH_4Cl;

(4) 0.20 mol/L H_3PO_4; (5) 0.10 mol/L NaCN; (6) 0.10 mol/L Na_2S;

(7) 0.10 mol/L NaH_2PO_4; (8) 0.050 mol/L K_2HPO_4;

(9) 0.15 mol/L HAc+0.025 mol/L NaAc。

((1) 0.96; (2) 8.72; (3) 5.04; (4) 1.45; (5) 8.00;
(6) 12.97; (7) 4.64; (8) 9.70; (9) 3.98)

5. 如何配制下列缓冲溶液?

(1) pH=5.0 的 HAc-NaAc 缓冲溶液;

(2) pH=10.0 的 NH_3-NH_4Cl 缓冲溶液;

(3) pH=6.8 的磷酸盐缓冲溶液。

6. 某溶液含有 HAc、NaAc 和微量 $Na_2C_2O_4$,其浓度分别为 0.92 mol/L、0.32 mol/L 和 2.2×10^{-4} mol/L,试计算该溶液中 $C_2O_4^{2-}$ 的平衡浓度。

(1.2×10^{-4} mol/L)

7. 用 0.200 0 mol/L NaOH 溶液滴定 20.00 mL 的 0.200 0 mol/L 弱酸 HA(pK_a=5.00)溶液,请计算滴定过程的滴定突跃大小及化学计量点的 pH 值。选择何种指示剂来指示终点?

(8.00~10.00, 9.00)

8. 用 0.100 0 mol/L HCl 溶液滴定 20.00 mL 的 0.200 0 mol/L 弱碱 B(pK_b=4.00)溶液,请计算滴定过程的滴定突跃大小及化学计量点的 pH 值。选择何种指示剂来指示终点?

(7.00~4.18, 5.59)

9. 判断下列物质能否用酸碱滴定法准确滴定。若能够准确滴定,如何选择滴定终点的指示剂?

(1) HF; (2)乙二胺; (3) 苯甲酸; (4) 苯酚;

(5) 草酸; (6) Na_2S; (7) Na_3PO_4; (8) H_3BO_3。

10. 根据混合酸(碱)分别滴定的条件,设计实验方案分析下列混合物。

(1) $HCl+H_3PO_4$;　　(2) $NaOH+Na_3PO_4$;

(3) $HAc+H_3BO_3$;　　(4) $Na_2CO_3+NaHCO_3$。

11. 某未知试样可能由 $NaHCO_3$、Na_2CO_3 组成,每次称取 1.000 g,用 0.250 0 mol/L HCl 标准溶液滴定,试根据以下实验数据判断每种试样的组成,并计算未知试样每种组分的质量分数。

(1) 以酚酞为指示剂,滴定终点时消耗 24.32 mL HCl 标准溶液;另一份同样质量的试样以甲基橙为指示剂,滴定终点时消耗 48.64 mL HCl 标准溶液。

(2) 加入酚酞指示剂不变色,加入甲基橙,滴定终点时消耗 38.35 mL HCl 标准溶液。

(3) 以酚酞为指示剂,滴定终点时消耗 15.32 mL HCl 标准溶液;加入甲基橙为指示剂继续滴定,滴定终点时消耗 38.54 mL HCl 标准溶液。

((1) Na_2CO_3 64.44%;(2) $NaHCO_3$ 80.54%;(3) Na_2CO_3 40.59%,$NaHCO_3$ 48.77%)

12. 某未知试样可能含有 Na_3PO_4、Na_2HPO_4、NaH_2PO_4 及酸惰性物质,称取 1.000 0 g 上述试样溶解后,以甲基橙为指示剂,用 0.200 0 mol/L HCl 标准溶液滴定至终点时消耗38.24 mL;称取同样质量的混合试样,以酚酞为指示剂,消耗 14.50 mL 同样浓度的 HCl 标准溶液,求未知试样的组成及其质量分数。

(Na_3PO_4 50.82%,Na_2HPO_4 26.23%)

13. 称取 0.175 0 g 分析纯碳酸钙,溶解于过量的(40.00 mL)HCl 标准溶液中,反应完全后滴定过量部分的 HCl 消耗 3.05 mL NaOH 标准溶液。已知 20.00 mL NaOH 溶液相当于 22.06 mL HCl 溶液,计算 HCl 溶液和 NaOH 溶液的浓度。

(HCl 0.095 41 mol/L,NaOH 0.105 2 mol/L)

14. 某食用醋酸的密度为 1.055 g/mL,移取 10.00 mL 醋酸,稀释后用 0.201 7 mol/L NaOH 标准溶液滴定至终点,消耗 30.34 mL,计算该醋酸的浓度。

(0.612 0 mol/L)

15. 阿司匹林(乙酰基水杨酸)($M_r=180.2$)的测定一般采用酸碱滴定法。称取 0.274 5 g 阿司匹林试样,用 50.00 mL 0.100 5 mol/L NaOH 标准溶液水解,反应完全后以酚红为指示剂滴定过量部分的 NaOH,消耗 0.100 8 mol/L HCl 标准溶液 22.08 mL,计算阿司匹林药片中乙酰基水杨酸的质量分数。

(提示:$HOOCC_6H_4OCOCH_3+2NaOH = CH_3COONa+NaOOCC_6H_4OH+H_2O$)

(91.88%)

16. 称取 0.200 0 g 含磷试样,溶解后将磷沉淀为 $MgNH_4PO_4$,经洗涤后加入 25.00 mL 0.101 2 mol/L HCl 溶液溶解沉淀,再用 0.100 8 mol/L NaOH 溶液滴定至甲基橙变黄,消耗 NaOH 溶液 24.50 mL,计算试样中磷的质量分数。

(0.467 7%)

17. 称取 0.804 0 g 基准物质 $Na_2C_2O_4$,在一定温度下灼烧成 Na_2CO_3 后,用水溶解并稀释至 100.0 mL。准确移取 25.0 mL 溶液,以甲基橙为指示剂,用 HCl 溶液滴定至终点时,消耗 30.00 mL,计算 HCl 溶液的浓度。

(0.100 0 mol/L)

18. 称取 0.826 7 g 某弱酸(HB)试样,加 50 mL 蒸馏水使其完全溶解,然后用 0.107 5 mol/L NaOH 标准溶液滴定至化学计量点,消耗 24.55 mL NaOH 标准溶液。当消耗 NaOH 标准溶液为 10.40 mL 时,溶液的 pH 值为 5.00。请分别计算:

(1)该弱酸 HB 的离解常数 K_a;

(2)化学计量点的 pH 值及滴定突跃范围;

(3)如何选择指示剂?

((1)5.13;(2)8.84,8.13~9.55)

19. 为了测定某奶粉中蛋白质的含量,称取 0.523 5 g 样品,采用凯氏定氮法进行样品的消解,加浓碱蒸馏出来的NH_3用过量硼酸吸收，然后用 0.102 5 mol/L HCl 标准溶液滴定，消耗 11.25 mL，计算该奶粉中的蛋白质含量。奶粉中蛋白质的平均含氮量按照 15.7%来计算。

(24.48%)

20. 有 1.000 g 的试样，可能含有 NaOH、$NaHCO_3$、Na_2CO_3及其他不起作用的杂质，将其溶于水后，以酚酞为指示剂，用 0.250 0 mol/L HCl 溶液滴定至红色恰好消失，需用 20.40 mL；继续加入甲基橙指示剂后，又滴入 28.46 mL 到达甲基橙终点。此试样含什么组分？计算各组分的质量分数。

(Na_2CO_3 54.05%，$NaHCO_3$ 16.93%)

21. 现有一含磷样品，称取 1.000 g 试样，经处理后，以钼酸铵沉淀磷为磷钼酸铵，用水洗去过量的钼酸铵后，用 50.00 mL 0.100 0 mol/L NaOH 溶液溶解沉淀。过量的 NaOH 用 0.200 0 mol/L HNO_3溶液滴定，以酚酞作指示剂，用去 10.27 mL HNO_3溶液，计算试样中的磷和五氧化二磷的质量分数。

(0.380 2%，0.871 2%)

22. 某学生标定一 NaOH 溶液，测得其浓度为 0.102 6 mol/L。但误将其暴露于空气中，致使其吸收了CO_2。为测定CO_2的吸收量，取 25.00 mL 该碱液，用 0.114 3 mol/L HCl 溶液滴定至酚酞终点，耗去 HCl 溶液 22.31 mL。

(1) 每升该碱液吸收了多少克CO_2？

(2) 用该碱液去测定弱酸浓度，若浓度仍以 0.102 6 mol/L 计算，会引起多大误差？

((1)0.026 35 g；(2)0.58%)

23. 以甲基橙为指示剂时，计算 0.102 4 mol/L HCl 标准溶液对Na_2CO_3的滴定度$T_{Na_2CO_3/HCl}$。称取 0.202 4 g 某含碳酸钠试样，用上述 HCl 标准溶液滴定至甲基橙变色，消耗了 37.05 mL，计算试样中碳酸钠的质量分数。

(0.005 427 g/mL，99.35%)

24. 称取 1.000 0 g 工业硼砂，用 0.200 1 mol/L HCl 溶液滴定至甲基橙变色时消耗 24.55 mL，计算硼砂中B_2O_3的质量分数(已知B_2O_3的相对分子质量为 69.62)。

(17.10%)

25. 称取 0.200 0 g 水泥，用 NaOH 熔融分解后，在强酸介质中，加入过量的 KCl、KF 与硅酸反应，生成难溶性氟硅酸钾沉淀。将所得的氟硅酸钾过滤，用 KCl 的乙醇溶液洗涤至中性后，转移至沸水中使氟硅酸钾沉淀水解，用 0.102 4 mol/L NaOH 标准溶液滴定水解产生的 HF，共消耗 30.45 mL NaOH 标准溶液，试计算水泥中SiO_2的质量分数。

(23.42%)

第5章　配位滴定法

在分析化学中，常利用金属离子与某些配位剂生成配合物(complex)的反应来测定某成分的含量。以配位反应为基础的滴定分析方法称为配位滴定法(complexometric titration)，也称为络合滴定法。

例如，用 $AgNO_3$ 溶液滴定 CN^-，其反应式为

$$Ag^+ + 2CN^- \rightleftharpoons Ag(CN)_2^-$$

滴定进行至化学计量点附近，Ag^+ 就与 $Ag(CN)_2^-$ 反应生成白色的 $Ag[Ag(CN)_2]$ 沉淀，指示终点的到达，其反应式为

$$Ag^+ + Ag(CN_2)_2^- \rightleftharpoons Ag[Ag(CN)_2]\downarrow$$

配位滴定法广泛应用于金属离子的测定，目前可测元素近70种；分析准确度高；在同一份溶液中，可不经分离连续或分别测定数种成分；操作简单。此法在我国广泛应用于工厂的例行分析中。

5.1　配合物与配位反应概述

5.1.1　分析化学中常用的配合物

由一个阳离子(如 Cu^{2+} 或 Fe^{3+})和几个中性分子(如 NH_3)或阴离子(如 CN^-)以配价键结合而成具有一定特性的复杂粒子，带有电荷的称为配离子或络离子，不带电荷的称为配合分子或络合分子。配合分子或含有配离子的化合物称为配合物。在配离子中，同中心离子结合的离子(或分子)称为配位体。配位体按所含配位原子的数目，可分为单齿配体和多齿配体。只有一个配位原子同中心离子结合的配位体，称为单齿(基)配体，如 F^-、Cl^-、Br^-、I^-、CN^-、NO_2^-、NO_3^-、NH_3、H_2O 等。有两个以上的配位原子同时跟一个中心离子结合的配位体，统称为多齿(基)配体，如乙二胺 $H_2NCH_2CH_2NH_2$，其中两个氨基氮是配位原子。又如，在乙二胺四乙酸根 $(OOCCH_2)_2NCH_2CH_2N(CH_2COO)_2^{4-}$ 中，除有两个氨基氮是配位原子外，还有四个羧基氧也是配位原子。

1. 简单配合物

简单配合物由中心离子和单齿配体组成，配合物中没有环状结构，稳定性不高。在配合物形成过程中有分级配位现象，而且各级稳定常数相差较小，反应不能按某一反应式定量进行，不符合滴定反应要求。简单配合物可以用于滴定分析的不多。

例如，CN^- 与 Cd^{2+} 的反应：

$$Cd^{2+} + CN^- \rightleftharpoons Cd(CN)^+ \qquad K_1 = 3.02\times10^5$$

$$Cd(CN)^+ + CN^- \rightleftharpoons Cd(CN)_2 \qquad K_2 = 1.38\times10^5$$

$$Cd(CN)_2 + CN^- \rightleftharpoons Cd(CN)_3^- \qquad K_3 = 3.63\times10^4$$

$$Cd(CN)_3^- + CN^- \rightleftharpoons Cd(CN)_4^{2-} \qquad K_4 = 3.80\times10^3$$

在分析化学中，简单配合物主要用做干扰物质的掩蔽剂和防止金属离子水解的辅助配位剂，也可作显色剂和指示剂使用。

2. 螯合物

螯合物(chelate compound)是由中心离子与多齿配体(也称为螯合剂)形成的环状结构配合物，也称为内配合物。螯合剂必须含有两个或两个以上的配位原子(主要是 N、O、S 等原子)，而且每两个配位原子之间必须间隔两个或三个其他原子，这样，才能形成稳定的五原子环或六原子环。多于六元或少于五元的环都不稳定。如铜离子与乙二胺反应的产物即为螯合物。

$$Cu^{2+} + 2\begin{array}{l}CH_2—NH_2\\ |\\ CH_2—NH_2\end{array} \rightleftharpoons \left[\begin{array}{ccccccc} & H_2N & & & & NH_2 & \\ H_2C & & \searrow & & \swarrow & & CH_2\\ | & & & Cu & & & |\\ H_2C & & \nearrow & & \nwarrow & & CH_2\\ & H_2N & & & & NH_2 & \end{array}\right]^{2+}$$

螯合物的组成一定、稳定性高，很少有分级配位现象，有的螯合剂对金属离子具有一定的选择性。螯合剂被广泛用做滴定剂和掩蔽剂。

自 20 世纪 40 年代以来，由于氨羧配位剂的合成及其在滴定分析中的应用，配位滴定法得到了迅速的发展，成为应用最广泛的滴定分析方法之一。氨羧配位剂是一类以氨基二乙酸($HN(CH_2COOH)_2$)为基体的螯合剂，其中的氨基氮和羧基氧是配位能力很强的配位原子。这类配位剂能和大多数金属离子形成稳定的多环螯合物，其稳定性对于不同的金属离子有较大的差别。因为配位关系简单，并且形成的配合物大多无色、易溶于水，因而可用于测定多种金属离子。目前已研究的氨羧配位剂有 30 多种，其中应用最广泛的是乙二胺四乙酸(ethylene diamine tetraacetic acid)，简称 EDTA，它可以直接或间接测定元素周期表中的大多数元素。

5.1.2　配合物的配位平衡

在配位反应中，配合物的形成和离解是一个反应的相互对立而又相互依赖的两个方面：一方面，中心离子与配位体之间相互吸引，通过配位键形成配合物；另一方面，溶液中溶剂分子(水溶液中主要是水分子)的作用，以及配合物内部的排斥作用，使配合物又离解。在一定条件下，离解和形成达到相对平衡，称为配合平衡。

1. 配合物的稳定常数

配合物的稳定性可以用配合物的稳定常数(形成常数，formation constant)来表示。例如：

$$Ag^+ + 2NH_3 \rightleftharpoons Ag(NH_3)_2^+$$

$$\frac{[Ag(NH_3)_2^+]}{[Ag^+][NH_3]^2} = K_{稳}$$

$K_{稳}$ 值越大，表示形成配离子的倾向越大，配合物越稳定。

1) 配合物的逐级稳定(离解)常数

对于配合物 ML_n，配合物在溶液中的形成是分级进行的，有关的逐级形成反应与相应的逐级稳定常数为

$$\mathrm{M+L \rightleftharpoons ML} \qquad K_1=\frac{[\mathrm{ML}]}{[\mathrm{M}][\mathrm{L}]}$$

$$\mathrm{ML+L \rightleftharpoons ML_2} \qquad K_2=\frac{[\mathrm{ML_2}]}{[\mathrm{ML}][\mathrm{L}]}$$

$$\vdots \qquad\qquad \vdots$$

$$\mathrm{ML}_{n-1}+\mathrm{L} \rightleftharpoons \mathrm{ML}_n \qquad K_n=\frac{[\mathrm{ML}_n]}{[\mathrm{ML}_{n-1}][\mathrm{L}]} \tag{5-1}$$

$K_1,K_2,\cdots,K_n$称为逐级稳定常数。

同样,配合物在溶液中的离解也是分级进行的,有关的逐级离解反应与相应的逐级离解常数为

$$\mathrm{ML}_n \rightleftharpoons \mathrm{ML}_{n-1}+\mathrm{L} \qquad K'_1=\frac{[\mathrm{ML}_{n-1}][\mathrm{L}]}{[\mathrm{ML}_n]}$$

$$\mathrm{ML}_{n-1} \rightleftharpoons \mathrm{ML}_{n-2}+\mathrm{L} \qquad K'_2=\frac{[\mathrm{ML}_{n-2}][\mathrm{L}]}{[\mathrm{ML}_{n-1}]}$$

$$\vdots \qquad\qquad \vdots$$

$$\mathrm{ML \rightleftharpoons M+L} \qquad K'_n=\frac{[\mathrm{M}][\mathrm{L}]}{[\mathrm{ML}]} \tag{5-2}$$

$K'_1,K'_2,\cdots,K'_n$称为逐级离解常数。

由上述有关反应及相应的平衡常数可以得出逐级稳定常数与逐级离解常数之间的关系式为

$$K_1=\frac{1}{K'_n},\quad K_2=\frac{1}{K'_{n-1}},\quad \cdots,\quad K_n=\frac{1}{K'_1} \tag{5-3}$$

对于 1∶1 型的配合物,其稳定常数与离解常数互为倒数。

2) 配合物的累积稳定常数

配合物的逐级稳定常数的乘积称为累积稳定常数,用β_i表示。

$$\mathrm{M+L=\!=\!=ML}$$

第一级累积稳定常数 $\beta_1=\dfrac{[\mathrm{ML}]}{[\mathrm{M}][\mathrm{L}]}=K_1$

$$\mathrm{M+2L=\!=\!=ML_2}$$

第二级累积稳定常数 $\beta_2=\dfrac{[\mathrm{ML_2}]}{[\mathrm{M}][\mathrm{L}]^2}=K_1K_2$

$$\vdots$$

$$\mathrm{M}+n\mathrm{L}=\!=\!=\mathrm{ML}_n \tag{5-4}$$

第 n 级累积稳定常数 $\beta_n=\dfrac{[\mathrm{ML}_n]}{[\mathrm{M}][\mathrm{L}]^n}=K_1K_2\cdots K_n$,又称为配合物总稳定常数。

由上面可以看出,$\beta_i(n\geqslant i\geqslant 1)$将溶液中游离金属离子和游离配位体的平衡浓度与各级配合物 ML,$\mathrm{ML_2}$,…,ML_n的平衡浓度联系起来,这在配位平衡的计算中用处很大。一些常见金属离子与常见配位体形成的配合物的累积稳定常数 $\lg\beta_i$值列于附录 C 中。

2. 溶液中各级配合物的分布

前面已经指出,在配位平衡中,配位体的浓度对配合物各种存在形式的分布有影响。对于 1∶n 型的配合物,设溶液中心离子的总浓度为 c_{M},配位体 L 的总浓度为 c_{L},M 与 L 逐级

发生配位反应，由累积稳定常数可得

$$[ML]=\beta_1[M][L]$$
$$[ML_2]=\beta_2[M][L]^2$$
$$\vdots$$
$$[ML_n]=\beta_n[M][L]^n \tag{5-5}$$

根据物料平衡，有

$$\begin{aligned} c_M &= [M]+[ML]+[ML_2]+\cdots+[ML_n] \\ &= [M]+\beta_1[M][L]+\beta_2[M][L]^2+\cdots+\beta_n[M][L]^n \\ &= [M](1+\sum_{i=1}^{n}\beta_i[L]^i) \end{aligned}$$

按照分布系数的定义，有

$$\delta_0=\delta_M=\frac{[M]}{c_M}=\frac{1}{1+\beta_1[L]+\beta_2[L]^2+\cdots+\beta_n[L]^n}$$

$$\delta_1=\delta_{ML}=\frac{[ML]}{c_M}=\frac{\beta_1[L]}{1+\beta_1[L]+\beta_2[L]^2+\cdots+\beta_n[L]^n}=\delta_0\beta_1[L]$$

$$\vdots$$

$$\delta_n=\delta_{ML_n}=\frac{[ML_n]}{c_M}=\frac{\beta_n[L]^n}{1+\beta_1[L]+\beta_2[L]^2+\cdots+\beta_n[L]^n}=\delta_0\beta_n[L]^n \tag{5-6}$$

由此可见，分布系数 $\delta_i(n\geqslant i\geqslant 0)$仅仅是[L]的函数，与 c_M无关。如果 c_M和[L]已知，那么配合物各型体 ML_i的平衡浓度均可由式(5-7)求得：

$$[ML_i]=\delta_i c_M \tag{5-7}$$

以 Cu^{2+} 与 NH_3的配位反应为例，根据式(5-6)计算出不同的游离氨浓度$[NH_3]$对应的溶液中铜氨配合物各种型体的 δ_i值，然后作出 δ_i-pNH_3曲线，如图5-1所示。铜氨配合物的逐级稳定常数 $\lg K_i$：4.1、3.5、2.9、2.1。

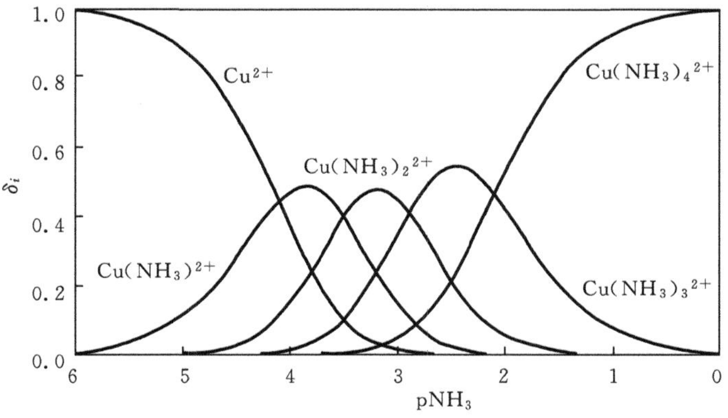

图 5-1　铜氨配合物各种型体的 δ_i-pNH_3 曲线

图 5-1 直观地反映了铜氨配合物各种型体的分布随$[NH_3]$变化的情况。随着$[NH_3]$的增大，Cu^{2+} 与 NH_3逐级生成 1∶1、1∶2、1∶3、1∶4 型的配合物。由于相邻的各级稳定常数不大且相差较小，因此$[NH_3]$在较大的范围内变化时，溶液中都有几种铜氨配合物型体共存，配位反应不能按确定的化学计量关系定量完成，因此，无法判断滴定终点，不能用 NH_3

来滴定 Cu^{2+}。

【例 5-1】 在 0.010 mol/L Al^{3+} 溶液中,加氟化铵至溶液中,游离 F^- 的浓度为 0.10 mol/L,计算溶液中氟铝配合物各种型体的浓度,并指出主要型体。

解 已知 AlF_6^{3-} 配离子的各级累积稳定常数 $\lg\beta_1$、$\lg\beta_2$、$\lg\beta_3$、$\lg\beta_4$、$\lg\beta_5$、$\lg\beta_6$ 分别为 6.13、11.15、15.00、17.75、19.38、19.84。

$$c_{Al^{3+}} = 0.010 \text{ mol/L}, \quad c_{F^-} = 0.010 \text{ mol/L}$$

$$\delta_{Al^{3+}} = \frac{1}{1+\beta_1[F^-]+\beta_2[F^-]^2+\cdots+\beta_n[F^-]^n}$$
$$= \frac{1}{1+1.35\times10^6\times10^{-1}+1.41\times10^{11}\times10^{-2}+\cdots+6.92\times10^{19}\times10^{-6}}$$
$$= 2.73\times10^{-15}$$

$$\delta_{AlF^{2+}} = \beta_1[F^-]\delta_{Al^{3+}} = 1.35\times10^6\times10^{-1}\times2.73\times10^{-15} = 3.76\times10^{-10}$$
$$\delta_{AlF_2^+} = \beta_2[F^-]^2\delta_{Al^{3+}} = 1.41\times10^{11}\times10^{-2}\times2.73\times10^{-15} = 3.94\times10^{-6}$$
$$\delta_{AlF_3} = \beta_3[F^-]^3\delta_{Al^{3+}} = 1.00\times10^{15}\times10^{-3}\times2.73\times10^{-15} = 2.79\times10^{-3}$$
$$\delta_{AlF_4^-} = \beta_4[F^-]^4\delta_{Al^{3+}} = 5.62\times10^{17}\times10^{-4}\times2.73\times10^{-15} = 1.57\times10^{-1}$$
$$\delta_{AlF_5^{2-}} = \beta_5[F^-]^5\delta_{Al^{3+}} = 2.34\times10^{19}\times10^{-5}\times2.73\times10^{-15} = 6.69\times10^{-1}$$
$$\delta_{AlF_6^{3-}} = \beta_6[F^-]^6\delta_{Al^{3+}} = 6.92\times10^{19}\times10^{-6}\times2.73\times10^{-15} = 1.93\times10^{-1}$$

各种型体浓度分别为

$$[Al^{3+}] = c_{Al^{3+}}\delta_{Al^{3+}} = 10^{-2}\times2.73\times10^{-15} \text{ mol/L} = 2.73\times10^{-17} \text{ mol/L}$$
$$[AlF^{2+}] = c_{Al^{3+}}\delta_{AlF^{2+}} = 10^{-2}\times3.76\times10^{-10} \text{ mol/L} = 3.76\times10^{-12} \text{ mol/L}$$
$$[AlF_2^+] = c_{Al^{3+}}\delta_{AlF_2^+} = 10^{-2}\times3.94\times10^{-6} \text{ mol/L} = 3.94\times10^{-8} \text{ mol/L}$$
$$[AlF_3] = c_{Al^{3+}}\delta_{AlF_3} = 10^{-2}\times2.79\times10^{-3} \text{ mol/L} = 2.79\times10^{-5} \text{ mol/L}$$
$$[AlF_4^-] = c_{Al^{3+}}\delta_{AlF_4^-} = 10^{-2}\times1.57\times10^{-1} \text{ mol/L} = 1.57\times10^{-3} \text{ mol/L}$$
$$[AlF_5^{2-}] = c_{Al^{3+}}\delta_{AlF_5^{2-}} = 10^{-2}\times6.69\times10^{-1} \text{ mol/L} = 6.69\times10^{-3} \text{ mol/L}$$
$$[AlF_6^{3-}] = c_{Al^{3+}}\delta_{AlF_6^{3-}} = 10^{-2}\times1.93\times10^{-1} \text{ mol/L} = 1.93\times10^{-3} \text{ mol/L}$$

计算结果表明,在上述溶液中氟铝配合物的主要型体是 AlF_4^-、AlF_5^{2-}、AlF_6^{3-}。

5.2 EDTA 与金属离子的配位平衡及影响因素

5.2.1 EDTA 的性质

EDTA 是乙二胺四乙酸的简称,它有四个可以离解的氢离子,通常以 H_4Y 代表 EDTA 酸分子,以 Y^{4-} 代表 EDTA 酸根离子,其结构式为

```
HOOCH2C                          CH2COO-
       \   +                  +  /
        HN—CH2—CH2—HN
       /                         \
-OOCH2C                          CH2COOH
```

其中,在羧酸上的两个 H 容易转移到 N 原子上,形成双偶极离子。当 H_4Y 溶于水时,两个羧基还可以接受质子,当酸度高时,EDTA 相当于六元酸(H_6Y^{2+}),在水溶液中存在以下一系列离解平衡:

$$H_6Y^{2+} \rightleftharpoons H^+ + H_5Y^+ \qquad K_{a(1)} = \frac{[H^+][H_5Y^+]}{[H_6Y^{2+}]} = 1.3\times10^{-1} = 10^{-0.9}$$

$H_5Y^+ \rightleftharpoons H^+ + H_4Y \qquad K_{a(2)} = \dfrac{[H^+][H_4Y]}{[H_5Y^+]} = 2.5 \times 10^{-2} = 10^{-1.6}$

$H_4Y \rightleftharpoons H^+ + H_3Y^- \qquad K_{a(3)} = \dfrac{[H^+][H_3Y^-]}{[H_4Y]} = 1.0 \times 10^{-2} = 10^{-2.0}$

$H_3Y^- \rightleftharpoons H^+ + H_2Y^{2-} \qquad K_{a(4)} = \dfrac{[H^+][H_2Y^{2-}]}{[H_3Y^-]} = 2.14 \times 10^{-3} = 10^{-2.67}$

$H_2Y^{2-} \rightleftharpoons H^+ + HY^{3-} \qquad K_{a(5)} = \dfrac{[H^+][HY^{3-}]}{[H_2Y^{2-}]} = 6.92 \times 10^{-7} = 10^{-6.16}$

$HY^{3-} \rightleftharpoons H^+ + Y^{4-} \qquad K_{a(6)} = \dfrac{[H^+][Y^{4-}]}{[HY^{3-}]} = 5.5 \times 10^{-11} = 10^{-10.26}$

可知，在水溶液中 EDTA 是以 H_6Y^{2+}、H_5Y^+、H_4Y、H_3Y^-、H_2Y^{2-}、HY^{3-}、Y^{4-} 七种型体存在，它们的分布系数 δ_i 与 pH 的关系如图 5-2 所示。

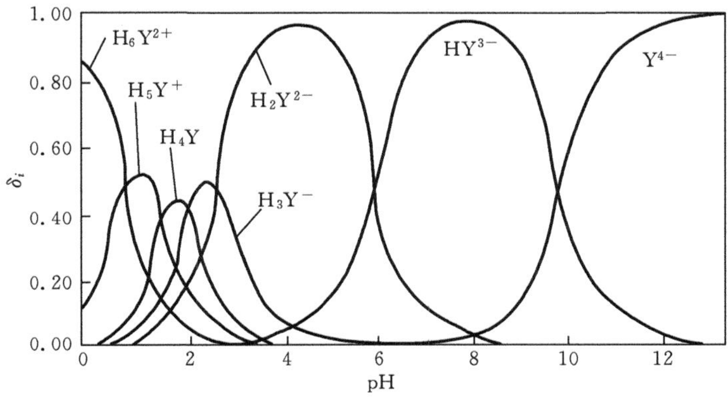

图 5-2　EDTA 各种存在形式的分布图

从图 5-2 中可以看出，在 $pH<0.9$ 的强酸性溶液中，ETDA 的主要存在形式为 H_6Y^{2+}；在 $0.9<pH<1.6$ 的溶液中，主要存在形式为 H_5Y^+；在 $1.6<pH<2.0$的溶液中，主要存在形式为 H_4Y；在 $2.0<pH<2.67$ 的溶液中，主要存在形式为 H_3Y^-；在 $2.67<pH<6.16$ 的溶液中，主要存在形式为 H_2Y^{2-}；在 $6.16<pH<10.26$ 的溶液中，主要存在形式为 HY^{3-}；在 $pH>10.26$ 的碱性溶液中，主要存在形式为 Y^{4-}。为书写简便，EDTA 的各种存在形式可略去其电荷，以 H_6Y、H_5Y、H_4Y、H_3Y、H_2Y、HY、Y 表示。

EDTA 在水中的溶解度较小(22 ℃，0.000 2 g/mL(水))，难溶于酸和有机溶剂，易溶于 NaOH 溶液或 $NH_3 \cdot H_2O$ 中，形成相应的盐。实际上用来配制标准溶液的是其二钠盐 $Na_2H_2Y \cdot 2H_2O$，也简称为 EDTA 或 EDTA 二钠盐，它的溶解度较大，在 22 ℃时，每 100 mL水可溶解 11.1 g，约 0.3 mol/L，pH=4.4。

5.2.2　EDTA 与金属离子的配合物

每个 EDTA 分子中有 2 个氨基氮原子和 4 个羧基氧原子提供配位电子，具有很强的配位能力，能与大多数金属离子形成稳定的配合物。由于大多数金属离子的配位数不大于 6 (一般为 4 和 6)，因此可以与 EDTA 形成 1∶1 型具有 5 个五元环的螯合物，无分级配位现象。例如，EDTA 与 Ca^{2+} 的配合物结构如图 5-3 所示。

在水溶液中,EDTA 与金属离子形成配合物的反应可表示为

$$M^{n+}+Y^{4-}\rightleftharpoons MY^{n-4}$$

略去离子电荷,可简写成

$$M+Y\rightleftharpoons MY$$

$$K_{稳}=K_{MY}=\frac{[MY]}{[M][Y]}$$

不同金属离子的 EDTA 配合物稳定性是不同的,稳定性越强,其稳定常数越大。一些金属离子与 EDTA 的配合物稳定常数见表 5-1。

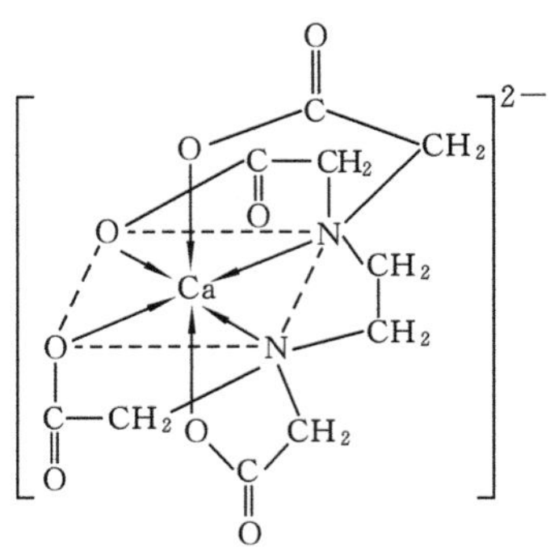

图 5-3　EDTA 与 Ca^{2+} 的配合物结构

表 5-1　EDTA 与常见金属离子的配合物稳定常数

金属离子	$\lg K_{MY}$	金属离子	$\lg K_{MY}$	金属离子	$\lg K_{MY}$
Na^{+}	1.66	Ce^{4+}	15.98	Cu^{2+}	18.80
Li^{+}	2.79	Al^{3+}	16.30	Ga^{2+}	20.3
Ag^{+}	7.32	Co^{2+}	16.31	Ti^{3+}	21.3
Ba^{2+}	7.86	Pt^{2+}	16.31	Hg^{2+}	21.8
Mg^{2+}	8.69	Cd^{2+}	16.46	Sn^{2+}	22.1
Sr^{2+}	8.73	Zn^{2+}	16.50	Th^{4+}	23.2
Be^{2+}	9.20	Pb^{2+}	18.04	Cr^{3+}	23.4
Ca^{2+}	10.69	Y^{3+}	18.09	Fe^{3+}	25.10
Mn^{2+}	13.87	VO_2^{+}	18.10	U^{4+}	25.8
Fe^{2+}	14.33	Ni^{2+}	18.60	Bi^{3+}	27.94
La^{3+}	15.50	VO^{2+}	18.80	Co^{3+}	36.0

注:溶液离子强度 $I=0.1$ mol /L,温度为 20 ℃。

由表 5-1 可见,碱金属离子的配合物最不稳定,碱土金属离子的配合物稳定性较强,过渡金属离子和三价、四价金属离子的配合物都很稳定。

少数金属离子与 EDTA 的配位数为 2∶1,如$(MoO_2)_2Y^{2-}$(Mo 为Ⅴ价)。

EDTA 与金属离子形成的配合物多带电荷,能溶于水中。除 Al、Cr、Ti 等金属外,配位反应一般较快。EDTA 与无色离子形成无色配合物,而与有色离子则生成颜色更深的配合物。

5.2.3　副反应系数

在配位滴定中,金属离子 M 与配位剂 Y 生成配合物 MY 的反应是主反应,主反应中的各组分都可能发生副反应,从而影响主反应进行的程度。主要的副反应可用平衡关系式简略地表示为

M		+	Y		⇌	MY		主反应
OH↙	↘L		H↙	↘N		H↙	↘OH	
M(OH)	ML		HY	NY		MHY	MOHY	副反应
⋮	⋮		⋮					
$M(OH)_n$	ML_n		H_6Y					
羟基配位效应	辅助配位效应		酸效应	共存离子效应		混合配位效应		

其中,L 为除 Y 和 OH 外的其他配位剂,N 为共存金属离子。

在这些副反应中,除了生成物 MY 的副反应会有利于主反应的进行外,其他副反应都不利于主反应的进行,从而导致配合物的稳定性降低,有时甚至使之不能形成。M、Y 及 MY 的各种副反应进行的程度及其对主反应的影响可由其副反应系数显示出来。

1. EDTA 的副反应及副反应系数

1) EDTA 的酸效应及酸效应系数

在水溶液中,EDTA 酸分子可以接受两个 H^+ 形成 H_6Y^{2+} 离子。H_6Y^{2+} 离子相当于六元酸,有六级离解平衡,七种存在形式,它们之间的关系为

$$H_6Y^{2+} \underset{+H^+}{\overset{-H^+}{\rightleftharpoons}} H_5Y^+ \underset{+H^+}{\overset{-H^+}{\rightleftharpoons}} H_4Y \underset{+H^+}{\overset{-H^+}{\rightleftharpoons}} H_3Y^- \underset{+H^+}{\overset{-H^+}{\rightleftharpoons}}$$

$$H_2Y^{2-} \underset{+H^+}{\overset{-H^+}{\rightleftharpoons}} HY^{3-} \underset{+H^+}{\overset{-H^+}{\rightleftharpoons}} Y^{4-}$$

由此可知,溶液的酸度升高,平衡向左移动,Y^{4-} 的浓度减小,不利于主反应的进行。这种由于 H^+ 的存在使配位体参加主反应能力降低的现象,称为酸效应(acidic effect)。H^+ 引起副反应的副反应系数称为酸效应系数(acidic effective coefficient),通常用 $\alpha_{L(H)}$ 表示,对于 EDTA,则用 $\alpha_{Y(H)}$ 表示。

$\alpha_{Y(H)}$ 表示未与 M 配合的 EDTA 的总浓度[Y′]与游离 Y 的浓度[Y]的比值。

$$\alpha_{Y(H)}=\frac{[Y']}{[Y]}=\frac{[Y]+[HY]+[H_2Y]+[H_3Y]+[H_4Y]+[H_5Y]+[H_6Y]}{[Y]}$$

$\alpha_{Y(H)}$ 越大,[Y]越小,表明副反应越严重。如果没有副反应,即未参加配位反应的 EDTA 全部以 Y 的形式存在,则 $\alpha_{Y(H)}=1$。

根据第 4 章中 δ_n 的计算方法,可以推导得到

$$\alpha_{Y(H)}=\frac{1}{\delta_Y}=1+\frac{[H^+]}{K_{a(6)}}+\frac{[H^+]^2}{K_{a(6)}K_{a(5)}}+\frac{[H^+]^3}{K_{a(6)}K_{a(5)}K_{a(4)}}+\cdots+\frac{[H^+]^6}{K_{a(6)}K_{a(5)}\cdots K_{a(1)}} \tag{5-8}$$

酸效应系数总是大于 1,它随溶液 H^+ 浓度的减小或 pH 值的增大而减小,只有当 pH≥12 时,$\alpha_{Y(H)}$ 才接近 1,此时 Y^{4-} 的浓度才接近 EDTA 的总浓度。不同 pH 值时 EDTA 的 $\lg\alpha_{Y(H)}$ 值列于表 5-2。

表 5-2　不同 pH 值时 EDTA 的 $\lg\alpha_{Y(H)}$

pH 值	$\lg\alpha_{Y(H)}$	pH 值	$\lg\alpha_{Y(H)}$	pH 值	$\lg\alpha_{Y(H)}$
0.0	23.64	2.2	12.82	4.4	7.64
0.2	22.47	2.4	12.19	4.6	7.24
0.4	21.32	2.6	11.62	4.8	6.84
0.6	20.18	2.8	11.09	5.0	6.45
0.8	19.08	3.0	10.60	5.2	6.07
1.0	18.01	3.2	10.14	5.4	5.69
1.2	16.98	3.4	9.70	5.6	5.33
1.4	16.02	3.6	9.27	5.8	4.98
1.6	15.11	3.8	8.85	6.0	4.65
1.8	14.27	4.0	8.44	6.2	4.34
2.0	13.51	4.2	8.04	6.4	4.06

续表

pH 值	$\lg\alpha_{Y(H)}$	pH 值	$\lg\alpha_{Y(H)}$	pH 值	$\lg\alpha_{Y(H)}$
6.6	3.79	8.0	2.27	9.6	0.75
6.8	3.55	8.2	2.07	10.0	0.45
7.0	3.32	8.4	1.87	10.5	0.20
7.2	3.10	8.6	1.67	11.0	0.07
7.4	2.88	8.8	1.48	11.5	0.02
7.6	2.68	9.0	1.28	12.0	0.01
7.8	2.47	9.2	1.10	13.0	0.000 8

2）共存离子效应

若与金属离子 M 共存的离子 N 也能与配位剂 Y 反应，该反应也能降低 Y 的平衡浓度，该反应可视为 Y 的副反应，称为共存离子效应。共存离子效应的副反应系数称为共存离子效应系数，用 $\alpha_{Y(N)}$ 表示。

$$\alpha_{Y(N)}=\frac{[Y']}{[Y]}=\frac{[NY]+[Y]}{[Y]}=1+K_{NY}[N] \tag{5-9}$$

式(5-9)说明，游离 N 离子的平衡浓度[N]越大，配合物 NY 的稳定常数 K_{NY} 越大，共存离子 N 对主反应的影响越严重。

若有多种共存离子 $N_1,N_2,\cdots,N_n$ 存在，则

$$\begin{aligned}\alpha_Y=\frac{[Y']}{[Y]}&=\frac{[Y]+[N_1Y]+[N_2Y]+\cdots+[N_nY]}{[Y]}\\&=1+K_{N_1Y}[N_1]+K_{N_2Y}[N_2]+\cdots+K_{N_nY}[N_n]\\&=\alpha_{Y(N_1)}+\alpha_{Y(N_2)}+\cdots+\alpha_{Y(N_n)}-(n-1)\end{aligned} \tag{5-10}$$

3）EDTA 的总副反应系数

当体系中同时存在酸效应和共存离子效应时，EDTA 的总副反应系数 α_Y 为

$$\alpha_Y=\alpha_{Y(H)}+\alpha_{Y(N)}-1 \tag{5-11}$$

2. 金属离子 M 的副反应及副反应系数

1）配位效应及配位效应系数

当 M 与 Y 反应时，如果有另一配位剂 L 存在，而 L 能与 M 形成配合物，则主反应会受到影响。这种由于其他配位剂存在使金属离子参与主反应能力降低的现象称为配位效应(complex effect)。由此而产生的副反应系数称为配位效应系数(complex effective coefficient)，用 $\alpha_{M(L)}$ 表示。$\alpha_{M(L)}$ 表示未与 Y 配位的金属离子的总浓度[M′]与游离金属离子浓度[M]的比值，即

$$\begin{aligned}\alpha_{M(L)}=\frac{[M']}{[M]}&=\frac{[M]+[ML]+\cdots+[ML_n]}{[M]}=1+\frac{[ML]}{[M]}+\cdots+\frac{[ML_n]}{[M]}\\&=1+\beta_1[L]+\beta_2[L]^2+\cdots+\beta_n[L]^n\end{aligned} \tag{5-12}$$

2）水解效应

当溶液的酸度较低时，金属离子 M 可与配位体 OH^- 发生逐级配位反应而形成羟基配合物 $M(OH)_n$，此副反应称为水解效应。水解程度的大小可用水解效应系数 $\alpha_{M(OH)}$ 来表示：

$$\begin{aligned}\alpha_{M(OH)}=\frac{[M']}{[M]}&=\frac{[M]+[M(OH)]+[M(OH)_2]+\cdots+[M(OH)_n]}{[M]}\\&=1+\beta_1[OH^-]+\beta_2[OH^-]^2+\cdots+\beta_n[OH^-]^n\end{aligned}$$

式中：$\beta_1, \beta_2, \cdots, \beta_n$ 分别是金属离子羟基配合物的各级累积稳定常数。

3）金属离子的总副反应系数

金属离子 M 可能同时发生多种副反应。如果溶液中存在的两种配位剂 L、OH^- 同时与 M 发生了配合，则总副反应系数为

$$\alpha_M = \frac{[M']}{[M]} = \frac{[M]+[ML]+\cdots+[ML_n]+[M(OH)]+\cdots+[M(OH)_m]}{[M]}$$

$$= \frac{[M]+[ML]+\cdots+[ML_n]+[M]+[M(OH)]+\cdots+[M(OH)_m]}{[M]} - \frac{[M]}{[M]}$$

$$= \alpha_{M(L)} + \alpha_{M(OH)} - 1 \tag{5-13}$$

滴定时为控制酸度而加入的缓冲剂，为防止金属离子水解而加入的辅助配位剂，以及为消除干扰而加入的掩蔽剂都可以是副反应中的配位剂。一般来说，当溶液中有多种配位剂存在时，其中仅有一种或少数几种与 M 的副反应是主要的，它们决定了 α_M 的大小。

3. MY 的副反应及副反应系数

当溶液的酸性较强（pH＜3）或碱性较强（pH＞11）时，MY 配合物会与溶液中的 H^+ 或 OH^- 发生副反应，形成酸式配合物 MHY 或碱式配合物 M(OH)Y。不论酸式配合物或碱式配合物，其形成一方面加强了 EDTA 对 M 的配位能力，有利于主反应的进行；另一方面，金属离子 M 与 EDTA 的比例不变，仍为 1∶1，不影响配位滴定的定量计算。在大多数情况下，酸式、碱式配合物一般不太稳定，故在多数计算中不考虑 MY 副反应的影响。

5.2.4　条件稳定常数

在没有任何副反应存在时，EDTA 与金属离子形成配合物的稳定常数用 K_{MY} 表示，K_{MY} 越大，表示配位反应进行得越完全，生成的配合物 MY 越稳定。由于 K_{MY} 是在一定温度和离子强度的理想条件下的平衡常数，不受溶液其他条件的影响，故也称为 EDTA 配合物的绝对稳定常数。

但是在实际滴定条件下，由于存在副反应，未参加主反应的 M 离子与 Y 在溶液中可能以多种型体存在，分别以 [M′] 和 [Y′] 表示它们各自的总浓度，配合物 MY 的总浓度用 [MY′] 表示。当反应达到平衡时，可用一个新的常数——条件稳定常数（conditional formation constant）K'_{MY} 来表示：

$$K'_{MY} = \frac{[MY']}{[M'][Y']} \tag{5-14}$$

从以上关于副反应系数的讨论可得到

$$[M'] = \alpha_M[M]$$
$$[Y'] = \alpha_Y[Y]$$
$$[MY'] = \alpha_{MY}[MY]$$

将以上关系式代入式(5-14)得

$$K'_{MY} = \frac{\alpha_{MY}[MY]}{\alpha_M[M]\alpha_Y[Y]} = K_{MY}\frac{\alpha_{MY}}{\alpha_M\alpha_Y} \tag{5-15}$$

对式(5-15)两边取对数得

$$\lg K'_{MY} = \lg K_{MY} - \lg\alpha_M - \lg\alpha_Y + \lg\alpha_{MY}$$

在多数情况下，MY 的副反应可忽略，可认为 $\alpha_{MY}=1$。则有

$$\lg K'_{MY} = \lg K_{MY} - \lg\alpha_M - \lg\alpha_Y \quad (5\text{-}16)$$

式中:K'_{MY}表示在有副反应的情况下,主反应进行的程度。由于在一定的滴定条件下,α_M及α_Y为定值,此时K'_{MY}为常数。而当滴定条件改变时,各副反应系数发生变化,K'_{MY}也随之改变。

【例 5-2】 计算 pH=5.0 和 pH=2.0 时,ZnY 的条件稳定常数 $\lg K'_{ZnY}$。

解 已知 $\lg K_{ZnY}=16.50$。

当 pH=5.0 时,有

$$\lg\alpha_{Y(H)} = 6.45$$

$$\lg K'_{ZnY} = \lg K_{ZnY} - \lg\alpha_{Y(H)} - \lg\alpha_{Zn(OH)} = 16.50 - 6.45 - 0 = 10.05$$

当 pH=2.0 时,有

$$\lg\alpha_{Y(H)} = 13.51$$

$$\lg K'_{ZnY} = \lg K_{ZnY} - \lg\alpha_{Y(H)} - \lg\alpha_{Zn(OH)} = 16.50 - 13.51 - 0 = 2.99$$

归纳 尽管$\lg K_{ZnY}$为 16.50,ZnY 配合物很稳定,但计算结果表明,若当 pH=2.0 时用 EDTA 滴定 Zn^{2+},由于 EDTA 的酸效应严重,$\lg K'_{ZnY}=2.99$,此时 ZnY 很不稳定,不能进行滴定分析。而当 pH=5 时,$\lg K'_{ZnY}=10.05$,ZnY 稳定,可以滴定。

【例 5-3】 计算在 pH=5.00 的 0.10 mol/L AlY 溶液中,游离 F^- 的浓度为 0.010 mol/L 时 AlY 的条件稳定常数。已知 AlF_6^{3-} 的 $\lg\beta_1=6.11$,$\lg\beta_2=11.15$,$\lg\beta_3=15.0$,$\lg\beta_4=17.7$,$\lg\beta_5=19.4$,$\lg\beta_6=19.7$。

解

$$\begin{aligned}\alpha_{Al(F)} &= 1+10^{6.11}\times0.010+10^{11.15}\times0.010^2+10^{15.0}\times0.010^3 \\ &\quad +10^{17.7}\times0.010^4+10^{19.4}\times0.010^5+10^{19.7}\times0.010^6 \\ &= 8.59\times10^9\end{aligned}$$

$$\lg\alpha_{Al(F)} = 9.93$$

当 pH=5.0 时,有

$$\lg\alpha_{Y(H)} = 6.45$$

$$\lg K'_{AlY} = 16.30 - 6.45 - 9.93 = -0.08$$

归纳 条件稳定常数如此之小,说明 AlY 配合物已被氟化物破坏,在此条件下,无法用 EDTA 滴定 Al^{3+}。但反过来,当 Al^{3+}有干扰时可用 F^- 来掩蔽,以消除其干扰。

【例 5-4】 在 NH_3-NH_4Cl 缓冲溶液(pH=9)中,用 EDTA 滴定 Zn^{2+},若$[NH_3]=0.10$ mol/L,并避免生成 $Zn(OH)_2$沉淀,计算此条件下的 $\lg K'_{ZnY}$。

解 查附录 C 得,$Zn(NH_3)_4^{2+}$ 的 $\lg\beta_1\sim\lg\beta_4$分别是 2.27、4.61、7.01、9.06。

$$\alpha_{Zn(NH_3)} = 1 + 10^{2.27}\times10^{-1} + 10^{4.61}\times10^{-2} + 10^{7.01}\times10^{-3} + 10^{9.06}\times10^{-4} = 10^{5.10}$$

$$\lg\alpha_{Zn(NH_3)} = 5.10$$

已知 pH=9 时,$\lg\alpha_{Y(H)}=1.28$;$\lg K_{ZnY}=16.50$。

故

$$\begin{aligned}\lg K'_{ZnY} &= \lg K_{ZnY} - \lg\alpha_{Zn(NH_3)} - \lg\alpha_{Y(H)} \\ &= 16.50-5.10-1.28 = 10.12\end{aligned}$$

5.3 金属指示剂

5.3.1 金属指示剂的作用原理

金属指示剂(metallochromic indicator,以 In 表示)是一种有机配位剂,它能和金属离子形成与指示剂本身颜色不同的配合物。

$$M + In \rightleftharpoons MIn$$

甲色　　乙色

$$K_{MIn} = \frac{[MIn]}{[M][In]}$$

另一方面，金属指示剂又是有机弱酸(碱)，其酸式结构和碱式结构的颜色不同。

$$H + In \rightleftharpoons HIn$$

碱式色　　酸式色

金属指示剂的上述酸碱反应可视为M与In配位反应的副反应，则条件稳定常数K'_{MIn}为

$$K'_{MIn} = \frac{K_{MIn}}{\alpha_{In(H)}} = \frac{[MIn]}{[M][In']}$$

$$pM = \lg K'_{MIn} - \lg \frac{[MIn]}{[In']}$$

当$[MIn]=[In']$时，溶液颜色发生改变，称为指示剂的理论变色点。若以此变色点来确定滴定终点，并用pM_{ep}表示终点时的pM，则有

$$pM_{ep} = \lg K'_{MIn} = \lg K_{MIn} - \lg \alpha_{In(H)} \tag{5-17}$$

为使终点的pM_{ep}与化学计量点的pM_{sp}尽量一致，在选择金属指示剂时，应考虑体系的酸度。

例如，铬黑T是三元有机弱酸，第一级离解很容易，第二级和第三级离解较难，它在溶液中有如下平衡：

$$\underset{\substack{\text{红色}\\ pH<6}}{H_2In^-} \underset{+H^+}{\overset{-H^+}{\rightleftharpoons}} \underset{\substack{\text{蓝色}\\ pH=8\sim11}}{HIn^{2-}} \underset{+H^+}{\overset{-H^+}{\rightleftharpoons}} \underset{\substack{\text{橙色}\\ pH>12}}{In^{3-}}$$

而铬黑T与Ca^{2+}、Mg^{2+}、Zn^{2+}、Cd^{2+}等金属离子形成的配合物呈酒红色，所以只有在$8<pH<11$范围内使用，终点时才有显著的颜色变化。当用EDTA滴定这些金属离子时，加入少量铬黑T作指示剂，滴定前它与金属离子配合，呈酒红色。随着EDTA的滴加，游离的金属离子逐步形成配合物M-EDTA。如果EDTA与金属离子配合物的条件稳定常数大于铬黑T与金属离子配合物的条件稳定常数，接近化学计量点时继续滴入的EDTA就会夺取指示剂配合物中的金属离子，使溶液呈现游离铬黑T的蓝色，指示滴定终点的到达，其反应式为

$$\underset{\text{酒红色}}{\text{M-铬黑T}} + EDTA \rightleftharpoons \text{M-EDTA} + \underset{\text{蓝色}}{\text{铬黑T}}$$

5.3.2 金属指示剂应具备的条件

作为配位滴定的金属指示剂，必须具备以下条件。

(1) 在滴定的酸度范围内，MIn与In的颜色应有显著的区别，这样才能在终点产生明显的颜色变化。

(2) 配合物MIn的稳定性要适当。MIn的稳定性应小于MY的稳定性，这样，在接近化学计量点时，EDTA才能夺取MIn中的金属离子，使In游离出来而指示终点。一般要求$K'_{MY}/K'_{MIn}>10^2$。但MIn的稳定性也不能太低，否则指示剂在距化学计量点较远时就开始游离出来，使终点提前，而且变色不敏锐。

(3) MIn与In具有良好的水溶性，并且指示剂与金属离子的反应必须灵敏、迅速并具有

良好的变色可逆性。

(4) 金属指示剂应比较稳定,便于贮藏和使用。

5.3.3 使用金属指示剂应注意的问题

1. 指示剂的封闭

某些金属离子与指示剂形成的配合物很稳定,且比该金属离子与 EDTA 的配合物还稳定。如果溶液中存在这些金属离子,当滴定达到甚至超过化学计量点时, EDTA 也不能把指示剂置换出来,因而不能指示滴定终点,这种现象称为指示剂的封闭。

例如,铬黑 T 能被 Fe^{3+}、Al^{3+} 等封闭。当 pH=10 时,用 EDTA 滴定 Ca^{2+}、Mg^{2+},如果有这些离子存在,可加入三乙醇胺,使它们形成更稳定的配合物而消除封闭现象。

2. 指示剂的僵化

有些指示剂与金属离子形成的配合物水溶性较差,容易形成胶体或沉淀,致使 EDTA 与 MIn 间的置换反应很慢而使终点拖长,这种现象称为指示剂的僵化。

例如,PAN 指示剂在温度较低时易产生僵化现象,可加入乙醇或适当加热,使指示剂在终点变色明显。

3. 指示剂的氧化变质

金属指示剂大多是分子中含有多个双键的有机染料,易在日光、空气和氧化剂的作用下分解;有些指示剂在水溶液中不稳定,日久会因氧化或聚合而变质。

例如,铬黑 T 和钙指示剂等不宜配成水溶液,常用 NaCl 作为稀释剂,配成固体指示剂使用。

5.3.4 常用金属指示剂

1. 铬黑 T

铬黑 T(简称 BT 或 EBT)为偶氮染料,黑褐色粉末,有金属光泽,溶于水。EBT 能与 Mg^{2+}、Zn^{2+}、Ca^{2+}、Pb^{2+}、Hg^{2+}、Mn^{2+} 等金属离子形成 1∶1 型红色配合物 M-EBT。当 $pH<6$ 或 $pH>12$ 时,指示剂本身接近红色,不能指示终点。当 $6.3<pH<11.6$ 时,指示剂呈蓝色。实验结果表明,使用 EBT 的最适宜酸度是 $9<pH<10.5$。

在测定 Ca^{2+}、Mg^{2+}、Mn^{2+}、Cd^{2+}、Pb^{2+} 时,EBT 是很好的指示剂;而 Fe^{3+}、Al^{3+}、Co^{2+}、Ni^{2+}、Cu^{2+}、Ti^{4+} 有封闭作用,可用三乙醇胺掩蔽 Fe^{3+}、Al^{3+}、Ti^{4+},用氰化钾掩蔽 Co^{2+}、Ni^{2+}、Cu^{2+}。

固体 EBT 性质稳定,但其水溶液只能保存几天,这主要是由于发生聚合反应和氧化反应。指示剂聚合后,不能与金属离子显色。因此,常将 EBT 与干燥的纯 NaCl 按1∶100混合均匀,研细,密闭保存备用。使用时用药匙取约 0.1 g,直接加入溶液中。也可以用乳化剂 OP(聚乙二醇辛基苯基醚)和 EBT 配成水溶液,其中 OP 浓度为 1%,EBT 浓度为 0.001%,这样配制的溶液可使用两个月。

2. 钙指示剂

钙指示剂(简称 NN 或钙红)为偶氮染料,紫黑色粉末,溶于水。它与 Ca^{2+} 形成红色配合物,灵敏度高。当 $12<pH<13$,用 EDTA 滴定 Ca^{2+} 时,终点为蓝色。

钙指示剂受金属离子封闭的情况与铬黑T类似，可用三乙醇胺和用氰化钾联合掩蔽。

钙指示剂的水溶液或乙醇溶液都不稳定，一般取固体钙指示剂，与干燥的纯 NaCl 按 1∶100混合均匀，研细，密闭保存备用。

3. 二甲酚橙

二甲酚橙(XO)为多元酸，一般使用的是它的钠盐，为紫色晶体，易溶于水。二甲酚橙在 $pH<6$ 时呈黄色，在 $pH>6.3$ 时呈红色，在 $pH=6.3$ 时呈橙色。它与金属离子的配合物为紫红色，因此只能在 $pH<6$ 的酸性溶液中使用。

XO 可用于多种金属离子的直接滴定。例如，ZrO^{2+} $(pH<1)$、Bi^{3+} $(pH=1)$、Th^{4+} $(2.5<pH<3.5)$、Pb^{2+}、Zn^{2+}、Cd^{2+}、Hg^{2+}、Ti^{3+} $(5<pH<6)$等，终点由紫红色变为亮黄色，变色十分敏锐。Fe^{3+}、Al^{3+}、Ti^{4+}、Co^{2+}、Ni^{2+}、Cu^{2+} 等对 XO 有封闭作用，可用 NH_4F 掩蔽 Al^{3+}、Ti^{4+}，抗坏血酸掩蔽 Fe^{3+}，邻二氮杂菲掩蔽 Co^{2+}、Ni^{2+}、Cu^{2+} 等，以消除封闭现象。

4. PAN

PAN 为吡啶偶氮类显色剂。纯的 PAN 是橙红色针状晶体，难溶于水，易溶于碱溶液及甲醇、乙醇等溶剂，通常配成 0.1%乙醇溶液使用。

PAN 在 $2<pH<12$ 时呈黄色，因为 PAN 与 Th^{4+}、Bi^{3+}、Cu^{2+}、Ni^{2+}、Pb^{2+}、Cd^{2+}、Zn^{2+}、Mn^{2+}、Fe^{2+} 等金属离子形成的配合物呈紫红色，故 PAN 可在上述 pH 值范围内使用。PAN 与金属离子形成的配合物水溶性差，易出现僵化现象。为加快变色过程，常加入乙醇并适当加热后再进行滴定。

Cu-PAN 是一种广泛性的指示剂，它是 CuY 与 PAN 的混合溶液，它可以与金属离子发生置换反应而进行显色。将此指示剂加到含有被测金属离子 M 的试液中，由于 Cu-PAN 很稳定，并且 M 的浓度比 CuY 大得多，发生置换反应，即

$$\underset{\text{蓝色}}{CuY}+\underset{\text{黄色}}{PAN}+M = MY+\underset{\text{紫红色}}{Cu\text{-}PAN}$$

溶液呈紫红色。当滴加的 EDTA 与 M 完全配合后，稍过量 EDTA 将夺取Cu-PAN中的 Cu^{2+} 形成 CuY，从而使 PAN 游离出来，其反应式为

$$Cu\text{-}PAN+Y = \underset{\text{蓝色}}{CuY}+\underset{\text{黄色}}{PAN}$$

溶液由紫红色变为黄绿色，指示终点的到达。因滴定前加入的 CuY 与最后生成的 CuY 的量是相等的，故不影响测定结果。采用此方法，可以滴定相当多的能与 EDTA 形成稳定配合物的金属离子，包括一些与 PAN 配位不够稳定或不显色的离子。以 Cu-PAN 作指示剂还可实现在同一份试液中通过调节酸度对几种金属离子的连续滴定。

Cu-PAN 指示剂可以在很宽的 pH 值的范围($2<pH<12$)内使用。Ni^{2+} 对该指示剂有封闭作用。该指示剂的使用方法如下：先配制 0.025 mol/L CuY 溶液，取 2 mL 左右加入试液中，再加数滴 0.1%的 PAN 乙醇溶液，即可用于滴定。

5. 磺基水杨酸

磺基水杨酸为无色晶体，可溶于水。当 $1.5<pH<2.5$ 时，与 Fe^{3+} 形成紫红色配合物，可用做滴定 Fe^{3+} 的指示剂，终点由红色变为浅黄色(FeY^- 的颜色，浓度低时近似无色)。

5.4　配位滴定法的基本原理

5.4.1　配位滴定曲线

在配位滴定中，随着 EDTA 的不断加入，被滴定的金属离子浓度逐渐减小。在达到化学计量点附近时，溶液的 pM(金属离子浓度的负对数)值发生突变。若以 pM(有副反应时用 pM′表示)为纵坐标，EDTA 的加入体积(或加入比例)为横坐标作图，即可得到反映滴定过程中金属离子浓度变化的滴定曲线。据此可分析滴定过程中 pM 值的变化特点，为准确滴定的条件和影响因素提供依据。

1. 滴定曲线的 pM 值计算

设金属离子的分析浓度为 c_M，体积为 V_M，用等浓度的 EDTA 标准溶液滴定时，加入的体积为 V_Y。根据配位平衡和物料平衡的关系，可得

$$[M']+[MY]=\frac{V_M}{V_M+V_Y}c_M$$

$$[Y']+[MY]=\frac{V_Y}{V_M+V_Y}c_Y$$

$$K'_{MY}=\frac{[MY]}{[M'][Y']}$$

整理后得到计算滴定曲线的方程，即

$$K'_{MY}[M']^2+\left(\frac{f-1}{1+f}c_MK'_{MY}+1\right)[M']-\frac{c_M}{1+f}=0$$

式中：滴定分数 $f=\frac{c_YV_Y}{c_MV_M}=\frac{V_Y}{V_M}$　$(c_M=c_Y)$。

由具体条件下的 K'_{MY}、V_M、V_Y和 c_M就可以计算出不同阶段的$[M']$。

下面以在 pH＝9.00 的氨性缓冲溶液中用 0.020 00 mol/L EDTA 标准溶液滴定等浓度的 Zn^{2+}溶液为例进行具体讨论。设锌溶液的体积 $V_{Zn}=20.00$ mL，加入 EDTA 标准溶液的体积为 V_Y，在化学计量点附近游离氨的浓度为 0.10 mol/L。已知 $\lg K_{ZnY}=16.50$，当 pH＝9 时，$\lg\alpha_{Y(H)}=1.28$，$[NH_3]=0.10$ mol/L。由例 5-4 可知，$\lg K'_{ZnY}=10.12$。

1) 滴定前

pZn′取决于溶液中锌的分析浓度。

$$[Zn']=c_{Zn}=0.020\ 00\ \text{mol/L},\quad pZn=1.70$$

2) 滴定开始至化学计量点之前

pZn′由未被滴定的[Zn′]决定。

$$[Zn']=\frac{V_{Zn}-V_Y}{V_{Zn}+V_Y}c_{Zn}$$

$V_Y=10.00$ mL，此时

$$[Zn']=\frac{20.00-10.00}{20.00+10.00}\times0.020\ 00\ \text{mol/L}=6.6\times10^{-3}\ \text{mol/L}$$

$$pZn'=2.18$$

3）化学计量点

$V_Y=19.98\ \text{mL}$，此时

$$[Zn']=\frac{20.00-19.98}{20.00+19.98}\times 0.02000\ \text{mol/L}=1.0\times 10^{-5}\ \text{mol/L}$$

$$pZn'=5.00$$

由于在化学计量点（sp）时，滴定反应已按计量关系完成，溶液中的$[Zn']$来自配合物 ZnY 的离解，所以

$$[Zn']_{sp}=[Y']_{sp}$$

$$[ZnY]_{sp}=c_{Zn,sp}-[Zn']_{sp}\approx c_{Zn,sp}=\frac{c_{Zn}}{2}$$

式中：$c_{Zn,sp}$为按化学计量点的体积-浓度关系计算得到的 Zn 的分析浓度。因为等浓度滴定，则有 $c_{Zn,sp}=\frac{c_{Zn}}{2}$。计量点时的平衡关系式为

$$K'_{ZnY}=\frac{[ZnY]}{[Zn'][Y']}=\frac{c_{Zn,sp}}{[Zn']_{sp}^2}$$

$$[Zn']_{sp}=\sqrt{\frac{c_{Zn,sp}}{K'_{ZnY}}}$$

$$pZn'_{sp}=\frac{1}{2}(pc_{Zn,sp}+\lg K'_{ZnY}) \tag{5-18}$$

在上例中，$c_{Zn,sp}=\frac{c_{Zn}}{2}=0.01000\ \text{mol/L}$

$$pZn'_{sp}=\frac{1}{2}(pc_{Zn,sp}+\lg K'_{ZnY})=\frac{1}{2}\times(-\lg 0.01000+10.12)=6.06$$

计算结果表明，在化学计量点时，未与 EDTA 配合的$[Zn^{2+}]$小于 10^{-6} mol/L，说明该滴定反应进行得很完全。

4）化学计量点后

由于过量的 EDTA 抑制了 ZnY 的离解，故溶液中的 pZn'与过量的 EDTA 浓度有关。

$$[ZnY]=\frac{V_{Zn}}{V_{Zn}+V_Y}c_{Zn}$$

$$[Y']=\frac{V_Y-V_{Zn}}{V_{Zn}+V_Y}c_Y$$

由 $K'_{ZnY}=\frac{[ZnY]}{[Zn'][Y']}$，得

$$[Zn']=\frac{[ZnY]}{[Y']K'_{ZnY}}=\frac{V_{Zn}}{(V_Y-V_{Zn})K'_{ZnY}}$$

$$pZn'=\lg K'_{ZnY}-\lg\frac{V_{Zn}}{V_Y-V_{Zn}}$$

若化学计量点后 EDTA 溶液过量 0.02 mL，即加入了 20.02 mL EDTA 后，有

$$pZn'=10.12-\lg\frac{20.00}{20.02-20.00}=7.12$$

当加入了 40.00 mL EDTA 标准溶液时，则有

$$pZn'=10.12-\lg\frac{20.00}{40.00-20.00}=10.12$$

2. 影响滴定突跃的因素

与酸碱滴定类似，在配位滴定中，化学计量点前、后存在着滴定突跃，而且突跃的大小与配合物的条件稳定常数 $\lg K'_{MY}$ 和被滴定金属离子的浓度 c_M 直接相关。

1) 配合物的条件稳定常数 K'_{MY}

配合物条件稳定常数的大小直接影响滴定突跃的大小(如图 5-4 所示)。从图 5-4 可见，在 c_M 相同的情况下，K'_{MY} 越大，滴定突跃也越大。这一影响主要在化学计量点附近及化学计量点之后。

K'_{MY} 与 K_{MY}、α_Y 和 α_M 均有关，而酸度对 α_Y 和 α_M 都有影响。首先，酸度的变化会引起酸效应系数 $\alpha_{Y(H)}$ 的变化，从而改变配合物的条件稳定常数 K'_{MY}，影响滴定突跃的大小。当其他效应不显著时，酸度越低，K'_{MY} 越大，滴定突跃越大。当 pH＝12、10、9、7、6 时，用 0.010 00 mol/L EDTA 溶液滴定 20.00 mL 0.010 00 mol/L Ca^{2+} 溶液的滴定曲线如图 5-5 所示。

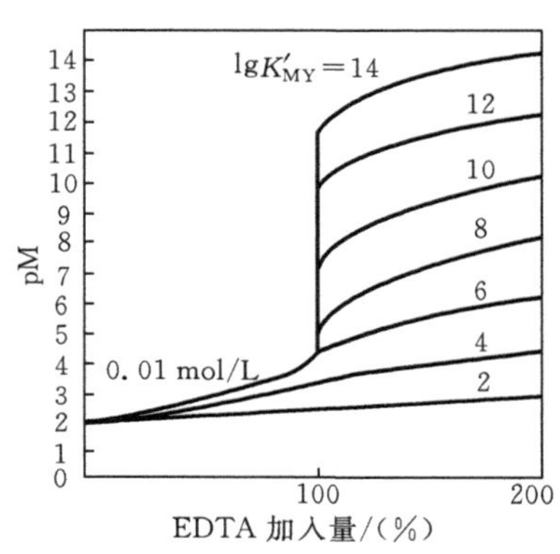

图 5-4　不同 $\lg K'_{MY}$ 时的滴定曲线

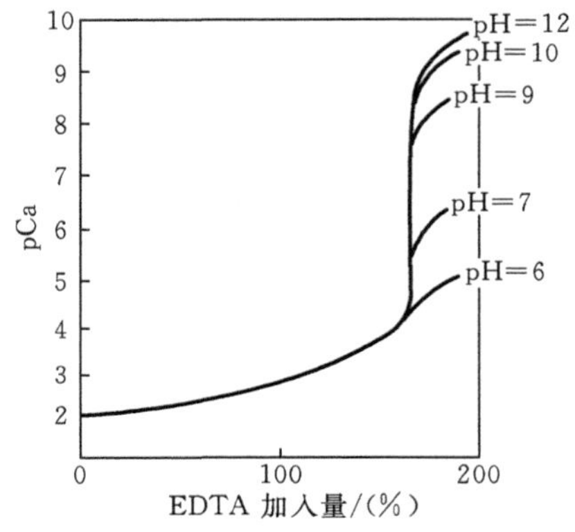

图 5-5　不同 pH 值时的滴定曲线

此外，酸度对金属离子的水解程度、辅助配位剂的离解程度等都有影响，所以酸度对滴定突跃的影响往往是多方面的、比较复杂的。

2) 被滴定金属离子浓度 c_M

图 5-6 所示为 $\lg K'_{MY}=10.0$ 而金属离子浓度不同的 4 条滴定曲线。可见，在 $\lg K'_{MY}$ 相同的情况下，金属离子的浓度 c_M 越大，滴定曲线的起点就越低，滴定突跃就越大。这一影响主要在化学计量点附近及化学计量点之前。

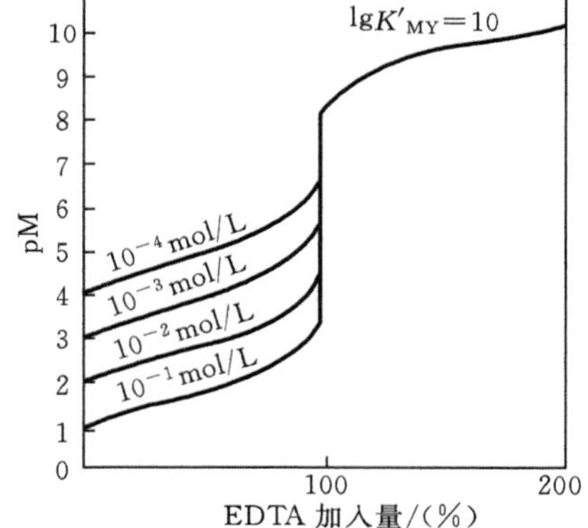

图 5-6　不同浓度金属离子的滴定曲线($\lg K'_{MY}=10$)

5.4.2　配位滴定终点误差

1. 终点误差

在配位滴定中，终点误差的意义为

$$TE=\frac{\text{滴定剂 Y 过量或不足的物质的量}}{\text{金属离子的物质的量}}$$

设在终点(ep)时，加入滴定剂的物质的量为 $c_{Y,ep}V_{ep}$，溶液中金属离子 M 的物质的量为 $c_{M,ep}V_{ep}$，则有

$$c_{Y,ep}=[Y']_{ep}+[MY]_{ep},\quad c_{M,ep}=[M']_{ep}+[MY]_{ep}$$

即

$$TE=\frac{c_{Y,ep}V_{ep}-c_{M,ep}V_{ep}}{c_{M,ep}V_{ep}}=\frac{[Y']_{ep}-[M']_{ep}}{c_{M,ep}} \tag{5-19}$$

设 $\Delta pM'$ 为终点的 pM'_{ep} 与化学计量点的 pM'_{sp} 之差，即

$$\Delta pM'=pM'_{ep}-pM'_{sp}=\lg\frac{[M']_{sp}}{[M']_{ep}}$$

$$[M']_{ep}=[M']_{sp}\times 10^{-\Delta pM'} \tag{5-20}$$

同理可得

$$[Y']_{ep}=[Y']_{sp}\times 10^{-\Delta pY'} \tag{5-21}$$

在一般情况下，终点与化学计量点十分接近，可以认为 $c_{M,ep}\approx c_{M,sp}$，于是有

$$TE=\frac{[Y']_{sp}\times 10^{-\Delta pY'}-[M']_{sp}\times 10^{-\Delta pM'}}{c_{M,sp}}\times 100\% \tag{5-22}$$

因为化学计量点的 $K'_{MY,sp}$ 与终点的 $K'_{MY,ep}$ 非常接近，且 $[MY]_{sp}\approx[MY]_{ep}$，则有

$$\frac{[MY]_{sp}}{[M']_{sp}[Y']_{sp}}=\frac{[MY]_{ep}}{[M']_{ep}[Y']_{ep}}$$

$$\frac{[M']_{ep}}{[M']_{sp}}=\frac{[Y']_{sp}}{[Y']_{ep}} \tag{5-23}$$

对式(5-23)两边取负对数，得

$$pM'_{ep}-pM'_{sp}=pY'_{sp}-pY'_{ep}$$

$$\Delta pM'=-\Delta pY' \tag{5-24}$$

$$TE=\frac{[M']_{sp}(10^{\Delta pM'}-10^{-\Delta pM'})}{c_{M,sp}}\times 100\% \tag{5-25}$$

化学计量点时

$$[Y']_{sp}=[M']_{sp}=\sqrt{\frac{c_{M,sp}}{K'_{MY}}}$$

$$TE=\frac{10^{\Delta pM'}-10^{-\Delta pM'}}{\sqrt{c_{M,sp}K'_{MY}}}\times 100\% \tag{5-26}$$

式(5-26)就是林邦(Ringbom)终点误差公式。此式表明，终点误差与 $c_{M,sp}$、K'_{MY} 有关，$c_{M,sp}$ 和 K'_{MY} 值越大，终点误差越小。此外还与 $\Delta pM'$ 有关，$\Delta pM'$ 越大，即终点离化学计量点越远，终点误差也越大。

2. 准确滴定单一金属离子的条件

在配位滴定中，通常采用指示剂指示终点，终点与化学计量点不可能完全一致，即使很接近，在人眼观察颜色的情况下，仍可能存在±(0.2～0.5)个 pM' 单位的误差。假设 $\Delta pM'$ 为±0.2，用等浓度的 EDTA 滴定金属离子 M，配位滴定一般要求相对误差不大于 0.1%。根据上面终点误差公式可得

$$c_{M,sp}K'_{MY}\geqslant\left(\frac{10^{0.2}-10^{-0.2}}{0.001}\right)^2$$

即

$$\lg(c_{M,sp}K'_{MY})\geqslant 6 \tag{5-27}$$

式(5-27)为配位滴定中准确测定单一金属离子的可行性判别式。若滴定的金属离子的初始浓度是 0.020 mol/L(配位滴定常用的浓度)，配合物的条件稳定常数应满足的条件是

$\lg K'_{MY} \geqslant 8$。

值得注意的是,判别式(5-27)是有前提的。当 $\Delta pM' = \pm 0.2$ 时,若允许终点误差 TE=0.3%(或 1%),由终点误差公式计算应满足的条件是 $\lg(c_{M,sp} K'_{MY}) = 5$(或 4)。

【例 5-5】 当 pH=5.0 时,能否用 0.020 mol/L EDTA 标准溶液直接准确滴定 0.020 mol/L Mg^{2+}?在 pH=10.0 的氨性缓冲溶液中如何?

解 当 pH=5.0 时,查表得:$\lg K_{MgY} = 8.69$,$\lg \alpha_{Y(H)} = 6.45$。

$$\lg K'_{MgY} = \lg K_{MgY} - \lg \alpha_{Y(H)} = 8.69 - 6.45 = 2.24$$

因 $\lg K'_{MgY} < 8$,故当 pH=5.0 时不能直接滴定。

当 pH=10.0 时,查表得:$\lg K_{MgY} = 8.69$,$\lg \alpha_{Y(H)} = 0.45$。

$$\lg K'_{MgY} = \lg K_{MgY} - \lg \alpha_{Y(H)} = 8.69 - 0.45 = 8.24$$

因 $\lg K'_{MgY} > 8$,故当 pH=10 时能直接滴定。

5.4.3 配位滴定中酸度的控制

从滴定曲线的讨论中可知,随着 pH 值的增大,酸效应减弱,$\lg K'_{MY}$增大,配合物越稳定,滴定突跃也越大。但是,随着 pH 值的增大,金属离子也可能发生水解,降低 EDTA 配合物的稳定性对滴定不利。因此,对不同的金属离子,因其性质不同而在滴定时有不同的酸度要求。

1. *最高酸度和最低酸度*

EDTA 的酸效应是影响配位滴定的最主要因素之一,假设金属离子不发生副反应,化学计量点时金属离子的浓度是 0.010 mol/L,允许的相对误差为±0.1%,可得

$$\lg K'_{MY} = \lg K_{MY} - \lg \alpha_{Y(H)} \geqslant 8$$

$$\lg \alpha_{Y(H)} \leqslant \lg K_{MY} - 8$$

即 $\lg \alpha_{Y(H)}$ 的最大值为 $\lg K_{MY} - 8$。将各种金属离子的 $\lg K_{MY}$代入,即可求出最大的 $\lg \alpha_{Y(H)}$,对应的 pH 值即为滴定某金属离子允许的最高酸度。

以 pH 为纵坐标,以 $\lg K_{MY}$(或 $\lg \alpha_{Y(H)}$)为横坐标作图,所得曲线称为 EDTA 的酸效应曲线(acidic effective curve)(如图 5-7 所示)。

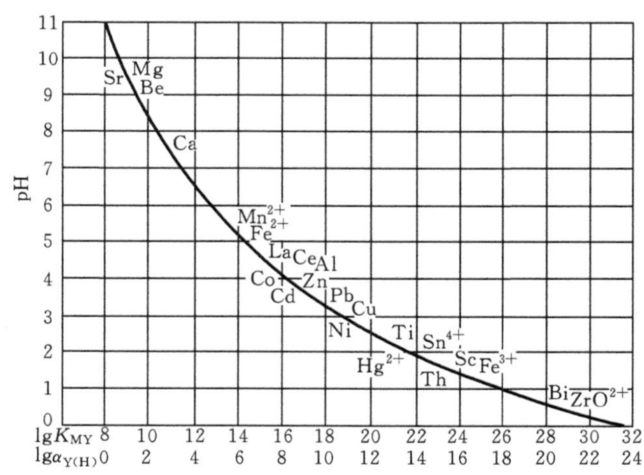

图 5-7 EDTA 的酸效应曲线

首先,酸效应曲线显示了酸效应系数 $\lg\alpha_{Y(H)}$ 随溶液 pH 值变化的趋势。若横坐标以 $\lg K_{MY}$ 表示,则 pH 值就是滴定各对应金属离子的最高酸度。例如,从曲线可见,Fe^{3+} 的 EDTA 配合物 FeY 很稳定($\lg K_{FeY}=25.10$),查得对应的 pH≈1.0,说明在 pH≥1.0 的酸性溶液中可以准确滴定 Fe^{3+};CaY 稳定性较好($\lg K_{CaY}=10.69$),查得对应的 pH≈7.7,因此只能在 pH≥7.7 的偏碱性溶液中才能准确滴定 Ca^{2+}。

由此可知,$\lg K_{MY}$ 大的金属离子,可以在较高的酸度下滴定,而 $\lg K_{MY}$ 较小的金属离子,应该在较低的酸度下滴定。如果几种共存的金属离子的 $\lg K_{MY}$ 相差很大,就可以通过控制酸度进行分别滴定或连续滴定。

【例 5-6】 计算用 0.01 mol/L EDTA 标准溶液滴定 0.01 mol/L Mg^{2+} 的最高酸度(最小 pH 值)。

解 查表得:$\lg K_{MgY}=8.69$。

$$\lg\alpha_{Y(H)}\leqslant \lg K_{MY}-8$$

$$\lg\alpha_{Y(H)}\leqslant 8.69-8=0.69$$

查表得:当 $\lg\alpha_{Y(H)}=0.69$ 时,pH 值约为 9.7。

在实际工作中,为了有利于配位反应进行完全,常在低于最高酸度的条件下进行滴定,但大多数金属离子在溶液 pH 值较高时会同 OH^- 结合生成羟基配合物,甚至产生氢氧化物或碱式盐沉淀,从而影响滴定的正常进行。通常将金属离子开始生成 $M(OH)_n$ 沉淀时的酸度作为滴定金属离子允许的最低酸度(最大 pH 值),并通过氢氧化物的溶度积求出。例如,$M(OH)_n$ 的溶度积为 K_{sp},为了避免金属离子的水解效应,必须使

$$[OH]\leqslant\sqrt[n]{\frac{K_{sp}}{c_M}} \tag{5-28}$$

由此求得滴定允许的最大 pH 值。

配位滴定应控制在最高酸度和最低酸度之间进行,将此酸度范围称为配位滴定的适宜酸度范围。在适宜酸度范围内滴定金属离子,既可避免 $M(OH)_n$ 的生成,又可保证滴定的准确度。

2. 酸度的控制

在配位滴定过程中,随着配合物的生成,不断有 H^+ 释放出来,其反应式为

$$M+H_2Y\longrightarrow MY+2H^+$$

因此,溶液的酸度不断增大,不仅减小了配合物的实际稳定性($\lg K'_{MY}$ 减小),降低滴定反应的完全程度,而且可能改变指示剂变色的适宜酸度,导致很大的终点误差,甚至无法准确滴定。因此,在配位滴定中,通常要加入缓冲溶液来控制 pH 值。

5.5 提高配位滴定选择性的方法

5.5.1 在不同酸度下的分步滴定

1. 混合离子分步滴定的条件

由于 EDTA 能与许多金属离子形成配合物,若在被滴定溶液中存在几种金属离子,滴定中有时会相互干扰。因此,判断能否进行分别滴定是很重要的。

现讨论一种比较简单的情况。溶液中有两种金属离子 M、N 共存,它们均可与 EDTA

形成配合物,且 $K_{MY}>K_{NY}$。当用 EDTA 滴定时,M 首先被滴定。若 K_{MY} 与 K_{NY} 相差足够大,则 M 被滴定完全后,EDTA 才与 N 作用,这样,N 的存在并不干扰 M 的准确滴定。若 K_{NY} 也足够大,则 N 也有被准确滴定的可能,这种滴定称为分步滴定。

两种金属离子的 K_{MY} 与 K_{NY} 究竟需要相差多大,才有可能分步滴定呢?

对于有干扰离子存在的配位滴定,一般允许有 0.3%的相对误差,而如前所述,人眼观察终点颜色变化时,滴定突跃至少应有 0.2 个 pM 单位,根据林邦终点误差公式可得

$$\lg(c_{M,sp}K'_{MY})\geqslant 5 \tag{5-29}$$

假设 M 没有副反应,此时,EDTA 在溶液中有两种副反应——酸效应和共存离子效应。Y 的总副反应系数为

$$\alpha_{Y}=\alpha_{Y(H)}+\alpha_{Y(N)}-1\approx\alpha_{Y(H)}+\alpha_{Y(N)}$$

$$\lg(c_{M,sp}K'_{MY})=\lg\left(c_{M,sp}\frac{K_{MY}}{\alpha_{Y(H)}+\alpha_{Y(N)}}\right)$$

$$=\lg(c_{M,sp}K_{MY})-\lg(\alpha_{Y(H)}+\alpha_{Y(N)})$$

由此可见,能否分步滴定的关键是看 $\lg(\alpha_{Y(H)}+\alpha_{Y(N)})$ 的大小。下面分两种情况进行讨论。

1) 在较高酸度下滴定 M

由于 EDTA 的酸效应严重,$\alpha_{Y(H)}\gg\alpha_{Y(N)}$,因此有

$$\alpha_{Y}=\alpha_{Y(H)}+\alpha_{Y(N)}\approx\alpha_{Y(H)}$$

$$\lg K'_{MY}=\lg K_{MY}-\lg\alpha_{Y(H)}$$

则 N 与 Y 的副反应对滴定 M 没有影响,此时与单独滴定 M 的情况相同。

2) 在较低酸度下滴定 M

此时 N 与 Y 的副反应起主要作用,$\alpha_{N(H)}\gg\alpha_{Y(H)}$,Y 的酸效应可以忽略。

若能实现分步滴定,则在化学计量点时生成的 NY 可忽略不计,此时游离的 N 的浓度 $[N]\approx c_{N,sp}$,所以

$$\alpha_{Y(N)}=1+K_{NY}[N]\approx 1+c_{N,sp}K_{NY}$$

$$\approx c_{N,sp}K_{NY}$$

$$\alpha_{Y}\approx\alpha_{Y(N)}\approx c_{N,sp}K_{NY}$$

$$\lg(c_{M,sp}K'_{MY})=\lg\frac{c_{M,sp}K_{MY}}{c_{N,sp}K_{NY}}\geqslant 10^{5}$$

$$\lg(c_{M,sp}K'_{MY})=\Delta\lg K+\lg\frac{c_{M,sp}}{c_{N,sp}}=\Delta\lg K+\lg\frac{c_{M}}{c_{N}}\geqslant 5 \tag{5-30}$$

式(5-30)表明 $\Delta\lg K$ 的大小是判断能否分步滴定的主要依据,其次,c_M 越大而 c_N 越小对分步滴定也是越有利的。若 $c_M=c_N$,则配位滴定分步滴定的判别式为

$$\Delta\lg K\geqslant 5 \tag{5-31}$$

例如,有一浓度均为 0.01 mol/L 的 Bi^{3+}、Pb^{2+} 溶液。查得 $\lg K_{BiY}=27.94$,$\lg K_{PbY}=18.04$,据式(5-31)可知,$\Delta\lg K=27.94-18.04=9.90>5$,故可以滴定 Bi^{3+} 而 Pb^{2+} 不干扰。由酸效应的曲线查得滴定 Bi^{3+} 的最低 pH 值为 0.7,又知 Bi^{3+} 显著水解的 pH 值为 2,因此,滴定 Bi^{3+} 时适宜的酸度范围为 $0.7<pH<2$。通常在 $pH\approx 1$ 时滴定 Bi^{3+},此时 Pb^{2+} 不会与 EDTA 发生配位反应。

又如,有一 Fe^{3+}、Al^{3+}、Ca^{2+}、Mg^{2+} 四种金属离子浓度均为 0.01 mol/L 的溶液。查得 $\lg K_{FeY}=25.10$,$\lg K_{AlY}=16.30$,$\lg K_{CaY}=10.69$,$\lg K_{MgY}=8.69$。

滴定 Fe^{3+} 时，最可能发生干扰的是 Al^{3+}。由 $\Delta \lg K = 25.10 - 16.30 = 8.80 > 5$ 可知，滴定 Fe^{3+} 时 Al^{3+} 不干扰。滴定 Fe^{3+} 适宜酸度范围为 $1.0 < pH < 2.2$（分别由酸效应曲线查得和考虑 Fe^{3+} 水解而得）。如果选用适宜酸度范围为 $1.5 < pH < 2.5$ 的磺基水杨酸作指示剂，则应控制在 $1.5 < pH < 2.2$ 条件下滴定 Fe^{3+}，以溶液由红色变成亮黄色为终点，Al^{3+}、Ca^{2+}、Mg^{2+} 均不干扰。

滴定 Fe^{3+} 后的溶液，因 AlY 和 CaY 的 $\Delta \lg K = 5.61 > 5$，就选择性而言，又可以继续滴定 Al^{3+}，而 CaY 与 MgY 的 $\Delta \lg K = 2.00 < 5$，所以不能直接对它们进行分步滴定。

5.5.2　掩蔽法

如果金属离子的 EDTA 配合物稳定性的差别不能满足式(5-31)的要求，共存离子 N 就会干扰待测离子 M 的滴定。此时，可以加入一种能与 N 起反应的掩蔽剂，改变其存在形态，降低 c_N 值，使其能满足滴定的要求，即可消除 N 的干扰。常用的掩蔽法有配位掩蔽法、氧化还原掩蔽法、沉淀掩蔽法等，其中以配位掩蔽法最常用。

1. 配位掩蔽法

这是利用干扰离子与掩蔽剂形成稳定配合物以消除其干扰的方法。例如，当 pH=10 时，用 EDTA 滴定 Ca^{2+}、Mg^{2+}、Cu^{2+}、Zn^{2+}、Pb^{2+}、Fe^{3+}、Al^{3+} 等离子有干扰。可加入 KCN、二巯基丙醇等掩蔽剂消除 Cu^{2+}、Zn^{2+}、Pb^{2+} 的干扰，Fe^{3+}、Al^{3+} 的干扰可用三乙醇胺掩蔽。

配位掩蔽剂必须具备以下条件：

(1) 掩蔽剂与干扰离子形成的配合物应远比 EDTA 与干扰离子形成的配合物稳定，且配合物应为无色或浅色，不影响终点的判断；

(2) 掩蔽剂与待测离子不发生配位反应，或者生成的配合物稳定性远小于待测离子与 EDTA 形成的配合物；

(3) 使用掩蔽剂的 pH 值的范围与滴定的 pH 值的范围相一致。

配位掩蔽法是最常用的掩蔽方法。常用的配位掩蔽剂列于表 5-3。

表 5-3　常用的配位掩蔽剂

掩 蔽 剂	pH 值	被掩蔽的离子
氰化钾(KCN)	>8	Co^{2+}、Ni^{2+}、Cu^{2+}、Zn^{2+}、Hg^{2+}、Cd^{2+}、Ag^{+}、Tl^{+} 及铂系元素的离子
氟化铵(NH_4F)	4～6	Al^{3+}、Ti(Ⅳ)、Sn(Ⅳ)、Zn^{2+}、W(Ⅳ)等
	10	Al^{3+}、Mg^{2+}、Ca^{2+}、Ba^{2+}、Sr^{2+} 及稀土元素的离子
邻二氮杂菲	5～6	Cu^{2+}、Co^{2+}、Ni^{2+}、Zn^{2+}、Hg^{2+}、Cd^{2+}、Mn^{2+}
三乙醇胺(TEA)	10	Al^{3+}、Sn(Ⅳ)、Ti(Ⅳ)、Fe^{3+}
	11～12	Al^{3+}、Fe^{3+} 及少量 Mn^{2+}
硫脲	弱酸性	Cu^{2+}、Hg^{2+}、Tl^{+}
二巯基丙醇	10	Hg^{2+}、Cd^{2+}、Zn^{2+}、Bi^{3+}、Pb^{2+}、Ag^{+}、Sn(Ⅳ)及少量 Cu^{2+}、Co^{2+}、Ni^{2+}、Fe^{3+}

续表

掩　蔽　剂	pH 值	被掩蔽的离子
乙酰丙酮	5～6	Al^{3+}、Fe^{3+}
酒石酸	1.5～2	Sb^{3+}、Sn(Ⅳ)
	5.5	Al^{3+}、Fe^{3+}、Sn(Ⅳ)、Ca^{2+}
	6～7.5	Mg^{2+}、Cu^{2+}、Al^{3+}、Fe^{3+}、Mo(Ⅳ)
	10	Al^{3+}、Sn(Ⅳ)、Fe^{3+}
柠檬酸	7	Bi^{3+}、Cr^{3+}、Fe^{3+}、Sn(Ⅳ)、Th(Ⅳ)、Ti(Ⅳ)、UO_2^{2+}

【例 5-7】 用 0.02 mol/L EDTA 滴定同浓度 Zn^{2+}、Al^{3+}混合液中的 Zn^{2+}。pH=5.5 ($\lg\alpha_{Y(H)}=5.7$)，终点时，$[F^-]=10^{-2.0}$ mol/L，计算 $\lg K'_{ZnY}$。已知：$\lg K_{ZnY}=16.5$，$\lg K_{AlY}=16.1$。

【解】 $\alpha_{Al(F)}=1+[F^-]\beta_1+[F^-]^2\beta_2+\cdots+[F^-]^6\beta_6=10^{10.0}$

$$[Al]=[Al']/\alpha_{Al(F)}=c_{Al}/\alpha_{Al(F)}=10^{-12.0}$$

$$\alpha_{Y(Al)}=1+[Al]K_{AlY}=1+10^{-12+16.1}=10^{4.1}$$

$$\alpha_{Y(Al)}\ll\alpha_{Y(H)}=10^{5.7}\qquad\alpha_Y\approx\alpha_{Y(H)}=10^{5.7}$$

$$\lg K'_{ZnY}=\lg K_{ZnY}-\lg\alpha_{Y(H)}=16.5-5.7=10.8$$

由此可见掩蔽效果很好，Al 对 Zn 的滴定无影响。

2. 氧化还原掩蔽法

当某种价态的共存离子对滴定有干扰时，利用氧化还原反应改变干扰离子的价态，则可消除对被测离子的干扰。

例如，用 EDTA 滴定 Hg^{2+}、Bi^{3+}、Sn^{4+}、Th^{4+}等离子时，Fe^{3+}有干扰($\lg K_{FeY^-}=25.10$)，若用盐酸羟胺或抗坏血酸将 Fe^{3+} 还原为 Fe^{2+}，由于 Fe^{2+} 的 EDTA 配合物稳定性较差($\lg K_{FeY^{2-}}=14.33$)，因而可消除 Fe^{3+}的干扰。

常用的还原剂有抗坏血酸、羟胺、硫脲、半胱氨酸等。也可以将某些干扰离子氧化成高价含氧酸根，如将 Cr^{3+}、VO^{2+}氧化成 $Cr_2O_7^{2-}$、VO_3^-，从而消除其干扰。

3. 沉淀掩蔽法

利用某一沉淀剂与干扰离子生成难溶性沉淀，降低干扰离子浓度，在不分离沉淀的条件下可直接滴定被测离子。

例如，当 pH=10 时，用 EDTA 滴定 Ca^{2+}，这时 Mg^{2+}也被滴定，若加入 NaOH，使溶液 pH>12，则 Mg^{2+}形成 $Mg(OH)_2$沉淀而不干扰 Ca^{2+}的滴定。选用钙指示剂可以用 EDTA 滴定 Ca^{2+}。

用于掩蔽的沉淀剂必须能有选择地与干扰离子生成溶解度小、吸附性小、颜色浅的沉淀，否则会影响测定结果的准确性或影响终点的观察。

常用的沉淀掩蔽剂列于表 5-4。

表 5-4　常用的沉淀掩蔽剂

掩蔽剂	被掩蔽离子	待测定离子	pH 值	指示剂
NH_4F	Mg^{2+}、Ca^{2+}、Ba^{2+}、Sr^{2+}、Ti(Ⅳ)、Al^{3+} 及稀土元素的离子	Zn^{2+}、Cd^{2+}、Mn^{2+}（有还原剂存在下）	10	铬黑 T
		Cu^{2+}、Co^{2+}、Ni^{2+}	10	紫脲酸铵
$K_4[Fe(CN)_6]$	微量 Zn^{2+}	Pb^{2+}	5～6	二甲酚橙
K_2CrO_4	Ba^{2+}	Sr^{2+}	10	MgY＋铬黑 T
Na_2S 或铜试剂	Hg^{2+}、Cu^{2+}、Cd^{2+}、Bi^{3+}、Pb^{2+} 等	Mg^{2+}、Ca^{2+}	10	铬黑 T
H_2SO_4	Pb^{2+}	Bi^{3+}	1	二甲酚橙

4. *解蔽方法*

有时，某种金属离子被掩蔽以后，还可以使用解蔽剂解除该离子的掩蔽状态再对该离子进行滴定，这种方法称为解蔽，所用试剂称为解蔽剂。利用某些选择性的解蔽剂，可提高配位滴定的选择性。

例如，测定铜合金中的 Zn^{2+}、Pb^{2+} 时，可在氨性溶液中用 KCN 掩蔽 Cu^{2+}、Zn^{2+}，使之生成 $Zn(CN)_4^{2-}$、$Cu(CN)_4^{2-}$ 配合物。当 pH＝10 时，以铬黑 T 作指示剂，用 EDTA 滴定 Pb^{2+}。在滴定 Pb^{2+} 后的溶液中加入甲醛或三氯乙醛，则 $Zn(CN)_4^{2-}$ 被破坏而释放出 Zn^{2+}，然后用 EDTA 滴定释放出来的 Zn^{2+}。

$$Zn(CN)_4^{2-} + 4HCHO + 4H_2O = Zn^{2+} + 4H_2C(OH)CN + 4OH^-$$

5.5.3 用其他配位剂滴定

对各种金属离子来说，不同的配位滴定剂与金属离子的配合物稳定性相对强弱是有所不同的。目前除 EDTA 外，还有其他氨羧配位剂，如 CyDTA、EGTA、DTPA、EDTP 和 TTHA 等，与金属离子形成配合物的稳定性差别较大。故选用不同配位剂进行滴定可以提高滴定的选择性。

1. EGTA

EGTA（乙二醇二乙醚二胺四乙酸）的结构式为

```
                                      CH2—COOH
                                   +／
CH2—O—CH2—CH2—NH
 |                                  ＼
 |                                    CH2—COO⁻
 |                                    CH2—COOH
 |                                 +／
CH2—O—CH2—CH2—NH
                                    ＼
                                      CH2—COO⁻
```

EGTA 和 EDTA 与 Mg^{2+}、Ca^{2+}、Sr^{2+}、Ba^{2+} 的 lg$K$ 值见表 5-5。

表 5-5　EGTA 和 EDTA 与 Mg^{2+}、Ca^{2+}、Sr^{2+}、Ba^{2+} 的 lg$K$ 值

	Mg^{2+}	Ca^{2+}	Sr^{2+}	Ba^{2+}
$\lg K_{M\text{-}EDTA}$	8.69	10.69	8.73	7.86
$\lg K_{M\text{-}EGTA}$	5.21	10.69	8.73	7.86

例如，EDTA 与 Ca^{2+}、Mg^{2+} 的配合物稳定性相差不多，而 EGTA 与 Ca^{2+}、Mg^{2+} 的配合物稳定性相差较大，故可以在 Ca^{2+}、Mg^{2+} 共存时用 EGTA 直接对 Ca^{2+} 进行选择性滴定。

2. EDTP

EDTP(乙二胺四丙酸)的结构式为

CH_2CH_2COOH
$CH_2—\overset{+}{N}H$
$CH_2CH_2COO^-$
CH_2CH_2COOH
$CH_2—\overset{+}{N}H$
$CH_2CH_2COO^-$

EDTP 相当于 EDTA 的 4 个乙酸基为 4 个丙酸基所替代。金属离子与 EDTP 形成六元环的螯合物，因此，其稳定性普遍地较 EDTA 配合物的差。但是 Cu-EDTP 配合物仍有相当高的稳定性。因此，控制一定的 pH 值，用 EDTP 滴定 Cu^{2+} 时，Zn^{2+}、Cd^{2+}、Mn^{2+}、Mg^{2+} 均不干扰。

EDTP 和 EDTA 与 Mg^{2+}、Cu^{2+}、Zn^{2+}、Mn^{2+}、Cd^{2+} 的 lg$K$ 值见表 5-6。

表 5-6　EDTP 和 EDTA 与 Mg^{2+}、Cu^{2+}、Zn^{2+}、Mn^{2+}、Cd^{2+} 的 lg$K$ 值

	Mg^{2+}	Cu^{2+}	Zn^{2+}	Mn^{2+}	Cd^{2+}
$\lg K_{M\text{-}EDTP}$	0.8	15.4	7.8	4.7	6.0
$\lg K_{M\text{-}EDTA}$	8.69	18.80	16.50	13.87	16.46

3. CyDTA

CyDTA(环己烷二胺四乙酸)的结构式为

CH_2　　CH_2COOH
H_2C　$CH—\overset{+}{N}H$
CH_2COO^-
CH_2COOH
H_2C　$CH—\overset{+}{N}H$
CH_2　　CH_2COO^-

CyDTA 也称为 DCTA，它与金属离子形成的配合物一般比相应的 EDTA 配合物更为稳定。但是，CyDTA 与金属离子的配位反应速率比较慢，往往使滴定终点延长，且其价格较贵，不常使用。但是，它与 Al^{3+} 的配位反应速率相当快，用 CyDTA 滴定 Al^{3+}，可省去加热等(EDTA 滴定 Al^{3+} 要加热)步骤。目前不少厂矿实验室采用 CyDTA 测定 Al^{3+}。

CyDTA与W、Mo、Nb、Ta等金属离子的配位能力较弱，所以当$5.0<pH<5.5$时，虽有W、Mo存在，也可用CyDTA滴定Cu^{2+}、Fe^{2+}、Co^{2+}、Ni^{2+}等。在Nb、Ta存在的情况下，加过量的CyDTA，在$5.0<pH<5.2$的条件下，以$CuSO_4$标准溶液测定Ti。

4. TTHA

TTHA(三乙基四胺六乙酸)是六元酸，分子中有4个氨基和6个羧基，共有10个配位原子，因而它与不少金属离子在室温下形成1∶1型或2∶1型的螯合物。尤其是与Al^{3+}形成的螯合物更稳定，在25 ℃时，放置10～15 min，就能形成Al与TTHA为2∶1型的螯合物。由于Al_2-TTHA的绝对形成常数$\lg K_{Al\text{-}TTHA}$(28.6)比Mn_2-TTHA的$\lg K_{Mn\text{-}TTHA}$(21.9)大得多，改用TTHA作滴定剂滴定Al^{3+}时可在大量Mn^{2+}存在下进行，这是EDTA所不及的。目前，TTHA已用于测定矿石中0.4%以上的Al，结果令人满意。

5.5.4 化学分离法

如果用控制溶液酸度和使用掩蔽剂等方法都不能消除共存离子的干扰而选择性滴定被测离子，就只有预先将干扰离子分离出来，再滴定被测离子。分离的方法很多，主要根据干扰离子和被测离子的性质进行选择。

例如，磷矿石中一般含有Fe^{3+}、Al^{3+}、Ca^{2+}、Mg^{2+}、PO_4^{3-}、F^-等离子，欲用EDTA滴定其中的金属离子，F^-有严重干扰，它能与Fe^{3+}、Al^{3+}生成很稳定的配合物，酸度小时又能与Ca^{2+}生成CaF_2沉淀，因此，在滴定前先加酸、加热，使F^-生成HF挥发出去。

5.6 配位滴定的方式和应用

在配位滴定中，采用不同的滴定方式可以扩大其应用范围，提高其选择性。

5.6.1 直接滴定法

凡是K'_{MY}足够大、配位反应快速进行，又有适宜指示剂的金属离子都可以用EDTA直接滴定。在强酸性溶液中滴定Zr(Ⅳ)，酸性溶液中滴定Bi^{3+}、Fe^{3+}，弱酸性溶液中滴定Cu^{2+}、Pb^{2+}、Zn^{2+}，碱性溶液中滴定Ca^{2+}、Mg^{2+}、Sr^{2+}等都能直接进行，且有很成熟的方法。

例如，水的总硬度通常是用EDTA直接滴定法测定的，将水样调节至pH=10，加入铬黑T指示剂，用EDTA标准溶液滴定至溶液由酒红色变成蓝色为终点。此时，水样中的Ca^{2+}、Mg^{2+}均被滴定。

若在$pH\geqslant 12$的溶液中加入钙指示剂，用EDTA标准溶液滴定至溶液由红色变为蓝色，则因Mg^{2+}生成$Mg(OH)_2$沉淀而被掩蔽，可测得Ca^{2+}的含量。Mg^{2+}的含量可由Ca^{2+}、Mg^{2+}总量及Ca^{2+}的含量求得。

直接滴定迅速简便，引入误差少，在可能情况下应尽量采用直接滴定法。

5.6.2 返滴定法

在试液中先加入一定量过量的EDTA标准溶液，用另一种金属离子的标准溶液滴定过量部分的EDTA，求得被测物质含量的方法称为返滴定法。

通常出现以下情况之一时使用返滴定法：①缺乏符合要求的指示剂；②被测金属离子与

EDTA反应的速度慢;③在测定条件下,被测金属离子水解。

例如,Al^{3+}能与EDTA定量反应,但因反应缓慢而难以直接滴定。测定Al^{3+}时,可加入一定量过量的EDTA标准溶液,加热煮沸,待反应完全后用Zn^{2+}标准溶液返滴定剩余的EDTA。

5.6.3 置换滴定法

利用置换反应生成等物质的量的金属离子或EDTA,然后进行滴定的方法称为置换滴定法。即在一定酸度下,向被测试液中加入过量的EDTA,用金属离子滴定过量部分的EDTA,然后再加入另一种配位剂,使其与被测离子生成一种配合物,这种配合物比被测离子与EDTA生成的配合物更稳定,从而把EDTA释放(置换)出来,最后再用金属离子标准溶液滴定释放出来的EDTA。根据金属离子标准溶液的用量和浓度,计算被测离子的含量。这种方法适用于多种金属离子存在的情况下测定其中一种金属离子,该方法是提高配位滴定选择性的途径之一。

1. 置换金属离子

如果被测定的离子M与EDTA反应不完全或所形成的配合物不稳定,这时可让M置换出另一种配合物NL中等物质的量的N,用EDTA溶液滴定N,从而可求得M的含量,其反应式为

$$M+NL \longrightarrow ML+N$$

$$N+Y \longrightarrow NY$$

例如,Ag^+与EDTA的配合物不稳定,不能用EDTA直接滴定,但把Ag^+加入$Ni(CN)_4^{2-}$溶液中,则发生反应

$$2Ag^+ + Ni(CN)_4^{2-} \longrightarrow 2Ag(CN)_2^- + Ni^{2+}$$

在pH=10的氨性溶液中,以紫脲酸铵为指示剂,用EDTA滴定置换出来的Ni^{2+},即可求得Ag^+的含量。

2. 置换EDTA

将被测定的金属离子M与干扰离子全部用EDTA配合,加入选择性高的配位剂L以夺取M,并释放出EDTA,其反应式为

$$MY+L \longrightarrow ML+Y$$

反应完全后,释放出与M等物质的量的EDTA,然后再用金属盐类标准溶液滴定释放出的EDTA,从而可求得M的含量。

例如,测定锡青铜中的Sn时,可于试液中加入过量的EDTA,将可能存在的Pb^{2+}、Zn^{2+}、Cd^{2+}、Bi^{3+}等与Sn^{4+}一起配合,用Zn^{2+}标准溶液滴定过量的EDTA,再加入NH_4F选择性地将SnY中的EDTA置换出来,再用Zn^{2+}标准溶液滴定释放出的EDTA,即可求得Sn含量,其反应式为

$$SnY+6F^- \longrightarrow SnF_6^{2-} + Y^{4-}$$

$$Zn^{2+} + Y^{4-} \longrightarrow ZnY^{2-}$$

5.6.4 间接滴定法

有些金属离子(如Li^+、Na^+、K^+、Rb^+、Cs^+、W^{6+}、Ta^{5+}等)和一些非金属离子(如

SO_4^{2-}、PO_4^{3-}等)，由于与 EDTA 不能形成稳定配合物或不能形成配合物，不便于配位滴定，这时可采用间接滴定法进行测定。

例如，PO_4^{3-}的滴定，在一定条件下，可将PO_4^{3-}沉淀为$MgNH_4PO_4$，然后过滤，将沉淀溶解。调节溶液使 pH 值为 10，用铬黑 T 作指示剂，以 EDTA 标准溶液滴定沉淀中的Mg^{2+}，由Mg^{2+}的含量间接计算出磷的含量。也可利用过量的Bi^{3+}与PO_4^{3-}反应生成$BiPO_4$沉淀，用 EDTA 滴定过量的Bi^{3+}，计算PO_4^{3-}的含量。

【例 5-8】 称取 0.100 0 g 含磷试样，处理成试液，并把磷沉淀为$MgNH_4PO_4$，将沉淀过滤洗涤后，再溶解并使溶液的 pH 值为 10，以铬黑 T 为指示剂，用 0.010 00 mol/L EDTA 标准溶液滴定溶液中的Mg^{2+}，消耗 20.00 mL。求试样中 P 和P_2O_5的质量分数。

解　由于

$$MgNH_4PO_4 \rightarrow Mg^{2+} \rightarrow PO_4^{3-} \rightarrow P$$

$$w_P = \frac{c_{EDTA}V_{EDTA}M_P}{m_s} \times 100\% = \frac{0.010\ 00 \times 20.00 \times \frac{30.97}{1\ 000}}{0.100\ 0} \times 100\% = 6.19\%$$

$$w_{P_2O_5} = \frac{\frac{1}{2}c_{EDTA}V_{EDTA}M_{P_2O_5}}{m_s} \times 100\% = \frac{0.010\ 00 \times 20.00 \times \frac{141.96}{2\ 000}}{0.100\ 0} \times 100\% = 14.20\%$$

例如，测定Na^+时可用乙酸铀酰锌将Na^+沉淀为$NaAc \cdot Zn(Ac)_2 \cdot 3UO_2(Ac)_2 \cdot 9H_2O$，分离后再将沉淀溶解，用 EDTA 滴定$Zn^{2+}$，由此计算$Na^+$的含量。

又如，测定CN^-时可加入过量的Ni^{2+}标准溶液，形成$Ni(CN)_4^{2-}$后，剩余的Ni^{2+}以紫脲酸胺为指示剂用 EDTA 标准溶液滴定，从而计算CN^-的含量。

本 章 小 结

(1) 了解 EDTA 及其与金属离子配合的特点：EDTA 是多基配位体，能与金属离子形成稳定的螯合物，配合比固定且简单(绝大多数为 1∶1)，配位反应迅速，配合物溶于水。EDTA 在配位滴定中有广泛的应用。

(2) 配位滴定中的主反应和副反应，各副反应系数的意义和计算。EDTA 的总副反应系数$\alpha_Y = \alpha_{Y(H)} + \alpha_{Y(N)} - 1$，其中，$\alpha_{Y(H)}$可查表，$\alpha_{Y(N)} = 1 + K_{NY}[N]$；金属离子的总副反应系数$\alpha_M = \alpha_{M(L)} + \alpha_{M(OH)} - 1$，其中，$\alpha_{M(L)} = 1 + \beta_1[L] + \beta_2[L]^2 + \cdots + \beta_n[L]^n$。MY 配合物条件稳定常数的意义和计算，$\lg K'_{MY} = \lg K_{MY} - \lg\alpha_M - \lg\alpha_Y$。

(3) 了解金属指示剂的作用原理及选择原则，常用金属指示剂。

(4) 熟悉滴定曲线的绘制(pM 计算及变化规律)，滴定突跃的含义，影响滴定突跃的因素(c_M和K'_{MY})。

(5) 了解$\Delta pM' = pM'_{ep} - pM'_{sp}$的意义，林邦终点误差公式及其应用。

(6) 准确滴定单一金属离子的条件：$\lg(c_{M,sp}K'_{MY}) \geqslant 6$。使用条件：$\Delta pM' = \pm 0.2$，$-0.1\% \leqslant TE \leqslant 0.1\%$。

(7) 配位滴定酸度的选择。最高酸度由$\lg\alpha_{Y(H)} = \lg K_{MY} - 8$，再查表求得。使用条件：金属离子的浓度$c_M = 0.010$ mol/L，$-0.1\% \leqslant TE \leqslant 0.1\%$。最低酸度通过相应的$M(OH)_n$的溶度积$K_{sp}$和$c_M$求得。此酸度范围称为适宜酸度范围。配位滴定中酸度控制的重要性及方法。

(8) 控制酸度进行混合离子分步滴定的条件：$\Delta\lg K+\lg\frac{c_M}{c_N}\geqslant 5$。使用条件：$\Delta pM'=\pm 0.2$，$-0.3\%\leqslant TE\leqslant 0.3\%$。提高配位滴定选择性的方法。

(9) 掌握配位滴定的四种方式和应用、配位滴定结果的计算。

阅读材料

手性药物分析

手性药物的研究已成为国际新药研究的新方向之一。手性药物的分析已成为国际上分析科学中的热点和难点。目前分离测定手性化合物的方法和手段有多种，色谱法是研究最多、应用最为广泛的。在这些方法中，HPLC 法分离手性异构体简便、准确、快速，因而得到了广泛使用和快速发展。

利用 HPLC 法分离药物对映体的具体方法可分为间接法和直接法。前者是利用手性试剂进行衍生化，后者又分为手性流动相添加剂法和手性固定相法。直接法由于其操作简便、重现性好、定量准确而备受关注。

手性配体交换色谱法是在 20 世纪 60 年代末 70 年代初，由 Davankov 等提出的一种在色谱系统中引入手性金属离子配体的手性色谱法。利用高效液相色谱以手性配体交换的方式拆分、分离、测定手性化合物，也可以有上述两种方式。手性固定相法将手性金属离子配体作为固定相，目前已经有一些很好的商业化的手性配体交换色谱柱可供选用。也可以将手性金属离子配合物加至色谱洗脱剂中，在非手性固定相(如 C18 键合相)上进行对映体的分离(手性流动相添加剂法)。配体交换拆分机理随着手性配体交换色谱的发展而日趋明晰。在手性固定相拆分法中，外消旋体通过配体交换与固定相配体形成一对非对映异构体配合物，两者的热力学稳定性差异导致外消旋体被拆分。分离的效率和洗脱顺序取决于配合物的相对强度。对于手性流动相添加剂法，拆分机理较为复杂。目前较为流行的解释如下：手性配合物修饰剂在色谱过程中能被吸附在固定相上，形成一种动态涂覆固定相而发挥作用。

手性配体交换色谱经过 20 多年的发展，在拆分多基团化合物的光学异构体方面体现出独特的优越性。目前，用于分析目的的手性配体交换色谱已近成熟，在制备性拆分方面也取得了重要进展。因此，采用手性配体交换液相色谱法分离、分析手性药物已成为现代医学领域里常用的重要研究手段之一，在药物工业、不对称合成和生物化学方面发挥着愈来愈重要的作用。

习　　题

1. EDTA 与金属离子的配合物有哪些特点？
2. 配合物的稳定常数与条件稳定常数有什么不同？为什么要引入条件稳定常数？对配位反应来说，影响稳定常数的主要因素有哪些？
3. Cu^{2+}、Zn^{2+}、Cd^{2+}、Ni^{2+} 等离子均能与 NH_3 形成配合物，为什么不能以氨水为滴定剂，用配位滴定法来测定这些离子？
4. 如何选择配位滴定的条件？主要从哪些方面考虑？
5. 若配制 EDTA 溶液的水中含 Ca^{2+}，判断下列情况对测定结果的影响：

(1) 以 $CaCO_3$ 为基准物质标定 EDTA,并用 EDTA 滴定试液中的 Zn^{2+},以二甲酚橙为指示剂;

(2) 以金属锌为基准物质,二甲酚橙为指示剂,标定 EDTA,用 EDTA 测定试液中的 Ca^{2+}、Mg^{2+} 含量;

(3) 以 $CaCO_3$ 为基准物质,铬黑 T 为指示剂,标定 EDTA,用 EDTA 测定试液中 Ca^{2+}、Mg^{2+} 含量。

并以此例说明配合滴定中为什么标定和测定的条件要尽可能一致。

6. Ca^{2+} 与 PAN 不显色,但当 $10<pH<12$ 时,加入适量的 CuY,可以用 PAN 作为滴定 Ca^{2+} 的指示剂,为什么?

7. 将 100 mL 0.020 mol/L Cu^{2+} 溶液与 100 mL 0.28 mol/L 氨水相混后,溶液中浓度最大的型体是哪一种?其平衡浓度为多少?

($Cu(NH_3)_4^{2+}$,9.3×10^{-3} mol/L)

8. 当 pH=5 时,镁和 EDTA 配合物的条件稳定常数是多少?假设 Mg^{2+} 和 EDTA 的浓度皆为 10^{-2} mol/L(不考虑羟基配位等副反应)。此时能否用 EDTA 标准溶液准确滴定 Mg^{2+}?

(2.24)

9. 计算用 0.020 0 mol/L EDTA 标准溶液滴定同浓度的 Cu^{2+} 溶液时的适宜酸度范围。

(2.80~5.02)

10. 若溶液的 pH=11.00,游离 CN^- 浓度为 1.0×10^{-2} mol/L,计算 HgY 配合物的 $\lg K'_{HgY}$。

(−11.82)

11. 当 pH=2.0 时,用 20.00 mL 0.020 00 mol/L EDTA 标准溶液滴定 20.00 mL 2.0×10^{-2} mol/L Fe^{3+} 溶液。当 EDTA 分别加入 19.98 mL、20.00 mL、20.02 mL 和 40.00 mL 时,溶液中 pFe(Ⅲ)如何变化?

(5.00、6.80、8.59、11.59)

12. 称取 0.500 0 g 铜锌镁合金,溶解后配成 100.0 mL 试液。移取 25.00 mL 试液调至 pH=6.0,用 PAN 作指示剂,用 37.30 mL 0.050 00 mol/L EDTA 标准溶液滴定 Cu^{2+} 和 Zn^{2+}。另取 25.00 mL 试液调至 pH=10.0,用 KCN 掩蔽 Cu^{2+} 和 Zn^{2+} 后,用 4.10 mL 等浓度的 EDTA 溶液滴定 Mg^{2+},然后再滴加甲醛解蔽 Zn^{2+},又用 13.40 mL 0.050 00 mol/L EDTA 标准溶液滴定至终点。计算试样中铜、锌、镁的质量分数。

(60.75%,35.05%,3.99%)

13. 称取 0.200 0 g 含 Fe_2O_3 和 Al_2O_3 的试样,将其溶解,在 pH=2.0 的热溶液(50 ℃左右)中,以磺基水杨酸为指示剂,用 0.020 00 mol/L EDTA 标准溶液滴定试样中的 Fe^{3+},用去18.16 mL,然后将试液调至 pH=3.5,加入 25.00 mL 上述 EDTA 标准溶液,并加热煮沸。再使试液的 pH=4.5,以 PAN 为指示剂,趁热用 $CuSO_4$ 标准溶液(每毫升含$CuSO_4\cdot5H_2O$ 0.005 000 g)返滴定,用去 8.12 mL。计算试样中 Fe_2O_3 和 Al_2O_3 的质量分数。

(14.5%,8.6%)

14. 有 250.0 mL 矿泉水试样,其中 K^+ 用下述反应沉淀:

$$K^+ + (C_6H_5)_4B^- = KB(C_6H_5)_4\downarrow$$

沉淀经过滤、洗涤后溶于一种有机溶剂中,然后加入过量的 HgY^{2-},则发生如下反应:

$$4HgY^{2-} + (C_6H_5)_4B^- + 4H_2O = H_3BO_3 + 4C_6H_5Hg^+ + 4HY^{3-} + OH^-$$

释出的 EDTA 需 29.64 mL 0.055 80 mol/L Mg^{2+} 溶液滴定至终点。计算矿泉水中 K^+ 的浓度,用 mg/L 表示。

(64.7 mg/L)

15. 称取 0.500 0 g 煤试样,熔融并把其中的硫完全氧化成 SO_4^{2-},溶解并除去重金属离子后,加入 20.00 mL 0.050 00 mol/L $BaCl_2$ 溶液,生成 $BaSO_4$ 沉淀,过量的 Ba^{2+} 用 0.025 00 mol/L EDTA 标准溶液滴定,用去 20.00 mL。计算试样中硫的质量分数。

(3.21%)

16. 称取 0.550 0 g 葡萄糖酸钙试样,溶解后,在 pH=10 的氨性缓冲溶液中用 EDTA 标准溶液滴定,以

EBT 为指示剂。滴定用去 24.50 mL 0.049 85 mol/L EDTA 标准溶液，试计算试样中葡萄糖酸钙的质量分数。(葡萄糖酸钙的分子式为 $C_{12}H_{22}O_{14}Ca \cdot H_2O$。)

(99.57%)

17. 某皮肤药膏的主要原料是氧化锌和氧化铁的混合物，称取 1.022 0 g 干燥的混合氧化物，溶于酸并准确稀释到 250 mL。

(1) 吸取 10.00 mL 试液，加入氟化钾掩蔽铁后，适当调节 pH 值，用 0.012 90 mol/L EDTA 标准溶液滴定 Zn^{2+}，耗去 38.70 mL；

(2) 吸取 50.00 mL 试液，调节至适当酸度后，用 0.002 720 mol/L ZnY 溶液滴定，耗去 2.40 mL，其反应式为

$$Fe^{3+} + ZnY^{2-} = FeY^{-} + Zn^{2+}$$

计算试样中 ZnO 和 Fe_2O_3 的质量分数。

(98.92%，0.26%)

18. 若不经过分离，如何用配位滴定法测定下列混合溶液中各组分的含量？(尽可能设计出条件，如 pH 值、指示剂、掩蔽剂、标准溶液等。)

(1) Ca^{2+}、Mg^{2+}、Fe^{3+}；　(2) Ca^{2+}、Cu^{2+}；　(3) Al^{3+}、Hg^{2+}；

(4) Pb^{2+}、Ca^{2+}、Bi^{3+}；　(5) Zn^{2+}、Cu^{2+}、Ca^{2+}。

第 6 章　氧化还原滴定法

氧化还原滴定法(oxidation-reduction titration)是以氧化还原反应为基础的滴定分析方法。氧化还原反应是基于电子转移的反应。第 4、5 章所述的酸碱反应和配位反应都只是离子或分子间的相互结合，反应机理简单，多可瞬间完成。而氧化还原反应则不然，反应机理比较复杂，常伴有副反应发生，反应速率一般较小，介质或反应条件不同，反应结果可能很不相同。因此，在氧化还原滴定中，必须控制适宜的条件，以保证反应定量、快速地进行。

氧化还原滴定法是滴定分析中应用最广泛的方法之一，可运用直接或间接滴定法测定许多无机物和有机物。氧化剂和还原剂均可以作为滴定剂，一般根据滴定剂的名称来命名氧化还原滴定法，常用的有高锰酸钾法、重铬酸钾法、碘量法、溴酸钾法及硫酸铈法等。

6.1　氧化还原反应

6.1.1　电极电位和条件电位

1. 电极电位

氧化剂和还原剂的强弱可以用电对的电极电位(electrode potential)来衡量。电对的电极电位越高，其氧化态的氧化能力越强；电对的电极电位越低，其还原态的还原能力越强。氧化还原电对可粗略地分为可逆电对和不可逆电对两大类。可逆电对(如 Fe^{3+}/Fe^{2+}、I_2/I^-、Ce^{4+}/Ce^{3+} 等)能迅速地建立起氧化还原平衡，其电极电位基本符合 Nernst 方程计算的理论电极电位。不可逆电对(如 $Cr_2O_7^{2-}/Cr^{3+}$、SO_4^{2-}/SO_3^{2-}、MnO_4^-/Mn^{2+} 等)不能在氧化还原反应的任意瞬间建立起氧化还原平衡，实际电极电位与理论电极电位相差较大。若以 Nernst 方程计算，所得结果仅能做初步判断。

对于任意一个可逆氧化还原电对

$$\mathrm{Ox}+ne \rightleftharpoons \mathrm{Red}$$

其电极电位的大小可用 Nernst 方程计算：

$$\varphi_{\mathrm{Ox/Red}}=\varphi^{\ominus}_{\mathrm{Ox/Red}}+\frac{RT}{nF}\ln\frac{a_{\mathrm{Ox}}}{a_{\mathrm{Red}}}$$

$$=\varphi^{\ominus}_{\mathrm{Ox/Red}}+\frac{0.059}{n}\lg\frac{a_{\mathrm{Ox}}}{a_{\mathrm{Red}}}\quad(25\ ℃)\tag{6-1}$$

式中：$\varphi_{\mathrm{Ox/Red}}$为可逆电对 Ox/Red 的电极电位；$T$ 为热力学温度；R 为摩尔气体常数(8.314 J/(K·mol))；n 为电极反应的电子转移数；F 为法拉第常数(96 500 C/mol)；a_{Ox}和 a_{Red}分别为氧化态(Ox)和还原态(Red)的活度；$\varphi^{\ominus}_{\mathrm{Ox/Red}}$为可逆电对 Ox/Red 的标准电极电位，是指在一定温度(通常为 25 ℃)下，当 $a_{\mathrm{Ox}}=a_{\mathrm{Red}}=1$ 时的电极电位。常见电对的标准电极电位值列于附录 F 中。

由 Nernst 方程可知,增大氧化态的活度或降低还原态的活度将使电极电位升高,降低氧化态的活度或增大还原态的活度将使电极电位降低。

当氧化态或还原态是金属或固体时,其活度等于 1;有 H^+ 或 OH^- 参加的电极反应,H^+ 或 OH^- 的活度应表示在活度项中。

实际上通常知道的是离子的浓度而不是活度,为简化起见,往往忽略溶液中离子强度的影响,以浓度代替活度来进行计算。

由式(6-1)可知,影响电极电位的因素如下:

(1) 氧化还原电对的性质,决定 $\varphi^{\ominus}_{Ox/Red}$ 的大小;

(2) 氧化态和还原态的浓度(包括 H^+ 或 OH^- 的浓度)及其比值。

2. 条件电位

在实际工作中,溶液的离子强度常常较大,并且当溶液组成改变时,电对的氧化态和还原态的存在形式(副反应)也往往随之改变,它们对电极电位的影响往往比较大,不能忽略。因此,在利用电极电位讨论物质的氧化还原能力时,必须考虑离子强度和副反应对电极电位的影响。

例如,计算 HCl 溶液中 Fe(Ⅲ)/Fe(Ⅱ)体系的电极电位时,由 Nernst 方程得到

$$\begin{aligned}\varphi_{Fe(Ⅲ)/Fe(Ⅱ)} &= \varphi^{\ominus}_{Fe(Ⅲ)/Fe(Ⅱ)} + 0.059\lg\frac{a_{Fe^{3+}}}{a_{Fe^{2+}}}\\ &= \varphi^{\ominus}_{Fe(Ⅲ)/Fe(Ⅱ)} + 0.059\lg\frac{\gamma_{Fe^{3+}}[Fe^{3+}]}{\gamma_{Fe^{2+}}[Fe^{2+}]}\end{aligned} \tag{6-2}$$

但实际上在 HCl 溶液中由于铁离子与溶剂和易于配合的阴离子 Cl^- 发生如下反应:

$$Fe^{3+} + H_2O \rightleftharpoons FeOH^{2+} + H^+$$

$$Fe^{3+} + Cl^- \rightleftharpoons FeCl^{2+}$$

$$\vdots$$

因此,除 Fe^{3+} 和 Fe^{2+} 外,还存在 $FeOH^{2+}$、$FeCl^{2+}$、$FeCl_2^+$、$FeCl^+$、$FeCl_2$ 等,若用 $c_{Fe(Ⅲ)}$、$c_{Fe(Ⅱ)}$ 分别表示溶液中三价态铁和二价态铁的总浓度,则

$$c_{Fe(Ⅲ)} = [Fe^{3+}] + [FeOH^{2+}] + [FeCl^{2+}] + \cdots$$

$$c_{Fe(Ⅱ)} = [Fe^{2+}] + [FeCl^+] + [FeCl_2] + \cdots$$

此时

$$\frac{c_{Fe(Ⅲ)}}{[Fe^{3+}]} = \alpha_{Fe(Ⅲ)} \tag{6-3}$$

$\alpha_{Fe(Ⅲ)}$ 为 Fe^{3+} 的副反应系数。同样 Fe^{2+} 的副反应系数为

$$\frac{c_{Fe(Ⅱ)}}{[Fe^{2+}]} = \alpha_{Fe(Ⅱ)} \tag{6-4}$$

将式(6-3)、式(6-4)代入式(6-2)得

$$\varphi_{Fe(Ⅲ)/Fe(Ⅱ)} = \varphi^{\ominus}_{Fe(Ⅲ)/Fe(Ⅱ)} + 0.059\lg\frac{\gamma_{Fe^{3+}}\alpha_{Fe(Ⅱ)}c_{Fe(Ⅲ)}}{\gamma_{Fe^{2+}}\alpha_{Fe(Ⅲ)}c_{Fe(Ⅱ)}} \tag{6-5}$$

式(6-5)是考虑上述两个因素后的 Nernst 方程。但当溶液的离子强度较大,副反应较多时,活度系数 γ 和副反应系数 α 都不易求得。可将式(6-5)写成下列形式:

$$\varphi_{Fe(Ⅲ)/Fe(Ⅱ)} = \varphi^{\ominus}_{Fe(Ⅲ)/Fe(Ⅱ)} + 0.059\lg\frac{\gamma_{Fe^{3+}}\alpha_{Fe(Ⅱ)}}{\gamma_{Fe^{2+}}\alpha_{Fe(Ⅲ)}} + 0.059\lg\frac{c_{Fe(Ⅲ)}}{c_{Fe(Ⅱ)}} \tag{6-6}$$

考虑到 γ、α 在条件一定时是固定值，式(6-6)的前两项合并应为一常数，以 $\varphi^{\ominus'}_{Fe(Ⅲ)/Fe(Ⅱ)}$ 表示，即

$$\varphi^{\ominus'}_{Fe(Ⅲ)/Fe(Ⅱ)} = \varphi^{\ominus}_{Fe(Ⅲ)/Fe(Ⅱ)} + 0.059\lg\frac{\gamma_{Fe^{3+}}\alpha_{Fe(Ⅱ)}}{\gamma_{Fe^{2+}}\alpha_{Fe(Ⅲ)}} \tag{6-7}$$

$\varphi^{\ominus'}_{Fe(Ⅲ)/Fe(Ⅱ)}$ 称为条件电极电位(conditional electrode potential)，简称条件电位。它是在一定介质条件下，氧化态和还原态的总浓度均为 1 mol/L 时，校正了各种因素影响后电对的实际电极电位，它在一定条件下为一常数，不随氧化态和还原态总浓度的改变而改变。引入条件电位后，式(6-6)可写为

$$\varphi_{Fe(Ⅲ)/Fe(Ⅱ)} = \varphi^{\ominus'}_{Fe(Ⅲ)/Fe(Ⅱ)} + 0.059\lg\frac{c_{Fe(Ⅲ)}}{c_{Fe(Ⅱ)}} \tag{6-8}$$

一般通式为

$$\varphi_{Ox/Red} = \varphi^{\ominus'}_{Ox/Red} + \frac{0.059}{n}\lg\frac{c_{Ox}}{c_{Red}} \quad (25\ ℃) \tag{6-9}$$

$$\varphi^{\ominus'}_{Ox/Red} = \varphi^{\ominus}_{Ox/Red} + \frac{0.059}{n}\lg\frac{\gamma_{Ox}\alpha_{Red}}{\gamma_{Red}\alpha_{Ox}}$$

条件电位与标准电极电位的关系，与配位反应中的条件稳定常数 $K'_{稳}$ 和稳定常数 $K_{稳}$ 的关系相似。显然，条件电位的引入使处理分析化学中的问题更方便，更符合实际情况。

条件电位的大小反映了在外界因素影响下，氧化还原电对的实际氧化还原能力。应用条件电位比用标准电极电位能更正确地判断氧化还原反应的方向、次序和反应完成的程度。条件电位概念的提出，将不易计算的 $\lg[\gamma_{Ox}\alpha_{Red}/(\gamma_{Red}\alpha_{Ox})]$ 值放到 $\varphi^{\ominus'}_{Ox/Red}$ 中用实验来确定。一般分析化学手册中都列有许多经过实验测得的条件电位，可通过查表并利用式(6-9)求出某电对比较符合实际的电极电位。

由于实际体系的反应条件多种多样，条件电位的数据目前还较少，在缺乏相同条件下的条件电位时，可采用条件相近的条件电位数据。例如，未查到 1.5 mol/L H_2SO_4 溶液中 Fe^{3+}/Fe^{2+} 电对的条件电位，可用 1.0 mol/L H_2SO_4 溶液中的条件电位(0.68 V)代替。若采用标准电极电位(0.77 V)，误差更大。

【例 6-1】 计算 0.5 mol/L H_2SO_4 溶液中 $c_{Ce^{4+}} = 1.00\times10^{-3}$ mol/L，$c_{Ce^{3+}} = 1.00\times10^{-2}$ mol/L 时 Ce^{4+}/Ce^{3+} 电对的电极电位。

解 在 0.5 mol/L H_2SO_4 介质中，$\varphi^{\ominus'}_{Ce^{4+}/Ce^{3+}} = 1.44$ V。

$$\begin{aligned}\varphi_{Ce^{4+}/Ce^{3+}} &= \varphi^{\ominus'}_{Ce^{4+}/Ce^{3+}} + 0.059\lg\frac{c_{Ce^{4+}}}{c_{Ce^{3+}}} = \left(1.44 + 0.059\lg\frac{1.00\times10^{-3}}{1.00\times10^{-2}}\right)\ \text{V} \\ &= 1.38\ \text{V}\end{aligned}$$

6.1.2 影响电极电位的因素

由式(6-9)可以看到，$\varphi_{Ox/Red}$ 值的大小与 $\varphi^{\ominus'}_{Ox/Red}$、温度和氧化态、还原态的总浓度有关，因此，在常温下，$\varphi_{Ox/Red}$ 受溶液离子强度、各种副反应及酸度的影响。

1. 离子强度

电解质浓度的变化可使溶液中离子强度发生变化，从而改变氧化态和还原态的活度系数。在通常的氧化还原体系中，往往电解质浓度较大，因而离子强度也较大，活度系数远远

小于 1,活度与浓度的差别较大,若用浓度代替活度,则用 Nernst 方程计算的结果与实际情况有差异。但由于各种副反应对电极电位的影响远比离子强度的影响大,同时离子强度的影响又难以校正,因此,在一般情况下,可以忽略离子强度的影响而着重考虑各种副反应对电极电位的影响。

2. 副反应

在氧化还原反应中,常利用沉淀反应和配位反应使电对的氧化态或还原态的浓度发生变化,从而改变电对的电极电位。

1) 生成沉淀

在氧化还原反应中,若加入一种与电对的氧化态或还原态生成沉淀的沉淀剂,电对的电极电位就会发生改变。当氧化态生成沉淀时,电对的电极电位将降低;当还原态生成沉淀时,电对的电极电位将增高。例如,间接碘量法测定 Cu^{2+} 是基于如下反应:

$$2Cu^{2+}+4I^- \rightleftharpoons 2CuI\downarrow +I_2$$

$$\varphi^{\ominus}_{Cu^{2+}/Cu^+}=0.153\ V,\quad \varphi^{\ominus}_{I_2/I^-}=0.54\ V$$

仅由电对的标准电极电位来判断,上述反应不能自发正向进行,即 Cu^{2+} 没有氧化 I^- 的能力。但实际上此反应进行得很完全,原因在于生成了溶解度很小的 CuI 沉淀,导致溶液中 Cu^+ 的浓度变得很小,使 Cu^{2+}/Cu^+ 电对的电极电位显著提高,明显高于 I_2/I^- 电对的电极电位,从而使上述反应得以进行。

【例 6-2】 计算 KI 浓度为 1 mol/L 时,Cu^{2+}/Cu^+ 电对的条件电位(忽略离子强度的影响)。

解 已知 $\varphi^{\ominus}_{Cu^{2+}/Cu^+}=0.153\ V$, $K^{\ominus}_{sp(CuI)}=1.27\times10^{-12}$

$$\begin{aligned}\varphi_{Cu^{2+}/Cu^+}&=\varphi^{\ominus}_{Cu^{2+}/Cu^+}+0.059\lg\frac{[Cu^{2+}]}{[Cu^+]}\\&=\varphi^{\ominus}_{Cu^{2+}/Cu^+}+0.059\lg\frac{[Cu^{2+}][I^-]}{K^{\ominus}_{sp(CuI)}}\\&=\varphi^{\ominus}_{Cu^{2+}/Cu^+}+0.059\lg\frac{[I^-]}{K^{\ominus}_{sp(CuI)}}+0.059\lg[Cu^{2+}]\end{aligned}$$

因为 Cu^{2+} 未发生副反应,故$[Cu^{2+}]=c_{Cu(II)}$。根据条件电位概念,当 $c_{Cu(II)}=1$ mol/L 时的电位,即为电对 Cu^{2+}/Cu^+ 的条件电位,因此

$$\begin{aligned}\varphi^{\ominus'}_{Cu^{2+}/Cu^+}&=\varphi^{\ominus}_{Cu^{2+}/Cu^+}+0.059\lg\frac{[I^-]}{K^{\ominus}_{sp(CuI)}}\\&=\left(0.153+0.059\lg\frac{1}{1.27\times10^{-12}}\right)V\\&=0.855\ V\end{aligned}\tag{6-10}$$

可见,由于 CuI 沉淀的生成,Cu^{2+}/Cu^+ 的电极电位由 0.153 V 升高到0.855 V,氧化能力大大增强。此外,从式(6-10)可以看出,对于不同的$[I^-]$,Cu^{2+}/Cu^+ 电对的 $\varphi^{\ominus'}_{Cu^{2+}/Cu^+}$ 值不同。

2) 生成配合物

如果氧化还原电对中的氧化态或还原态金属离子与溶液中存在的具有配位能力的阴离子发生配位反应,就会影响电对的电极电位。若氧化态生成的配合物比还原态生成的配合物稳定性高,电对的电极电位将降低;反之,电极电位将升高。在氧化还原滴定中,为了消除干扰离子的影响,常常加入可与干扰离子生成配合物的辅助配位剂。例如,间接碘量法测定 Cu^{2+} 时,若有 Fe^{3+} 存在,Fe^{3+} 也能氧化 I^-,从而干扰 Cu^{2+} 的测定。若加入 NaF,则 F^- 与

Fe^{3+}可形成稳定的配合物，使 Fe^{3+}/Fe^{2+} 电对的电极电位显著降低，从而避免干扰反应的发生。表 6-1 列出了电对 Fe^{3+}/Fe^{2+} 在不同介质条件下的条件电位。由表 6-1 中的数据可知，在与 Fe^{3+} 有较强配位能力的 HF 或 H_3PO_4 介质中，电对的条件电位均明显降低。

表 6-1　不同介质中 Fe^{3+}/Fe^{2+} 电对的条件电位（$\varphi^{\ominus}_{Fe^{3+}/Fe^{2+}}=0.77$ V）

介　质	HClO (1 mol/L)	HCl (1 mol/L)	H_2SO_4 (1 mol/L)	H_2SO_4(1 mol/L) H_3PO_4(0.5 mol/L)	H_3PO_4 (1 mol/L)	HF (1 mol/L)
$\varphi^{\ominus'}_{Fe^{3+}/Fe^{2+}}$/V	0.75	0.70	0.68	0.61	0.44	0.32

【例 6-3】 计算 pH＝3.5，$c_{NaF}=0.10$ mol/L 时，Fe^{3+}/Fe^{2+} 电对的条件电位。在此条件下，用碘量法测定 Cu^{2+} 时，Fe^{3+} 是否干扰测定？若 pH＝1.0，结果又如何？（忽略离子强度的影响）

解　已知 Fe^{3+}-F^- 配合物的 $\lg\beta_1$、$\lg\beta_2$、$\lg\beta_3$ 分别为 5.2、9.2、11.9。Fe^{2+} 基本不与 F^- 配合；HF 的 $pK_a=3.17$，$\varphi^{\ominus}_{Fe^{3+}/Fe^{2+}}=0.77$ V，$\varphi^{\ominus}_{I_2/I^-}=0.54$ V。

$$\varphi_{Fe^{3+}/Fe^{2+}}=\varphi^{\ominus}_{Fe^{3+}/Fe^{2+}}+0.059\lg\frac{[Fe^{3+}]}{[Fe^{2+}]}$$

$$=\varphi^{\ominus}_{Fe^{3+}/Fe^{2+}}+0.059\lg\frac{\alpha_{Fe^{2+}}c_{Fe^{3+}}}{\alpha_{Fe^{3+}}c_{Fe^{2+}}}$$

$$=\varphi^{\ominus}_{Fe^{3+}/Fe^{2+}}+0.059\lg\frac{\alpha_{Fe^{2+}}}{\alpha_{Fe^{3+}}}+0.059\lg\frac{c_{Fe^{3+}}}{c_{Fe^{2+}}}$$

$$\varphi^{\ominus'}_{Fe^{3+}/Fe^{2+}}=\varphi^{\ominus}_{Fe^{3+}/Fe^{2+}}+0.059\lg\frac{\alpha_{Fe^{2+}}}{\alpha_{Fe^{3+}}}$$

当 pH＝3.5 时，有

$$[F^-]=c_{F^-}\frac{K_{a(HF)}}{[H^+]+K_{a(HF)}}=0.10\times\frac{10^{-3.17}}{10^{-3.5}+10^{-3.17}}\ \text{mol/L}$$

$$=10^{-1.17}\ \text{mol/L}$$

$$\alpha_{Fe^{3+}(F)}=1+\beta_1[F^-]+\beta_2[F^-]^2+\beta_3[F^-]^3$$

$$=1+10^{5.2-1.17}+10^{9.2-2.34}+10^{11.9-3.51}$$

$$=10^{8.40}$$

$$\alpha_{Fe^{2+}}=1$$

所以

$$\varphi^{\ominus'}_{Fe^{3+}/Fe^{2+}}=\varphi^{\ominus}_{Fe^{3+}/Fe^{2+}}+0.059\lg\frac{\alpha_{Fe^{2+}}}{\alpha_{Fe^{3+}}}$$

$$=\left(0.77+0.059\lg\frac{1}{10^{8.40}}\right)\ \text{V}=0.27\ \text{V}$$

此时

$$\varphi^{\ominus}_{I_2/I^-}=0.54\ \text{V}>\varphi^{\ominus'}_{Fe^{3+}/Fe^{2+}}$$

Fe^{3+} 不能氧化 I^-，因此不干扰测定。

当 pH＝1.0 时，同理可得 $\alpha_{Fe^{3+}(F)}=3.03$，$\varphi^{\ominus'}_{Fe^{3+}/Fe^{2+}}=0.59$ V。这时

$$\varphi^{\ominus'}_{Fe^{3+}/Fe^{2+}}>\varphi^{\ominus}_{I_2/I^-}=0.54\ \text{V}$$

Fe^{3+} 将氧化 I^-，因此，不能消除 Fe^{3+} 的干扰。

3. 溶液酸度

若有 H^+ 或 OH^- 参加氧化还原半反应，则酸度的变化将直接影响电对的电极电位；若电对的氧化态或还原态是弱酸或弱碱，酸度的变化还将直接影响其存在形式，从而引起电对电极电位的变化。

【例 6-4】 分别计算$[H^+]=5$ mol/L 和 pH＝8.0 时，电对 $H_3AsO_4/HAsO_2$ 的条件电位，并判断在以上两种条件下，下列反应进行的方向（忽略离子强度的影响）：

$$H_3AsO_4 + 2I^- + 2H^+ \rightleftharpoons HAsO_2 + I_2 + 2H_2O$$

已知 $\varphi^{\ominus}_{H_3AsO_4/HAsO_2}=0.56\ V$，$\varphi^{\ominus}_{I_2/I^-}=0.54\ V$，$H_3AsO_4$ 的 $pK_{a(1)}$、$pK_{a(2)}$、$pK_{a(3)}$ 分别为 2.24、6.96、11.50，$HAsO_2$ 的 $pK_a=9.22$。

解　在 pH $\leqslant$8 时电对 I_2/I^- 的电极电位几乎与 pH 值无关，而电对 $H_3AsO_4/HAsO_2$ 的电极电位受酸度的影响较大，其半反应为

$$H_3AsO_4 + 2H^+ + 2e \rightleftharpoons HAsO_2 + 2H_2O$$

根据 Nernst 方程得

$$\begin{aligned}\varphi_{H_3AsO_4/HAsO_2} &= \varphi^{\ominus}_{H_3AsO_4/HAsO_2} + \frac{0.059}{2}\lg\frac{[H_3AsO_4][H^+]^2}{[HAsO_2]}\\ &= \varphi^{\ominus}_{H_3AsO_4/HAsO_2} + \frac{0.059}{2}\lg\frac{\alpha_{HAsO_2}c_{H_3AsO_4}[H^+]^2}{\alpha_{H_3AsO_4}c_{HAsO_2}}\\ &= \varphi^{\ominus}_{H_3AsO_4/HAsO_2} + \frac{0.059}{2}\lg\frac{\alpha_{HAsO_2}[H^+]^2}{\alpha_{H_3AsO_4}} + \frac{0.059}{2}\lg\frac{c_{H_3AsO_4}}{c_{HAsO_2}}\end{aligned}$$

$$\varphi^{\ominus'}_{H_3AsO_4/HAsO_2} = \varphi^{\ominus}_{H_3AsO_4/HAsO_2} + \frac{0.059}{2}\lg\frac{\alpha_{HAsO_2}[H^+]^2}{\alpha_{H_3AsO_4}}$$

式中的副反应系数 α 即为酸效应系数，且 $\alpha=\frac{1}{\delta_0}$，$\delta_0$ 为酸的不带电荷型体的分布系数。

当$[H^+]=5$ mol/L 时，有

$$\begin{aligned}\alpha_{H_3AsO_4} &= \frac{1}{\delta_{0(H_3AsO_4)}} = \frac{[H^+]^3+[H^+]^2K_{a(1)}+[H^+]K_{a(1)}K_{a(2)}+K_{a(1)}K_{a(2)}K_{a(3)}}{[H^+]^3}\\ &= \frac{125+0.158+3.15\times10^{-9}+2.0\times10^{-21}}{125}\approx 1\end{aligned}$$

$$\alpha_{HAsO_2} = \frac{1}{\delta_{0(HAsO_2)}} = \frac{[H^+]+K_a}{[H^+]} = \frac{5+10^{-9.22}}{5}\approx 1$$

$$\begin{aligned}\varphi^{\ominus'}_{H_3AsO_4/HAsO_2} &= \varphi^{\ominus}_{H_3AsO_4/HAsO_2} + \frac{0.059}{2}\lg\frac{\alpha_{HAsO_2}[H^+]^2}{\alpha_{H_3AsO_4}}\\ &= \left(0.56+\frac{0.059}{2}\lg 25\right)\ V = 0.60\ V\end{aligned}$$

计算结果表明，当$[H^+]=5$ mol/L 时，$\varphi^{\ominus'}_{H_3AsO_4/HAsO_2} > \varphi^{\ominus}_{I_2/I^-}$，反应正向进行，因此，可利用此反应，在强酸性溶液中用间接碘量法测定 H_3AsO_4 的含量。

同理，当 pH=8.0 时，$\alpha_{H_3AsO_4}=10^{6.8}$，$\alpha_{HAsO_2}=1$，$\varphi^{\ominus'}_{H_3AsO_4/HAsO_2}=-0.11\ V$，$\varphi^{\ominus}_{I_2/I^-} > \varphi^{\ominus'}_{H_3AsO_4/HAsO_2}$，反应逆向进行。因此，可利用此反应，在弱碱溶液中，以 As_2O_3 为基准物质标定 I_2 标准溶液的浓度。

6.1.3　氧化还原平衡

氧化还原反应是两个电对的反应，其反应式为

$$a\mathrm{Ox}_1 + b\mathrm{Red}_2 \rightleftharpoons a\mathrm{Red}_1 + b\mathrm{Ox}_2$$

与该反应有关的氧化还原半反应和电位分别为

$$\mathrm{Ox}_1 + n_1 e \rightleftharpoons \mathrm{Red}_1 \qquad \varphi_1 = \varphi_1^{\ominus} + \frac{0.059}{n_1}\lg\frac{a_{\mathrm{Ox}_1}}{a_{\mathrm{Red}_1}}$$

$$\mathrm{Ox}_2 + n_2 e \rightleftharpoons \mathrm{Red}_2 \qquad \varphi_2 = \varphi_2^{\ominus} + \frac{0.059}{n_2}\lg\frac{a_{\mathrm{Ox}_2}}{a_{\mathrm{Red}_2}}$$

当反应达到平衡时，$\varphi_1=\varphi_2$，故

$$\varphi_1^{\ominus}+\frac{0.059}{n_1}\lg\frac{a_{\mathrm{Ox}_1}}{a_{\mathrm{Red}_1}}=\varphi_2^{\ominus}+\frac{0.059}{n_2}\lg\frac{a_{\mathrm{Ox}_2}}{a_{\mathrm{Red}_2}}$$

两边同乘以 n_1 和 n_2 的最小公倍数 n，则 $n_1=n/a$，$n_2=n/b$，整理后得

$$\lg\frac{a_{\mathrm{Red}_1}^{a}a_{\mathrm{Ox}_2}^{b}}{a_{\mathrm{Ox}_1}^{a}a_{\mathrm{Red}_2}^{b}}=\lg K=\frac{n(\varphi_1^{\ominus}-\varphi_2^{\ominus})}{0.059} \tag{6-11}$$

式中：K 为氧化还原反应平衡常数。式(6-11)表明，氧化还原反应的平衡常数与两电对的标准电极电位及电子转移数有关。与其他反应一样，氧化还原反应平衡常数的大小反映了氧化还原反应进行的程度。若考虑溶液中各种副反应的影响，以相应的条件电位代替标准电极电位，相应的活度也应以总浓度代替，即可得到相应的条件平衡常数 K'，它能更好地反映实际情况下反应进行的程度，即

$$\lg\frac{c_{\mathrm{Red}_1}^{a}c_{\mathrm{Ox}_2}^{b}}{c_{\mathrm{Ox}_1}^{a}c_{\mathrm{Red}_2}^{b}}=\lg K'=\frac{n(\varphi_1^{\ominus'}-\varphi_2^{\ominus'})}{0.059} \tag{6-12}$$

6.1.4 在化学计量点时反应进行的程度

氧化还原反应到达化学计量点时，反应进行的程度可用条件平衡常数或平衡常数的大小来衡量，那么它们应为多大，才能满足定量分析的要求呢？

根据滴定分析误差要求，一般在化学计量点时反应完全程度至少应达到99.9%，未作用物的比例应小于0.1%，代入式(6-12)中，得

$$\lg K'=\lg\frac{c_{\mathrm{Red}_1}^{a}c_{\mathrm{Ox}_2}^{b}}{c_{\mathrm{Ox}_1}^{a}c_{\mathrm{Red}_2}^{b}}\geqslant\lg\frac{(99.9\%)^a(99.9\%)^b}{(0.1\%)^a(0.1\%)^b}$$

$$\approx\lg(10^{3a}\times10^{3b})=3(a+b) \tag{6-13}$$

$$\frac{n(\varphi_1^{\ominus'}-\varphi_2^{\ominus'})}{0.059}\geqslant 3(a+b) \tag{6-14}$$

若 $n_1=n_2=1$，则 $a=b=1, n=1, \lg K'\geqslant 6, \Delta\varphi^{\ominus'}\geqslant 0.35\ \mathrm{V}$。

若 $n_1=2, n_2=1$，则 $a=1, b=2, n=2, \lg K'\geqslant 9, \Delta\varphi^{\ominus'}\geqslant 0.27\ \mathrm{V}$。

若 $n_1=n_2=2$，则 $a=b=1, n=2, \lg K'\geqslant 6, \Delta\varphi^{\ominus'}\geqslant 0.18\ \mathrm{V}$。

……

计算表明，无论什么类型的氧化还原反应，若仅考虑反应的完全程度，一般认为 $\Delta\varphi^{\ominus'}\geqslant 0.4\ \mathrm{V}$ 就能满足滴定分析的要求。

【例 6-5】 判断在 1 mol/L H_2SO_4 溶液中，用 Ce^{4+} 溶液滴定 Fe^{2+} 溶液，反应能否进行完全。已知在此条件下，$\varphi_{Fe^{3+}/Fe^{2+}}^{\ominus'}=0.68\ \mathrm{V}$，$\varphi_{Ce^{4+}/Ce^{3+}}^{\ominus'}=1.44\ \mathrm{V}$。

解　滴定反应式为

$$Ce^{4+}+Fe^{2+}=\!=\!=Ce^{3+}+Fe^{3+}$$

两电对电子转移数的最小公倍数 $n=1$，则

$$\Delta\varphi^{\ominus'}=\varphi_1^{\ominus'}-\varphi_2^{\ominus'}=(1.44-0.68)\ \mathrm{V}=0.76\ \mathrm{V}>0.4\ \mathrm{V}$$

$$\lg K'=\frac{n\Delta\varphi^{\ominus'}}{0.059}=\frac{1\times0.76}{0.059}=12.88$$

$$K'=7.6\times10^{12}$$

结果表明，上述反应可进行完全，能够用于氧化还原滴定分析。

6.1.5 氧化还原反应速率及影响因素

在氧化还原反应中，平衡常数的大小只能表示反应进行的程度，并不能说明反应的速率。不同的氧化还原反应，其反应速率相差很大，与酸碱反应和配位反应相比，多数氧化还原反应的机理较复杂，有的反应虽然从理论上判断是可以进行的，但实际上由于反应速率太小而认为并没有发生反应。因此，对于氧化还原反应，一般不能仅从平衡观点来考虑反应的可能性，还应从反应速率方面考虑其现实性。例如，对于半反应

$$O_2+4H^++4e \longrightarrow 2H_2O \qquad \varphi^{\ominus}_{O_2/H_2O}=1.23\ V$$

其标准电极电位较高，应该很容易氧化一些较强的还原剂，如

$$Sn^{4+}+2e \longrightarrow Sn^{2+} \qquad \varphi^{\ominus}_{Sn^{4+}/Sn^{2+}}=0.15\ V$$

$$TiO^{2+}+2H^++e \longrightarrow Ti^{3+}+H_2O \qquad \varphi^{\ominus}_{TiO^{2+}/Ti^{3+}}=0.10\ V$$

但实际上 Sn^{2+} 与 Ti^{3+} 均能稳定地存在于水溶液中，说明它们与水中的溶解氧之间反应速率很小，因而可以认为没有发生氧化还原反应。反应速率很小的主要原因是其反应机理比较复杂，氧化剂和还原剂之间进行电子转移时，往往会遇到来自溶剂分子、各种配位体及静电排斥等各方面的阻力，以及由于价态改变而引起的电子层结构、化学键及组成的变化等。如 $Cr_2O_7^{2-}$ 被还原为 Cr^{3+} 及 MnO_4^- 被还原为 Mn^{2+}，由带负电荷的含氧酸根转变为带正电荷的水合离子，结构发生了很大的改变，从而使电子转移更加困难，导致反应速率很小。此外，氧化还原反应往往不是一步而是分多步完成的，其中只要有一步进行较慢，就会影响到总反应速率。例如：

$$H_2O_2+2I^-+2H^+ \longrightarrow I_2+2H_2O$$

研究结果表明，上述反应实际上是分三步完成的，即

$$I^-+H_2O_2 \rightleftharpoons IO^-+H_2O \quad (慢)$$

$$IO^-+H^+ \rightleftharpoons HIO \quad (快)$$

$$HIO+I^-+H^+ \rightleftharpoons I_2+H_2O \quad (快)$$

第一步反应最慢，它决定了总的反应速率。显然，氧化还原反应的速率主要是由它本身的性质所决定，但是外部因素也在很大程度上影响反应速率。影响反应速率的外部因素有反应物浓度、酸度、反应温度、催化剂等，下面分别进行讨论。

1. *反应物浓度和酸度*

由质量作用定律可知，反应速率与反应物浓度成正比。但由于氧化还原反应的机理较为复杂，因而不能用总的氧化还原反应方程式来判断浓度对反应速率的影响程度。一般来说，增加反应物的浓度可以增大反应速率。对于有 H^+ 参加的反应，反应速率也与溶液的酸度有关。例如，用 $K_2Cr_2O_7$ 作基准物质标定 $Na_2S_2O_3$ 溶液的浓度，其反应式为

$$Cr_2O_7^{2-}+6I^-+14H^+ \longrightarrow 3I_2+2Cr^{3+}+7H_2O$$

$$I_2+2S_2O_3^{2-} \rightleftharpoons 2I^-+S_4O_6^{2-} \quad (滴定反应)$$

由于第一步反应速率较小，所以加入过量的 KI 和提高酸度($[H^+]$保持在 0.8～1 mol/L)，有利于反应的加速进行。但酸度又不可太高，否则空气中的氧氧化 I^- 的速率也要增大，从而带来测定误差。

但是采用增加反应物浓度来增大反应速率，只适用于滴定前的一些反应。

2. 反应温度

对于大多数反应而言，升高温度可以增加反应物之间的碰撞频率，增加活化分子或活化离子的比例，从而使反应速率增大。通常温度每升高 10 ℃，反应速率增大 2～3 倍。例如，在酸性溶液中，$KMnO_4$与 $Na_2C_2O_4$的反应式为

$$2MnO_4^- + 5C_2O_4^{2-} + 16H^+ = 2Mn^{2+} + 10CO_2\uparrow + 8H_2O$$

常温下该反应速率较小，不适用于滴定分析，若将温度升高到 75～85 ℃，反应速率可显著增大，能顺利地进行滴定。但并非在所有情况下都可用升温的方法来提高反应速率。例如，对于那些较易挥发的物质(如 I_2等)，升温易引起挥发损失；又如某些还原剂(如 Fe^{2+}、Sn^{2+}等)易被空气中的氧所氧化，加热将会促进它们的氧化，从而引起误差。在这些情况下，只能采用其他方法增大反应速率。

3. 催化剂

催化剂是改变反应速率的有效方法。催化剂可分为正催化剂和负催化剂。正催化剂使反应速率增大，负催化剂使反应速率减小，负催化剂又称为阻化剂。

催化反应的机理非常复杂。在催化反应中，由于催化剂的存在，可能产生了一些不稳定的中间价态离子、游离基或活泼的中间配合物，从而改变了原来的氧化还原反应历程，或降低了反应所需的活化能，使反应速率发生变化。例如，Ce^{4+}与 As(Ⅲ)的反应速率很小，但若加入少量 KI 作催化剂，反应速率可迅速增大，其反应机理可能如下：

$$Ce^{4+} + I^- \longrightarrow I + Ce^{3+}$$

$$2I \longrightarrow I_2$$

$$I_2 + H_2O \longrightarrow HIO + H^+ + I^-$$

$$AsO_3^{3-} + HIO \longrightarrow AsO_4^{3-} + H^+ + I^-$$

总反应为

$$2Ce^{4+} + AsO_3^{3-} + H_2O = AsO_4^{3-} + 2Ce^{3+} + 2H^+$$

利用这一反应，可以 As_2O_3为基准物质标定 Ce^{4+}溶液的浓度。

MnO_4^-与 $C_2O_4^{2-}$在酸性溶液中即使加热，在开始时反应速率仍较小，但随着反应的进行其速率越来越大，这是由于反应产物 Mn^{2+}起催化作用。这种由反应产物本身起催化作用的现象称为自动催化作用。Mn^{2+}的自动催化作用机理可能是

$$Mn(\text{Ⅶ}) + Mn(\text{Ⅱ}) \longrightarrow Mn(\text{Ⅵ}) + Mn(\text{Ⅲ})$$

$$Mn(\text{Ⅵ}) + Mn(\text{Ⅱ}) \longrightarrow 2Mn(\text{Ⅳ})$$

$$Mn(\text{Ⅳ}) + Mn(\text{Ⅱ}) \longrightarrow 3Mn(\text{Ⅲ})$$

Mn(Ⅲ)能与$C_2O_4^{2-}$生成一系列配合物，如 $Mn(C_2O_4)^+$、$Mn(C_2O_4)_2^-$、$Mn(C_2O_4)_3^{3-}$等，它们再分解为 Mn(Ⅱ)和 CO_2。

在分析化学中，还经常应用负催化剂。例如，加入多元醇可以减慢 $SnCl_2$与溶液中氧的作用，加入 AsO_3^{3-}可以防止 SO_3^{2-}与溶液中的氧起作用等。

4. 诱导作用

某些氧化还原反应在一般情况下不发生或反应速率极小，但当有另一反应共存时则会诱发这一反应的进行。例如，在酸性溶液中 MnO_4^-与 Cl^-的反应在通常情况下几乎不进行，但当溶液中有 Fe^{2+}存在时，则因 MnO_4^-与 Fe^{2+}的反应而诱发了 MnO_4^-与 Cl^-反应的进行。这种由于一种氧化还原反应诱发和促进了另一氧化还原反应进行的现象称为诱导作用。上述反应的反应式为

$$MnO_4^- + 5Fe^{2+} + 8H^+ \xlongequal{} Mn^{2+} + 5Fe^{3+} + 4H_2O \quad (诱导反应)$$

$$2MnO_4^- + 10Cl^- + 16H^+ \xlongequal{} 2Mn^{2+} + 5Cl_2 + 8H_2O \quad (受诱反应)$$

其中,MnO_4^- 称为作用体,Fe^{2+} 称为诱导体,Cl^- 称为受诱体。

诱导作用产生的机理比较复杂,可能是由于诱导反应中形成的不稳定活化中间体与原来反应中的另一物质进行反应。上例中可能是由于 MnO_4^- 被 Fe^{2+} 还原时形成的具有较高活性的不稳定中间价态锰离子(Mn(Ⅵ)、Mn(Ⅲ)、Mn (Ⅳ)等)与 Cl^- 反应,从而发生了诱导作用。若溶液中有过量 Mn^{2+} 存在,则 Mn^{2+} 可使 Mn(Ⅶ)迅速转变为 Mn(Ⅲ),而且溶液中存在的大量 Mn^{2+},可降低Mn(Ⅲ)/ Mn(Ⅱ)电对的电极电位,从而使 Mn(Ⅲ)只能氧化 Fe^{2+} 而不与 Cl^- 反应,这样就可防止 Cl^- 对 MnO_4^- 的还原作用。

诱导作用与催化作用不同,诱导体参与反应后变成了其他形态,而催化剂在反应前后,其形态和数量都不改变。

由此可见,为使氧化还原反应能按所需方向定量、迅速地进行,选择和控制合适的反应条件和滴定条件是十分重要的。

6.2　氧化还原滴定法的基本原理

6.2.1　氧化还原滴定指示剂

在氧化还原滴定中,除采用电位滴定法确定终点外,还可以根据所使用的标准溶液的不同,选用不同类型的指示剂来确定滴定的终点。氧化还原滴定中常用的指示剂有以下几类。

1. 氧化还原指示剂

氧化还原指示剂(oxidation-reduction indicator)是其本身具有氧化还原性质的复杂有机化合物,它的氧化态和还原态具有不同颜色,在滴定过程中,指示剂因被氧化或被还原而发生颜色变化,从而可以用来指示终点。

与酸碱指示剂类似,氧化还原指示剂也有其变色的电位范围。若以 In_{Ox} 和 In_{Red} 分别表示指示剂的氧化态和还原态,则氧化还原指示剂的半反应可用下式表示:

$$In_{Ox} + ne \xlongequal{} In_{Red}$$

$$\varphi_{In_{Ox}/In_{Red}} = \varphi^{\ominus'}_{In_{Ox}/In_{Red}} + \frac{0.059}{n}\lg\frac{c_{In_{Ox}}}{c_{In_{Red}}}$$

随着滴定的进行,溶液的电极电位值不断发生变化,指示剂的电极电位也随之发生相应的变化,从而使 $c_{In_{Ox}}/c_{In_{Red}}$ 的值随着滴定的进行而发生变化。当 $c_{In_{Ox}}/c_{In_{Red}} \geqslant 10$ 时,溶液显示出指示剂氧化态的颜色,此时

$$\varphi_{In_{Ox}/In_{Red}} \geqslant \varphi^{\ominus'}_{In_{Ox}/In_{Red}} + \frac{0.059}{n}$$

当 $c_{In_{Ox}}/c_{In_{Red}} \leqslant \frac{1}{10}$ 时,溶液显示出指示剂还原态的颜色,此时

$$\varphi_{In_{Ox}/In_{Red}} \leqslant \varphi^{\ominus'}_{In_{Ox}/In_{Red}} - \frac{0.059}{n}$$

所以,氧化还原指示剂变色的电位范围为

$$\varphi^{\ominus'}_{In_{Ox}/In_{Red}}-\frac{0.059}{n}\sim\varphi^{\ominus'}_{In_{Ox}/In_{Red}}+\frac{0.059}{n} \qquad (6\text{-}15)$$

当 $c_{In_{Ox}}/c_{In_{Red}}=1$ 时，$\varphi_{In_{Ox}/In_{Red}}=\varphi^{\ominus'}_{In_{Ox}/In_{Red}}$，这一点称为氧化还原指示剂的变色点。

不同的氧化还原指示剂有不同的变色范围，表6-2列出了一些常用氧化还原指示剂的条件电位及颜色变化。

表6-2 一些常用氧化还原指示剂的条件电位及颜色变化

指示剂	$\varphi^{\ominus'}_{In_{Ox}/In_{Red}}$/V ($c_{H^+}=1$ mol/L)	颜色	
		氧化态	还原态
亚甲基蓝	0.36	蓝	无色
二苯胺	0.76	紫	无色
二苯胺磺酸钠	0.84	紫红	无色
邻苯氨基苯甲酸	0.89	紫红	无色
邻二氮杂菲-亚铁	1.06	浅蓝	红
硝基邻二氮杂菲-亚铁	1.25	浅蓝	紫红

选择氧化还原指示剂有以下几条原则。

(1) 指示剂的变色范围应在滴定突跃范围之内。由式(6-15)可知，氧化还原指示剂的变色范围很小，因此在实际选择指示剂时，只要指示剂的条件电位 $\varphi^{\ominus'}_{In_{Ox}/In_{Red}}$ 处于滴定突跃范围之内就可以，并选择条件电位 $\varphi^{\ominus'}_{In_{Ox}/In_{Red}}$ 与滴定反应化学计量点时的电位尽量接近的指示剂，以减少终点误差。

例如，在 $c_{H_2SO_4}=1.0$ mol/L 的 H_2SO_4 介质中，用 $Ce(SO_4)_2$ 标准溶液滴定 $FeSO_4$ 试液时，电位突跃范围是0.86～1.26 V，化学计量点电位为1.06 V。邻二氮杂菲-亚铁($\varphi^{\ominus}=$ 1.06 V)和邻苯氨基苯甲酸($\varphi^{\ominus'}=0.89$ V)均为合适的指示剂。但若选用二苯胺磺酸钠($\varphi^{\ominus'}=$ 0.84 V)作指示剂，终点将提前到达。在实际应用时，通常是向溶液中加入 H_3PO_4，H_3PO_4 与 Fe^{3+} 易形成稳定的配合物而降低 Fe^{3+} 的浓度，可使 Fe^{3+}/Fe^{2+} 电对的电极电位降低($\varphi^{\ominus'}_{Fe^{3+}/Fe^{2+}}=0.61$ V)，突跃范围也变为0.78～1.26 V，此时二苯胺磺酸钠的条件电位 $\varphi^{\ominus'}$ 处于突跃范围之内。

(2) 终点颜色要有突变。终点时指示剂颜色有明显的变化有利于观察。例如，用 $Cr_2O_7^{2-}$ 标准溶液滴定 Fe^{2+} 试样时，选用二苯胺磺酸钠作指示剂，终点溶液由亮绿色变为深紫色，颜色变化十分明显。条件电位($\varphi^{\ominus'}=1.0$ V)处于突跃范围之内的羊毛绿B指示剂，终点时溶液颜色由蓝绿色变为黄绿色，由于其颜色变化不明显而无法使用。

2. 自身指示剂

有些滴定剂或被测溶液自身具有很深的颜色，而其滴定反应产物为无色或浅色，在滴定过程中无须另加指示剂，仅根据其自身的颜色变化就可确定终点，此类指示剂称为自身指示剂。例如，在高锰酸钾法中，MnO_4^- 具有很深的紫红色，其还原产物 Mn^{2+} 几乎是无色的，当用 $KMnO_4$ 作滴定剂在酸性溶液中滴定浅色或无色还原剂试液时，在滴定到化学计量点后稍过量的 $KMnO_4$($c_{KMnO_4}=2\times10^{-6}$ mol/L)就可使溶液显粉红色，指示终点的到达。

3. 特殊指示剂

有些物质本身并不具备氧化还原性质，但可与某种氧化剂或还原剂作用产生特殊的颜色变化，以指示滴定终点，这类物质称为特殊指示剂(specific indicator)，也称为专属指示剂。例如，可溶性淀粉溶液与 $I_2(I_3^-)$作用生成深蓝色吸附化合物，当 I_2全部被还原为 I^-时，深蓝色消失，一般当 I_2溶液的浓度为 5×10^{-6} mol/L 时即能看到蓝色，反应非常灵敏。因此，淀粉是碘量法的特殊指示剂。

6.2.2　氧化还原滴定曲线

氧化还原滴定法和其他滴定方法一样，随着滴定剂的不断加入，被滴定物质的氧化态和还原态的浓度逐渐发生变化，有关电对的电极电位也随之不断改变，对于它们的变化情况可用滴定曲线来描述。滴定曲线一般可用实验方法测得。对于可逆的氧化还原体系，根据 Nernst 方程计算得出的滴定曲线与实验测得的曲线比较吻合。从滴定曲线上可以看出化学计量点和滴定突跃电位。

现以 0.100 0 mol/L $Ce(SO_4)_2$标准溶液在 1.0 mol/L H_2SO_4介质中滴定0.100 0 mol/L $FeSO_4$溶液为例，说明可逆、对称的氧化还原电对在滴定过程中电极电位的计算方法及滴定曲线的绘制(298 K)。

滴定反应为

$$Ce^{4+}+Fe^{2+} = Ce^{3+}+Fe^{3+}$$

$$\varphi^{\ominus'}_{Fe^{3+}/Fe^{2+}}=0.68\ V,\quad \varphi^{\ominus'}_{Ce^{4+}/Ce^{3+}}=1.44\ V$$

滴定开始后，溶液中同时存在两个电对。在滴定过程中，每加入一定量滴定剂，反应达到一个新的平衡，此时两个电对的电极电位相等，即

$$\varphi^{\ominus'}_{Fe^{3+}/Fe^{2+}}+0.059\lg\frac{c_{Fe(Ⅲ)}}{c_{Fe(Ⅱ)}}=\varphi^{\ominus'}_{Ce^{4+}/Ce^{3+}}+0.059\lg\frac{c_{Ce(Ⅳ)}}{c_{Ce(Ⅲ)}}$$

因此，在滴定的不同阶段可选用便于计算的电对，按 Nernst 方程计算体系的电极电位值。各滴定阶段电极电位的计算方法如下。

1) 化学计量点前

滴定开始后，随着 Ce^{4+}的加入，Ce^{3+}、Fe^{3+}不断生成。而加入的 Ce^{4+}在化学计量点前几乎全部被还原为 Ce^{3+}，溶液中 Ce^{4+}量极少，因而不易直接求得。但是已知滴定比例，$c_{Fe(Ⅲ)}/c_{Fe(Ⅱ)}$值就确定了，这时利用 Fe^{3+}/Fe^{2+}电对来计算系统的电极电位较为方便。例如，当滴定了 99.9%的 Fe^{2+}时(终点误差为-0.1%)，$c_{Fe(Ⅲ)}/c_{Fe(Ⅱ)}\approx10^3$，则系统的电极电位为

$$\varphi=\varphi^{\ominus'}_{Fe^{3+}/Fe^{2+}}+0.059\lg\frac{c_{Fe(Ⅲ)}}{c_{Fe(Ⅱ)}}$$

$$=(0.68+0.059\lg10^3)\ V=0.86\ V$$

化学计量点前的任意一点的电极电位均可由上面的方法求得。

2) 化学计量点时

滴定达到化学计量点时反应定量完成。此时，Ce^{4+}和 Fe^{2+}都定量地转变成 Ce^{3+}和 Fe^{3+}。溶液中未反应的 Ce^{4+}及 Fe^{2+}浓度极小，不易准确求得。系统的电极电位不易直接单独按某一电对来计算，而是由两个电对的 Nernst 方程联立求得。

令化学计量点时的电极电位为 φ_{sp}，则

$$\varphi_{sp}=\varphi^{\ominus'}_{Fe^{3+}/Fe^{2+}}+0.059\lg\frac{c_{Fe(Ⅲ)}}{c_{Fe(Ⅱ)}}\qquad(6\text{-}16)$$

$$\varphi_{sp} = \varphi^{\ominus'}_{Ce^{4+}/Ce^{3+}} + 0.059\lg\frac{c_{Ce(\mathrm{IV})}}{c_{Ce(\mathrm{III})}} \tag{6-17}$$

式(6-16)和式(6-17)相加得

$$2\varphi_{sp} = \varphi^{\ominus'}_{Fe^{3+}/Fe^{2+}} + \varphi^{\ominus'}_{Ce^{4+}/Ce^{3+}} + 0.059\lg\frac{c_{Fe(\mathrm{III})}c_{Ce(\mathrm{IV})}}{c_{Fe(\mathrm{II})}c_{Ce(\mathrm{III})}}$$

化学计量点时，加入的 Ce^{4+} 的量与 Fe^{2+} 的量相等，故有

$$c_{Ce(\mathrm{IV})} = c_{Fe(\mathrm{II})},\quad c_{Ce(\mathrm{III})} = c_{Fe(\mathrm{III})}$$

此时

$$\lg\frac{c_{Fe(\mathrm{III})}c_{Ce(\mathrm{IV})}}{c_{Fe(\mathrm{II})}c_{Ce(\mathrm{III})}} = 0$$

故

$$\varphi_{sp} = \frac{\varphi^{\ominus'}_{Fe^{3+}/Fe^{2+}} + \varphi^{\ominus'}_{Ce^{4+}/Ce^{3+}}}{2}$$

即

$$\varphi_{sp} = \frac{0.68+1.44}{2}\ \mathrm{V} = 1.06\ \mathrm{V}$$

一般的可逆、对称氧化还原反应

$$n_2\mathrm{Ox}_1 + n_1\mathrm{Red}_2 = n_2\mathrm{Red}_1 + n_1\mathrm{Ox}_2$$

其对应的半反应为

$$\mathrm{Ox}_1 + n_1\mathrm{e} = \mathrm{Red}_1 \qquad \varphi^{\ominus'}_1$$

$$\mathrm{Ox}_2 + n_2\mathrm{e} = \mathrm{Red}_2 \qquad \varphi^{\ominus'}_2$$

可用类似方法求得，系统化学计量点时的电极电位计算通式为

$$\varphi_{sp} = \frac{n_1\varphi^{\ominus'}_1 + n_2\varphi^{\ominus'}_2}{n_1 + n_2} \tag{6-18}$$

如果系统中存在不对称电对，其化学计量点的 φ_{sp} 除与每个电对的 $\varphi^{\ominus'}$、n 有关外，还与离子的浓度有关。

3）化学计量点后

此时溶液中的 Fe^{2+} 几乎全部被氧化为 Fe^{3+}，$c_{Fe(\mathrm{II})}$ 极小，不易求得，而 $c_{Ce(\mathrm{IV})}/c_{Ce(\mathrm{III})}$ 则可由加入 Ce^{4+} 的量而求得。所以化学计量点后用 Ce^{4+}/Ce^{3+} 电对来计算系统的电极电位较为方便。例如，当加入 Ce^{4+} 过量 0.1%（终点误差为+0.1%）时，$c_{Ce(\mathrm{IV})}/c_{Ce(\mathrm{III})} \approx 10^{-3}$，则

$$\begin{aligned}\varphi &= \varphi^{\ominus'}_{Ce^{4+}/Ce^{3+}} + 0.059\lg\frac{c_{Ce(\mathrm{IV})}}{c_{Ce(\mathrm{III})}}\\ &= (1.44 + 0.059\lg 10^{-3})\ \mathrm{V}\\ &= 1.26\ \mathrm{V}\end{aligned}$$

化学计量点后的任意一点的电极电位均可由上面的方法求得。化学计量点前、后电位突跃的位置由 Fe^{2+} 剩余 0.1%和 Ce^{4+} 过量 0.1%时两点的电极电位所决定，即电位突跃为 0.86～1.26 V。

按上述方法将不同滴定点所计算的电极电位列于表 6-3 中，并绘制滴定曲线，如图 6-1 所示。在该体系中，两电对的电子转移数相等（均为 1），化学计量点电极电位 φ_{sp} 正好处于滴定突跃的中点，化学计量点前、后的曲线基本对称。对于 $n_1 \neq n_2$ 的氧化还原滴定反应，化学计量点电极电位 φ_{sp} 不在突跃的中点，而是偏向电子转移数较大的电对一方。

表 6-3　在 1.0 mol/L H_2SO_4 介质中，以 0.100 0 mol/L $Ce(SO_4)_2$ 标准溶液滴定 0.100 0 mol/L $FeSO_4$ 溶液时电极电位的变化(298 K)

滴入 Ce^{4+} 溶液体积(V)/mL	滴定比例/(%)	电极电位(φ)/V
1.00	5.0	0.60
2.00	10.0	0.62
4.00	20.0	0.64
8.00	40.0	0.67
10.00	50.0	0.68
12.00	60.0	0.69
18.00	90.0	0.74
19.80	99.0	0.80
19.98	99.9	0.86 ⎫
20.00	100.0	1.06 ⎬突跃范围
20.02	100.1	1.26 ⎭
22.00	110.0	1.38
30.00	150.0	1.42
40.00	200.0	1.44

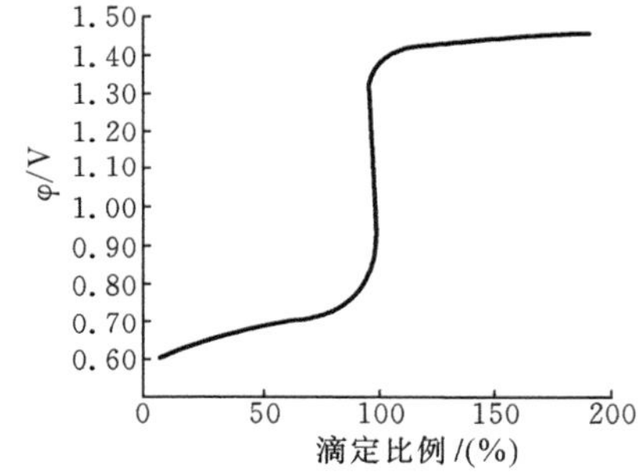

图 6-1　0.100 0 mol/L $Ce(SO_4)_2$ **标准溶液滴定** 0.100 0 mol/L $FeSO_4$ **溶液的滴定曲线**

从表 6-3 和图 6-1 可见，对于可逆的、对称的氧化还原电对，滴定比例为 50%时，体系的电极电位等于被测物电对的条件电位；而滴定比例为 200%时，溶液的电极电位就是滴定剂电对的条件电位。

化学计量点附近电位突跃的长短与两个电对的条件电位相差的大小有关。条件电位相差越大，电位突跃越长；反之，则越短。例如，用 $KMnO_4$ 溶液滴定 Fe^{2+} 时，电位突跃为 0.86～1.46 V，比用 $Ce(SO_4)_2$ 溶液滴定 Fe^{2+} 时电位突跃(0.86～1.26 V)长些。

氧化还原滴定曲线常因滴定时介质的不同而使其位置和突跃发生改变。在不同的介质条件下用 0.100 0 mol/L $Ce(SO_4)_2$ 标准液滴定 20.00 mL 0.100 0 mol/L $FeSO_4$ 溶液的滴定曲线如图 6-2 所示。

应该指出，由于铈电对和铁电对均为可逆电对，实际电位符合 Nernst 方程，所以用计算方法绘制的滴定曲线与实测结果比较一致。如果滴定反应涉及不可逆电对，理论计算所得的滴定曲线与实测滴定曲线常有差别。例如，在 1 mol/L H_2SO_4 介质中，用 $KMnO_4$ 溶液滴定 Fe^{2+} 溶液，化学计量点前，体系的电极电位主要由可逆电对 Fe^{3+}/Fe^{2+} 决定，所以实测滴定曲线与理论计算所得的滴定曲线在这一部分无明显差别。但在化学计量点后，体系的电极电位主要由不可逆电对 MnO_4^-/Mn^{2+} 决定，理论计算值与实测值有明显差别，从图 6-3 可清楚地看出。

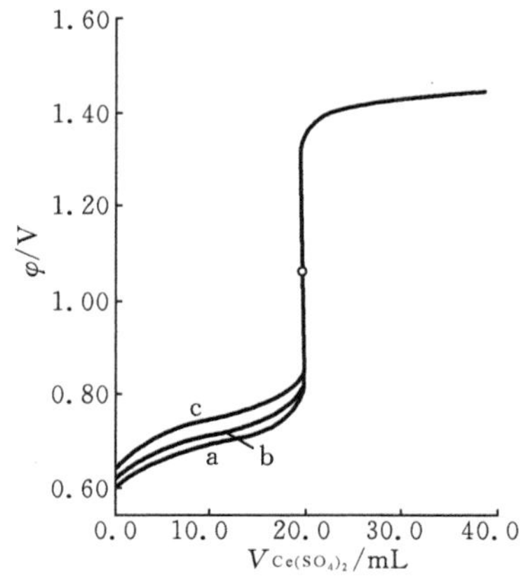

图 6-2　0.100 0 mol/L $Ce(SO_4)_2$**溶液在不同介质中滴定** 0.100 0 mol/L $FeSO_4$ **溶液的滴定曲线**

a—在 1 mol/L H_2SO_4 介质中，$\varphi^{\ominus'}_{Fe^{3+}/Fe^{2+}}=0.68$ V；

b—在 1 mol/L HCl 介质中，$\varphi^{\ominus'}_{Fe^{3+}/Fe^{2+}}=0.70$ V；

c—在 1 mol/L $HClO_4$ 介质中，$\varphi^{\ominus'}_{Fe^{3+}/Fe^{2+}}=0.75$ V

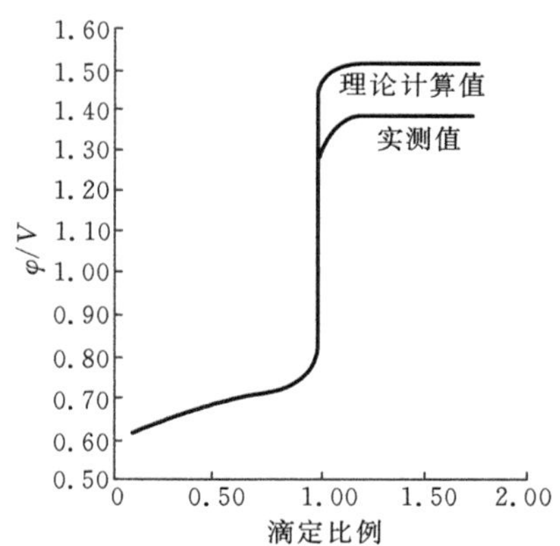

图 6-3　0.100 0 mol/L $KMnO_4$ **溶液滴定** 0.100 0 mol/L Fe^{2+} **溶液时理论计算所得与实测的滴定曲线的比较**

6.3　氧化还原滴定的预处理

为了顺利地完成氧化还原滴定，在滴定之前往往需要将被测组分处理成与滴定剂迅速、完全并按照一定化学计量关系起反应的状态，通常将欲测组分氧化为高价状态后，用还原剂滴定；或者将欲测组分还原为低价状态后，用氧化剂滴定。这种滴定前使欲测组分转变为一定价态的步骤称为预氧化或预还原。

预处理时所用的氧化剂或还原剂必须符合以下条件。

(1) 预氧化还原反应必须迅速。

(2) 必须将欲测组分定量地氧化或还原。

(3) 反应应具有一定的选择性，避免样品中其他组分的干扰。例如，钛铁矿中铁的测定，一般选用 $SnCl_2$ 作预还原剂（$\varphi^{\ominus}_{Sn^{4+}/Sn^{2+}}=0.15$ V），若用金属锌作还原剂（$\varphi^{\ominus}_{Zn^{2+}/Zn}=-0.763$ V），则不但将 Fe^{3+} 还原为 Fe^{2+}（$\varphi^{\ominus}_{Fe^{3+}/Fe^{2+}}=0.77$ V），而且 Ti(Ⅳ) 也被还原为 Ti(Ⅲ)（$\varphi^{\ominus}_{Ti(Ⅳ)/Ti(Ⅲ)}=0.10$ V），从而干扰 Fe^{2+} 的测定。

(4) 过量的预氧化剂或预还原剂应易于除去，除去的方法有如下几种。

① 加热分解：如 $(NH_4)_2S_2O_8$、H_2O_2 可借加热煮沸、分解而除去。

② 过滤：如 $NaBiO_3$ 不溶于水，可借过滤除去。

③ 利用化学反应：如用 $HgCl_2$ 可除去过量 $SnCl_2$，其反应式为

$$SnCl_2+2HgCl_2 = SnCl_4+Hg_2Cl_2\downarrow$$

生成的 Hg_2Cl_2 沉淀不被一般滴定剂氧化，不必过滤除去。

6.3.1　预氧化

在氧化还原滴定中，进行预氧化处理时常用的氧化剂见表 6-4。

表 6-4　预处理时常用的氧化剂

氧化剂	反应条件	主要反应	除去方法
$NaBiO_3$ $NaBiO_3$(固)$+6H^++2e$ ══ $Bi^{3+}+Na^++3H_2O$ $\varphi^\ominus=1.80$ V	室温，HNO_3介质 H_2SO_4介质	$Mn^{2+}\longrightarrow MnO_4^-$ Ce(Ⅲ)⟶Ce(Ⅳ)	过滤
PbO_2	$2<pH<6$ 焦磷酸盐缓冲溶液	Mn(Ⅱ)⟶Mn(Ⅲ) Ce(Ⅲ)⟶Ce(Ⅳ) Cr(Ⅲ)⟶Cr(Ⅵ)	过滤
$(NH_4)_2S_2O_8$ $S_2O_8^{2-}+2e$ ══ $2SO_4^{2-}$ $\varphi^\ominus=2.07$ V	酸性 Ag^+作催化剂	Ce(Ⅲ)⟶Ce(Ⅳ) $Mn^{2+}\longrightarrow MnO_4^-$ $Cr^{3+}\longrightarrow Cr_2O_7^{2-}$ $VO^{2+}\longrightarrow VO_3^-$	煮沸分解
H_2O_2 H_2O_2+2e ══ $2OH^-$ $\varphi^\ominus=0.88$ V	NaOH 介质 HCO_3^-介质 碱性介质	$Cr^{3+}\longrightarrow CrO_4^{2-}$ Co(Ⅱ)⟶Co(Ⅲ) Mn(Ⅱ)⟶Mn(Ⅳ)	煮沸分解，加少量Ni^{2+}或I^-作催化剂，加速H_2O_2的分解
高锰酸盐	焦磷酸盐和氟化物，Cr(Ⅲ)存在时	Ce(Ⅲ)⟶Ce(Ⅳ) V(Ⅳ)⟶V(Ⅴ)	亚硝酸钠和尿素
高氯酸	热、浓$HClO_4$介质	V(Ⅳ)⟶V(Ⅴ) Cr(Ⅲ)⟶Cr(Ⅵ)	迅速冷却至室温，用水稀释

试样中存在的有机物对测定往往产生干扰，具有氧化还原性质或配位性质的有机物会使溶液的电极电位发生变化。为此，必须除去试样中的有机物。常用的方法有干法灰化和湿法灰化等。干法灰化是在高温下使有机物被空气中的氧或纯氧(氧瓶燃烧法)氧化而破坏。湿法灰化是使用氧化性酸(如HNO_3、H_2SO_4或$HClO_4$)，在它们的沸点时使有机物分解而被除去。

6.3.2　预还原

氧化还原滴定中进行预处理常用的还原剂见表 6-5。

表 6-5　预处理时常用的还原剂

还原剂	反应条件	主要反应	除去方法
SO_2 $SO_4^{2-}+4H^++2e$ ══ $H_2SO_3+H_2O$ $\varphi^\ominus=0.20$ V	1 mol/L H_2SO_4介质(有SCN^-共存，加速反应)	Fe(Ⅲ)⟶Fe(Ⅱ) As(Ⅴ)⟶As(Ⅲ) Sb(Ⅴ)⟶Sb(Ⅲ) Cu(Ⅱ)⟶Cu(Ⅰ)	煮沸，通CO_2

续表

还　原　剂	反应条件	主要反应	除去方法
$SnCl_2$ $Sn^{4+}+2e \rightleftharpoons Sn^{2+}$ $\varphi^{\ominus}=0.15$ V	酸性，加热	Fe(Ⅲ)⟶Fe(Ⅱ) Mo(Ⅵ)⟶Mo(Ⅴ) As(Ⅴ)⟶As(Ⅲ)	快速加入过量的 $HgCl_2$ $Sn^{2+}+2HgCl_2 \rightleftharpoons Sn^{4+}+Hg_2Cl_2+2Cl^-$
锌汞齐还原剂	H_2SO_4 介质	Cr(Ⅲ)⟶Cr(Ⅱ) Fe(Ⅲ)⟶Fe(Ⅱ) Ti(Ⅳ)⟶Ti(Ⅲ) V(Ⅴ)⟶V(Ⅱ)	
盐酸肼、硫酸肼或肼	酸性	As(Ⅴ)⟶As(Ⅲ)	浓 H_2SO_4，加热
汞阴极	恒定电位下	Fe(Ⅲ)⟶Fe(Ⅱ) Cr(Ⅲ)⟶Cr(Ⅱ)	

用金属作还原剂时，可填充到柱内制成还原柱，称为还原器。试液由柱上方以一定流速流经还原器，使待测组分被还原到指定价态。由于预还原剂是固定在柱中的，故无须除去过量还原剂，还原器可连续使用多次，比较方便。采用不同金属还原剂作为填充材料可得到选择性不同的还原器。常见的还原器有用锌汞齐填充的琼斯(Jones)还原器及分别用金属银、铅、镉等填充的还原器。由于 Zn-Hg 的还原能力比较强，所以选择性较差。银还原器也称为瓦尔登(Walden)还原器，它是将金属银填充于柱中，浸于 HCl 溶液中，由于 Ag 的还原能力较 Zn 差，所以选择性较好。例如，Fe(Ⅲ)可被银还原为 Fe(Ⅱ)，但 Cr(Ⅵ)和 Ti(Ⅳ)不被还原。

6.4　常用氧化还原滴定法及应用

氧化还原滴定法是滴定分析中应用最广泛的分析方法之一，可用于无机物和有机物含量的直接或间接测定。

氧化还原滴定法一般根据所采用的滴定剂进行分类，对于滴定剂，要求它在空气中保持稳定，所以可用做滴定剂的还原剂不多，常用的仅有 $Na_2S_2O_3$ 和 $FeSO_4$ 等。而氧化剂作为滴定剂在氧化还原滴定中应用非常广泛，常用的有 $KMnO_4$、$K_2Cr_2O_7$、I_2、$KBrO_3$、$Ce(SO_4)_2$ 等。本节简要介绍常用的几种方法。

6.4.1　高锰酸钾法

1. 概述

高锰酸钾法(potassium permanganate method)是以高锰酸钾为滴定剂的氧化还原滴定法。$KMnO_4$ 是一种强氧化剂，其氧化能力及还原产物与溶液的酸度有关。

在强酸性的条件下，$KMnO_4$ 与还原剂作用时被还原为 Mn^{2+}，其反应式为

$$MnO_4^- + 8H^+ + 5e \rightleftharpoons Mn^{2+} + 4H_2O \qquad \varphi^{\ominus}=1.491\ \text{V}$$

在弱酸性、中性、弱碱性的条件下，$KMnO_4$ 与还原剂作用时被还原为 MnO_2，其反应式为

$$MnO_4^- + 2H_2O + 3e \longrightarrow MnO_2 + 4OH^- \qquad \varphi^{\ominus} = 0.58\ V$$

在强碱性(NaOH 浓度大于 2.0 mol/L)的条件下,$KMnO_4$ 与还原剂作用时被还原为 MnO_4^{2-},其反应式为

$$MnO_4^- + e \longrightarrow MnO_4^{2-} \qquad \varphi^{\ominus} = 0.56\ V$$

由此可见,高锰酸钾法既可在强酸性条件下使用,也可在近中性和强碱性条件下使用。由于 $KMnO_4$ 在强酸性条件下具有更强的氧化能力,因此该法一般在强酸性的条件下进行。为防止 Cl^-(具有还原性)和 NO_3^-(酸性条件下具有氧化性)的干扰,其酸性介质通常是 c_{H^+} 为 1~2 mol/L 的 H_2SO_4 溶液。$KMnO_4$ 测定某些有机物时,通常在强碱性(NaOH 浓度大于 2 mol/L)条件下进行,其原因是在该条件下的化学反应速率比在酸性条件下的更大。

高锰酸钾法的优点是氧化能力强,应用广泛。许多还原性物质(如 Fe(Ⅱ)、$C_2O_4^{2-}$、H_2O_2、As(Ⅲ)、Sb(Ⅲ)、W(Ⅴ)、U(Ⅳ)等)及有机物可用 $KMnO_4$ 标准溶液直接滴定。某些氧化性物质(如 MnO_2、$KClO_3$、PbO_2、Pb_3O_4、$K_2Cr_2O_7$ 及 H_3VO_4 等)可用返滴定的方法进行定量分析。而像 Ca^{2+}、Ba^{2+}、Sr^{2+}、Ni^{2+}、Cd^{2+} 等不具有氧化还原性的物质可用间接滴定法分析。另外,$KMnO_4$ 自身具有指示剂的作用。

由于 $KMnO_4$ 的氧化能力强,它可以和很多还原性物质发生作用,所以干扰比较严重,滴定反应的选择性差。此外,$KMnO_4$ 试剂常含有少量的杂质,只能用间接方法配制标准溶液。

2. 高锰酸钾溶液的配制与标定

市售的 $KMnO_4$ 常含有少量 MnO_2 和其他杂质,蒸馏水中常含有微量的还原性物质,还有光、热、酸、碱等都能促使 $KMnO_4$ 分解,故不能用直接法配制 $KMnO_4$ 标准溶液。为了获得稳定的 $KMnO_4$ 溶液,通常按下列方法配制与保存。

(1) 称取比理论量稍多的 $KMnO_4$ 固体,溶解在一定体积的蒸馏水中。

(2) 将配制好的 $KMnO_4$ 溶液加热至沸,并保持微沸约 1 h,然后于暗处放置2~3 d,以使溶液中可能存在的还原性物质完全被氧化。

(3) 用微孔玻璃漏斗或玻璃纤维过滤除去析出的沉淀。

(4) 将过滤后的 $KMnO_4$ 溶液贮存于棕色试剂瓶中,并存放于暗处(避免光对 $KMnO_4$ 的催化分解),以待标定。

可用于标定 $KMnO_4$ 溶液的基准物质有 $Na_2C_2O_4$、$H_2C_2O_4 \cdot 2H_2O$、As_2O_3、$FeSO_4 \cdot (NH_4)_2SO_4 \cdot 6H_2O$ 和纯铁丝等,其中 $Na_2C_2O_4$ 因易于提纯、性质稳定等优点而最为常用。

在 H_2SO_4 介质中,MnO_4^- 与 $C_2O_4^{2-}$ 发生如下反应:

$$2MnO_4^- + 5C_2O_4^- + 16H^+ \longrightarrow 2Mn^{2+} + 10CO_2\uparrow + 8H_2O$$

为了使此反应能定量且较迅速地进行,需要控制以下滴定条件。

(1) 温度。该反应在室温下反应速率很小,因此滴定时需加热。但加热的温度不宜太高,一般将温度控制为 70~85 ℃。若在酸性溶液中,温度超过 90 ℃时,会有部分 $H_2C_2O_4$ 分解,其反应式为

$$H_2C_2O_4 \longrightarrow CO_2\uparrow + CO\uparrow + H_2O$$

(2) 酸度。$KMnO_4$ 的还原产物与溶液的酸度有关,酸度过低,易生成 MnO_2 或其他产物,酸度过高又会促使 $H_2C_2O_4$ 的分解。所以在开始滴定时,一般将$[H^+]$控制为 0.5~1.0 mol/L,滴定终点时,$[H^+]$为 0.2~0.5 mol/L。

(3) 滴定速度。滴定开始时,$KMnO_4$ 与 $C_2O_4^{2-}$ 的反应速率较小,特别是滴入第一滴

$KMnO_4$溶液时，需待红色褪去后再滴入下一滴，否则加入的 $KMnO_4$ 溶液来不及与 $C_2O_4^{2-}$ 反应，即在热的强酸性溶液中分解，影响标定结果，其反应式为

$$4MnO_4^- + 12H^+ = 4Mn^{2+} + 5O_2\uparrow + 6H_2O$$

随着滴定的进行，产物 Mn^{2+} 增多，对滴定反应产生催化作用，滴定速度随之加快。若在滴定前加入几滴 $MnSO_4$ 试剂作催化剂，则最初阶段的滴定就可以正常的速度进行。

用 $KMnO_4$ 溶液自身指示终点时，滴定终点是不太稳定的，滴定终点后溶液的粉红色会逐渐消失，原因是空气中的还原性气体和灰尘等杂质可与 MnO_4^- 缓慢作用，使 MnO_4^- 还原，从而使粉红色逐渐消失。所以在滴定时，溶液出现粉红色半分钟不褪色即可认为达到终点。

3. 高锰酸钾法应用示例

1）过氧化氢的测定

在室温、酸性介质中，H_2O_2 可定量还原 MnO_4^- 并释放出 O_2，其反应式为

$$5H_2O_2 + 2MnO_4^- + 6H^+ = 2Mn^{2+} + 5O_2\uparrow + 8H_2O$$

因此，H_2O_2 可用 $KMnO_4$ 标准溶液直接滴定。该反应是自动催化反应，滴定初始反应速率较小，但当反应产生 Mn^{2+} 后，其对该反应可起催化作用，使反应加速。分析时应注意掌握好滴定速度。

H_2O_2 稳定性较差，因此在其工业品中一般加入某些有机物（如乙酰苯胺等）作稳定剂。这些有机物大多可与 MnO_4^- 作用而影响测定。此时 H_2O_2 宜采用碘量法或硫酸铈法测定。

碱金属及碱土金属的过氧化物也可采用高锰酸钾法进行测定。

2）钙含量的测定

Ca^{2+} 不具有氧化还原性，其含量的测定是采用间接法测定的。首先，将试样中的 Ca^{2+} 沉淀为 CaC_2O_4，沉淀时，为了获得颗粒较大的晶形沉淀，并保证 Ca^{2+} 与 $C_2O_4^{2-}$ 有 1∶1 的计量关系，必须选择适当的沉淀条件。通常是在 Ca^{2+} 试液中先加入 HCl 溶液酸化，再加入 $(NH_4)_2C_2O_4$。由于 $C_2O_4^{2-}$ 在酸性溶液中大部分以 $HC_2O_4^-$ 形式存在，$C_2O_4^{2-}$ 的浓度很小，此时即使 Ca^{2+} 浓度相当大，也不会生成 CaC_2O_4 沉淀。向加入 $(NH_4)_2C_2O_4$ 后的溶液中滴加稀氨水，由于 H^+ 逐渐被中和，$C_2O_4^{2-}$ 浓度缓慢增加，这样就可以得到粗颗粒结晶的 CaC_2O_4 沉淀。控制溶液的 pH 值为 3.5～4.5（甲基橙显黄色），并继续保温约 30 min 使沉淀陈化（也可将沉淀连同溶液放置过夜进行陈化，此时不必保温，但对 Mg^{2+} 含量高的试样，陈化不宜过久，以免 Mg^{2+} 产生后沉淀，影响测定的准确度）。这样不仅可避免 $Ca(OH)_2$ 或 $Ca_2(OH)_2C_2O_4$ 沉淀的生成，而且所得 CaC_2O_4 沉淀便于过滤和洗涤。放置冷却后，过滤、洗涤，将 CaC_2O_4 沉淀溶于稀硫酸中，即可用 $KMnO_4$ 标准溶液滴定热溶液中与 Ca^{2+} 定量结合的 $C_2O_4^{2-}$。

该方法也适用于其他能与 $C_2O_4^{2-}$ 定量生成沉淀的金属离子的测定，如 Th^{4+} 和稀土元素的测定。

3）软锰矿中 MnO_2 含量的测定

软锰矿中 MnO_2 含量的测定可采取返滴定法。向含有 MnO_2 试样的溶液中加入一定量过量的 $Na_2C_2O_4$ 或 $H_2C_2O_4 \cdot 2H_2O$，在 H_2SO_4 介质中加热分解至所余残渣为白色，表明 MnO_2 被完全还原，然后再用 $KMnO_4$ 标准溶液趁热滴定剩余的 $C_2O_4^{2-}$，根据 $KMnO_4$ 及 $Na_2C_2O_4$ 或 $H_2C_2O_4 \cdot 2H_2O$ 的用量便可计算出 MnO_2 含量。有关反应式如下：

$$MnO_2 + C_2O_4^{2-} + 4H^+ = Mn^{2+} + 2CO_2\uparrow + 2H_2O$$

$$2MnO_4^- + 5C_2O_4^{2-} + 16H^+ \longrightarrow 2Mn^{2+} + 10CO_2\uparrow + 8H_2O$$

此法也可用于测定某些氧化物(如 PbO_2 等)的含量。

4) 某些有机物的测定

在强碱性(NaOH 浓度为 2 mol/ L)溶液中,$KMnO_4$ 能定量地氧化某些具有还原性的有机物(如甲醇、甲酸、甘油等)。以甲醇的测定为例,将一定量过量的 $KMnO_4$ 标准溶液加入待测溶液中,其反应式为

$$CH_3OH + 6MnO_4^- + 8OH^- \longrightarrow 6MnO_4^{2-} + CO_3^{2-} + 6H_2O$$

待反应完成后,将溶液酸化,MnO_4^{2-} 歧化为 MnO_4^- 和 MnO_2,其反应式为

$$3MnO_4^{2-} + 4H^+ \longrightarrow 2MnO_4^- + MnO_2 + 2H_2O$$

再加入一定量过量的 Fe^{2+} 标准溶液,将所有的高价锰还原为 Mn^{2+},最后用 $KMnO_4$ 标准溶液滴定过量的 Fe^{2+},根据各次标准溶液的加入量及各反应物之间的计量关系,可计算甲醇的含量。此法还可用于测定葡萄糖、酒石酸、柠檬酸、甲醛、苯酚、水杨酸等的含量。

5) 水样中化学耗氧量(COD)的测定

COD(chemical oxygen demand)是量度水体受还原性物质污染程度的综合性指标。它是指水体中还原性物质所消耗的氧化剂的量,换算成氧的质量浓度(以 mg/L 计)。测定时,在水样中加入 H_2SO_4 及一定量过量的 $KMnO_4$ 溶液,置沸水浴中加热使其中的还原性物质氧化。用一定量过量的 $Na_2C_2O_4$ 溶液还原剩余的 $KMnO_4$ 溶液,再以 $KMnO_4$ 的标准溶液返滴定剩余的 $Na_2C_2O_4$ 溶液。本法适用于地表水、地下水、饮用水和生活污水中 COD 的测定。其反应式为

$$4MnO_4^- + 5C + 12H^+ \longrightarrow 4Mn^{2+} + 5CO_2\uparrow + 6H_2O$$

$$2MnO_4^- + 5C_2O_4^{2-} + 16H^+ \longrightarrow 2Mn^{2+} + 10CO_2\uparrow + 8H_2O$$

由于 Cl^- 对此法有干扰,因此,Cl^- 含量高的工业废水中 COD 的测定应采用重铬酸钾法。

【例 6-6】 用 25.00 mL $KMnO_4$ 溶液恰能氧化一定量的 $KHC_2O_4 \cdot H_2O$,而同量的 $KHC_2O_4 \cdot H_2O$ 又恰能被 23.20 mL 0.150 0 mol/L KOH 溶液中和,求 $KMnO_4$ 溶液的浓度。

解 由氧化还原反应式

$$2MnO_4^- + 5C_2O_4^{2-} + 16H^+ \longrightarrow 2Mn^{2+} + 10CO_2\uparrow + 8H_2O$$

可知,其化学计量关系为

$$n_{\frac{1}{5}KMnO_4} = n_{\frac{1}{2}(KHC_2O_4 \cdot H_2O)}$$

即

$$c_{\frac{1}{5}KMnO_4} = \frac{m_{KHC_2O_4 \cdot H_2O}}{M_{\frac{1}{2}(KHC_2O_4 \cdot H_2O)} V_{KMnO_4}}$$

在酸碱反应中

$$n_{KOH} = n_{KHC_2O_4 \cdot H_2O}$$

$$c_{KOH} V_{KOH} = \frac{m_{KHC_2O_4 \cdot H_2O}}{M_{KHC_2O_4 \cdot H_2O}}$$

即

$$m_{KHC_2O_4 \cdot H_2O} = c_{KOH} V_{KOH} M_{KHC_2O_4 \cdot H_2O}$$

已知两次作用的 $KHC_2O_4 \cdot H_2O$ 质量相同,而 $V_{KMnO_4} = 25.00$ mL,$V_{KOH} = 23.20$ mL,$c_{KOH} = 0.150\ 0$ mol/L,故

$$c_{\frac{1}{5}KMnO_4} = \frac{c_{KOH} V_{KOH} M_{KHC_2O_4 \cdot H_2O}}{V_{KMnO_4} M_{\frac{1}{2}(KHC_2O_4 \cdot H_2O)}}$$

$$= \frac{0.150\ 0 \times 23.20}{25.00 \times \frac{1}{2}}\ \text{mol/L} = 0.278\ 4\ \text{mol/L}$$

而
$$c_{KMnO_4}=\frac{1}{5}c_{\frac{1}{5}KMnO_4}$$
得
$$c_{KMnO_4}=0.05568\ mol/L$$

6.4.2　重铬酸钾法

1. 概述

重铬酸钾法(potassium dichromate method)是以 $K_2Cr_2O_7$ 标准溶液为滴定剂的氧化还原滴定法。$K_2Cr_2O_7$ 是一种常用的氧化剂,在酸性溶液中,其半反应为

$$Cr_2O_7^{2-}+14H^++6e=\!=\!=2Cr^{3+}+7H_2O\qquad \varphi^{\ominus}=1.33\ V$$

Cr^{3+} 在中性、碱性条件下易水解,所以滴定必须在酸性溶液中进行。$Cr_2O_7^{2-}/Cr^{3+}$ 电对的条件电位 $\varphi^{\ominus'}$ 因介质不同而改变,在无机酸中 $\varphi^{\ominus'}$ 通常低于 $\varphi^{\ominus}$,见表6-6。

表 6-6　不同介质中 $Cr_2O_7^{2-}/Cr^{3+}$ 电对的条件电位

介　质	HCl	H_2SO_4	$HClO_4$
浓度/(mol/L)	1.0	0.5	1.0
$\varphi^{\ominus'}$/V	1.00	0.92	1.025

可见,$Cr_2O_7^{2-}$ 的氧化能力比 $KMnO_4$ 稍弱些,其应用范围要比高锰酸钾法窄些,但它仍是一种较强的氧化剂。用重铬酸钾法能测定许多无机物和有机物。与高锰酸钾法相比,重铬酸钾法具有以下优点。

(1) $K_2Cr_2O_7$ 容易提纯,且性质稳定,在 140～250 ℃干燥后,可作为基准物质直接配制标准溶液,并可长期贮存。

(2) 滴定反应速率较快,可在常温下滴定,不需加催化剂。

(3) 滴定可在 HCl 介质中进行。由条件电位(1 mol/L HCl 中)$\varphi^{\ominus'}_{Cr_2O_7^{2-}/Cr^{3+}}=1.00$ V,$\varphi^{\ominus}_{Cl_2/Cl^-}=1.36$ V 可知,在 1 mol/L HCl 条件下,$Cr_2O_7^{2-}$ 不能氧化 Cl^-。但 HCl 浓度不能过大,否则 $Cr_2O_7^{2-}$ 会被 Cl^- 还原。

(4) 虽然 $Cr_2O_7^{2-}$ 本身具有颜色,但颜色不深,而它的还原产物 Cr^{3+} 呈绿色,故终点时无法辨别出过量 $K_2Cr_2O_7$ 的颜色,需外加指示剂(如二苯胺磺酸钠、邻苯氨基苯甲酸)指示终点。

重铬酸钾法也有直接法和间接法之分。对一些有机试样,可在其溶液中加入一定量过量的 $K_2Cr_2O_7$ 标准溶液,并加热到一定温度,待有机物被氧化完全,将试液冷却后稀释,再用 $(NH_4)_2Fe(SO_4)_2$ 标准溶液返滴定,此方法可用于电镀液中有机物的测定。应该指出,$K_2Cr_2O_7$ 有毒,使用时应注意废液的处理,以免污染环境。

2. 重铬酸钾法应用示例

1) 铁矿石中全铁含量的测定

重铬酸钾法测定全铁含量是基于下列反应:

$$6Fe^{2+}+Cr_2O_7^{2-}+14H^+=\!=\!=6Fe^{3+}+2Cr^{3+}+7H_2O$$

Fe^{2+} 是测定的形式,所以试样在测定前应先制备成 Fe^{2+} 试液。矿样一般采用浓盐酸加热溶解,用 $SnCl_2$ 将 Fe(Ⅲ)全部还原为 Fe(Ⅱ),过量的 $SnCl_2$ 可用 $HgCl_2$ 除去,此时溶液中析出 Hg_2Cl_2 白色丝状沉淀。然后在 1～2 mol/L H_2SO_4-H_3PO_4 介质中,以二苯胺磺酸钠为指

示剂，用 $K_2Cr_2O_7$ 标准溶液滴定全部 Fe(Ⅱ)。H_2SO_4-H_3PO_4 的作用是：①提供滴定所需的酸度条件；②H_3PO_4 与 Fe^{3+} 生成无色、稳定的 $Fe(HPO_4)_2^-$，降低了 Fe(Ⅲ)/Fe(Ⅱ)电对的电极电位，使指示剂的条件电位落在突跃范围之内；③生成无色 $Fe(HPO_4)_2^-$，消除了 Fe^{3+} 的黄色干扰，使终点时溶液颜色变化更加敏锐。

从保护环境出发，为避免使用含汞试剂($HgCl_2$)，近年来提倡采用无汞测铁法，例如，$SnCl_2$-$TiCl_3$ 联合还原法：试样分解后，先用 $SnCl_2$ 将大部分 Fe(Ⅲ)还原，再以钨酸钠为指示剂，用 $TiCl_3$ 还原剩余的 Fe(Ⅲ)至蓝色的 W(Ⅴ)(俗称钨蓝)出现，表明 Fe(Ⅲ)已全部被还原。稍过量的 $TiCl_3$ 在 Cu^{2+} 催化下加水稀释，滴加稀 $K_2Cr_2O_7$ 溶液至蓝色刚好褪去，以除去过量的 $TiCl_3$，其后的测定步骤与有汞法相同。

2) 水样中的化学耗氧量(COD)的测定

在酸性介质中以 $K_2Cr_2O_7$ 为氧化剂，测定水样中化学耗氧量的方法记为 COD_{Cr}，这是目前应用最广泛的方法。测定时，于水样中加入 $HgSO_4$ 以消除 Cl^- 的干扰，再加入一定量过量的 $K_2Cr_2O_7$ 标准溶液，在强酸介质中，以 Ag_2SO_4 为催化剂，加热回流，待水样中还原性物质被氧化作用完全后，以1,10-邻二氮杂菲-亚铁为指示剂，用 Fe^{2+} 标准溶液滴定过量的 $K_2Cr_2O_7$。该法适用范围广泛，但Cr(Ⅵ)和 Hg^{2+} 对环境产生污染。

3) 试样中有机物的测定

凡能被 $K_2Cr_2O_7$ 氧化的有机物均可用本法测定。例如，工业甲醇中甲醇含量的测定：在 H_2SO_4 介质中，于试样中加入一定量过量的 $K_2Cr_2O_7$ 标准溶液，其反应式为

$$Cr_2O_7^{2-}+CH_3OH+8H^+ \longrightarrow 2Cr^{3+}+CO_2\uparrow+6H_2O$$

反应完成后，以邻苯氨基苯甲酸为指示剂，用 Fe^{2+} 标准溶液滴定剩余的 $K_2Cr_2O_7$，从而求得甲醇的含量。

【例 6-7】 0.100 0 g 工业甲醇，在 H_2SO_4 溶液中与 25.00 mL 0.020 00 mol/L $K_2Cr_2O_7$ 溶液作用。反应完成后，以邻苯氨基苯甲酸为指示剂，用 0.102 5 mol/L $(NH_4)_2Fe(SO_4)_2$ 溶液滴定剩余的 $K_2Cr_2O_7$，用去 9.86 mL。求试样中甲醇的质量分数。

解 在 H_2SO_4 介质中，甲醇被过量的 $K_2Cr_2O_7$ 氧化成 CO_2 和 H_2O，其反应式为

$$CH_3OH+Cr_2O_7^{2-}+8H^+ \longrightarrow CO_2\uparrow+2Cr^{3+}+6H_2O$$

过量的 $K_2Cr_2O_7$ 以 $(NH_4)_2Fe(SO_4)_2$ 溶液滴定，其反应式为

$$Cr_2O_7^{2-}+6Fe^{2+}+14H^+ \longrightarrow 2Cr^{3+}+6Fe^{3+}+7H_2O$$

由反应式可知

$$n_{\frac{1}{6}CH_3OH}=n_{\frac{1}{6}K_2Cr_2O_7}-n_{Fe^{2+}}$$

而

$$n_{\frac{1}{6}K_2Cr_2O_7}=6n_{K_2Cr_2O_7}=6c_{K_2Cr_2O_7}V_{K_2Cr_2O_7}$$

因此

$$n_{Fe^{2+}}=c_{Fe^{2+}}V_{Fe^{2+}}$$

$$w_{CH_3OH}=\frac{(6c_{K_2Cr_2O_7}V_{K_2Cr_2O_7}-c_{Fe^{2+}}V_{Fe^{2+}})M_{\frac{1}{6}CH_3OH}}{m_s}\times 100\%$$

$$=\frac{(6\times 0.020\,00\times 25.00\times 10^{-3}-0.102\,5\times 9.86\times 10^{-3})\times\frac{1}{6}\times 32.04}{0.100\,0}\times 100\%$$

$$=10.62\%$$

6.4.3　碘量法

1. 概述

碘量法(iodometric method)是利用 I_2 的氧化性和 I^- 的还原性进行滴定分析的方法，其半反应为

$$I_2 + 2e = 2I^-$$

固体碘在水中的溶解度很小(约为 0.001 33 mol/L)，因此，滴定分析时所用碘溶液是 I_3^- 溶液，该溶液是将固体碘溶于碘化钾溶液制得，其反应式为

$$I_2 + I^- = I_3^-$$

半反应为　$I_3^- + 2e = 3I^-\qquad \varphi^{\ominus} = 0.54\ V$

为简便起见，一般仍将 I_3^- 简写为 I_2。

由 I_2/I^- 电对的 $\varphi^{\ominus}$ 值可知，I_2 的氧化能力较弱，它只能与一些较强的还原剂(如 Sn(Ⅱ)、S^{2-}、As_2O_3、SO_3^{2-}、Sb(Ⅲ)等)作用。而 I^- 是中等强度的还原剂，它能被许多氧化剂(如 $KMnO_4$、H_2O_2、$K_2Cr_2O_7$、KIO_3 等)氧化为 I_2。因此，碘量法又可分为直接碘量法(direct iodimetry)和间接碘量法(indirect iodimetry)两种。

1) 直接碘量法

用 I_2 标准溶液直接滴定还原剂溶液的分析法称为直接碘量法或碘滴定法。直接碘量法可测定一些强还原性物质，例如，可利用反应

$$I_2 + SO_2 + 2H_2O = 2I^- + SO_4^{2-} + 4H^+$$

对钢铁中硫含量进行滴定分析。由于 I_2 是较弱的氧化剂，能被 I_2 氧化的物质有限，而且受溶液中 H^+ 浓度的影响较大，所以直接碘量法的应用受到一定的限制。

2) 间接碘量法

电极电位比 φ_{I_2/I^-} 高的氧化性物质，可在一定条件下与 I^- 作用，反应析出的 I_2 可用硫代硫酸钠标准溶液进行滴定。例如，$K_2Cr_2O_7$ 的测定，先将 $K_2Cr_2O_7$ 试液在酸性介质中与过量的碘化钾作用产生 I_2，再用 $Na_2S_2O_3$ 标准溶液滴定 I_2。相关反应为

$$Cr_2O_7^{2-} + 6I^- + 14H^+ = 2Cr^{3+} + 3I_2 + 7H_2O$$

$$I_2 + 2S_2O_3^{2-} = 2I^- + S_4O_6^{2-}$$

因此可间接测定氧化性物质，这种分析方法称为间接碘量法或滴定碘法。凡能与 KI 作用定量地析出 I_2 的氧化性物质及能与过量 I_2 在碱性介质中作用的有机物都可用间接碘量法测定，故间接碘量法的应用较直接碘量法更为广泛。

应该注意，I_2 和 $S_2O_3^{2-}$ 的反应须在中性或弱酸性溶液中进行，因为在碱性溶液中会同时发生以下反应：

$$4I_2 + S_2O_3^{2-} + 10OH^- = 8I^- + 2SO_4^{2-} + 5H_2O$$

使氧化还原过程复杂化。而且在较强的碱性溶液中，I_2 会发生以下歧化反应：

$$3I_2 + 6OH^- = 5I^- + IO_3^- + 3H_2O$$

从而给测定带来误差。

如果需要在弱碱性溶液中滴定 I_2，应用 Na_3AsO_3 代替 $Na_2S_2O_3$。

碘量法的终点常用淀粉指示剂来确定。在少量 I^- 存在下，I_2 与淀粉反应形成蓝色吸附

配合物,根据蓝色的出现或消失来指示终点。在室温及少量 I^- ($c_{I^-} \geqslant 0.001$ mg/L)存在下,该反应的灵敏度(c_{I_2})为 $5\times10^{-6} \sim 1\times10^{-5}$ mg/L;无 I^- 时,反应的灵敏度降低。反应的灵敏度还随溶液温度升高而降低(50 ℃时的灵敏度只有 25 ℃时的 1/10)。乙醇及甲醇的存在均降低其灵敏度(醇含量超过 50%的溶液不产生蓝色,小于 5%的无影响)。

淀粉溶液应用新鲜配制的,若放置过久,则与 I_2 形成的配合物不呈蓝色而呈紫红色。这种紫红色吸附配合物在用 $Na_2S_2O_3$ 滴定时褪色慢,且终点不敏锐。

2. 碘量法的反应条件

为了获得准确的结果,应用碘量法时应注意以下几个条件。

1) 防止 I^- 被 O_2 氧化和 I_2 的挥发

I^- 被空气中的 O_2 氧化和 I_2 的挥发是碘量法的重要误差来源。实验时常使用下面的方法防止 I^- 被空气中的 O_2 氧化。

(1) 溶液酸度不能太高。因为反应

$$4I^- + O_2 + 4H^+ = 2I_2 + 2H_2O$$

进行的程度和反应速率都将随溶液酸度增加而增大。

(2) 光照及 Cu^{2+}、NO_2^- 等对空气中的 O_2 氧化 I^- 的反应有催化作用,故应将消除 Cu^{2+}、NO_2^- 等干扰离子后的溶液放置于暗处,避免光线直接照射。

(3) 间接碘量法中,应在接近滴定终点时再加入淀粉指示剂,否则大量的 I_2 与淀粉结合,会影响 $Na_2S_2O_3$ 对 I_2 的还原。

防止 I_2 挥发的常用方法有以下几条。

(1) 加入过量的 KI,使 I_2 生成 I_3^- 以减少 I_2 挥发。

(2) 反应温度不宜高,析出 I_2 的反应应在碘量瓶中进行,反应完成后立即滴定。

(3) 滴定时,不能剧烈摇动溶液,滴定速度不宜太慢。

2) 控制合适的酸度

直接碘量法不能在碱性溶液中进行,间接碘量法只能在弱酸性或近中性的溶液中进行。如果溶液的 pH 值过高,I_2 自身会发生歧化反应。在间接碘量法中,pH 值过高或过低都会改变 I_2 与 $S_2O_3^{2-}$ 的计量关系,从而带来很大的误差。在近中性溶液中,I_2 与 $S_2O_3^{2-}$ 的反应为

$$I_2 + 2S_2O_3^{2-} = 2I^- + S_4O_6^{2-}$$

计量关系为

$$n_{I_2} : n_{S_2O_3^{2-}} = 1 : 2$$

pH 值过高时,发生下列反应:

$$I_2 + 2OH^- = IO^- + I^- + H_2O$$

$$4IO^- + S_2O_3^{2-} + 2OH^- = 4I^- + 2SO_4^{2-} + H_2O$$

总反应为

$$S_2O_3^{2-} + 4I_2 + 10OH^- = 8I^- + 5H_2O + 2SO_4^{2-}$$

$$n_{I_2} : n_{S_2O_3^{2-}} = 4 : 1$$

若溶液酸度过高,将发生下列反应:

$$S_2O_3^{2-} + 2H^+ = H_2SO_3 + S\downarrow$$

$$I_2 + H_2SO_3 + H_2O = SO_4^{2-} + 4H^+ + 2I^-$$

总反应为

$$I_2 + S_2O_3^{2-} + H_2O = SO_4^{2-} + S\downarrow + 2H^+ + 2I^-$$

$$n_{I_2} : n_{S_2O_3^{2-}} = 1 : 1$$

3. 标准溶液的配制和标定

碘量法中，经常使用的标准溶液有 $Na_2S_2O_3$ 标准溶液和 I_2 标准溶液两种，下面分别介绍这两种溶液的配制和标定。

1) I_2 标准溶液的配制和标定

用升华法制得的纯碘可以直接配制标准溶液，但通常是用市售的纯碘采用间接法进行配制。配制 I_2 标准溶液时，先在托盘天平上称取一定量的碘，将适量的 KI 与 I_2 一起置于研钵中，加少量水研磨，待 I_2 全部溶解后，加水将溶液稀释至一定的体积。将溶液贮存于具有玻璃塞的棕色瓶内，放置在阴暗处（I_2 溶液不应与橡胶等有机物接触，也要避免光照和受热）。

I_2 溶液常用基准物质 As_2O_3 标定，As_2O_3 难溶于水，故先将一定准确量的 As_2O_3 溶解在 NaOH 溶液中，再用酸将溶液酸化，最后用 $NaHCO_3$ 将溶液调至 pH≈8。以淀粉为指示剂，用 I_2 溶液进行滴定，终点时，溶液由无色突变为蓝色，相关的反应式为

$$As_2O_3 + 6OH^- = 2AsO_3^{3-} + 3H_2O$$

$$H_3AsO_3 + I_2 + H_2O = H_3AsO_4 + 2I^- + 2H^+$$

I_2 溶液浓度也可以用 $Na_2S_2O_3$ 标准溶液进行比较滴定。

2) $Na_2S_2O_3$ 标准溶液的配制和标定

市售硫代硫酸钠（$Na_2S_2O_3 \cdot 5H_2O$）一般含有少量杂质（如 S、Na_2SO_3、Na_2SO_4、Na_2CO_3、NaCl 等），同时还容易风化、潮解。因此，不能直接配制成准确浓度的溶液，只能用间接法配制。

$Na_2S_2O_3$ 溶液不稳定，其浓度随时间而变化，其主要原因有下面三点。

(1) $Na_2S_2O_3$ 溶液遇酸即分解。水中溶解的 CO_2 也能与它发生作用，其反应式为

$$S_2O_3^{2-} + CO_2 + H_2O = HSO_3^- + HCO_3^- + S\downarrow$$

(2) 空气中的 O_2 可将其氧化，其反应式为

$$2S_2O_3^{2-} + O_2 = 2SO_4^{2-} + 2S\downarrow$$

(3) 水中存在的微生物能使其转化为 Na_2SO_3，其反应式为

$$Na_2S_2O_3 = Na_2SO_3 + S\downarrow$$

光照会使该反应速率增大。$Na_2S_2O_3$ 在微生物作用下分解是在存放过程中 $Na_2S_2O_3$ 浓度变化的主要原因。因此，在配制 $Na_2S_2O_3$ 溶液时，应用新煮沸（除 CO_2、O_2，杀菌）并冷却了的蒸馏水，并加入少量 Na_2CO_3（约 0.02%），使溶液保持微碱性，有时为了避免细菌的作用，还加入少量（10 mg/L）HgI_2。为了避免日光导致 $Na_2S_2O_3$ 的分解，溶液应保存在棕色瓶中，放置于暗处，放置数天后标定其浓度。长期保存的溶液，隔 1～2 月标定一次，若发现溶液变浑，应弃去重配。

标定 $Na_2S_2O_3$ 溶液的基准物质有 $K_2Cr_2O_7$、$KBrO_3$、KIO_3 和纯铜等，其中以 $K_2Cr_2O_7$ 最为常用。标定时应注意以下几点。

(1) 基准物质（如 $K_2Cr_2O_7$）与 KI 反应时，溶液的酸度越大，反应速率越大，但酸度太大时，I^- 容易被空气中的 O_2 氧化，所以在开始滴定时，酸度一般以 0.8～1.0 mol/L 为宜。

(2) $K_2Cr_2O_7$ 与 KI 的反应速率较小，应将溶液在暗处放置一段时间（5 min），待反应完全后再以 $Na_2S_2O_3$ 溶液滴定。KIO_3 与 KI 的反应快，不需要放置。

(3) 在以淀粉作指示剂时，应先用 $Na_2S_2O_3$ 溶液滴定至溶液呈浅黄色（大部分 I_2 已作

用)，然后加入淀粉溶液，继续用 $Na_2S_2O_3$ 溶液滴定至蓝色恰好消失，即为终点。若淀粉指示剂加入太早，则大量的 I_2 与淀粉结合成蓝色物质，这一部分碘就不容易反应，因而使滴定发生误差。滴定至终点后，再放置几分钟，溶液又会出现蓝色，这是由于空气中的 O_2 氧化 I^- 所引起的。

4. 碘量法应用示例

1) S^{2-} 或 H_2S 的测定

在弱酸性溶液中，I_2 能氧化 H_2S，其反应式为

$$H_2S + I_2 \longrightarrow S\downarrow + 2I^- + 2H^+$$

因此，可用淀粉作为指示剂，用 I_2 标准溶液滴定 H_2S。滴定不能在碱性溶液中进行，否则，S^{2-} 被氧化为 SO_4^{2-}，其反应式为

$$S^{2-} + 4I_2 + 8OH^- \longrightarrow SO_4^{2-} + 8I^- + 4H_2O$$

并且 I_2 在碱性溶液中会发生歧化反应。

其他能与酸作用生成 H_2S 的试样(如某些矿石、石油和废水中的硫化物，钢铁中的硫及有机物中的硫等，都可使其转化为 H_2S)，可用镉盐或锌盐的氨性溶液吸收它们与酸反应时生成的 H_2S，然后加入一定量过量的 I_2 标准溶液，用 HCl 将溶液酸化，最后用 $Na_2S_2O_3$ 标准溶液滴定过量的 I_2，从而可测定其中的含硫量。

2) 铜含量的测定

在中性或弱酸性溶液中，Cu^{2+} 可与 I^- 作用析出 I_2 并生成难溶物 CuI，这是碘量法测定铜的基础。析出的 I_2 可用 $Na_2S_2O_3$ 标准溶液进行滴定，其反应式为

$$2Cu^{2+} + 4I^- \longrightarrow 2CuI\downarrow + I_2$$

$$I_2 + 2S_2O_3^{2-} \longrightarrow 2I^- + S_4O_6^{2-}$$

为了得到更好的分析结果，在具体测定时应注意以下几点。

(1) 溶液的 pH 值一般控制为 3～4。酸度过高，Cu^{2+} 会加速 I^- 与空气中 O_2 的反应；酸度过低，会引起 Cu^{2+} 的水解。又因大量 Cl^- 与 Cu^{2+} 配合，因此应用 H_2SO_4 而不用 HCl(少量 HCl 不干扰)溶液。

(2) 为了减少 CuI 对 I_2 的吸附，在近终点前加入 NH_4SCN，使 CuI 转化为溶解度更小的 CuSCN，其反应式为

$$CuI + SCN^- \longrightarrow CuSCN\downarrow + I^-$$

CuSCN 吸附 I_2 的倾向小，故可减小误差。但加入 NH_4SCN 的时间不能过早，因为 NH_4SCN 与 I_2 可发生下列反应而引起误差：

$$I_2 + 2SCN^- \longrightarrow (SCN)_2 + 2I^-$$

(3) 如果试样中有 Fe^{3+} 存在，将会干扰测定，可加入 NH_4HF_2 使其生成稳定的 FeF_6^{3-} 配位离子，使 Fe^{3+}/Fe^{2+} 电对的电极电位降低，从而可防止 Fe^{3+} 氧化 I^-。NH_4HF_2 还可控制溶液的酸度，使 pH 值为 3～4。

此法可用于测定铜矿、炉渣、电镀液及胆矾等试样中的铜。

3) 漂白粉中有效氯的测定

漂白粉中的有效成分是次氯酸盐，它具有消毒和漂白作用。此外，漂白粉中还有 $CaCl_2$、$Ca(ClO_3)_2$ 及 CaO 等，通常用 CaCl(ClO) 表示。用酸处理漂白粉时，会释放出氯气，其反应式为

$$CaCl(ClO)+2H^+ \longrightarrow Ca^{2+}+Cl_2\uparrow+H_2O$$

漂白粉加酸时释放的氯称为有效氯，有效氯是评价漂白粉质量的指标。

漂白粉中有效氯可用间接碘量法测定，即试样在 H_2SO_4 介质中，与过量的 KI 作用产生 I_2，反应产生的 I_2 用 $Na_2S_2O_3$ 标准溶液进行滴定，其反应式为

$$ClO^-+2I^-+2H^+ \longrightarrow I_2+Cl^-+H_2O$$

$$ClO_2^-+4I^-+4H^+ \longrightarrow 2I_2+Cl^-+2H_2O$$

$$ClO_3^-+6I^-+6H^+ \longrightarrow 3I_2+Cl^-+3H_2O$$

4）有机物的测定

对于能被碘直接氧化的物质，只要反应速率足够大，就可用直接碘量法进行测定。如抗坏血酸、巯基乙酸、四乙基铅及安乃近药物等。抗坏血酸（维生素 C）是生物体中不可缺少的维生素之一，它具有抗坏血病的功能，它也是衡量蔬菜、水果品质的常用指标之一。抗坏血酸分子中的烯醇基具有较强的还原性，能被 I_2 定量氧化成二酮基，其反应式为

```
                             H    OH                             H    OH
 ┌──────O──────┐             |    |          ┌──────O──────┐     |    |
 C───C═══C─────C───────C─────CH  + I2 ⇌    C───C───C─────C─────C─────CH  + 2HI
 ‖   |   |     |       |     |              ‖   ‖   ‖     |     |     |
 O   OH  OH    H       OH    H              O   O   O     H     OH    H
```

用直接碘量法可滴定抗坏血酸。从反应式可看出，在碱性溶液中有利于反应向右进行，但在碱性条件下抗坏血酸会被空气中的 O_2 所氧化，并且 I_2 会发生歧化反应。

间接碘量法广泛地应用于有机物的测定中，例如，在葡萄糖的碱性溶液中，加入一定量过量的 I_2 标准溶液，有关反应式为

$$I_2+2OH^- \longrightarrow I^-+IO^-+H_2O$$

$$CH_2OH(CHOH)_4CHO+IO^-+OH^- \longrightarrow CH_2OH(CHOH)_4COO^-+I^-+H_2O$$

碱性溶液中剩余的 IO^- 歧化为 IO_3^- 及 I^-，其反应式为

$$3IO^- \longrightarrow IO_3^-+2I^-$$

溶液酸化后又析出 I_2，最后以 $Na_2S_2O_3$ 标准溶液滴定析出的 I_2。

【例 6-8】 以 KIO_3 为基准物质，采用间接碘量法标定 0.1 mol/L $Na_2S_2O_3$ 溶液的浓度。若滴定时欲将消耗的溶液的体积控制在 25 mL 左右，应当称取多少克 KIO_3？

解　反应式为

$$IO_3^-+5I^-+6H^+ \longrightarrow 3I_2+3H_2O$$

$$I_2+2S_2O_3^{2-} \longrightarrow 2I^-+S_4O_6^{2-}$$

由上式中化学计量关系可知：

$$\begin{aligned} n_{\frac{1}{6}KIO_3} &= n_{Na_2S_2O_3} = c_{Na_2S_2O_3}V_{Na_2S_2O_3} \\ &= 0.1\times 25\times 10^{-3}\ \text{mol} \\ &= 0.002\,5\ \text{mol} \end{aligned}$$

$$\begin{aligned} m_{KIO_3} &= n_{\frac{1}{6}KIO_3}M_{\frac{1}{6}KIO_3} \\ &= 0.002\,5\times\frac{1}{6}\times 214.0\ \text{g} \\ &= 0.089\ \text{g} \end{aligned}$$

6.4.4　其他氧化还原滴定法

1. 溴酸钾法

溴酸钾法(potassium bromate method)是用 $KBrO_3$ 作氧化剂的滴定方法。$KBrO_3$ 在酸性溶液中是一种强氧化剂,其半电池反应式为

$$2BrO_3^- + 12H^+ + 10e = Br_2 + 6H_2O \qquad \varphi^{\ominus}_{BrO_3^-/Br_2} = 1.44\ V$$

由于 $KBrO_3$ 本身和还原剂的反应进行得很慢,因此常在 $KBrO_3$ 标准溶液里加入过量 KBr(或在滴定前加入 KBr),当溶液酸化时,BrO_3^- 即氧化 Br^- 而析出游离溴,其反应式为

$$BrO_3^- + 5Br^- + 6H^+ = 3Br_2 + 3H_2O$$

此游离 Br_2 能氧化还原性物质。

$$Br_2 + 2e = 2Br^- \qquad \varphi^{\ominus}_{Br_2/Br^-} = 1.08\ V$$

溴酸钾法也可直接测定一些能与 $KBrO_3$ 迅速反应的物质。例如,欲测定铁矿石中锑的含量,可将矿样溶解,将 Sb(Ⅴ)还原为 Sb(Ⅲ),在 HCl 溶液中以甲基橙为指示剂,当用 $KBrO_3$ 标准溶液滴定至溶液有微过量的 Br_2 时,甲基橙被氧化而褪色,即为终点,其反应式为

$$3Sb^{3+} + BrO_3^- + 6H^+ = 3Sb^{5+} + Br^- + 3H_2O$$

此外,此法还可用来直接测定 As(Ⅲ)、Sn(Ⅱ)、Tl(Ⅰ)及联氨(N_2H_4)等。

溴酸钾法常与碘量法配合使用,即用过量的 $KBrO_3$ 标准溶液与待测物质作用,剩余的 $KBrO_3$ 在酸性溶液中与 KI 作用,析出游离 I_2,再用 $Na_2S_2O_3$ 标准溶液滴定。这种间接溴酸钾法在有机物分析中应用较多,特别是利用 Br_2 的取代反应可测定许多芳香族化合物,如苯酚的测定就是利用苯酚与溴的反应,其反应式为

$$C_6H_5OH + 3Br_2 = C_6H_2Br_3OH + 3H^+ + 3Br^-$$

测定苯酚时,可于苯酚试液中加一定量过量的 $KBrO_3$-KBr 标准溶液,用 HCl 溶液酸化后,$KBrO_3$ 与 KBr 反应产生一定量的游离 Br_2,此 Br_2 与苯酚进行上述反应。待反应完成后,于溶液中加入过量的 KI 与剩余的 Br_2 作用,置换出等量的 I_2,再用 $Na_2S_2O_3$ 标准溶液滴定。根据加入 $KBrO_3$ 的量和滴定时所消耗的 $Na_2S_2O_3$ 标准溶液的量,即可计算出试样中苯酚的含量。

应用相同方法还可测定甲酚、间苯二酚及苯胺等。

由于 8-羟基喹啉能定量沉淀许多金属离子,因而可用溴酸钾法测定沉淀中8-羟基喹啉的含量,从而间接测定金属的含量。8-羟基喹啉与 Br_2 的反应式为

$$C_9H_6NOH + 2Br_2 = C_9H_4Br_2NOH + 2H^+ + 2Br^-$$

含双键的有机化合物可与 Br_2 迅速发生加成反应,利用这一特性可测定不饱和有机物的含量,例如,测定乙酸乙烯,其反应式为

$$CH_3COOCH{=\!=}CH_2+Br_2{=\!=\!=}CH_3COOCHBrCH_2Br$$

此外，此法还可测定丙烯酸酯类等。但是用 Br_2 处理多种不饱和化合物时，常有副反应（如取代、水解反应）发生，干扰简单的加成反应。

由于 $KBrO_3$ 很容易从水溶液中重结晶提纯，因此，可用直接法配制准确浓度的标准溶液，不必进行标定。也可用基准物质（如 As_2O_3）或用间接碘量法标定溴酸钾的标准溶液。

【例 6-9】 称取 0.501 5 g 苯酚试样，用 NaOH 溶液溶解后，用水准确稀释至 250.0 mL，移取 25.00 mL 试液于碘量瓶中，加入 25.00 mL $KBrO_3$-KBr 标准溶液，加入 HCl 溶液，使苯酚溴化为三溴苯酚。加入 KI 溶液，使未反应的 Br_2 还原并析出定量的 I_2，然后用 0.101 2 mol/L $Na_2S_2O_3$ 标准溶液进行滴定，用去 15.05 mL。另取 25.00 mL $KBrO_3$-KBr 标准溶液，加入 HCl 及 KI 溶液，析出的 I_2 用 0.101 2 mol/L $Na_2S_2O_3$ 标准溶液进行滴定，用去 40.20 mL。计算试样中苯酚的质量分数。

解　有关反应式为

$$KBrO_3+5KBr+6HCl{=\!=\!=}6KCl+3Br_2+3H_2O$$

$$C_6H_5OH+3Br_2{=\!=\!=}C_6H_2Br_3OH+3HBr$$

$$Br_2+2KI{=\!=\!=}I_2+2KBr$$

$$I_2+2Na_2S_2O_3{=\!=\!=}2NaI+Na_2S_4O_6$$

因此

$$n_{\frac{1}{6}C_6H_5OH}=n_{S_2O_3^{2-}}$$

故

$$w_{C_6H_5OH}=\frac{c_{Na_2S_2O_3}\times[V_{1(Na_2S_2O_3)}-V_{2(Na_2S_2O_3)}]\times M_{\frac{1}{6}C_6H_5OH}}{m_s\times\frac{25.00}{250.0}}\times100\%$$

$$=\frac{0.101\,2\times(40.20-15.05)\times10^{-3}\times\frac{1}{6}\times94.11}{0.501\,5\times\frac{25.00}{250.0}}\times100\%$$

$$=79.70\%$$

2. 硫酸铈法

硫酸高铈 $Ce(SO_4)_2$ 是一种强氧化剂，但要在酸度较高的溶液中使用，若溶液的酸度较低，则 Ce^{4+} 易发生水解。Ce^{4+}/Ce^{3+} 电对的电极电位取决于酸的浓度和阴离子的种类。由于在 $HClO_4$ 溶液中 Ce^{4+} 不形成配合物，而在其他酸中 Ce^{4+} 都可能与相应的阴离子（如 Cl^- 和 SO_4^{2-} 等）形成配合物，所以在分析上 $Ce(SO_4)_2$ 在 $HClO_4$ 溶液中比在 H_2SO_4 溶液中应用得更广泛。

在 H_2SO_4 溶液中，$Ce(SO_4)_2$ 的条件电位介于 $KMnO_4$ 与 $K_2Cr_2O_7$ 之间，所以能用高锰酸钾法测定的物质一般也能用硫酸铈法（cerium sulphate method）测定。与高锰酸钾法相比，硫酸铈法具有以下特点。

（1）Ce^{4+} 还原为 Ce^{3+}，只是一个电子的转移反应，因此，在还原过程中不生成中间价态的产物，反应简单，没有诱导反应，能在多种有机物（如醇类、甘油、醛类等）存在下测定 Fe^{2+} 而不发生诱导氧化。

（2）能在较高浓度的 HCl 溶液中滴定还原剂。

（3）可由易于提纯的 $Ce(SO_4)_2\cdot2(NH_4)_2SO_4\cdot2H_2O$ 直接配制标准溶液，不必进行标定。铈的标准溶液很稳定，放置较长时间或加热煮沸也不易分解，而且铈不像在 $K_2Cr_2O_7$ 中 Cr(Ⅵ)那样有毒，因此在废液处理上较为方便。

（4）在酸度较低（$[H^+]<1$ mol/L）时，磷酸有干扰，它可能生成磷酸高铈沉淀。

（5）$Ce(SO_4)_2$ 溶液呈橙黄色，Ce^{3+} 无色，用 0.1 mol/L $Ce(SO_4)_2$ 溶液滴定无色溶液时，

可用它自身作指示剂,但灵敏度不高。由于 Ce^{4+} 的橙黄色随温度升高而加深,所以在热溶液中滴定时终点变色较明显。如果用邻二氮杂菲-亚铁作指示剂,则终点时变色敏锐,效果更好。

3. 亚砷酸钠-亚硝酸钠法

亚砷酸钠-亚硝酸钠法(sodium arsenite-sodium nitrite method)是使用 Na_3AsO_3-$NaNO_2$ 混合溶液进行滴定的方法,可应用于普通钢和低合金钢中锰的测定。

试样用酸分解,锰转化为 Mn^{2+},以 $AgNO_3$ 为催化剂,用 $(NH_4)_2S_2O_8$ 将 Mn^{2+} 氧化为 MnO_4^-,然后用 Na_3AsO_3-$NaNO_2$ 混合溶液滴定,其反应式为

$$2MnO_4^- + 5AsO_3^{3-} + 6H^+ = 2Mn^{2+} + 5AsO_4^{3-} + 3H_2O$$

$$2MnO_4^- + 5NO_2^- + 6H^+ = 2Mn^{2+} + 5NO_3^- + 3H_2O$$

在 H_2SO_4 介质中,单独用 Na_3AsO_3 溶液滴定 MnO_4^-,Mn(Ⅶ)只被还原为平均氧化数为 +3.3 的锰。而单独用 $NaNO_2$ 溶液滴定 MnO_4^-,在酸性溶液中,Mn(Ⅶ)可定量地还原为 Mn(Ⅱ),但 HNO_2 和 MnO_4^- 作用缓慢,而且 HNO_2 不稳定。因此,采用 Na_3AsO_3-$NaNO_2$ 混合溶液来滴定 MnO_4^-。此时,NO_2^- 能将 MnO_4^- 定量地还原为 Mn^{2+},AsO_3^{3-} 能加速反应进行,且测定结果比较准确。Na_3AsO_3-$NaNO_2$ 混合溶液对锰的滴定度需用锰的标准试样来确定。

本 章 小 结

(1) 氧化剂和还原剂的强弱可以用电对的电极电位来衡量。电对的电极电位越高,其氧化态的氧化能力越强;电对的电极电位越低,其还原态的还原能力越强。

(2) 条件电位是指在特定条件下,氧化态和还原态的总浓度均为 1 mol/L(或其比值为 1)时,校正了各种因素的影响后的实际电极电位,在条件不变时为一常数。因此,采用条件电位按照 Nernst 方程进行计算,所得的电极电位值将更加符合实际,并给氧化还原滴定曲线的理论带来了极大的方便。

(3) 离子强度、各种副反应及酸度影响氧化还原电对的电极电位。

(4) 氧化还原反应的机理比较复杂,其反应速率通常较小,而反应物的浓度、酸度、温度和催化剂等因素都可能对反应速率产生影响。因此,在氧化还原滴定中必须选择适当的反应条件以增大反应速率。

(5) 氧化还原反应进行的程度可用其平衡常数来衡量。若溶液中有副反应存在,则用条件平衡常数 K' 进行量度:$\lg K' = \frac{n(\varphi_1^{\ominus'} - \varphi_2^{\ominus'})}{0.059}$,式中的 n 为两电对电子转移数的最小公倍数。无论参与反应的电对是否对称,该公式均适用。

(6) 氧化还原滴定中常用的指示剂包括自身指示剂、特殊指示剂及氧化还原指示剂。氧化还原指示剂是一类本身具有氧化还原性质,且其氧化态与还原态物质又具有不同颜色的复杂有机物。氧化还原指示剂的变色范围为:$\varphi_{In_{Ox}/In_{Red}}^{\ominus'} - \frac{0.09}{n}$ V~$\varphi_{In_{Ox}/In_{Red}}^{\ominus'} + \frac{0.059}{n}$ V。变色点:$\varphi_{In_{Ox}/In_{Red}} = \varphi_{In_{Ox}/In_{Red}}^{\ominus'}$。

(7) 可逆、对称氧化还原滴定反应化学计量点时的电极电位计算通式为

$$\varphi_{sp}=\frac{n_1\varphi_1^{\ominus'}+n_2\varphi_2^{\ominus'}}{n_1+n_2}$$

若 $n_1=n_2$，则化学计量点电极电位 φ_{sp} 正好处于电位突跃的中点，化学计量点前、后的曲线基本对称。对于 $n_1\neq n_2$ 的氧化还原滴定反应，化学计量点电极电位 φ_{sp} 不在电位突跃的中点，而是偏向电子转移数较大的电对一方。

若系统中存在不对称电对，其化学计量点的 φ_{sp} 除与每个电对 $\varphi^{\ominus'}$、n 有关外，还与离子的浓度有关。

(8) 氧化还原滴定电位突跃的长短与两个电对的条件电位相差的大小有关。条件电位相差越大，电位突跃越长；反之，则越短。

(9) 在进行氧化还原滴定之前，往往需要进行预先处理，使待测组分处于所期望的某一价态，然后才能进行滴定。所选择的预氧化剂或预还原剂必须有一定的选择性，且过量的预处理剂应易于除去。

(10) 氧化还原滴定法按照所采用的滴定剂分类，其中常用的有高锰酸钾法、重铬酸钾法和碘量法等。各方法都有其优、缺点和特定的应用范围，应结合实验，具体地掌握它们的特点、反应条件和实际用途。

阅读材料

抗氧化及其测定技术

抗氧化剂就是以低浓度存在就能有效抑制自由基氧化反应的物质，其作用机理可以是直接作用于自由基，也可以是间接消耗掉容易生成自由基的物质，防止发生进一步反应。具有抗氧化作用的抗氧化剂已引起人们广泛的关注，食品学家对抗氧化剂感兴趣是因为它们能防止氧化酸败，生物学家和临床工作者对抗氧化剂感兴趣是因为其能保护人体免于活性氧的损伤。抗氧化剂多用于延长含脂食品的货架期、保持其营养品质以及在人体内避免氧化造成的损伤。

抗氧化剂存在于哪里呢？研究发现，水果、蔬菜、茶叶和红葡萄酒等食品对人体健康具有积极的作用，其主要原因在于这些产品中的一些天然产物具有抗氧化作用。随着对天然抗氧化物质的关注程度不断提高，研究者对抗氧化能力的测定技术进行了广泛的研究，目前使用的抗氧化测定方法非常多，根据不同的原则有不同的分类：根据生物体试验与否，可以分为体内试验和体外试验；根据测定目标是否为酶，可以分为酶法测定和非酶测定；根据反应机理，可以分为以供氢为机理的方法、以供电子为机理的方法和两者兼有的方法；根据实验所用仪器，可以分为分光光度法、荧光法、化学发光法、色谱法、电子自旋共振法、毛细管凝胶电泳法等。其中非酶测定方法是使用最多、最广泛的一大类方法；根据抗氧化活性主要表现在抑制脂质的氧化降解、清除自由基、抑制促氧化剂(如螯合过渡金属)和还原能力等几方面的原理，可以将这些方法归为 5 类：①以脂质的氧化降解为基础的方法；②以清除自由基为基础的方法；③螯合过渡金属防止产生自由基的方法；④测定待测物的还原能力的方法；⑤其他方法。

习　题

1. 计算在 1 mol/L HCl 溶液中，当$[Cl^-]=1.0$ mol/L 时，Ag^+/Ag 电对的条件电位。

(0.224 V)

2. 根据$\varphi^{\ominus}_{Hg_2^{2+}/Hg}$和$Hg_2Cl_2$的$K_{sp}$,计算$\varphi^{\ominus}_{Hg_2Cl_2/Hg}$。当溶液中$Cl^-$的浓度为0.010 mol/L时,$Hg_2Cl_2/Hg$电对的电极电位是多少?

(0.270 V, 0.388 V)

3. 计算当pH=10.0,$[NH_4^+]+[NH_3]=0.20$ mol/L时,Zn^{2+}/Zn电对的条件电位。若$c_{Zn(II)}=0.020$ mol/L,体系的电极电位是多少?

(−0.940 V, −0.990 V)

4. 分别计算$[H^+]=2.0$ mol/L和pH=2.00时MnO_4^-/Mn^{2+}电对的条件电位。

5. 用碘量法测定铬铁矿中铬的含量时,试液中共存的Fe^{3+}有干扰。此时若溶液的pH=2.0,Fe(Ⅲ)的浓度为0.10 mol/L,Fe(Ⅱ)的浓度为1.0×10^{-5} mol/L,加入EDTA并使其过量的浓度为0.10 mol/L。试问:在此条件下,Fe^{3+}的干扰能否被消除?

($\varphi_{Fe^{3+}/Fe^{2+}}=0.41\ V<\varphi^{\ominus}_{I_2/I^-}=0.54\ V$, Fe^{3+}的干扰可以被消除。)

6. 已知在1 mol/L HCl介质中,Fe(Ⅲ)/ Fe(Ⅱ)电对的$\varphi^{\ominus'}=0.7$ V,Sn(Ⅳ)/ Sn(Ⅱ)电对的$\varphi^{\ominus'}=0.14$ V。求在此条件下,反应$2Fe^{3+}+Sn^{2+}$ ══ $Sn^{4+}+2Fe^{2+}$的条件平衡常数。

(1.0×10^{19})

7. 计算1 mol/L HCl溶液中用Fe^{3+}滴定Sn^{2+}时化学计量点的电极电位,并计算滴定至99.9%和100.1%时的电极电位。说明为什么化学计量点前、后同样变化0.1%,但电极电位的变化不相同。

(0.33 V, 0.23 V, 0.61 V)

8. 对于氧化还原反应

$$BrO_3^- + 5Br^- + 6H^+ \xlongequal{} 3Br_2 + 3H_2O$$

(1) 求此反应的平衡常数;

(2) 计算当溶液的pH=7.0,$[BrO_3^-]=0.10$ mol/L,$[Br^-]=0.70$ mol/L时,游离溴的平衡浓度。

((1) 3.0×10^{37}; (2) 7.0×10^{-3} mol/L)

9. 称取0.500 0 g含有KI的试样,溶于水后先用Cl_2水溶液将I^-氧化为IO_3^-,煮沸除去过量Cl_2,再加入过量KI试剂,滴定I_2时消耗了21.30 mL 0.020 82 mol/L $Na_2S_2O_3$溶液。计算试样中KI的质量分数。

(2.454%)

10. 用0.264 3 g纯As_2O_3试剂标定某$KMnO_4$溶液的浓度。先用NaOH溶液溶解As_2O_3,酸化后再用此$KMnO_4$溶液滴定,用去40.46 mL。计算$KMnO_4$溶液的浓度。

(0.026 42 mol/L)

11. 准确称取0.500 0 g铁矿石试样,用酸溶解后加$SnCl_2$,使Fe^{3+}还原为Fe^{2+},然后用24.50 mL $KMnO_4$标准溶液滴定。已知1 mL $KMnO_4$标准溶液相当于0.012 60 g $H_2C_2O_4\cdot2H_2O$。

(1) 矿样中Fe及Fe_2O_3的质量分数各为多少?

(2) 取3.00 mL市售双氧水稀释定容至250.0 mL,从中取出20.00 mL试液,需用21.18 mL上述$KMnO_4$标准溶液滴定至终点。计算100.00 mL市售双氧水中所含的H_2O_2质量。

((1) 54.67%, 78.16%; (2) 29.98 g)

12. 称取1.000 g含$NaIO_3$和$NaIO_4$的混合试样,溶解后定容于250 mL容量瓶中;准确移取50.00 mL试液,调至弱碱性,加入过量KI,此时IO_4^-被还原为IO_3^-(IO_3^-不氧化I^-),释放出的I_2用0.040 00 mol/L $Na_2S_2O_3$溶液滴定至终点时,消耗10.00 mL。另移取试液20.00 mL,用HCl溶液调节至酸性,加入过量的KI,释放出的I_2用0.040 00 mol/L $Na_2S_2O_3$溶液滴定,消耗30.00 mL。计算混合试样中$NaIO_3$和$NaIO_4$的质量分数。

(23.08%, 21.39%)

13. 称取1.000 g某土壤样品,用重量分析法获得Al_2O_3和Fe_2O_3共0.110 0 g,将此混合氧化物用酸溶解并使铁还原后,以0.010 0 mol/L $KMnO_4$溶液进行滴定,用去8.00 mL。试计算土壤样品中Al_2O_3和

Fe_2O_3的质量分数。

（7.81%，3.19%）

14. 今有PbO-PbO_2混合物，称取1.234 g试样，加入20.00 mL 0.250 0 mol/L草酸溶液将PbO_2还原为Pb^{2+}，然后用氨中和，这时Pb^{2+}以PbC_2O_4形式沉淀，过滤，滤液酸化后用$KMnO_4$溶液滴定，消耗0.040 0 mol/L $KMnO_4$溶液10.00 mL，沉淀溶解于酸中，滴定时消耗0.040 0 mol/L $KMnO_4$溶液30.00 mL。计算试样中PbO和PbO_2的质量分数。

（36.18%，19.38%）

15. 移取25.00 mL乙二醇试液，加入0.026 10 mol/L $KMnO_4$的碱性溶液30.00 mL（反应式：$HOCH_2CH_2OH+10MnO_4^-+14OH^-=10MnO_4^{2-}+2CO_3^{2-}+10H_2O$），反应完全后，酸化溶液，加入0.054 21 mol/L $Na_2C_2O_4$溶液10.00 mL，此时，所有的高价锰均被还原为Mn^{2+}，以0.026 10 mol/L $KMnO_4$溶液滴定剩余的$Na_2C_2O_4$，消耗2.30 mL。计算试液中乙二醇的浓度。

（0.012 52 mol/L）

16. 称取0.408 2 g苯酚试样，用NaOH溶液溶解后移入250.0 mL容量瓶中，加水稀释至刻度，摇匀，吸取25.00 mL，加入溴酸钾标准溶液（$KBrO_3+KBr$）25.00 mL，然后加入HCl及过量KI溶液，待析出I_2后，再用0.108 4 mol/L $Na_2S_2O_3$标准溶液滴定，用去20.04 mL。另取25.00 mL溴酸钾标准溶液做空白实验，消耗同浓度的$Na_2S_2O_3$标准溶液41.60 mL。试计算试样中苯酚的质量分数。

（89.80%）

17. 燃烧0.167 5 g不纯的Sb_2S_3试样，将所得的SO_2通入$FeCl_3$溶液中，将Fe^{3+}还原为Fe^{2+}。再在稀酸条件下用0.019 85 mol/L $KMnO_4$标准溶液滴定Fe^{2+}，用去21.20 mL。试样中Sb_2S_3的质量分数为多少？

（71.12%）

18. 测定化学耗氧量（COD）。今取100.0 mL废水试样，用H_2SO_4酸化后加入25.00 mL 0.016 67 mol/L $K_2Cr_2O_7$溶液，以Ag_2SO_4为催化剂，煮沸一定时间，待水样中还原性物质较完全地氧化后，以邻二氮杂菲-亚铁为指示剂，用0.100 0 mol/L $FeSO_4$溶液滴定剩余的$K_2Cr_2O_7$，用去15.00 mL。计算废水试样的化学耗氧量，以mg/L表示。

（80.04 mg/L）

19. 称取1.500 g含有As_2O_3与As_2O_5的试样，处理为含AsO_3^{3-}和AsO_4^{3-}的溶液。将溶液调节为弱碱性，以0.050 00 mol/L碘溶液滴定至终点，消耗30.00 mL。将此溶液用HCl溶液调节至酸性并加入过量KI溶液，释放出的I_2再用0.300 0 mol/L $Na_2S_2O_3$溶液滴定至终点，消耗30.00 mL。计算试样中As_2O_3与As_2O_5的质量分数。

（提示：弱碱性介质中滴定三价砷，其反应式为

$$H_3AsO_3+I_2+H_2O=H_3AsO_4+2I^-+2H^+$$

在酸性介质中，发生以下反应：

$$H_3AsO_4+2I^-+2H^+=H_3AsO_3+I_2+H_2O)$$

（9.89%，22.98%）

20. 用碘量法测定葡萄糖的含量。准确称取10.00 g试样溶解后，定容于250 mL容量瓶中，移取50.00 mL试液于碘量瓶中，加入0.050 00 mol/L I_2溶液30.00 mL（过量），在搅拌下加入40 mL 0.1 mol/L NaOH溶液，摇匀后，移至暗处20 min。然后加入0.5 mol/L HCl溶液8 mL，析出的I_2用0.100 0 mol/L $Na_2S_2O_3$溶液滴定至终点，消耗9.96 mL。计算试样中葡萄糖的质量分数。

（提示：反应式为

$$C_6H_{12}O_6+I_2(\text{过量})+2NaOH=C_6H_{12}O_7+2NaI+H_2O$$

$$I_2(\text{剩余})+2OH^-=IO^-+I^-+H_2O$$

剩余的IO^-在碱性条件下发生歧化反应，其反应式为

$$3IO^-=IO_3^-+2I^-$$

酸化后又析出I_2，其反应式为

$$IO_3^-+5I^-+6H^+=3I_2+3H_2O)$$

（9.028%）

第 7 章　重量分析法与沉淀滴定法

重量分析法(gravimetric analysis)是基于称重的分析方法。在重量分析法中，一般是将待测组分与试样中其他组分分离，并转化为一定的称量形式后，再通过称重来测定该组分含量。在重量分析法中，将待测组分与试样中其他组分分离的措施有沉淀反应、气化、电解等，其中沉淀反应是最主要的分离措施。基于沉淀反应的重量分析法称为沉淀重量法。某些沉淀反应还可用做滴定反应，基于沉淀反应的滴定分析方法称为沉淀滴定法(precipitation titration)。沉淀重量法和沉淀滴定法都要用到沉淀反应，因此需要了解沉淀反应的一般规律。

7.1　溶解-沉淀平衡及影响因素

7.1.1　沉淀的溶解度和溶度积

利用沉淀反应进行沉淀重量分析和沉淀滴定分析时，要求被分析物的沉淀反应尽可能进行完全。沉淀反应的完全程度可以根据被分析物生成的沉淀即生成的微溶化合物的溶解度大小来进行衡量。溶解度越小，沉淀反应就能进行得越完全；溶解度越大，沉淀反应越难进行完全。微溶化合物的溶解度是指当达到溶解-沉淀平衡时该化合物在溶液中的浓度，即微溶化合物在其饱和溶液中的浓度。溶解度有多种表示方法，为讨论问题方便，本章用物质的量浓度来表示溶解度。微溶化合物的溶解度可以利用其溶度积进行计算。

在一定温度下，把微溶强电解质 $BaSO_4$ 放入水中，当 $BaSO_4$ 的溶解速率与沉淀速率相等时，就达到溶解-沉淀平衡，即溶液达到饱和。设 $BaSO_4$ 溶于水的部分完全离解，则 $BaSO_4$ 沉淀与溶液中的 Ba^{2+} 和 SO_4^{2-} 之间的平衡可表示为

$$BaSO_4(s) \rightleftharpoons Ba^{2+}(aq) + SO_4^{2-}(aq)$$

平衡时

$$K_{sp} = [Ba^{2+}][SO_4^{2-}]$$

K_{sp} 称为溶度积常数(solubility product constant)，简称溶度积(solubility product)。

对于 M_mA_n 型的微溶强电解质，其平衡关系为

$$M_mA_n(s) \rightleftharpoons mM^{n+}(aq) + nA^{m-}(aq)$$

$$K_{sp} = [M^{n+}]^m[A^{m-}]^n \tag{7-1}$$

式(7-1)表明：在一定温度下，微溶强电解质的饱和溶液中离子浓度幂的乘积为一常数。

必须指出，在严格意义上，应该是：在一定温度下，微溶强电解质的饱和溶液中离子活度幂的乘积(即活度积)为一常数。但在稀溶液中，离子强度很小，活度系数趋近于 1，离子活度近似地等于其浓度，因而活度积近似等于溶度积。在一般计算中，活度积与溶度积的差别可以忽略不计，因而可直接用溶度积进行有关运算。

对于微溶强电解质而言，溶度积 K_{sp} 是其在一定温度下的饱和溶液中离子浓度幂的乘积，而溶解度 s 是其在一定温度下的饱和溶液的浓度，两者之间有着必然的联系，在一定条

件下可以直接进行换算。

对于 M_mA_n 型难溶强电解质，设溶解度为 s，则有

$$M_mA_n(s) \rightleftharpoons mM^{n+}(aq) + nA^{m-}(aq)$$

溶解度与离子浓度　　s　　ms　　ns

$$K_{sp} = [M^{n+}]^m[A^{m-}]^n = (ms)^m(ns)^n$$

$$s = \sqrt[m+n]{\frac{K_{sp}}{m^m n^n}} \tag{7-2}$$

对于 MA 型的微溶强电解质，如 AgCl，K_{sp} 和 s 有如下关系：

$$AgCl(s) \rightleftharpoons Ag^+(aq) + Cl^-(aq)$$

溶解度与离子浓度　　s　　s　　s

$$K_{sp} = [Ag^+][Cl^-] = ss = s^2$$

对于 MA_2 型和 M_2A 型的难溶强电解质，如 Ag_2CrO_4，K_{sp} 和 s 有如下关系：

$$Ag_2CrO_4(s) \rightleftharpoons 2Ag^+(aq) + CrO_4^{2-}(aq)$$

溶解度与离子浓度　　s　　$2s$　　s

$$K_{sp} = [Ag^+]^2[CrO_4^{2-}] = (2s)^2 s = 4s^3$$

应该指出，溶解度与溶度积的换算关系式(7-2)只有在以下条件均满足时才适用：①必须是离子强度很小的稀溶液；②化合物溶于水的部分应完全离解或基本完全离解；③溶液中不存在含有与该化合物相同离子的其他物质；④溶液中不存在可与该化合物的离子发生副反应的其他物质。

溶度积只是给出了饱和溶液中化合物的游离态离子之间的定量关系。事实上，很多微溶化合物溶于水的部分并未完全离解，即溶液中还存在着分子态的化合物。例如，在 AgCl 饱和溶液中就还存在着分子态的 AgCl。在微溶化合物的饱和溶液中分子态化合物的浓度称为该化合物的固有溶解度或分子溶解度，可用 s^0 表示。固有溶解度在一定温度下是一常数。不同微溶化合物的固有溶解度存在较大差异，但一般为 $10^{-9} \sim 10^{-6}$ mol/L。当微溶化合物的固有溶解度较大时，则在计算溶解度时必须将固有溶解度考虑在内。但大多数微溶强电解质的固有溶解度都非常小，此时可直接用式(7-2)计算其溶解度。

7.1.2　影响沉淀溶解度的因素

沉淀的溶解度受到多种因素的影响，其中主要的影响因素有同离子效应(common ion effect)、盐效应(salt effect)、酸效应、配位效应等，同时还有温度、介质、晶体结构、颗粒大小等其他影响因素。下面分别进行讨论。

1. 同离子效应

在微溶强电解质的饱和溶液中，加入含有与微溶强电解质相同离子的强电解质，其溶解-沉淀平衡将发生移动，致使微溶强电解质的溶解度大大地下降。这种因加入含有共同离子的其他强电解质，而使微溶强电解质的溶解度降低的效应称为溶解-沉淀平衡的同离子效应。

【例 7-1】　已知 $BaSO_4$ 的 $K_{sp} = 1.08 \times 10^{-10}$，分别计算：

(1) $BaSO_4$ 在纯水中的溶解度；

(2) $BaSO_4$ 在 0.10 mol/L $BaCl_2$ 溶液中的溶解度；

(3) $BaSO_4$ 在 0.10 mol/L Na_2SO_4 溶液中的溶解度。

解　(1) 在纯水中，$BaSO_4$ 的 $K_{sp}=s_1^2$，则

$$s_1=\sqrt{K_{sp}}=1.04\times10^{-5}\ \text{mol/L}$$

(2) 在有 0.10 mol/L Ba^{2+} 存在的溶液中，$BaSO_4$ 的溶解度为 s_2，则有

$$BaSO_4(s) \rightleftharpoons Ba^{2+} + SO_4^{2-}$$

平衡时　　s_2　　$s_2+0.10\approx0.10$　　s_2

$$s_2=K_{sp}/(s_2+0.10)\approx1.08\times10^{-10}/0.10\ \text{mol/L}=1.08\times10^{-9}\ \text{mol/L}$$

(3) 在有 0.10 mol/L SO_4^{2-} 存在的溶液中，$BaSO_4$ 的溶解度为 s_3，则有

$$BaSO_4(s) \rightleftharpoons Ba^{2+} + SO_4^{2-}$$

平衡时　　s_3　　s_3　　$0.10+s_3\approx0.10$

$$s_3=K_{sp}/(s_3+0.10)\approx1.08\times10^{-10}/0.10\ \text{mol/L}=1.08\times10^{-9}\ \text{mol/L}$$

可见，利用同离子效应可以显著降低沉淀的溶解度，这是保证沉淀完全的主要措施。

2. 盐效应

在微溶强电解质溶液中加入不含相同离子的易溶强电解质，使微溶电解质的溶解度略有增大，这一现象称为溶解-沉淀平衡的盐效应。例如，在 $PbSO_4$ 中加入 KNO_3，将使 $PbSO_4$ 的溶解度略有增大。

盐效应可以用活度积与溶度积之间的关系来加以说明。在一定温度下，沉淀的活度积是定值，溶度积则受到活度系数的影响。以 1∶1 型的沉淀 MA 为例，其活度积 $K_{sp}^{\ominus}$ 与溶度积 K_{sp} 的关系为

$$K_{sp}^{\ominus}=a_M a_A=K_{sp}\gamma_M\gamma_A=[M^+][A^-]\gamma_M\gamma_A$$

式中：a_M 和 a_A 分别是 M^+ 和 A^- 的活度；γ_M 和 γ_A 分别是 M^+ 和 A^- 的活度系数。溶液中电解质的浓度越大，离子强度就越大，相应的活度系数就越小。由于活度积是定值，因此当活度系数减小时，溶度积就必然变大，因此溶解度就必然增大。

因此，在利用同离子效应来降低沉淀的溶解度的同时，也要考虑由于过量沉淀剂的加入使电解质浓度增大而引起的盐效应。即沉淀剂的用量并不是越多越好。在沉淀反应中，沉淀剂通常只应过量 50%～100%。但是，如果沉淀本身的溶解度很小，则盐效应的影响实际上是很小的，可以忽略不计。一般来说，只有当沉淀的溶解度本来就比较大，而溶液的离子强度又很高时，才需要考虑盐效应的影响。

3. 配位效应和酸效应

在溶解-沉淀平衡过程中，除沉淀溶解主反应外，溶液中往往还有多种副反应发生，如配位反应、酸碱反应等。副反应的存在将显著增大沉淀的溶解度。这种由于副反应的存在而使沉淀溶解度增大的效应称为副反应效应。在副反应效应中，最常见的是配位效应和酸效应。在沉淀反应中用于形成沉淀的离子可称为构晶离子，如硫酸钡沉淀的构晶离子就是钡离子和硫酸根离子。配位效应是由于构晶离子与配位剂反应而使沉淀溶解度增大的效应，酸效应则是由于构晶离子发生质子化反应而使沉淀溶解度增大的效应。现以 1∶1 型的沉淀 MA 为例说明配位效应和酸效应对沉淀溶解度的影响。在 MA 的溶解-沉淀平衡过程中，主反应为(为方便略去电荷)

$$MA(s) \rightleftharpoons M(aq)+A(aq)$$

当溶液中存在 M 的 1∶1 型的配位剂 L 和质子(H^+，简写为 H)时，则有如下副反应：

配位反应　　$$M+L \rightleftharpoons ML$$

质子化反应　　　　$A+H \rightleftharpoons HA$

平衡时，溶液中 M 和 A 的总浓度分别为

$$c_M=[M]+[ML]$$
$$c_A=[A]+[HA]$$

设溶液中 M 和 A 的副反应系数分别为 α_M 和 α_A。当 M 的副反应只有与 L 的配位反应时，则 α_M 为配位效应系数 $\alpha_{M(L)}$。当 A 的副反应只有与 H^+ 发生的质子化反应时，则 α_A 为酸效应系数 $\alpha_{A(H)}$。于是有

$$[M]=\frac{c_M}{\alpha_M}$$
$$[A]=\frac{c_A}{\alpha_A}$$

根据溶度积的定义，有

$$K_{sp}=[M][A]=\frac{c_M c_A}{\alpha_M \alpha_A}$$

当不存在同离子效应时，溶液中 c_M 与 c_A 相等，并等于 MA 的溶解度 s，于是可得

$$K_{sp}\alpha_M\alpha_A=K'_{sp}=c_M c_A=s^2$$

式中：$K'_{sp}=K_{sp}\alpha_M\alpha_A$，称为条件溶度积常数。由于副反应系数 α_M 和 α_A 均大于 1，因此，$K'_{sp}>K_{sp}$，即副反应的存在将使沉淀的溶解度增大。

对于任意类型的沉淀 M_mA_n，当存在任意的副反应但不存在同离子效应时，则有

$$K'_{sp}=K_{sp}\alpha_M^m\alpha_A^n=(mc_M)^m(nc_A)^n=(ms)^m(ns)^n$$

酸效应和配位效应是最常见的副反应效应，下面分别进行讨论。

1）酸效应

酸效应对溶解度的影响与溶液的酸度有关，同时又与沉淀的类型有关。对不同类型沉淀，其影响情况不一样。

（1）弱酸盐类沉淀（如 CaC_2O_4、$CaCO_3$、CdS、$MgNH_4PO_4$ 等），其构晶阴离子易于接受质子而发生质子化反应，因而酸效应较显著，只有在较低的酸度下进行沉淀时才有可能使其沉淀完全。

（2）强酸盐类沉淀（如 AgCl 等），其构晶阴离子在水中难以接受质子，基本不发生质子化反应，因此酸度对沉淀的溶解度影响不大，即使在酸性溶液中进行沉淀也可使其沉淀完全。

（3）对于硫酸盐类沉淀，由于 H_2SO_4 的 $K_{a(2)}$ 不大，因此，酸效应对硫酸盐类沉淀也有一定影响。当溶液的酸度很高时，硫酸盐类沉淀的溶解度也随之增大。

（4）若沉淀本身是易溶于碱的弱酸（如硅酸、钨酸等），此时构晶阴离子（如硅酸根、钨酸根等）与 H^+ 发生的质子化反应实质上已不再是副反应，而是生成沉淀的主反应。因此，这类沉淀反应宜在强酸性介质中进行。

【例 7-2】 计算 CaC_2O_4 在 pH＝2.00 和 pH＝4.00 时的溶解度，已知 CaC_2O_4 的 $K_{sp}=2.0\times10^{-9}$，$H_2C_2O_4$ 的 $K_{a(1)}=5.9\times10^{-2}$，$K_{a(2)}=6.4\times10^{-5}$。

解　当 pH＝2.00 时，有

$$\alpha_{C_2O_4^{2-}(H)}=1+\frac{[H^+]}{K_{a(2)}}+\frac{[H^+]^2}{K_{a(1)}K_{a(2)}}$$

$$= 1 + \frac{1.0 \times 10^{-2}}{6.4 \times 10^{-5}} + \frac{(1.0 \times 10^{-2})^2}{5.9 \times 10^{-2} \times 6.4 \times 10^{-5}} = 1.8 \times 10^2$$

$$s = \sqrt{K_{sp}\alpha_{C_2O_4^{2-}(H)}} = \sqrt{2.0 \times 10^{-9} \times 1.8 \times 10^2}\ \text{mol/L} = 6.0 \times 10^{-4}\ \text{mol/L}$$

当 pH=4.00 时,有

$$\alpha_{C_2O_4^{2-}(H)} = 1 + \frac{[H^+]}{K_{a(2)}} + \frac{[H^+]^2}{K_{a(1)}K_{a(2)}}$$

$$= 1 + \frac{1.0 \times 10^{-4}}{6.4 \times 10^{-5}} + \frac{(1.0 \times 10^{-4})^2}{5.9 \times 10^{-2} \times 6.4 \times 10^{-5}} = 2.6$$

$$s = \sqrt{K_{sp}\alpha_{C_2O_4^{2-}(H)}} = \sqrt{2.0 \times 10^{-9} \times 2.6}\ \text{mol/L} = 7.2 \times 10^{-5}\ \text{mol/L}$$

计算表明,CaC_2O_4 在 pH=2.00 的溶液中的溶解度约为在 pH=4.00 的溶液中的溶解度的 10 倍。

【例 7-3】 将 CaC_2O_4 投入含 0.010 mol/L $Na_2C_2O_4$ 且 pH=2.00 的溶液中,计算 CaC_2O_4 的溶解度。其他数据同例 7-2。

解 由例 7-2 知,pH=2.00 时,$C_2O_4^{2-}$ 的酸效应系数为 1.8×10^2,由

$$K_{sp}\alpha_{C_2O_4^{2-}(H)} = c_{Ca^{2+}}c_{C_2O_4^{2-}} = s(c_{C_2O_4^{2-}} + s) \approx sc_{C_2O_4^{2-}}$$

得

$$s \approx \frac{K_{sp}\alpha_{C_2O_4^{2-}(H)}}{c_{C_2O_4^{2-}}} = \frac{2.0\times10^{-9}\times1.8\times10^2}{0.010}\ \text{mol/L} = 3.6\times10^{-5}\ \text{mol/L}$$

计算表明,由于同离子效应,酸效应对溶解度的影响被减弱。

2) 配位效应

配位效应对沉淀溶解度的影响,主要取决于配位剂与构晶阳离子生成的配合物的稳定性以及配位剂的浓度。配合物越稳定、配位剂的浓度越高,则配位效应越显著。

【例 7-4】 计算 AgI 在 0.010 mol/L NH_3 水溶液中的溶解度。已知 AgI 的 $K_{sp}=8.51\times10^{-17}$,$Ag(NH_3)_2^+$ 的 $\beta_1=10^{3.40}$,$\beta_2=10^{7.40}$。

解 NH_3 浓度为 0.010 mol/L 时,有

$$\alpha_{Ag(NH_3)} = 1 + \beta_1[NH_3] + \beta_2[NH_3]^2$$

$$= 1 + 10^{3.40} \times 0.010 + 10^{7.40} \times (0.010)^2 = 10^{3.40}$$

$$s = \sqrt{K_{sp}\alpha_{Ag(NH_3)}} = \sqrt{8.51 \times 10^{-17} \times 10^{3.40}}\ \text{mol/L} = 4.62 \times 10^{-7}\ \text{mol/L}$$

在某些沉淀反应中,沉淀剂中的构晶离子本身又是配位剂。沉淀剂过量时,既有同离子效应,又有配位效应。例如,AgCl 沉淀可因与过量的 Cl^- 发生以下配位反应而溶解:

$$AgCl(s) + Cl^- \rightleftharpoons AgCl_2^-\ (\text{或}\ AgCl_3^{2-})$$

对于这类沉淀反应,沉淀剂的加入量一定要适当。一般情况下,当溶液中沉淀剂浓度较低时,沉淀剂的同离子效应起主要作用。如果沉淀剂过量太多,不但会产生配位效应,而且会产生盐效应,反而会使溶解度增大。

以用含 Cl^- 沉淀剂去沉淀 Ag^+ 为例。实验表明,AgCl 在含 0.001 mol/L Cl^- 的溶液中的溶解度就远低于在纯水中的溶解度,在含 0.003 mol/L Cl^- 的溶液中 AgCl 的溶解度达到最小,说明当 Cl^- 浓度低于 0.003 mol/L 时,同离子效应起主要作用,配位效应和盐效应的影响可忽略不计。当 Cl^- 浓度超过 0.003 mol/L 时,溶解度又开始增大,说明配位效应和盐效应开始起作用。当 Cl^- 浓度达到 0.5 mol/L 时,AgCl 溶解度已超过在纯水中的溶解度,说明此时配位效应和盐效应的影响已超过同离子效应的影响。当 Cl^- 浓度更大时,配位效应将非常显著,有可能得不到 AgCl 沉淀。

4. 其他影响因素

1) 温度的影响

沉淀的溶解反应绝大多数是吸热反应,因此绝大多数沉淀在热溶液中的溶解度要比在

冷溶液中的溶解度要大。但是温度对不同沉淀的溶解度的影响并不相同。

2）溶剂的影响

多数无机化合物沉淀为离子晶体，它们在有机溶剂中的溶解度要比在水中的小。在进行沉淀反应时，可采用向水中加入乙醇、丙酮等有机溶剂的办法来降低沉淀的溶解度。

3）沉淀粒径的影响

实验表明，同种沉淀，小颗粒沉淀比大颗粒沉淀的溶解度要大。这一现象可用表面化学原理解释。在相同质量的情况下，小颗粒沉淀的总表面积要比大颗粒沉淀的总表面积大，表面能大，表面弯曲程度也大，因而小颗粒沉淀具有更大的溶解度。

大颗粒沉淀溶解度较小，易于洗涤和过滤，且总表面积较小不易被污染，因此在沉淀重量法中，只要条件允许，就应尽可能地获得大颗粒沉淀。

7.2　沉淀的形成和沉淀条件的选择

7.2.1　沉淀的类型和形成过程

根据沉淀颗粒的大小和结构性质，可将沉淀大致分为三种类型：晶形沉淀、无定形沉淀和凝乳状沉淀。

晶形沉淀的颗粒较大，其颗粒直径范围一般为 0.1～1 μm。在晶形沉淀内部，离子按晶体结构有规则地排列，因而结构紧密，整个沉淀所占体积较小。例如，在通常情况下，$BaSO_4$ 就属于晶形沉淀。

无定形沉淀的颗粒很小，其颗粒直径一般小于 0.02 μm。无定形沉淀由许多疏松聚集在一起的微小沉淀颗粒组成，其沉淀颗粒排列杂乱无章，并且颗粒之间包含大量水分子，因而是结构疏松的絮状沉淀，整个沉淀所占体积较大。例如，在通常情况下，$Fe(OH)_3$、$Al(OH)_3$ 等就属于无定形沉淀。

凝乳状沉淀颗粒的大小介于晶形沉淀与无定形沉淀之间，属于两者的过渡型，因此其性质也介于两者之间。例如，在通常情况下，AgCl 就属于凝乳状沉淀。

微溶化合物形成哪种类型的沉淀，首先取决于微溶化合物自身的性质。一般规律是，溶解度较大的微溶化合物易于形成晶形沉淀，微溶化合物的溶解度越小则越易于形成无定形沉淀。例如，$Fe(OH)_3$ 的溶解度远小于 $BaSO_4$ 的，因此，在通常情况下，$BaSO_4$ 沉淀是晶形沉淀，而 $Fe(OH)_3$ 沉淀则是无定形沉淀。

沉淀形成时的条件，以及沉淀以后的处理方式对沉淀的类型也有一定影响。因此，有必要探讨一般沉淀的形成过程及对沉淀类型的影响。

沉淀形成的微观过程较为复杂，因此，影响沉淀形成的因素也较多。一般认为，沉淀的形成大致要经过晶核形成（成核）和晶核成长两个过程。在过饱和溶液中，构晶离子通过静电作用相互结合而聚集成晶核，这一过程即为成核过程。成核过程是构晶离子的聚集过程。晶核所含构晶离子的数目极少，因而体积极小。晶核形成以后，溶液中其他构晶离子又可陆续沉积在晶核表面进行定向的晶格排列，使晶核逐渐长大，成为沉淀微粒，这一过程即为晶核成长过程。晶核成长过程是构晶离子进行晶格排列的定向过程。

在过饱和溶液中，一旦有一定数量的晶核形成，溶液中其他构晶离子就既能够进行继续成核的聚集过程,又能够进行晶核成长的定向过程。沉淀的类型与聚集速率和定向速率的相对大小有关。如果聚集速率大而定向速率小,则构晶离子很快聚集而产生大量的晶核,产生的晶核来不及长大,从而最终倾向于形成颗粒很小的无定形沉淀。如果定向速率大而聚集速率小,则构晶离子主要沉积到生成的少量晶核上进行晶格排列,有足够的时间使晶核长成大颗粒,从而最终倾向于形成大颗粒的晶形沉淀。

构晶离子的聚集速率主要取决于沉淀时的条件,其中最重要的是溶液中微溶化合物的过饱和度。经验表明,聚集速率与溶液中微溶化合物的相对过饱和度成正比,其经验公式为

$$v = K(Q - s)/s \tag{7-3}$$

式(7-3)中,v 为聚集速率,Q 为加入沉淀剂瞬间微溶化合物的浓度,s 是微溶化合物的溶解度,$Q-s$ 为微溶化合物的过饱和度,$(Q-s)/s$ 为微溶化合物的相对过饱和度,K 为比例系数。比例系数 K 与沉淀的性质、温度、溶液中共存的其他物质等因素有关。

按照式(7-3),当相对过饱和度较小时,构晶离子聚集生成晶核的速度较慢。因此,只有较少量的晶核生成,溶液中其余的构晶离子只能在这些有限的晶核上沉积长大,故通常能够得到较大颗粒的晶形沉淀。反之,当相对过饱和度较大时,构晶离子聚集生成晶核的速度较快,因此就有较多的晶核生成。由于溶液中其余的构晶离子可以分散在较多的晶核上沉积长大,故通常只能得到较小颗粒的无定形沉淀。以 $BaSO_4$ 沉淀的生成为例,当在稀溶液中沉淀 $BaSO_4$ 时,常能获得 $BaSO_4$ 的晶形沉淀;当在浓溶液中沉淀 $BaSO_4$ 时,则往往得到 $BaSO_4$ 的无定形沉淀。

构晶离子的定向速率主要取决于微溶化合物的本性。一些极性较强的盐类和二价金属离子氢氧化物,如 $BaSO_4$、$Mg(OH)_2$ 等,一般具有较大的定向速率。因此对于溶解度不是很低的极性较强的盐类和二价金属离子氢氧化物,在过饱和度较低的稀溶液中,定向速率将大于聚集速率而易形成晶形沉淀。在过饱和度很大的浓溶液中,则会因聚集速率大于定向速率而形成无定形沉淀。一些高价金属离子氢氧化物(如 $Fe(OH)_3$、$Th(OH)_4$ 等)定向速率一般较小。同时,高价金属离子氢氧化物的溶解度一般非常低,因而聚集速率一般较大。因此,高价金属离子氢氧化物的聚集速率通常大于定向速率,易形成无定形沉淀。金属硫化物与高价金属离子氢氧化物相类似,也易形成无定形沉淀。

7.2.2　影响沉淀纯度的主要因素

在沉淀重量法中,要求获得纯净的沉淀。但是当沉淀从溶液中析出时,总是或多或少地夹杂着溶液中的其他成分,使沉淀受到污染。因此,必须了解在沉淀形成过程中产生杂质污染的原因,以便采取措施尽可能减少污染,获得较为纯净的沉淀。产生沉淀污染的原因主要是共沉淀与后沉淀,下面分别加以讨论。

1. 共沉淀

当一种沉淀从溶液中析出时,溶液中的某些可溶性的杂质也会被同时沉淀下来而混杂于沉淀之中,这种现象称为共沉淀。共沉淀是使沉淀受到污染的主要原因。共沉淀主要有表面吸附共沉淀、混晶共沉淀及吸留和包夹共沉淀等三类,其中最主要的是表面吸附共沉淀。

1) 表面吸附共沉淀

沉淀在形成的过程中是具有很大表面积的高度分散多相体系,处于沉淀微粒表面的离

子电荷的作用力未完全平衡，有自动吸附溶液中带相反电荷离子到表面来的倾向，当吸附的离子是杂质离子时，就产生了表面吸附共沉淀现象。可见，处于沉淀表面的离子所受的静电作用力不均衡是造成表面吸附的根本原因。

但是，表面吸附力并不完全就是简单的静电引力，吸附过程同时又是一个化学过程。因此，表面吸附又具有一定的选择性。以把过量的 KCl 加到 $AgNO_3$ 溶液中为例，生成 AgCl 沉淀后，溶液中有多余的 K^+、Cl^- 和 NO_3^-，此时，沉淀将优先吸附溶液中的 Cl^- 形成第一吸附层，使沉淀表面带负电荷。然后，沉淀表面的 Cl^- 又吸附溶液中的 K^+ 等正离子构成电中性的双电层。最终，使沉淀由于表面吸附而带上了 KCl 等杂质。

沉淀表面吸附的选择性具有一定的规律。通常沉淀总是优先吸附过量的构晶离子及与构晶离子有相似结构和性质的离子。同时沉淀优先吸附能与构晶离子生成溶解度很小的化合物的离子。另外，离子所带电荷越多、浓度越大，则越易被沉淀吸附。

沉淀吸附杂质的量与沉淀的分散程度和温度有关。沉淀的分散程度越大，则比表面积越大，吸附的杂质的量就越大。晶形沉淀分散程度较小，比表面积较小，因而吸附的杂质较少；无定形沉淀颗粒非常小，分散程度大，比表面积大，因而吸附的杂质多。吸附是放热过程，温度越低，平衡吸附量就越大。因此，升高温度有利于减少杂质的吸附量。

表面吸附共沉淀产生的杂质处于沉淀的表面，因此，可以通过洗涤除去一部分表面吸附共沉淀杂质。

2）混晶共沉淀

在沉淀过程中，杂质离子抢占构晶离子在沉淀中的晶格位置而进入沉淀内部的现象称为混晶共沉淀。混晶共沉淀有比较高的选择性，只有那些与构晶离子半径相近，且构成的晶体结构与沉淀晶体类似的离子才可能发生混晶共沉淀。

以在含微量的 Pb^{2+} 的溶液中沉淀 $BaSO_4$ 为例。一般情况下，由于 Pb^{2+} 含量极小，与 SO_4^{2-} 结合形成的 $PbSO_4$ 浓度远低于 $PbSO_4$ 的溶解度，不会产生 $PbSO_4$ 沉淀。但由于 Pb^{2+} 与 Ba^{2+} 的半径相近，$PbSO_4$ 与 $BaSO_4$ 的晶体结构相似，因此，$BaSO_4$ 晶体中 Ba^{2+} 的晶格位置很容易被 Pb^{2+} 占据，从而发生 $PbSO_4$ 与 $BaSO_4$ 的混晶共沉淀。

混晶共沉淀发生在沉淀的晶格内，不像表面吸附共沉淀只发生在沉淀的表面，因此，难以通过洗涤的方式来除去混晶共沉淀产生的杂质，也难以采取重结晶的方式除去混晶共沉淀产生的杂质。要避免混晶共沉淀，只能在进行沉淀以前设法将相关杂质分离出去。

3）吸留和包夹共沉淀

在沉淀过程中，当沉淀生长过快时，沉淀所吸附的杂质离子还来不及离开沉淀表面就会被随后生成的沉淀所覆盖而留在沉淀内部，这种现象称为吸留共沉淀。沉淀生长过快时，在沉淀表面的母液，包括溶剂分子和溶液中的各种物质，也会来不及离开沉淀表面而被随后生成的沉淀所覆盖而留在沉淀内部，这种现象称为包夹共沉淀。吸留从本质上说也是一种吸附，所以吸留与吸附的选择性规律相同。包夹与吸留的区别在于包夹无选择性而吸留有选择性。吸留和包夹与表面吸附最显著的区别是，吸留和包夹都发生在沉淀内部，表面吸附则只发生在沉淀表面。因此，吸留和包夹的杂质不能用洗涤的方法除去，只能用重结晶或陈化的方法除去。

2. 后沉淀

在沉淀过程中，将沉淀放置一段时间以后，溶液中某些本来难以单独沉淀的杂质再沉淀到原有沉淀表面的现象称为后沉淀。后沉淀与共沉淀的主要区别在于后沉淀不是与原沉淀同时发生,而是在原沉淀放置一段时间以后才发生的,而且随着放置时间的增长,后沉淀的量也越来越多。

后沉淀发生的原因是有的物质即使在过饱和状态下,由于聚集速率极小,不能成核,仍很难沉淀出来。例如,有的 ZnS 过饱和溶液,即使放置一个月仍无沉淀产生。当用 H_2S 沉淀 Cu^{2+} 和 Zn^{2+} 混合液中的 Cu^{2+} 时,如果无 Cu^{2+},即使 ZnS 过饱和也并不析出。当有 CuS 沉淀析出时,就为 ZnS 定向沉淀提供了机会,从而产生后沉淀。为了避免后沉淀造成的污染,应该在沉淀形成以后及时过滤。

7.2.3 沉淀条件的选择

使被分析物沉淀完全并保持纯净是获得准确可靠的重量分析结果的保证。因此,必须根据沉淀类型的不同,选择适当的沉淀条件,以获得符合重量分析要求的沉淀。选择合适的沉淀条件的一般原则如下:一方面,要保证沉淀完全,即对于应该沉淀的组分,使其定量地完全沉淀下来,并尽量减少在洗涤、过滤等过程中造成的损失;另一方面,又要保证沉淀纯净,即对于不应该沉淀的组分,应尽量避免其混入沉淀而造成污染。

沉淀主要为晶形沉淀和无定形沉淀两类,晶形沉淀易于保持纯净,易过滤分离,条件许可时在重量分析中应尽量使被分析物形成晶形沉淀。但是,很多微溶化合物通常只能形成无定形沉淀,极难控制条件使其形成晶形沉淀。因此,必须根据沉淀的不同类型选择不同的沉淀条件。

1. 晶形沉淀的沉淀条件

对于晶形沉淀,主要是要选择适当的沉淀条件获得大颗粒的沉淀。这是因为大颗粒沉淀溶解度低,沉淀完全;比表面积较小,由表面吸附造成的污染少;容易洗涤,过滤时不易穿透滤纸而造成损失。要获得大颗粒的晶形沉淀,应选择以下沉淀条件。

1) 应在适当稀的溶液中进行沉淀

溶液较稀时,相对过饱和度小,聚集成核速率就小,从而有利于微溶化合物在少量的晶核上定向沉积成为大颗粒的晶形沉淀。

要使沉淀过程在适当稀的溶液中进行,应在快速搅拌下慢慢滴加沉淀剂以防止溶液局部过浓。

2) 应选择在较热的溶液中进行沉淀

一般沉淀在热溶液中的溶解度较大,使得相对过饱和度降低,有利于获得大颗粒沉淀,同时热溶液还减少了杂质的吸附。但溶解度增大不利于沉淀完全,所以在沉淀完毕已经得到大颗粒沉淀的情况下,还必须将溶液冷却到室温再过滤。

3) 将沉淀进行陈化

陈化就是当沉淀完全析出以后,再将生成的沉淀与母液一起放置一段时间。陈化的主要作用是使沉淀中那些小颗粒沉淀转化为大颗粒沉淀。小颗粒的溶解度比大颗粒的溶解度要大。当溶液对于大颗粒沉淀是饱和时,对于小颗粒沉淀仍是不饱和的,于是小颗粒沉淀就要逐渐溶解。当溶液对于小颗粒沉淀是饱和时,则对于大颗粒沉淀又是过饱和的,于是溶液中的构晶离子又要在大颗粒上继续沉淀。经过这种不间断的溶解、沉淀过程,最终小颗粒沉淀完全溶解,大颗粒沉淀逐渐长大,最后得到比较均一的更大颗粒的晶形沉淀。

陈化降低了沉淀的溶解度而使沉淀更完全,并可以使原来与小颗粒共沉淀的杂质重新进入溶液而提高沉淀的纯度。同时陈化形成的大颗粒有利于洗涤和过滤。但是,当有后沉淀存在时,则不宜进行陈化。

陈化一般在室温下要进行相当长的时间,需要几小时至十几小时才能达到预期效果,加热和搅拌可以缩短陈化时间。

4) 均匀沉淀法

要使沉淀成为晶形沉淀,关键是在沉淀过程中要降低相对过饱和度。在进行晶形沉淀的过程中,尽管沉淀剂是在不断搅拌下慢慢加入的,但是局部过浓的现象仍难以完全避免,从而导致局部相对过饱和度过高而产生无定形沉淀。均匀沉淀法可克服局部过浓的现象,有利于晶形沉淀的生成。在均匀沉淀法中,加入溶液中的不是沉淀剂本身,即不是构晶离子,而是要通过在溶液中的化学反应才能生成构晶离子的物质。通过化学反应,构晶离子能有控制地、均匀地产生出来,这样就从根本上避免了构晶离子的局部过浓现象,从而容易获得大颗粒的晶形沉淀。

以均匀沉淀法沉淀 Ca^{2+} 为例。向含 Ca^{2+} 的酸性溶液中加入草酸和尿素,搅拌均匀,此时并不会产生 CaC_2O_4 沉淀。再将溶液加热至近沸,此时尿素水解产生氨分子,氨分子再与草酸反应均匀生成沉淀剂即构晶离子 $C_2O_4^{2-}$,然后均匀而缓慢地析出 CaC_2O_4 沉淀。在沉淀过程中,溶液的相对过饱和度始终很小,因而得到的是大颗粒的 CaC_2O_4 晶形沉淀。

2. 无定形沉淀的沉淀条件

对于只能形成无定形沉淀的微溶化合物,由于很难通过控制相对过饱和度来获得大颗粒沉淀,因此选择沉淀条件的目的主要是防止形成胶体和带入过多杂质。

胶体是一种高度分散体系。胶体粒子是比一般沉淀颗粒更小的微粒,能够透过滤纸,从而造成沉淀的损失。对于无定形沉淀,要防止胶体的形成和过多杂质的带入,应选择以下沉淀条件。

1) 应在较浓的溶液中进行沉淀

在浓溶液中进行沉淀,可以得到含水量少的无定形沉淀,因而结构较紧密,易于过滤和洗涤。同时,沉淀微粒容易凝聚,不易生成胶体。但在浓溶液中沉淀也会使杂质浓度相应提高,为此需在沉淀完毕后加热水稀释并充分搅拌,使被吸附的杂质尽量转移到溶液中去。

2) 应在热溶液中进行沉淀

在热溶液中离子的水化程度小,有利于得到含水量少、结构紧密的沉淀。同时热溶液可以促进沉淀微粒的凝聚,防止形成胶体。热溶液还可以减少杂质在沉淀表面的吸附,有利于提高沉淀的纯度。

3) 加入电解质

胶体具有相对稳定性,其主要原因是同种胶体粒子带有同种电荷而互相排斥,从而不易聚沉。加入电解质可以中和胶体粒子的电荷,从而有利于胶体的聚沉。因此,在沉淀过程中加入电解质可以有效地防止胶体的形成。但加入电解质可产生共沉淀污染,为避免这种污染,可用易挥发的电解质(如铵盐等)来防止胶体形成,这些电解质可通过高温灼烧从沉淀中除去。

4) 不陈化,趁热过滤沉淀

陈化会使无定形沉淀堆积而聚集得更紧密,使已被包藏在沉淀内部的杂质很难洗去,因而无定形沉淀不宜陈化。沉淀完毕应立即趁热过滤。

3. 使用有机沉淀剂

用有机沉淀剂沉淀被分析物有一些独特的优点，可克服无机沉淀剂的某些缺点，因此得到了广泛的应用。有机沉淀剂主要有以下一些优点：

(1) 生成的沉淀一般溶解度较小，有利于被分析物沉淀完全；

(2) 生成的沉淀极性小，对杂质的吸附能力较弱，易于获得纯净的沉淀；

(3) 生成的沉淀相对分子质量一般较大，可减少称量的相对误差；

(4) 有机沉淀剂品种多，选择性较高，便于选用。

常用的有机沉淀剂主要分为两大类：一类是可以与金属离子形成螯合物的有机沉淀剂，如丁二酮肟等；另一类是可以与金属离子生成离子缔合物的有机沉淀剂，如四苯硼钠等。

7.3 重量分析法及应用

7.3.1 重量分析法的类型和特点

根据将待测组分与试样中其他组分分离开的方法不同，重量分析法一般可分为气化重量法、电解重量法和沉淀重量法等。

1) 气化重量法

气化重量法是用适当的方法使待测组分从试样中挥发逸出后，再根据试样质量的减少值或吸收待测组分的吸收剂质量的增加值来计算该组分含量的方法。例如，测定某纯净化合物结晶水的含量，可以加热烘干试样至恒重，使结晶水全部气化逸出，试样所减少的质量就等于所含结晶水的质量。又如，测定某试样中 CO_2 的含量，可以设法使 CO_2 全部逸出，用碱石灰作为吸收剂来吸收，然后根据吸收前、后碱石灰质量之差来计算 CO_2 的含量。

2) 电解重量法

电解重量法是利用电解原理，使金属离子在电极上析出，然后称重求其含量的方法。例如，要测定某试液中 Cu^{2+} 的含量，可以通过电解使试液中的 Cu^{2+} 全部在阴极析出，电解前、后阴极质量之差就等于试液中 Cu^{2+} 的质量。

3) 沉淀重量法

沉淀重量法是建立在沉淀分离基础之上的重量分析法，也是最重要、历史最长、应用最广泛的重量分析法。这种方法是将待测组分以微溶化合物的形式沉淀出来得到沉淀形式(precipitation form)，再将沉淀过滤、洗涤、烘干或灼烧得到称量形式(weighing form)，最后称重，计算其含量。例如，测定试液中 SO_4^{2-} 的含量时，可加入过量 $BaCl_2$ 作为沉淀剂，使 SO_4^{2-} 全部沉淀为 $BaSO_4$，再将 $BaSO_4$ 沉淀过滤、洗涤、灼烧，最后称重，据此计算出 SO_4^{2-} 的含量。

重量分析法中的全部数据都是直接由分析天平称量得来的，不需要像滴定分析法那样还要经过与基准物质或标准溶液进行比较，也不需要用容量器皿测定的体积数据，因而没有这些方面的误差。因此，对于高含量组分的测定，重量分析法具有准确度较高的优点，测定的相对误差一般不大于 0.1%。重量分析法的不足之处是操作烦琐，费时较长，对低含量组分的测定误差较大。

7.3.2　重量分析法对沉淀的要求

1. 对沉淀形式的要求

(1) 沉淀的溶解度要小，以使沉淀反应有足够的完全度。如果沉淀不完全，就会造成分析误差。

(2) 沉淀要纯净，要尽量避免杂质对沉淀的污染，以免引起测定误差，同时沉淀要易于过滤和洗涤。要得到纯净并易于过滤的沉淀，就要根据晶形沉淀和无定形沉淀的不同特点而选择适当的沉淀条件。

(3) 沉淀要易于转化为称量形式。

2. 对称量形式的要求

(1) 称量形式的实际组成必须与化学式完全相符，这是对称量形式最基本的要求。如果组成与化学式不相符，则不可能得到正确的分析结果。

(2) 称量形式必须稳定。稳定是指称量形式不易吸收空气中的水分和二氧化碳，在干燥或灼烧时不易分解等。称量形式如果不稳定，就无法准确称量。

(3) 称量形式的相对分子质量应比较大。称量形式的相对分子质量越大，被测组分在其中的相对含量越小，越可以减少称重时的相对误差，提高分析的准确度。

7.3.3　重量分析法的计算

重量分析法是根据称量形式的质量来计算待测组分的含量的。在重量分析法中，多数情况下，称量形式与待测组分的形式不同，这就需要将称得的称量形式的质量换算成待测组分的质量。用重量分析法计算待测组分在试样中的质量分数的公式为

$$w_{\text{待测组分}} = \frac{m_{\text{待测组分}}}{m_s} \times 100\% = \frac{m_{\text{称量形式}} F}{m_s} \times 100\%$$

式中：F 为换算因数或重量分析因数。F 是待测组分质量与称量形式质量之比，可由下式计算：

$$F = K \times \frac{M_{\text{待测组分}}}{M_{\text{称量形式}}}$$

式中：比例系数 K 为待测原子在称量形式化学式中数目和在待测组分化学式中数目之比。

例如，一含 Mg 的试样质量为 0.432 5 g，溶解后沉淀为 $MgNH_4PO_4$，再灼烧为称量形式 $Mg_2P_2O_7$ 后进行称量，得质量为 0.351 5 g，则由 $Mg_2P_2O_7$ 质量计算 Mg 质量的换算因数为

$$F = 2 \times \frac{M_{Mg}}{M_{Mg_2P_2O_7}} = 2 \times \frac{24.31}{226.6} = 0.2146$$

由换算因数可求得 Mg 在试样中的质量分数为

$$w_{Mg} = \frac{m_{Mg_2P_2O_7} F}{m_s} \times 100\% = \frac{0.3515 \times 0.2146}{0.4325} \times 100\% = 17.44\%$$

表 7-1 列出了一些待测组分的称量形式和换算因数。

表 7-1　一些待测组分的称量形式和换算因数

待测组分	称量形式	换算因数 F
Cl	AgCl	0.247 4
S	$BaSO_4$	0.137 4
MgO	$Mg_2P_2O_7$	0.362 2
Cr_2O_3	$BaCrO_4$	0.300 0

【例 7-5】 测定某试样中 S 的含量时，可将试样中的 S 转化为可溶性的硫酸盐，再用沉淀剂 $BaCl_2$ 将其沉淀为 $BaSO_4$，然后将过滤得到的 $BaSO_4$ 沉淀灼烧，冷却后称重。设由 0.374 2 g 含 S 试样可得 0.565 3 g $BaSO_4$，试求试样中 S 的质量分数。

解

$$w_S = \frac{m_{BaSO_4} F}{m_s} \times 100\% = \frac{0.565\ 3 \times 0.137\ 4}{0.374\ 2} \times 100\% = 20.76\%$$

7.3.4　重量分析法的应用

由于重量分析法是直接用分析天平对物质进行称量来测定物质的含量，因此，对含量高的成分，即常量成分的测定具有很高的准确度和精密度。一些常见的非金属元素（如硅、磷、硫等）在样品中通常是常量成分，因此，常用重量分析法进行测定。一些常见的金属元素（如铁、钙、镁等）在样品中也通常是常量成分，因此，也常用重量分析法进行测定。

用重量分析法测定常量成分时，要根据样品和待测成分的性质采用适当的分离方法和称量形式。例如，在分析硅酸盐中硅的含量时，一般是设法将硅酸盐转化为硅酸沉淀后，再灼烧为二氧化硅进行称量。在分析含磷样品中磷的含量时，一般是设法将磷全部转化为正磷酸后，再用钼酸盐转化为磷钼杂多酸盐沉淀，将沉淀烘干后再进行称量。在分析含钾样品中的钾时，可用四苯硼钠将 K^+ 沉淀为四苯硼钾后再烘干进行称量。

一些化学性质相近的物质常常共存于混合物中，将这些性质相近的物质完全分离开有时比较麻烦。此时可将重量分析法与滴定分析法或其他分析法相结合，测出这些物质的总质量和总物质的量，然后通过计算分别求出各自的含量。

【例 7-6】 称取 0.132 5 g 含 ZrO_2 和 HfO_2 并含其他杂质的混合物样品，用适当方法将 ZrO_2 和 HfO_2 同时与混合物中的其他杂质分离开后，再称重得 ZrO_2 和 HfO_2 共 0.119 4 g。将所得氧化物溶解，配制成 100.00 mL金属离子溶液。取 25.00 mL 此溶液，用 0.010 00 mol/L EDTA 溶液滴定，用去 21.67 mL。求样品中 ZrO_2 和 HfO_2 的质量分数。已知 ZrO_2 和 HfO_2 的相对分子质量分别为 123.2 和 210.5。

解　设混合物中 ZrO_2 和 HfO_2 质量分别为 x g 和 y g，依题意有

$$x + y = 0.119\ 4$$

$$\frac{x}{123.2} + \frac{y}{210.5} = \frac{0.010\ 00 \times 21.67 \times 10^{-3} \times 100.00}{25.00}$$

解之得

$$x = 0.089\ 0, \quad y = 0.030\ 4$$

$$w_{ZrO_2} = \frac{0.089\ 0}{0.132\ 5} \times 100\% = 67.1\%$$

$$w_{HfO_2} = \frac{0.030\ 4}{0.132\ 5} \times 100\% = 22.9\%$$

7.4 沉淀滴定法及应用

7.4.1 沉淀滴定法概述

沉淀滴定法是以沉淀反应为基础的滴定分析方法。能生成沉淀的反应虽然很多，但并不是每一个沉淀反应都能应用于沉淀滴定分析。沉淀反应必须符合以下几个条件才能用于沉淀滴定分析：

(1) 生成的沉淀必须有恒定的组成；

(2) 沉淀必须有足够小的溶解度；

(3) 沉淀反应必须能定量、迅速地进行；

(4) 有确定滴定终点的适当方法。

事实上，能用于沉淀滴定的沉淀反应数量很少，相当多的沉淀反应不能完全符合以上要求，因而无法用于滴定分析。在实际工作中能应用于沉淀滴定分析的沉淀反应主要是生成难溶银盐的反应，例如：

$$Ag^+ + Cl^- \rightleftharpoons AgCl(s)$$

$$Ag^+ + SCN^- \rightleftharpoons AgSCN(s)$$

这类以生成银盐沉淀的反应为基础的沉淀滴定法称为银量法(argentometric method)。银量法主要用于测定卤素离子和类卤离子，如 Cl^-、Br^-、I^-、SCN^- 等，也可用于测定 Ag^+。还有一些沉淀反应，如生成难溶性汞盐(如 HgS)、铅盐(如 $PbSO_4$)、钡盐(如 $BaSO_4$)等的沉淀反应，虽然也可用于滴定分析，但在实际工作中很少应用。因此，下面只对银量法进行讨论。

7.4.2 银量法的原理及应用

银量法可以用指示剂确定滴定终点。根据所采用的指示剂不同，银量法又可分为几种不同的方法，其中最重要的有莫尔(Mohr)法、佛尔哈德(Volhard)法和法扬司(Fajans)法等三种方法，下面分别进行介绍。

1. 莫尔法

1) 滴定原理

莫尔法是以 K_2CrO_4 为终点指示剂的银量法，即铬酸钾指示剂法。莫尔法主要用于以 $AgNO_3$ 溶液为滴定剂滴定溶液中的 Cl^-、Br^- 和 CN^-，现以 Cl^- 的滴定为例进行说明。当用 $AgNO_3$ 溶液滴定含有指示剂 K_2CrO_4 的中性 Cl^- 溶液时，根据分步沉淀的原理，首先生成的是白色的 AgCl 沉淀($K_{sp}=1.8\times10^{-10}$)而不是 Ag_2CrO_4 沉淀($K_{sp}=2.0\times10^{-12}$)。待 AgCl 定量沉淀后，过量一滴 $AgNO_3$ 溶液即与 K_2CrO_4 生成砖红色的 Ag_2CrO_4 沉淀，指示滴定终点的到达。滴定反应和指示剂的反应分别为

$$Ag^+ + Cl^- \rightleftharpoons AgCl(s)\ (白色)$$

$$2Ag^+ + CrO_4^{2-} \rightleftharpoons Ag_2CrO_4(s)\ (砖红色)$$

2) 滴定条件

在莫尔法中，指示剂的用量和溶液酸度对终点的指示有较大的影响。

(1) 指示剂的用量要合适。

指示剂 K_2CrO_4 的用量不能过高，也不能过低。用量过高将使终点提前到达，用量过低则将使终点延后。

根据滴定分析原理，生成 Ag_2CrO_4 沉淀的最佳点为化学计量点。在化学计量点，$[Ag^+]$ 与 $[Cl^-]$ 相等，两者的乘积等于 AgCl 的 K_{sp}，由此可求出在化学计量点 Ag^+ 的浓度为 1.3×10^{-5} mol/L。根据溶度积规则，此时要生成沉淀，则溶液中 CrO_4^{2-} 的浓度应为

$$[CrO_4^{2-}]=\frac{K_{sp}}{[Ag^+]^2}=\frac{2.0\times10^{-12}}{(1.3\times10^{-5})^2}\ \text{mol/L}=1.2\times10^{-2}\ \text{mol/L}$$

因此，理论上当指示剂 K_2CrO_4 的浓度为 1.2×10^{-2} mol/L 时最为适宜。但是 K_2CrO_4 自身显黄色，当浓度为 1.2×10^{-2} mol/L 时颜色已较深，不易判断砖红色沉淀的出现，影响终点的观察。因此，在实际工作中都是使 K_2CrO_4 的浓度略低于 1.2×10^{-2} mol/L，一般将 K_2CrO_4 的浓度控制在 5×10^{-3} mol/L 左右。

当将 K_2CrO_4 的浓度降低为 5×10^{-3} mol/L 左右时，要使 Ag_2CrO_4 沉淀析出，必须使滴定剂稍过量一点，使终点在化学计量点之后到达，由此会产生终点误差。但是研究表明，由此产生的终点误差一般不超过 0.1%，即由此产生的终点误差对分析结果的准确度基本无影响。但是如果溶液过稀，则终点误差会相应增大。例如，当用 0.01 mol/L $AgNO_3$ 溶液滴定 0.01 mol/L KCl 溶液时，终点误差将达到 0.6%，对分析结果的准确度产生了较大的影响。此时，需要用指示剂的空白值对测定结果进行校正。

(2) 溶液的酸度要适宜。

CrO_4^{2-} 有较强的接受质子的能力，在酸性溶液中可发生如下反应：

$$2H^+ + 2CrO_4^{2-} \rightleftharpoons 2HCrO_4^- \rightleftharpoons Cr_2O_7^{2-} + H_2O$$

因而 Ag_2CrO_4 易溶于酸，即在酸性溶液中不易生成 Ag_2CrO_4 沉淀。因此，滴定不能在酸性溶液中进行。

在强碱性溶液中，Ag^+ 易生成氧化银沉淀析出，因此滴定也不能在强碱性溶液中进行。

由此可见，莫尔法只能在中性或弱碱性溶液中进行，通常要求的酸度范围为 $6.5<pH<10.5$。如果试液中含有铵盐，则适宜的酸性范围应更窄，其范围为 $6.5<pH<7.2$，因为当 $pH>7.2$ 时，一部分铵离子将转化为氨分子，与银离子发生配位反应而影响滴定。

(3) 滴定时应剧烈摇动。

在化学计量点前，AgCl 沉淀会吸附溶液中过量的构晶离子 Cl^-，结果使溶液中的 Cl^- 浓度降低，导致 Ag_2CrO_4 沉淀提前产生，从而使终点提前。因此，滴定时应剧烈摇动，尽量使被 AgCl 吸附的 Cl^- 及时释放出来。

3) 莫尔法的应用

莫尔法的应用范围受到很多因素限制，主要用于 Cl^-、Br^- 和 CN^- 的测定，应用范围较小。

莫尔法不适用于 I^- 和 SCN^- 的测定。这是因为 AgI 沉淀和 AgSCN 沉淀对 I^- 和 SCN^- 有很强烈的吸附作用，即使剧烈摇动也无法使之释放出来。

莫尔法能用于以 Ag^+ 溶液为滴定剂滴定 Cl^- 溶液，但不能用于以 Cl^- 溶液为滴定剂滴定 Ag^+ 溶液。这是因为向 Ag^+ 溶液中加入指示剂 K_2CrO_4 后就会立即生成 Ag_2CrO_4 沉淀，而到化学计量点时，Ag_2CrO_4 又不能立即转化为 AgCl，因而无法及时指示终点的到达。因此，如果要用莫尔法测定 Ag^+，则必须采用返滴定法，即先向 Ag^+ 溶液中加入一定量过量的

Cl^- 标准溶液，然后加入 K_2CrO_4 指示剂，再用 Ag^+ 标准溶液返滴定剩余的 Cl^-。

当溶液中存在能与 Ag^+ 生成沉淀的其他阴离子(如 SO_4^{2-}、PO_4^{3-}、S^{2-} 等)或能与 CrO_4^{2-} 生成沉淀的阳离子(如 Ba^{2+}、Pb^{2+} 等)时，也不能应用莫尔法。此时要应用莫尔法，就必须将这些干扰离子预先分离出去。

2. 佛尔哈德法

1) 滴定原理

佛尔哈德法是以 $NH_4Fe(SO_4)_2$ 为终点指示剂的银量法，即铁铵矾指示剂法。在佛尔哈德法中，滴定剂是 SCN^- 溶液，被滴定液是 Ag^+ 溶液，指示剂是 $NH_4Fe(SO_4)_2$ 中的 Fe^{3+}。当用 SCN^- 溶液滴定含有指示剂 Fe^{3+} 的 Ag^+ 溶液时，SCN^- 首先与 Ag^+ 生成的是白色的 AgSCN 沉淀($K_{sp}=1.0\times10^{-12}$)，待 AgSCN 定量沉淀后，过量一滴 SCN^- 溶液即与 Fe^{3+} 生成红色的配离子 $Fe(SCN)^{2+}$ ($K_1=1.38\times10^2$)，指示滴定终点的到达。滴定反应和指示剂的反应分别为

$$Ag^+ + SCN^- \rightleftharpoons AgSCN(s) \text{（白色）}$$

$$Fe^{3+} + SCN^- \rightleftharpoons Fe(SCN)^{2+} \text{（红色）}$$

2) 滴定条件

在佛尔哈德法中，溶液酸度和指示剂的用量必须控制在一定范围内。

(1) 溶液的酸度要适宜。

一般要将$[H^+]$控制为 0.1～1 mol/L，此时 Fe^{3+} 以水合离子的形式存在，颜色很浅。如果$[H^+]$低于 0.1 mol/L，Fe^{3+} 将会水解显示棕黄色，影响终点的观察。因此，滴定应在酸性溶液中进行。

(2) 指示剂的用量要合适。

指示剂 $NH_4Fe(SO_4)_2$ 的用量不能过高，也不能过低。用量过高将使终点提前到达，用量过低则将使终点延后。

根据滴定分析原理，生成 AgSCN 沉淀的最佳点为化学计量点。在化学计量点，$[Ag^+]$ 与$[SCN^-]$相等，两者的乘积等于 AgSCN 的 K_{sp}，由此可求出在化学计量点 Ag^+ 的浓度为 1.0×10^{-6} mol/L。$Fe(SCN)^{2+}$ 的浓度一般要达到 6×10^{-6} mol/L 左右才能观察到明显的红色，要求在化学计量点时恰好能生成 6×10^{-6} mol/L 的 $Fe(SCN)^{2+}$ 以确定终点，则溶液中 Fe^{3+} 的浓度应为 0.04 mol/L。

因此，理论上当指示剂 $NH_4Fe(SO_4)_2$ 的浓度为 0.04 mol/L 时最为适宜。但是当 $NH_4Fe(SO_4)_2$ 的浓度为 0.04 mol/L 时溶液已有较深的橙黄色，不利于判断 $Fe(SCN)^{2+}$ 红色的出现，影响终点的观察。因此，实际工作中都是使 $NH_4Fe(SO_4)_2$ 的浓度略低于 0.04 mol/L。一般将 $NH_4Fe(SO_4)_2$ 的浓度控制在 0.015 mol/L 左右，虽然这将使滴定终点稍滞后于化学计量点，但由此产生的终点误差一般很小，对分析结果的准确度基本无影响。

(3) 滴定时应剧烈摇动。

在化学计量点前，AgSCN 沉淀会吸附溶液中过量的构晶离子 Ag^+，结果使溶液中的 Ag^+ 浓度降低，导致 $Fe(SCN)^{2+}$ 提前产生，从而使终点提前。因此，滴定时应剧烈摇动，尽量使被 AgSCN 吸附的 Ag^+ 及时释放出来。

3) 佛尔哈德法的应用

应用佛尔哈德法可直接测定溶液中的 Ag^+。但在实际工作中，佛尔哈德法的主要应用

并不是用其通过直接滴定法测定 Ag^+,而是用返滴定法间接测定溶液中的卤素离子和类卤离子。以返滴定法测定溶液中的 Br^- 为例。在测定 Br^- 时,先向含有 Br^- 的酸性溶液中加入一定量过量的 $AgNO_3$ 标准溶液,使溶液中全部 Br^- 都反应生成 AgBr 沉淀。然后再加入铁铵矾,以 NH_4SCN 标准溶液返滴定过量的 Ag^+。根据所加入的 $AgNO_3$ 的总量和所消耗的 NH_4SCN 的量即可求得 Br^- 的含量。

当用返滴定法测定 Cl^- 时,由于 AgCl 的溶解度大于 AgSCN 的溶解度,因此当返滴定到化学计量点时,稍过量的 SCN^- 就会与 AgCl 发生反应,使 AgCl 转化为溶解度更小的 AgSCN,其反应式为

$$AgCl + SCN^- \rightleftharpoons AgSCN + Cl^-$$

这种沉淀转化反应在振摇溶液的情况下将不断地向右进行,直至达到平衡。这就使得本应产生的血红色 $Fe(SCN)^{2+}$ 不能及时产生,或已与 Fe^{3+} 配位的 SCN^- 又重新离解出来而发生上述转化反应,使本已出现的 $Fe(SCN)^{2+}$ 的红色随着摇动而又消失。这都会导致终点延迟出现,甚至得不到稳定的终点。为了避免发生这种情况,比较简便的方法是在加入过量 $AgNO_3$ 形成 AgCl 沉淀之后,再加入适量有机溶剂,如硝基苯、二甲酯类等,使 AgCl 沉淀表面覆盖一层有机溶剂而使之与溶液隔开。这样就可防止 SCN^- 与 AgCl 发生沉淀转化反应,从而提高滴定的准确度。另外,也可将形成的 AgCl 沉淀过滤除去或加热促使其凝聚后再进行滴定,但操作较烦琐。

由于 AgBr 和 AgI 的溶度积均比 AgSCN 的溶度积要小,因此用佛尔哈德法返滴定 Br^- 或 I^- 时,不会发生沉淀转化反应,也就不必采用加入有机溶剂等防备沉淀转化反应的措施。但是用佛尔哈德法返滴定 I^- 时,必须先加入过量 $AgNO_3$,后加入指示剂 $NH_4Fe(SO_4)_2$,以防止 I^- 被 Fe^{3+} 氧化而影响滴定的准确度。

佛尔哈德法必须在酸性溶液中进行,这实质上也是该法的一个重要优点。因为在酸性介质中,很多弱酸根离子(如 PO_4^{3-}、AsO_4^{3-}、CrO_4^{2-} 等)都不干扰滴定,从而使佛尔哈德法有相当高的选择性。

当溶液中存在能将 SCN^- 氧化的强氧化剂及能与 SCN^- 作用的汞盐、铜盐等物质时,将影响佛尔哈德法的应用。此时要应用佛尔哈德法,就必须将这些干扰物质预先分离出去。

3. 法扬司法

法扬司法是以吸附指示剂为终点指示剂的银量法,即吸附指示剂法。吸附指示剂是一类有色的有机化合物,当它被吸附在胶体微粒表面之后,由于形成表面化合物使分子结构发生改变而引起颜色的变化。利用吸附指示剂的这一特点可以确定银量法的滴定终点。

以荧光黄指示剂为例。荧光黄是一种有机弱酸,可用 HFI 表示。荧光黄在溶液中可以离解为荧光黄阴离子 FI^-。当溶液的 pH 值为 7~10.5 时,荧光黄主要以阴离子 FI^- 形式存在,呈黄绿色。当用 $AgNO_3$ 标准溶液滴定 Cl^-,并控制溶液的 pH 值为 7~10.5 时,即可采用荧光黄作指示剂。在化学计量点以前,溶液中 Cl^- 过量,生成的 AgCl 胶体微粒优先吸附构晶离子 Cl^- 而带负电荷,此时带负电荷的荧光黄阴离子 FI^- 不会被吸附到带负电荷的 AgCl 胶粒表面,溶液始终呈现 FI^- 的黄绿色。当滴定到达化学计量点后,加入稍过量的 Ag^+ 就可以使 AgCl 胶粒吸附过量的构晶离子 Ag^+ 而带正电荷。此时带负电荷的荧光黄阴离子 FI^- 极易被吸附到带正电荷的 AgCl 胶粒表面。吸附态的 FI^- 在 AgCl 胶粒表面形成淡红色化合物,使溶液由黄绿色变为淡红色,从而指示终点的到达。

在法扬司法中，控制滴定条件很重要，以下介绍滴定条件。

1）应尽量使沉淀成为小颗粒的胶体状沉淀

吸附指示剂的颜色变化发生在沉淀微粒的表面，因此应尽量使沉淀的比表面大一些，以便吸附更多的指示剂，使指示剂变色更敏锐。胶体是比表面极大的分散系，因此应设法使生成沉淀的滴定反应转变成生成胶体的滴定反应。为此，在滴定过程中可加入糊精、淀粉等胶体保护剂，以阻止卤化银凝聚为较大颗粒的沉淀，使其保持胶体状态。

2）应使溶液控制在适宜的酸度范围

吸附指示剂大多是有机弱酸，一般是其带负电荷的阴离子被带正电荷的胶粒吸附而变色。当溶液的 pH 值较低时，吸附指示剂主要以不带电的分子形式存在，难以被胶粒吸附，从而无法发生吸附变色反应而指示滴定终点。以荧光黄为例，当溶液的 $pH<7$ 时，荧光黄主要以分子状态存在，难以被胶粒吸附变色。当溶液的 $pH>7$ 时，荧光黄主要以阴离子形式存在，易被胶粒吸附变色，从而可用以指示滴定终点。因此，如果以荧光黄为吸附指示剂，应使溶液的 $pH>7$，即应控制溶液为 $7<pH<10$（当 $pH>10$ 时，Ag^+ 将沉淀为 Ag_2O）。不同的有机弱酸型吸附指示剂酸性强弱不同，因此适用的酸度范围也存在差异。例如，二氯荧光黄的酸性强于荧光黄，只有当溶液的 pH 值为 4～10 时使用；曙红的酸性更强，只有当溶液的 pH 值为 2～10 时使用。

3）要选择适当的吸附指示剂

在法扬司法中，必须根据被测定的卤素离子的性质选择具有适当被吸附能力的吸附指示剂。选择的吸附指示剂一方面要能被卤化银胶粒有效地吸附，另一方面其被吸附能力又不能强于被测定的卤素离子。

例如，当用 $AgNO_3$ 溶液滴定的卤素离子为 Cl^- 时，在荧光黄和曙红两种吸附指示剂中，只可以选择荧光黄作为指示剂而不能选择曙红。因为荧光黄被 AgCl 胶粒吸附的能力弱于 Cl^-，而曙红被 AgCl 胶粒吸附的能力比 Cl^- 的强。当用荧光黄作指示剂时，在化学计量点前 AgCl 胶粒只吸附溶液中剩余的 Cl^- 而不吸附荧光黄，只有在 Cl^- 完全沉淀即达到化学计量点时，AgCl 胶粒才吸附荧光黄使其变色而指示终点的到达。当用曙红作指示剂时，在化学计量点之前曙红就可被 AgCl 胶粒吸附变色，导致终点提前，可见，只可以选择荧光黄作为指示剂而不能选择曙红。但是指示剂被吸附的能力也不能太弱，否则将导致终点延迟，并且变色不敏锐。

卤化银胶粒对卤素离子和一些常见的吸附指示剂的吸附能力的次序如下：

$$I^- > \text{二甲基二碘荧光黄} > Br^- > \text{曙红} > Cl^- > \text{荧光黄}$$

从以上次序可以判断，滴定 Br^- 时可选择曙红作为吸附指示剂，因其被吸附的能力略低于 Br^-；不能选二甲基二碘荧光黄，因其被吸附的能力强于 Br^-，这将导致终点提前；荧光黄虽然被吸附的能力低于 Br^-，但一般也不选，因其被吸附的能力小于曙红，从而变色敏锐性不如曙红。

吸附指示剂种类很多，表 7-2 列出部分常用的吸附指示剂及其应用。

表 7-2 一些常用吸附指示剂及其应用

指　示　剂	被测定离子	滴　定　剂	适用 pH 值的范围
荧光黄	Cl^-	Ag^+	7～10
二氯荧光黄	Cl^-	Ag^+	4～10
溴甲酚绿	SCN^-	Ag^+	4～5
曙红	Br^-、I^-、SCN^-	Ag^+	2～10
二甲基二碘荧光黄	I^-	Ag^+	中性
甲基紫	Ag^+	Cl^-	酸性
罗丹明 6G	Ag^+	Br^-	酸性
溴酚蓝	Hg_2^{2+}	Cl^-、Br^-	酸性

本章小结

(1) 理解并掌握影响沉淀溶解度的各种因素(同离子效应、盐效应、酸效应、配位效应)及在各种效应影响下溶解度的计算;

(2) 理解影响沉淀纯度的主要因素,理解表面吸附是有选择性的,以及混晶共沉淀能使沉淀严重不纯,不能通过洗涤或陈化除去杂质;

(3) 掌握晶形沉淀和无定形沉淀的沉淀条件;

(4) 了解重量分析法对沉淀形式和称量形式的要求;

(5) 掌握换算因数及重量分析结果的计算;

(6) 了解沉淀滴定法对沉淀反应的要求;

(7) 掌握莫尔法、佛尔哈德法、法扬司法等三种银量法确定终点的原理、滴定条件和应用范围及有关计算。

阅读材料

纳米材料的制备与沉淀法

纳米(nm)是一个长度单位,1 nm＝10^{-3} μm＝10^{-6} mm＝10^{-9} m。所谓纳米材料,是指在三维空间中至少有一维处于纳米尺度范围(1～100 nm)的材料,或是由它们作为基本单元构成的材料。例如,纳米尺度颗粒就是一类其空间的三维均在纳米尺度的材料,而纳米丝、纳米管等则属于其空间有两维处于纳米尺度的材料,只有一维在纳米尺度的材料主要有超薄膜、多层膜等。由于纳米尺度介于宏观与微观之间,所以纳米材料的物理、化学性质既不同于宏观物体,也不同于微观的原子、分子。当常态物质被加工到纳米尺度时,会出现很多特异的现象和属性,如表面效应、小体积效应、量子效应和宏观隧道效应等。因此,可以通过制备纳米材料来获得一般材料所不具备的优越性能。近几十年来,纳米材料的制备及相关的理论与应用研究已成为国内外的研究热点之一。

存在于自然界中的纳米材料为数不少,但能够为人类所自觉应用的纳米材料大多还得依靠人工制备。目前,已发展出多种纳米材料制备技术,如沉淀法、乳液法、溶胶-凝胶法、气相反应法、固相反应法、超临界法、自组装法等。其中，沉淀法是目前应用最广泛的高纯度纳米粉体制备方法之一，主要用于制备氧化物系超微粉。

沉淀法制备纳米材料的基本过程如下：在含有一种或多种离子的可溶性盐溶液中加入沉淀剂(如 OH^-、$C_2O_4^{2-}$、CO_3^{2-} 等)，在一定温度下使可溶性盐发生水解，生成难溶于水(或其他溶剂)的氢氧化物、水合氧化物或盐类并从溶液中析出，将溶剂和溶液中原有的阴离子洗去，经热解或脱水即得到所需的氧化物纳米粉体。例如，用 HCl 溶液溶解 Y_2O_3 可得 YCl_3 溶液，然后将 $ZrOCl_2 \cdot 8H_2O$ 和 YCl_3 配制成一定浓度的混合溶液，在其中加入氨水，即有 $Zr(OH)_4$ 和 $Y(OH)_3$ 的沉淀粒子缓慢形成。得到的氢氧化物共沉淀物经洗涤、脱水、煅烧，即可得到具有很好烧结活性的 $ZrO_2(Y_2O_3)$ 微粒。

此外，纳米粉体的制备也可运用均匀沉淀法来使沉淀在整个溶液中均匀地出现，避免沉淀剂的局部不均匀性。用该方法可制备多种盐的均匀沉淀，如锆盐颗粒以及球形 $Al(OH)_3$ 粒子等。

习　　题

1. 已知某难溶强电解质 A_2B(M=80.0 g/mol)在水中溶解度为 2.40×10^{-3} g/L，计算 A_2B 的溶度积 K_{sp}。

(1.08×10^{-13})

2. 已知 $M(OH)_2$ 的 $K_{sp}=1.0\times10^{-12}$，假设溶于水中的 $M(OH)_2$ 完全离解，试计算：
   (1) $M(OH)_2$ 在水中的溶解度(mol/L)；
   (2) $M(OH)_2$ 饱和溶液中的 $[M^{2+}]$ 和 $[OH^-]$；
   (3) $M(OH)_2$ 在 0.10 mol/L NaOH 溶液中的溶解度(假如 $M(OH)_2$ 在 NaOH 溶液中不发生其他变化)；
   (4) $M(OH)_2$ 在 0.20 mol/L MCl_2 溶液中的溶解度。

((1) 6.3×10^{-5} mol/L；(2) 6.3×10^{-5} mol/L，1.26×10^{-4} mol/L；(3) 1.0×10^{-10} mol/L；(4) 1.1×10^{-6} mol/L)

3. 计算 CaF_2 在 pH=2.00 的溶液中的溶解度。

(1.2×10^{-3} mol/L)

4. 计算 $BaSO_4$ 在 pH=10.00 的 0.010 mol/L EDTA 溶液中的溶解度。

(4.1×10^{-3} mol/L)

5. 完成下列单项选择题。
   (1) 在下列杂质离子存在下，以 Ba^{2+} 沉淀 SO_4^{2-} 时，沉淀首先吸附(　　)。
   A. Zn^{2+}　　B. Cl^-　　C. Ba^{2+}　　D. NO_3^-
   (2) 如果吸附的杂质和沉淀具有相同的晶格，这就形成(　　)。
   A. 后沉淀　　B. 吸留　　C. 包夹　　D. 混晶
   (3) 用洗涤的方法能有效地提高沉淀纯度的是(　　)。
   A. 混晶共沉淀　　B. 吸附共沉淀
   C. 包夹共沉淀　　D. 后沉淀
   (4) 在重量分析法中，称量形式不必具备的条件是(　　)。
   A. 相对分子质量大　　B. 组成与化学式相符
   C. 不受空气中 O_2、CO_2 及水的影响　　D. 与沉淀形式组成一致
6. 完成下列多项选择题。
   (1) 沉淀完全后进行陈化是为了(　　)。
   A. 使无定形沉淀转化为晶形沉淀　　B. 使沉淀更为纯净

C. 加速沉淀作用　　D. 使沉淀颗粒变大

(2) 下面影响沉淀纯度的叙述中,正确的是(　　)。

A. 溶液杂质含量越大,表面吸附杂质的量越大

B. 温度越高,沉淀吸附杂质的量越大

C. 后沉淀随陈化时间延长而增加

D. 温度升高,后沉淀程度增大

(3) 为了获得纯净而易过滤、洗涤的晶形沉淀,要求(　　)。

A. 沉淀时的聚集速率大而定向速率小

B. 沉淀时的聚集速率小而定向速率大

C. 溶液中沉淀的相对过饱和度要大

D. 溶液中沉淀的相对过饱和度要小

(4) 下列关于沉淀吸附的一般规律,哪些是正确的?(　　)

A. 离子价数高的比低的易吸附　　B. 离子浓度愈大愈易被吸附

C. 沉淀颗粒愈大,吸附能力愈强　　D. 温度愈高,愈有利于吸附

E. 能与构晶离子生成难溶盐沉淀的离子优先被吸附

(5) 下列进行沉淀的操作中,属于形成晶形沉淀的操作有(　　),属于形成无定形沉淀的操作有(　　)。

A. 在稀溶液中进行沉淀　　B. 在浓溶液中进行沉淀

C. 在热溶液中进行沉淀　　D. 在冷溶液中进行沉淀

E. 在不断搅拌下逐滴加入沉淀剂　　F. 在不断搅拌下迅速加入沉淀剂

G. 沉淀宜放置过夜,进行陈化　　H. 沉淀后立即过滤、洗涤,不必陈化

7. 计算下列换算因数:

(1) 称量形式 Al_2O_3,待测组分 Al;

(2) 称量形式 $Al(C_9H_6NO)_3$,待测组分 Al_2O_3;

(3) 称量形式 $Mg_2P_2O_7$,待测组分 $MgSO_4 \cdot 7H_2O$;

(4) 称量形式 $(NH_4)_3PO_4 \cdot 12MoO_3$,待测组分 P_2O_5;

(5) 称量形式 $PbCrO_4$,待测组分 Cr_2O_3。

((1) 0.529 2; (2)0.110; (3) 2.214; (4) 0.037 82; (5) 0.235 1)

8. 磁铁矿的主要成分是 Fe_3O_4,称取 0.166 6 g 磁铁矿样品,溶解后再沉淀为 $Fe(OH)_3$,最后灼烧为 Fe_2O_3,称重得 Fe_2O_3的质量为 0.137 0 g。求样品中 Fe_3O_4和 Fe 的质量分数。

(79.49%,57.50%)

9. 为了测定长石中 K 和 Na 的含量,称取 0.503 4 g 试样。首先把其中的 K 和 Na 定量转化为 0.120 8 g 的 KCl 和 NaCl,然后溶解于水,再用 $AgNO_3$溶液处理,得到 0.251 3 g AgCl 沉淀,计算长石中 K_2O 和 Na_2O的质量分数。

(0.67%,3.77%)

10. 称取 0.628 0 g 含有 NaCl 和 NaBr 的试样,溶解后用 $AgNO_3$溶液处理,得到 0.506 4 g 干燥的 AgCl 和 AgBr 沉淀。另称取相同质量的试样 1 份,用 0.105 0 mol/L $AgNO_3$溶液滴定至终点,消耗 28.34 mL。计算试样中 NaCl 和 NaBr 的质量分数。

(10.96%,29.46%)

11. 称取 0.998 0 g 含有 $Al_2(SO_4)_3$、$MgSO_4$及惰性物质的试样,溶解后,用 8-羟基喹啉沉淀 Al^{3+}和 Mg^{2+},经过滤、洗涤后,在 300 ℃干燥后称得 $Al(C_9H_6NO)_3$和 $Mg(C_9H_6NO)_2$混合重为 0.874 6 g,再经灼烧,使其转化为 Al_2O_3和 MgO,共重 0.106 7 g。计算试样中$Al_2(SO_4)_3$和 $MgSO_4$的质量分数。

(12.73%,19.54%)

12. 完成下列关于沉淀滴定法的选择题。

(1) 关于以 K_2CrO_4为指示剂的莫尔法,下列说法正确的是(　　)。

A. 指示剂 K_2CrO_4 的量越少越好
B. 滴定应在弱酸性介质中进行
C. 本法可测定 Cl^- 和 Br^-，但不能测定 I^- 或 SCN^-
D. 莫尔法的选择性较强

(2) 莫尔法测定 Cl^- 含量时，要求介质达到 6.5<pH<10.0，若酸度过高，则会(　　)。
A. AgCl 沉淀不完全　　B. 形成 Ag_2O 沉淀
C. AgCl 吸附 Cl^-　　D. 不生成 Ag_2CrO_4 沉淀

(3) 以铁铵矾为指示剂，用返滴定法以 NH_4SCN 标准溶液滴定 Cl^- 时，下列说法错误的是(　　)。
A. 滴定前加入一定量过量的 $AgNO_3$ 标准溶液
B. 滴定前将 AgCl 沉淀滤去
C. 滴定前加入硝基苯，并振摇
D. 应在中性溶液中测定，以防 Ag_2O 析出

(4) 下列说法正确的是(　　)。
A. 莫尔法能测定 Cl^-、I^-、Ag^+
B. 佛尔哈德法能测定的离子有 Cl^-、Br^-、I^-、SCN^-、Ag^+
C. 佛尔哈德法能测定的离子只有 Cl^-、Br^-、I^-、SCN^-
D. 沉淀滴定中吸附指示剂的选择，要求沉淀胶体微粒对指示剂的吸附能力应略大于对待测离子的吸附能力

(5) 佛尔哈德法返滴定测定 I^- 时，指示剂必须在加入过量的 $AgNO_3$ 溶液后才能加入，这是为了(　　)。
A. 防止 AgI 对指示剂的强吸附　　B. 防止 AgI 对 I^- 的强吸附
C. 防止 Fe^{3+} 氧化 I^-　　D. 防止终点提前出现

(6) 在下列情况下，测定结果偏高的有(　　)，偏低的有(　　)。
A. 在 pH=4 的条件下，用莫尔法测定 Cl^-
B. 用佛尔哈德法测定 Cl^-，既没有将 AgCl 沉淀滤去或加热促其凝聚，又没有加有机溶剂
C. 同选项 B 的条件下测定 Br^-
D. 用法扬司法测定 Cl^-，以曙红作指示剂
E. 用法扬司法测定 I^-，以曙红作指示剂。

13. 移取 20.00 mL NaCl 试液，加入 K_2CrO_4 指示剂，用 0.102 3 mol/L $AgNO_3$ 标准溶液滴定，用去 27.00 mL，则每升溶液中含多少克 NaCl？

(8.079 g/L)

14. 称取 0.300 0 g 银合金试样，溶解后加入铁铵矾指示剂，用 0.100 0 mol/L NH_4SCN 标准溶液滴定，用去 23.80 mL。计算试样中银的质量分数。

(85.56%)

15. 称取 0.226 6 g 可溶性氯化物试样，用水溶解后，加入 0.112 1 mol/L $AgNO_3$ 标准溶液 30.00 mL。过量的 Ag^+ 用 0.118 5 mol/L NH_4SCN 标准溶液滴定，用去 6.50 mL。计算试样中氯的质量分数。

(40.56%)

16. 用佛尔哈德法标定 $AgNO_3$ 和 NH_4SCN 溶液的浓度，称取 0.200 0 g 基准氯化物，加入 50.00 mL $AgNO_3$ 溶液，用 NH_4SCN 溶液回滴剩余的 $AgNO_3$，消耗 25.02 mL。现已知1.20 mL $AgNO_3$ 溶液相当于 1.00 mL NH_4SCN 溶液，求 $AgNO_3$ 溶液的物质的量浓度。

(0.171 3 mol/L)

17. 在碘化钾试剂分析中，以曙红为指示剂，介质 pH=4，用法扬司法测定。若称样 1.652 g，溶于水后，用 0.050 00 mol/L $AgNO_3$ 标准溶液滴定，消耗 20.00 mL，计算 KI 试剂纯度。

(10.05%)

第 8 章　电位分析法

应用电化学的基本原理和实验技术，依据物质电化学性质来测定物质组成及含量的分析方法称为电化学分析(electrochemical analysis)或电分析化学。

电化学分析法的特点是灵敏度、准确度高，选择性好，被测物质的最低量可以达到 10^{-12} mol/L；仪器装置较为简单，操作方便，可以直接得到电信号，易传递，尤其适合于生产过程中的自动控制和在线分析；应用广泛，既可进行无机物的分析，又可进行有机物分析、药物分析、活体分析等。在有机化学、药物化学、生物化学、临床化学、环境生态学等领域的研究中，得到极为迅速的发展。

根据测量参数的不同，电化学分析法主要分为电位分析法(potentiometry)、电解分析及库仑分析法、极谱分析法、电导分析法等。本章重点介绍电位分析法。

电位分析法是利用电极电位和溶液中某种离子活度(或浓度)之间的关系来测定被测物质活度(或浓度)的电化学分析法。它是以测量电池电动势为基础，其化学电池的组成是以待测试液为电解质溶液，并于其中插入两个性质不同的电极，一个是电极电位与被测试液的活度(或浓度)有定量关系的指示电极，另一个是电极电位稳定不变的参比电极，通过测量该电池的电动势来确定被测物质的含量，它包括直接电位法和电位滴定法。直接电位法是通过测量电池电动势来确定指示电极的电位，然后根据 Nernst 方程，由所测得的电极电位值计算出被测物质的含量。电位滴定法是通过测量滴定过程中指示电极的电位变化来确定滴定终点，再根据滴定所消耗标准溶液的体积和浓度计算被测物质的含量，该法实质上是一种滴定分析法。

电位分析法具有以下特点：选择性高，在多数情况下，共存离子干扰很小，对组成复杂的试样往往不需经过分离处理即可直接测定，且灵敏度高；直接电位法的相对检出限一般为 $10^{-8}\sim10^{-5}$，特别适用于微量组分的测定；而电位滴定法则适用于常量分析，仪器设备简单、操作方便，易于实现分析的自动化。因此，电位分析法的应用范围非常广泛，尤其是离子选择性电极，现已广泛应用于环保、医药、食品、地质探矿、冶金、海洋探测等各个领域，并已成为重要的测试手段。研制各种高灵敏度、高选择性的电极是电位分析法最活跃的研究领域之一。

8.1　参比电极与指示电极

8.1.1　参比电极

参比电极(reference electrode)是电极电位已知且恒定，在测定过程中，即使微小电流(10^{-8} A 或更小)通过，仍能保持不变的电极。

理想的参比电极为：电极反应可逆，符合 Nernst 方程；电极电位不随时间变化；微小电流流过时，能迅速恢复原状；温度影响小。虽然没有完全符合要求的电极，但下面几种电极基本能满足要求。

1. 标准氢电极

标准氢电极(standard hydrogen electrode,简写为 SHE)的组成为

$$Pt \mid H_2(p^\ominus) \mid H^+(a=1)$$

电极反应为

$$2H^+ + 2e \longrightarrow H_2$$

标准氢电极是最精密的参比电极,规定在任何温度下其电位值 $\varphi^\ominus = 0$ V。标准氢电极的特点是电极电位非常稳定,但其制作麻烦,氢气的净化、压力的控制等难以满足要求,而且铂黑容易中毒。因此,很少直接用标准氢电极作参比电极,只是在测量电极的标准电极电位时使用,即用标准氢电极与另一电极组成电池,通过测定电池的电动势即可计算出另一电极电位。

2. 甘汞电极

甘汞电极(calomel electrode)是由金属汞和甘汞(Hg_2Cl_2)及 KCl 溶液组成的电极,其构造如图 8-1 所示。内玻璃管中与导线相连焊接一根铂丝,铂丝插入纯汞中(厚度为 0.5～1 cm),下置一层甘汞和汞的糊状物,外玻璃管中装有 KCl 溶液,即构成甘汞电极。电极下端与待测溶液接触部分是熔结陶瓷芯或玻璃砂芯等多孔物质或是一毛细管通道。

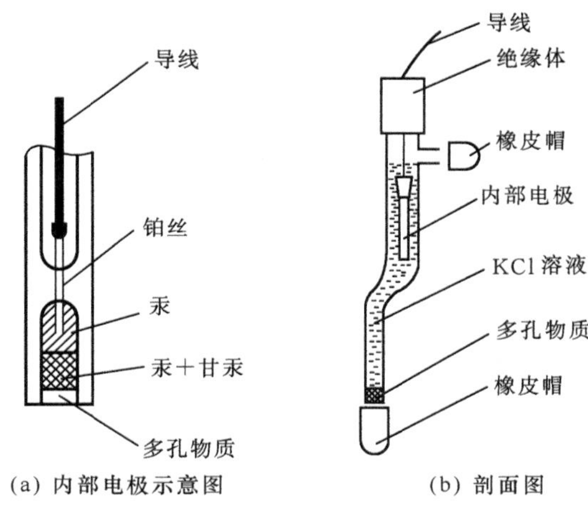

图 8-1　甘汞电极

甘汞电极半电池组成为

$$Hg,\ Hg_2Cl_2(s) \mid KCl$$

其电极反应为

$$Hg_2Cl_2 + 2e \longrightarrow 2Hg + 2Cl^-$$

甘汞电极电位的大小,由电极表面 Hg_2^{2+} 的活度 $a_{Hg_2^{2+}}$ 决定,而 $a_{Hg_2^{2+}}$ 取决于 Cl^- 的活度 a_{Cl^-}。

25 ℃时,甘汞电极电位为

$$\varphi = \varphi^\ominus_{Hg_2^{2+}/Hg} + \frac{0.059}{2}\lg a_{Hg_2^{2+}}$$

而
$$a_{Hg_2^{2+}} = \frac{K_{sp(Hg_2Cl_2)}}{a_{Cl^-}^2}$$

故
$$\begin{aligned}\varphi &= \varphi^{\ominus}_{Hg_2^{2+}/Hg} + \frac{0.059}{2}\lg K_{sp(Hg_2Cl_2)} - 0.059\lg a_{Cl^-} \\ &= \varphi^{\ominus}_{Hg_2Cl_2/Hg} - 0.059\lg a_{Cl^-}\end{aligned} \tag{8-1}$$

式中
$$\varphi^{\ominus}_{Hg_2Cl_2/Hg} = \varphi^{\ominus}_{Hg_2^{2+}/Hg} + \frac{0.059}{2}\lg K_{sp(Hg_2Cl_2)}$$

由式(8-1)可以看出,当温度一定时,甘汞电极电位主要取决于 a_{Cl^-},根据 Cl^- 浓度的不同,甘汞电极可分为三类,其电极电位值如表 8-1 所示,常用的为饱和甘汞电极(saturated calomel electrode),简称 SCE。

表 8-1 25 ℃时甘汞电极电位(对 SHE)

名 称	KCl 溶液的浓度	电极电位 φ/V
0.1 mol/L 甘汞电极	0.1 mol/L	+0.336 5
标准甘汞电极(NCE)	1.0 mol/L	+0.282 8
饱和甘汞电极(SCE)	饱和	+0.243 8

如果温度不是 25 ℃,应对其电极电位值进行校正,对于 SCE,t ℃时电极电位为

$$\varphi = [0.243\,8 - 7.6\times10^{-4}(t-25)]\ \mathrm{V}$$

甘汞电极在使用前应浸泡在与内充溶液组成基本相同的溶液中,并放置一周,待其电极电位稳定后再进行测试。

3. 银-氯化银电极(Ag-AgCl 电极)

Ag-AgCl 电极(silver-silver chloride electrode)是稳定性和重现性都较好的参比电极,制作容易、使用方便,其结构如图8-2所示。在一根银丝上镀一层 AgCl,然后浸泡在一定浓度的 KCl 溶液中,即构成 Ag-AgCl 电极。其半电池组成为

$$Ag, AgCl(s) \mid KCl$$

电极反应为

$$AgCl + e \rightleftharpoons Ag + Cl^-$$

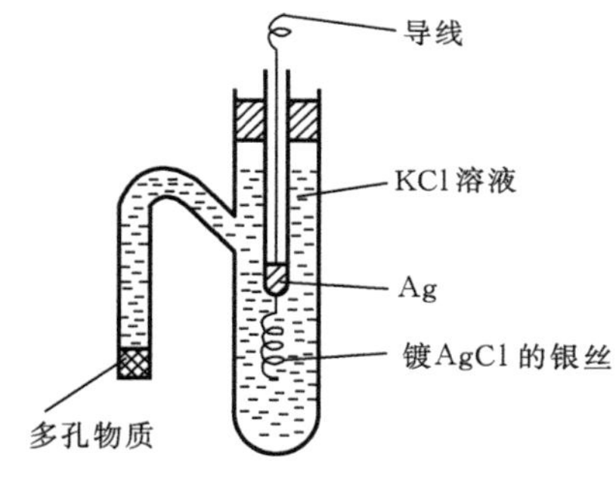

图 8-2 Ag-AgCl 电极

Ag-AgCl 电极电位取决于电极表面 Ag^+ 的活度(a_{Ag^+}),而 a_{Ag^+} 又取决于溶液中 Cl^- 的活度(a_{Cl^-})的值。

25 ℃时,Ag-AgCl 电极电位为

$$\varphi = \varphi^{\ominus}_{Ag^+/Ag} + 0.059\lg a_{Ag^+}$$

而
$$a_{Ag^+} = \frac{K_{sp(AgCl)}}{a_{Cl^-}}$$

故
$$\varphi = \varphi^{\ominus}_{Ag^+/Ag} + 0.059\lg K_{sp(AgCl)} - 0.059\lg a_{Cl^-} = \varphi^{\ominus}_{AgCl/Ag} - 0.059\lg a_{Cl^-} \tag{8-2}$$

式中
$$\varphi^{\ominus}_{AgCl/Ag} = \varphi^{\ominus}_{Ag^+/Ag} + 0.059\lg K_{sp(AgCl)}$$

25 ℃时,不同浓度 KCl 溶液的 Ag-AgCl 电极电位,如表 8-2 所示。

表 8-2　25 ℃时银-氯化银电极电位(对 SHE)

名　　称	KCl 溶液的浓度	电极电位 $\varphi^{\ominus}$/V
0.1 mol/L Ag-AgCl 电极	0.1 mol/L	+0.288 0
标准 Ag-AgCl 电极	1.0 mol/L	+0.222 3
饱和 Ag-AgCl 电极	饱和	+0.200 0

标准 Ag-AgCl 电极在温度为 t℃时，电极电位为

$$\varphi=[0.2223-6\times10^{-4}(t-25)]\ \mathrm{V}$$

Ag-AgCl 电极比甘汞电极优越之处是可用在温度高于 60 ℃和非水溶剂中。

4. 使用参比电极的注意事项

(1) 内参比溶液的液面应高于样品溶液，保持内参比溶液外渗，防止污染；

(2) 要测量内参比溶液中含有的成分，一般通过加一个盐桥的办法进行隔离，且盐桥中不能含有干扰测定的电解质。

8.1.2　指示电极

在电位分析中，能快速而灵敏地对溶液中参与半反应的离子活度产生 Nernst 响应的电极，称为指示电极(indicator electrode)。

常用的指示电极主要有金属基电极和离子选择性电极两大类。金属基电极又包括金属-金属离子电极、金属-金属难溶盐电极、汞电极、惰性金属电极。现分别介绍如下。

1. 金属-金属离子电极

金属-金属离子电极是将一种金属浸入该金属离子的溶液中而组成的电极，又称为第一类电极。它只有一个界面：M ｜ M^{n+}

其电极反应为

$$M^{n+}+ne \longrightarrow M$$

25 ℃时，电极电位为

$$\varphi_{M^{n+}/M}=\varphi^{\ominus}_{M^{n+}/M}+\frac{0.059}{n}\lg a_{M^{n+}} \tag{8-3}$$

组成这类电极的金属有银、铜、汞等。银电极常用做电位分析中的指示电极。某些较活泼的金属，如铁、镍、钴、钨和铬等，它们的 $\varphi^{\ominus}_{M^{n+}/M}$ 都是负值，由于易受表面结构因素和表面氧化膜等影响，其电极电位重现性差，不能用做指示电极。

2. 金属-金属难溶盐电极

金属-金属难溶盐电极是在一种金属的表面涂上该金属的难溶盐，浸在与其难溶盐有相同阴离子的溶液中组成的电极，又称为第二类电极。它包括两个界面，使用较多的是以 Ag 和 Hg 为基体并与其相应的难溶盐组成的电极。如前所述的甘汞电极、Ag-AgCl 电极等，其电极电位随溶液中难溶盐的阴离子活度的变化而变化。

这类电极电位值稳定，重现性好，常用做参比电极。在电位分析中，很少用做指示电极。应当注意的是，如存在能与金属的阳离子形成难溶盐的其他阴离子，将产生干扰。

3. 汞电极

汞电极是由金属汞(或汞齐丝)与具有相同阴离子的两种难溶盐(或配合物)的溶液组成的电极，又称为第三类电极，通常有三个界面。如汞与 EDTA 形成的配合物组成的电极对 M^{n+} 有响应，在电位滴定中用做 pM 的指示电极。

半电池组成为

$$Hg \mid HgY^{2-}, MY^{n-4}, M^{n+}$$

其电极反应为

$$HgY^{2-} + 2e \longrightarrow Hg + Y^{4-}$$

25 ℃时,电极电位为

$$\varphi_{Hg^{2+}/Hg} = \varphi^{\ominus}_{Hg^{2+}/Hg} + \frac{0.059}{2}\lg a_{Hg^{2+}} \tag{8-4}$$

为了简化,假设活度系数为 1。

对于平衡

$$Hg^{2+} + Y^{4-} \longrightarrow HgY^{2-}$$

$$M^{n+} + Y^{4-} \longrightarrow MY^{n-4}$$

有

$$[Hg^{2+}] = \frac{[HgY^{2-}]}{[Y^{4-}]K_{HgY^{2-}}} \tag{8-5}$$

$$[Y^{4-}] = \frac{[MY^{n-4}]}{[M^{n+}]K_{MY^{n-4}}} \tag{8-6}$$

将式(8-5)和式(8-6)代入式(8-4)得

$$\varphi_{Hg^{2+}/Hg} = \varphi^{\ominus}_{Hg^{2+}/Hg} + \frac{0.059}{2}\lg \frac{[HgY^{2-}][M^{n+}]K_{MY^{n-4}}}{[MY^{n-4}]K_{HgY^{2-}}} \tag{8-7}$$

式中的 $K_{HgY^{2-}}$、$K_{MY^{n-4}}$ 均为常数,$[HgY^{2-}]$为平衡时 HgY^{2-}的浓度(约为 10^{-6} mol/L),滴定至化学计量点时$[MY^{n-4}]$也为常数,则式(8-7)可简化为

$$\varphi_{Hg^{2+}/Hg} = \varphi^{\ominus'}_{Hg^{2+}/Hg} + \frac{0.059}{2}\lg[M^{n+}] \tag{8-8}$$

由式(8-8)可以看出,在一定条件下,汞电极电位仅与$[M^{n+}]$有关,因此它可以作为 EDTA 滴定 M^{n+} 的指示电极。汞电极能用于约 30 种金属离子的电位滴定。

汞电极适用的 pH 值为 2~11。当 pH<2 时,HgY^{2-} 不稳定;当 pH>11 时,生成 HgO 沉淀,破坏电极。

4. 惰性电极

惰性电极一般是由惰性材料(如铂、金、石墨等)制成片状或棒状,浸入含有可溶性同一元素的氧化态和还原态的溶液中组成的电极,又称为零类电极。

这类电极本身不参与氧化还原反应,仅起传导电子的作用,没有离子穿越相界面,参与电极反应的物质全部在液相中(均相反应),且反应是可逆的。如将铂片插入 Fe^{3+} 和 Fe^{2+} 的溶液中,半电池组成为

$$Pt \mid Fe^{3+}, Fe^{2+}$$

其电极反应为

$$Fe^{3+} + e \longrightarrow Fe^{2+}$$

25 ℃时,电极电位为

$$\varphi_{Fe^{3+}/Fe^{2+}} = \varphi^{\ominus}_{Fe^{3+}/Fe^{2+}} + 0.059\lg \frac{a_{Fe^{3+}}}{a_{Fe^{2+}}} \tag{8-9}$$

对于含强还原剂(如 Cr(Ⅱ)、Ti(Ⅲ)和 V(Ⅲ))的溶液,不能使用铂电极,因为铂表面能

催化这些还原剂对 H^+ 的还原作用，致使电极电位不能准确反映溶液的组成变化，这种情况下可用其他电极代替铂电极。

以上四类电极统称为金属基电极，在早期电位分析法中被普遍采用，其共同特点是电极反应中有电子转移，即有氧化还原反应发生。但由于这些电极易受溶液中氧化剂、还原剂等许多因素的影响，选择性不如离子选择性电极高，只有少数几种金属基电极能在电位分析法中使用，致使金属基电极的推广应用受到限制。目前指示电极中用得更多的是离子选择性电极。

5. 离子选择性电极

离子选择性电极(ion selective electrode)，简称为 ISE，是由对某种离子具有不同程度的选择性响应的膜所组成的电极，也称为膜电极。它与上述金属基电极的区别在于电极的薄膜并不失去或得到电子，而是选择性地让一些离子透过或进行离子交换。

离子选择性电极的基本构造包括三部分，如图 8-3 所示。①敏感膜。这是离子选择性电极最关键的部分。②内参比溶液。含有对膜及内参比电极响应的离子。③内参比电极。通常用 Ag-AgCl 电极(有的离子选择性电极不用内参比电极，而是在晶体膜上压一层银粉，把导线直接焊接在银粉层上，或把敏感膜涂在金属丝或金属片上制成涂层电极)。

离子选择性电极的电位又称为膜电位，它是由于膜内、外被测离子活度的不同而产生的。

$$\begin{aligned}\varphi_{膜} &= \varphi_{外} - \varphi_{内} \\ &= K \pm \frac{2.303RT}{nF}\lg a_i \\ &= K \pm \frac{0.059}{n}\lg a_i \quad (25\ ℃) \qquad (8\text{-}10)\end{aligned}$$

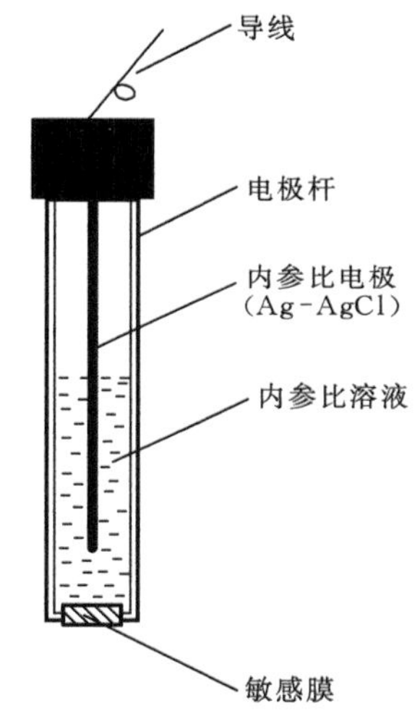

图 8-3　离子选择性电极

式中：n 是离子 i 所带的电荷数，且对阳离子取“+”号，对阴离子取“−”号；$\frac{2.303RT}{nF}$称为离子选择性电极的斜率，用 s 表示，25 ℃时为$\frac{0.059}{n}$。

离子选择性电极种类很多，按照国际纯粹与应用化学联合会(IUPAC)的建议，可作如下分类。

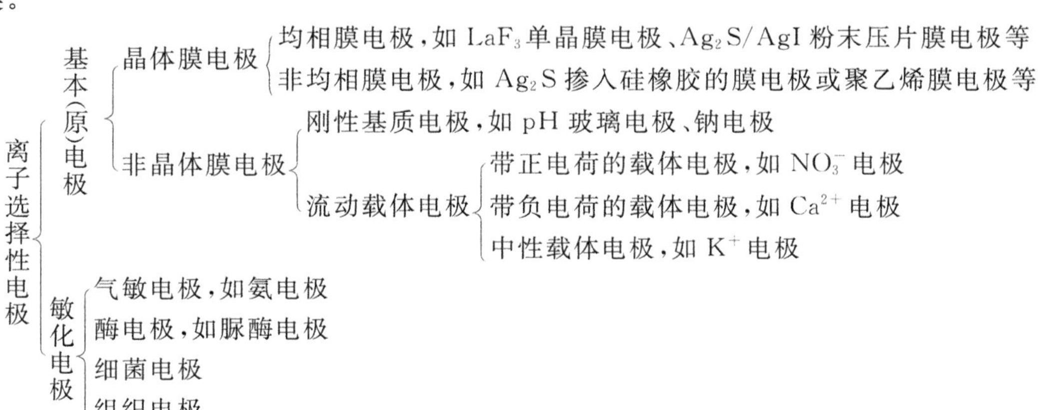

1) 晶体膜电极

晶体膜电极的敏感膜是由难溶盐的单晶切片或多晶沉淀压片制成的,对构成难溶盐晶体的金属有 Nernst 响应。

按膜的制法不同,晶体膜电极可分为单晶膜电极和多晶膜电极。

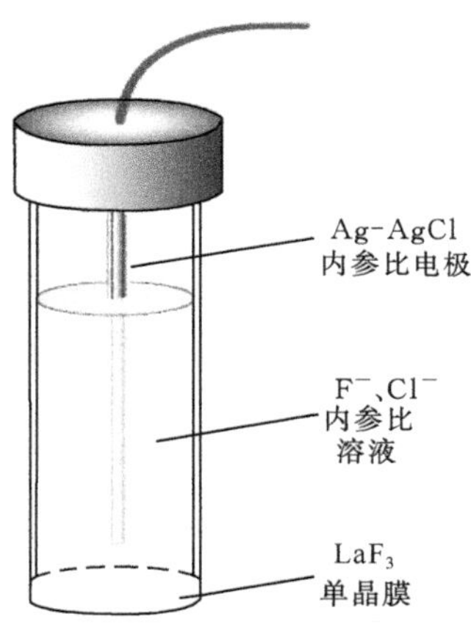

图 8-4 氟离子选择性电极

(1) 单晶膜电极。电极薄膜是由难溶盐的单晶薄片经抛光后制成。以氟离子选择性电极为例,它的敏感膜是掺有 EuF_2(有利于导电)的 LaF_3 单晶切片,内参比电极是 Ag-AgCl 电极(管内)。内参比溶液是 0.1 mol/L NaCl 和 0.1 mol/L NaF 的混合溶液(F^- 用来控制膜内表面的电位,Cl^- 用以固定内参比电极电位),氟离子选择性电极的结构如图 8-4 所示。

由于 LaF_3 的晶格中有空穴,在晶格上的 F^- 可以移入晶格邻近的空穴而导电。对于一定的晶体膜,离子的大小、形状和电荷决定其是否能够进入晶体膜内,故膜电极一般具有较高的离子选择性。

当氟电极被插入 F^- 溶液中时,F^- 在晶体膜表面进行交换。25 ℃时,有

$$\varphi_{膜} = K - 0.059\lg a_{F^-} = K + 0.059\text{pF} \tag{8-11}$$

氟离子选择性电极线性范围较大,一般浓度为 10^{-6}～1 mol/L,其电极电位符合 Nernst 方程。氟离子选择性电极的检测下限由 LaF_3 单晶的溶度积决定,LaF_3 饱和溶液中 F^- 活度约为 10^{-7} mol/L,因此,其在纯水中的检测下限一般为 10^{-7} mol/L 左右。

氟离子选择性电极的选择性较高,Cl^-、Br^-、I^-、SO_4^{2-}、NO_3^- 量是 F^- 量的 1 000 倍时无明显干扰,PO_4^{3-}、CH_3COO^-、HCO_3^- 不干扰,主要干扰来自 OH^-,原因是 pH 值高时,溶液中的 OH^- 与 LaF_3 晶体膜中的 F^- 交换,即

$$LaF_3 + 3OH^- = La(OH)_3 + 3F^-$$

反应产生的 F^- 导致测定结果偏高,即对测定造成正干扰;而电极表面形成的 $La(OH)_3$ 层也将干扰正常测定。当 pH 值较低时,溶液中的 F^- 生成 HF 或 HF^{2-},而使测定结果偏低。因此,测定时要满足 5<pH<6。

(2) 多晶膜电极。这类电极的薄膜是由难溶盐的沉淀粉末(如 AgCl、AgBr、AgI、Ag_2S 等)在高压下压制成厚为 1～2 mm 的薄膜,再经抛光处理后制成的,其中 Ag^+ 起传递电荷的作用。膜电位由与 Ag^+ 有关的难溶盐的溶度积所控制,如卤化银电极电位遵守 Nernst 方程,即

$$\varphi_{膜} = K + 0.059\lg \frac{K_{sp(AgX)}}{a_{X^-}} = K' - 0.059\lg a_{X^-} \tag{8-12}$$

通常在卤化银中掺入硫化银,目的是为了增加卤化银电极的导电性和机械强度,减少对光的敏感性。用此法可制得对 Cl^-、Br^-、I^- 及 S^{2-} 有响应的膜电极。也可用硫化银作为基体,掺入适当的金属硫化物(如 CuS、PbS 等),制得阳离子选择性电极。

多晶膜电极的活度测定范围一般为 10^{-6}～10^{-1} mol/L。与 Ag^+ 能生成稳定配合物的阴离子(如 CN^-、$S_2O_3^{2-}$),与卤素离子及 S^{2-} 能形成沉淀或配合物的阳离子(如 Ag^+、Hg^{2+})

都将干扰测定。

表 8-3 列出了部分晶体膜电极的活度测定范围及干扰情况。

表 8-3　晶体膜电极的活度测定范围及干扰情况

电极组成	活度测定范围（pM 或 pA）	使用限制
$AgBr-Ag_2S$	Br^-　0～5.3	不能用于强还原性溶液；不能存在 S^{2-}；CN^-、I^- 可痕量存在
$AgCl-Ag_2S$	Cl^-　0～4.3	不能存在 S^{2-}；CN^- 可痕量存在
$AgI-Ag_2S$	I^-　0～7.3	不能用于强还原性溶液；不能存在 S^{2-}
$AgI-Ag_2S$	CN^-　2～6	不能存在 S^{2-}；$c_{I^-}<10c_{Cl^-}$
Ag_2S	S^{2-}　0～7	Hg^{2+} 干扰
$AgSCN-Ag_2S$	SCN^-　0～5	不能用于强还原性溶液；I^- 只能痕量存在；$c_{I^-}<c_{Cl^-}$
LaF_3	F^-　0～6	OH^- 干扰（$c_{OH^-}<0.1c_{F^-}$）
卤化银或 Ag_2S	Ag^+　0～7	Hg^{2+} 干扰；不能存在 S^{2-}
$CdS-Ag_2S$	Cd^{2+}　1～7	Pb^{2+}、Fe^{3+} 量不大于 Cd^{2+} 量；Ag^+、Hg^{2+}、Cu^{2+} 干扰
$CuS-Ag_2S$	Cu^{2+}　0～8	Ag^+、Hg^{2+} 干扰；$c_{Fe^{3+}}<0.1c_{Cu^{2+}}$；$Cl^-$、$Br^-$ 含量高时有干扰
$PbS-Ag_2S$	Pb^{2+}　1～7	不能存在 Ag^+、Hg^{2+}、Cu^{2+}；$c_{Cd^{2+}}<c_{Pb^{2+}}$，$c_{Fe^{3+}}<c_{Pb^{2+}}$

2）非晶体膜电极

（1）pH 玻璃电极（glass electrode）。它是最早（1906 年）使用的离子选择性电极，也是研究最多的电极，其结构如图 8-5所示。它的敏感膜是由72.2%SiO_2、21.4%Na_2O 和 6.4% CaO 经烧结而成的玻璃薄膜，膜厚为 30～100 μm，泡内装有 pH 值一定的缓冲溶液作内参比溶液（0.1 mol/L HCl 溶液），其中插入一个 Ag-AgCl 电极（或甘汞电极）作为内参比电极，这样就构成了玻璃电极。pH 玻璃电极测定溶液 pH 值，是由于玻璃膜产生的膜电位与待测溶液 pH 值之间有定量的关系。下面重点介绍玻璃膜电位的形成。

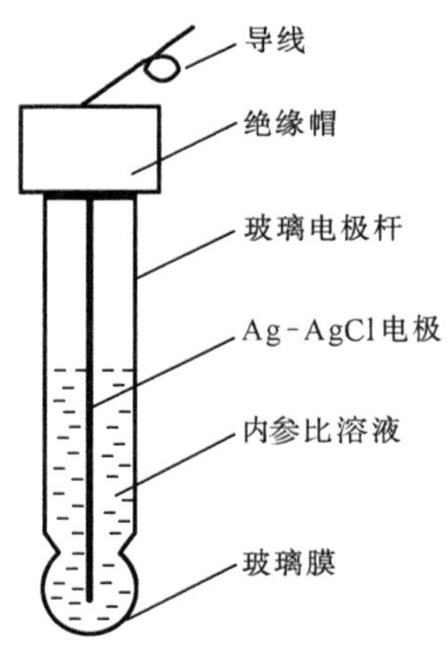

图 8-5　pH **玻璃电极**

玻璃电极在使用前，必须在水溶液中浸泡，形成三层结构，即中间的干玻璃层和两边的水合硅胶层，如图 8-6 所示。

水合硅胶层厚度为 0.01～10 μm。在水合硅胶层，玻璃上的 Na^+ 与溶液中的 H^+ 发生离子交换而产生相界电位。

水合硅胶层表面可视为阳离子交换剂。溶液中的 H^+ 经水合硅胶层扩散至干玻璃层，干玻璃层的阳离子向外扩散以补偿溶出的离子，离子的相对移动产生扩散电位，两者之和构成膜电位。

玻璃电极被放入待测溶液（25 ℃），平衡后，有

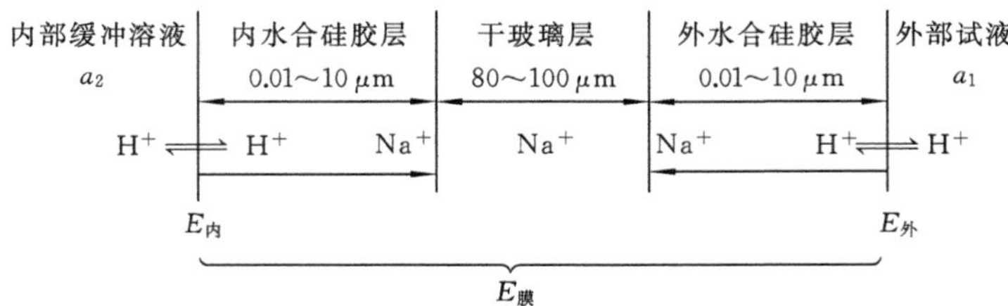

图 8-6　浸泡后的玻璃电极膜示意图

$$H^+_{溶液} \Longrightarrow H^+_{硅胶}$$

$$\varphi_{内} = k_1 + 0.059\lg\frac{a_2}{a_2'} \tag{8-13}$$

$$\varphi_{外} = k_2 + 0.059\lg\frac{a_1}{a_1'} \tag{8-14}$$

式中:a_1、a_2分别表示外部试液和电极内参比溶液中的 H^+ 活度;a_1'、a_2'分别表示玻璃膜外、内水合硅胶层表面的 H^+ 活度;k_1、k_2则是由玻璃膜外、内表面性质决定的常数。玻璃膜内、外表面的性质基本相同,则

$$k_1 = k_2,\quad a_1' = a_2'$$

$$\varphi_{膜} = \varphi_{外} - \varphi_{内} = 0.059\lg\frac{a_1}{a_2} \tag{8-15}$$

由于内参比溶液中的 H^+ 活度(a_2)是固定的,则

$$\varphi_{膜} = K' + 0.059\lg a_1 = K' - 0.059\text{pH}_{试液} \tag{8-16}$$

式中:K'是由玻璃膜电极本身性质决定的常数。pH 玻璃膜电位与试样溶液中的 pH 值呈线性关系;玻璃电极电位应是内参比电极电位和玻璃膜电位之和,即

$$\varphi_{玻璃} = \varphi_{膜} + \varphi_{内参}$$

当把一个离子选择性电极浸入与该电极的内参比溶液的活度完全相同的待测溶液中,同时所选用的参比电极也完全与内参比电极相同时,从理论上讲,所测得的电池的电动势应该为零,即当 $a_1 = a_2$时,有

$$E = K + \frac{2.303RT}{nF}\lg\frac{a_1}{a_2} = 0$$

但实际上所测得的电池的电动势往往不为零,而是一个约为数毫伏并随时间缓慢变化的电位,称为不对称电位。它主要是由于玻璃膜内、外表面含钠量、表面张力及机械和化学损伤的细微差异所引起的。在实际应用时,必须校正电极的不对称电位,具体方法是用标准缓冲溶液,通过仪器设置的"定位"调节消除不对称电位。同时还可通过长时间(24 h)浸泡使其恒定(1～30 mV)。

使用 pH 玻璃电极测定 pH<1 的溶液时,电位值与 pH 值偏离线性关系,产生的误差称为酸差;测定 pH>12 的溶液时,产生的误差主要是 Na^+ 参与相界面上的交换所致,称为碱差或钠差。

pH 玻璃电极的优点是不受溶液中氧化剂、还原剂、颜色及沉淀的影响,不易中毒;缺点是电极内阻很高,电阻随温度变化,一般只能在 5～60 ℃使用。改变玻璃膜的组成,可制成对其他阳离子响应的玻璃电极。

(2) 流动载体电极(液膜电极)。它是由浸有某种有机液体离子交换剂的惰性多孔膜制成的。使用较多的是 Ca^{2+} 电极,它的结构如图 8-7 所示,内参比电极为Ag-AgCl电极,内参比溶液为 0.1 mol/L Ca^{2+} 水溶液,内、外管之间装的是 0.1 mol/L 二癸基磷酸钙(有机液体离子交换剂)的苯基磷酸二辛酯溶液。二癸基磷酸钙极易扩散进入微孔膜,但不溶于水,故不能进入试样溶液。二癸基磷酸根可以在液膜-试液两相界面间传递 Ca^{2+},直至达到平衡。由于 Ca^{2+} 在水相(试液和内参比溶液)中的活度与有机相中的活度不同,在两相之间产生相界电位。液膜两面发生的离子交换反应为

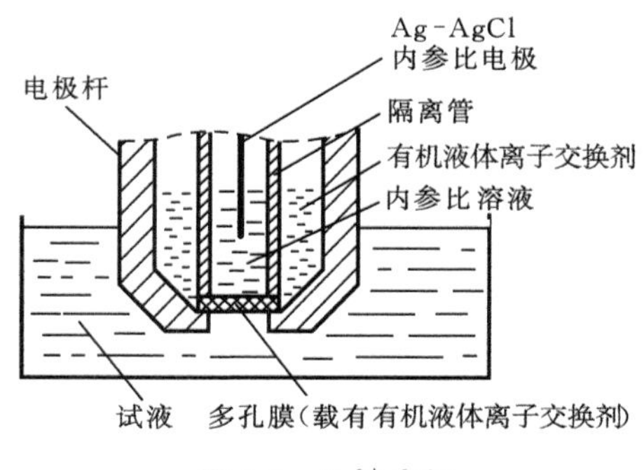

图 8-7　Ca^{2+} 电极

$$[(RO)_2PO_2]_2Ca(\text{有机相}) \longequal 2[(RO)_2PO_2]^-(\text{有机相}) + Ca^{2+}(\text{水相})$$

25 ℃时, Ca^{2+} 电极的膜电位为

$$\varphi_{膜} = K + \frac{0.059}{2}\lg a_{Ca^{2+}} \tag{8-17}$$

Ca^{2+} 电极适宜的 pH 值为 5~11,可测出 10^{-5} mol/L 的 Ca^{2+}。

流动载体电极的机理与玻璃电极相似,离子载体(有机液体离子交换剂)被限制在有机相内,但可在相内自由移动,与试液中待测离子发生交换产生膜电位。具有 $RSCH_2COO^-$ 结构的有机液体离子交换剂,由于含有硫和羧基,可与重金属离子生成五元内环配合物,对 Cu^{2+}、Pd^{2+} 等具有良好的选择性。采用带有正电荷的有机液体离子交换剂,如邻菲罗啉与二价铁所生成的带正电荷的配合物,可与阴离子 ClO_4^-、NO^{3-} 等生成缔合物,可制备对阴离子有选择性的电极。中性载体(有机大分子)液膜电极具有中空结构,仅与适当离子配合,选择性高,如颉氨霉素(36 个环的环状缩酚酞)对 K^+ 有很高选择性,$K_{K^+,Na^+}=3.1\times10^{-3}$。冠醚化合物也可用做中性载体。表 8-4 列出了部分流动载体电极的测定范围及干扰情况。

表 8-4　流动载体电极的测定范围及干扰情况

电极	电极组成	测定范围(pM 或 pA)	pH 值范围	干扰情况(近似 $K_{i,j}$ 值)
Ca^{2+}	$(RO)_2PO_2^-$	0~5	5.5~11	Zn^{2+}(50);Pb^{2+}(20);Fe^{2+},Cd^{2+}(1);Mg^{2+},Sr^{2+}(0.01);Ba^{2+}(0.003);Ni^{2+}(0.002);Na^+(0.001)
Cu^{2+}	$RSCH_2COO^-$	1~5	4~7	$Fe^{2+}>H^+>Zn^{2+}>Ni^{2+}$
Cl^-	NR_4^+	1~5	2~11	ClO_4^-(20);I^-(10);NO_3^-,Br^-(3);OH^-(1);HCO_3^-,Ac^-(0.3);F^-(0.1);SO_4^{2-}(0.02)
BF_4^-	$Ni(\sigma\text{-phen})_3(BF_4)_2$	1~5	2~12	NO_3^-(0.005);Br^-,Ac^-,HCO_3^-,OH^-,Cl^-(0.000 5);SO_4^{2-}(0.000 2)

续表

电极	电 极 组 成	测定范围(pM 或 pA)	pH 值范围	干扰情况(近似 $K_{i,j}$ 值)
ClO_4^-	$Fe(\sigma\text{-phen})_3(ClO_4)_2$	1～5	4～11	I^-(0.05)；NO_3^-，OH^-，Br^-(0.002)
NO_3^-	$Ni(\sigma\text{-phen})_3(NO_3)_2$	1～5	2～12	ClO_4^-(1 000)；I^-(10)；ClO_4^-(1)；Br^-(0.1)；NO_2^-(0.05)；HS^-，CN^-(0.02)；Cl^-，HCO_3^-(0.002)；Ac^-(0.001)

3）敏化电极

敏化电极是将离子选择性电极与另一种特殊的膜结合起来组成的一种复合电极，可分为气敏电极、酶电极、细菌电极及组织电极等。

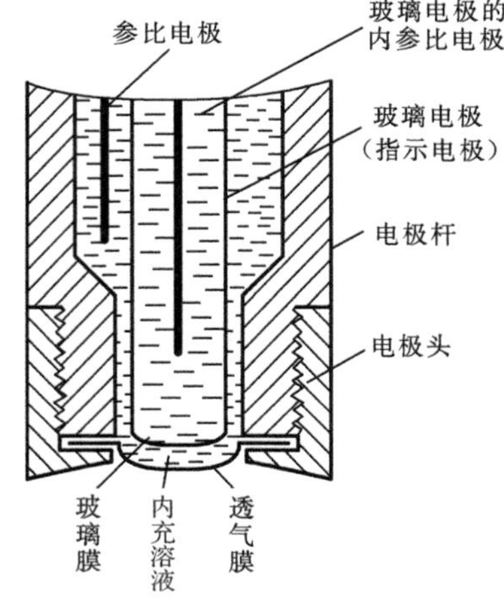

图 8-8　气敏电极

(1) 气敏电极。它是 20 世纪 50 年代发展起来的一种新型离子选择性电极，它是将气体渗透性膜（透气膜）与离子选择性电极结合起来使用的复合电极，是基于界面化学反应的敏化电极，如图 8-8 所示。由于在原电极上覆盖一层膜或其他物质，电极的选择性大大提高。

气敏电极一般由透气膜、内充溶液、指示电极（通常为离子选择性电极）及参比电极四部分组成。透气膜是一种憎水性的微孔膜，它允许气体透过，而不允许溶液中离子透过。透气膜可用聚四氟乙烯、聚偏氟乙烯等材料加工而成。内充溶液是一种包括几种适当组分的内电解质溶液，是气敏电极中将响应气体与指示电极联系起来的物质。

气敏电极敏化作用原理是基于界面化学反应，包括两个过程：一是被测气体透过透气膜进入内充溶液，并与内充溶液中的某一组分发生化学反应，产生能与指示电极响应的离子或改变响应离子的活度（浓度）；另一过程是指示电极测量内充溶液中响应离子的活度（浓度）变化，电极电位直接反映了响应离子活度（浓度）的这一变化。它实际上是由一对电极，即离子选择性电极与参比电极构成的一个化学电池。可见将气敏电极称为电极已不确切，有的称之为探头、探测器、传感器等。气敏电极的具体指标见表 8-5。

表 8-5　气敏电极及其指标

电极	指示电极	透　气　膜	内 充 溶 液	平　衡　式	检测下限/(mol/L)
CO_2	pH 玻璃电极	微孔聚四氟乙烯	0.01 mol/L $NaHCO_3$	$CO_2+H_2O \rightleftharpoons H^++HCO_3^-$	10^{-5}
		硅橡胶	0.01 mol/L NaCl	$CO_2+H_2O \rightleftharpoons H^++HCO_3^-$	10^{-5}

续表

电极	指示电极	透　气　膜	内 充 溶 液	平　衡　式	检测下限/(mol/L)
NH_3	pH 玻璃电极	0.1 mm 微孔聚四氟乙烯或聚偏氟乙烯	0.01 mol/L NH_4Cl	$NH_3+H_2O \rightleftharpoons NH_4^++OH^-$	10^{-6}
SO_2	pH 玻璃电极	0.025 mm 硅橡胶	0.01 mol/L $NaHSO_3$	$SO_2+H_2O \rightleftharpoons HSO_3^-+H^+$	10^{-6}
NO_2	pH 玻璃电极	0.025 mm 微孔聚丙烯	0.02 mol/L $NaNO_2$	$2NO_2+H_2O \rightleftharpoons 2H^++NO_3^-+NO_2^-$	10^{-7}
H_2S	硫离子电极(Ag_2S)	微孔聚四氟乙烯	柠檬酸盐缓冲溶液(pH=5)	$S^{2-}+H_2O \rightleftharpoons HS^-+OH^-$	10^{-3}
HCN	硫离子电极(Ag_2S)	微孔聚四氟乙烯	0.01 mol/L $KAg(CN)_2$	$HCN \rightleftharpoons H^++CN^-$ $Ag^++2CN^- \rightleftharpoons Ag(CN)_2^-$	10^{-7}

(2) 酶电极。它是将离子选择性电极与某种具有生物活性的酶相结合的一种复合电极，是基于界面酶催化化学反应的敏化电极，如图 8-9 所示。酶是具有特殊生物活性的催化剂，对反应的选择性强，催化效率高，可使反应在常温、常压下进行，可被现有离子选择性电极检测的常见的酶催化产物有 CO_2、NH_3、NH_4^+、CN^-、F^-、S^{2-}、I^-、NO_2^- 等。

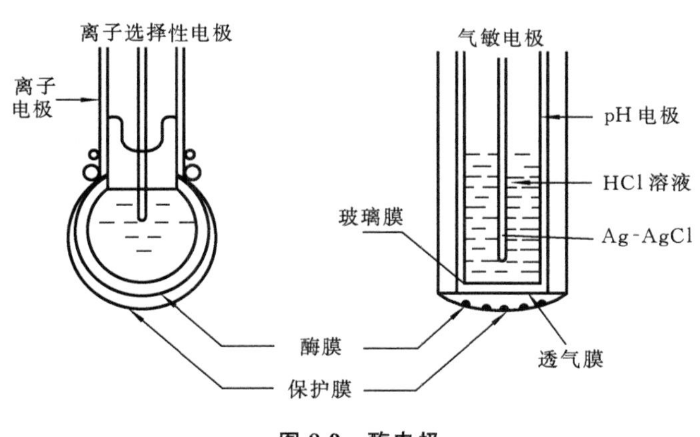

图 8-9　酶电极

例如，把脲酶固定在氨电极上制成的脲酶电极可以检测血浆和血清中 0.05～5 mmol/L 的尿素，其反应式为

$$CO(NH_2)_2+H_2O \xrightarrow{\text{脲酶}} 2NH_3+CO_2$$

产生的氨由氨电极测定其浓度。

酶的反应具有专一性，但由于酶易失去活性且酶的纯化及酶电极的制作目前较为困难，因此，酶电极在生产上的应用受到一定限制，有待进一步研究改进。

(3) 组织电极(tissue electrode)。它是以动、植物组织为敏感膜的敏化电极。如用猪肾片贴在氨电极表面制成的组织电极可测谷氨酰胺的含量。它的优点是来源丰富，许多组织中含有大量的酶;性质稳定,组织细胞中的酶处于天然状态,可发挥较佳功效;专属性强;寿命较长;制作简便、经济,生物组织具有一定的机械性能。生物膜的固定技术是电极制作的关键,它决定电极的使用寿命,对电极性能也有很大影响。组织电极的酶源与测定对象见表8-6。

表 8-6　组织电极的酶源与测定对象

组织酶源	测定对象	组织酶源	测定对象
香蕉	草酸、儿茶酚	烟草	儿茶酚
菠菜	儿茶酚	番茄种子	醇类
甜菜	酪氨酸	燕麦种子	精胺
土豆	儿茶酚、磷酸盐	猪肝	丝氨酸
花椰菜	L-抗坏血酸	猪肾	L-谷氨酰胺
莴苣种子	H_2O_2	鼠脑	嘌呤、儿茶酚胺
玉米	丙酮酸	大豆	尿素
生姜	L-抗坏血酸	鱼鳞	儿茶酚胺
葡萄	H_2O_2	红细胞	H_2O_2
黄瓜汁	L-抗坏血酸	鱼肝	尿酸
卵形植物	儿茶酚	鸡肾	L-赖氨酸

近年来发展起来的离子敏感场效应晶体管(ISFET)是一种微电子化学敏感元件,它是离子选择性电极制造工艺与半导体微电子制造技术相结合的产物。许多离子选择性电极敏感膜(如晶体膜),体积小,易于微型化,已在生物医学、环境分析、食品工业方面得到应用。

4) 离子选择性电极的性能指标

(1) 选择性系数。离子选择性电极的电位对给定的某种离子具有 Nernst 响应,只是一个相对概念,干扰离子存在时也有不同程度的响应(也产生膜电位),给测定带来误差。为此,IUPAC 建议使用电位选择性系数来表征干扰离子的影响程度,通常简称为选择性系数,并用符号 $K_{i,j}$ 表示,其中 i 表示被测离子,j 表示干扰离子。

选择性系数 $K_{i,j}$ 是衡量离子选择性电极选择性好坏的指标,其意义为:当其他条件(包括 i、j 离子的电荷数)相同时,能产生相同电极电位的待测离子活度 a_i 与干扰离子活度 a_j 的比值,即 $\frac{a_i}{a_j}$。例如,$K_{i,j}=0.01$,就表示 a_j 是 a_i 的 100 倍时,j 离子所提供的膜电位才与 i 离子所提供的膜电位相等,即电极对 i 离子的响应值等于对相同浓度 j 离子的响应值的 100 倍。显然其值越小,电极的选择性越好。

若 i、j 离子的电荷数不同,则

$$K_{i,j}=\frac{a_i}{a_j^{n/m}} \tag{8-18}$$

式中:n 表示待测离子 i 的电荷数;m 表示干扰离子 j 的电荷数。

对于一般离子选择性电极,考虑了干扰离子的影响后,膜电位的表达式为

$$\varphi_{膜}=K\pm\frac{0.059}{n}\lg(a_i+K_{i,j}a_j^{n/m}) \tag{8-19}$$

应当注意的是,$K_{i,j}$ 除了与 i、j 离子的性质有关外,还和实验条件及测定方法有关,因此不能直接利用文献值做干扰校正。但用它可以判断杂质离子对待测离子的干扰程度,在拟

定分析方法时有重要参考作用。

利用 $K_{i,j}$ 可以估算某种干扰离子在测定中所造成的误差，判断在某种干扰离子存在的条件下，测定方法是否可行。

【例 8-1】 用钠电极（$K_{Na^+,K^+}=0.001$）测定 pNa=3.0 的试液时，若试液中含有 pK=2.0 的钾离子，则产生的测量误差是多少？

解 测量误差$=\dfrac{K_{Na^+,K^+}a_{K^+}}{a_{Na^+}}\times 100\%$

$$=\frac{0.001\times 10^{-2}}{10^{-3}}\times 100\%=1\%$$

（2）线性范围及检测下限。使用离子选择性电极检测离子活度（或浓度）时，常作标准曲线，如图 8-10 所示。直线部分 ab 线段所对应的活度（或浓度）范围称为离子选择性电极的选择性系数线性范围。曲线水平方向平缓的部分与直线部分起点的两切线的交点（点 M）所对应的离子活度（或浓度），即为该离子选择性电极的检测下限，它实际上是离子选择性电极能够检测离子的最低活度（或浓度）。此外，离子选择性电极也有检测上限，不同电极检测上限数值不同，但常见离子选择性电极的检测上限为 1 mol/L 左右。

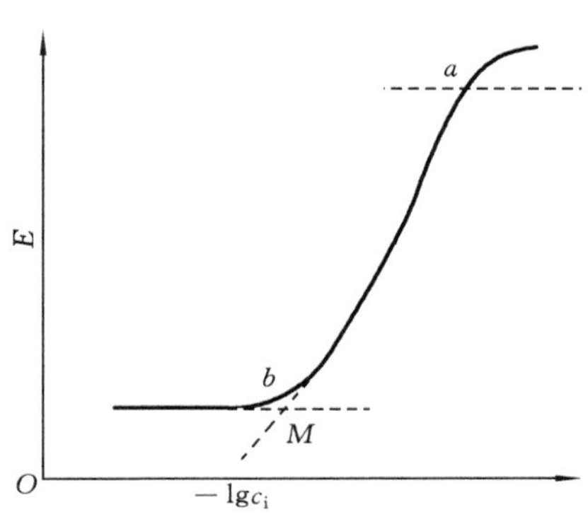

图 8-10　标准曲线

在电化学分析中，人们更为关注离子选择性电极的检测下限，影响检测下限的因素很多，最主要的是电活性物质在溶液中的溶解度。对于沉淀型固体膜电极，因其本身具有一定的溶解度，当溶液浓度低于某一限度时，膜溶解产生的离子浓度达到一个定值，从而对检测下限产生一定影响。例如，氯离子选择性电极的敏感膜主要成分为 AgCl，常温下在纯水中 AgCl 溶解产生的 Ag^+ 和 Cl^- 活度（或浓度）为 1×10^{-5} mol/L。因此，用该电极来测定溶液中小于 1×10^{-5} mol/L 的 Cl^- 浓度是很不可靠的。若降低溶液的温度，可以降低检测下限。对于液膜电极，改进液体离子（或中性载体分子）的有机配位基团，提高它的亲脂性，选用合适的萃取剂以提高分配系数，是降低液膜电极检测下限的主要途径。据 2001 年第八届国际电化学分析会议的有关资料，离子选择性电极的检测下限又有了很大的提高。

（3）响应时间。响应时间是指参比电极与离子选择性电极从接触试液起直到电极电位值达到稳定值的 95%所需的时间。响应时间越短越好，它主要与待测离子到达电极表面的速率、待测溶液的浓度、膜厚度、介质离子强度、薄膜表面光洁度等因素有关，通常情况下待测离子到达电极表面的速率越大，待测溶液浓度越大、薄膜越薄、介质离子强度越大、薄膜表面越光洁，响应就越快。

此外，电极的内阻、不对称电位、温度系数和等电位点等特性，在选择或使用离子选择性电极时都应注意。

5）影响离子选择性电极准确度的因素

（1）溶液的离子强度。离子选择性电极用于定量分析，最终结果是测得离子的活度 a_i；而定量分析的目的是获得离子的浓度 c_i。活度与浓度的关系为

$$a_i=c_i\gamma_i$$

其中，γ_i为活度系数，将此式代入式(8-10)得

$$\varphi_{膜} = K \pm \frac{2.303RT}{nF}\lg(c_i\gamma_i) \tag{8-20}$$

若能使分析过程中活度系数不变，则式(8-20)可变为

$$\varphi_{膜} = K' \pm \frac{2.303RT}{nF}\lg c_i$$

因活度系数是溶液中离子强度的函数，所以必须设法保持定量分析中各试液（包括标准溶液与待测液）之间离子强度一致。在用标准曲线法测定离子浓度时加入总离子强度调节缓冲液就是基于这一原理。

(2) 溶液的 pH 值。因为 H^+ 或 OH^- 能影响某些测定，所以必须控制溶液的 pH 值，必要时，应使用缓冲剂。例如，用氟离子选择性电极测定 F^- 时，使 pH 值控制在5～6。又如，用以测定一价阳离子的玻璃电极（如钠电极），一般对 H^+ 敏感，所以试液的 pH 值不能太小。

(3) 温度。由式(8-10)可知，温度 T 不但影响直线的斜率，而且影响直线的截距，K'包括参比电极电位、膜的内表面膜电位、液接电位等。这些电位数值都与温度有关，所以在整个测定过程中保持温度恒定，就可以提高测定的准确度。

(4) 干扰离子。干扰离子发生干扰作用，有的是由于它能直接与电极发生作用，有的是由于它能与待测离子反应生成一种在电极上不发生响应的物质。干扰离子的存在，不仅给测定带来误差，而且使电极响应时间增长。为了消除干扰离子的影响，可以加入掩蔽剂，只有在必要时才预先分离干扰离子。

(5) 电动势测量误差。在用离子选择性电极进行定量分析时，电动势测量的准确度直接影响分析结果的准确度。由式

$$E = K' \pm \frac{RT}{nF}\ln a_i$$

可得

$$\mathrm{d}E = \frac{RT}{nF}\frac{\mathrm{d}a}{a} \tag{8-21}$$

25 ℃时，电动势以 mV 为量纲，式(8-21)变为

$$\mathrm{d}E = \frac{25.68}{n}\frac{\mathrm{d}a}{a}$$

故

$$\frac{\mathrm{d}a}{a} = \frac{n\mathrm{d}E}{25.68}$$

当电动势测量误差不大时，分析结果的相对误差为

$$\frac{\Delta a}{a} = \frac{n\Delta E}{25.68} \times 100\% = 3.9n\Delta E$$

当 E 发生 1 mV 测量误差，即 $\Delta E = 1$ mV 时，一价离子($n=1$)的相对误差为 3.9%，二价离子($n=2$)的相对误差为 7.8%。因此，测量电位所用的仪器必须具有很高的灵敏度和相当高的准确性。事实上，测量误差是很难消除的。

8.1.3 电极电位的测量

电位分析法的关键是如何准确测定电极电位值。利用电极电位值与其相应的离子活度遵守 Nernst 方程的原理就可达到测定离子活度的目的。

如果将一金属片浸入该金属离子的水溶液中，在金属和溶液界面间产生扩散双电层，两

相之间产生电位差，即电极电位（相间电位），其大小可以用 Nernst 方程表示：

$$\varphi_{M^{n+}/M}=\varphi^{\ominus}_{M^{n+}/M}+\frac{RT}{nF}\ln a_{M^{n+}} \tag{8-22}$$

式中：$a_{M^{n+}}$ 为 M^{n+} 的活度，溶液浓度很小时可用 M^{n+} 的浓度代替活度。由式(8-22)可以看出，只要测量出单个电极的电位 $\varphi_{M^{n+}/M}$，就可确定 M^{n+} 的活度了。但实际上这是不可能的，单个电极与电解质溶液界面的相间电位是无法直接测量的。用电化学方法仅能测量两个电极构成电池时的电位差。为此，要采用相对标准的方法。通常在待测电解质溶液中，插入指示电极和参比电极，用导线相连组成化学电池，利用电池电动势及参比电极的电位计算出指示电极的电位。然后，根据指示电极的电位与试液中离子活度之间的关系，求出试液中离子活度。

设电池为

$$M \mid M^{n+} \parallel \text{参比电极}$$

习惯上把正极写在右边，负极写在左边（参比电极可作正极，也可作负极，视两个电极电位的高低而定），用 E 表示电池电动势，则

$$E=\varphi_{(+)}-\varphi_{(-)}+\varphi_{L}$$

式中：$\varphi_{(+)}$ 为电位较高的正极电极电位；$\varphi_{(-)}$ 为电位较低的负极电极电位；φ_{L} 为液体接界电位(junction potential)，它是由两个组成不同或组成相同而浓度不同的电解质溶液相接触而在界面间所产生的电位差，其值很小，可以忽略，故

$$E=\varphi_{\text{参比}}-\varphi_{M^{n+}/M}=\varphi_{\text{参比}}-\varphi^{\ominus}_{M^{n+}/M}-\frac{RT}{nF}\ln a_{M^{n+}} \tag{8-23}$$

式中：$\varphi_{\text{参比}}$ 代表参比电极的电位。式(8-23)中 $\varphi_{\text{参比}}$ 和 $\varphi^{\ominus}_{M^{n+}/M}$ 在温度一定时，都是常数。只要测出电池电动势 E，就可求得 $a_{M^{n+}}$，这种方法称为直接电位法。

若 M^{n+} 是被滴定的离子，在滴定过程中，电极电位 $\varphi_{M^{n+}/M}$ 将随 $a_{M^{n+}}$ 变化而变化，E 也随之不断变化。在化学计量点附近，$a_{M^{n+}}$ 将发生变化，相应的 E 也有较大的变化。通过测量 E 的变化就可以确定滴定终点，这种方法称为电位滴定法。

在有关手册上给出的常见电极的标准电极电位是用标准氢电极作为参比电极构成电池测定的，根据具体情况也可采用其他参比电极。然后，根据指示电极的电位与试液中离子活度之间的关系，求出试液中离子活度。

由于电解质溶液的组成、浓度及温度对电池电动势有直接影响，因此，获得的电极电位应注明测定条件（参比电极种类、电解质溶液组成及测试温度）。

8.2　直接电位法及应用

直接电位法是通过测量电池电动势来确定指示电极的电位，然后根据 Nernst 方程，由所测得的电极电位值计算出被测物质的含量。应用最多的是 pH 值的电位测定及用离子选择性电极测定离子活（浓）度。

8.2.1　pH 值的电位测定

1. pH 值的电位测定基本原理

溶液 pH 值的电位测定通常使用 pH 玻璃电极作指示电极，甘汞电极作参比电极，与待

测溶液组成工作电池,此电池可用下式表示:

$$Ag,AgCl \mid HCl \mid 玻璃 \mid 试液 \parallel KCl(饱和) \mid Hg_2Cl_2,Hg$$

$$\varphi_L$$

$$|\leftarrow 玻璃电极 \rightarrow \parallel \leftarrow 甘汞电极 \rightarrow|$$

$$\varphi_{玻璃}=\varphi_{AgCl/Ag}+\varphi_{膜} \qquad \varphi_L+\varphi_{Hg_2Cl_2/Hg}$$

上述电池的电动势为

$$E=\varphi_{Hg_2Cl_2/Hg}-\varphi_{玻璃}+\varphi_L=\varphi_{Hg_2Cl_2/Hg}-\varphi_{AgCl/Ag}-\varphi_{膜}+\varphi_L \tag{8-24}$$

由式(8-10)知

$$\varphi_{膜}=K-0.059pH_{试}$$

代入式(8-24)得

$$E=\varphi_{Hg_2Cl_2/Hg}-\varphi_{AgCl/Ag}-K+0.059pH_{试}+\varphi_L \tag{8-25}$$

式中的 $\varphi_{Hg_2Cl_2/Hg}$、$\varphi_{AgCl/Ag}$、φ_L 和 K 在一定条件下都是常数,将其合并为常数 K',于是式(8-25)可表示为

$$E=K'+0.059pH_{试} \tag{8-26}$$

由式(8-26)可知,待测电池的电动势与试液的 pH 值呈线性关系。若能求出 E 和 K' 的值,就可求出试液的 pH 值。E 值可以通过测量得到,K' 值除包括内、外参比电极的电极电位等常数外,还包括难以测量和计算的 $\varphi_{不对称}$ 和 φ_L。因此,在实际工作中,不可能用式(8-26)直接计算 pH 值,而是用一个 pH 值已经确定的标准缓冲溶液作为基准,并比较包含待测溶液和标准缓冲溶液的两个工作电池的电动势来确定待测溶液的 pH 值。

2. pH 值的测定方法

设有两种溶液 x 和 s,其中 x 代表试液,s 代表 pH 值已知的标准缓冲溶液,组成下列电池:

$$对\ H^+ 可逆的电极 \mid 标准缓冲溶液\ s\ 或试液\ x \parallel 参比电极$$

两种溶液所组成的工作电池的电动势分别为

$$E_x=K'_x+0.059pH_x \tag{8-27}$$

$$E_s=K'_s+0.059pH_s \tag{8-28}$$

式中:pH_x 为试液的 pH 值;pH_s 为标准缓冲溶液的 pH 值。若测量 E_x 和 E_s 时的条件不变,且 $K'_x=K'_s$,于是式(8-27)与式(8-28)相减可得

$$pH_x=pH_s+\frac{E_x-E_s}{0.059} \tag{8-29}$$

式(8-29)中 pH_s 已知,通过测量 E_x 和 E_s 的值就可计算出 pH_x 值。也就是说,以标准缓冲溶液的 pH_s 为基准,通过比较 E_x 和 E_s 的值求出 pH_x,这种方法称为 pH 标度法。0.059 为在 25 ℃时 pH_x-(E_x-E_s) 曲线的斜率,即当 pH 值变化 1 个单位时,电动势将改变 59 mV。

测量 pH 值的仪器——pH 计(酸度计)就是根据这一原理设计的。在实际测量中,为了尽量减少误差,应该选用其 pH 值与待测溶液 pH 值相近的标准缓冲溶液,并在测量过程中尽可能使溶液的温度保持恒定。

3. pH 值测定用的标准缓冲溶液

由于标准缓冲溶液是 pH 值测定的基准,因此,标准缓冲溶液的配制及其 pH 值的确定的可靠性直接影响测量结果的准确度,一些国家的标准计量部门通过长期的工作,采用尽可

能完善的方法确定了若干种标准缓冲溶液的 pH 值。美国国家标准局(NBS)采用下列电池对标准缓冲溶液进行测定,得到相应的 pH 值:

$$Pt \mid H_2(101\ 325\ Pa), H^+, Cl^-, AgCl \mid Ag^+$$

该电池液接电位为零,但 Cl^- 浓度的大小有影响,为此可以把 Cl^- 浓度外推至零来消除。我国标准计量局颁发了六种标准缓冲溶液及其在 0～95 ℃的 pH_s 值。表 8-7 列出该六种标准缓冲溶液于 0～60 ℃的 pH 值。

表 8-7 标准缓冲溶液的 pH 值

温度/℃	0.05 mol/L 四草酸氢钾	25 ℃饱和酒石酸氢钾	0.05 mol/L 邻苯二甲酸氢钾	0.025 mol/L 磷酸二氢钾 0.025 mol/L 磷酸氢二钠	0.01 mol/L 硼砂	25 ℃饱和 $Ca(OH)_2$
0	1.668	—	4.006	6.981	9.458	13.416
5	1.669	—	3.999	6.949	9.391	13.210
10	1.671	—	3.996	6.921	9.330	13.011
15	1.673	—	3.996	6.898	9.276	12.820
20	1.676	—	3.998	6.879	9.226	12.673
25	1.680	3.559	4.003	6.864	9.182	12.460
30	1.684	3.551	4.010	6.852	9.142	12.292
35	1.688	3.547	4.019	6.844	9.105	12.130
40	1.694	3.547	4.029	6.838	9.072	11.975
50	1.706	3.555	4.055	6.833	9.015	11.697
60	1.721	3.573	4.087	6.837	8.968	11.426

4. 测定 pH 值的仪器

pH 计(酸度计)是测定 pH 值的仪器,它由电极和电位计两部分组成。电极与试液组成工作电池,电池的电动势用电位计测量。按照测量电池电动势的方式不同,pH 计可分为直读式和补偿式两种类型。近年来投产的一些仪器,测量精度可达 0.001 个 pH 单位,测量结果用数字显示,并可配微机联用,仪器的精度及自动化程度有很大提高。有关仪器的使用方法可参阅相关的说明书。

5. 使用 pH 玻璃电极的注意事项

(1) 不用时,pH 玻璃电极应浸入缓冲溶液或水中,长期保存时应仔细擦干并装入保护性容器中;

(2) 每次测定后用蒸馏水彻底清洗电极并小心吸干;

(3) 进行测定前用部分被测溶液洗涤电极;

(4) 测定时要剧烈搅拌缓冲性较差的溶液,否则,玻璃-溶液界面会形成一层静止层;

(5) 用软纸擦去膜表面的悬浮物和胶状物,避免划伤敏感膜;

(6) 不要在酸性氟化物中使用玻璃电极,因为膜会受到 F^- 的侵蚀。

8.2.2 其他离子活(浓)度的测定

1. 标准比较法

标准比较法是把离子选择性电极与参比电极分别浸入待测溶液和标准溶液中组成电

池,分别测量其电动势,然后通过比较的方法计算出待测溶液的浓度。例如,使用氟离子电极测定 F^- 活(浓)度时组成如下的电池:

$$Hg, Hg_2Cl_2 \mid KCl(饱和) \parallel 试液 \mid LaF_3 \mid NaF, NaCl \mid AgCl, Ag$$

$$\rightarrow \mid \varphi_{膜} \mid \leftarrow$$

$$\mid \leftarrow 甘汞电极 \rightarrow \mid \quad \mid \leftarrow 氟离子选择性电极 \rightarrow \mid$$

若忽略液接电位,则电池电动势

$$\begin{aligned} E &= (\varphi_{AgCl/Ag} + \varphi_{膜}) - \varphi_{Hg_2Cl_2/Hg} \\ &= \varphi_{AgCl/Ag} + K - 0.059\lg a_{F^-} - \varphi_{Hg_2Cl_2/Hg} \\ &= K' - 0.059\lg a_{F^-} \end{aligned} \tag{8-30}$$

在相同条件下,分别测量氟标准溶液和待测溶液所组成的工作电池的电动势,即可计算出待测溶液的浓度。

对于各种离子选择性电极,当其与参比电极组成工作电池时,电池的电动势(25 ℃)可利用如下的公式求出:

$$E = K' \pm \frac{RT}{nF}\ln a_i = K' \pm \frac{0.059}{n}\ln a_i \tag{8-31}$$

当用离子选择性电极作正极时,对阳离子响应的电极,K'后面一项取正值;对阴离子响应的电极,K'后面一项取负值。反之,当离子选择性电极作负极时,对阳离子响应的电极,K'后面一项取负值;对阴离子响应的电极,K'后面一项取正值。K'的数值取决于薄膜,内参比溶液及内、外参比电极的电极电位等。

以阳离子选择性电极作正极或阴离子选择性电极作负极为例,在相同条件下,分别测量标准溶液和待测溶液所组成电池的电动势。

$$E_x = K' + s\lg c_x \tag{8-32}$$

$$E_s = K' + s\lg c_s \tag{8-33}$$

式(8-32)与式(8-33)相减得

$$\Delta E = E_x - E_s = s\lg\frac{c_x}{c_s}$$

$$\frac{\Delta E}{s} = \lg\frac{c_x}{c_s}$$

$$\lg c_x = \frac{\Delta E}{s} + \lg c_s \quad 或 \quad c_x = c_s \times 10^{\Delta E/s} \tag{8-34}$$

s 是电极 E-$\lg c$ 曲线的斜率,25 ℃时为$\frac{0.059}{n}$。

同理,若是用阳离子选择性电极作负极或阴离子选择性电极作正极,则

$$c_x = c_s \times 10^{-\Delta E/s}$$

要求:① 标准溶液与待测溶液的测定条件完全一致;② c_s与 c_x尽量接近。

2. 标准曲线法

标准曲线法是离子选择性电极最常用的一种分析方法。用待测的纯物质(纯度高于99.9%)配制一定浓度的标准溶液,按浓度递增的规律配制标准系列溶液,然后将指示电极和参比电极插入标准系列溶液,并在其中加入总离子强度调节缓冲液(total ionic strength adjustment buffer,简称 TISAB),测定所组成的各个电池的电动势,绘制 $E_{电池}$-$\lg c_i$或 $E_{电池}$-

pM 关系曲线，然后在待测溶液中也加入相同的 TISAB，并用同一对电极测定其电动势 E_x，再从标准曲线上查出相应的 c_x。

用标准曲线法通常要加入 TISAB，这主要是由于标准系列溶液及试样溶液的浓度均不同，而浓度不同，离子强度也不同，离子活度系数就不同。只有离子活度系数保持不变时，膜电位才与 $\lg c_i$ 呈线性关系。因此，为保持溶液的离子强度相对稳定，需要加入 TISAB。TISAB 主要由强电解质、干扰离子掩蔽剂和控制溶液 pH 值的试剂所组成，它的作用是：保持较大且相对稳定的离子强度，使活度系数恒定；维持溶液在适宜的 pH 值范围内，满足离子选择性电极的要求；掩蔽干扰离子。

测定 F^- 时，常用的 TISAB 组成为 1 mol/L NaCl、0.25 mol/L HAc、0.75 mol/L NaAc 及 0.01 mol/L 柠檬酸钠，它可以维持溶液有较大而稳定的离子强度（1.75 mol/L）和适宜的 pH 值（约等于 5.0），其中的柠檬酸钠用以掩蔽 Fe^{3+}、Al^{3+}，避免它们对测定 F^- 的干扰。

标准曲线法适用于组成简单、试样溶液与标准溶液的组成基本相同的大批量试样的分析测定。

3. 标准加入法

当试样的组成不清楚或组成复杂，用标准曲线法测定有困难时，可采用标准加入法。这种方法通常是将已知体积的标准溶液加入已知体积的试液中，根据电池电动势的变化计算试液中被测离子的浓度。

由于加标前、后试样组成基本不变，所以该方法的准确度高，它适用于组成复杂的试样分析。标准加入法可分为一次标准加入法和连续标准加入法，连续标准加入法又称为格氏作图法。下面重点介绍一次标准加入法。

设试样溶液浓度为 c_x，体积为 V_x，活度系数为 γ_x，游离的（即未配合的）离子分数为 α，与离子选择性电极和参比电极组成工作电池，测得电动势为 E_1，假设离子选择性电极作正极，且对阳离子有选择性响应，则 E_1 与 c_x 符合如下关系：

$$E_1 = K_1' + s\lg(c_x\gamma_x\alpha) \tag{8-35}$$

然后向试液中加入浓度为 c_s、体积为 V_s 的标准溶液（$V_x \gg V_s$，$c_s \gg c_x$），测得电动势为 E_2，则 E_2 与 c_x 符合如下关系：

$$E_2 = K_2' + s\lg\left(\frac{c_xV_x + c_sV_s}{V_x + V_s}\alpha'\gamma_x'\right) \tag{8-36}$$

由于 $V_x \gg V_s$，所以可认为 $\alpha \approx \alpha'$，$\gamma_x \approx \gamma_x'$，$V_x + V_s \approx V_x$，又由于测定时使用的是同一个电极，故 $K_1' = K_2'$，令 $\Delta E = E_2 - E_1$，则由式（8-33）和式（8-34）可得

$$c_x = \frac{c_sV_s}{V_x}(10^{\pm\Delta E/s} - 1)^{-1} = \Delta c(10^{\pm\Delta E/s} - 1)^{-1} \tag{8-37}$$

式中：Δc 为加入标准溶液后试样溶液浓度的增加量，$\Delta c = \frac{c_sV_s}{V_x}$。对阳离子响应的电极作正极或对阴离子响应的电极作负极时，取“＋”号；对阳离子响应的电极作负极或对阴离子响应的电极作正极时，取“－”号。

标准加入法的特点是：适用于组成比较复杂、份数较少的试样，且精密度较高；可不加入 TISAB，操作简单，只需一种标准溶液。在采用标准加入法时，所取试样溶液的体积和标准溶液的体积计量必须十分准确，且满足 $V_x \gg V_s$，$c_s \gg c_x$。通常取试样溶液的体积为 100 mL，所加标准溶液的体积为 1.0 mL，最多不超过 10 mL。

【例 8-2】 以钙离子选择性电极作正极,饱和甘汞电极作负极,插入 100.00 mL 水样中,用直接电位法测定水样中的 Ca^{2+}。25 ℃时,测得电池的电动势为 −0.061 9 V(对 SCE),加入0.073 1 mol/L Ca^{2+} 标准溶液 1.00 mL,搅拌,达到平衡后,测得电池的电动势为 −0.048 3 V(对 SCE)。试计算原水样中 Ca^{2+} 的浓度。

解 由标准加入法计算公式,得

$$s = 0.059/2\ \text{V} = 0.0295\ \text{V}$$

$$\Delta E = E_2 - E_1 = [-0.0483 - (-0.0619)]\ \text{V} = 0.0136\ \text{V}$$

$$\Delta E/s = 0.0136/0.0295 = 0.461$$

$$\Delta c = \frac{c_s V_s}{V_x} = \frac{1.00 \times 0.0731}{100.00}\ \text{mol/L} = 7.31 \times 10^{-4}\ \text{mol/L}$$

$$c_x = \Delta c(10^{\Delta E/s} - 1)^{-1} = 7.31 \times 10^{-4} \times (10^{0.0136} - 1)^{-1}\ \text{mol/L} = 3.83 \times 10^{-4}\ \text{mol/L}$$

8.3 电位滴定法及应用

电位滴定法(potentiometric titration)的基本原理与普通滴定分析法相似,其区别在于确定终点的方法不同。电位滴定法具有下述特点:准确度较直接电位法高,与普通滴定分析一样,测定的相对误差可低至 0.2%;可用于难以用指示剂判断终点的混浊或有色溶液的滴定及非水溶液的滴定;某些有机物的滴定需在非水溶液中进行,一般缺乏合适的指示剂,可采用电位滴定;能用于连续滴定和自动滴定,并适用于微量分析。

8.3.1 电位滴定的装置和方法

电位滴定法是将适当的指示电极和参比电极插入被测溶液中,每加入一定体积的滴定剂,就测量一次电极电位,直到超过化学计量点为止。将测得的电动势 E 对滴定体积 V 作图,由曲线的突跃部分来确定滴定终点,滴定装置如图 8-11 所示,其中手动电位滴定装置包括滴定管、指示电极、参比电极、电磁搅拌器、电位计等,自动电位滴定装置包括贮液器、加液控制器、电位测量仪、记录仪等。

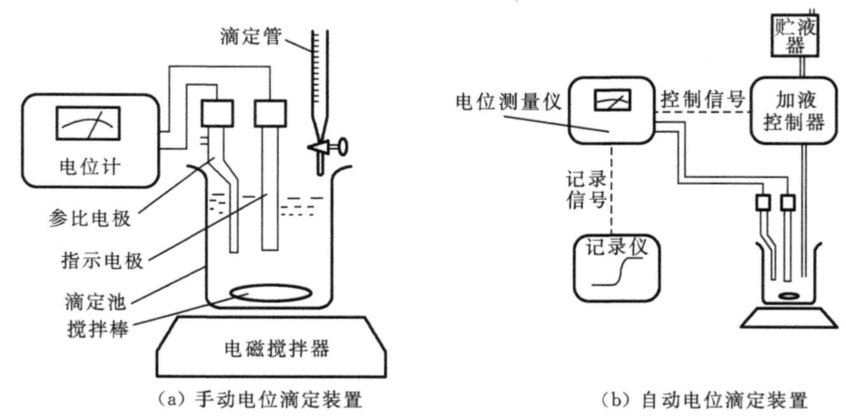

(a) 手动电位滴定装置　　(b) 自动电位滴定装置

图 8-11 电位滴定装置

8.3.2 电位滴定终点的确定方法

以 0.100 0 mol/L $AgNO_3$溶液滴定 25.00 mL NaCl 溶液为例,所得数据如表 8-8 所示。

表 8-8　以 0.100 0 mol/L $AgNO_3$ 溶液滴定 25.00 mL NaCl 溶液的数据

加入 $AgNO_3$ 溶液的体积 V/mL	E/V	$\Delta E/\Delta V$ /(V/mL)	$V_{平均}$/mL	$\Delta^2 E/\Delta V^2$ /(V/mL^2)
5.00	0.062			
		0.002	10.00	
15.00	0.085			
		0.004	17.50	
20.00	0.107			
		0.008	21.00	
22.00	0.123			
		0.015	22.50	
23.00	0.138			
		0.036	23.50	
24.00	0.174			
		0.090	24.05	
24.10	0.183			
		0.110	24.15	
24.20	0.194			2.8
		0.390	24.25	
24.30	0.233			4.4
		0.830	24.35	
24.40	0.316			−5.9
		0.240	24.45	
24.50	0.340			−1.3
		0.110	24.55	
24.60	0.351			−0.4
		0.070	24.65	
24.70	0.358			
		0.050	24.85	
25.00	0.373			
		0.024	25.25	
25.50	0.385			

在电位滴定中，滴定终点的确定方法通常有以下两种。

1. 作图法

1) E-V 曲线法

以加入滴定剂的体积 V 为横坐标、对应的电动势 E 为纵坐标，绘制 E-V 曲线（如图 8-12 所示），曲线上的拐点所对应的体积为滴定终点体积。2) $\Delta E/\Delta V$-V 曲线法

以加入滴定剂的体积 V 为横坐标、对应的 $\Delta E/\Delta V$ 为纵坐标，绘制 $\Delta E/\Delta V$-V 曲线（如图 8-13 所示），该曲线的最高点所对应的体积为滴定终点体积。

$\Delta E/\Delta V$ 为电位的变化值与相对应的加入滴定剂体积的增量之比，是一阶微商 $\mathrm{d}E/\mathrm{d}V$ 的近似值，即

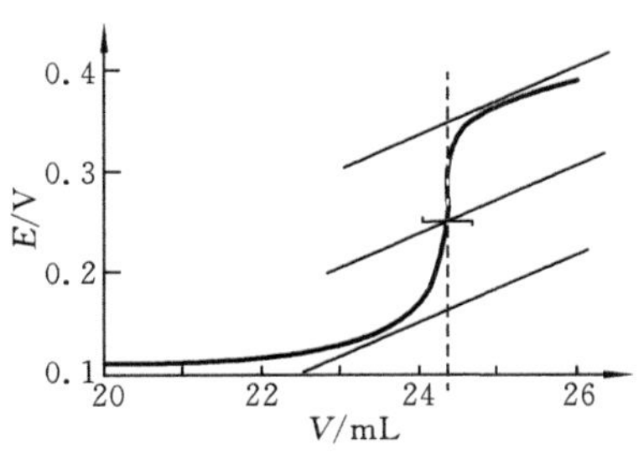

图 8-12　E-V 曲线

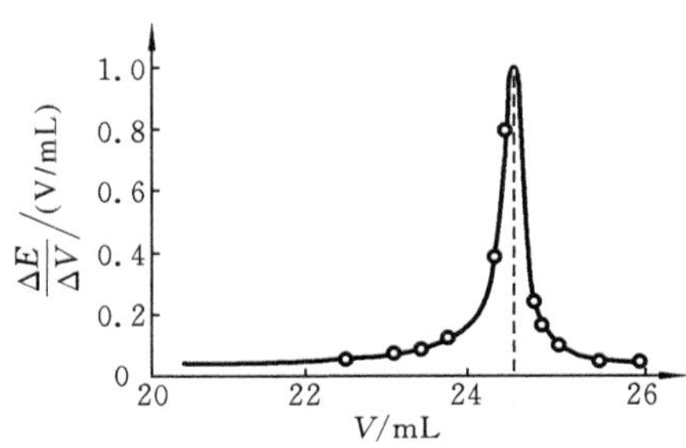

图 8-13　$\Delta E/\Delta V$-V 曲线

$$\frac{\Delta E}{\Delta V}=\frac{E_2-E_1}{V_2-V_1}=\frac{0.316-0.233}{24.40-24.30}\ \mathrm{V/mL}=0.83\ \mathrm{V/mL}$$

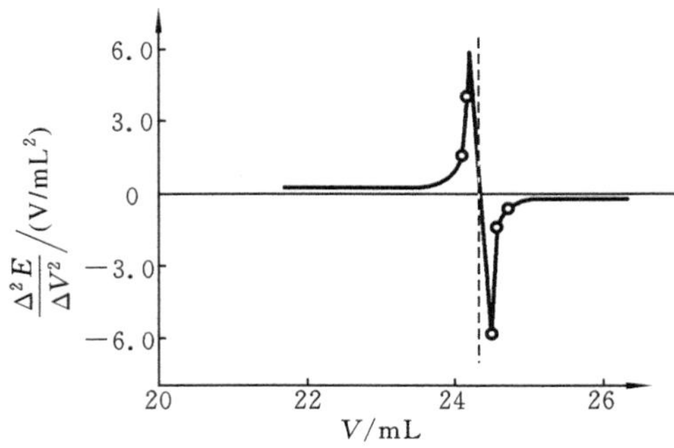

图 8-14 $\Delta^2 E/\Delta V^2$-V 曲线

3) $\Delta^2 E/\Delta V^2$-V 曲线法

以加入滴定剂的体积 V 为横坐标、对应的 $\Delta^2 E/\Delta V^2$ 为纵坐标,绘制 $\Delta^2 E/\Delta V^2$-V 曲线(如图 8-14 所示),在 $\Delta^2 E/\Delta V^2=0$ 处所对应的体积为滴定终点体积。例如,对应于 24.30 mL,有

$$\frac{\Delta^2 E}{\Delta V^2}=\frac{\left(\frac{\Delta E}{\Delta V}\right)_2-\left(\frac{\Delta E}{\Delta V}\right)_1}{\Delta V}=\frac{0.83-0.39}{24.35-24.25}\ \mathrm{V/mL^2}$$

$$=4.4\ \mathrm{V/mL^2}$$

对应于 24.40 mL,有

$$\frac{\Delta^2 E}{\Delta V^2}=\frac{\left(\frac{\Delta E}{\Delta V}\right)_2-\left(\frac{\Delta E}{\Delta V}\right)_1}{\Delta V}$$

$$=\frac{0.24-0.83}{24.45-24.35}\ \mathrm{V/mL^2}=-5.9\ \mathrm{V/mL^2}$$

2. 二阶微商计算法

用作图法确定终点既费时又不准确,因而可以用比较准确的数学计算法代替作图法。在二阶微商出现相反符号所对应的两体积之间,必然有 $\Delta^2 E/\Delta V^2=0$ 的一点,这点所对应的体积就是滴定终点的体积,用内插法计算。

24.30	+4.4
$V_{终}$	0
24.40	−5.9

$$(24.40-24.30):(-5.9-4.4)=(V_{终}-24.30):(0-4.4)$$

$$V_{终}=\left(24.30+0.10\times\frac{4.4}{4.4+5.9}\right)\ \mathrm{mL}=24.34\ \mathrm{mL}$$

24.34 mL 即为滴定终点时所消耗的 $AgNO_3$ 溶液的体积。

由上述例子可得二阶微商内插法计算公式为

$$V_{终}=V_{终前}+(V_{终后}-V_{终前})\frac{0-\left(\frac{\Delta^2 E}{\Delta V^2}\right)_{前}}{\left(\frac{\Delta^2 E}{\Delta V^2}\right)_{后}-\left(\frac{\Delta^2 E}{\Delta V^2}\right)_{前}} \tag{8-38}$$

8.3.3 电位滴定法的应用

1. 酸碱滴定

在酸碱滴定中通常用 pH 玻璃电极作指示电极,饱和甘汞电极作参比电极。在化学计量点附近,pH 突跃使指示电极电位发生突跃而指示出滴定终点。在被测试液有颜色或混浊的情况下,用该法很方便。

用强碱滴定弱酸时,要使误差小于 0.1%,则弱酸浓度和离解常数应满足下列条件:

$$K_a c\geqslant 10^{-8}$$

要对混合酸或多元酸进行分步滴定时，两种酸的离解常数比或相邻两级离解常数比应大于 10^4，否则不能进行分步滴定。对离解常数小于 10^{-8} 的酸或碱，在水溶液中无法进行准确滴定，只有在非水溶剂中，才能进行准确滴定。但非水滴定往往没有合适的指示剂或指示剂变色不敏锐，因此在非水滴定中电位滴定法有特别的意义。

2. 氧化还原滴定

在氧化还原滴定中通常用惰性电极作指示电极（如铂、金、汞电极，最常用的是铂电极），甘汞电极作参比电极。最早的方法是利用待测离子的变价的氧化还原体系进行电位滴定，即利用某些氧化还原体系（如 Fe^{3+}/Fe^{2+}、Cu^{2+}/Cu^{+} 等）在滴定过程中的电位变化来确定终点。指示电极用铂电极，参比电极用甘汞电极，将铂电极浸入含有氧化还原体系的溶液时，电极电位为

$$\varphi=\varphi^{\ominus}+\frac{0.059}{n}\lg\frac{a_{\mathrm{Ox}}}{a_{\mathrm{Red}}}$$

在氧化还原滴定中，化学计量点附近 $\frac{a_{\mathrm{Ox}}}{a_{\mathrm{Red}}}$ 发生急剧变化，使铂电极电位发生突跃。

以铂电极为指示电极，可以用 $KMnO_4$ 溶液滴定 I^-、NO_2^-、Fe^{2+}、V^{4+}、Sn^{2+}、$C_2O_4^{2-}$ 等，用 $K_2Cr_2O_7$ 溶液滴定 Fe^{2+}、Sn^{2+}、I^-、Sb^{3+} 等，用 $K_3[Fe(CN)_6]$ 溶液滴定 Co^{2+} 等。但在 $KMnO_4$ 和 $K_2Cr_2O_7$ 体系中，铂电极可能被氧化生成氧化膜使电极响应迟钝，这时可用机械方法或化学方法将氧化膜除去。

3. 配位滴定

在配位滴定中，通常用金属电极或离子选择性电极作指示电极，甘汞电极作参比电极，其中使用汞电极为指示电极应用最为广泛，可用 EDTA 滴定 Cu^{2+}、Zn^{2+}、Ca^{2+}、Mg^{2+} 和 Al^{3+} 等多种金属离子。

配位滴定的终点也可用离子选择性电极指示。例如，以氟离子选择性电极为指示电极，可以用 La^{3+} 滴定氟化物，也可以用氟化物滴定 Al^{3+}。以钙离子选择性电极作指示电极，可以用 EDTA 滴定 Ca^{2+} 等。电位滴定法把离子选择性电极的使用范围更加扩大了，可以测定某些对电极没有选择性的离子（如 Al^{3+}）。

配位滴定的准确度常受酸效应及干扰离子的配位效应的影响，且这些影响因素是极其复杂的。在实际工作中，常常在具体的实验条件下测定电位滴定曲线，根据该条件下的终点电位值进行自动电位滴定。

4. 沉淀滴定

在沉淀滴定中使用的指示电极有金属电极、离子选择性电极和惰性电极等，使用最广泛的是银电极。以银电极为指示电极，可滴定 Cl^-、Br^-、I^-、SCN^-、S^{2-}、CN^-，以及一些有机酸的阴离子等。

此外，以汞电极为指示电极，可用 $HgNO_3$ 溶液滴定 Cl^-、Br^-、I^-、SCN^-、S^{2-}、$C_2O_4^{2-}$ 等；用铂电极作指示电极，可用 $K_4[Fe(CN)_6]$ 溶液滴定 Pb^{2+}、Cd^{2+}、Zn^{2+}、Ba^{2+} 等，还可间接测定 SO_4^{2-}。

也可以用卤化银薄膜电极或硫化银薄膜电极等离子选择性电极作指示电极，用 $AgNO_3$ 溶液滴定 Cl^-、Br^-、I^-、S^{2-} 等。这些离子选择性电极与传统的银电极比较，具有能抗表面中毒等优点。

电位滴定法的不足之处是电极体系达到平衡需时较长，操作烦琐、费时。现已商品化的自动电位滴定仪可以避免上述不足之处，同时又能进行批量样品的分析。目前生产的滴定仪主要有两种类型：一种是滴定至预定终点时滴定自动停止；另一种是保持滴定剂的加入速度恒定，在记录仪上记录完整的滴定曲线，以所得曲线确定终点时的滴定体积。这些仪器的出现使电位滴定法的连续长时间跟踪测定变为现实。

现将各类滴定法中经常使用的电极归纳于表 8-9 中。

表 8-9　用于各种滴定法的电极

滴定方法	参比电极	指示电极
酸碱滴定	甘汞电极	玻璃电极、锑电极
沉淀滴定	甘汞电极、玻璃电极	银电极、硫化银薄膜电极等离子选择性电极
氧化还原滴定	甘汞电极、玻璃电极、钨电极	铂电极
配位滴定	甘汞电极	铂电极、汞电极、银电极，氟离子、钙离子等离子选择性电极

本章小结

1. 指示电极与参比电极

参比电极：电极电位已知且恒定，在测定过程中，即使有微小电流(10^{-8} A 或更小)通过，仍能保持不变的电极。

指示电极：能快速而灵敏地对溶液中参与半反应的离子活度产生 Nernst 响应的电极。

三种参比电极：标准氢电极(标准，不常用)；甘汞电极；银-氯化银电极。

五种指示电极：①金属-金属离子电极；②金属-金属难溶盐电极；③汞电极；④惰性电极；⑤离子选择性电极，应用较多，是最重要的一类电极，也称为膜电极。

2. 离子选择性电极的构造与原理

(1) 构造：敏感膜、内参比电极、内参比溶液。

(2) 膜电位

$$\varphi_{膜}=K\pm\frac{RT}{nF}\ln a_i=K\pm\frac{0.059}{n}\lg a_i \quad (25\ ℃)$$

式中的 n 是离子 i 所带的电荷数；对阳离子取“+”号，对阴离子取“−”号。

(3) 离子选择性电极的电位包括：膜电位、内参比电极电位、不对称电位及液接电位。

(4) 离子选择性电极与参比电极组成电池的电动势：

$$E=K'\pm\frac{RT}{nF}\ln a_i=K'\pm\frac{0.059}{n}\lg a_i \quad (25\ ℃)$$

对阳离子响应的电极作正极或对阴离子响应的电极作负极时，取“+”号；对阳离子响应的电极作负极或对阴离子响应的电极作正极时，取“−”号。

(5) 离子选择性电极的响应没有绝对的专一性，而只有相对的选择性。离子选择性电极除能对被测离子响应外，某些共存离子也有一定程度的响应。在表达电极电位与被测组分的活度关系时，可用下述方程表示：

$$\varphi_{膜}=K\pm\frac{RT}{nF}\ln(a_i+K_{i,j}a_j^{n/m})=K\pm\frac{0.059}{n}\lg(a_i+K_{i,j}a_j^{n/m})\quad(25\ ℃)$$

电位选择性系数在估计电位分析的误差、允许干扰离子存在的最高浓度等方面具有实用意义。

(6) 检测限、响应斜率、响应时间和电位选择性系数等是离子选择性电极性能的重要参数。

3. 直接电位法

(1) 标准比较法：典型应用是溶液 pH 值的测定。

$$pH_x=pH_s+\frac{E_x-E_s}{0.059}$$

(2) 标准曲线法：适用于组成简单、试样溶液与标准溶液的组成基本相同的大批量试样的分析测定。需加 TISAB。

(3) 标准加入法：适用于组成比较复杂、份数较少的试样。

$$c_x=\frac{c_sV_s}{V_x}(10^{\pm\Delta E/s}-1)^{-1}=\Delta c(10^{\pm\Delta E/s}-1)^{-1}$$

对阳离子响应的电极作正极或对阴离子响应的电极作负极时，取“+”号；对阳离子响应的电极作负极或对阴离子响应的电极作正极时，取“−”号。$V_x\gg V_s$，$c_s\gg c_x$。通常取试样溶液的体积为 100 mL，所加标准溶液的体积为 1.0 mL，最多不超过 10 mL。

4. 电位滴定法

1) 电位滴定终点的确定方法

(1) 作图法。

① E-V 曲线法：曲线上的拐点所对应的体积为滴定终点体积。

② $\Delta E/\Delta V$-V 曲线法：曲线的最高点所对应的体积为滴定终点体积。

③ $\Delta^2E/\Delta V^2$-V 曲线法：$\Delta^2E/\Delta V^2=0$ 处所对应的体积为滴定终点体积。

(2) 二阶微商计算法。

$$V_{终}=V_{终前}+(V_{终后}-V_{终前})\frac{0-\left(\frac{\Delta^2E}{\Delta V^2}\right)_{前}}{\left(\frac{\Delta^2E}{\Delta V^2}\right)_{后}-\left(\frac{\Delta^2E}{\Delta V^2}\right)_{前}}$$

2) 应用

(1) 酸碱滴定。

(2) 配位滴定。

(3) 氧化还原滴定。

(4) 沉淀滴定。

阅读材料

电化学工作站

电化学工作站是一套数字化的电化学体系检测分析设备，是集各种电化学分析功能于一体的电化学分析通用仪器。它是在恒电位仪、恒电流仪和电化学交流阻抗分析仪基础上集成计算机控制系统的电化学测量分析仪。在实验中，既能检测化学电池的电压、电流、容量等基本参数，又能检测体现电池反应机理、交流阻抗特性等的参数，从而完成多种状态下的化学电池参数的跟踪和分析。现代电化学工作站一般还配有快速数字信号发生器、高速数据采集系统、电位电流信号滤波器、多级信号增益、*IR* 降补偿电路等组件，可以达到较高的测量精度和较大的测量范围。

电化学工作站大多支持双电极、三电极和四电极等多种工作连接方式。其中，最常用的是三电极体系，三个电极分别为工作电极、辅助电极和参比电极。工作电极又称为研究电极或实验电极，电极上所发生的电极反应就是研究的对象。辅助电极又称为对电极，与工作电极构成电流回路，一般采用铂电极。由于测量过程中，工作电极和辅助电极的电位都可能发生变化，故需要电位相对恒定的参比电极作为测量时的基准。

单片微型计算机(简称单片机)将化学电池工作所需的电压波形信号送入 D/A 转换模块，D/A 转换模块将数字信号转换为模拟信号，然后由外控输入端将转换所得的波形电压送入能够为实验提供恒定电位或恒定电流输出的恒电位仪。电化学工作站在工作过程中输出的电流和电位测量值经 A/D 转换模块采集，并转换为数字信号送回单片机，单片机再将数据发送到主控机存储，以便于后续的数据处理。

电化学工作站集成了几乎所有常用的电化学测量技术，可以说，凡是电化学反应的有关信息均有可能通过电化学工作站获得。因此，在分析化学、能源、腐蚀与防护、生命科学等领域，电化学工作站均有大量应用。

习　题

1. 写出下列电池两个电极的半电池反应，并指出哪个是正极。25 ℃时，电池的电动势为多少？

(1) Pt | Cr^{3+}(1.0×10^{-3} mol/L)，Cr^{2+}(1.0×10^{-1} mol/L) ‖ Pb^{2+}(1.0×10^{-3} mol/L) | Pb；

(2) Cu | CuI(饱和)，I^-(0.100 mol/L) ‖ I^-(1.00×10^{-4} mol/L)，CuI(饱和) | Cu。

(已知 $\varphi^{\ominus}_{Pb^{2+}/Pb}=-0.126$ V，$\varphi^{\ominus}_{Cu^{+}/Cu}=0.522$ V，$\varphi^{\ominus}_{Cr^{3+}/Cr^{2+}}=-0.41$ V，$K_{sp(CuI)}=1.27\times10^{-12}$)

((1)0.32 V；(2)0.177 V)

2. 一个天然水样中大约含有 1.30×10^3 μg/mL Mg^{2+} 和 4.00×10^2 μg/mL Ca^{2+}，用钙离子选择性电极直接电位法测定 Ca^{2+} 浓度。求有 Mg^{2+} 存在下测定 Ca^{2+} 含量的相对误差。已知钙离子选择性电极对 Mg^{2+} 的选择性系数为 0.014。

(7.50%)

3. 测得下述电池的电动势为 0.672 V：

Pt，H_2(1.013×10^5 Pa) | HA(0.200 mol/L)，NaA(0.300 mol/L) ‖ SCE

计算弱酸 HA 的电离常数，液接电位忽略不计。

(8.3×10^{-8})

4. 今有电池：

玻璃电极 | H^+(未知液或标准缓冲溶液) ‖ SCE

25 ℃时，测得 pH_s=4.00 的缓冲溶液的电动势为 0.209 V。当缓冲溶液由未知液代替时，测得的电动势分别为：(1)0.312 V；(2)−0.017 V。分别计算未知液的 pH_x 值。

((1)5.75；(2)0.17)

5. 某 pH 计的指针每偏转 1 个 pH 单位，电位改变 60 mV。今欲用响应斜率为 50 mV/pH 单位的玻璃电极来测定 pH=5.00 的溶液，采用 pH=2.00 的标准溶液定位，测定结果的绝对误差为多大(用 pH 单位表示)？而采用 pH=4.01 的标准溶液来定位，其测定结果的绝对误差为多大？由此可得到何重要结论？

（-0.50 pH 单位，-0.16 pH 单位）

6. 有一氟离子选择性电极，$K_{F^-,OH^-}=0.10$，当$[F^-]=1.0\times10^{-2}$ mol/L 时，能允许的$[OH^-]$为多少？（设允许测定误差为 5%）

（0.005 mol/L）

7. 将甘汞电极（$\varphi_{甘汞}=0.282$ V，作正极）和标准氢电极同时插入某 HCl 溶液中，测得电动势$E_1=0.322$ V。若将这两个电极插入某 NaOH 溶液中，测得电动势 $E_2=1.096$ V。当将两个电极插入 100.0 mL 上述酸、碱的混合溶液时，测得电动势 $E_3=0.360$ V。该混合溶液由 HCl 溶液、NaOH 溶液各多少毫升混合而成？

（79.8 mL，20.2 mL）

8. 现有 2.307 g 不纯有机酸（设为一元酸）试样，其纯度为 49.0%，将其溶于 50.00 mL 水样中，在 25 ℃时，用 0.200 0 mol/L NaOH 溶液滴定。当中和一半弱酸时，用甘汞电极（$\varphi_{SCE}=0.28$ V）作正极，Pt(H^+/H_2) 电极作负极，测其电动势 $E_1=0.58$ V。化学计量点时，测得电动势 $E_2=0.82$ V。假设滴定过程中体积不变，求该有机酸的相对分子质量。

（139 g/mol）

9. 为什么离子选择性电极对待测离子具有选择性？如何估量这种选择性？

10. 若离子选择性电极的电位表达式为

$$\varphi=K\pm\frac{0.059}{n}\lg(a_i+K_{i,j}a_j^{n/m})$$

(1) $K_{i,j}\gg1$ 时，该离子选择性电极主要响应什么离子？什么离子会产生干扰？

(2) $K_{i,j}\ll1$ 时，主要响应什么离子？什么离子会产生干扰？

11. 在电位分析法中，总离子强度调节缓冲液的作用是什么？

12. 称取 0.500 0 g 苯甲酸，溶于适量水后稀释至 50.00 mL，然后用 0.100 0 mol/L NaOH 溶液进行电位滴定，滴定至终点，用去该溶液 40.95 mL，当滴入 10.00 mL NaOH 溶液时，测得 pH 值为 3.72。（25 ℃时）试计算：

(1) 该酸的相对分子质量和离解常数 K_a；

(2) 滴至终点时的 pH 值。

（(1)122.1，9.12×10^{-5}；(2)8.34）

13. 国产 401 型钾离子选择性电极服从下列公式：

$$\varphi=K^+\pm\frac{0.059}{n}\lg(a_i+K_{i,j}a_j^{n/m})$$

Na^+、NH_4^+、Mg^{2+} 的选择性系数分别为 2.5×10^{-3}、8.5×10^{-2}、2.0×10^{-4}，在 1.00×10^{-3} mol/L 的纯 K^+ 溶液中，测得电池的电动势是 0.300 V。

(1) 假如溶液中 K^+ 浓度相同，分别加入 1.00 mol/L Na^+、5.00×10^{-2} mol/L NH_4^+、3.00×10^{-2} mol/L Mg^{2+} 时，电池的电动势各为多少？

(2) 如果这些干扰离子以等浓度存在，哪种离子对 K^+ 的干扰最大？

（(1)0.300 V，0.342 V，0.301 V；(2)NH_4^+）

第 9 章　分光光度法

9.1　分光光度法的基本原理

分光光度法(spectrophotometry)的基本原理是基于物质对光的选择性吸收,包括比色法、可见光分光光度法(visible spectrophotometry)和紫外分光光度法(ultraviolet spectrophotometry)等。本章主要介绍可见光分光光度法。

9.1.1　物质对光的选择性吸收

光是一种电磁波,具有波粒二象性。光的能量取决于光的波长(或频率)。理论上,把某一个波长的光称为单色光,组成单色光的光子能量是相同的。不同波长的单色光所组成的光称为复合光,如日光。

人眼能够接收并识别的光称为可见光。一般来说,可见光的波长为 400～760 nm,本章所讨论的可见光分光光度法就是基于物质对于可见光区的某一单色光选择性的吸收。

当一束白光(如日光或白炽灯光)照射到某一溶液时,一部分波长的光被溶液选择性地吸收,其他波长的光则透过溶液(当溶液为无色透明时,复合光全部透射;当溶液为黑色不透明时,复合光全部被吸收)。溶液的颜色由透射光所决定。透射光与被吸收的光组合成白光,组成白光的两种光互为补色光。例如,$KMnO_4$溶液因吸收了绿色的光而透射紫红色的光,所以呈现紫红色,那么绿色的光与紫红色的光就互为补色光。表 9-1 中列出透射光与吸收光的关系。

表 9-1　透射光与吸收光的关系

透射光颜色	吸　收　光	
	颜色	波长/nm
黄绿	紫	400～450
黄	蓝	450～480
橙	绿蓝	480～490
红	蓝绿	490～500
紫红	绿	500～560
紫	黄绿	560～580
蓝	黄	580～600
绿蓝	橙	600～650
蓝绿	红	650～780

可以通过绘制吸收光谱(absorption spectrum)曲线的办法来考察物质对于不同波长光的吸收能力。具体办法是将不同波长的单色光依次通过某一固定浓度和光程的有色溶液,测量溶液在不同波长下的吸光度(光的吸收强度,absorbance),然后以波长为横坐标,以吸光度为纵坐标作图。图 9-1 就是三种不同浓度的邻二氮杂菲-亚铁溶液的吸收曲线。图 9-1

中，1、2、3 分别是浓度为 0.2 mg/L、0.4 mg/L、0.6 mg/L 的溶液的吸收曲线。由图 9-1 可以得出以下结论：

(1) 不同浓度的溶液都在 500 nm 处有最大的吸光度，而对于波长为 600 nm 的橙红色光几乎没有吸收，由于全部透射而使溶液呈橙红色；

(2) 同一物质的不同浓度溶液，在吸收峰处的吸光度随着溶液浓度的升高而增大，这说明溶液中吸收此波长光的物质粒子越多，吸收的光也就越多。

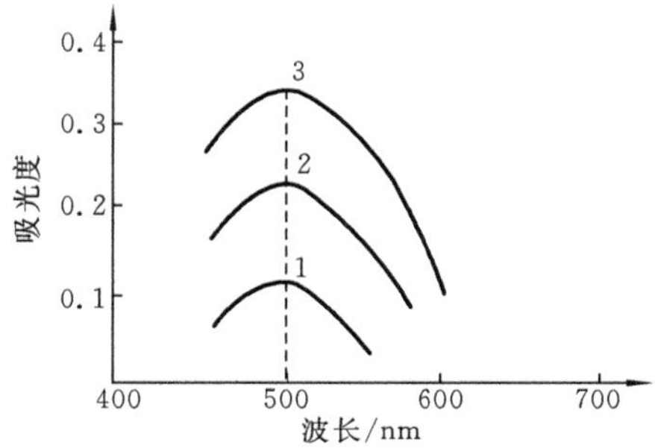

图 9-1　邻二氮杂菲-亚铁溶液的吸收曲线

9.1.2　朗伯-比尔定律

1729 年，法国科学家波格(Pierre Bouguer)发现气体对光的吸收与光通过气体的光程有关。1760 年，波格的学生朗伯(Johann Heinrich Lambert)指出："当溶液的浓度固定时，溶液的吸光度与光程成正比。"这个关系称为朗伯定律，其公式为

$$A=\lg \frac{I_0}{I}=k_1 b \tag{9-1}$$

式中：A 为吸光度；I_0为入射光强度；I 为透射光强度；k_1为比例常数；b 为光程(光通过的液层厚度)。

1852 年，德国科学家比尔(August Beer)发现，一束单色光通过固定厚度的有色溶液时，溶液的吸光度与溶液的浓度成正比，这个关系称为比尔定律，其公式为

$$A=\lg \frac{I_0}{I}=k_2 c \tag{9-2}$$

式中：c 为溶液的浓度；k_2为比例常数。

把以上两个定律合起来，就是朗伯-比尔定律，其公式为

$$A=\lg \frac{I_0}{I}=abc \tag{9-3}$$

式中：a 为吸光系数。由于吸光度 A 量纲为 1，浓度 c 的单位为 g/L，光程 b 的单位为 cm，所以 a 的单位为 L/(g · cm)。如果 c 采用物质的量浓度，那么吸光系数为摩尔吸光系数(molar absorptivity)，用字母 ε 表示，单位为 L/(mol · cm)。此时式(9-3)就可以写为

$$A=\lg \frac{I_0}{I}=\varepsilon bc \tag{9-4}$$

ε 是一定条件、一定波长和溶剂的情况下的特征常数。通常用较稀的溶液，显色后测其吸光度，再计算 ε 的数值。一般来说，当 $\varepsilon<10^4$ L/(mol · cm)时，属于灵敏度较低的情况。通常要选取灵敏度较高的 ε 值，ε 值越大，显色反应越灵敏。ε 与入射光的波长、溶液的性质和温度及仪器的狭缝宽度等因素有关，而与溶液的浓度和液层的厚度无关。

如果溶液中吸光物质不止一种，那么溶液总的吸光度等于各种物质吸光度之和，而它们之间没有相互作用，吸光度的加和性为

$$A_{总}=A_1+A_2+\cdots+A_n=\varepsilon_1 bc+\varepsilon_2 bc+\cdots+\varepsilon_n bc \tag{9-5}$$

分光光度计中通常还可以测溶液的透光率 T，即透射光强度 I 与入射光强度 I_0之比，其

公式为

$$T=\frac{I}{I_0}$$

因此吸光度与透光率的关系为

$$A=\lg\frac{1}{T} \tag{9-6}$$

9.1.3 偏离朗伯-比尔定律的原因

用分光光度法进行分析时，往往要测不同浓度溶液的吸光度，绘制一条标准曲线。根据朗伯-比尔定律，单色光通过固定光程的有色物质时，吸光度与物质的浓度关系经过校正后应该得到一条直线，但实际上得到的不是一条真正的直线，会向浓度轴或吸光度轴方向弯曲，如图 9-2 所示。偏离朗伯-比尔定律的现象是由许多物理因素和化学因素造成的。

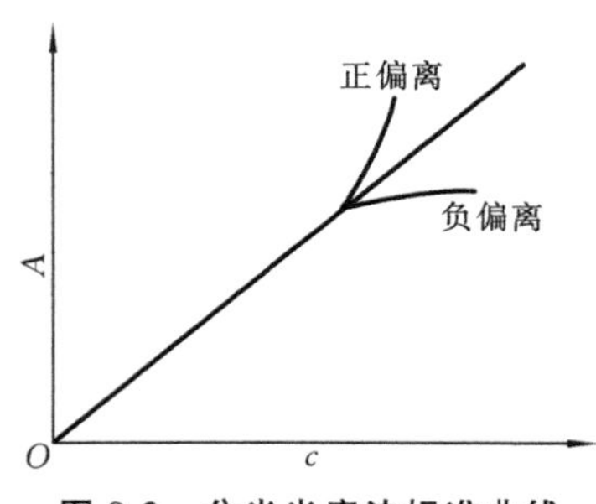

图 9-2　分光光度法标准曲线

1. 入射光线为非单色光引起的偏离

实际上，只有激光管才能发出单色光，现在使用的分光光度计提供的都是复合光，只是组成复合光的光带波长范围较窄。下面讨论由多个波长组成的复合光会对朗伯-比尔定律产生什么样的影响。为方便起见，假设复合光只由波长为 λ、λ'的两个单色光组成，那么两个单色光的吸光度分别为

$$A' = \lg\frac{I'_0}{I_1} = \varepsilon' bc,\quad A'' = \lg\frac{I''_0}{I_2} = \varepsilon'' bc \tag{9-7}$$

入射光总强度为 $I_0=I'_0+I''_0$，透射光总强度为 $I=I_1+I_2$，所以

$$A = \lg\frac{I'_0+I''_0}{I_1+I_2} \tag{9-8}$$

如果 $\varepsilon'=\varepsilon''$，$A$ 与 c 之间呈线性关系，如果 $\varepsilon'\neq\varepsilon''$，$A$ 与 c 就不呈线性关系，这样就引起了朗伯-比尔定律偏离，而且两者相差越大，偏离也就越大。

因此，在实际工作中，除了选择物质具有最大吸收波长的光作为入射光源，光源的波长范围还应该尽可能地窄，如图 9-3 所示，应该选择吸光度随波长不同变化较小的谱带 a，而不是谱带 b。谱带 a 因为吸光度(A)随波长(λ)变化较小，即 ε 变化较小，吸光度与浓度(c)大致呈线性关系；而谱带 b 吸光度随波长变化较大，即 ε 变化较大，吸光度与浓度发生了偏离，就不呈线性关系了。

2. 溶液本身的化学变化引起的偏离

前面已经说过，溶液的总吸光度为各组分吸光度的总和，也就是说，吸光度具有加和性。那么，溶液中对入射光有吸收的粒子之间如果发生化学变化引起了自身性质的变化，对溶液总的吸光度也会随之产生影响。例如，对入射光有吸收的粒子之间的缔合、离解等都会引起朗伯-比尔定律偏离。

例如，重铬酸钾在水溶液中存在 $Cr_2O_7^{2-}$ 与 CrO_4^{2-} 的平衡，当溶液的浓度及酸碱度变化时，两者就会发生转换，溶液中发生光吸收的质点随之变化，这样由于溶液本身的化学变化而发生了朗伯-比尔定律偏离。

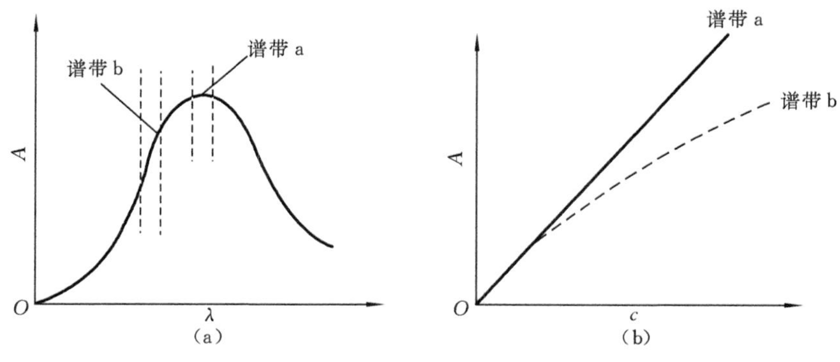

图 9-3　非单色光对朗伯-比尔定律的影响

9.2　分光光度计

9.2.1　分光光度计的基本结构

目前使用的分光光度计多数由光源、单色器、吸收池、检测系统四部分组成，如图 9-4 所示。

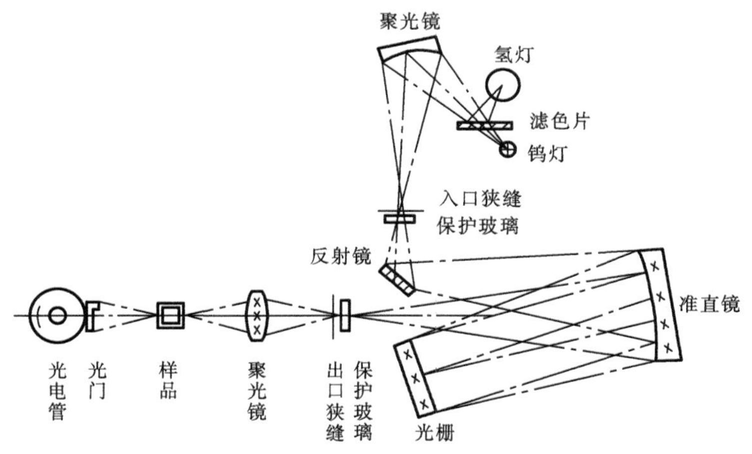

图 9-4　分光光度计的基本光学系统图

1. 光源

理想的光源应该能够提供所需波长范围内的连续的、长时间稳定的连续光谱，并且具有足够的光强度。通常可见光区采用钨灯(波长范围为 320～2 500 nm)作为光源，此外，还有卤钨灯(如碘钨灯及溴钨灯等)，后者的功率比较大，发射光强度大，稳定性好，有利于提高测定的灵敏度。而近紫外光区则用氢灯或氘灯(波长范围为 180～375 nm)作为光源。紫外光源也可用氘灯。

2. 单色器

单色器是将来自光源的光按波长的长短顺序分散为单色光并能随意改变波长的一种分

光部件,由入口狭缝、色散元件、出口狭缝和准直镜四部分组成,其中,色散元件是单色器的主要组成部分,一般为棱镜、光栅或滤光片。

1) 滤光片

滤光片是让有色溶液最大吸收波长的光通过,其余波长的光被吸收的一种滤光装置。如将各种不同波长的单色光通过同一块滤光片,分别测定其透光率,然后以波长为横坐标,透光率为纵坐标作图,就可得到这块滤光片的透光曲线。半宽度是衡量滤光片质量好坏的指标。半宽度愈小,透过单色光的成分就愈纯,测定的灵敏度就愈高。一般滤光片的半宽度为 30～100 nm,质地好的滤光片为 20～50 nm。干涉滤光片的半宽度可达 5 nm,比普通滤光片狭窄得多,光线的单色性当然就更纯了。目前半自动或全自动生化分析仪大部分采用滤光片作单色器,其半宽度可达 8 nm。常用的滤光片有吸收滤光片、截止滤光片、复合滤光片和干涉滤光片。

2) 棱镜

棱镜是用玻璃或石英材料制成的,分别称为玻璃棱镜和石英棱镜。当混合光从一种介质(空气)进入另一种介质(棱镜)时,在界面处,光的前进方向改变而发生折射。波长不同,在棱镜内传播速率不同,其折射率就不同。长波长的光波在棱镜内传播速率比短波长的大,折射率小;反之,折射率大。其结果是复合光通过棱镜后,各种波长的光被分开,从长波长到短波长分散成为一个由红到紫的连续光谱。玻璃棱镜由于能吸收紫外线,因此,只能用于可见光分光光度计,但玻璃棱镜色散能力大,分辨率高是其优点。石英棱镜可用于紫外光区、可见光区和近红外光区。分光光度计往往利用顶角为 30°的利物特罗棱镜来消除石英棱镜双折射的影响。

3) 光栅

光栅是分光光度计常用的一种色散元件,其优点是所用波长范围宽(从数纳米到数百纳米),均可用于紫外光区、可见光区和近红外光区,所产生的光谱中各条谱线间距离相等,几乎具有均匀一致的分辨能力。现在用光栅作单色器的仪器越来越多。

狭缝在决定单色光带宽上起重要作用。狭缝由两片精密加工而有锐利边沿的金属片形成。一般狭缝宽度是可调节的。当需分辨窄吸收带时,最好采用较小的狭缝宽度。但当狭缝变窄时,射出的辐射强度将明显减小。因此,在定量分析中所采用的狭缝宽度往往比在定性分析中宽。由于棱镜的色散是非线性的,因此,为了得到某一给定有效带宽的辐射,在长波部分就必须采用比在短波部分窄得多的狭缝。

光栅作为单色器的优点之一是固定的狭缝宽度可产生几乎恒定的带宽,而与波长无关。

3. 吸收池

吸收池又称为比色皿或比色杯等。常用吸收池是由无色透明、耐腐蚀的玻璃或石英材料制成,前者用于可见光区,后者用于紫外光区。吸收池光程为 0.1～10 cm,其中以 1 cm 为最多。同一种吸收池上、下厚度必须一致,装入同一种溶液时,于同一波长下测定其透光率,两者透光率误差应在 0.5%以内。使用吸收池时应注意保持其洁净,避免磨损透光面。

4. 检测系统

检测系统一般包括光电元件、放大器、读数系统三部分。光电元件有硒光电池、光电管及光电倍增管。

硒光电池一般在比色计及简易型分光光度计上使用。它是测量光强度最简单的一种探测器，只要直接连上一个低电阻的微电流计就可以进行测量。硒光电池的优点在于构造简单、价格便宜、耐用、产生的光电流较大。其缺点是光电流与照射光的强度并不呈很好的线性关系，并且具有疲劳效应，即经强光照射时，光电流很快升至较高值，然后逐渐下降。照明强度愈大，疲劳效应愈为显著。

光电管一般用在紫外-可见分光光度计上。因为可以将它所产生的光电流进行放大，所以可以用来测量很弱的光，灵敏度比硒光电池高。

另外，现在很多比较先进的分光光度计配有数据存储及处理系统，这里就不具体介绍了。

9.2.2　分光光度计的光学性能与类型

朗伯-比尔定律是分光光度计的基本工作原理，所以评价一台分光光度计的主要指标是其光学性能，从波长准确性、波长重复性、测光准确性、波长的精确度等方面进行考察，当然随着仪器制造水平的提升，现在比较先进的分光光度计还要从扫描速度、光栅性能、软件功能和可供选配的附件等多方面进行比较。

目前国产的分光光度计种类较多，常见的型号有 72 型、721 型、722 型、723 型、740 型、752 型等，按单色器类型分为棱镜型和光栅型，按单色器数目分为单光束型和双光束型。

9.2.3　使用分光光度计的一些注意事项

(1) 坚持标准溶液现用现配，不使用存放过久的标准溶液。使用仪器之前，一般要校正仪器，看空白时透光率是否为 100%。

(2) 吸收池应该保持清洁、干燥。如果有污物，可用稀 HCl 溶液清洗后，再用 1∶1 的酒精与乙醚清洗晾干。禁止用硬物碰或擦透明表面。或者使用 10%的 HCl 溶液浸泡，然后用无水乙醇冲洗 2～3 次。吸收池具有方向性，使用时要注意，吸收池上方有一个箭头标志，代表入射光方向。注入和倒出溶液时，应该选择非透光面。最好使用配对的吸收池。

(3) 防止仪器震动，影响光学系统。

(4) 在开机状态，不测量时，应该打开样品池门，否则会影响光电传感器的寿命。

(5) 样品集中测量，避免开机次数过多，可延长光源寿命。

(6) 仪器工作稳定性差、漂移大时，应该考虑更换光源或光电元件。

9.3　分光光度法实验条件的选择

9.3.1　显色反应的选择

利用分光光度法进行分析时，并非所有的待测组分都有颜色，对于无色的组分，要利用显色剂将其转变成有色的。显色反应的选择及控制，对于光度分析是十分重要的。

常用的显色反应可分为配位反应及氧化还原反应，配位反应是最常用的。通常一种待测组分可以和多种显色剂配位显色，在显色剂的选择上要遵循以下四个原则。

(1) 灵敏度高。在多个待选的显色剂中，要选择摩尔吸光系数高的显色剂，前面已经讲过。ε 是物质吸光能力的量度指标，ε 越大，灵敏度越高。通常 ε 为 $10^4 \sim 10^5$ L/(mol · cm)时，可认为灵敏度较高。在表 9-2 中，Cu^{2+} 与 BCO、DDTC 或双硫腙(二硫腙)的反应灵敏度是比较高的。

表 9-2 Cu^{2+} 的显色剂及其配合物的 ε 值

显色剂	显色条件	$\lambda_{最大}$/nm	ε/[L/(mol·cm)]
氨	水介质	620	1.2×10^{2}
铜试剂(DDTC)	$5.7<pH<9.2$,CCl_4萃取	436	1.3×10^{4}
双环己酮草酰双腙(BCO)	水介质,$8.9<pH<9.6$	595	1.6×10^{4}
双硫腙	0.1 mol/L HCl介质,CCl_4萃取	533	5.0×10^{4}

(2) 选择性好。选择的显色剂应该只与溶液中一个或少数几个组分发生显色反应。应该尽量选择仅与目标组分发生反应的专属显色剂,当然这种理想的显色剂是比较难找到的,实际工作中经常选用干扰较少的,或是存在的干扰可以通过其他方法消除的显色剂。

(3) 显色剂在测定波长处吸光度小。这样空白值小,反衬度大,可以进一步提高准确度。一般要求对比度 $\Delta\lambda$(有色物质的最大吸收波长与显色剂本身的最大吸收波长的差值)在 60 nm 以上。

(4) 有色化合物组成恒定,化学性质稳定。这样才能保证在测定过程中吸光度保持不变,确保数据的准确度及重现性。

9.3.2 显色条件的选择

1. 显色剂用量

显色剂的加入量以生成有色配合物稳定常数最大为宜。一般显色剂的加入量与吸光度 A 有如图 9-5 所示的关系。当显色剂用量 $c<a$ 时,吸光度随显色剂浓度的增大而增大;当 $a<c<b$ 时,曲线出现平台或近似平台,吸光度基本保持稳定;当$c>b$时,往往会出现一般副反应,使吸光度 A 减小。通常选择吸光度稳定时的显色剂浓度。

例如,硫氰酸盐与 Mo^{5+} 的反应式为

$$\underset{(浅红)}{Mo(SCN)_3^{2+}} \rightleftharpoons \underset{(橙红)}{Mo(SCN)_5} \rightleftharpoons \underset{(浅红)}{Mo(SCN)_6^-}$$

若显色剂 SCN^- 浓度过低或过高,生成的配合物颜色都会变浅,吸光度减小,所以在显色剂的用量上,必须严格控制。

2. 酸度的控制

H^+ 浓度对于配位反应影响很大,酸度的改变将会使得显色的配位反应产生较大的改变,使显色剂及有色的配合物浓度发生变化,从而改变溶液颜色,引起吸光度的改变。通常吸光度-pH 曲线(如图 9-6 所示)也会出现平台,应该选择平坦曲线时的 pH 值作为光度分析

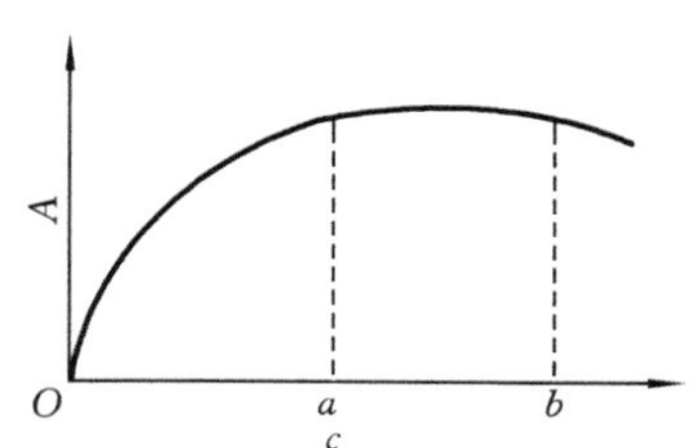

图 9-5 吸光度与显色剂浓度的关系曲线

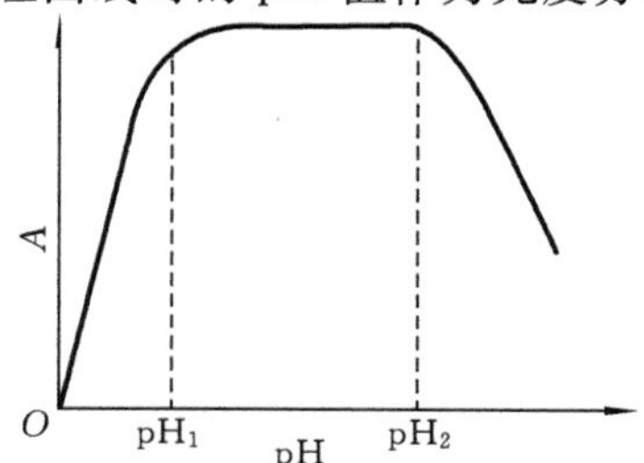

图 9-6 吸光度-pH 曲线

的测定条件。

3. 显色温度

显色反应大多可以在室温下很快完成，但如果显色时间过长，就需要提高溶液温度来加速显色反应过程。然而，也有一些有色配合物在过高的温度下会发生分解。当然，对于需要加热的显色反应，要求分光光度计有水浴或其他保温措施，以确保测定过程中吸光度的稳定。所以在光度分析之前，应该确定最适宜的温度。

4. 显色时间

显色时间也是测定之前应该确定的实验参数之一。有些有色的配合物放置时间过长，颜色会减弱。而显色时间也与显色温度有一定的关系。

5. 消除干扰

如果溶液中杂质离子有颜色，或杂质离子与显色剂生成的配合物有颜色，都会干扰对目标离子进行的光度分析。前面讲过显色反应大多为配位反应，所以可以借鉴配位滴定中消除杂质离子的一些办法来消除光度分析中的杂质干扰。

6. 加入掩蔽剂

利用配位反应或氧化还原反应使杂质离子生成配合物变为无色或使杂质离子转变为无色价态。例如，利用 NH_4SCN 作显色剂测定 Co^{2+} 时，可加入 NaF，与溶液中的杂质离子 Fe^{3+} 生成无色的 FeF_6^{3+}，从而消除 Fe^{3+} 的干扰；也可以通过氧化还原反应使 Fe^{3+} 转变为 Fe^{2+}，通过改变离子的氧化数进而改变其反应路径而达到目的。

7. 控制酸度

改变酸效应系数，改变配位条件，使杂质离子不与显色剂反应而消除干扰，也可以通过沉淀、离子交换、萃取等分离方法来消除杂质离子的干扰。

9.3.3　测定波长的选择

选择入射光波长要以摩尔吸光系数最大、灵敏度最高为原则。根据吸收曲线，选择最大吸光度的波长。当然此处的曲线是一个合适的平台，即在波长有小幅调整时吸光度变化不大，这一点前面已经说过。另外，如果最大吸收波长并不在仪器的可调范围内或溶液中非目标离子(如显色剂)在此波长也有最大吸收，那么可以不选择最大吸收波长。如图 9-7 所示，显色剂与目标离子在 420 nm 处均有最大吸收峰，如果选用此波长，显色剂就会干扰目标离子的测定。这时可以选择曲线 a 中另外一个平台，即 500 nm，此处虽然不是最大吸收，但没有杂质离子干扰，而且波长变化不大，在牺牲部分灵敏度的情况下，准确度和选择性得到了保证。

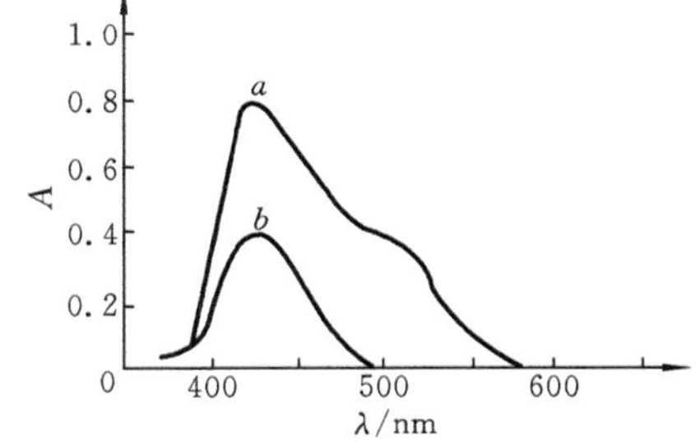

图 9-7　钴及显色剂的吸收曲线

(a) 钴配合物吸收曲线；

(b) 显色剂(1-亚硝基-2-萘酚-3,6-二磺酸)吸收线

9.3.4 参比溶液的选择

参比溶液是光度分析中用来调节仪器零点的溶液,选择参比溶液在光度分析中是非常重要的,参比溶液要使待测溶液的吸光度得到真实反映,减少由溶剂、试剂及吸收池造成的干扰,其原理表达式为

$$A=\lg\frac{I_0}{I}\approx\lg\frac{I_{参比}}{I_{试液}}$$

实质上,相当于把通过参比皿的光强度作为入射光强度,如此就满足了前面的原则,比较真实地反映了目标物质的浓度。通常选择参比溶液时应该遵循以下原则。

(1) 如果仅待测物与显色剂的反应产物有吸收,可用纯溶剂(如蒸馏水)作参比溶液。

(2) 如果显色剂无色,而待测溶液中其他离子有色,则用不加显色剂的样品溶液作参比溶液。

(3) 如果显色剂或其他试剂略有吸收,则应用空白溶液(如零浓度)作参比溶液。

(4) 如果试样中其他组分有吸收,但不与显色剂反应,则当显色剂无吸收时,可用试样溶液作参比溶液;当显色剂略有吸收时,可在试样中加入适当的掩蔽剂将待测组分掩蔽后再加显色剂,然后以此溶液作参比溶液。

9.3.5 吸光度范围的选择

任何光度计都有一定的测量误差,这是由测量过程中光源的不稳定、读数的不准确或实验条件的偶然变动等因素造成的。由于吸收定律中浓度 c 与透光率 T 是负对数的关系,相同的透光率读数误差在不同的浓度范围内,所引起的浓度相对误差不同。当浓度较大或浓度较小时,相对误差都比较大。因此,要选择适宜的吸光度范围进行测量,以降低测定结果的相对误差。根据吸收定律

$$\lg\frac{1}{T}=\varepsilon bc$$

对上式微分后,得

$$-\mathrm{d}\lg T=-0.434\mathrm{d}\ln T=-\frac{0.434}{T}\mathrm{d}T=\varepsilon b\mathrm{d}c$$

将以上两式相除,并用有限值代替微分值,得

$$\frac{\Delta c}{c}=\frac{0.434}{T\lg T}\Delta T$$

式中:$\frac{\Delta c}{c}$为浓度的相对误差;ΔT 为透光率的绝对误差。

以$\frac{\Delta c}{c}$对 T 作图,如图 9-8 所示。

由图 9-8 可以看出,当吸光度为 0.15～1.0 时,浓度的相对误差为 3.6%～5%。吸光度读数过高或过低,误差都迅速增长。因此,应该避免用光度分析测定含量过高及过低的物质。

随着仪器生产水平的提高,测量误差也有所改善。在实际使用过程中应该参照厂家出具的说明书确认测量误差范围。

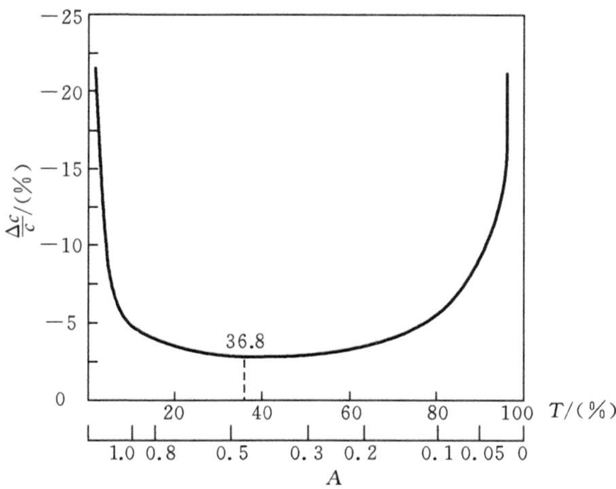

图 9-8　测量误差和透光率关系($\Delta T=0.01$)

9.4　分光光度法的应用

9.4.1　标准曲线法对单组分含量的测定

分光光度法最常用于标准曲线法对单组分含量的测定。与其他很多仪器分析中的标准曲线法类似,要配制一系列不同浓度的标准溶液,在已经选定的测定波长处测定各标准溶液的吸光度,以吸光度对溶液浓度作图,得到一条标准曲线。然后在同一波长处测定待测溶液的吸光度,根据吸光度值在标准曲线上查找与之对应的浓度值,就是待测溶液目标组分的含量。

9.4.2　酸碱离解常数的测定

酸和碱的离解常数可用分光光度法测定,离解常数依赖于溶液的 pH 值。

设有一元弱酸 HB,按下式离解:

$$HB \rightleftharpoons H^+ + B^-$$

$$K_a = [B^-][H^+]/[HB]$$

配制三种分析浓度($c=[HB]+[B^-]$)相等而 pH 值不同的溶液。第一种溶液的 pH 值在 pK_a附近,此时溶液中 HB 与 B^- 共存,用 1 cm 的吸收池在一定的波长下,测量其吸光度为

$$A = A_{HB} + A_{B^-} = \kappa_{HB}[HB] + \kappa_{B^-}[B^-]$$

$$A = \kappa_{HB}\frac{[H^+]c}{[H^+]+K_a} + \kappa_{B^-}\frac{K_a c}{[H^+]+K_a} \tag{9-9}$$

第二种溶液是 pH 值比 pK_a低 2 以上的酸性溶液,此时弱酸几乎全部以 HB 型体存在,在上述波长下测得吸光度为

$$A_{HB} = \kappa_{HB}[HB] = \kappa_{HB}c$$

$$\kappa_{HB} = \frac{A_{HB}}{c} \tag{9-10}$$

第三种溶液是pH值比pK_a高2以上的碱性溶液,此时弱酸几乎全部以B^-型体存在,在上述波长下测得吸光度为

$$A_B = \kappa_{B^-}[B^-] = \kappa_{B^-} c$$

$$\kappa_{B^-} = \frac{A_{B^-}}{c} \tag{9-11}$$

将式(9-9)、式(9-10)、式(9-11)整理得

$$K_a = \frac{A_{HB} - A}{A - A_{B^-}}[H^+]$$

$$pK_a = pH + \lg \frac{A - A_{B^-}}{A_{HB} - A}$$

此为用分光光度法测定一元弱酸离解常数的基本公式。

9.4.3　配合物组成和稳定常数的测定

物质的量比法(饱和法)是根据在配位反应中金属离子M被显色剂R所饱和的原则来测定配合物组成的。

设配位反应式为

$$M + nR \rightleftharpoons MR_n$$

通过固定其中一种组分的浓度,逐渐改变另一种组分的浓度,在选定条件和波长下,测定溶液的吸光度。一般是固定金属离子M的浓度,改变配位剂R的浓度,将所得吸光度对[R]/[M]作图,如图9-9所示。

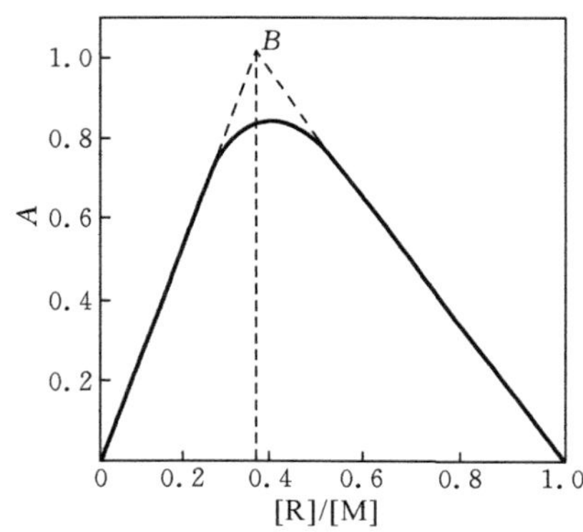

图9-9　配合物的物质的量比法图示

当配位剂的量较小时,金属离子没有完全配合。随着配位剂的量逐渐增加,生成的配合物便不断增多。当金属离子被配合后,这时配位剂的量再增多吸光度也不会增大。图9-9中曲线转折点不明显,是由于配合物离解所造成的。运用外推法得一交点,从交点向横坐标作垂线,对应的[R]/[M]值就是配合物的配合比n。

这种方法简单、快速,离解度小的配合物可以得到满意的结果,尤其适宜于配合比高的配合物组成的测定。

9.4.4　示差分光光度法

前面已经讨论过,分光光度法不适合测定过高及过低浓度的溶液,会产生较大误差。即使能将A控制在合适的吸光度范围(0.15～1.0)内,测量误差也仍有4%左右。这样大的相对误差如果说对微量组分的测定还是可以接受的话,那么对常量组分测定就是不能允许的,因为此时不仅相对误差较大,而且绝对误差也较大。但示差分光光度法可以应用于常量组分的测定,因为它们的测量相对误差可以降低到0.5%以下,从而使测量准确度大大提高。

示差分光光度法与普通分光光度法的主要区别在于它们所采用的参比溶液不同。示差分光光度法是以浓度比待测溶液浓度稍低的标准溶液作为参比溶液。假设待测溶液浓度为

c_x，参比溶液浓度为 c_s，则 $c_s < c_x$。根据朗伯-比尔定律，在普通分光光度法中，有

$$A_x = \varepsilon b c_x = -\lg T_x = -\lg \frac{I_x}{I_0}$$

$$A_s = \varepsilon b c_s = -\lg T_s = -\lg \frac{I_s}{I_0}$$

但是在示差分光光度法中，是以参比溶液为参比，即以参比溶液的透射光强 I_s 作为假想的入射光强 I_0' 来调节吸光度零点的，即

$$I_s = I_0'$$

而把待测溶液推入光路后，其透光率为

$$T_{差} = \frac{I_x}{I_0'} = \frac{I_x}{I_s} = \frac{I_x}{I_0}\frac{I_0}{I_s} = \frac{T_x}{T_s}$$

所测得的吸光度为

$$A_{差} = -\lg T_{差} = -\lg \frac{T_x}{T_s} = (-\lg T_x) - (-\lg T_s) = A_x - A_s = \Delta A$$

可见，在示差分光光度法中，实际测得的吸光度 $A_{差}$ 就相当于在普通分光光度法中待测溶液与参比溶液的吸光度之差 ΔA。"示差"一词即源于此。将朗伯-比尔定律代入，有

$$\Delta A = A_x - A_s = \varepsilon b(c_x - c_s) = \varepsilon b \Delta c$$

其中，$\Delta c = c_x - c_s$。即在示差分光光度法中，朗伯-比尔定律可表示为

$$\Delta A = \kappa \Delta c$$

据此测得的浓度并不是 c_x 而是浓度差 Δc。但由于 c_s 是已知的标准溶液的浓度，由

$$c_x = c_s + \Delta c$$

可间接推算出待测溶液的浓度 c_x。此即示差分光光度法测定的原理。

在示差分光光度法中，由仪器噪声引起的测量误差依然存在，因此，即使控制吸光度 ΔA 为 0.2～0.8，测量相对误差也仍将达到约 4%。但与普通分光光度法不同的是，在示差分光光度法中这个近 4% 的相对误差是相对于 Δc 而言的，而不是相对于 c_x 而言的。如果是相对于 c_x 而言的，则相对误差为

$$\mathrm{RE} = \frac{4\% \times \Delta c}{c_x}$$

由于 c_x 仅仅是稍大于 c_s，故 c_x 总是远大于 Δc。假设 c_x 为 Δc 的 10 倍，则测量相对误差就等于 0.4%。这就使得示差分光光度法的准确度大大提高，可适用于常量组分的分析。示差分光光度法标尺扩大原理如图 9-10 所示。

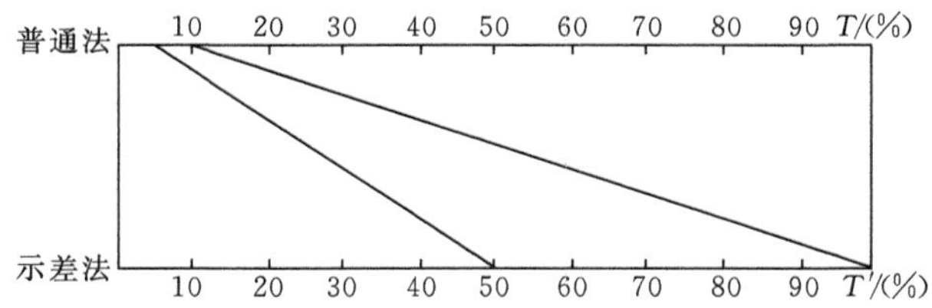

图 9-10　示差分光光度法标尺扩大原理

从仪器构造上讲，示差分光光度法需要一个大发射强度的光源，才能用高浓度的参比溶液调节吸光度零点。因此，必须采用专门设计的示差分光光度计，这使它的应用受到一定限

制。

9.4.5 多组分的同时测定

在分光光度法中,经常可以同时测定多个组分,下面以溶液中有 x、y 两个组分为例进行讨论。

(1) 当两个组分的吸收曲线不重叠时,如图 9-11(a)所示,和正常情况相同,分别在波长为 λ_1 和 λ_2 处测定 x、y 两组分,互不干扰。

(2) 当两个组分的吸收曲线重叠时,如图 9-11(b)和(c)所示,在两组分各自最大吸收峰处都互有干扰,由吸光度的加和性,此时将在波长为 λ_1 和 λ_2 处测定 x、y 两组分的吸光度 A_1 和 A_2,联立方程

$$A_1 = \kappa_{x_1} bc_x + \kappa_{y_1} bc_y$$
$$A_2 = \kappa_{x_2} bc_x + \kappa_{y_2} bc_y$$

解上述方程组即可求出 x、y 两组分的浓度 c_x、c_y。

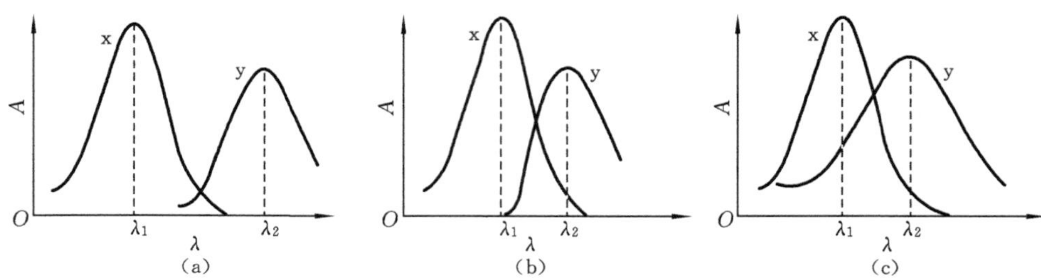

图 9-11 多组分分析光谱

如果多个组分之间在测定波长处的吸光度值相差不大,则会对测定结果带来很大误差,所以此法也只常用于两组分或三组分体系的测定。如果组分过多,则需利用最小二乘法进行求解。

9.4.6 光度滴定法

光度滴定法是常用的化学分析方法之一。因为它与肉眼观察的普通滴定法相比能更准确地确定滴定终点。只要滴定剂、被测组分或生成物中的任何一种在一定波长具有吸收并遵守朗伯-比尔定律,就可以利用滴定过程中吸收的增强或减弱来确定滴定终点,这就是直接光度滴定法。通常是在适当波长(生成物、被测组分或滴定剂的 λ_{max})下,不断加入滴定剂,同时测定溶液的吸光度,依据吸光度的突变来确定滴定终点,以 $A\text{-}V_{滴定剂}$ 作图,得到光度滴定曲线,这是一条折线,两直线段的交点或延长线的交点即为化学计量点,可应用于配合、酸碱、氧化还原反应,有时还可用于沉淀反应。

对应于滴定反应,有

$$\text{M(被测组分)} + \text{T(滴定剂)} \longrightarrow \text{C(生成物)}$$

用 0.1 mol/L EDTA 溶液滴定 100 mL Cu^{2+}、Bi^{3+} 混合液(浓度均为 2×10^{-3} mol/L,pH=2.0),由于

$$\lg K_{BiY} = 28.2 > \lg K_{CuY} = 18.8$$

所以先滴 $Bi^{3+} \longrightarrow BiY^-$(无色),然后滴 $Cu^{2+} \longrightarrow CuY^{2-}$(蓝色)。

在滴定过程中用分光光度计记录吸光度的变化，从而求出滴定终点的容量分析方法，适用于滴定有色的或混浊的溶液，或滴定微量物质，并可提高灵敏度和准确度。光度滴定装置可由分光光度计改装。将具微型搅拌器的滴定池放在分光光度计的吸收池暗室内，微量滴定管则放在滴定池上方。在滴定过程中，溶液吸光度 A 的变化遵循朗伯-比尔定律。滴定时，每加入一定量的滴定剂，都在一定波长下记录其吸光度，在超过化学计量点后，还需再加 6～8 滴滴定剂，并记录吸光度。然后以吸光度 A 为纵坐标，标准溶液的体积 V 为横坐标，绘制光度滴定曲线，从两条切线的交点可求得滴定终点。

光度滴定法的优点如下。

(1) 可在很稀溶液中进行。

(2) 只要求反应速率大，不要求反应进行完全(允许滴定剂过量很多)。

(3) 只要待测组分(M)或滴定剂(T)浓度和 A 之间有良好的线性关系，即可通过作图确定滴定终点，与化学计量点附近弯曲部分无关，所以只需在化学计量点前、后各取 3～4 个数据即可准确确定滴定终点。

(4) 对于底色较深的溶液，用指示剂显色目测终点比较困难，用光度滴定并选用合适的波长即可测定。

本章小结

1. 朗伯-比尔定律

当一束单色光通过一定厚度的某有色物质的溶液时，溶液的吸光度 A 与溶液中有色物质的浓度 c 及溶液的厚度 b 成正比，即

$$A=\varepsilon bc \quad 或 \quad A=abc$$

式中，ε 为摩尔吸光系数，单位为 L/(mol · cm)；a 为吸光系数，单位为 L/(g · cm)。

2. 偏离朗伯-比尔定律的两个主要原因

一是入射光为非单色光，二是对入射光有吸收的物质发生了缔合、离解等化学反应。

3. 分光光度法实验条件的选择

(1) 选择适当波长的入射单色光，一般可选择最大吸收波长的入射单色光。

(2) 溶液浓度要适当，使其能在 $0.2<A<0.8$ 的范围内进行测量。

(3) 选择合适的显色剂。

(4) 选择合适的显色条件。

4. 一般分光光度计的主要部件

光源、单色器、吸收池和检测系统。

5. 应用分光光度法进行定量测定的方法

标准曲线法、示差分光光度法等。

6. 分光光度法的应用

单组分含量测定、多组分含量同时测定、酸碱离解常数测定、配合物的组成和稳定常数测定、光度滴定等。

阅读材料

光　污　染

一般来说,凡是人工照明对户外环境和我们的生活方式产生负面甚至有害的作用时,就可被视为光污染。最显而易见的影响是城市夜空里的星星被众多大厦的灯光所覆盖而消失了。这使得观察宇宙的研究受到影响,而且破坏了生态平衡。

依据不同的分类原则,光污染可以分为不同的类型。国际上一般将光污染分成白亮污染、人工白昼和彩光污染。

(1) 白亮污染:当太阳光照射强烈时,城市里建筑物的玻璃幕墙、釉面砖墙、磨光大理石和各种涂料等装饰物反射光线,明晃白亮、炫眼夺目。研究发现,长时间在白色光亮污染环境下工作和生活的人,视网膜和虹膜都会受到不同程度的损害,视力急剧下降,白内障的发病率高达45%。还使人头昏心烦,甚至出现失眠、食欲下降、情绪低落、身体乏力等类似神经衰弱的症状。

(2) 人工白昼:夜幕降临后,商场、酒店上的广告灯、霓虹灯闪烁夺目,令人眼花缭乱。有些强光束甚至直冲云霄,使得夜晚如同白天一样,即所谓人工白昼。在这样的"不夜城"里,夜晚难以入睡,扰乱人体正常的生物钟,导致白天工作效率低下。人工白昼还会伤害鸟类和昆虫,强光可能破坏昆虫在夜间的正常繁殖过程。

(3) 彩光污染:舞厅、夜总会安装的黑光灯、旋转灯、荧光灯以及闪烁的彩色光源构成了彩光污染。据测定,黑光灯所产生的紫外线强度大大高于太阳光中的紫外线,且对人体有害影响持续时间长。人如果长期接受这种照射,可诱发流鼻血、脱牙、白内障,甚至导致白血病和其他癌变。

防治光污染主要有下列几个方面:

(1) 加强城市规划和管理,改善工厂照明条件等,以减少光污染的来源。

(2) 对有红外线和紫外线污染的场所采取必要的安全防护措施。

(3) 采用个人防护措施,主要是戴防护眼镜和防护面罩。光污染的防护眼镜有反射型防护眼镜、吸收型防护眼镜、爆炸型防护眼镜、光化学反应型防护眼镜、光电型防护眼镜和变色微晶玻璃型防护眼镜等类型。

习　题

1. 已知 $KMnO_4$ 的 $\varepsilon=2.2\times10^3$ L/(mol·cm),计算在此波长下 6.5×10^{-5} mol/L $KMnO_4$ 溶液在3.0 cm吸收池中的透光率。当溶液稀释一倍后透光率是多少?

(14%,37%)

2. 以丁二酮肟光度法测定镍,若配合物 $NiDx_2$ 的浓度为 1.7×10^{-5} mol/L,用2.0 cm吸收池在470 nm波长下测得的透光率为30.0%。计算配合物在该波长的摩尔吸光系数。

(1.5×10^4 L/(mol·cm))

3. 用示差分光光度法测量某含铁溶液,用 5.4×10^{-4} mol/L Fe^{3+} 溶液作参比,在相同条件下显色,用1 cm吸收池测得样品溶液和参比溶液吸光度之差为0.300。已知 $\varepsilon=2.8\times10^3$ L/(mol·cm),则样品溶液中 Fe^{3+} 的浓度为多少?

(6.5×10^{-4} mol/L)

4. 以邻二氮杂菲光度法测定 Fe（Ⅱ），称取 0.500 g 试样，经处理后，加入显色剂，最后定容为 50.0 mL，用 1.0 cm 吸收池在 510 nm 波长下测得吸光度 $A=0.430$，计算试样中的 w_{Fe}（以百分数表示）。当溶液稀释一倍后透光率是多少？（$\varepsilon=1.1\times10^4$ L/(mol · cm)）

（0.022%，61%）

5. 根据下列数据绘制磺基水杨酸光度法测定 Fe(Ⅲ)的工作曲线。标准溶液是由 0.432 g 铁铵矾[$NH_4Fe(SO_4)_2\cdot12H_2O$]溶于水定容到 500.0 mL 配制而成。取下表不同量标准溶液于 50.0 mL 容量瓶中，加入显色剂然后定容，测量其吸光度。

$V_{Fe(Ⅲ)}$/mL	1.00	2.00	3.00	4.00	5.00	6.00
A	0.097	0.200	0.304	0.408	0.510	0.618

测定某试液的含铁量时，吸取 5.00 mL 试液，稀释至 250.0 mL，再取此稀释溶液 2.00 mL 置于 50.0 mL容量瓶中，与上述工作曲线相同条件下显色后定容，测得的吸光度为0.450，计算试液中 Fe(Ⅲ)的含量（以 g/L 表示）。

（11.0 g/L）

6. 有两份不同浓度的某有色配合物溶液，当液层厚度均为 1.0 cm 时，对某一波长的透光率分别为：(a)65.0%；(b)41.8%。设待测物质的摩尔质量为 47.9 g/mol。

(1) 求该两份溶液的吸光度 A_1、A_2。

(2) 如果溶液(a)的浓度为 6.5×10^{-4} mol/L，求溶液(b)的浓度。

(3) 计算在该波长下有色配合物的摩尔吸光系数。

（(1)0.187，0.379；(2)1.3×10^{-3} mol/L；(3)2.9×10^2 L/(mol · cm)）

7. 准确称取 1.00 mmol 的指示剂于 100 mL 容量瓶中溶解并定容。分别取 2.50 mL 该溶液 5 份，调至不同 pH 值并定容至 25.0 mL，用 1.0 cm 吸收池在 650 nm 波长下测得如下数据：

pH 值	1.00	2.00	7.00	10.00	11.00
A	0.00	0.00	0.588	0.840	0.840

计算在该波长下 In^- 的摩尔吸光系数和该指示剂的 pK_a。

（8.4×10^2 L/(mol · cm)，6.63）

8. 用分光光度法测定含有两种配合物 x 与 y 的溶液的吸光度($b=1.0$ cm)，获得下列数据：

溶　液	c/(mol/L)	A_1(285 nm)	A_2(365 nm)
x	5.0×10^{-4}	0.053	0.430
y	1.0×10^{-3}	0.950	0.050
x 与 y	未知	0.640	0.370

计算未知溶液中 x 和 y 的浓度。

（3.9×10^{-4} mol/L，6.3×10^{-4} mol/L）

9. 当分光光度计测量透光率的读数误差 $\Delta T=0.010$ 时，测得不同浓度的某吸光溶液的吸光度分别为：0.010、0.100、0.200、0.434、0.800、1.200。利用吸光度与浓度成正比及吸光度与透光率的关系，计算由仪器读数误差引起的浓度测量的相对误差。

（44%，5.5%，3.4%，2.7%，3.4%，5.7%）

第 10 章　原子吸收光谱分析法

10.1　原子吸收光谱分析法概述

原子吸收光谱分析法(atomic absorption spectrometry,AAS)又称原子吸收分光光度分析法,是基于试样中待测元素的基态原子蒸气对同种元素发射的特征谱线进行吸收,依据吸收程度来测定试样中该元素含量的一种方法。该方法是 20 世纪 50 年代后期才逐渐发展起来的,随着商品仪器的出现与不断完善,现已成为分析实验室中金属元素测定的基本方法之一。

早在 1802 年,伍朗斯顿(Wollaston W. H.)就发现太阳连续光谱中存在一些暗线,但其产生原因长期不明。直到 1860 年本生(Bunsen R.)和克希荷夫(Kirchhoff G.)才指出:“太阳光谱中的暗线是太阳外围较冷蒸气圈中钠原子蒸气对太阳连续光谱吸收的结果。”尽管对原子吸收现象的观察已有很长时间,但原子吸收光谱分析法作为一种分析方法还是从 1955 年澳大利亚物理学家瓦尔什(Walsh A.)发表了他的著名论文《原子吸收光谱在化学分析中的应用》以后才开始的,这篇论文奠定了原子吸收光谱分析法的理论基础。随后,1959 年里沃夫(L’ vov)发表了非火焰原子吸收光谱法的研究论文,提出石墨原子化器,使得原子吸收光谱分析法的灵敏度得到较大提高。1965 年威尔斯(Willis J. B.)将氧化亚氮-乙炔火焰成功用于火焰原子吸收分光光度法中,使测定元素由近 30 种增加到 70 种之多。

原子吸收光谱分析法是分析化学发展史上发展最快的方法之一。该方法具有灵敏度高、选择性好、抗干扰能力强、重现性好、测定元素范围广、仪器简单、操作方便等许多优点,现已被广泛应用于机械、冶金、地质、化工、农业、食品、轻工、医药、卫生防疫、环境监测、材料科学等各个领域。

原子吸收光谱分析法也有其局限性。例如:测定每一种元素都需要使用同种元素金属制作的空心阴极灯,这不利于进行多种元素的同时测定;对难熔元素(如铈、镨、钕、镧、铌、钨、锆、铀、硼等)的分析能力低;对共振线处于真空紫外区的非金属元素(如卤素、硫、磷等)不能直接测定,只能用间接法测定;非火焰法虽然灵敏度高,但准确度和精密度不够理想。这些均有待进一步改进和提高。

为了实现原子吸收分析,要有可供气态原子吸收的特征辐射,该辐射要靠光源来发射,原子吸收分析的光源一般用空心阴极灯;要将试样中待测元素转变为气态原子,这一过程称为原子化,需要借助于原子化器来实现;此外,还需要使用分光系统和检测系统,将分析线与非分析线的辐射分开并测量吸收信号的强度。根据所得吸收信号强度的大小便可进行物质的定量分析。

10.2　原子吸收光谱分析的基本原理

10.2.1　共振线与吸收线

一个原子可具有多种能态，在正常状态下，原子处在最低能态，即基态。基态原子受到外界能量激发，其外层电子可能跃迁到不同能态，因此有不同的激发态。电子吸收一定的能量，从基态跃迁到能量最低的第一激发态时，由于激发态不稳定，电子会在很短的时间内跃迁返回基态，并以光的形式辐射出同样的能量，这种谱线称为共振发射线。使电子从基态跃迁到第一激发态所产生的吸收谱线称为共振吸收线。共振发射线和共振吸收线都简称为共振线。

根据 $\Delta E = h\nu$ 可知，由于各种元素的原子结构及其外层电子排布不同，核外电子从基态受激发而跃迁到其第一激发态所需能量不同，同样，再跃迁回基态时所发射的共振线也就不同，因此这种共振线就是元素的特征谱线。由于第一激发态与基态之间跃迁所需能量最低，最容易发生，因此，对大多数元素来说，共振线就是元素的灵敏线。原子吸收分析就是利用处于基态的待测原子蒸气对从光源辐射的共振线的吸收来进行的。

10.2.2　基态原子数与激发态原子数的分布

在进行原子吸收测定时，试液应在高温下挥发并离解成原子蒸气，其中部分基态原子可能进一步被激发成激发态原子。按照热力学理论，在热平衡状态时，基态原子与激发态原子的分布符合玻耳兹曼分布定律，即

$$N_j = N_0 \frac{g_j}{g_0} e^{-\frac{E_j - E_0}{kT}} \tag{10-1}$$

式中：N_j 和 N_0 分别为单位体积内激发态和基态原子的原子数；g_j 和 g_0 分别为原子激发态和基态的统计权重（表示能级的简并度，即相同能量能级的数目）；E_j 和 E_0 分别为激发态和基态的能量；k 为玻耳兹曼常数（1.38×10^{-23} J/K）；T 为热力学温度。

对共振线来说，电子从基态（$E_0=0$）跃迁到激发态，于是式（10-1）可写为

$$N_j = N_0 \frac{g_j}{g_0} e^{-\frac{E_j}{kT}} = N_0 \frac{g_j}{g_0} e^{-\frac{h\nu}{kT}} \tag{10-2}$$

在原子光谱中，对一定波长的谱线，g_j、g_0 和 E_j 均为已知。若知道火焰的温度，就可以计算出 N_j/N_0 值。表 10-1 列出了某些元素共振线的 N_j/N_0 值。

表 10-1　某些元素共振线的 N_j/N_0 值

元素	谱线波长 λ/nm	E_j/eV	g_j/g_0	N_j/N_0		
				2 000 K	2 500 K	3 000 K
Cs	852.11	1.455	2	4.31×10^{-4}	2.33×10^{-3}	7.19×10^{-3}
K	766.49	1.617	2	1.68×10^{-4}	1.10×10^{-3}	3.84×10^{-3}
Na	589.0	2.104	2	0.99×10^{-5}	1.14×10^{-4}	5.83×10^{-4}
Ba	553.56	2.239	3	6.83×10^{-6}	3.19×10^{-5}	5.19×10^{-4}
Ca	422.67	2.932	3	1.22×10^{-7}	3.67×10^{-6}	3.55×10^{-5}
Cu	324.75	3.817	2	4.82×10^{-10}	4.04×10^{-8}	6.65×10^{-7}
Mg	285.21	4.346	3	3.35×10^{-11}	5.20×10^{-9}	1.50×10^{-7}
Zn	213.86	5.795	3	7.45×10^{-15}	6.22×10^{-12}	5.50×10^{-10}

从式(10-2)及表 10-1 的数据可知,温度越高,N_j/N_0的值越大。在同一温度下,电子跃迁的能级 E_j越小,共振线的波长越长,N_j/N_0的值也越大。由于常用的火焰温度一般低于 3 000 K,大多数共振线的波长小于 600 nm,因此,大多数元素的 N_j/N_0的值很小,即原子蒸气中激发态原子数远小于基态原子数,也就是说,火焰中基态原子数占绝对多数,激发态原子数 N_j可忽略不计,即可用基态原子数 N_0代表吸收辐射的原子总数。

10.2.3 谱线轮廓及变宽

当将一束不同频率的光(强度为 I_0)通过原子蒸气时(如图 10-1 所示),一部分光被吸收,透过光的强度 I_ν与原子蒸气宽度 L 有关。若原子蒸气中原子密度一定,则透过光强度与原子蒸气宽度 L 成正比,符合光吸收定律,有

$$I_\nu = I_0 e^{-K_\nu L} \tag{10-3}$$

$$A = \lg \frac{I_0}{I_\nu} = 0.434 K_\nu L \tag{10-4}$$

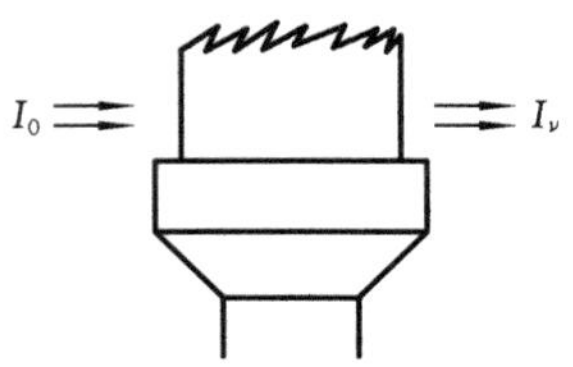

图 10-1 原子吸收示意图

式中:K_ν为原子蒸气中基态原子对频率为 ν 的光的吸收系数。由于基态原子对光的吸收有选择性,即原子对不同频率的光的吸收不尽相同,因此,透射光的强度 I_ν随光的频率 ν 而变化,其变化规律如图 10-2 所示。由图可知:在频率 ν_0处,透射的光最少,即吸收最大,也就是说,在特征频率 ν_0处吸收线的强度最大。ν_0称为谱线的中心频率或峰值频率。

若在各种频率 ν 下测定吸收系数 K_ν,并以 K_ν对 ν 作图得一曲线,称为吸收曲线(如图 10-3 所示)。其中,曲线吸收系数极大值相对应的频率 ν_0称为中心频率,中心频率处的吸收系数 K_0称为峰值吸收系数。在峰值吸收系数一半($K_0/2$)处吸收线呈现的宽度称为半宽度,以 $\Delta\nu$ 表示。吸收曲线的形状就是谱线的轮廓。ν_0和 $\Delta\nu$ 是表征谱线轮廓的两个重要参数,前者取决于原子能级的分布特征(不同能级间的能量差),后者除谱线本身具有的自然宽度外,还受多种因素的影响。下面讨论几种较为重要的谱线变宽因素。

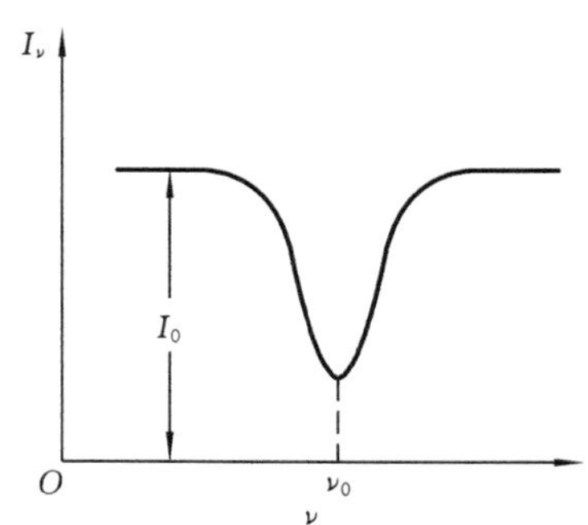

图 10-2 透射光强度 I_ν与频率 ν 关系

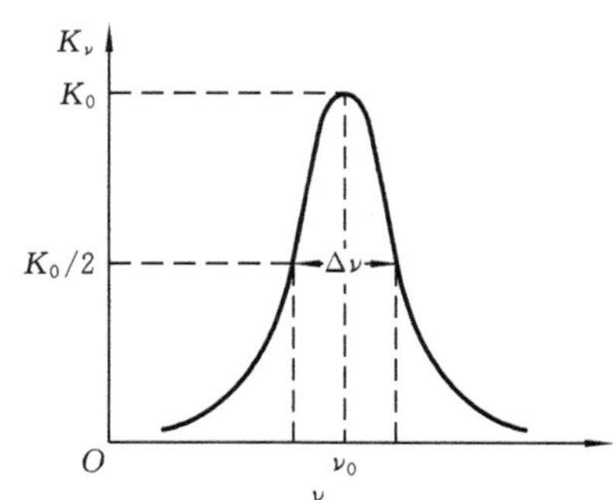

图 10-3 吸收线轮廓

1. 自然宽度 $\Delta\nu_N$

没有外界影响的情况下,谱线仍有一定宽度,该宽度称为自然宽度,以 $\Delta\nu_N$表示。其大小与激发态原子的平均寿命 $\Delta\tau$ 成反比,平均寿命越长,谱线宽度越窄。不同谱线有不同的自然宽度。对于多数元素的共振线而言,其宽度一般小于 10^{-5} nm,与其他谱线变宽效应相

比，其值较小，可忽略不计。

2. 多普勒变宽 $\Delta\nu_D$

由于原子在空间无规则热运动而引起的变宽，称为多普勒变宽，也称为热变宽。由多普勒光学效应可知：在原子吸收分析中，处于无规则热运动状态的发光粒子，有的向着检测器运动，在检测器看来，其频率较静止的发光粒子大（波长短）；有的背离检测器运动，在检测器看来，其频率较静止的发光粒子小（波长长）。因此，检测器接受到很多频率稍有不同的光，从而谱线发生变宽。多普勒变宽与温度的平方根成正比，与待测元素的相对原子质量的平方根成反比，因此，待测元素的相对原子质量 M 越小，温度 T 越高，多普勒变宽 $\Delta\nu_D$ 越大。对多数谱线来说，通常 $\Delta\nu_D$ 为 10^{-4}～10^{-3} nm，是谱线变宽的主要因素。

3. 压力变宽

由于吸光原子与蒸气中其他粒子（分子、原子、离子和电子等）间的相互碰撞，引起能级变化，从而使发射或吸收光的频率改变，由此产生的谱线变宽统称为压力变宽。压力变宽通常随压力增大而增大。

根据相互碰撞的粒子的不同，可将压力变宽分为两类。

(1) 凡是同种粒子（如待测元素原子间）碰撞引起的变宽称为共振变宽或赫尔兹马克变宽。由于原子吸收光谱分析法多用于痕量分析或微量分析，待测元素原子浓度较低，所以它们之间相互碰撞的概率较小，因此，该变宽不是主要的压力变宽。

(2) 凡是由异种粒子（如待测元素原子与火焰气体粒子）碰撞引起的变宽称为洛伦兹变宽，以 $\Delta\nu_L$ 表示。

洛伦兹宽度与温度的平方根成反比，这与多普勒宽度相反，但它显著地随气体压力的增大而增大。在原子蒸气中，由于火焰中外来气体的压力较大，洛伦兹变宽占有重要地位，洛伦兹宽度与多普勒宽度处于同一数量级，为 10^{-4}～10^{-3} nm，也是谱线变宽的主要因素。

在空心阴极灯中，由于气体压力很低，一般仅为 266.6～1 333 Pa，洛伦兹变宽产生的影响不大；另外，在采用无火焰原子化装置时，其他元素的粒子浓度很低，$\Delta\nu_D$ 将是主要影响因素。

谱线变宽除受上述因素影响外，还受自吸变宽和场致变宽的影响。自吸变宽是由自吸现象引起的，空心阴极灯发射的共振线被灯内同种基态原子所吸收产生自吸现象，从而使谱线变宽。灯电流越大，自吸变宽越严重，因此应尽量使用小的灯电流进行工作。

10.2.4 原子吸收与原子浓度的关系

1. 积分吸收

积分吸收是指在原子吸收分析中原子蒸气所吸收的全部能量，即图 10-3 中吸收线下面所包括的整个面积。根据经典的爱因斯坦理论可知：积分吸收与原子蒸气中吸收辐射的原子数成正比，数学表达式为

$$\int K_\nu \mathrm{d}\nu = \frac{\pi e^2}{mc} f N_0 \tag{10-5}$$

式中：e 为电子电荷；m 为电子质量；c 为光速；N_0 为单位体积内基态原子数，即基态原子的浓度；f 为振子强度，即每个原子能够吸收或发射特定频率光的平均电子数，f 与能级间跃迁概率有关，它反映了谱线的强度，在一定条件下对一定的元素可视为定值。

在一定条件下，$\frac{\pi e^2}{mc}f$ 项为一常数，并设为 K'，则

$$\int K_\nu \mathrm{d}\nu = K'N_0 \tag{10-6}$$

式(10-6)说明：在一定条件下，积分吸收与基态原子数 N_0 呈简单的线性关系，这是原子吸收光谱分析法的重要理论依据。

若能测定积分吸收，则可求出 N_0。然而在实际工作中，要测量出半宽度只有 0.001～0.005 nm的原子吸收线的积分吸收值，所需单色器的分辨率(设波长为 500 nm)为

$$R = \frac{500}{0.001} = 5 \times 10^5$$

显然，这是一般仪器难以达到的。如果用连续光谱作光源，所产生的吸收值将是微不足道的，仪器也不可能提供如此高的信噪比。因此，尽管原子吸收现象早在 18 世纪就被发现，但一直未能成功用于分析应用。直到 1955 年，澳大利亚物理学家瓦尔什提出以锐线光源为激发光源，用峰值吸收来代替积分吸收的测量，从此，积分吸收难以测量的困难才得以间接解决。

2. 峰值吸收

1955 年，瓦尔什提出在温度不太高的稳定火焰条件下，峰值吸收系数与火焰中待测元素的自由原子浓度也存在线性关系。吸收线中心波长处的吸收系数 K_0 为峰值吸收系数，简称峰值吸收。

峰值吸收是积分吸收和吸收线半宽度的函数。从吸收线轮廓(如图 10-3 所示)可以看出：若半宽度 $\Delta\nu$ 较小，吸收线两边会向中心频率靠近，因而峰值吸收系数 K_0 越大，即 K_0 与 $\Delta\nu$ 成反比；若 K_0 增大，则积分面积也增大，可见 K_0 与积分吸收成正比。于是，可写出

$$\frac{K_0}{2} = \frac{b}{\Delta\nu}\int K_\nu \mathrm{d}\nu \tag{10-7}$$

式中：K_0 为峰值吸收；b 为常数，其值取决于谱线变宽因素。当多普勒变宽是唯一变宽因素时，b 为 $\sqrt{\frac{\ln 2}{\pi}}$；当洛伦兹变宽是唯一变宽因素时，b 为 $\frac{1}{2\sqrt{\pi}}$。实际上，谱线变宽因素不是唯一的，往往是以某一因素为主，另一因素为次，所以 b 介于两者之间。

将积分吸收式(10-5)代入峰值吸收式(10-7)，同时考虑到 $N_0 \approx N$，有

$$K_0 = \frac{2b\pi e^2}{\Delta\nu\, mc} f N_0 \approx \frac{2b\pi e^2}{\Delta\nu\, mc} f N \tag{10-8}$$

可见，峰值吸收与原子浓度成正比，只要能测出 K_0，就可得到 N_0 或 N。

瓦尔什提出用锐线光源测量峰值吸收，从而解决了原子吸收的实用测量问题。锐线光源是发射线半宽度远小于吸收线半宽度的光源(一般为吸收线半宽度的 1/10～1/5)，并且发射线与吸收线的中心频率 ν_0(或波长 λ_0)完全一致，也就是说，锐线光源发射的辐射为被测元素的共振线。

在一般原子吸收测量条件下，原子吸收轮廓取决于多普勒宽度，则峰值吸收系数为

$$K_0 = \frac{2}{\Delta\nu_D}\sqrt{\frac{\ln 2}{\pi}}\,\frac{\pi e^2}{mc} f N \tag{10-9}$$

对于中心吸收，由式(10-4)可得

$$A = \lg \frac{I_0}{I_\nu} = 0.434 K_0 L \tag{10-10}$$

将式(10-9)代入式(10-10)，得到

$$A = 0.434 \times \frac{2}{\Delta\nu_D} \sqrt{\frac{\ln 2}{\pi}} \frac{\pi e^2}{mc} fLN \tag{10-11}$$

在一定的实验条件下，试样中待测元素的浓度 C 与原子化器中基态原子的浓度 N_0 或原子的浓度 N 有恒定的比例关系，式(10-11)的其他参数又都是常数，因此，可改写为

$$A = KC \tag{10-12}$$

式中：K 为常数。

由式(10-12)表明，在一定实验条件下，吸光度 A 与待测元素的浓度 C 成正比，所以通过测定溶液的吸光度就可以求出待测元素的含量。这就是原子吸收光谱法定量分析的基础。

10.3　原子吸收分光光度计

进行原子吸收分析的仪器是原子吸收分光光度计。目前，国内外商品化的原子吸收分光光度计的种类繁多、型号各异，但基本构造原理是相似的，都是由光源、原子化系统、分光系统和检测系统四个主要部分组成(如图 10-4 所示)，下面分别进行介绍。

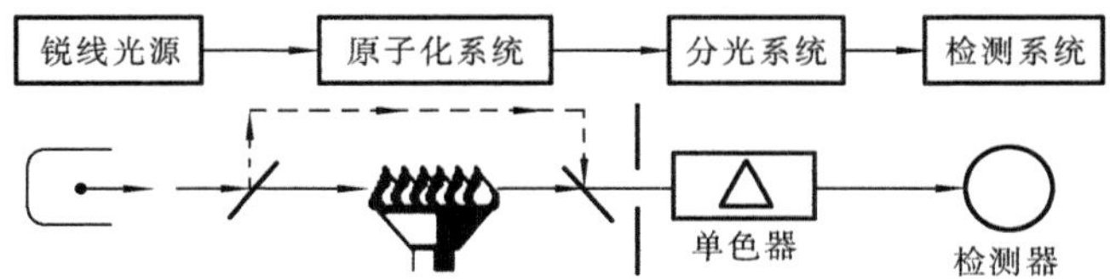

图 10-4　原子吸收分光光度计的结构原理图

10.3.1　光源

光源的作用是给出待测元素的特征辐射。原子吸收对光源有如下要求。

(1) 发射线的波长范围必须足够窄，即发射线的半宽度明显小于吸收线的半宽度，以保证峰值吸收的测量。这样的光源称为锐线光源。

(2) 辐射的强度要足够大，以保证有足够的信噪比。

(3) 辐射光强度要稳定且背景小，使用寿命长等。

目前使用的光源有空心阴极灯(hollow cathode lamp, HCL)、无极放电灯和蒸气放电灯等，其中空心阴极灯是符合上述要求且应用最广的光源。

空心阴极灯是一种气体放电管，其基本结构如图 10-5 所示。它由一个空心圆筒形阴极(内径为 2～5 mm，深约 10 mm)和一个阳极构成。空心阴极一般用待测元素的纯金属制成，也可用其合金，或用铜、铁、镍等金属制成阴极衬套，衬管的空穴内再衬入或融入所需金属。阳极为钨棒，上面装有钛丝或钽片作吸气剂，以吸收灯内少量杂质气体(如氢气、氧气、二氧化碳等)。两电极密封于充有低压惰性气体的带有石英窗的玻璃壳内。

由于受宇宙射线等外界电离源的作用，空心阴极灯中总是存在极少量的带电粒子。当两电极间施加适当电压(通常是 300～500 V)时，管内气体中存在的极少量阳离子向阴极运

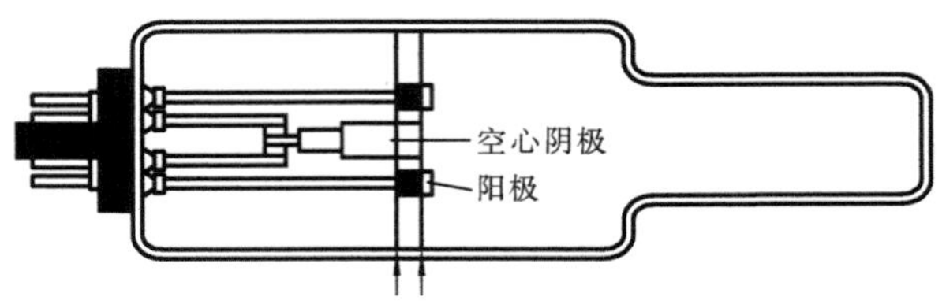

图 10-5 空心阴极灯

动，并轰击阴极表面，使阴极表面的电子获得外加能量而逸出。逸出的电子在电场作用下，向阳极做加速运动，在运动过程中与内充气体原子发生非弹性碰撞，产生能量交换，使惰性气体原子电离产生二次电子和正离子。在电场作用下，这些质量较大、速度较快的正离子向阴极运动并轰击阴极表面，不但将阴极表面的电子击出，而且还使阴极表面的原子获得能量从晶格能的束缚中逸出而进入空间，这种现象称为阴极溅射。溅射出来的阴极元素的原子，在阴极区再与电子、惰性气体原子、离子等发生碰撞并被激发，于是阴极内便出现了阴极物质和内充惰性气体的光谱。

空心阴极灯发射的光谱主要是阴极元素的光谱，因此用不同的待测元素作阴极材料，可制成各相应待测元素的空心阴极灯。若阴极物质只含一种元素，可制成单元素空心阴极灯；若阴极物质含多种元素，则可制成多元素空心阴极灯。多元素空心阴极灯的发光强度一般较单元素空心阴极灯弱。为避免发生光谱干扰，制灯时一般选择的是纯度较高的阴极材料和选择适当的内充气体(常为高纯氖或氩气)，以使阴极元素的共振线附近不含内充气体或杂质元素的强谱线。在电场作用下，充氖气的空心阴极灯发射出橙红色光，充氩气的空心阴极灯发射出淡紫色光，便于调整外光路。

空心阴极灯的光强度与灯的工作电流大小有关。增大灯电流，虽能增强共振发射线的强度，但往往也会发生一些不良现象。例如：使阴极溅射增强，产生密度较大的电子云，灯本身发生自蚀现象；加快内充气体的“消耗”而缩短寿命；阴极温度过高，使阴极物质熔化；放电不正常，使灯光强度不稳定等。如果工作电流过低，又会使灯光强度减弱，导致稳定性、信噪比下降。因此，使用空心阴极灯时必须选择适当的灯电流。最适宜的灯电流随阴极元素和灯的设计不同而不同。

空心阴极灯在使用前一定要预热，使灯的发射强度达到稳定，预热时间长短视灯的类型和元素而定，一般在 5～20 min 范围内。

空心阴极灯是性能优良的锐线光源，只有一个操作参数(即灯电流)，发射的谱线稳定性好，强度高而宽度窄，并且容易更换。

10.3.2 原子化系统

将试样中待测元素转化为基态原子的过程称为原子化过程，能完成这个转化的装置称为原子化系统(原子化器)。待测元素的原子化是整个原子吸收分析中最困难和最关键的环节，原子化效率的高低直接影响到测定的灵敏度，原子化效率的稳定性则直接决定了测定的精密度。原子化过程是一个复杂的过程，常用的原子化方法有火焰原子化法、无火焰原子化法和化学原子化法。下面分别进行介绍。

1. 火焰原子化装置

火焰原子化装置实际上是喷雾燃烧器，它是由雾化器、预混合室(雾化室)、燃烧器、火焰及气体供应等部分组成的。雾化器将试液雾化形成雾滴，这些雾滴在雾化室中与气体（燃气与助燃气）均匀混合，除去大液滴后，再进入燃烧器形成火焰，最后，试液在火焰中产生原子蒸气。预混合型原子化器是目前应用最广的原子化器，如图 10-6 所示。

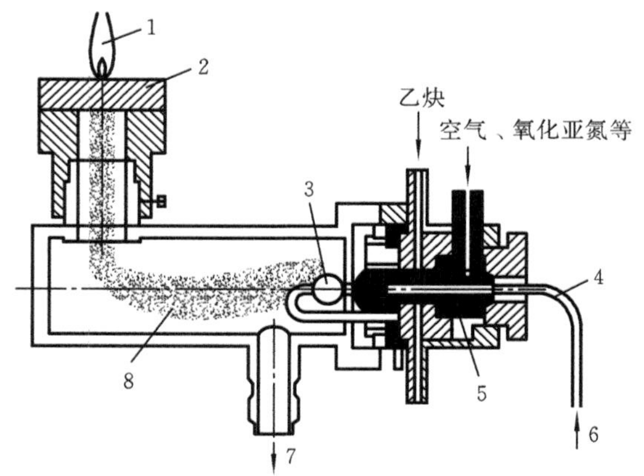

图 10-6　预混合型原子化器

1—火焰；2—燃烧器；3—撞击球；4—毛细管；5—雾化器；6—试液；7—废液；8—预混合室

（1）雾化器。雾化器是原子化器的关键部分，其作用是将试液雾化。原子化过程中，一般要求雾化器喷雾稳定，产生的雾珠要尽量细小而均匀，并且雾化效率要高。目前的商品仪器多采用气动同轴型雾化器，该雾化器由一根吸样毛细管和一只同轴的喷嘴组成，在喷嘴与吸样毛细管之间形成的环形间隙中，由于高压助燃气（空气、氧气、氧化亚氮等）以高速通过，形成负压区，从而将试液沿毛细管吸入，并被高速气流分散成雾滴。喷出的雾滴经节流管后碰在撞击球上，进一步分散成更细小的雾滴。雾化效率除与试液的表面张力及黏度等物理性质有关外，还与助燃气的压力、气体导管和毛细管孔径的相对大小及撞击球的位置等有关。

（2）预混合室。试液雾化后进入预混合室（也称为雾化室，简称雾室），其作用是使雾珠进一步细化并得到一个平稳的火焰环境。雾室一般做成圆筒状，内壁具有一定锥度，下面开有一个废液管。雾化器产生的雾珠有大有小，在雾室中，较大的雾珠由于重力作用重新在室内凝结成大液珠，沿内壁流入废液管排出；小雾珠与燃气在雾室内均匀混合。

（3）燃烧器。被雾化的试液进入燃烧器，在火焰高温和火焰气氛的作用下，经历干燥、熔融、蒸发、离解和原子化等过程，产生大量的基态原子和少量激发态原子、离子和分子。

为防止在高温下变形，燃烧器一般用不锈钢制成。在预混合型燃烧器中，一般采用吸收光程较长的长狭缝型喷灯，这种喷灯灯头金属边沿宽，散热较快，不需要水冷。燃烧狭缝的缝宽与缝长可根据使用的火焰性质来决定，火焰燃烧速度快的，使用较窄的燃烧狭缝，反之，对于燃烧速度慢的火焰，可以使用较宽的燃烧狭缝。

（4）火焰。原子吸收分析测定的是基态原子对特征谱线的吸收情况。因此，对火焰的基本要求是：温度要足够高，要使化合物完全离解为游离的基态原子，但原子又不进一步激发或电离；火焰燃烧要稳定；本身的背景吸收和发射要少。

火焰提供了试液脱水、气化和热分解原子化等过程中所需要的能量，因此其性质很重要。火焰的燃烧特性可从燃烧速度、火焰温度和火焰的燃气与助燃气比例（燃助比）等方面加以描述。燃烧速度是指由着火点向可燃烧混合气其他点传播的速度，它影响火焰的安全使用和燃烧稳定性。要使火焰稳定而安全地燃烧，应使可燃混合气体的供应速度大于燃烧速度。但供气速度过大，会使火焰离开燃烧器，变得不稳定，甚至吹灭火焰；供气速度过小，将会引起回火。火焰中燃气和助燃气的种类不同，火焰的燃烧速度不同，火焰的最高温度也不同，如表 10-2 所示。

表 10-2 几种火焰的温度及燃烧速度

火焰类型	化学反应	最高温度/℃	燃烧速度/(cm/s)
丙烷-空气	$C_3H_8+5O_2 \longrightarrow 3CO_2+4H_2O$	1 925	82
氢气-空气	$H_2+1/2\ O_2 \longrightarrow H_2O$	2 050	320
乙炔-空气	$C_2H_2+5/2\ O_2 \longrightarrow 2CO_2+H_2O$	2 300	160
乙炔-氧化亚氮	$C_2H_2+5N_2O \longrightarrow 2CO_2+H_2O+5N_2$	2 955	180
氢气-氧气	$H_2+1/2\ O_2 \longrightarrow H_2O$	2 700	900
乙炔-氧气	$C_2H_2+5/2\ O_2 \longrightarrow 2CO_2+H_2O$	3 060	1 130

对于同一类型的火焰,根据燃助比的不同可分为化学计量火焰、富燃火焰和贫燃火焰三种类型。化学计量火焰的燃助比中燃气与助燃气的燃烧反应计量关系相近,该火焰蓝色透明、层次清楚、温度高、稳定,火焰本身不具有氧化还原性,又称为中性火焰,可用于 35 种以上元素的测定。富燃火焰是指燃助比大于化学计量的火焰,该火焰因燃气增加使火焰中碳原子浓度增高,火焰呈亮黄色,层次模糊,火焰还原性较强,又称为还原性火焰,适用于 Al、Cr、Mo、Ti、V、W 等易氧化而形成难离解氧化物的元素测定。贫燃火焰是指燃助比小于化学计量的火焰,该火焰呈蓝色,温度较低,并具有明显的氧化性,多用于碱土金属和 Ag、Au、Cu、Co、Pb 等不易氧化的元素测定。

在原子吸收分析中,常用的火焰有氢气-空气、丙烷-空气、乙炔-空气、乙炔-氧化亚氮等。采用氢气作燃气的火焰温度不太高(约 2 000 ℃),但氢火焰具有相当低的发射背景和吸收背景,适用于共振线位于紫外区域的元素(如 As、Se 等)分析。丙烷-空气火焰温度更低(约 1 900 ℃),干扰效应大,仅适用于易挥发和离解的元素,如碱金属和 Cd、Cu、Pb、Au、Ag、Hg、Zn 等的测定。乙炔-空气火焰用途最广,该火焰燃烧稳定,重现性好,噪声低,温度高,最高温度约 2 300 ℃,对大多数元素有足够高的灵敏度;但该火焰对波长小于 230 nm 的辐射有明显吸收,特别是富燃火焰,由于未燃烧炭粒的存在,使火焰的发射和自吸收增强,噪声增大;另外,该火焰对易形成难熔氧化物的 B、Be、Y、Sc、Ti、Zr、Hf、V、Nb、Ta、W、Th、U 以及稀土等元素,原子化效率较低。乙炔-氧化亚氮是另一应用较多的火焰,由于燃烧过程中,氧化亚氮分解出氧和氮并释放出大量热,乙炔则借助其中的氧燃烧,火焰温度高(约 3 000 ℃);另外,火焰中除含 C、CO、OH 等半分解产物外,还有 CN 及 NH 等成分,因而具有强还原性,可使许多离解能较高的难离解(如 Al、B、Be、Ti、V、W、Ta、Zr 等)氧化物原子化,可测 70 多种元素,大大扩展了火焰法的应用范围。

2. 无火焰原子化装置

虽然火焰原子化器操作简便,但雾化效率低,原子化效率也低。此外,基态气态原子在火焰吸收区停留时间很短(约 10^{-4} s),同时原子蒸气在火焰中被大量气体稀释,因此火焰法的灵敏度提高受到限制。无火焰原子化装置是利用电热、阴极溅射、高频感应或激光等方法使试样中待测元素原子化的。下面简要介绍应用最广的电热高温石墨炉原子化器。

石墨炉原子化器的形式多种多样,但其基本原理都是利用大电流(400～600 A)通过高阻值的石墨器皿(如石墨管)时所产生的高温(3 000 ℃),使置于其中的少量溶液或固体样品蒸发和原子化。图 10-7 为一石墨管原子化器示意图,该装置实为石墨电阻加热器,两端开口的石墨管固定在两个电极之间，安装时使其长轴与光束通路重合；管中央上方为进样口，用微量进样器从可卸式窗及进样口将试样注入石墨管内。为了防止试样及石墨管氧化，需在石墨管内、外部不断通入惰性气体（氮或氩）加以保护。

石墨炉原子化法采用直接进样和程序升温的方式，样品需经过干燥、灰化、原子化、除残四个过程，如图 10-8 所示。通过设置适当的电流和加热时间，达到渐进升温的目的。干燥的目的是脱除试样的溶剂，以避免试样在灰化和原子化阶段发生暴沸和飞溅。干燥时，通常以小电流工作，温度控制在稍高于溶剂沸点（如除水时，控温为 105 ℃），干燥时间为 10～20 s。灰化的作用是在较高温度（350～1 200 ℃）下除去易挥发的有机物和低沸点无机物，以减少基体组分对待测元素的干扰及光散射或分子吸收引起的背景吸收，灰化时间为 10～20 s。原子化的温度随待测元素而异，一般为 2 400～3 000 ℃，时间为 5～8 s；在原子化过程中，应停止载气通过，延长基态原子在石墨管中的停留时间，以提高该方法的灵敏度。除残的作用是将温度升至最大允许值，以去除石墨管中的残余物，消除由此产生的记忆效应；除残温度应高于原子化温度，为 2 500～3 200 ℃，时间为 3～5 s。

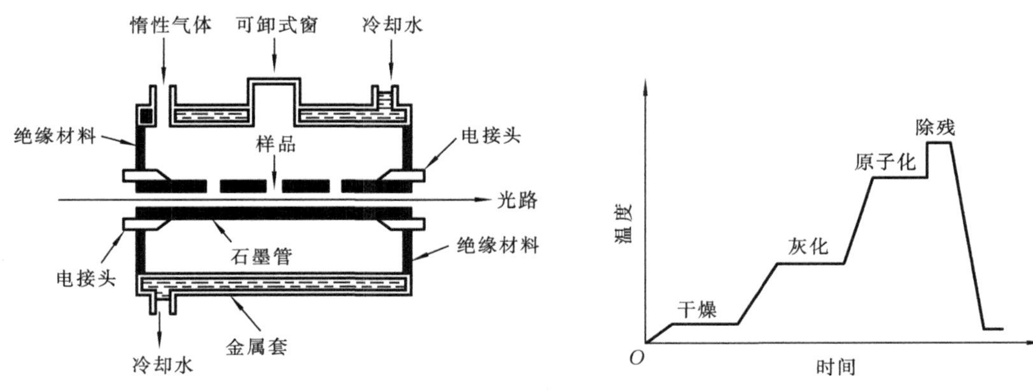

图 10-7　高温石墨管原子化器示意图　　**图 10-8　石墨炉升温示意图**

石墨炉原子吸收光谱分析法的优点是：试样几乎可以完全原子化，原子化效率几乎达到 100%；试样用量少（液体几微升，固体几毫克），对于较黏稠的样品（如生物体体液）和固体均适用；基态原子在吸收区停留的时间长，因此方法的检出限低、灵敏度高。但由于共存化合物的干扰大及背景吸收等，结果的重现性不如火焰法高。

3. 化学原子化法

化学原子化法又称为低温原子化法，是将一些元素的化合物在低温下与强还原剂反应，使样品溶液中的待测元素以气态原子或化合物的形式与反应液分离，然后送入吸收池中或在低温下加热进行原子化的方法。常用的方法有氢化物原子化法和冷原子化法。

氢化物原子化法主要用来测定 As、Bi、Ge、Pb、Sb、Se、Sn 和 Te 等元素。这些元素在酸性介质中与强还原剂硼氢化钠（或钾）反应生成气态氢化物。以砷为例，其反应式为

$$AsCl_3 + 4NaBH_4 + HCl + 8H_2O \longrightarrow AsH_3\uparrow + 4NaCl + 4HBO_2 + 13H_2\uparrow$$

待反应完成后，将反应产生的砷化氢（AsH_3）气体用氩气或氮气送入原子化装置中，由于氢化物不稳定，发生分解，产生自由原子，完成原子化过程，即可进行测定。

氢化物原子化法的基体干扰和化学干扰少，选择性好，另外由于还原转化为氢化物时的效率高，且氢化物生成过程本身是个分离过程，因而本法的灵敏度比火焰法高 1～3 个数量

级。

冷原子化法是将试液中汞离子用 $SnCl_2$ 或盐酸羟胺还原为金属汞,然后用氮气将汞蒸气吹入具有石英窗的气体吸收管中进行原子吸收测量。本法的灵敏度和准确度都较高,是测定微量和痕量汞的好方法。现有专门的测汞仪出售。

10.3.3 光学系统

原子吸收分光光度计的光学系统可分为外光路系统(照明系统)和分光系统(单色器)两部分。

外光路系统的作用是使光源发出的共振线准确地透过被测试液的原子蒸气,并投射到单色器的入射狭缝上。通常用光学透镜来达到这一目的。光源发出的射线成像在原子蒸气的中间,再由第二透镜将光线聚焦在单色器的入射狭缝上。

分光系统的作用是把待测元素的共振线与其他干扰谱线分离开来,只让待测元素的共振线通过。分光系统(单色器)主要由色散元件(光栅或棱镜)、反射镜、狭缝等组成。图 10-9 是一种分光系统(单光束型)的示意图。由入射狭缝 S_1 投射出来的被待测试液的原子蒸气吸收后的透射光,经反射镜 M、色散元件光栅 G、出射狭缝 S_2,最后照射到光电检测器 PM 上,以备光电转换。

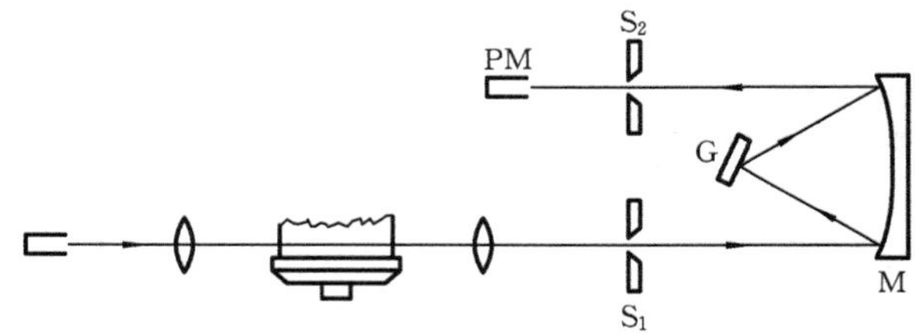

图 10-9 一种分光系统示意图

G—光栅；M—反射镜；S_1—入射狭缝；S_2—出射狭缝；PM—光电检测器

原子吸收法要求单色器有一定的分辨率和集光本领,这可通过选用适当的光谱通带来满足。所谓光谱通带是通过单色器出射狭缝的光束的波长宽度,即光电检测器 PM 所接收到的光的波长范围,用 W 表示,它等于光栅的倒线色散率 D 与出射狭缝宽度 S 的乘积,即

$$W = DS \tag{10-13}$$

式中:W 为单色器的通带宽度,nm;D 为光栅的倒线色散率,nm/mm;S 为狭缝宽度,mm。

由于仪器中单色器采用的光栅一定,其倒线色散率 D 也为定值,因此单色器的分辨率和集光本领取决于狭缝宽度。调宽狭缝,使光谱通带加宽,单色器的集光本领加强,出射光强度增加;但同时出射光包含的波长范围也相应加宽,使光谱干扰与背景干扰增加,单色器的分辨率降低,导致测得的吸收值偏低,工作曲线弯曲,产生误差。反之,调窄狭缝,光谱通带变窄,实际分辨率提高,但出射光强度降低,相应地要求提高光源的工作电流或增加检测器增益,此时会产生谱线变宽和噪声增加的不利影响。实际工作中,应根据测定的需要调节合适的狭缝宽度。例如,对碱金属及碱土金属,由于待测元素共振线附近干扰及连续背景很小,应采用较大的狭缝宽度;对于过渡及稀土元素等具有复杂光谱或有连续背景的元素,宜采用较小的狭缝宽度。

10.3.4　检测系统

检测系统包括光电转换器、检波放大器和信号显示与读数装置。检测系统的作用是将待测光信号转换成电信号，经过检波放大、数据处理后显示结果。

常用的光电转换元件有光电池、光电管和光电倍增管等。在原子吸收分光光度计中，通常使用光电倍增管作检测器，光电倍增管是一种具有多级电流放大作用的真空光电管，它可以将经过原子蒸气吸收和单色器分光后的微弱光信号转变成电信号，其放大倍数可达 10^6～10^8。

检波放大器的作用是将光电倍增管输出的电压信号进行放大。由于蒸气吸收后的光强度并不直接与浓度呈直线关系，因此信号须经对数变换器进行变换处理后，才能提供给显示装置。

在显示装置里，信号可以转换成吸光度或透光率，也可以转换成浓度用数字显示器显示出来，还可以用记录仪记录吸收峰的峰高或峰面积。

10.3.5　原子吸收分光光度计的类型

原子吸收分光光度计按光束形式可分为单光束和双光束两类；按波道数分类，有单道、双道和多道原子吸收分光光度计。目前普遍使用的是单道单光束和单道双光束原子吸收分光光度计。

1. 单道单光束原子吸收分光光度计

单道单光束原子吸收分光光度计只有一个单色器，外光路只有一束光，其结构原理如图 10-10 所示。这类仪器结构简单，共振线在外光路损失少，灵敏度较高，因而应用广泛。但该类仪器不能消除光源强度变化而引起的基线漂移（零漂），因此，实际测量中要求对空心阴极灯进行充分预热，并经常校正仪器的零点吸收。

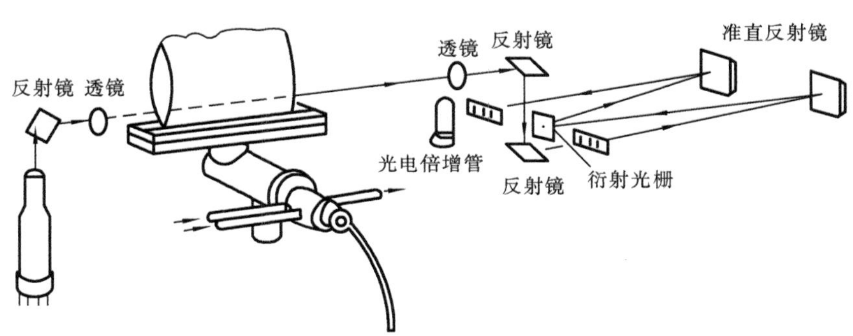

图 10-10　单道单光束原子吸收分光光度计结构原理图

2. 单道双光束原子吸收分光光度计

单道双光束原子吸收分光光度计中有一个单色器，外光路有两束光，其光学系统原理如图 10-11 所示。光源发射的辐射被旋转切光器分为性质完全相同的两束光：试样光束通过火焰，参比光束不通过火焰；然后用半透半反射镜使试样光束及参比光束交替通过单色器而射至检测系统，在检测系统中将所得脉冲信号分离为参比信号 I_r 及试样信号 I，这样就可检测出两束光的强度之比 I/I_r。该类仪器可消除光源和检测器不稳定而引起的基线漂移现象,准确度和灵敏度都高,但它仍不能消除原子化不稳定和火焰背景的影响。

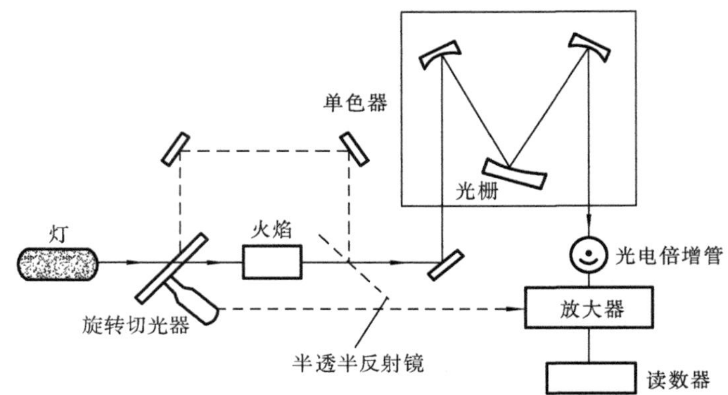

图 10-11　单道双光束原子吸收分光光度计结构原理图

10.3.6　原子吸收分光光度计与紫外-可见分光光度计构造原理的比较

原子吸收光谱分析法和紫外-可见分光光度法的基本原理类似,都是利用物质对辐射的吸收来进行分析的方法,都遵循朗伯-比尔定律,但它们的吸光物质状态不同。紫外-可见分光光度法测量的是溶液中分子(或离子)对光的吸收,一般为宽带吸收,带宽从几纳米到几十纳米,使用的是连续光源(如钨灯、氘灯);而原子吸收光谱分析法测量的是气态基态原子对光的吸收,该吸收为窄带线状吸收,其带宽仅为 10^{-3} nm 数量级,使用的光源必须是锐线光源(如空心阴极灯等)。原子吸收分光光度计由光源、原子化系统、分光系统、检测系统构成(如图 10-4 所示),构造上和紫外-可见分光光度计十分相似,原子化器相当于紫外-可见分光光度计中的吸收池。但由于原子吸收与分子吸收的本质差别,决定了原子吸收分光光度计具有不同于一般分光光度计的一些特点,其主要区别是:第一,采用锐线光源而不是连续光源,以使峰值吸收得以测量;第二,将分光系统安排在原子化系统与检测系统之间,以避免来自原子化器的辐射直接照射检测器,否则会使检测器饱和而无法正常工作;第三,采用调制式工作方式,以区分光源辐射(原子吸收减弱后的光强度)和火焰的辐射(原子化系统中火焰的发射背景)。图 10-12(a)、(b)中给出了紫外-可见分光光度计的光路和原子吸收分光光度计的光路比较示意图。

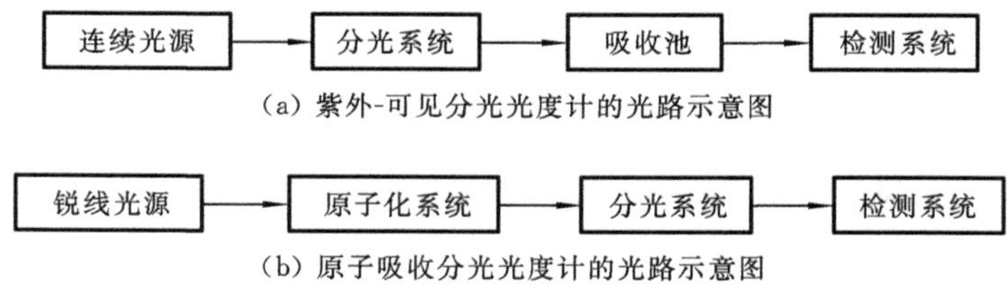

(a) 紫外-可见分光光度计的光路示意图

(b) 原子吸收分光光度计的光路示意图

图 10-12　紫外-可见分光光度计与原子吸收分光光度计光路比较示意图

10.4　干扰的类型及其抑制方法

原子吸收光谱分析法由于使用了锐线光源，被认为是一种选择性好、干扰少甚至无干扰的分析方法。但在实际工作中，由于工作条件、分析对象的多样性和复杂性，在某些情况下，干扰还是存在的，有时甚至还很严重。

原子吸收光谱分析法中的干扰一般分为四类：物理干扰、化学干扰、电离干扰和光谱干扰。下面分别进行讨论。

10.4.1　物理干扰

物理干扰是指试样中共存物质的物理性质的变化对试样在提取、雾化、蒸发和原子化过程中的干扰效应。物理干扰是非选择性干扰，对试样中各元素的影响基本相同。

在火焰原子吸收中，试样溶液的性质发生任何变化，都直接或间接地影响原子化效率。例如：溶液黏度发生变化时，影响试样喷入火焰的速率，进而影响雾量和雾化效率；毛细管内径和长度以及空气流量同样影响试样喷入火焰的速率；表面张力会影响雾滴大小及分布；溶剂蒸气压影响蒸发速度和凝聚损失，等等。上述因素最终都影响到进入火焰中的待测元素原子数量，从而影响吸光度测定。

物理干扰一般为负干扰，配制与被测试样组成相似的标准溶液，是消除物理干扰最常用的方法，也可采用标准加入法或稀释法来减小和消除物理干扰。

10.4.2　化学干扰

化学干扰是指试样溶液转化为自由基态原子的过程中，待测元素与其他组分之间发生化学作用而引起的干扰效应。化学干扰主要影响待测元素的熔融、蒸发、离解以及原子化过程，是一种选择性干扰。

化学干扰的机理很复杂，消除或抑制其干扰应根据具体情况的不同而采取相应的措施。

(1) 提高火焰温度。火焰温度直接影响着样品的熔融、蒸发和离解过程。许多在低温火焰中出现的干扰在高温火焰中可以部分或完全消除。

(2) 加入释放剂。加入一种过量的金属元素，与干扰元素形成更稳定或更难挥发的化合物，使待测元素被释放出来，加入的这种物质称为释放剂。常用的释放剂有氯化镧和氯化锶等。例如：磷酸盐干扰钙的测定，当加入 La 或 Sr 后，La、Sr 与磷酸根离子结合而将 Ca 释放出来，从而消除了磷酸盐对钙的干扰。

(3) 加入保护剂。加入一种试剂使待测元素不与干扰元素生成难挥发的化合物，可保护待测元素不受干扰，这种试剂称为保护剂。例如：为了消除磷酸盐对钙的干扰，加入 EDTA 使 Ca 转化为 EDTA-Ca 配合物，后者在火焰中易于原子化，这样可消除磷酸盐的干扰。同样，在铅盐溶液中加入 EDTA，可消除磷酸盐、碳酸盐、硫酸盐、氟离子、碘离子对铅测定的干扰。

(4) 加入缓冲剂。在试样和标准溶液中加入一种过量的干扰元素，使干扰影响不再变化，进而抑制或消除干扰元素对测定结果的影响。这种干扰物质称为缓冲剂。

(5) 化学分离法。应用化学方法将干扰组分与待测元素分离。

10.4.3 电离干扰

由于某些易电离的元素在原子化过程中发生电离,使参与吸收的基态原子数减少,引起原子吸收信号降低,这种干扰称为电离干扰。

元素在火焰中的电离度与火焰温度和该元素的电离电位有密切关系。火焰温度越高,待测元素的电离电位越低,则电离度越大,电离干扰越严重。因此,电离干扰主要发生于电离电位较低的碱金属和碱土金属。

提高火焰中离子的浓度、降低电离度是消除电离干扰的最基本途径。最常用的方法是加入 K、Rb、Cs 等易电离元素的化合物作为消电离剂,因为这些元素在火焰中可以强烈电离,将有效抑制试样中其他自由原子的电离作用,从而达到消除电离干扰的目的。

10.4.4 光谱干扰

光谱干扰主要产生于光源和原子化器。

1. 与光源有关的光谱干扰

这类干扰是指光源在单色器的光谱通带内存在与分析线相邻的其他谱线。对于空心阴极灯,产生的干扰往往很小,一般可不考虑。

2. 光谱线重叠干扰

光谱线重叠干扰主要是由于共存元素吸收线与待测元素分析线十分接近乃至重叠而引起的。一般谱线重叠的可能性较小,但并不能完全排除这种干扰存在的可能性。例如:被测元素铁的分析线为 271.903 nm,而共存元素 Pt 的共振线为 271.904 nm。此时,可选择灵敏度较低的其他谱线而避开干扰,也可用分离共存元素的方法加以解决。

3. 背景吸收(分子吸收)

背景吸收是指原子化环境中由于背景吸收引起的干扰,包括分子吸收和光散射所引起的光谱干扰。

分子吸收是指在原子化过程中产生的分子对光辐射的吸收,分子吸收有多种来源,例如:火焰中 OH、CH、CO 等基团或分子,试样的盐或酸分子,低温火焰中的金属卤化物、氧化物、氢氧化物及部分硫酸盐和磷酸盐等分子对光的吸收。分子吸收是带状光谱,会在一定波长范围内形成干扰。例如:碱金属卤化物在紫外区有吸收;不同无机酸会产生不同的影响,在波长小于 250 nm 时,H_2SO_4和 H_3PO_4有很强的吸收带,而 HNO_3和 HCl 的吸收很小。因此,原子吸收分析中多用 HNO_3和 HCl 配制溶液。光散射是指原子化过程中形成的烟雾或固体微粒处于光路中,使共振线发生散射而产生的假吸收。在原子吸收分析时,分子吸收和光散射的后果是相同的,均产生表观吸收,使测定结果偏高。

在原子吸收光谱分析中,校正背景的方法主要为氘灯校正背景法。其校正原理是:先用锐线光源测定分析线的原子吸收和背景吸收的总吸光度,再用氘灯(紫外区)或碘钨灯、氙弧灯(可见区)在同一波长测定背景吸收(这时原子吸收可以忽略不计),计算两次吸光度之差,即可使背景吸收得到校正。氘灯校正背景装置简单,可校正吸光度为 0.5 以内的背景干扰,但只能在氘灯辐射较强的波长范围(190～350 nm)内应用,且只有在背景吸收不是很大时,才能较完全地扣除背景。

10.5　测定条件的选择

在原子吸收光谱分析中，测定的灵敏度、准确度和干扰消除情况等，与测定条件的选择有很大的关系，因此，必须予以充分重视。

10.5.1　分析线选择

通常选择元素的共振线作为分析线。因为共振线往往也是元素的最灵敏吸收线，这样可使吸收强度大，测定的灵敏度高。但并非任何情况下都作这样的选择，有时应选择灵敏度较低的非共振线作分析线。例如：As、Hg、Se 等元素的共振线位于 200 nm 以下，火焰组分对其有明显吸收，故用火焰法测定时，不宜选用这些元素的共振线。当待测组分浓度较高时，吸收信号过大，可选用次灵敏线作为分析线。

10.5.2　狭缝宽度选择

狭缝宽度影响光谱通带宽度与检测器接受的能量。在原子吸收光谱分析中，光谱重叠的概率小，因此测定时可以使用较宽的狭缝，以增加光强，提高信噪比。但是，对谱线较多的元素（如过渡金属、稀土金属），应使用较小的缝宽，以便提高仪器的分辨率，改善线性范围，提高灵敏度。

10.5.3　灯电流选择

空心阴极灯的发射特性取决于灯电流的大小，空心阴极灯一般需要预热 10～30 min 才能达到稳定输出。灯电流过小，放电不稳定，故光谱输出不稳定，且光谱输出强度小；灯电流过大，发射谱线变宽，导致灵敏度下降，校正曲线弯曲，灯寿命缩短。通常，商品空心阴极灯都标有允许使用的最大工作电流，但并不是工作电流越大越好，其确定的基本原则是：在保证稳定和合适的辐射强度输出的前提下，尽量选用最低的工作电流。

10.5.4　火焰原子化条件选择

在火焰原子吸收法中，火焰条件（包括火焰类型和燃助比等）是影响原子化效率的主要因素。通常需要根据试液的性质，选择火焰的温度；再根据火焰温度，选择火焰的组成。因为组成不同的火焰其最高温度有明显差异，所以，对于难离解化合物的元素，应选择温度较高的乙炔-空气火焰，甚至乙炔-氧化亚氮火焰；反之，应选择低温火焰，以免引起电离干扰。

火焰类型确定后，需调节燃气与助燃气比例，以得到适宜的火焰性质。易生成难离解氧化物或氢氧化物的元素，用富燃火焰，营造还原环境；过渡金属或氧化物不稳定的元素，宜用化学计量火焰或贫燃火焰。

由于在火焰区内，自由原子的空间分布不均匀，且随火焰条件而变化，因此，应调节燃烧器高度，以使来自空心阴极灯的光束从自由原子浓度最大的火焰区域通过，以获得高灵敏度。为适应高浓度测定，燃烧头的转角也是可调的。当燃烧头调节到适宜高度，燃烧头的狭缝严格与发射光束平行时，可获得最高灵敏度。

10.5.5 石墨炉原子化条件选择

在石墨炉原子化法中，合理选择干燥、灰化、原子化及除残温度与时间是十分重要的。干燥应在稍低于溶剂沸点的温度下进行，以防止试液飞溅。灰化的目的是除去基体和干扰组分，在保证被测元素没有损失的前提下应尽可能使用较高的灰化温度。原子化温度应选择达到最大吸收信号的最低温度。原子化时间的选择，应以保证完全原子化为准。原子化阶段停止通保护气，以延长自由原子在石墨炉内的平均停留时间。除残的目的是消除残留物产生的记忆效应，除残温度应高于原子化温度。

10.6 定量分析方法

10.6.1 标准曲线法

标准曲线法是原子吸收分析中的常规分析方法。

这种方法的步骤如下：首先配制一组浓度合适的标准溶液（一般 5～7 个），在相同的实验条件下，以空白溶液调整零吸收，再按照浓度由低到高的顺序，依次喷入火焰，分别测定各种浓度标准溶液的吸光度。以测得的吸光度 A 为纵坐标，待测元素的含量或浓度为横坐标作图，绘制 A-c 关系曲线（标准曲线）。在同一条件下，喷入待测试液，根据测得的吸光度 A_x 值，在标准曲线上查出试样中待测元素相应的含量或浓度值。

为了保证测定结果的准确度，标准试样的组成应尽可能接近待测试样的组成。在标准曲线法中，要求标准曲线必须是线性的。但是，在实际测试过程中，由于喷雾效率、雾粒分布、火焰状态、波长漂移以及各种其他干扰因素的影响，标准曲线有时在高浓度区向下弯曲，不呈线性，故每次测定前必须用标准溶液对标准曲线进行检查和校正。

标准曲线法简便、快速，适合对大批量组成简单的试样进行分析。

10.6.2 标准加入法

在一般情况下，待测试液的确切组成是未知的，这样欲配制与待测试液组成相似的标准溶液就很难进行。在这种情况下，应该采用标准加入法进行定量分析。

这种方法的步骤如下：取相同体积的试液两份，置于两个完全相同的容量瓶 A 和 B 中，另取一定量的标准溶液加入瓶 B，然后将两份溶液稀释到相应刻度值，分别测出 A、B 溶液的吸光度。若试液的待测组分浓度为 c_x，标准溶液的浓度为 c_s，A 液的吸光度为 A_x，B 液的吸光度为 A，则根据朗伯-比尔定律有

$$A_x = kc_x$$

$$A = k(c_s + c_x)$$

所以

$$c_x = \frac{A_x c_s}{A - A_x} \tag{10-14}$$

在实际工作中，采用的是作图法，又称为直线外推法。取若干份（至少四份）相同体积的试样溶液，放入相同容积的容量瓶中，从第二份开始依次按比例加入不同量的待测元素的标

准溶液，用溶剂定容(设原试液中待测元素的浓度为 c_x，加入标准溶液后浓度分别为 c_x、c_x+c_s、c_x+2c_s、c_x+3c_s、c_x+4c_s等)，摇匀后在相同测定条件下测定各溶液的吸光度(A_x、A_1、A_2、A_3、A_4等)，以吸光度 A 对加入标准溶液的浓度 c_s作图，可得到一条直线。该直线不通过原点，而是在纵轴上有一截距。显然，截距的大小反映了标准溶液加入量为零时溶液的吸光度，即原待测试液中待测元素的存在所引起的光吸收效应。如果外推直线使之与横坐标相交，则相应于原点与交点的距离，即为所求试样中待测元素的浓度 c_x。

标准加入法要求测量所得的 A-c_s曲线应呈线性关系，最少应采用 4 个点作外推曲线，并且曲线的斜率不能太小，否则易产生较大误差。另外，标准加入法能消除基体效应和某些化学干扰的影响，但不能消除背景吸收的影响，因此，在测定时应该首先进行背景校正，否则将得到偏高的结果。

10.7　原子吸收光谱分析法的灵敏度及检出限

在原子吸收光谱分析中，灵敏度(S)和检出限(D)是评价分析方法与分析仪器的两个重要指标。灵敏度可以检验仪器是否处于正常状态，检出限表示一个给定分析方法的测定下限，即在适当置信度下能够检出的试样最小浓度(或含量)。

10.7.1　灵敏度

如果浓度 c 或质量 m 发生很小的变化而引起吸收值很大的改变，就可认为这种方法是灵敏的。根据国际纯粹与应用化学联合会(IUPAC)规定，灵敏度 S 的定义是分析标准函数 $x=f(c)$ 的一次导数，用 $S=\mathrm{d}x/\mathrm{d}c$ 表示。由此可见，灵敏度 S 是标准曲线的斜率，S 值越大，灵敏度越高。在原子吸收光谱分析中，其表达式为

$$S=\frac{\mathrm{d}A}{\mathrm{d}c} \tag{10-15}$$

或

$$S=\frac{\mathrm{d}A}{\mathrm{d}m} \tag{10-16}$$

即当待测元素的浓度 c 或质量 m 改变一个单位时，吸光度 A 的变化量。

在火焰原子化法中，常用特征浓度 c_c来表征仪器对某一元素在一定条件下的分析灵敏度。所谓特征浓度，是指能产生 1%净吸收或 0.004 4 吸光度值时溶液中待测元素的质量浓度或质量分数，以 μg/mL 或(μg/mL)/(1%)表示。1%吸收相当于吸光度 0.004 4，即

$$A=\lg\frac{I_0}{I}=\lg\frac{100}{99}=0.004\ 4$$

因此，元素的特征浓度 c_c的计算公式为

$$c_c=\frac{\rho_s\times 0.004\ 4}{A} \tag{10-17}$$

式中：ρ_s为试液的质量浓度，μg/mL；A 为试液的吸光度。显然，c_c越小，元素测定的灵敏度越高。

在石墨炉原子化法中，常用特征质量 m_c来表征仪器对某一元素在一定条件下的分析灵

敏度。所谓特征质量,是指产生1%净吸收或0.004 4吸光度值时所对应的待测元素质量,以g或g/(1%)表示,其计算公式为

$$m_c = \frac{\rho_s V \times 0.0044}{A} \tag{10-18}$$

式中:ρ_s为试液的质量浓度,μg/mL;V为试液进样体积,mL;A为试液的吸光度。同样,m_c越小,元素测定的灵敏度越高。

10.7.2 检出限

检出限是指能以适当的置信度检测的待测元素的最低浓度或最小质量。在原子吸收法中,检出限(D)表示被测元素能产生的信号为空白值的标准偏差三倍(3σ)时元素的质量浓度或质量分数,单位用μg/mL或μg/g表示。由朗伯-比尔定律和检出限的定义,得

$$A = Kc, \quad 3\sigma = KD$$

因此,原子吸收法的相对检出限(μg/mL)为

$$D = \frac{\rho_s \times 3\sigma}{A} \tag{10-19}$$

同理,原子吸收法的绝对检出限(μg)为

$$D_c = \frac{m \times 3\sigma}{A} \tag{10-20}$$

或

$$D_m = \frac{\rho_s V \times 3\sigma}{A} \tag{10-21}$$

式中:D_c为火焰原子化法检出限,μg/mL;D_m为石墨炉原子化法检出限,μg;m为被测物质的质量,g;ρ_s为试液的质量浓度,μg/mL;V为进样体积,mL;A为试液的吸光度;σ为用空白溶液或接近空白的标准溶液进行10次以上吸光度测定所计算得到的标准偏差。

可见,分析方法的检出限与灵敏度、空白值的标准偏差密切相关,灵敏度越高,空白值及其波动越小,则方法的检出限越低。检出限不但与影响灵敏度的各种因素有关,还与仪器的噪声及稳定性或重现性有关,因此,检出限更能反映仪器的性能质量指标。

10.8 原子吸收光谱分析法的应用

原子吸收光谱分析法具有测定灵敏度高、选择性好、抗干扰性能强、稳定性好、适用范围广等特点,现已广泛应用在矿物、金属、陶瓷、水泥、化工产品、土壤、食品、血液、生物体、环境污染物等试样中的金属元素的测定。图10-13为周期表中能用原子吸收光谱分析法分析的元素,其中元素符号下面的数字为分析线的波长(nm),最下排的数字表示火焰的类型(0:冷原子化法;1:空气-乙炔火焰;1+:富燃空气-乙炔火焰;2:空气-丙烷或天然气火焰;3:乙炔-氧化亚氮火焰),大部分元素可用石墨炉原子化法进行分析。

目前,原子吸收法主要有直接原子吸收法和间接原子吸收法两大类。

Li 670.8 1,2	Be 234.9 1+,3											B 249.7 3					
Na 589.0 589.6 1,2	Mg 285.2 1+											Al 309.3 1+,3	Si 251.6 1+,3				
K 766.5 1+,2	Ca 422.7 1	Sc 391.2 3	Ti 364.3 3	V 318.4 3	Cr 357.9 1+	Mn 279.5 1,2	Fe 248.3 1	Co 240.7 1	Ni 232.0 1,2	Cu 324.8 1,2	Zn 213.9 2	Ga 287.4 1	Ge 265.2 3	As 193.7 1	Se 196.0 1		
Rb 780.0 1,2	Sr 460.7 1+	Y 410.2 3	Zr 360.1 3	Nb 358.0 3	Mo 313.3 1+		Ru 349.9 1	Rh 343.5 1,2	Pd 244.8 247.6 1,2	Ag 328.1 2	Cd 228.8 2	In 303.9 1,2	Sn 286.3 224.6 1	Sb 217.6 1,2	Te 196.0 1		
Cs 852.1 1	Ba 553.6 1+,3	La 392.8 3	Hf 307.2 3	Ta 271.5 3	W 255.1 3	Re 346.0 3		Ir 264.0 1	Pt 265.9 1,2	Au 242.8 1+,2	Hg 185.0 253.7 0,1,2	Tl 377.6 276.8 1,2	Pb 217.0 283.3 1,2	Bi 223.1 306.7 1,2			
					Pr 495.1 3	Nd 463.4 3		Sm 429.7 3	Eu 459.4 3	Gd 368.4 3	Tb 432.6 3	Dy 421.2 3	Ho 410.3 3	Er 400.8 3	Tm 410.6 3	Yb 398.8 3	Lu 331.2 3
						U 351.4 3											

图 10-13　周期表中能用原子吸收光谱分析法分析的元素

10.8.1　直接原子吸收法

直接原子吸收法是利用特定的波长直接测定目标元素的含量的方法，已广泛应用于各行业各类产品中微量元素和痕量元素的分析，有些已被定为国家标准分析法，还有的被定为仲裁分析法。现举例说明它的应用。

地质冶金方面：包括矿物、岩石、冶金以及合金中的成分分析和杂质元素的分析等。

农业方面：包括粮食、种子、土壤、农药、肥料、蔬菜、饲料等中微量元素的分析。

食品安全方面：包括肉类、水产、酒类、茶叶、奶制品等食品中金属元素的分析。

轻化工方面：包括化学试剂、玻璃、塑料、橡胶、油漆、石油原油及其制品等中金属元素含量的分析。

环境监测方面：包括空气、飘尘、雨水、河水、废水、污水、土壤中各类金属污染物的测定。

生命科学领域：包括血液、尿液、毛发和组织等中微量元素的测定。

卫生防疫方面：包括医药卫生、临床分析、疾病控制分析、人体生化指标分析、代谢物分析、药品分析等样品中微量元素的测定。

10.8.2　间接原子吸收法

从理论上讲，凡能有效地转化为自由基态原子，并能获得稳定的共振辐射光源的元素，都可以用原子吸收光谱分析法测定，但是，在目前的技术条件下，很多元素不能用常规原子吸收法直接测定，另外，有机化合物也不能用原子吸收法直接测定。

为了弥补直接原子吸收法的不足，扩大该方法的应用范围，许多分析工作者致力于间接原子吸收光谱分析的研究。所谓间接原子吸收法，就是在进行原子吸收测定之前，利用某些特定的金属离子与被测元素或化合物间的化学反应，使某些不能直接进行原子吸收测定或灵敏度低的被测物质与易于原子吸收测定的元素进行定量反应，最后通过测定易于原子吸收测定的元素的吸收，间接求出被测物质的含量。因此，利用间接原子吸收法可以测定非金属元素、阴离子和有机化合物。

本章小结

(1) 原子吸收光谱分析法是基于试样中待测元素的基态原子蒸气对同种元素发射的特征谱线进行吸收，依据吸收程度来测定试样中该元素含量的一种方法。

(2) 谱线轮廓说明谱线具有一定的频率范围和形状，谱线轮廓受多种因素影响，包括原子本身性质和外界因素，谱线变宽因素有自然宽度、多普勒变宽、压力变宽、自吸变宽和场致变宽等。

(3) 基态原子数(N_0)与激发态原子数(N_j)的关系符合玻耳兹曼方程，即

$$N_j = N_0 \frac{g_j}{g_0} e^{-\frac{E_j - E_0}{kT}}$$

(4) 积分吸收与基态原子数 N_0 呈简单的线性关系，即

$$\int K_\nu \mathrm{d}\nu = kN_0$$

(5) 峰值吸收与试样中待测元素含量的关系为

$$A = 0.434 K_\nu L = 0.434 K_0 L$$

$$A = 0.434 \times \frac{2}{\Delta\nu_D} \sqrt{\frac{\ln 2}{\pi}} \frac{\pi e^2}{mc} fLN = 0.434 \times \frac{2}{\Delta\nu_D} \sqrt{\frac{\ln 2}{\pi}} K'LN$$

$$A = KC$$

(6) 原子吸收分光光度计主要由光源、原子化系统、分光系统和检测系统等部分组成。本章主要介绍了各部件的结构和工作原理。其中，光源主要是锐线光源，原子化方法包括火焰原子化法、无火焰原子化法和化学原子化法。

(7) 原子吸收光谱分析法尽管干扰较少，但在实际工作中，干扰还是存在的，有时甚至还很严重。本章主要介绍了物理干扰、化学干扰、电离干扰和光谱干扰的产生原因及其抑制方法。

(8) 原子吸收光谱定量分析常采用校准曲线法和标准加入法。元素的特征浓度(c_c)、特征质量(m_c)和检出限(D)是评价分析方法与分析仪器的重要指标。

$$c_c = \frac{\rho_s \times 0.0044}{A} \quad [(\mu g/mL)/(1\%)]$$

$$m_c = \frac{\rho_s V \times 0.0044}{A} \quad [g/(1\%)]$$

$$D = \frac{\rho_s \times 3\sigma}{A} \quad (\mu g/mL)$$

$$D_m = \frac{\rho_s V \times 3\sigma}{A} \quad (\mu g)$$

习 题

1. 何谓共振线？在原子吸收光谱分析法中为什么常选择共振线作为分析线？

2. 何为锐线光源？为什么原子吸收光谱分析法中必须使用锐线光源？
3. 原子吸收分光光度计由哪几部分组成？各部分的作用是什么？
4. 原子吸收光谱分析对光源的基本要求是什么？简述空心阴极灯的工作原理和特点。
5. 影响火焰原子化装置效率的因素有哪些？
6. 在火焰原子吸收法中为什么要调节燃气和助燃气的比例？
7. 原子吸收分光光度计与紫外-可见分光光度计比较有何异同？
8. 配制浓度为 3.0 μg/mL 的钙溶液，测得其透光率为 48%，计算钙的特征浓度。
9. 用标准加入法测定试样溶液中 Ca^{2+} 的浓度，标准溶液浓度为 1.0 μg/mL Ca^{2+}，首先将 20.0 mL 试样溶液直接稀释至 25.0 mL，测得吸光度为 0.080；再将 20.0 mL 试样溶液加 2.0 mL 标准溶液稀释至 25.0 mL，测得吸光度为 0.185。求试样溶液中 Ca^{2+} 的浓度。

第 11 章　气相色谱分析法

11.1　气相色谱分析法概述

11.1.1　色谱法概述

色谱法是一种分离分析技术。

1906 年，俄国植物学家茨维特分离植物色素时，就采用了色谱法。他在研究植物叶的色素成分时，将植物叶子的萃取物倒入装填有碳酸钙的直立玻璃管内，然后加入石油醚使其自由流下，结果色素中各组分互相分离形成不同颜色的谱带，这种方法因此得名为色谱法。以后此法逐渐应用于无色物质的分离，“色谱”二字虽已失去原来的含义，但仍被人们沿用至今。许多气体、液体和固体样品都能用色谱法进行分离和分析。目前，色谱法已广泛应用于许多领域，成为十分重要的分离分析手段。

在色谱法中，填入玻璃管或不锈钢管内静止不动的一相(固体或液体)称为固定相；自上而下运动的另一相(一般是气体或液体)称为流动相；装有固定相的管子(玻璃管或不锈钢管)称为色谱柱。当流动相中的样品混合物经过固定相时，就会与固定相发生作用，由于各组分在性质和结构上的差异，与固定相相互作用的类型、强弱也有差异，因此在同一推动力的作用下，不同组分在固定相滞留时间长短不同，从而按先后不同的次序从固定相中流出。再通过与适当的柱后检测方法结合，便可实现对混合物中各组分的分离与检测。

11.1.2　色谱法分类

从不同的角度，可将色谱法分类如下。

1. 按两相状态分类

以气体为流动相的色谱法称为气相色谱法(gas chromatography，GC)。根据固定相是固体吸附剂还是固定液(附着在惰性载体上的薄层有机化合物液体)，气相色谱法又可分为气固色谱法(GSC)和气液色谱法(GLC)。以液体为流动相的色谱法称为液相色谱法(LC)。同理，液相色谱法也可再分为液固色谱法(LSC)和液液色谱法(LLC)。

2. 按分离机理分类

利用组分在吸附剂(固定相)上的吸附能力强弱不同而进行分离的方法，称为吸附色谱法。利用组分在固定液(固定相)中溶解度不同而进行分离的方法称为分配色谱法。利用组分在离子交换剂(固定相)上的亲和力大小不同而进行分离的方法，称为离子交换色谱法。利用大小不同的分子在多孔固定相中的选择渗透而进行分离的方法，称为凝胶色谱法或尺寸排阻色谱法。最近，又有一种新分离技术，是利用不同组分与固定相(固定化分子)的高专属性亲和力来进行分离，称为亲和色谱法，常用于蛋白质的分离。

3. 按固定相使用的外形分类

固定相装于柱内的色谱法,称为柱色谱法。固定相呈平板状的色谱法,称为平板色谱,它又可分为薄层色谱法和纸色谱法。

本章重点介绍以气体作为流动相的气相色谱法。

11.1.3　气相色谱法的特点

色谱法经过一个世纪的发展,出现了许多种类的分析技术,其中气相色谱法是世界上应用最广的分离分析技术之一,这主要是由于气相色谱法具有如下特点。

(1) 分离效率高,分析速度快。可分离复杂混合物,如有机同系物、异构体、手性异构体等。一般在几分钟或几十分钟内可以完成一个试样的分析。

(2) 样品用量少,检测灵敏度高。可以检测出 $\mu g/g(10^{-6})$级甚至 $ng/g(10^{-9})$级的物质。

(3) 应用范围广。在色谱柱温度条件下,可分析有一定蒸气压且热稳定性好的样品,一般来说,气相色谱法可直接进样分析沸点低于 400 ℃的各种有机或无机试样。

不足之处:难以对被分离组分直接定性。

11.2　气相色谱分析理论基础

色谱分离过程是在色谱柱内完成的。在此过程中,气固色谱法和气液色谱法两者的分离机理是不相同的。气固色谱法是基于固体吸附剂对试样中各组分的吸附能力的不同而进行分离,因此属于吸附色谱法;气液色谱法是基于固定液对试样中各组分的溶解能力的不同而进行分离,属于分配色谱法。这种分离过程常用样品分子在两相间的分配来描述,而描述这种分配的参数有分配系数 K 和分配比 k。

11.2.1　气相色谱分析的基本原理

1. 分配系数 K

分配系数是指在一定温度下,组分在两相间分配达到平衡时的浓度(单位:g/mL)比,即

$$K=\frac{\text{组分在固定相中的浓度}}{\text{组分在流动相中的浓度}}=\frac{c_s}{c_M} \tag{11-1}$$

分配系数是色谱分离的依据。它是由组分和固定相的热力学性质决定的,是每一种溶质的特征值,它仅与两个变量有关:固定相和温度。与两相体积、柱管的特性以及所使用的仪器无关。

2. 分配比 k

在实际工作中,也常用分配比来表征色谱分配平衡过程。它是指在一定温度和压力下,某一组分在两相间分配达平衡时,分配在固定相和流动相中的质量比,即

$$k=\frac{\text{组分在固定相中的质量}}{\text{组分在流动相中的质量}}=\frac{m_s}{m_M} \tag{11-2}$$

k 值是衡量色谱柱对被分离组分保留能力的重要参数。k 值越大,说明该组分在固定相

中的质量越多,相当于柱的容量越大,因此 k 又被称为容量因子或容量比。k 值也取决于组分及固定相的热力学性质。它不仅随柱温、柱压的变化而变化,还与流动相及固定相的体积有关。分配比 k 与分配系数 K 的关系如下。

$$k=\frac{m_s}{m_M}=\frac{c_sV_s}{c_MV_M}=\frac{K}{\beta} \tag{11-3}$$

式中:c_s、c_M分别为组分在固定相和流动相中的浓度;V_M为柱中流动相的体积,近似等于死体积;V_s为柱中固定相的体积,在各种不同类型的色谱中有不同的含义;β 称为相比率,它是反映各种色谱柱柱形特点的又一个参数。例如:对填充柱,其 β 值为 6～35;对毛细管柱,其 β 值为 60～600。

3. 色谱流出曲线与有关术语

由检测器输出的电信号强度对时间作图,所得曲线称为色谱流出曲线,又称为色谱图,如图 11-1 所示。曲线上突起部分就是色谱峰。与色谱流出曲线有关的常用术语如下。

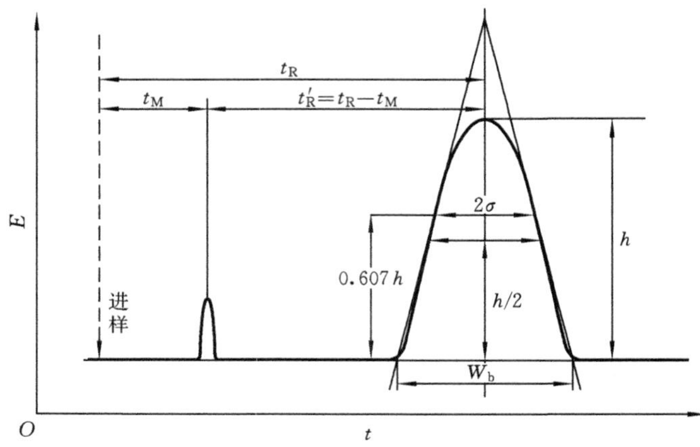

图 11-1　色谱流出曲线

(1) 基线。当无试样通过检测器时,检测到的信号即为基线。稳定的基线应该是一条水平直线。

(2) 峰高。指色谱峰顶点与基线之间的距离,用 h 表示。

(3) 保留值。

① 用时间表示的保留值。

保留时间(t_R):组分从进样到柱后出现峰极大值时所需的时间,称为保留时间。

死时间(t_M):不与固定相作用的气体(如空气)的保留时间。它与色谱柱的孔隙体积成正比。因为这种物质不被固定相吸附或溶解,故其流速与流动相流速相近。流动相平均线速度 $\bar{u}$ 可用柱长 L 与 t_M的比值表示,即

$$\bar{u}=\frac{L}{t_M} \tag{11-4}$$

调整保留时间(t'_R):某组分的保留时间扣除死时间后,就是该组分的调整保留时间。

$$t'_R=t_R-t_M \tag{11-5}$$

由上可知,保留时间包括了组分随流动相通过柱子所需的时间和组分在固定相中滞留所需的时间。

保留时间是色谱法定性的基本依据，但同一组分的保留时间常受到流动相流速的影响，因此色谱工作者有时用保留体积来表示保留值。

② 用体积表示的保留值。

保留体积(V_R)：从进样开始到被测组分在柱后出现浓度极大值时所通过的流动相的体积。保留体积与保留时间的关系可表示为

$$V_R = t_R F_0 \tag{11-6}$$

式中：F_0为柱出口处的载气流量，mL/min。

死体积(V_M)：指色谱柱在填充后，柱管内固定相颗粒间所剩余的空间、色谱仪中管路和连接头间的空间以及检测器空间的总和。当后两项很小可忽略不计时，死体积可表示为

$$V_M = t_M F_0 \tag{11-7}$$

同理，调整保留体积(V'_R)可表示为

$$V'_R = V_R - V_M \tag{11-8}$$

③ 相对保留值 r_{21}。

以上各种保留时间或保留体积定性指标，都只是用一种组分在一定条件下测得的数据。若同时用另一组分作标准物或参比进行测定，取其调整保留值之比作为定性指标，称为相对保留值 r_{21}，其表达式为

$$r_{21} = \frac{t'_{R(2)}}{t'_{R(1)}} = \frac{V'_{R(2)}}{V'_{R(1)}} \tag{11-9}$$

相对保留值只与柱温和固定相性质有关，而与柱径、柱长、填充情况及流动相流速无关。因此它在色谱法中，尤其在气相色谱法中，广泛用做定性的依据。它表示了固定相对这两种组分的选择性，并可作为这两种组分的分离指标或色谱柱评价指标，故又称为分离因子，也称为选择性因子，用符号 α 表示。

(4) 区域宽度。区域宽度是反映色谱峰宽度的参数，可用于衡量柱效率及反映色谱操作条件的动力学因素。通常表示色谱峰区域宽度有三种方法。

① 标准偏差(σ)：0.607 倍峰高处色谱峰宽度的一半。

② 半峰宽($Y_{1/2}$)：色谱峰高一半处的宽度。它与标准偏差的关系为

$$Y_{1/2} = 2.354\sigma \tag{11-10}$$

③ 峰底宽度(W_b)：色谱峰两侧拐点上的切线在基线上的截距间的距离。峰底宽度与标准偏差的关系为

$$W_b = 4\sigma = 1.699Y_{1/2} \tag{11-11}$$

从色谱流出曲线中可获得以下重要信息。

(ⅰ) 根据色谱峰的个数，可以判断样品中所含组分的最少个数。

(ⅱ) 根据色谱峰的保留值，可以进行定性分析。

(ⅲ) 根据色谱峰的面积或峰高，可以进行定量分析。

(ⅳ) 色谱峰的保留值及其区域宽度，是评价色谱柱分离效能的依据。

(ⅴ) 色谱峰两峰间的距离，是评价固定相选择是否合适的依据。

11.2.2 色谱分离的基本理论

色谱分析的任务之一是将混合物中各组分彼此分离。组分要达到完全分离，两峰间的

距离必须足够远。两峰间的距离是由组分在两相间的分配系数决定的,即与色谱分离过程的热力学性质有关。同时,还要考虑每个峰的宽度。若峰很宽以至彼此重叠,还是不能分开。而峰的宽度是由组分在色谱柱中传质和扩散行为决定的,即与色谱分离过程的动力学性质有关。因此,色谱分离的基本理论需要解决的问题包括:色谱分离过程的热力学和动力学问题;影响分离及柱效的因素与提高柱效的途径;柱效与分离度的评价指标及其关系。

1. 塔板理论

塔板理论(plate theory)最早由 Martin 等人提出。该理论把色谱柱比作一个精馏塔,沿用精馏塔中塔板的概念来描述组分在两相间的分配行为,同时引入理论塔板数 n 作为衡量柱效率的指标,即色谱柱是由一系列连续的、相等高度的水平塔板组成。每一块塔板的高度用 H 表示,称为理论塔板高度,简称板高。

(1) 塔板理论要点。塔板理论假设如下。

① 在柱内一小段长度 H 内,组分可以在两相间迅速达到平衡。这一小段柱长称为理论塔板高度 H。

② 以气相色谱法为例,载气进入色谱柱不是连续进行的,而是脉动式,每次进气为一个塔板体积(ΔV_m)。

③ 所有组分开始时存在于第 0 号塔板上,而且试样沿轴(纵)向扩散可忽略。

④ 分配系数在所有塔板上是常数,与组分在某一塔板上的量无关。

由此可得

$$n = \frac{L}{H} \tag{11-12}$$

式中:n 称为理论塔板数;H 为理论塔板高度。与精馏塔一样,色谱柱的柱效能随理论塔板数 n 的增加而增加,随理论塔板高度 H 的增大而减小。

(2)塔板理论的柱效能指标。由塔板理论的流出曲线方程可导出理论塔板数 n 与保留时间 t_R、半峰宽 $Y_{1/2}$、色谱峰底宽度 W_b的关系为

$$n = 5.54\left(\frac{t_R}{Y_{1/2}}\right)^2 = 16\left(\frac{t_R}{W_b}\right)^2 \tag{11-13}$$

式中:t_R与 $Y_{1/2}$(或 W_b)应采用同一单位(时间或距离)。从式(11-13)可以看出,在 t_R一定时,色谱峰越窄,塔板数 n 越大,理论塔板高度 H 就越小,柱效能越高。因而,n 或 H 可作为描述柱效能的指标。通常,填充色谱柱的 n 在 10^3 以上,H 在 1 mm 左右;毛细管色谱色谱柱 n 为$10^5 \sim 10^6$,H 在 0.5 mm 左右。

由于保留时间包括了死时间,而实际上组分在死时间内不参与柱内分配,所以计算出来的理论塔板数与理论塔板高度与实际柱效能有很大差距,需引入把死时间扣除的有效塔板数 n_{eff}和有效塔板高度 H_{eff}来作为柱效能指标。

$$n_{eff} = 5.54\left(\frac{t'_R}{Y_{1/2}}\right)^2 = 16\left(\frac{t'_R}{W_b}\right)^2 \tag{11-14}$$

在使用柱效能指标时应注意以下两点。

① 因为在相同的色谱条件下,对不同的物质计算的塔板数不一样,因此,在说明柱效能时,除注明色谱条件外,还应指出用什么物质进行测量。

② 柱效能不能表示被分离组分的实际分离效果。当两组分的分配系数 K 相同时,无论该色谱柱的塔板数多大,都无法被分离。

(3) 塔板理论的特点和不足。塔板理论是一种半经验性理论，它用热力学的观点描述了溶质在色谱柱中的分配平衡和分离过程，解释了色谱流出曲线的形状及浓度极大值的位置，并提出了计算和评价柱效能高低的参数。但由于它的某些基本假设并不符合色谱柱内实际发生的分离过程，如气体的纵向扩散不能被忽略，同时也不能不考虑分子的扩散、传质等动力学因素，因此塔板理论只能定性地给出理论塔板高度的概念，却不能解释理论塔板高度受哪些因素影响以及造成谱带扩展的原因，也不能说明同一色谱柱在不同的载气流速下柱效能不同的实验结果，无法指出影响柱效能的因素及提高柱效能的途径，因而限制了它的应用。

2. 速率理论

1956 年，荷兰学者范 · 第姆特(Van Deemter)等在研究气液色谱时，提出了色谱过程动力学理论——速率理论。他们吸收了塔板理论中理论塔板高度的概念，并充分考虑了组分在两相间的扩散和传质过程，从而在动力学基础上较好地解释了影响理论塔板高度的各种因素。该理论模型对气相、液相色谱都适用。Van Deemter 方程的数学简化式为

$$H = A + \frac{B}{u} + Cu \tag{11-15}$$

式中：u 为流动相的线速度；A、B、C 为常数，分别代表涡流扩散项系数、分子扩散项系数及传质阻力项系数。现分别叙述各项所代表的物理意义。

(1) A——涡流扩散项。在填充色谱柱中，当组分随流动相向柱出口迁移时，流动相由于受到固定相颗粒阻碍，不断改变流动方向，使组分分子在前进中形成紊乱的类似涡流的流动，故称涡流扩散。涡流扩散现象如图 11-2 所示。

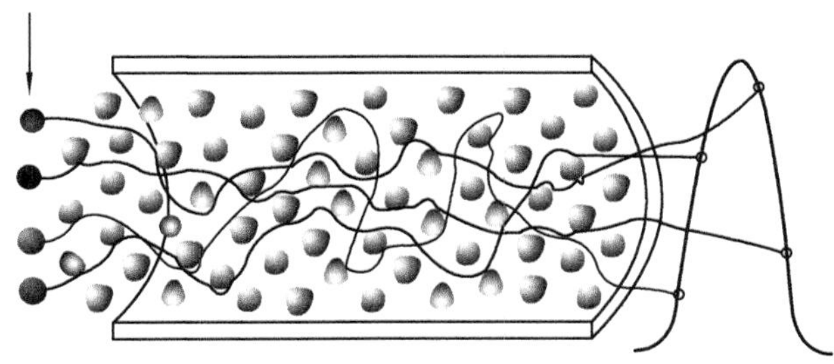

图 11-2　涡流扩散现象示意图

由于填充物颗粒大小的不同及填充物的不均匀性，组分在色谱柱中经过的路径长短不一，因而同时进色谱柱的相同组分到达柱口时间并不一致，引起了色谱峰的变宽。色谱峰变宽的程度由下式决定：

$$A = 2\lambda d_{\mathrm{p}} \tag{11-16}$$

式中：d_{p}为固定相的平均颗粒直径；λ 为固定相的填充不均匀因子。

式(11-16)表明，为了减少涡流扩散，提高柱效能，应使用细小的颗粒，并且填充均匀。但是 d_{p}和 λ 之间又存在相互制约的关系。根据研究，若颗粒较大，装填时容易获得均匀密实的色谱柱，使 λ 减小。这样两者之间产生了矛盾。为了使 d_{p}和 λ 之间得到协调，载体的粒度一般在 100～120 目为佳。对于空心毛细管，不存在涡流扩散，因此 $A=0$。

(2) B/u——分子扩散项或称纵向扩散项。分子扩散项是由浓度梯度造成的。分子扩散现象如图 11-3 所示。组分从柱入口加入，其浓度分布呈“塞子”形。当随着流动相向前推

进时，由于存在着浓度梯度，“塞子”必然自发地向前和向后扩散，造成谱带变宽。分子扩散项系数为

$$B = 2\gamma D_g \tag{11-17}$$

式中：γ 为弯曲因子，反映了固定相颗粒的几何形状对自由分子扩散的阻碍情况；D_g 为试样组分分子在流动相中的扩散系数，cm^2/s。

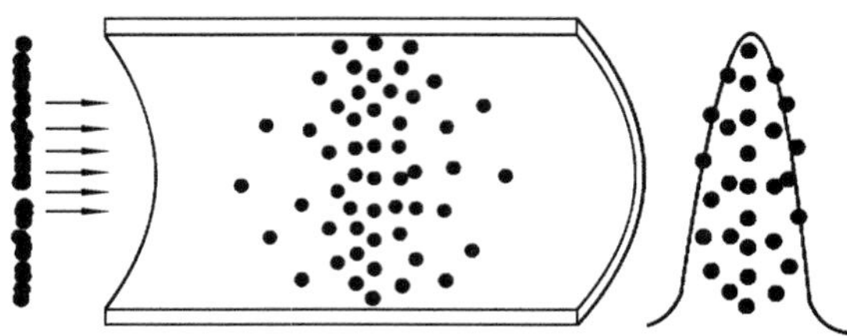

图 11-3 分子扩散现象示意图

分子扩散项与组分在流动相中扩散系数 D_g 成正比，而 D_g 与组分性质及流动相有关。相对分子质量大的组分 D_g 小，D_g 与流动相相对分子质量的平方根成反比，即 $D_g \propto \frac{1}{\sqrt{M}}$。所以采用相对分子质量较大的流动相（如氮气），可降低 B 项。D_g 随柱温升高而增加，但与柱压成反比。另外，纵向扩散与组分在色谱柱中停留时间有关。流动相流速小，组分停留时间长，纵向扩散就大。因此，为了降低纵向扩散影响，要加大流动相流速。

（3）Cu——传质阻力项。传质阻力系数 C 包括气相传质阻力系数 C_g 和液相传质阻力系数 C_L 两项，即

$$C = C_g + C_L \tag{11-18}$$

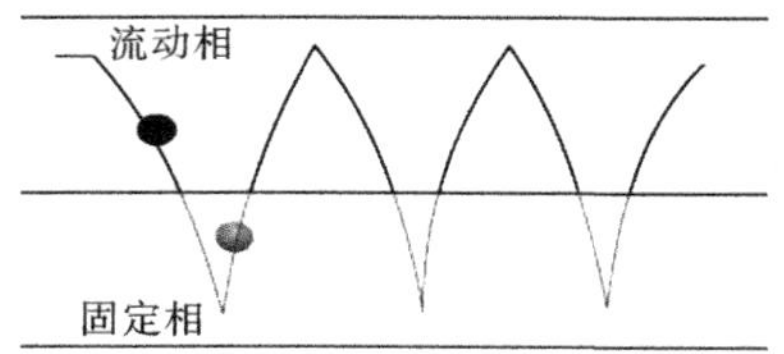

图 11-4 传质阻力现象示意图

传质阻力现象如图 11-4 所示。气相传质过程是指试样组分从气相移动到固定相表面的过程。在这一过程中，试样组分将在气、液两相间进行分配。有的分子还来不及进入两相界面就被气相带走，有的则进入两相界面又不能及时返回气相。这样，由于试样在两相界面上不能瞬间达到平衡，引起滞后现象，从而使色谱峰变宽。对于填充柱，气相传质阻力系数 C_g 为

$$C_g = \frac{0.01k^2}{(1+k)^2} \frac{d_p^2}{D_g} \tag{11-19}$$

式中：k 为容量因子；D_g、d_p 意义同前。

由式(11-19)可以看出，气相传质阻力与 d_p 的平方成正比，与组分在载气中的扩散系数 D_g 成反比。因此，减小载体粒度，选择相对分子质量小的气体（如氢气）作载气，可降低传质阻力，提高柱效能。

液相传质过程是指试样组分从固定相的气-液界面移动到液相内部，并发生质量交换达到分配平衡，然后又返回气-液界面的传质过程。这个过程也需要一定的时间。此时，气相中组分的其他分子仍随载气不断向柱口运动，于是造成峰形扩张。液相传质阻力系数 C_L 为

$$C_L = \frac{2}{3} \frac{k}{(1+k)^2} \frac{d_f^2}{D_L} \tag{11-20}$$

由式(11-20)可以看出，固定相的液膜厚度 d_f 越小，组分在液相的扩散系数 D_L 越大，则液相传质阻力就越小。降低固定液的含量，可以降低液膜厚度，但 k 值随之变小，又会使 C_L 增大。当固定液含量一定时，一般可采用比表面积较大的载体来降低液膜厚度。提高柱温也可增大 D_L，但会使 k 值减小，因此为了保持适当的 C_L 值，应控制适当的柱温。

Van Deemter 方程对选择色谱分离条件具有实际指导意义，它指出了色谱柱填充的均匀程度、填料粒度的大小、流动相的种类及流速、固定相的液膜厚度等对柱效能的影响。

(4) 载气流速对柱效能的影响。对于一定长度的色谱柱，理论塔板高度越小，理论塔板数越大，柱效能越高。而从 Van Deemter 方程可知，载气流速大时，传质阻力项是影响柱效能的主要因素，流速小，柱效能高；载气流速小时，分子扩散项成为影响柱效能的主要因素，流速大，柱效能高 。

由于流速在这两项中完全相反的作用，流速对柱效能的总影响存在着一个最佳流速值，即速率方程式中理论塔板高度对流速的一阶导数有一极小值。以理论塔板高度 H 对应载气流速 u 作图，曲线最低点的流速即为最佳流速，如图11-5所示。

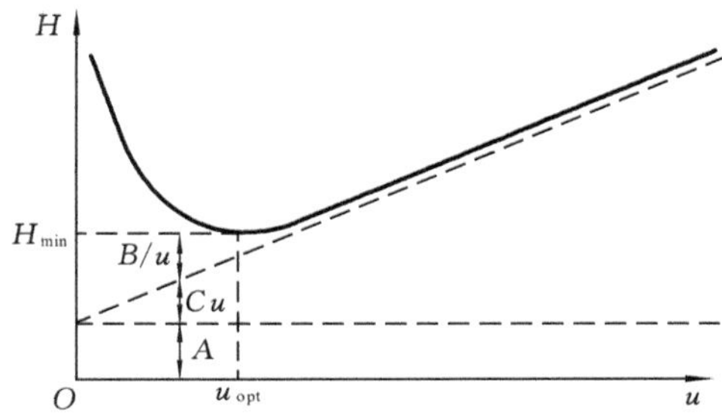

图 11-5　H-u 关系曲线

通过上述对 Van Deemter 方程的讨论可得出以下结论。

① 组分分子在柱内运行的多路径与涡流扩散、浓度梯度所造成的分子扩散及传质阻力使气、液两相间的分配平衡不能瞬间达到等因素是造成色谱峰扩展、柱效能下降的主要原因。

② 通过选择适当的固定相粒度、载气种类、液膜厚度及载气流速可提高柱效能。

③ 各种因素相互制约，如载气流速增大，分子扩散项的影响减小，使柱效能提高，但同时传质阻力项的影响增大，又使柱效能下降；柱温升高，有利于传质，但又加剧了分子扩散的影响，选择最佳条件，才能使柱效能达到最高。

速率理论阐明了流速和柱温对柱效能及分离的影响，为色谱分离和操作条件的选择提供了理论指导。

11.2.3　分离度 R

塔板理论和速率理论都难以描述难分离物质对的实际分离程度。

难分离物质对的分离程度受色谱过程中两种因素的综合影响：①保留值之差——色谱过程的热力学因素；②区域宽度——色谱过程的动力学因素。

色谱分离中常见的四种情况如图 11-6 所示。图中(a)的情况表明，柱效能较高，ΔK(两组分分配系数之差)较大，完全分离；图中(b)的情况表明，ΔK 不是很大，柱效能较高，峰形较窄，基本上完全分离；图中(c)的情况表明，ΔK 较大，但柱效能较低，峰形扩展，分离的效果不好；图中(d)的情况表明，ΔK 小，柱效能低，分离效果差。

由此可见，单独用柱效能或选择性都不能完全反映组分在色谱柱中的分离情况，故需引入一个综合性指标——分离度 R。分离度是既能反映柱效能又能反映选择性的指标，称为总分离效能指标。分离度又称为分辨率，它定义为相邻两组分色谱峰保留值之差与两组分

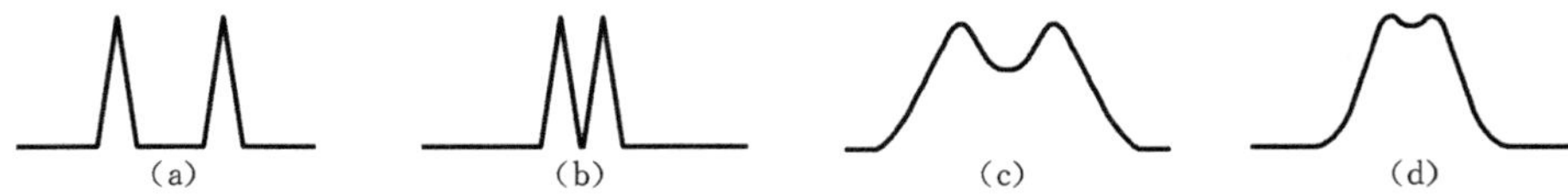

图 11-6　色谱分离中难分离组分常见的几种情况

色谱峰峰底宽之和一半的比值。分离度 R 的表达式为

$$R=\frac{2(t_{R(2)}-t_{R(1)})}{W_{b(2)}+W_{b(1)}}=\frac{2(t_{R(2)}-t_{R(1)})}{1.699(Y_{1/2(2)}+Y_{1/2(1)})} \tag{11-21}$$

R 值越大，表明相邻两组分分离越好。一般来说，$R=0.8$ 时，两峰的分离程度可达89%；$R=1$ 时，分离程度达 98%；$R=1.5$ 时，分离程度达 99.7%。通常用 $R=1.5$ 作为相邻两组分已完全分离的标志。

11.2.4　色谱分离基本方程式

分离度 R 的定义并没有反映影响分离度的各因素。实际上分离度受柱效能 n、选择性因子 α 和容量因子 k 三个参数的控制。对于难分离物质对，由于它们的分配系数差别小，可令 $W_{b(2)}\approx W_{b(1)}\approx W$，$k_1\approx k_2\approx k$，由式(11-13)可导出

$$\frac{1}{W}=\frac{\sqrt{n}}{4}\frac{1}{t_R} \tag{11-22}$$

将式(11-22)代入式(11-21)，得

$$R=\frac{\sqrt{n}}{4}\frac{t_{R(2)}-t_{R(1)}}{t_{R(2)}}=\frac{\sqrt{n}}{4}\frac{t'_{R(2)}-t'_{R(1)}}{t_{R(2)}} \tag{11-23}$$

由 $t_R=t_M(1+k)$ 及式(11-5)，可得

$$t_R=t'_R\frac{1+k}{k} \tag{11-24}$$

将式(11-24)代入式(11-23)，得

$$R=\frac{\sqrt{n}}{4}\frac{t'_{R(2)}-t'_{R(1)}}{t'_{R(2)}}\frac{k}{1+k}=\frac{\sqrt{n}}{4}\frac{\alpha-1}{\alpha}\frac{k}{1+k} \tag{11-25}$$

式(11-25)即为基本色谱分离方程式。

在实际应用中，往往用 n_{eff} 代替 n。由于

$$\frac{n_{eff}}{n}=\left(\frac{t'_R}{t_R}\right)^2=\left(\frac{k}{1+k}\right)^2$$

即

$$n_{eff}=n\left(\frac{k}{1+k}\right)^2 \tag{11-26}$$

将式(11-26)代入式(11-25)，可得

$$R=\frac{\sqrt{n_{eff}}}{4}\left(\frac{\alpha-1}{\alpha}\right) \tag{11-27}$$

式(11-27)即基本色谱分离方程式的又一表达式。

1. 分离度与柱效能的关系

由式(11-27)可知，具有一定相对保留值 α 的物质对，分离度 R 与有效塔板数 n_e 的平方根成正比。而式(11-25)说明分离度 R 与理论塔板数 n 的关系还受热力学性质的影响。当固定相一定，被分离物质对的 α 一定时，分离度将取决于 n。这时若理论塔板高度 H 一定，

分离度的平方与柱长成正比，即

$$\left(\frac{R_1}{R_2}\right)^2=\frac{n_1}{n_2}=\frac{L_1}{L_2} \tag{11-28}$$

式(11-28)说明用较长的柱子可以提高分离度。但这样做将延长分析时间，因此提高分离度的好方法是降低理论塔板高度 H，提高柱效能。

2. 分离度与选择因子的关系

当 $\alpha=1$ 时，由式(11-27)可知，$R=0$。说明此时无论怎样提高柱效能也不能使两组分分开。显然增大 α 是提高分离度的最有效方法。一般通过改变固定相的性质和组成或降低柱温可有效增大 α 值。

【例 11-1】 在一定条件下，两个组分的调整保留时间分别为 85 s 和 100 s，要达到完全分离，即 $R=1.5$ 时，试计算需要多少块有效塔板？若填充柱的理论塔板高度为 0.1 cm，柱长应是多少？

解

$$\alpha=100/85=1.18$$

$$n_{\mathrm{eff}}=16R^2\left(\frac{\alpha}{\alpha-1}\right)^2=16\times1.5^2\times\left(\frac{1.18}{0.18}\right)^2=1\ 547$$

$$L_{\mathrm{eff}}=n_{\mathrm{eff}}H_{\mathrm{eff}}=1\ 547\times0.1\ \mathrm{cm}\approx155\ \mathrm{cm}=1.55\ \mathrm{m}$$

即柱长为 1.55 m 时，两组分可以得到完全分离。

【例 11-2】 在一定条件下，两个组分的保留时间分别为 12.2 s 和 12.8 s，$n=3\ 600$ 块，计算分离度(设 $L_1=1$ m)。要达到完全分离，即 $R=1.5$，柱长应为多少？

解

$$W_{\mathrm{b(1)}}=4\frac{t_{\mathrm{R(1)}}}{\sqrt{n}}=\frac{4\times12.2}{\sqrt{3\ 600}}\ \mathrm{s}=0.813\ 3\ \mathrm{s}$$

$$W_{\mathrm{b(2)}}=4\frac{t_{\mathrm{R(2)}}}{\sqrt{n}}=\frac{4\times12.8}{\sqrt{3\ 600}}\ \mathrm{s}=0.853\ 3\ \mathrm{s}$$

故

$$R=\frac{2\times(12.8-12.2)}{0.853\ 3+0.813\ 3}=0.72$$

$$L_2=\left(\frac{R_2}{R_1}\right)^2L_1=\left(\frac{1.5}{0.72}\right)^2\times1\ \mathrm{m}=4.34\ \mathrm{m}$$

即柱长为 4.34 m 时，两组分可以得到完全分离。

注：计算时，注意使峰宽与保留时间单位一致，采用长度或时间为单位。

11.3　气相色谱仪

11.3.1　气相色谱流程

气相色谱的流程如图 11-7 所示。载气由载气钢瓶供给，经减压阀降压后，由针形稳压阀调节到所需流速，经净化干燥管净化后得到稳定流量的载气；载气流经汽化室，将汽化后的样品带入色谱柱进行分离；分离后的各组分先后进入检测器；检测器按物质的浓度或质量的变化转变为一定的电信号，经放大后在记录仪上记录下来，得到色谱流出曲线(如图 11-7 所示)。根据色谱流出曲线上各峰出现的时间，可进行定性分析；根据峰面积或峰高的大小，可进行定量分析。

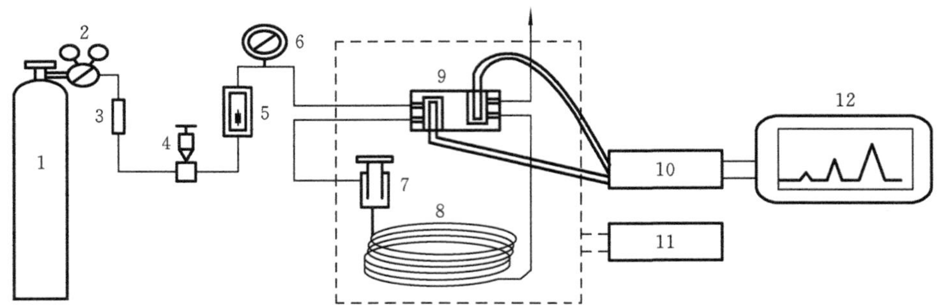

图 11-7 气相色谱流程示意图

1—载气钢瓶；2—减压阀；3—净化干燥管；4—针形稳压阀；5—流量计；6—压力表；7—进样室；8—色谱柱；9—热导检测器；10—放大器；11—温度控制器；12—记录仪

11.3.2 气相色谱仪的结构

气相色谱仪的主要结构包括载气系统、进样系统、分离系统(色谱柱)、温度控制系统以及检测和记录放大系统。

1. 载气系统

载气系统包括气源、净化干燥管和载气流速控制装置。

(1) 气源。常用的载气有：H_2、N_2、He 和 Ar。

(2) 净化干燥管。其作用是去除载气中的水、有机物等杂质(依次通过分子筛、活性炭等)。

(3) 载气流速控制装置。它包括压力表、流量计、针形稳压阀，其作用是控制载气流速恒定。

2. 进样系统

进样系统包括进样器和汽化室两部分。

(1) 气体进样器(六通阀)。有推拉式和旋转式两种。试样首先充满定量管，切入后，载气携带定量管中的试样气体进入分离柱。

(2) 液体进样器。一般使用不同规格的专用微量注射器。填充柱色谱常用 10 μL，毛细管色谱常用 1 μL，新型仪器带有全自动液体进样器，清洗、润洗、取样、进样、换样等过程自动完成，一次可放置数十个试样。

(3) 汽化室。将液体试样瞬间汽化的装置。汽化室热容量要大，温度要足够高，而且无催化作用。

3. 分离系统(色谱柱)

色谱柱是色谱仪的核心部件，其作用是分离样品中各组分。色谱柱主要有两类：填充柱和毛细管柱。

(1) 填充柱。它由不锈钢或玻璃材料制成，内装固定相，内径一般为 2～4 mm。长度为 1～3 m。填充柱的形状有 U 形和螺旋形两种。柱填料一般采用粒度为 60～80 目或 80～100 目的色谱固定相。

(2) 毛细管柱又称为空心柱。其材料可以是不锈钢、玻璃或石英。毛细管色谱柱渗透性好，传质阻力小，柱子可做到几十米长。与填充柱相比，毛细管柱分离效率高、分析速度快、样品用量小，但柱容量低，对检测器的灵敏度要求高，并且制备较难。

4. 温度控制系统

温度是色谱分离条件的重要选择参数，它直接影响到色谱柱的选择性、检测器的灵敏度和稳定性。在色谱分析时，需要对汽化室、分离室、检测器三部分进行温度控制。色谱柱的温度控制方式有恒温和程序升温两种。对于沸点范围很宽的混合物，往往采用程序升温法进行分析。程序升温是指在一个分析周期内柱温随时间由低温向高温作线性或非线性的变化，以达到最佳分离效果。

5. 检测和记录放大系统

检测和记录放大系统通常由检测元件、放大器、显示记录三部分组成。被色谱柱分离后的组分依次进入检测器，按其浓度或质量随时间的变化，转化成相应的电信号，经放大后进行记录和显示，给出色谱流出曲线。

11.3.3 气相色谱固定相

气相色谱固定相分为两类：用于气固色谱的固体吸附剂，称为气固色谱固定相；用于气液色谱的液体固定相（包括固定液和载体），称为气液色谱固定相。

1. 气固色谱固定相

1）常用固体吸附剂的种类

（1）活性炭。它属于非极性物质，有较大的比表面积，吸附性较强。

（2）活性氧化铝。它属于弱极性物质，适用于常温下 O_2、N_2、CO、CH_4、C_2H_6、C_2H_4 等气体的相互分离。CO_2 能被活性氧化铝强烈吸附而不能用这种固定相进行分析。

（3）硅胶。它属于较强极性物质，分离性能与活性氧化铝大致相同，除能分析上述物质外，还能分析 CO_2、N_2O、NO、NO_2 等物质，且能够分离臭氧（O_3）。

（4）分子筛。分子筛为碱及碱土金属的硅铝酸盐（沸石），多孔性，属于极性物质。按孔径大小分为多种类型，如 3A、4A、5A、10X 及 13X 分子筛等。常用 5A 和 13X（常温下分离 O_2 与 N_2）。除了广泛用于 H_2、O_2、N_2、CH_4、CO 等的分离外，还能够测定 He、Ne、Ar、NO、N_2O 等。

（5）高分子多孔微球（GDX 系列）。新型的有机合成固定相（苯乙烯与二乙烯苯共聚）。型号：GDX-01、GDX-02、GDX-03 等。适用于水、气体及低级醇的分析。

2）气固色谱固定相的缺点

（1）性能与制备和活化条件有很大关系。

（2）同一种固定相，不同厂家或不同活化条件，分离效果差异较大。

（3）种类有限，能分离的对象不多。

虽然气固色谱固定相有上述缺点，但是在固体吸附剂上，永久性气体及气态烃的吸附热差别较大，可以得到满意的分离效果。因此，在分离、分析永久性气体及气态烃类时，一般用气固色谱法。

2. 气液色谱固定相

气液色谱固定相由固定液和载体（担体）组成，载体为固定液提供一个大的惰性表面，以承担固定液，使固定液能在其表面形成薄而均匀的液膜。

1) 载体

(1) 对载体的要求。

① 比表面积大,孔径分布均匀。

② 化学惰性,表面无吸附性或吸附性很弱,与被分离组分不起反应。

③ 具有较高的热稳定性和机械强度,不易破碎。

④ 颗粒大小均匀、适度。一般用 60～80 目、80～100 目。

(2) 载体的类型。载体大致可分为硅藻土和非硅藻土两类。硅藻土是目前气相色谱法中常用的一种载体,它是由硅藻的单细胞海藻骨架组成,主要成分是二氧化硅和少量的无机盐,根据制备方法不同,又分为红色载体和白色载体。

红色载体是将硅藻土与黏合剂在 900 ℃煅烧后,破碎过筛而得,因铁生成氧化铁呈红色,故称为红色载体。红色载体的特点是孔径较小,表孔密集,比表面积较大,机械强度好。适宜分离非极性或弱极性组分的试样。缺点是表面存有活性吸附中心点。

白色载体是在原料中加入了少量助熔剂(碳酸钠)再进行煅烧。它呈白色,颗粒疏松,孔径较大,比表面积较小,机械强度较差。但吸附性显著减小,适宜分离极性组分的试样。

非硅藻土载体有有机玻璃微球载体、氟载体、高分子多孔微球等。这类载体常用于特殊分析,如分析强腐蚀性物质 HF、Cl_2时需用氟载体。

(3) 载体的表面处理。普通硅藻土载体的表面并非完全惰性,而是具有活性中心如硅醇基(Si—OH),并有少量的金属氧化物。因此,它的表面上既有吸附活性,又有催化活性,用这种固定相分析样品,将会造成色谱峰的拖尾;而用于分析萜烯和含氮杂环化合物等化学性质活泼的试样时,有可能发生化学反应和不可逆吸附。因此,使用前要进行化学处理,以改进孔隙结构,屏蔽活性中心。常用的处理方法有:①酸洗(除去碱性基团);②碱洗(除去酸性基团);③硅烷化(消除氢键结合力);④釉化(表面玻璃化、堵住微孔)。

2) 固定液

固定液一般为高沸点的有机物,均匀地涂在载体表面,呈液膜状态。

(1) 对固定液的要求。

能做固定相的有机物必须具备下列条件。

① 热稳定性好。在操作温度下,不发生聚合、分解或交联等现象,且有较低的蒸气压,以免固定液流失。通常,固定液有“最高使用温度”。

② 化学稳定性好。固定液与样品或载气不能发生不可逆的化学反应。

③ 固定液的黏度和凝固点低,以便在载体表面能均匀分布。

④ 各组分必须在固定液中有一定的溶解度,否则样品会迅速通过柱子,难以使组分分离。

(2) 组分分子和固定液间存在作用力。

固定液为什么能牢固地附着在载体表面上,而不被流动相所带走?为什么样品中各组分通过色谱柱的时间不同?这些问题都涉及分子间的作用力。

在气相色谱法中,载气是惰性的,而组分在气相中浓度很低,组分分子间作用力很小,可忽略。在液相中,组分间的作用力也可忽略。液相里主要存在的作用力是组分与固定液分子间的作用力。作用力大的组分,分配系数大。

这种分子间作用力主要包括定向力、诱导力、色散力和氢键。前三种又称为范德华力,是由电场作用引起的。氢键则是一种特殊的范德华力，有一定的形成条件。此外，固定液与被分离组分间还可能存在形成化合物或配合物的键合力。

(3) 固定液分类方法。

气液色谱法可选择的固定液有几百种，它们具有不同的组成、性质和用途。现在大都按照固定液的极性和化学类型分类。

固定液的极性可采用相对极性和固定液特征常数表示。化学类型分类是将有相同官能团的固定液排列在一起，然后按官能团的类型分类。

(4) 固定液的选择。

一般可按“相似相溶”的原则，选择与试样性质相近的固定相。因为这时的分子间的作用力强，选择性高，分离效果好。

对于复杂的难分离组分通常采用特殊固定液或将两种甚至两种以上固定液配合使用。

11.3.4　气相色谱检测器

气相色谱检测器是将载气里被分离的各组分的浓度或质量转换成电信号的装置。目前检测器的种类多达数十种，但常用的只有四五种。

根据检测原理的不同，可将所用检测器分为两类，即浓度型检测器和质量型检测器。也可根据其检测范围分为通用型检测器和选择性检测器。浓度型检测器测量的是载气中通过检测器组分浓度瞬间的变化，检测信号值与组分的浓度成正比，如热导池检测器和电子捕获检测器。质量型检测器测量的是载气中某组分进入检测器的质量流速变化，即检测信号值与单位时间内进入检测器组分的质量成正比，如氢火焰离子化检测器。

一个优良的检测器应具有的性能指标是：灵敏度高；检出限低；死体积小；响应迅速；线性范围宽和稳定性好。通用型检测器要求适用范围广；选择性检测器要求选择性好。

1. 检测器性能评价指标

1) 响应值(或灵敏度)S

当一定浓度或质量的组分进入检测器，产生一定的响应信号 E。在一定范围内，信号 E 与进入检测器的物质质量 m 呈线性关系。若以进样量 m 对响应信号 E 作图，可得到一条通过原点的直线。直线的斜率就是检测器的灵敏度 S。因此，灵敏度可定义为信号 E 对进入检测器的组分质量 m 的变化率，其表达式为

$$S=\frac{\Delta E}{\Delta m} \tag{11-29}$$

S 表示单位质量的物质通过检测器时，产生的响应信号的大小。S 值越大，检测器的灵敏度也就越高。检测信号通常显示为色谱峰，则响应值也可以由色谱峰面积 A 除以试样质量 m 求得，即

$$S=\frac{A}{m} \tag{11-30}$$

对于浓度型的检测器，ΔE 的单位取 mV，Δm 的单位取 mg/mL，灵敏度符号用 S_c 表示，其单位是 mV · mL/mg。可用下式计算仪器的灵敏度：

$$S_c=\frac{C_1C_2F_0A}{m} \tag{11-31}$$

式中：C_1 为记录仪的灵敏度，mV/cm；C_2 为记录仪的走纸速度的倒数，min/cm；A 为峰面积，

cm^2;F_0为柱出口处流动相的流速,mL/min;m 为进入检测器组分的质量,mg。

对于质量型检测器,ΔE 的单位取 mV,Δm 的单位取 mg/s,灵敏度符号用 S_m表示,其单位是 mV·s/mg。可用下式计算仪器的灵敏度。

$$S_m = \frac{60C_1C_2A}{m} \tag{11-32}$$

式中:各符号的意义同前,为了将 C_2的单位 min/cm 换算成 s/cm,所以乘以 60。应该注意,S的单位还可以是 mV·s/g,这时 m 的单位应用 g。

2) 检出限 D

检出限(D)定义为:检测器恰能产生 3 倍噪声($3R_N$)时,单位时间(s)引入检测器的样品量(mg)或单位体积(mL)载气中所含的样品量。

浓度型检测器的检出限为

$$D_c = \frac{3R_N}{S_c} \tag{11-33}$$

D_c的物理意义是指每毫升载气中含有恰好能产生 3 倍于噪声的信号时溶质的质量(mg)。

质量型检测器的检出限为

$$D_m = \frac{3R_N}{S_m} \tag{11-34}$$

D_m的物理意义是指恰好能产生 3 倍于噪声的信号时,每秒钟通过检测器的溶质的质量(mg)。

无论哪种检测器,检出限都与灵敏度成反比,与噪声成正比。检出限不仅取决于灵敏度,而且受限于噪声,所以它是衡量检测器性能的综合指标。

3) 最低检测限(最小检测量)Q_{min}

最小检测量(Q_{min})是指检测器响应值为 3 倍噪声时所需的试样浓度(或质量)。最小检测量和检出限是两个不同的概念。检出限只用来衡量检测器的性能,而最小检测量不仅与检测器性能有关,还与色谱柱柱效能及色谱操作条件有关。

浓度型检测器的 Q_{min}由式(11-35)计算,质量型检测器的 Q_{min}由式(11-36)计算。

$$Q_{min} = 1.065Y_{1/2}\ F_0D \tag{11-35}$$

$$Q_{min} = 1.065Y_{1/2}\ D \tag{11-36}$$

4) 线性范围

检测器的线性是指检测器内流动相中组分浓度与响应信号成正比例关系。线性范围是指被测组分的量与检测器信号呈线性关系的范围,以最大允许进样量与最小进样量之比来表示。

5) 响应时间

响应时间是指进入检测器的某一组分的输出信号达到其值 63%所需的时间。一般小于 1 s。

2. 常用检测器

1) 热导池检测器

热导池检测器(TCD)是一种结构简单、性能稳定、线性范围宽、对无机及有机物质都有响应、灵敏度适中的检测器,因此在气相色谱法中广泛应用,属于通用型浓度检测器。

热导池检测器是根据各种物质和载气的导热系数不同，采用热敏元件进行检测的。桥路电流，载气，热敏元件的电阻值、电阻温度系数，池体温度等因素将影响热导池检测器的灵敏度。通常载气与样品的导热系数相差越大，灵敏度越高。一些气体 100 ℃时的导热系数 α 如表 11-1 所示。

表 11-1　一些气体 100 ℃时的导热系数 λ

（单位：W/(m · ℃)）

气　体	$\lambda\times10^7$	气　体	$\lambda\times10^7$
氢气	224.3	甲烷	45.8
氦气	175.6	乙烷	30.7
氧气	31.9	丙烷	26.4
空气	31.5	甲醇	23.1
氮气	31.5	乙醇	22.3
氩气	21.8	丙酮	17.6

(1) 热导池检测器的结构。热导池检测器由池体和热敏元件构成，结构如图 11-8 所示。池体一般用不锈钢制成，热敏元件用电阻率高、电阻温度系数大、价廉易加工的钨丝制成。热导池具有参考池（臂）和测量池（臂），参考池（臂）仅允许纯载气通过，通常连接在进样装置之前，测量池（臂）流过的是携带被分离组分的载气，通常连接在靠近分离柱出口处。

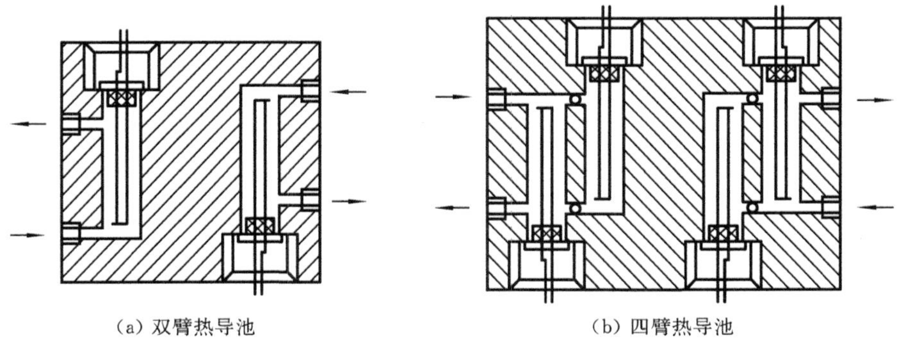

(a) 双臂热导池　　(b) 四臂热导池

图 11-8　热导池结构示意图

(2) 热导池检测器的工作原理。热导池检测器的工作原理如图 11-9 所示。

进样前，钨丝通电，加热与散热达到平衡后，两臂电阻值为 $R_{参}=R_{测}$，$R_1=R_2$。则

$$R_{参}R_2=R_{测}R_1$$

此时桥路中无电压信号输出，记录仪走直线（基线）。

进样后，载气携带试样组分流过测量池（臂），而此时参考池（臂）流过的仍是纯载气，试样组分使测量池（臂）的温度改变，引起电阻的变化，测量池（臂）和参考池（臂）的电阻值不等，产生电阻差，$R_{参}\neq R_{测}$，则

$$R_{参}R_2\neq R_{测}R_1$$

这时电桥失去平衡，两端存在着电位差，有电压信号输出。信号与组分浓度相关。记录仪记录下组分浓度随时间变化的峰状图形。

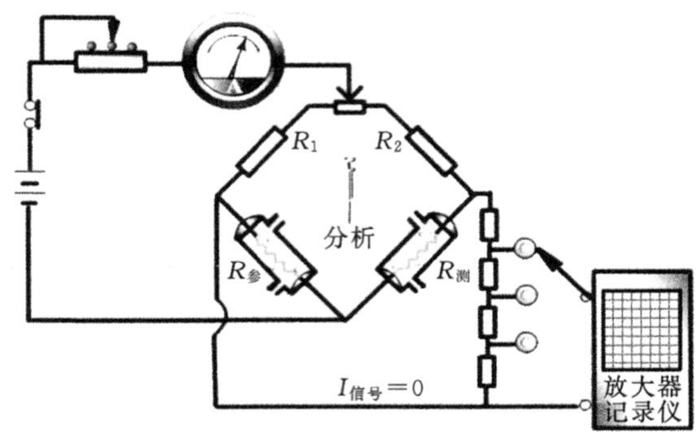

图 11-9 热导池检测器工作原理示意图

(3) 影响热导池检测器灵敏度的因素。

① 桥路电流 I:I 增大,钨丝的温度 T 升高,钨丝与池体之间的温差 ΔT 增大,有利于热传导,检测器灵敏度提高。检测器的响应值 $S\propto I^3$,但稳定性下降,基线不稳。桥路电流太高时,还可能烧坏钨丝。

②池体温度:池体温度与钨丝温度相差越大,越有利于热传导,检测器的灵敏度也就越高,但池体温度不能低于分离柱温度,以防止试样组分在检测器中冷凝。

③ 载气种类:载气与试样的导热系数相差越大,在检测器两臂中产生的温差和电阻差也就越大,检测灵敏度越高。载气的导热系数大,传热好,通过的桥路电流也可适当加大,则检测灵敏度进一步提高。从表 11-1 可看出,氢气的导热系数较大,是热导池检测器常用的载气。氦气也具有较大的导热系数,但价格较高。

2) 氢火焰离子化检测器

氢火焰离子化检测器(FID)简称氢焰检测器。氢焰检测器具有结构简单、稳定性好、灵敏度高、响应迅速等特点,是目前常用的典型的质量型检测器,仅对有机化合物具有很高的灵敏度,对无机气体、水、四氯化碳等含氢少或不含氢的物质灵敏度低或不响应。与热导池检测器相比,灵敏度高出近 3 数量级,检测下限可达 10^{-12} g/mL。

(1) 氢焰检测器的结构。氢焰检测器主要部件是离子室,一般用不锈钢制成。在离子室的下部,有气体入口、火焰喷嘴、一对电极——发射极(阴极)和收集极(阳极)和外罩。氢焰检测器的结构如图 11-10 所示。在发射极和收集极之间加有一定的直流电压(100～300 V)构成一个外加电场。氢焰检测器需要用到三种气体:N_2 作为载气携带试样组分;H_2 作为燃气;空气作为助燃气。使用时需要调整三者的比例关系,使检测器灵敏度达到最佳。

(2) 氢焰检测器的工作原理。氢焰检测器工作原理如图 11-11 所示。其中,A 区为预热区,B 区为点燃火焰,C 区为热裂解区(温度最高),D 区为反应区。

检测器工作步骤如下。

① 当含有机物 C_nH_m 的载气由喷嘴喷出进入火焰时,在 C 区发生裂解反应产生自由基,反应式为

$$C_nH_m \longrightarrow \cdot CH$$

② 产生的自由基在 D 区火焰中与外面扩散进来的激发态原子氧或分子氧发生反应,反应式为

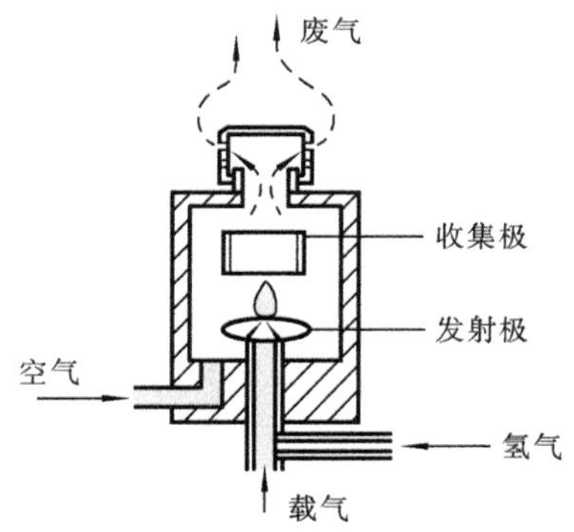

图 11-10　氢焰检测器示意图

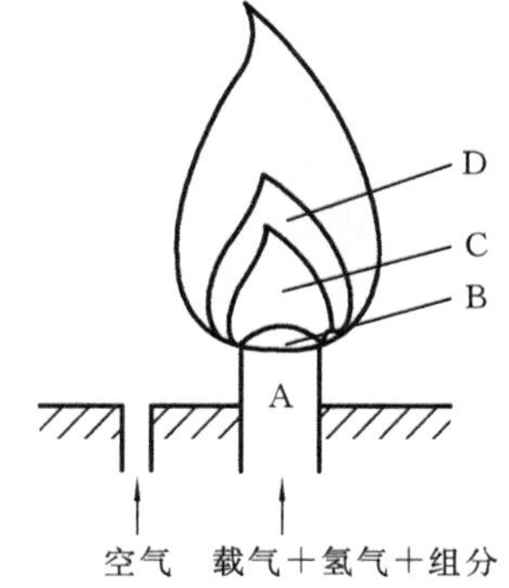

图 11-11　氢焰检测器工作原理示意图

$$\cdot CH + O \longrightarrow CHO^{+} + e$$

③ 生成的正离子 CHO^{+} 与火焰中大量水分子碰撞而发生分子离子反应，反应式为

$$CHO^{+} + H_2O \longrightarrow H_3O^{+} + CO$$

④ 化学电离产生的正离子和电子在外加恒定直流电场的作用下分别向两极定向运动而产生微电流（10^{-14}～10^{-6} A）。

⑤ 在一定范围内，微电流的大小与进入离子室的被测组分质量成正比，所以氢焰检测器是质量型检测器。

⑥ 组分在氢焰中的电离效率很低，大约五十万分之一的碳原子被电离。

⑦ 离子电流信号输出到记录仪，得到峰面积与组分质量成正比的色谱流出曲线。

(3) 影响氢焰检测器灵敏度的因素。

① 各种气体流速和配比的选择。载气 N_2 的流速选择主要考虑分离效能，以 N_2 的流速为基准，N_2 与 H_2 的最佳流速配比一般为 1∶(1～1.5)，氢气(H_2)与空气的配比一般为 1∶10。

② 极化电压。正常极化电压选择在 100～300 V 范围内。

3）电子捕获检测器

电子捕获检测器(ECD)在应用上仅次于热导池检测器(TCD)和氢焰检测器(FID)，是高选择性的浓度型检测器，仅对含有卤素、磷、硫、氧等元素的化合物有很高的灵敏度，检测下限达 10^{-14} g/mL，对大多数烃类没有响应。较多应用于农副产品、食品及环境中农药残留量的测定。

4）其他检测器

(1) 火焰光度检测器(FPD)。化合物中硫、磷在富氢火焰中被还原，激发后，辐射出 400 nm、550 nm 左右的光谱，可被检测。该检测器是对含硫、磷化合物的高选择性检测器。

(2) 热离子检测器(TID)。主要是氮、磷检测器，对氮、磷有高灵敏度。在 FID 的喷嘴与收集极之间加一个含硅酸铷的玻璃球，含氮、磷化合物在受热分解时，受硅酸铷作用产生大量电子，信号强。

11.4　色谱分离操作条件的选择

1. 固定相及其选择

在选择固定液时，一般按“相似相溶”的规律选择，在操作中，应根据实际情况考虑，一般来说，有以下选择供参考。

(1) 非极性试样一般选用非极性固定液。非极性固定液对样品的保留作用，主要靠色散力。分离时，试样中各组分基本上按沸点从低到高的顺序流出色谱柱。若样品中含有同沸点的烃类和非烃类化合物，则极性化合物先流出。

(2) 中等极性的试样应首先选用中等极性固定液。在这种情况下，组分与固定液分子之间的作用力主要为诱导力和色散力。分离时组分基本上按沸点从低到高的顺序流出色谱柱，但对于同沸点的极性和非极性物，由于此时诱导力起主要作用，使极性化合物与固定液的作用力加强，所以非极性组分先流出。

(3) 强极性的试样应选用强极性固定液。此时，组分与固定液分子之间的作用主要靠静电力，组分一般按极性从小到大的顺序流出；对含有极性和非极性组分的样品，非极性组分先流出。

(4) 具有酸性或碱性的极性试样，可选用带有酸性或碱性基团的高分子多孔微球，组分一般按相对分子质量大小顺序分离。此外，还可选用极性强的固定液，并加入少量的酸性或碱性添加剂，以减小谱峰的拖尾现象。

(5) 能形成氢键的试样，应选用氢键型固定液，如腈醚和多元醇固定液等。各组分将按形成氢键的能力大小顺序流出色谱柱。

(6) 对于复杂组分，可选用两种或两种以上的混合液，配合使用，提高分离效果。

2. 固定液配比(涂渍量)的选择

固定液配比是固定液在载体上的涂渍量，一般指的是固定液与载体的配比，配比通常在5%～25%。配比越低，载体上形成的液膜越薄，传质阻力越小，柱效能越高，分析速度也越快。配比较低时，固定相的负载量低，允许的进样量较小。分析工作中通常倾向于使用较低的配比。

3. 柱长和柱内径的选择

增加柱长对提高分离度有利(分离度 R 正比于柱长的平方 L^2)，但组分的保留时间 t_R 将延长，且柱阻力也将增大，不便操作。

柱长的选用原则是在能满足分离目的的前提下，尽可能选用较短的柱，有利于缩短分析时间。填充色谱柱的柱长通常为 1～3 m。可根据要求的分离度通过计算确定合适的柱长或通过实验确定合适的柱长。

柱内径一般为 3～4 cm。

4. 柱温的确定

首先应使柱温控制在固定液的最高使用温度(超过该温度固定液易流失)和最低使用温度(低于此温度固定液以固体形式存在)范围之内。

柱温升高，分离度减小，色谱峰变窄变高。柱温升高，被测组分的挥发度增大，即被测组分在气相中的浓度增大，K 减小，t_R 缩短，低沸点组分峰易产生重叠。

柱温降低，分离度增大，分析时间延长。对于难分离物质对，降低柱温虽然可在一定程度内使分离得到改善，但是不可能使之完全分离，这是由于两组分的相对保留值增大的同时，两组分的峰宽也在增加，当后者的增加速度大于前者时，两峰的交叠更为严重。

柱温一般选择在接近或略低于组分平均沸点时的温度。

对于组分复杂，沸程宽的试样，通常采用程序升温。

5. 载气种类和流速的选择

(1) 载气种类的选择。载气种类的选择应考虑三个方面：载气对柱效能的影响、检测器要求及载气性质。

载气相对分子质量大，可抑制试样的纵向扩散，提高柱效能。载气流速较大时，传质阻力项将起主要作用，此时采用较小相对分子质量的载气(如 H_2、He)，可减小传质阻力，提高柱效能。

热导池检测器使用导热系数较大的 H_2 是为了有利于提高检测灵敏度。而在氢焰检测器中，氮气仍是首选目标。

在选择载气时，还应综合考虑载气的安全性、经济性及来源是否广泛等因素。

(2) 载气流速的选择。

由图 11-5 可知存在最佳流速(u_{opt})。实际流速通常稍大于最佳流速，以缩短分析时间。u_{opt} 的计算可由速率理论式(11-15)导出。

$$H = A + \frac{B}{u} + Cu$$

$$\frac{dH}{du} = -\frac{B}{u^2} + C = 0$$

$$u_{opt} = \sqrt{\frac{B}{C}} \tag{11-37}$$

6. 其他操作条件的选择

(1) 进样方式和进样量的选择。液体试样采用色谱微量进样器进样，规格有 1 μL、5 μL、10 μL 等。进样量应控制在柱容量允许范围及检测器线性检测范围之内。进样时要求动作快、时间短。气体试样应采用气体进样阀进样。

(2) 汽化室温度的选择。色谱仪进样口下端有一汽化室，液体试样进样后，在此瞬间被汽化。因此，汽化温度一般较柱温高 30～70 ℃，同时应防止汽化温度太高造成试样分解。

11.5 气相色谱分析方法

气相色谱分析方法包括定性分析和定量分析两部分。定性分析的应用受到一些限制，远不及定量分析应用广泛。下面逐一介绍。

11.5.1 气相色谱定性鉴定方法

气相色谱定性鉴定方法就是利用保留值或者与其相关的值来判断每个色谱峰代表何种物质。一般情况下不单独使用气相色谱定性鉴定，多与其他仪器方法或化学方法联合使用。

1. 利用纯物质定性的方法

(1) 利用保留值定性。通过对比试样中具有与纯物质相同保留值的色谱峰，来确定试样中是否含有该物质及在色谱图中的位置。该法不适用于不同仪器上获得的数据之间的对比。

(2) 利用加入法定性。将纯物质加入试样中,观察各组分色谱峰的相对变化。

2. 利用文献保留值定性的方法

利用相对保留值 r_{21} 定性。相对保留值 r_{21} 仅与柱温和固定液性质有关。在色谱手册中都列有各种物质在不同固定液上的保留数据,可以用来进行定性鉴定。

3. 利用保留指数定性的方法

保留指数又称为 Kovats 指数(I),是一种重现性较好的定性参数。测定方法是将正构烷烃作为标准,规定其保留指数为分子中碳原子个数乘以 100(如正己烷的保留指数为 600)。

其他物质的保留指数(I_X)是通过选定两个相邻的正构烷烃,其分子中分别具有 Z 和 $Z+1$ 个碳原子。被测物质 X 的调整保留时间应在相邻两个正构烷烃的调整保留值之间,如图11-12所示。

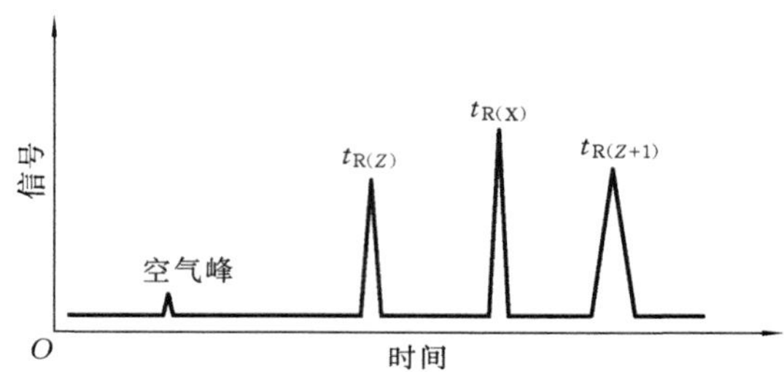

图 11-12 保留指数测定示意图

由图 11-12 可知

$$t'_{R(Z+1)} > t'_{R(X)} > t'_{R(Z)}$$

I_X 的计算由式(11-38)给出。

$$I_X = 100\left(\frac{\lg t'_{R(X)} - \lg t'_{R(Z)}}{\lg t'_{R(Z+1)} - \lg t'_{R(Z)}} + Z\right) \tag{11-38}$$

4. 与其他分析仪器联用的定性方法

复杂组分经色谱柱分离为单组分,再利用质谱仪进行定性鉴定,这就是常说的色-质联用仪,包括气-质联用仪(GC-MS)和液-质联用仪(LC-MS)。如果是利用红外光谱仪进行定性鉴定,则称之为色谱-红外光谱联用仪,可以进行组分的结构鉴定。

11.5.2 气相色谱定量分析方法

在一定的色谱操作条件下,被测物质 i 的质量 m_i 或其在载气中的浓度 c_i 与进入检测器的响应信号 E(色谱流出曲线上表现为峰面积 A_i 或峰高 h_i)成正比,有

$$m_i = f_i A_i \tag{11-39}$$

这就是气相色谱定量分析方法的依据。由式(11-39)可知,气相色谱定量分析就是:①准确测量峰面积 A_i;②准确求出比例常数 f_i(称为定量校正因子);③正确选用定量计算方法,将测得物质的峰面积换算成为质量分数。现分别讨论如下。

1. 峰面积 A 的测量

峰面积的测量直接关系到定量分析的准确度。常用的峰面积测量方法有如下几种。

(1) 峰高(h)乘半峰宽($Y_{1/2}$)法。当色谱峰为对称峰形时可用此方法。近似地将色谱峰当做等腰三角形来计算面积。此法算出的峰面积是实际峰面积的 0.94 倍,实际峰面积应为

$$A = 1.064hY_{1/2} \tag{11-40}$$

(2) 峰高(h)乘峰底宽度(W)法。这是一种作图求峰面积的方法。这种作图法测出的峰面积是实际峰面积的 0.98 倍,对矮而宽的峰更准确些。

(3) 峰高乘平均峰宽法。当色谱峰形不对称时,可在峰高 0.15 和 0.85 处分别测定峰宽,由式(11-41)计算峰面积。

$$A = \frac{h(Y_{0.15} + Y_{0.85})}{2} \tag{11-41}$$

(4) 峰高乘保留时间法。在一定操作条件下,同系物的半峰宽与保留时间成正比,对于难以测量半峰宽的窄峰、重叠峰(未完全重叠),可用此法测定峰面积。

$$A = hbt_{\mathrm{R}} \tag{11-42}$$

(5) 自动积分和微机处理法。利用积分仪和计算机进行峰面积测量,给出定量分析结果。

值得注意的是,在同一分析中,峰面积只能用同一种近似测量方法。

2. 定量校正因子的计算

试样中各组分质量 m_i 与其色谱峰面积 A_i 成正比,$m_i = f_iA_i$,式中的比例系数 f_i 称为绝对定量校正因子,指单位面积对应的物质的质量,有

$$f_i = \frac{m_i}{A_i} \tag{11-43}$$

绝对定量校正因子 f_i 与检测器响应值 S_i 成倒数关系,有

$$f_i = \frac{1}{S_i} \tag{11-44}$$

式(11-44)说明 f_i 由仪器的灵敏度所决定,不易准确测定和直接应用。定量分析工作中都是使用相对校正因子 f'_i,即组分的绝对校正因子 f_i 与标准物质的绝对校正因子 f_s 之比,见式(11-45)。常用的标准物质,对热导池检测器选择苯,对氢焰检测器选择正庚烷。使用相对校正因子 f'_i 时通常将"相对"二字省略。

$$f'_i = \frac{f_i}{f_s} = \frac{m_i/A_i}{m_s/A_s} = \frac{m_i}{m_s}\frac{A_s}{A_i} \tag{11-45}$$

根据被测组分使用的计量单位,将 f'_i 分为质量校正因子 $f'_{i(m)}$ (m_i、m_s 以质量为单位),摩尔校正因子 $f'_{i(M)}$ (m_i、m_s 以物质的量为单位)和体积校正因子 $f'_{i(V)}$ (m_i、m_s 以体积为单位)。

3. 常用的几种定量方法

(1) 归一化法。当试样中有 n 个组分,各组分的量分别为 $m_1, m_2, \cdots, m_n$,将试样中所有组分的含量之和按 100%计算,求出 c_i。

① 使用条件。仅适用于试样中所有组分全部出峰的情况。

② 计算公式为

$$c_i = \frac{m_i}{m_1 + m_2 + \cdots + m_n} \times 100\% = \frac{f'_iA_i}{\sum_{i=1}^{n}(f'_iA_i)} \times 100\% \tag{11-46}$$

③ 特点。归一化法简便、准确，进样量的准确性和操作条件的变动对测定结果影响不大。

(2) 外标法。外标法也称为标准曲线法。此法是利用试样中某特定组分的纯物质配制一系列标准溶液进行色谱定量分析。对 $A_i(h_i)$-c_i作图得到标准曲线，根据测定组分的 A_i或 h_i从标准曲线上求出 c_i。

① 使用条件。适用于大批量试样的快速分析。

② 特点。外标法不使用校正因子，准确性较高。对进样量的控制要求较高，操作条件变化对结果准确性影响较大。

(3) 内标法。将一定量的纯物质 m_s作为内标物加入已知量 W 的试样中，根据被测组分 i(质量 m_i)与内标物(质量 m_s)在色谱图上相应峰面积的比，求出 c_i。

① 使用条件。适用于只需测定试样中某几个组分，而且试样中所有组分不能全部出峰的情况。

② 计算公式为

$$\frac{m_i}{m_s}=\frac{f'_iA_i}{f'_sA_s}$$

$$m_i=m_s\frac{f'_iA_i}{f'_sA_s}$$

$$c_i=\frac{m_i}{W}\times 100\%=\frac{m_s\dfrac{f'_iA_i}{f'_sA_s}}{W}\times 100\%=\frac{m_s}{W}\frac{f'_iA_i}{f'_sA_s}\times 100\% \tag{11-47}$$

定量时一般以内标物为基准，即 $f'_s=1$。

③ 内标物需满足的要求：

(ⅰ) 试样中不含有该物质；

(ⅱ) 加入内标物的量及性质与被测组分的量及性质比较接近；

(ⅲ) 不与试样发生化学反应；

(ⅳ) 出峰位置应位于被测组分附近，且无组分峰影响。

④ 内标法的特点：

(ⅰ) 准确性较高，操作条件和进样量的稍许变动对定量结果影响不大；

(ⅱ) 每个试样的分析，都要进行两次称量，不适合大批量试样的快速分析；

(ⅲ) 若将内标法中的试样取样量和内标物加入量固定，减少了称量样品的次数，适于工厂控制分析需要，此时式(11-47)简化为

$$c_i=\frac{A_i}{A_s}\times 常数 \tag{11-48}$$

这就是内标标准曲线法定量的依据。

本章小结

(1) 色谱保留值。

① 保留时间(t_R)：组分从进样到柱后出现峰极大值时所需的时间，称为保留时间。

② 死时间(t_M)：不与固定相作用的气体(如空气)的保留时间。

③ 调整保留时间(t'_R)：某组分的保留时间扣除死时间后，成为该组分的调整保留时间，即 $t'_R = t_R - t_M$。

④ 相对保留值 r_{21}。

$$r_{21}=\frac{t'_{R(2)}}{t'_{R(1)}}=\frac{V'_{R(2)}}{V'_{R(1)}}$$

(2) 区域宽度。

① 标准偏差(σ)：0.607 倍峰高处色谱峰宽度的一半。

② 半峰宽($Y_{1/2}$)：色谱峰高一半处的宽度。

$$Y_{1/2}=2.354\sigma$$

③ 峰底宽度(W_b)：色谱峰两侧拐点上的切线在基线上的截距间的距离，即

$$W_b=4\sigma=1.699Y_{1/2}$$

(3) 分配系数 K。

$$K=\frac{\text{组分在固定相中的浓度}}{\text{组分在流动相中的浓度}}=\frac{c_s}{c_M}$$

(4) 容量因子 k(分配比)。

$$k=\frac{\text{组分在固定相中的质量}}{\text{组分在流动相中的质量}}=\frac{m_s}{m_M}$$

(5) 由色谱流出曲线求分配比 k。

$$k=\frac{t_R-t_M}{t_M}=\frac{t'_R}{t_M}$$

(6) 分配比 k 值与分配系数 K 的关系。

$$k=\frac{m_s}{m_M}=\frac{c_sV_s}{c_MV_M}=\frac{K}{\beta}$$

(7) 理论塔板数和有效理论塔板数。

$$n=5.54\left(\frac{t_R}{Y_{1/2}}\right)^2=16\left(\frac{t_R}{W_b}\right)^2$$

$$n_{\text{eff}}=5.54\left(\frac{t'_R}{Y_{1/2}}\right)^2=16\left(\frac{t'_R}{W_b}\right)^2$$

(8) 理论塔板高度 H。

$$H=\frac{L}{n}$$

(9) 分离度 R。

$$R=\frac{2(t_{R(2)}-t_{R(1)})}{W_{b(2)}+W_{b(1)}}=\frac{2(t_{R(2)}-t_{R(1)})}{1.699(Y_{1/2(2)}+Y_{1/2(1)})}$$

(10) 色谱分离基本方程式。

① $$R=\frac{\sqrt{n}}{4}\frac{t'_{R(2)}-t'_{R(1)}}{t'_{R(2)}}\frac{k}{1+k}=\frac{\sqrt{n}}{4}\frac{\alpha-1}{\alpha}\frac{k}{1+k}$$

② $$R=\frac{\sqrt{n_{\text{eff}}}}{4}\frac{\alpha-1}{\alpha}$$

(11) 分离度与柱长的关系。

$$\left(\frac{R_1}{R_2}\right)^2=\frac{n_1}{n_2}=\frac{L_1}{L_2}$$

(12) 定量分析。

① 归一化法:仅适用于试样中所有组分全部出峰的情况。

$$c_i=\frac{m_i}{m_1+m_2+\cdots+m_n}\times 100\%=\frac{f'_iA_i}{\sum_{i=1}^{n}(f'_iA_i)}\times 100\%$$

② 内标法:适用于只需测定试样中某几个组分,而且试样中所有组分不能全部出峰的情况。

$$c_i=\frac{m_i}{W}\times 100\%=\frac{m_s\dfrac{f'_iA_i}{f'_sA_s}}{W}\times 100\%=\frac{m_s}{W}\frac{f'_iA_i}{f'_sA_s}\times 100\%$$

阅读材料

高效液相色谱法简介

高效液相色谱法(HPLC)是在经典色谱法的基础上,引用了气相色谱法的理论,流动相改为高压输送(最高输送压力可达 29.4 MPa);色谱柱是以特殊的方法用小粒径的填料填充而成,从而使柱效大大高于经典液相色谱(每米塔板数可达几万或几十万);柱后连有高灵敏度的检测器,可对流出物进行连续检测。

高效液相色谱法具有以下特点:

(1) 高压。液相色谱法以液体为流动相(称为载液),载液流经色谱柱,受到阻力较大,为了使其迅速地通过色谱柱,必须对其施加高压。压力一般可达$(150\sim350)\times10^5$ Pa。

(2)高速。流动相在柱内的流速较经典色谱法快得多,一般可达 1～10 mL/min。高效液相色谱法所需的分析时间与经典液相色谱法相比短得多,一般少于 1 h 。

(3) 高效。高效液相色谱法的分离效率高于普通液相色谱法,在发展过程中又出现了许多新型固定相,使分离效率大大提高。

(4) 高灵敏度。高效液相色谱法已广泛采用高灵敏度的检测器,进一步提高了分析的灵敏度。如荧光检测器灵敏度可达 10^{-11} g。另外,用样量小,一般为 μL 级。

(5) 适应范围宽。气相色谱法虽具有分离能力好、灵敏度高、分析速度快、操作方便等优点,但是受技术条件的限制,沸点太高的物质或热稳定性差的物质都难以应用气相色谱法进行分析。而高效液相色谱法,只要求试样能制成溶液,而不需要汽化,因此不受试样挥发性的限制。对于高沸点、热稳定性差、相对分子质量大(大于 400)的有机物(这些物质几乎占有机物总数的 75%～80%),原则上都可应用高效液相色谱法来进行分离、分析。据统计,在已知化合物中,能用气相色谱法分析的约占 20%,而能用高效液相色谱法分析的占 70%～80%。

高效液相色谱法是 20 世纪 60 年代后期发展起来的一种分析方法。近年来,在保健食品功效成分、营养强化剂、维生素类、蛋白质的分离测定等方面应用广泛。

习　　题

1. 一个组分的色谱峰可用哪些参数描述?这些参数各有什么意义?受哪些因素影响?
2. 什么是分离度?有哪些因素影响分离度?柱温与固定相如何影响分离度?

3. 衡量色谱柱柱效能的指标是什么？衡量色谱柱选择性的指标是什么？

4. 用气相色谱法测定某水试样中水分的含量。称取 0.021 3 g 内标物加到 4.586 g 试样中进行色谱分析，测得水分和内标物的峰面积分别是 150 mm^2 和 174 mm^2。已知水和内标物的相对校正因子分别为 0.55 和0.58，计算试样中水分的含量。

(0.38%)

5. 用填充柱气相色谱分析某试样，柱长为 1 m 时，测得 A、B 两组分的保留时间分别为 5.80 min 和 6.60 min。峰底宽度分别为 0.78 min 及 0.82 min。测得死时间为 1.10 min。计算下列各项。

(1) 载气的平均线速度。

(2) 组分 B 的分配比。

(3) 分离度。

(4) 平均有效理论塔板数。

(5) 如果两组分完全分离，需要多长的色谱柱？

((1)90.90 cm/min；(2)5.00；(3)1.00；(4)650；(5)2.25 m)

第 12 章 分析化学中的分离与富集方法

12.1 概 述

分离和富集是化学学科研究的一个重要方面，化学及整个自然科学的发展离不开物质的分离和富集，分离和富集同时也在应用科学方面起着巨大的作用，现在已发展成一门新兴的独立学科——分离科学。随着科学技术的发展，各种学科相互融合、渗透，新的分离方法不断出现。若想将分离方法进行系统分类是比较困难的，不过一般依据分离的性质分为物理分离法和化学分离法。物理分离法常用的有气体扩散法、离心分离法、电磁分离法等，主要依据待分离组分的物理性质；化学分离法有沉淀分离法、萃取分离法、离子交换分离法、色谱分离法、电化学分离法等，主要依据待分离组分的化学性质。此外，依据待分离组分的物理、化学性质的差异的一些方法，如膜分离等也属于化学分离法。

在定量化学分析中，中心任务是测量样品中有关组分的含量，但是实际样品都含有多种杂质。分析样品中的某一待测组分时，其他共存组分就有可能产生干扰。虽然常常采用控制分析条件（如 pH 值）或加入掩蔽剂这样一些简单方法来消除干扰，但很多时候并不能完全消除所有干扰。这就要将干扰组分与待测组分分离，然后再对待测组分进行测定。分离是消除干扰的最根本、最彻底的方法，所以分离干扰组分，提高分析方法的专一性就是分析化学中分离的一个主要目的。另外一个目的是富集浓缩痕量组分，在有些样品中，待测组分的含量很低，若所采用的测定方法的灵敏度不够高，则无法进行测定。此时，就需要对待测组分进行富集。在分析过程中富集与分离往往同时进行，当待测组分与干扰组分分离时，设法将待测组分浓缩，从而提高方法灵敏度，所以富集也离不开分离。分离方法也是分析化学所要研究的一项十分重要的内容。

评价一种分离方法的效果，通常可用回收率和分离因数来衡量。

$$R_A = \frac{\text{分离后 A 的测定量}}{\text{试样中 A 的总量}} \times 100\%$$

式中：R_A为回收率，表示被分离组分的回收完全程度。回收率越高，表明被分离组分 A 的分离效果越好。因为实际分离时总会有被分离组分的损失，回收率不可能为 100%。通常对于相对含量大于 1%的常量组分的分离，回收率应在 99%以上；而对于痕量组分，回收率能够达到 90%～95%就可以满足要求。

$$S_{B/A} = \frac{R_B}{R_A}$$

式中：$S_{B/A}$为分离因数，表示物质 A 与物质 B 分离的完全程度。$S_{B/A}$越小，分离效果越好。对常量组分的分析，一般要求 $S_{B/A} \leqslant 10^{-3}$；对痕量组分的分析，一般要求 $S_{B/A}$达到 10^{-6}。

分析化学中分离方法比较多，常用的有沉淀分离法、萃取分离法、离子交换分离法和液相色谱分离法等。这些分离方法的原理和操作各不相同，但本质上都是将混合物中待分离的组分分开，使其处于两个不同的相中。例如：沉淀分离法是使待分离的组分分别处于液相和固相中；萃取分离法是使待分离组分分别处于水相和有机相中；离子交换分离法在本质上是使待分离组分分别处于水溶液相和树脂相中；液相色谱分离法的本质是使待分离组分分别处于流动相和固定相中。

12.2　沉淀分离法

12.2.1　常量组分的沉淀分离

沉淀分离法是利用沉淀反应将待测组分与干扰组分进行分离的方法。这是一种经典的分离方法，依据溶度积原理（在第 7 章中已有过详细的讨论），通过控制一定的反应条件，在试液中加入适当的沉淀剂，使待测组分或者干扰组分沉淀下来，从而达到分离的目的。对沉淀反应的要求是所生成的沉淀溶解度小、纯度高、稳定。沉淀分离法是定性化学分析中的分离手段，但在定量分析中一般只适合于常量组分的分离而不适合于微量组分的分离。当然在沉淀分离中，既要使待测组分沉淀完全，又要使干扰组分不污染沉淀。

1. 无机沉淀剂分离法

沉淀形式主要有氢氧化物、硫化物、硫酸盐、磷酸盐、氟化物等，典型的无机沉淀剂有 NaOH、NH_3、H_2S、六亚甲基四胺。

1）氢氧化物沉淀

大多数金属离子能与 OH^- 生成氢氧化物沉淀，但金属氢氧化物沉淀溶解度差别很大。通过控制溶液酸度，可以达到使不同金属离子分离的目的。根据溶度积原理，M^{n+} 的氢氧化物形成时，有

$$[M^{n+}][OH^-]^n = K_{sp(M(OH)_n)},\quad [OH^-] = \sqrt[n]{\frac{K_{sp(M(OH)_n)}}{[M^{n+}]}} \tag{12-1}$$

通常认为，当$[M^{n+}]<10^{-5}$ mol/L 时，沉淀已完全，可以用式（12-1）粗略计算沉淀完全时的 pH 值，也可计算开始沉淀时最小 pH 值。表 12-1 为一些常见离子的氢氧化物开始沉淀和沉淀完全时的 pH 值。

表 12-1　常见离子的氢氧化物开始沉淀和沉淀完全时的 pH 值

氢氧化物	溶度积 K_{sp}	开始沉淀时的 pH 值（$[M^{n+}]$=0.01 mol/L）	沉淀完全时的 pH 值（$[M^{n+}]$=0.01 mol/L）
$Sn(OH)_4$	1×10^{-57}	0.5	1.0
$TiO(OH)_2$	1×10^{-29}	0.5	2.0
$Sn(OH)_2$	1×10^{-27}	2.1	4.7
$Fe(OH)_3$	1×10^{-38}	2.3	4.1
$Al(OH)_3$	1×10^{-32}	4.0	5.2
$Cr(OH)_3$	1×10^{-31}	4.9	6.8
$Zn(OH)_2$	1×10^{-17}	6.4	8.0
$Fe(OH)_2$	1×10^{-15}	7.5	9.7

续表

氢 氧 化 物	溶度积 K_{sp}	开始沉淀时的 pH 值 ($[M^{n+}]=0.01$ mol/L)	沉淀完全时的 pH 值 ($[M^{n+}]=0.01$ mol/L)
$Ni(OH)_2$	1×10^{-18}	7.7	9.5
$Mn(OH)_2$	1×10^{-13}	8.8	10.4
$Mg(OH)_2$	1×10^{-11}	10.4	12.4

2) 硫化物沉淀

有四十几种金属离子可以生成硫化物沉淀，这些沉淀溶解度的差别较大。一般用 H_2S 作沉淀剂，H_2S 是二元弱酸，在溶液中，$[S^{2-}]$与$[H^+]$的关系是

$$K_{a(1)}K_{a(2)}=\frac{[H^+]^2[S^{2-}]}{[H_2S]}$$

常温常压下，H_2S 饱和溶液的浓度大约为 0.1 mol/L，这样$[S^{2-}]$与$[H^+]^2$成反比，所以可通过控制酸度来达到使金属离子分离的目的。但硫化物共沉淀现象严重，且多为胶状沉淀，所以分离效果不好，该法应用不广泛。

2. 有机沉淀剂分离法

一般来说，采用无机沉淀剂所得到的沉淀，除了像 $BaSO_4$ 这样容易获得较大颗粒的少数晶型沉淀外，大多是无定形或胶状沉淀，总表面积大、颗粒较小、结构疏松、共沉淀严重、选择性差，因此分离效果不理想。有机沉淀剂具有高选择性和高灵敏度，所形成沉淀的溶解度小，因此分离效果好，以其突出的优点在沉淀分离法中得到广泛的应用。利用有机沉淀剂来进行分离，大致有下面几种。

1) 胶体共沉淀剂

例如，利用单宁型的胶体共沉淀剂辛可宁分离富集微量 H_2WO_4，在 HNO_3 介质中 H_2WO_4 胶体粒子带负电荷，难以凝聚。辛可宁含有氨基，在酸性溶液中，由于氨基质子化而形成带正电荷的辛可宁胶体粒子，可使 H_2WO_4 胶体粒子发生胶体凝聚而完全地共沉淀下来。

2) 离子缔合物共沉淀剂

此类有机沉淀剂能和离子生成盐类离子缔合物沉淀。例如，欲分离富集试液中微量的 Zn^{2+}，可加入甲基紫(MV)和 NH_4SCN。在酸性条件下，MV 质子化后形成 MVH^+，可与 SCN^- 形成沉淀。

3) 螯合物共沉淀剂

此类有机沉淀剂往往含 —COOH 、—OH 、=NOH 、—SH 等官能团，其中的 H^+ 可被金属离子置换，而且还存在 >NH 、 >CO 、 >CS 、 —N< 等能与金属离子生成配位键的官能团。这些沉淀剂可与金属离子生成难溶于水的螯合物。

例如，丁二酮肟在氨性溶液及酒石酸中，与镍生成鲜红色的 $Ni(C_4H_7O_2N_2)_2$，这是分离镍的高选择性的方法。8-羟基喹啉可以和多种金属离子生成难溶的螯合物，但选择性较差，可采用掩蔽或调整酸度的方法来改善选择性。

此外，还有铜铁试剂(*N*-亚硝基苯胲铵)、铜试剂(二乙基二硫代氨基甲酸钠)等有机沉淀

剂。

12.2.2　微量组分的共沉淀分离

共沉淀分离法就是利用共沉淀现象来进行分离和富集的方法。无论是重量分析还是沉淀分离，共沉淀现象都是消极因素，使所得的沉淀受到污染，带来分析误差，但是共沉淀在微量组分的分离和分析中，是一种极有用的分离方法。

例如，使用 CuS 作共沉淀剂（又称为载体），可将含 Hg 量为 0.02 μg/L 的溶液中的汞富集；使用 PbS 为共沉淀剂，可在 1 L 海水中富集 10^{-9} g 的 Au。

利用共沉淀现象进行分离，主要有以下几种情况。

1. 吸附共沉淀分离

因为载体的直径越小，其总表面积越大，吸附待分离的微量组分能力越强，所以这种共沉淀分离法中一般采用颗粒较小的无定形沉淀或胶状沉淀作为共沉淀剂。例如，可利用 $Fe(OH)_3$沉淀为载体吸附富集含铬工业废水中微量的 Cr(Ⅲ)。分离时，先在试液中加入 $FeCl_3$，再用氨水或 NaOH 调节溶液的 pH 值，加热，产生 $Fe(OH)_3$沉淀。由于吸附层为 OH^-而带负电，试液中的 Cr(Ⅲ)可作为共离子而被 $Fe(OH)_3$沉淀所吸附，并以 $Cr(OH)_3$的形式随着 $Fe(OH)_3$沉淀下来。此外，以 $Fe(OH)_3$为载体还可以共沉淀微量的 Al^{3+}、Sn^{4+}、Bi^{3+}、Ga^{3+}、In^{3+}、Tl^{3+}、Be^{2+}和 W(Ⅱ)、V(Ⅴ)等离子。只要在操作中根据具体要求选择适宜的条件，就可能获得较好的分离富集效果。

2. 混晶共沉淀分离

如果两种金属离子半径相近、电荷相同，且生成沉淀时它们的晶型相同，则可能生成混晶而共沉淀下来。例如，Pb^{2+}和 Sr^{2+}的半径接近，$PbSO_4$和 $SrSO_4$的晶体结构也相同。分离富集样品中的微量 Pb^{2+}时，先加入较多的 Sr^{2+}，再加入过量的 Na_2SO_4溶液，这样 $PbSO_4$与 $SrSO_4$就由于混晶现象而发生共沉淀。又如，用 $BaSO_4$作载体共沉淀 Ra^{2+}或 Pb^{2+}，用 $MgNH_4PO_4$作载体共沉淀 AsO_4^{2-}等。

12.3　萃取分离法

12.3.1　萃取分离的基本原理

1. 萃取过程

萃取分离是利用物质在互不相溶的溶剂中分配系数不同进行的。物质在溶剂中的溶解度和多种因素有关，不过，大体可依据“相似相溶”规则来判断。极性化合物易溶于极性溶剂，具亲水性；非极性化合物易溶于非极性的有机溶剂，具疏水性。如 I_2易溶于 CCl_4，用 CCl_4或其他非极性溶剂萃取 I_2，其萃取率可达 98.8%。无机离子由于带电荷，是亲水性物质，易溶于强极性溶剂——水。若想用有机溶剂从水溶液中萃取无机离子，则必须将亲水性的无机离子（一般以水合离子形式存在）转化为疏水性的物质。通常要中和离子的电荷，脱去水合离子中的水分子，并加入某含疏水基团的有机化合物，与之生成疏水性化合物，这样可将之转入有机相，达到萃取分离的目的。

例如，在 pH 值为 9.0 的氨性溶液中，Cu^{2+}与二乙基二硫代氨基甲酸钠形成疏水性螯合物，使本来带有正电荷的 Cu^{2+} 转变为不带电荷的铜的螯合物，且引入了疏水性基团，使其由亲水性物质变为疏水性物质，可加入 $CHCl_3$ 将 Cu^{2+} 螯合物从水相中萃取到有机相中。因此，萃取过程实质上是将物质由亲水性转化为疏水性的过程。

2. 分配系数

在液-液萃取过程中，某溶质 A 在互不相溶的两相(水相和有机相)中进行分配。在一定温度下，分配达到平衡时，有

$$A_{水} \rightleftharpoons A_{有}$$

如果 A 在两相中的分子式相同，则 A 在两相中的浓度比(严格来说应是活度比)是个常数，即

$$K_D = \frac{[A_{有}]}{[A_{水}]} \tag{12-2}$$

这个分配平衡中的常数称为分配系数。K_D越大的物质，在有机相中的浓度越高。上式也称为分配定律，反映了被萃取物质在两相间的分配规律。

3. 分配比

分配定律只适用于溶质在两相中的存在形式完全一致的情况。但实际萃取情况比较复杂，溶质在水相中往往会发生水解、水合和离解，在有机相中会发生聚合或生成溶剂化产物，导致溶质在水相和有机相中以多种形式存在。此时，分配定律并不能表示萃取量的多少，且实际萃取中人们往往关心溶质在两相中总浓度大小，这样就引入分配比 D，也就是萃取达到平衡时溶质在有机相和水相中的总浓度之比，即

$$D = \frac{c_{有}}{c_{水}} \tag{12-3}$$

其中，$c_{有}$、$c_{水}$ 分别表示溶质 A 在有机相和水相中的总浓度。例如，苯甲酸(简写为 HBz)在苯和水相中的分配平衡，苯中 HBz 发生缔合反应，即

$$2HBz \rightleftharpoons (HBz)_2$$

水相中苯甲酸部分离解，即

$$HBz \rightleftharpoons H^+ + Bz^-$$

则

$$D = \frac{c_{有}}{c_{水}} = \frac{[HBz_{有}] + 2[(HBz)_2]}{[HBz_{水}] + [Bz^-]}$$

D 的大小与溶质的本性、萃取体系及萃取条件有关，D 与 K_D是两个不同的概念，除非溶质在两相中的存在形式一样，否则 $D \neq K_D$。

4. 分离因数

对于含有两种以上组分的溶液体系，为了表示萃取时溶质彼此间的分离情况，往往用分离因数来衡量分离效果。分离因数 β 是 A、B 两种组分分配比的比值，即

$$\beta = \frac{D_A}{D_B} \tag{12-4}$$

β 越大，说明 A 和 B 两种物质越易分离，若 β 接近 1，则 A 和 B 两种物质难以分离。

5. 萃取率

常常用萃取率 E 来表示某物质被萃取的程度。

$$E = \frac{\text{A 在有机相中总量}}{\text{A 的总量}} \times 100\% \tag{12-5}$$

若 A 在有机相和水相的总浓度分别为 $c_{有}$、$c_{水}$，A 在两相中的体积分别为 $V_{有}$、$V_{水}$，则

$$E = \frac{c_{有}V_{有}}{c_{有}V_{有} + c_{水}V_{水}} \times 100\% \tag{12-6}$$

式(12-6)分子、分母同除以 $c_{水}V_{有}$，有

$$E = \frac{D}{D + \frac{V_{水}}{V_{有}}} \times 100\% \tag{12-7}$$

式(12-7)表明萃取率 E 与分配比 D 及两相体积比 $V_{水}/V_{有}$ 有关。当两相体积比 $V_{水}/V_{有}$ 一定时，分配比 D 越大，萃取率 E 就越大。而当分配比 D 一定时，两相体积比 $V_{水}/V_{有}$ 越小，萃取率 E 就越大。

在实际萃取过程中，一般是采用连续萃取即增加萃取次数的方法来提高萃取率，连续萃取计算推导如下。

若水溶液体积为 $V_{水}$，其中含有质量为 m_0 的溶质 A，开始用体积为 $V_{有}$ 的有机溶剂萃取一次，水相中剩余 A 的质量为 m_1，萃取到有机相的 A 的质量为$(m_0 - m_1)$。则

$$D = \frac{c_{有}}{c_{水}} = \frac{(m_0 - m_1)/V_{有}}{m_1/V_{水}}$$

于是

$$m_1 = m_0 \frac{V_{水}}{DV_{有} + V_{水}}$$

再用体积为 $V_{有}$ 的有机溶剂对水相中的 A 再萃取一次，此时水相中剩余 A 的质量为 m_2。则

$$m_2 = m_1 \frac{V_{水}}{DV_{有} + V_{水}} = m_0 \left(\frac{V_{水}}{DV_{有} + V_{水}}\right)^2$$

若每次都用体积为 $V_{有}$ 的有机溶剂对水相中的 A 进行萃取，这样总共萃取了 n 次后，水相中剩余 A 的质量减小为 m_n，则

$$m_n = m_0 \left(\frac{V_{水}}{DV_{有} + V_{水}}\right)^n \tag{12-8}$$

【例 12-1】 有 100 mL 含 I_2 10 mg 的水溶液，用 90 mL CCl_4 分别按下列情况萃取：(1)全量一次萃取；(2)每次 30 mL，分三次萃取。萃取百分率各为多少？已知 $D=85$。

解 (1) 全量一次萃取时

$$m_1 = m_0 \frac{V_{水}}{DV_{有} + V_{水}} = 10 \times \frac{100}{85 \times 90 + 100} \text{ mg} = 0.13 \text{ mg}$$

$$E = \frac{10 - 0.13}{10} \times 100\% = 98.7\%$$

(2) 90 mL 溶剂分三次萃取时

$$m_3 = m_0 \left(\frac{V_{水}}{DV_{有} + V_{水}}\right)^3 = 10 \times \left(\frac{100}{85 \times 30 + 100}\right)^3 \text{ mg} = 5.4 \times 10^{-4} \text{ mg}$$

$$E = \frac{10 - 5.4 \times 10^{-4}}{10} \times 100\% = 99.99\%$$

同量的萃取溶剂，分几次萃取的效率比一次萃取的效率高。但增加萃取次数，会影响工作效率。对微量组分，要求萃取效率为 85%～95%即可；对常量组分，通常要求达到 99.9%以上。

12.3.2 萃取体系的分类和萃取条件的选择

根据萃取反应机理、萃取剂种类和萃取物性质可将萃取体系分为不同体系。下面介绍

简单分子萃取体系、金属螯合物萃取体系、离子缔合物萃取体系和中性配合物萃取体系。

1. 简单分子萃取体系

简单分子萃取体系中，被萃取物在水相和有机相中均以中性分子形式存在，溶剂与被萃取物之间没有化学结合，也不需要外加萃取剂，被萃取物的萃取过程为物理分配过程。常见的简单分子萃取体系如表 12-2 所示。

表 12-2 常见简单分子萃取体系

分类		例子
单质	卤素	$I_2(Cl_2、Br_2)/H_2O/CCl_4$
	其他单质	Hg/H_2O/已烷
难离解无机化合物	卤化物	$HgX_2/H_2O/CHCl_3$ $AsX_3(SbX_3)/H_2O/CHCl_3$ $CeX_4(SnX_4)/H_2O/CHCl_3$
	硫氰酸盐	$M(SCN)_2/H_2O$/醚 (M 为 Be、Cu) $M(SCN)_3/H_2O$/醚 (M 为 Al、Co、Fe)
	氧化物	$OsO_4(RuO_4)/H_2O/CCl_4$
	其他无机化合物	$CrO_2Cl_2/H_2O/CCl_4$
有机化合物	有机酸	RCOOH(TTA，乙酰丙酮)/H_2O/(醚、$CHCl_3$、苯、煤油) 酚类/ H_2O/(酮、$CHCl_3$、CCl_4)
	有机碱	$RNH_2(R_2NH、R_3N)/H_2O$/煤油
	中性有机化合物	酮(醛、醚、亚砜、磷酸三丁酯)/H_2O/煤油

大多数无机化合物在水溶液中以离子形式存在，以简单分子形式被萃取的为数不多，而许多有机化合物易被有机溶剂萃取。

2. 金属螯合物萃取体系

金属离子与螯合剂可生成难溶于水、易溶于有机溶剂的螯合物，利用此性质的萃取体系为金属螯合物萃取体系。金属螯合物萃取体系是很常用的萃取体系，广泛应用于金属阳离子的萃取。目前利用金属螯合物萃取体系分离的元素达六七十种，如丁二酮肟镍的萃取、双硫腙的 CCl_4 溶液萃取 Zn^{2+} 等都属于此类型。

1) 螯合剂

螯合剂的种类也很多，常用的有 8-羟基喹啉、乙酰丙酮、双硫腙、水杨醛肟、1-(2-吡啶偶氮)-2-萘酚、铜铁试剂、噻吩甲酰三氟丙酮等。

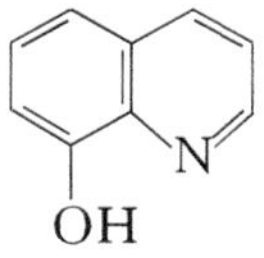

8-羟基喹啉

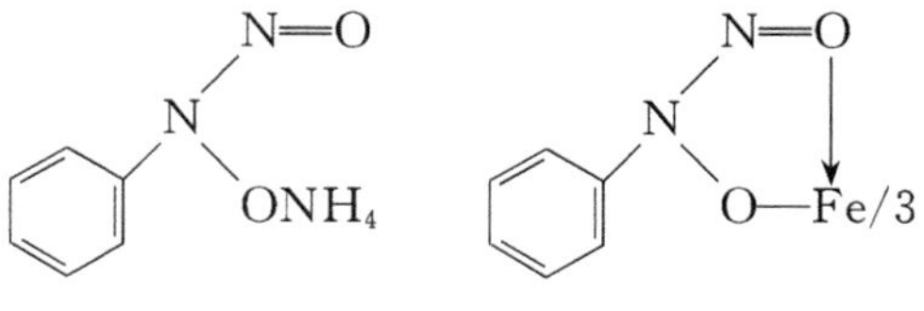

铜铁试剂分子结构

双硫腙

乙酰丙酮 $CH_3—\overset{O}{\overset{\|}{C}}—CH_2—\overset{O}{\overset{\|}{C}}—CH_3$

噻吩甲酰三氟丙酮

2）萃取平衡

如果用 M^{n+} 代表金属离子，用 HR 代表质子化的有机弱酸，MR_n 代表螯合物，可以用下式表示萃取平衡：

有机相	$n\mathrm{HR}_{有}$	$\mathrm{MR}_{n有}$
水相	$\Updownarrow$	$\Updownarrow$
	$n\mathrm{HR}_{水}$	
	$\Updownarrow$	
	$\mathrm{M}^{n+}_{水}+n\mathrm{R}^{-}_{水}$ $\rightleftharpoons$	$\mathrm{MR}_{n水}$
	$+$	
	$n\mathrm{H}^{+}_{水}$	

把 $HR_{有}$ 和 $M^{n+}_{水}$ 看做起始反应物，$MR_{n有}$ 和 $H^{+}_{水}$ 看做产物，萃取平衡可表示为

$$\mathrm{M}^{n+}_{水}+n\mathrm{HR}_{有}\rightleftharpoons\mathrm{MR}_{n有}+n\mathrm{H}^{+}_{水}$$

萃取平衡常数及各个分支平衡的平衡常数的关系如下：

$$K_{萃}=\frac{[\mathrm{MR}_{n有}][\mathrm{H}^{+}_{水}]^{n}}{[\mathrm{M}^{n+}_{水}][\mathrm{HR}_{有}]^{n}}$$

$$K_{萃}=\frac{K_{\mathrm{D(MR}_n)}\beta_n K_{\mathrm{a}}^{n}}{K_{\mathrm{D(HR)}}^{n}} \tag{12-9}$$

其中，β_n 表示配合物的总形成常数，K_a 是螯合剂 HR 在水相中的酸离解常数，$K_{D(HR)}$ 和 $K_{D(MR_n)}$ 分别是 HR 和 MR_n 在两相中的分配系数。

由于$[MR_{n水}]$相对于$[M^{n+}_{水}]$可以忽略，那么

$$[\mathrm{M}^{n+}_{水}]+[\mathrm{MR}_{n水}]\approx[\mathrm{M}^{n+}_{水}]$$

这样近似可得

$$D=\frac{[\mathrm{MR}_{n有}]}{[\mathrm{M}^{n+水}]}=K_{萃}\frac{[\mathrm{HR}_{有}]^{n}}{[\mathrm{H}^{+}_{水}]^{n}} \tag{12-10}$$

3）萃取条件选择

提高螯合剂萃取的效率和选择性可采用以下方法。

(1) 选择适合的萃取剂(螯合剂)。生成的螯合物越稳定，$K_{萃}$ 越大，则 D 越大，萃取率越大；螯合剂必须有一定的亲水基团和较多的疏水基团。

并非能和金属离子形成稳定螯合物的螯合剂都可以作萃取剂。例如，EDTA 和邻菲罗啉能与许多金属形成稳定的螯合物，但由于这些螯合物多带有电荷，易溶于水，不易被有机

溶剂萃取,不是良好的萃取剂。它们在萃取分离中常用做掩蔽剂,以提高方法的选择性。

(2) 增大螯合剂浓度。由式(12-10)可看出,有机相中螯合剂的浓度越大,水溶液中酸度越低,则萃取率越大。但并不是螯合剂浓度越大越好,浓度太大可能有副反应发生,且螯合剂在有机相中溶解度有限,所以不能使用太高浓度的螯合剂。

(3) 控制溶液酸度。由式(12-10)可知,溶液的$[H^+]$越小,被萃取物质的分配比 D 就越大,就越有利于萃取。对于不水解的金属离子萃取体系,提高酸度可增加萃取率。但对于易水解的金属离子萃取,要根据具体情况控制适宜的酸度。例如,萃取 Zn^{2+} 的适宜 pH 值范围为 6.5～10。二苯硫腙-CCl_4萃取几种金属离子的萃取酸度曲线如图 12-1 所示。

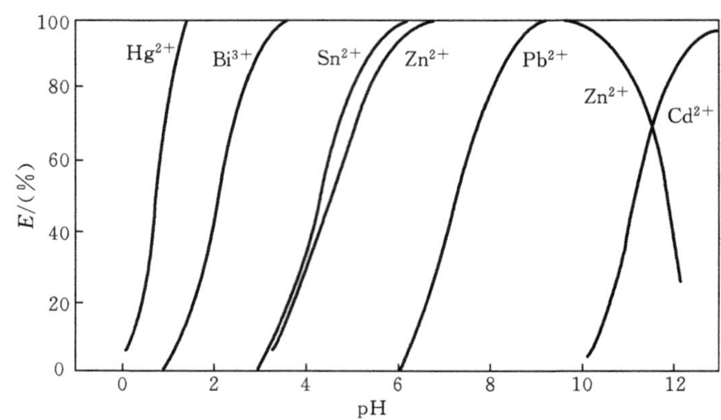

图 12-1 二苯硫腙-CCl_4萃取几种金属离子的萃取酸度曲线

(4) 选择有机溶剂。螯合物在有机溶剂中溶解度越大,萃取率越大。一般的中性螯合物通常可以使用 CCl_4、$CHCl_3$、苯、醇、酮等作为萃取溶剂,萃取时为便于分层,所用的萃取溶剂与水的密度差要大,黏度要小,且尽量选用毒性小、挥发性小和不易燃烧的萃取溶剂。

(5) 使用掩蔽剂。当多种金属离子均可与螯合剂生成螯合物时,可加入掩蔽剂,使其中的一种或多种金属离子生成易溶于水的配合物,从而提高萃取分离的选择性。例如,用双硫腙-CCl_4萃取法测定铅合金中的银,为了排除 Pb^{2+} 的干扰,可采用在适宜的酸度条件下加入掩蔽剂 EDTA 的方法,Pb^{2+} 与 EDTA 生成更稳定的配合物,不能被 CCl_4所萃取而留在水相中。

除此以外,还有改变萃取温度、利用协同萃取和共萃取、改变元素价态等方法。

3. 离子缔合物萃取体系

离子缔合物即金属配离子与带相反电荷的离子通过静电作用结合而形成的不带电的中性化合物。一般来说,离子的半径越大,所带电荷越少,越容易形成疏水性的离子缔合物。这类萃取的特点是萃取容量大,通常适用于分离常量组分(如基体)。根据金属离子所带电荷不同,离子缔合物可分以下几类。

(1) 金属配阳离子的缔合物。它是指金属离子与螯合剂生成带正电荷的产物,再与阴离子缔合生成疏水性的离子缔合物。例如,Fe^{2+} 与邻二氮杂菲的缔合物带正电荷,能与 ClO_4^- 形成疏水性的离子缔合物,可被 CCl_4 萃取。

(2) 金属配阴离子的缔合物。它是指金属离子与简单配位阴离子生成带负电荷的配阴离子,再与大相对分子质量的有机阳离子缔合生成疏水性的离子缔合物。例如,Sb(Ⅴ)在

HCl 溶液中可形成 $SbCl_6^-$ 配阴离子，大体积的有机化合物结晶紫阳离子可与之缔合，形成疏水性的离子缔合物，从而被甲苯萃取。许多金属离子能形成配阴离子（如 $FeCl_4^-$），许多无机酸在水溶液中以阴离子形式存在（如 WO_4^{2-}）。为了萃取这些离子，可让一种大相对分子质量的有机阳离子和它们形成疏水性的离子缔合物。

此类缔合物又可分为生成𬭩盐和铵盐两类。

在 HCl 介质中，Fe^{3+} 与 Cl^- 可形成配阴离子 $FeCl_4^-$，乙醚与 H^+ 可结合成𬭩离子 $(C_2H_5)_2OH^+$，两者可结合成为𬭩盐离子缔合物 $(C_2H_5)_2OH^+FeCl_4^-$。此𬭩盐可被乙醚所萃取，所以乙醚既是萃取剂又是萃取溶剂。𬭩离子的形成需在较高的酸度下实现，常用不含氧的强酸（如盐酸等）来调节酸度。含氧的有机溶剂（如醚类、醇类、酮类和酯类等）的氧原子具有孤对电子，因而都能够与 H^+ 结合而形成𬭩离子。𬭩盐萃取体系的特点是萃取能力较强，但选择性较差，通常用于大量基体物质的分离。

$$C_2H_5—O—C_2H_5 + H^+ \rightleftharpoons C_2H_5—\overset{H^+}{O}—C_2H_5$$

$$Fe^{3+} + 4Cl^- \rightleftharpoons FeCl_4^-$$

$$(C_2H_5)_2OH^+ + FeCl_4^- = (C_2H_5)_2OH^+FeCl_4^-$$

胺类萃取剂分子中氮原子上的孤对电子与 H^+ 结合为有机铵盐阳离子，再与金属配阴离子结合生成离子缔合物而被有机溶剂萃取。例如，三正辛胺 $(C_8H_{17})_3N$ 在 HCl溶液中萃取 Tl(Ⅲ)，离子缔合物 $[(C_8H_{17})_3NH]^+TlCl_4^-$ 可被有机溶剂萃取。

$$\left.\begin{array}{l} R_3N + H^+ \rightleftharpoons R_3NH^+ \\ Tl(\text{Ⅲ}) + 4Cl^- \rightleftharpoons TlCl_4^- \end{array}\right\} R_3NH^+TlCl_4^-$$

4. 中性配合物萃取体系

中性配合物萃取体系也称为溶剂化合物萃取体系或中性溶剂配合物萃取体系。被萃取的金属离子的中性化合物与中性萃取剂（在水相和有机相都难离解）结合成一种中性配合物而被有机相萃取。

如果被萃取物是中性分子，如 $UO_2(NO_3)_2$，在水相中可能以 UO_2^{2+}、$UO_2(NO_3)^+$、$UO_2(NO_3)_2$、$UO_2(NO_3)_3^-$ 等多种形式存在，但被萃取的只是中性分子 $UO_2(NO_3)_2$。

另一种情况是萃取剂本身就是中性分子，如磷酸三丁酯 $(C_4H_9)_3P=O$(TBP)。此外，萃取剂与被萃取物结合生成难溶于水的中性配合物。$UO_2(NO_3)_2 \cdot nH_2O$ 中的水分子被 TBP 分子取代，生成疏水性的 $UO_2(NO_3)_2 \cdot 2TBP$，TBP 进入中心离子的内界，因此称为中性配合物。这种萃取体系的萃取容量也较大，适用于常量组分或基体元素的分离。

又如，TBP 萃取 $FeCl_3$ 或 $HFeCl_4$，是由于 TBP 中的 $\equiv P=O$ 的氧原子具有很强的配位能力，取代了 $FeCl_3 \cdot nH_2O$ 或 $HFeCl_4 \cdot nH_2O$ 中的水分子，形成溶剂化合物而被 TBP 萃取，所以也称为溶剂化合物萃取体系。这类萃取体系的萃取剂还有磷酸酯 $(RO)_3P=O$、膦氧化物 $R_3P=O$、吡啶等。

这类萃取体系的萃取条件也因中性配合物的不同而不同。如 $HFeCl_4 \cdot TBP$ 是在酸性介质中被萃取，$UO_2(NO_3)_2 \cdot 2TBP$ 是在微酸性介质中被萃取，$Cu(SCN)_2 \cdot 2Py$则在中性至弱碱性介质中被萃取。

12.4　层　析　法

层析法又称为液相色谱法,其基本原理是利用待分离组分在固定相和流动相分配或吸附的差异来进行分离。该方法分离效率很高,应用很广泛,下面主要介绍纸层析法和薄层色谱法。

12.4.1　纸层析法

纸层析法又称为纸色谱法,是一种以滤纸作载体的色谱分离方法,设备简单、操作容易,适于微量分离。滤纸纤维素中吸附的水或其他溶剂作为固定相,在分离过程中不流动;用某种溶剂或混合溶剂作展开剂,在分离过程中能沿着滤纸流动,是流动相。纸层析法的操作过程是先将滤纸放在被有机溶剂的蒸气所饱和的容器内,将试样点在滤纸的起始线(原点),再将滤纸一端浸入有机溶剂中。由于滤纸纤维的毛细管作用,有机溶剂将沿滤纸不断向上扩散。有机溶剂通过试样点后,试样中待分离的各组分就在固定相和流动相中反复进行分配,相当于很多次的萃取和反萃取。在分离过程中,由于试样中各组分在两相中溶解度和分配系数的不同,当经过一定时间溶剂前沿到达滤纸上端时,试样中的不同组分就会在滤纸上得到分离。如果喷洒适宜的显色剂,使各组分显色,就会在滤纸上看到若干个不同的色斑(如图 12-2 所示)。其溶解度在固定相中比较大但在流动相中比较小的组分,在滤纸上移动的距离较短,其色斑在滤纸的下端;而溶解度在固定相中比较小但在流动相中比较大的组分,在滤纸上移动的距离较长,其色斑在滤纸的上端。

常用比移值(R_f)来表示某组分在滤纸上的移动情况,其表达式为

$$R_f=\frac{原点至斑点中心的距离}{原点至溶剂前沿的距离}$$

图 12-2 中,有 $R_{f(1)}=\frac{x_1}{y}$,　$R_{f(2)}=\frac{x_2}{y}$

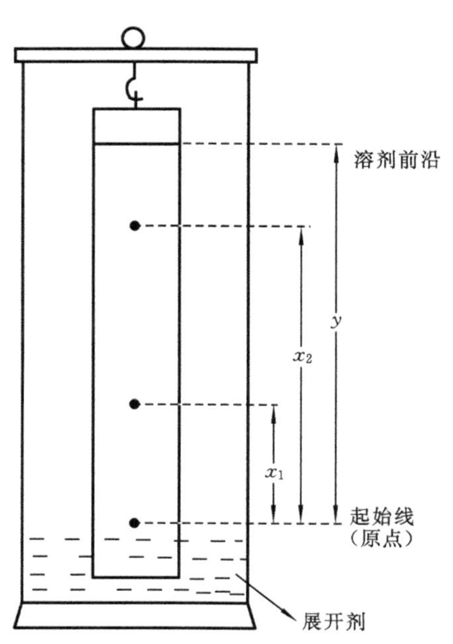

图 12-2　纸层析法分离示意图

比移值最大值等于 1,此时组分随展开剂一起上升到溶剂前沿;比移值最小值等于 0,此时组分始终留在原点,组分不随展开剂上升而停留在原点。在一定条件下,例如,滤纸和溶剂一定,每种物质都有其特定的比移值,比移值可作为物质定性鉴定的依据,可以根据不同组分比移值的差别来比较它们彼此分离的程度。通常当两组分的比移值相差 0.02 以上时,就可用纸层析法进行分离。

操作中要选择边沿整齐、质地均匀的滤纸,滤纸不能有斑点。展开剂要根据具体情况来选择,展开剂一般是由有机溶剂、酸和水按一定比例混合而成的。若试样中各组分之间的比移值差别太小,可以改变展开剂的极性来改善分离效果。例如,可增大

展开剂中极性溶剂的比例而使极性组分的比移值增大，而非极性组分的比移值减小。常见的展开剂及其极性大小顺序如下：

水＜乙醇＜丙酮＜正丁醇＜乙酸乙酯＜氯仿＜乙醚＜甲苯＜苯＜四氯化碳＜环己烷＜石油醚

点样时先确定起始线，用铅笔在离滤纸一端 2～3 cm 处画一直线。用一支毛细管吸取试样点在起始线上。点样斑点直径为 0.2～0.5 cm，干燥后再展开。

纸层析法的展开方法有上行展开法、下行展开法、二向展开法和径向展开法。一般用的是上行展开法。

展开后可根据各组分的性质来选择适合的显色剂进行显色，比如氨基酸可用茚三酮显色，有机酸可用酸碱指示剂显色，Cu^{2+}、Fe^{3+}、Co^{3+}、Ni^{2+} 可用二硫代乙二酰胺显色等。如果样品组分有荧光特性，也可用紫外光照射来确定斑点。

纸层析法所需试样的量极少，通常只需几十微升，故十分灵敏，且操作简便易行，分离效果好。但它只能应用于分配比不同的组分间的分离，应用范围受到一定限制。

12.4.2　薄层色谱法

薄层色谱法又称为薄板层析法，其基本原理是将固定相均匀地涂在薄板（玻璃或塑料）上，形成具有一定厚度的薄层进行分离。薄层色谱是在纸色谱的基础上发展起来的，与纸色谱相比，它展开快、分离效能高、灵敏度高、应用广泛。

薄层色谱法有吸附薄层色谱、分配色谱和离子交换色谱三种形式，下面只讨论应用最广泛的吸附薄层色谱。

1. 原理

在玻璃板或塑料板上涂敷的硅胶、氧化铝等吸附剂是薄层色谱的固定相，将硅胶等吸附剂干燥后再活化，然后用毛细管在薄层的下端点上试样，再将点有试样的薄板的一端浸入密闭的层析缸中的有机溶剂中，与纸色谱类似，由于薄层的毛细管作用，展开剂（流动相）沿着薄层渐渐上升。试样中的各组分在两相间不断进行吸附、解吸和再吸附、再解吸，随着流动相也向上移动。由于吸附剂对不同组分的吸附能力不同，不同组分在薄层上的移动速度也有差别，从而得以分离，显然试样中吸附能力最弱的组分在薄层中移动距离最大，而试样中吸附能力最强的组分在薄层中移动距离最小。喷洒适宜的显色剂使这些组分显色后，就会在薄层上出现不同的色斑，可以用比移值（R_f）来比较组分在薄层上的分离情况。

与纸色谱相似，薄层色谱的比移值受到许多因素，如 pH 值、展开时间、展开距离、分离温度、薄层厚度、吸附剂含水量等的影响。

展开时，层析缸中的有机溶剂蒸气必须达到饱和，否则，比移值将不能重现。此时同一组分在薄层中部的比移值比边沿的比移值小，也就是同一组分在薄层中部比在薄层两边沿处移动慢。

选择吸附剂时，要求有一定的比表面积，稳定性好，机械强度高，不溶于展开剂，不与展开剂和样品组分反应。常用的吸附剂有硅胶、氧化铝、纤维素、聚酰胺等，其中以硅胶、氧化铝最为常见。硅胶、氧化铝对各类有机化合物的吸附能力大小顺序如下：

羧酸＞醇、酰胺＞伯胺＞酯、醛、酮＞腈、叔胺、硝基化合物＞醚＞烯烃＞卤代烃＞烷烃

在吸附薄层色谱中，对展开剂的选择主要考虑极性，其洗脱能力与极性成正比。分离极

性大的化合物应选用极性展开剂,而分离极性小或非极性的化合物应选用极性小的展开剂。单一溶剂极性大小顺序如下:

酸＞吡啶＞甲醇＞乙醇＞正丙醇＞丙酮＞乙酸乙酯＞乙醚＞氯仿＞二氯甲烷＞甲苯＞苯＞四氯化碳＞二硫化碳＞环已烷＞石油醚

如果单一展开剂效果不好,可以用混合溶剂,通过改变溶剂组分和比例来调整展开剂的极性,从而达到改善分离效果的目的。

在薄层色谱用的吸附剂中,硅胶适用于酸性和中性组分的分离,碱性组分与硅胶有相互作用,不易展开,或发生拖尾现象,不好分离;氧化铝适用于碱性和中性组分的分离,但不适用于酸性组分的分离。一般来说,对于极性组分要选用吸附活性小的吸附剂,而对于非极性组分要选用吸附活性大的吸附剂,这样可避免样品在吸附剂上被吸附太牢而不易展开。

硅胶和氧化铝的吸附活性与它们的含水量有关,可由活化或者渗入不同比例的硅藻土来调节其吸附活性。

2. 实验方法

1) 制板

选择平整、光滑的玻璃板,洗净、晾干,均匀地铺上一层吸附剂。铺层可分为干法铺层和湿法铺层,干法铺层时不加黏合剂,直接用干粉铺层;湿法铺层比较常用,将吸附剂加水调成糊状,在玻璃板上铺匀、晾干。以硅胶吸附剂为例,其具体操作方法如下。

(1) 倾注法:将适量硅胶倒入烧杯中,加少量水搅拌成均匀糊状,迅速倒在玻璃板上,用玻棒小心铺平,轻轻振动,尽量使吸附剂均匀。然后风干,置于烘箱中,在 105～110 ℃下活化 45 min 左右,取出放于干燥器中备用。

(2) 刮平法:在一长条玻璃板的两边放置合适的玻璃条为边,再将调好的糊状硅胶迅速倒在玻璃板上,用有机玻璃尺沿一个方向将硅胶刮为均匀薄层。去掉两边玻璃条,晾干、活化,取出放于干燥器中备用。

(3) 涂布器法:用专门的涂布器(市售或自制)来制作薄层,快速方便,制成的薄板质量好。

2) 点样

在薄层板的一端距边沿一定距离处,用玻璃毛细管、微量注射器或微量移液管将 0.050～0.10 mL 样品试液点在薄层板上。点样时要注意待前一滴溶剂挥发后再点后一滴,这样能够使点成的斑点尽量小,不会严重扩散。样品浓度要合适,太高容易引起斑点拖尾,太低则斑点扩散,一般控制浓度为 0.1%～1%。点样位置一般在离板端 4 cm 处。若有多个样品点样,则每个样品相隔 1～2 cm。

3) 展开

将点好样的薄层板置于已被展开剂蒸气饱和的层析缸中,点有样品的一端浸入展开剂中,盖好盖子,使层析缸密闭,直至展开完毕。

展开方法与纸层析法相似,可分为上行法、下行法、倾斜法、单向多次展开法和双向展开法等,如图 12-3 所示。

4) 检测

对于样品中的有色组分,在薄层上会出现对应的有色斑点,而无色组分需用合适方法使其斑点显色,显色之前应使展开剂完全挥发。显色方法主要有以下几种。

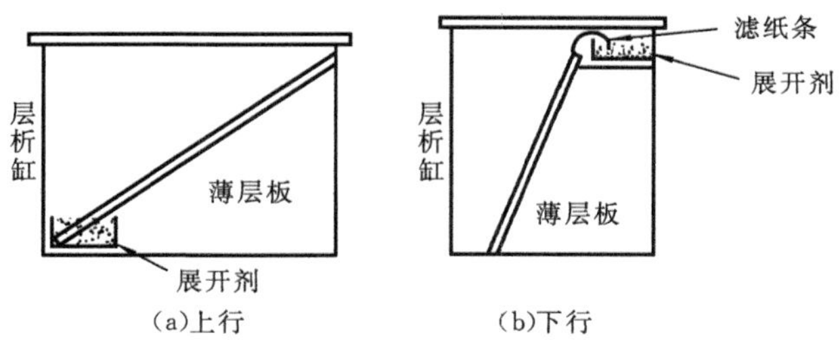

图 12-3　薄层层析法分离示意图

(1) 蒸气显色法：利用样品组分与单质碘、液溴、浓氨水等物质的蒸气作用而显色。将上述易挥发物质放于密闭的容器中，再将展开剂已完全挥发的薄层板放入则显色。

(2) 显色剂显色法：将一定浓度的显色剂溶液均匀喷洒在薄层上，使样品组分显色。

(3) 紫外显色法：某些化合物在紫外光照射下会发出荧光，可将展开剂挥发后的薄层放在紫外灯下观察荧光斑点，并用铅笔在薄层上做记号。一些不发荧光的物质用荧光衍生化试剂作用后也可用同样的方法观察。

12.5　离子交换分离法

利用离子交换剂与溶液中的离子发生的交换反应使离子分离的方法称为离子交换分离法。无论是带同种电荷离子还是带异种电荷离子的分离，均可使用离子交换分离法，特别是性质相近离子之间的分离、痕量物质的富集及高纯物的制备，用该法尤为适合，分离效率很高。离子交换分离法设备简单、操作容易，离子交换剂能够再生，可反复使用。该法是一种广泛用于科研和生产的分离方法。

12.5.1　离子交换树脂

离子交换剂是指具有离子交换能力的物质，种类很多，可分为无机离子交换剂和有机离子交换剂两类。无机离子交换剂有黏土、沸石、分子筛、杂多酸等。早在 20 世纪初，工业上就已开始使用天然的无机离子交换剂泡沸石来软化硬水。泡沸石的主要化学成分为硅铝酸盐(如 $Na_2Al_2Si_4O_{12}\cdot nH_2O$)，与水接触时，泡沸石上的 Na^+ 可与水中的 Ca^{2+}、Mg^{2+} 发生交换，其反应式为

$$Na_2Z+Ca^{2+}=\!=\!=CaZ+2Na^+$$
$$Na_2Z+Mg^{2+}=\!=\!=MgZ+2Na^+$$

从而达到软化硬水的目的。

但由于此类无机离子交换剂的交换容量小，且化学稳定性和机械强度都比较差，颗粒易碎，再生也困难，应用受到很大限制。而有机离子交换剂主要是人工合成的高分子聚合物，克服了无机离子交换剂的缺点，其中应用最广的是离子交换树脂。现在的离子交换分离法一般是采用离子交换树脂作为离子交换剂。

1. 离子交换树脂的类型

离子交换树脂是具有网状结构的高分子化合物，立体网状结构的骨架部分化学性质稳定，不溶于酸、碱和一般的有机溶剂。连接在网状骨架上的活性基团称为交换基，可与溶液

中的阴、阳离子进行交换反应。根据离子交换基的不同,可分为阳离子交换树脂、阴离子交换树脂、螯合型交换树脂和特种树脂四类,下面主要介绍前两种树脂。

1) 阳离子交换树脂

这类树脂含有酸性交换基,交换基上的 H^+ 可被阳离子交换。根据交换基的酸性强弱,又可分为强酸性和弱酸性两类树脂。含有磺酸基($—SO_3H$)的属强酸性阳离子交换树脂,表示为$R—SO_3H$;含羧基(—COOH)或羟基(—OH)的属弱酸性阳离子交换树脂,表示为 R—COOH 或 R—OH。强酸性磺酸型聚苯乙烯树脂是此类树脂中应用最为广泛的一种,它是以苯乙烯和二乙烯苯聚合,经浓硫酸磺化而制得的一种聚合物。交换基中的阴离子$—SO_3^-$联结在网状骨架上,不能进入溶液中,而 $—SO_3H$ 上的 H^+ 则可以离解,因而可以与溶液中的阳离子(如 K^+)发生交换反应:

$$R—SO_3H + K^+ \longrightarrow R—SO_3K + H^+$$

该树脂在酸性、中性和碱性溶液中均可使用。弱酸性树脂由于对 H^+ 的亲和力较强,在酸性条件下不宜使用,一般应在碱性条件下使用。但这类树脂容易用酸洗脱,选择性较高,常用于分离不同强度的有机碱。

2) 阴离子交换树脂

阴离子交换树脂的骨架也是网状结构,含有碱性交换基,可与溶液中的阴离子进行交换反应。根据碱性交换基的强弱,又可分为强碱性和弱碱性两类。若树脂的交换基为 $—N^+(CH_3)_3$,则树脂属于强碱性阴离子交换树脂。若树脂的交换基为伯氨基、仲氨基或叔氨基($—NH_2$、—NHR、$—NR_2$),则树脂属于弱碱性阴离子交换树脂。

季铵强碱性阴离子交换树脂交换时,先经盐酸处理成 $R—N^+(CH_3)_3Cl^-$ 形式,在碱性溶液中再转为季铵碱,其反应式为

$$R—N^+(CH_3)_3Cl^- + OH^- \longrightarrow R—N^+(CH_3)_3OH^- + Cl^-$$

然后再发生交换:

$$R—N^+(CH_3)_3OH^- + X^- \underset{\text{洗脱}}{\overset{\text{交换}}{\rightleftharpoons}} R—N^+(CH_3)_3X^- + OH^-$$

X^-可以是 Cl^- 或 NO_3^- 等,它们可以离解,能与溶液中的阴离子发生交换反应。

弱碱性阴离子交换树脂先在水中发生水化反应,其反应式为

$$R—NH_2 + H_2O \longrightarrow R—NH_3^+OH^-$$

活性基团中的 OH^- 可以离解,能够与溶液中的阴离子(如 Cl^-)发生交换反应,其反应式为

$$R—NH_3^+OH^- + Cl^- \longrightarrow R—NH_3^+Cl^- + OH^-$$

溶液中的 pH 值会影响树脂与 H^+、OH^- 的结合能力,从而影响树脂的交换容量。所以实际使用时各种树脂都有一个适宜的酸度范围,强酸性阳离子交换树脂与 H^+ 结合能力最弱,在 $pH>2$ 的介质中均可使用;而弱酸性阳离子交换树脂和 H^+ 结合能力强,可以在中性和弱碱性溶液中使用。强碱性阴离子交换树脂与 OH^- 结合能力比较小,在 $pH<12$ 的介质中使用;而弱碱性阴离子交换树脂和 OH^- 结合能力强,只能在酸性溶液中使用。

2. 离子交换树脂的特性

1) 交联度

所谓交联,是指在离子交换树脂的合成过程中,将链状聚合物分子相互联结而形成网状结构的过程。例如,在聚苯乙烯型树脂中,由苯乙烯聚合而成链状结构,再由二乙烯苯结构

联结成网状结构，所以二乙烯苯称为交联剂。将树脂中交联剂的质量分数称为树脂的交联度。

$$交联度=\frac{交联剂质量}{干树脂总质量}$$

交联度的大小对树脂的性质有很大影响。一般来说，树脂的交联度越大，则网状结构的孔径越小，交换时体积较大的离子很难扩散进入树脂，但体积小的离子容易进入，所以选择性较高。同时，交联度大，树脂结构紧密，具有比较高的机械强度，不易破碎。但是若交联度太大，则对水的溶胀性能较差，交换反应的速度慢。若树脂的交联度较小，对水的溶胀性能好，交换反应的速度较快，但缺点是树脂的机械强度较低，选择性较差。一般要求树脂的交联度为 4%～14%。

2）交换容量

交换容量是指单位质量的树脂所能交换的相当于一价离子的物质的量（通常用 mmol/g 表示）。交换容量是表征某种树脂交换能力大小的特征参数，反映了一定质量的干树脂所能交换的一价离子的最大量，其大小主要由树脂中所含有的活性基团的数目所决定，实际使用的树脂交换容量一般为 3～6 mmol/g。

可以用酸碱滴定法测定某树脂的交换容量。例如，要测阳离子交换树脂的交换容量，先准确称取一定量的干树脂，置于锥形瓶中，加水溶胀。再加入一定量稍过量的 NaOH 标准溶液，充分振荡后放置 24 h，使树脂中活性基团中的 H^+ 全部被树脂 Na^+ 所交换。再用 HCl 标准溶液返滴定剩余的 NaOH，则可计算出交换容量，计算式为

$$交换容量=\frac{c_{NaOH}V_{NaOH}-c_{HCl}V_{HCl}}{干树脂质量}\quad (mmol/g)$$

上述测得的交换容量是工作交换容量，或称为有效交换容量，其大小与溶液中交换基类型、离子浓度、树脂粒度、流速等因素有关。而树脂所含可交换离子全部都交换出来，则称为全交换容量，它是树脂的特征常数，与实验条件无关。

3. 离子交换树脂的亲和力

离子在离子交换树脂上的交换能力称为离子交换树脂对离子的亲和力。根据离子交换树脂对不同离子的亲和力不同，可以分离不同元素的离子。树脂对离子的亲和力主要取决于水合离子的半径和所带的电荷，同时也与树脂的类型和溶液的组成有关。实验证明，常温、低浓度时，树脂亲和力大小顺序如下。

1）强酸性阳离子交换树脂对阳离子亲和力的顺序

（1）相同价态的离子，离子半径越大，则所形成的水合离子半径越小，和树脂的亲和力就越大，其顺序为

$Ag^+>Cs^+>Rb^+>K^+>NH_4^+>Na^+>H^+>Li^+$

$Ba^{2+}>Pb^{2+}>Sr^{2+}>Ca^{2+}>Ni^{2+}>Cd^{2+}>Cu^{2+}>Co^{2+}>Zn^{2+}>Mg^{2+}$

$La^{3+}>Ce^{3+}>Pr^{3+}>Eu^{3+}>Y^{3+}>Se^{3+}>Al^{3+}$

（2）不同价态的离子，所带电荷数越高，和树脂的亲和力就越大，其顺序为

$Th^{4+}>Al^{3+}>Ca^{2+}>Na^+$

2）弱酸性阳离子交换树脂对阳离子亲和力的顺序

除了与 H^+ 的亲和力最大外，弱酸性阳离子交换树脂和其他阳离子的亲和力顺序与强

酸性阳离子交换树脂相同。

3）强碱性阴离子交换树脂对阴离子亲和力的顺序

$Cr_2O_7^{2-} > SO_4^{2-} > CrO_4^{2-} > I^- > HSO_4^- > NO_3^- > C_2O_4^{2-} > Br^- > CN^- > NO_2^- > Cl^- > HCOO^- > CH_3COO^- > OH^- > F^-$

4）弱碱性阴离子交换树脂对阴离子亲和力的顺序

$OH^- > SO_4^{2-} > NO_3^- > AsO_4^{3-} > PO_4^{3-} > MoO_4^{2-} > CH_3COO^- \approx I^- > Br^- > Cl^- > F^-$

上述仅仅为一般性规律，若温度、离子强度、溶剂不同或有配位剂存在，则亲和力顺序会发生变化。

12.5.2　离子交换分离操作

1. 树脂处理

操作时所用的离子交换树脂越纯净越好，市售树脂一般含有一定杂质，使用前要预先处理。根据分离需要选择合适的离子交换树脂，通常用的树脂为 80～100 目或 100～120 目。将树脂在水中充分浸泡使之溶胀，多次漂洗除去杂质。再用4 mol/L HCl 溶液浸泡 1～2 d，除去树脂中的杂质，然后用水洗至中性备用。此时，强酸性阳离子交换树脂转化为氢型阳离子交换树脂，强碱性阴离子交换树脂转化为氯型阴离子交换树脂。

2. 装柱

常用的离子交换柱如图 12-4 所示，也可用滴定管代替。一般采用湿法装柱，也就是先在交换柱下端填一层玻璃纤维，或装一个烧结玻板，再加入少量蒸馏水，将柱下端气泡赶走。然后将树脂和水加入，树脂下沉，形成均匀的柱层，在树脂层上端也加入一些玻璃纤维，可避免上层树脂漂浮。注意使树脂顶部保留几厘米的水层，以防止树脂干裂和空气进入。

3. 交换

将需交换的溶液从交换柱上部加入，用活塞控制一定的流速进行交换。溶液流经树脂层时，从上到下一层一层交换。例如，用强酸性阳离子交换树脂来处理含 Na^+ 和 K^+ 的溶液，溶液经过交换柱时，K^+ 和 Na^+ 均可和树脂上的活性基团中的 H^+ 发生交换反应从而进入树脂相中。但由于树脂对 K^+ 和 Na^+ 两种离子的亲和力不同，K^+ 比 Na^+ 先被交换到树脂上，这样在交换柱中，K^+ 层在上，Na^+ 层在下(如图 12-4(a)所示)。实际上，树脂对 Na^+ 和 K^+ 的亲和力差别比较小，K^+ 层与 Na^+ 层仍有部分重叠。

4. 洗脱

洗脱是交换的逆过程，是将已经交换在树脂上的离子再分离出来。例如，上述交换完成后，再向交换柱上方加入稀 HCl 溶液，使树脂上的 K^+ 和 Na^+ 与溶液中的 H^+ 发生交换反应，重新进入溶液。所用的稀 HCl 溶液又称为洗脱液。

随着洗脱液自上向下流动，K^+ 和 Na^+ 在树脂和水溶液两相之间反复地进行交换和洗脱这两个方向相反的过程。经过一定时间后，它们就会被 HCl 洗脱液从交换柱的上方带到下方。亲和力大的离子向柱下移动的速度比较慢，亲和力小的离子向柱下移动的速度比较快，由于树脂对 K^+ 的亲和力大于对 Na^+ 的亲和力，所以 K^+ 向下移动的速度比较慢，在柱中两种离子会逐渐分离(如图 12-4(b)所示)。在洗脱过程中，对流出液的离子浓度进行检测可以得到如图 12-5 所示的洗脱曲线。实际上为了得到好的分离结果，往往采用多种洗脱液依次洗脱或用配位剂作为洗脱液进行洗脱。常常用离子交换分离法来分离性质相似的离子，

如 K^+ 和 Na^+、稀土元素离子等。

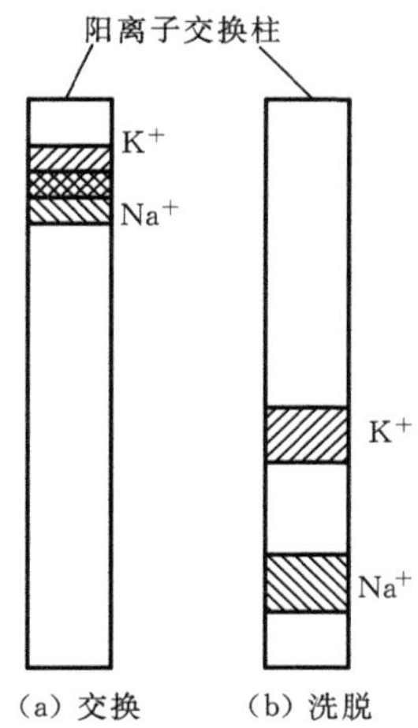

图 12-4　离子交换分离法分离 K^+ 和 Na^+ 的示意图

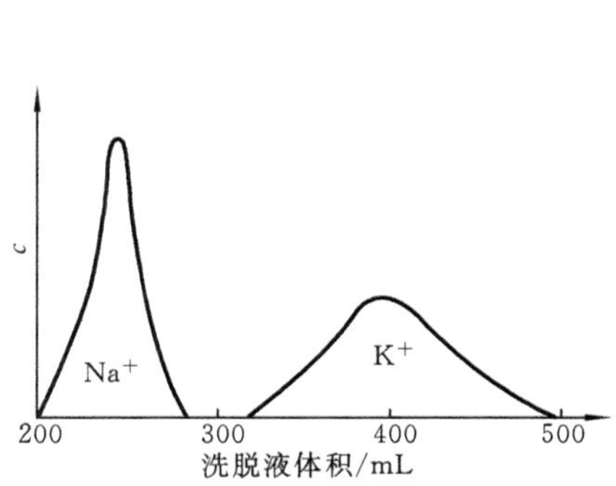

图 12-5　Na^+、K^+ 的洗脱曲线

5. 再生

离子交换树脂经过一段时间的使用后，交换离子的能力会达到饱和，此时若要使树脂恢复离子交换能力，需经再生处理。所谓再生，也就是使经过交换、洗脱后的树脂恢复到原来的状态。例如，用一定浓度的酸溶液处理交换后的强酸性阳离子树脂，使之恢复为氢型，或用一定浓度的碱溶液处理交换后的阴离子树脂使之从氯型转化为氢氧型，即为再生。

12.5.3　离子交换分离法应用示例

1. 制备纯水

天然水和自来水中含有一定量的无机离子，常见的有 K^+、Na^+、Ca^{2+}、Mg^{2+}、Cl^- 和 NO_3^- 等。用蒸馏的方法制得的普通蒸馏水在很多方面不能满足要求，所以常采用离子交换分离法来制备纯水，这样制得的水又称为去离子水。制备时先将强酸性阳离子交换树脂处理成氢型，将强碱性阴离子交换树脂处理成氢氧型。再将待处理的天然水通过一根装有氢型强酸性阳离子交换树脂的柱子(简称阳柱)，通过交换可以除去水中的阳离子。例如，用 $CaCl_2$ 代表水中的杂质，则交换反应式为

$$2R—SO_3H + Ca^{2+} = (R—SO_3)_2Ca + 2H^+$$

再通过一根装有氢氧型强碱性阴离子交换树脂的柱子(简称阴柱)，通过交换可以除去水中的阴离子，其反应式为

$$RN(CH_3)_3OH + Cl^- = RN(CH_3)_3Cl + OH^-$$

为了提高水的纯度，实际制备纯水时一般串联多个阳柱和阴柱，称为复柱法，这样可制得总离子含量极低的纯水。树脂使用一定时间后，活性基团就会逐渐被水中交换上来的阴、阳离子所饱和，最终将完全丧失交换能力。这时就需要进行再生处理，分别用强酸和强碱来洗脱阳柱和阴柱上的阳、阴离子，使树脂重新恢复交换能力。

实验室所用的去离子水及锅炉用水的软化，常采用上述串联的阳离子交换柱和阴离子

交换柱来处理。

2. 富集痕量组分

由于一般的化学分析方法分析测定元素的检测限为 10^{-6}～10^{-5} mol/L,需要经过浓缩富集才能分析样品中的痕量元素,经过浓缩富集处理的样品其分析检测限可达 10^{-11}～10^{-9} mol/L。

以测定矿石中的铂、钯为例来说明。由于铂、钯在矿石中的含量一般为 10^{-8}%～10^{-7}%,即使称取 10 g 试样进行分析,也只含铂、钯 0.1 μg 左右。因此,必须经过富集之后才能进行测定。富集的方法是:称取 10～20 g 试样,在 700 ℃下灼烧,然后用王水溶解,加浓 HCl 溶液并加热蒸发,铂、钯形成 $PtCl_6^{2-}$ 和 $PdCl_4^{2-}$ 配阴离子。稀释之后,通过强碱性阴离子交换树脂,即可将铂富集在交换柱上。用稀 HCl 溶液将树脂洗净,取出树脂移入瓷坩埚中,在 700 ℃下灰化,用王水溶解残渣,加 HCl 溶液并加热蒸发。然后在 8 mol/L HCl 介质中,Pd(Ⅱ)与双十二烷基二硫代乙二酰胺(DDO)生成黄色配合物,用石油醚-三氯甲烷混合溶剂萃取,用比色法测定钯。Pt(Ⅳ)用二氯化锡还原为 Pt(Ⅱ),与 DDO 生成樱红色螯合物,可进行比色法测定。

又如,测定矿石中的铀时,为了除去其他金属离子的干扰,将矿石溶解后用0.1 mol/L H_2SO_4溶液处理,U(Ⅵ)形成$[UO_2(SO_4)_2]^{2-}$或$[UO_2(SO_4)_3]^{4-}$,在通过强碱性阴离子交换树脂时,被留在树脂上,金属离子则流出。之后,将其转化为 UO^{2+} 形式洗脱,回收率可达 98%。

3. 分离干扰离子

1) 阴、阳离子的分离

在分析测定过程中,存在的其他离子常有干扰。对不同电荷的离子,用离子交换分离的方法排除干扰最为方便。例如,用硫酸钡重量法测定黄铁矿中硫的含量时,由于存在大量的 Fe^{3+}、Ca^{2+},造成 $BaSO_4$沉淀的不纯。因此,可先将试液通过氢型强酸性阳离子交换树脂除去干扰离子,然后再将流出液中的 SO_4^{2-} 沉淀为 $BaSO_4$,进行硫的测定,这样便可以大大提高测定的准确度。

2) 同性电荷离子的分离

对于几种阳离子或几种阴离子,可以根据各种离子对树脂亲和力的不同,将它们彼此分离。例如,欲分离 Li^+、Na^+、K^+三种离子,将试液通过阳离子树脂交换柱,则三种离子均被交换在树脂上,然后用稀 HCl 溶液洗脱,交换能力最小的 Li^+先流出柱外,其次是 Na^+,而交换能力最大的 K^+最后流出来。

12.6 挥发和蒸馏分离法

挥发和蒸馏分离法是分离共存组分的最常用的一种方法,它们是利用物质挥发性的差异来进行分离的。既可以用于除去干扰组分,也可以将待测组分定量分离出来。挥发和蒸馏分离法是从液体或固体样品中将挥发性组分转为气体的分离方法,主要有蒸发、蒸馏、升华等。

12.6.1　挥发分离

1. 无机物的分离

易挥发的无机待测物并不多，一般要经过一定的反应，使待测物转变为易挥发的物质(见表 12-3)，再进行分离。因此，利用这种方法的选择性较高，有些方法目前还是重要的分离方法。

表 12-3　常见挥发性元素的主要挥发形式

挥发性物质类型	单质	氧化物	氢化物	氟化物	氯　化　物	溴　化　物
元素	氢、氧、卤素	C、N、S、Re、Ru、Os	As、Sb、N、P	B、Si	As(Ⅲ)、Sb(Ⅲ)、Au、Ge、Hg(Ⅱ)、Se、Sn(Ⅳ)、Te	As、Sb、Se(Ⅳ)、Sn(Ⅳ)、Te(Ⅳ)、Tl(Ⅲ)

例如，测定水或食品等试样中的微量砷，在制成一定的试液后，先用还原剂($Zn+H_2SO_4$ 或 $NaBH_4$)将试样中的砷还原成 AsH_3，经挥发和收集后再进行分析，干扰物有 H_2S、SbH_3。

在水中 F^- 的测定过程中，Al^{3+}、Fe^{3+} 将干扰测定，可在水中加入浓硫酸，加热到 180 ℃，使氟化物以 HF 的形式挥发出来，然后用水吸收，进行测定。

在 NH_4^+ 的测定过程中，为了消除干扰，可加 NaOH，加热使 NH_3 挥发出来，然后用酸吸收测定。

一些硅酸盐的存在影响测定，可用 HF-H_2SO_4 加热，使硅形成 SiF_4 挥发除去。

在挥发过程中，可以通过加热，生成挥发性气体(如 HF、NH_3、HCN)；也可以用惰性气体作为载气带出，如 AsH_3(H_2 作为载气)。

2. 有机物的分离

在有机物的分析中，也常用挥发分离方法。如各种有机化合物的分离提纯、有机化合物中 C 和 H 的测定、有机化合物中 N 的测定——凯氏(Kjeldahl)定氮法。

12.6.2　蒸馏分离

蒸馏是固液、液液分离的最基本的物理方法。实际上，在蒸馏过程中各组分的蒸气压可能差别比较小，所以一次蒸馏往往不能达到预期的效果，如果各组分的沸点相差比较大，超过 100 ℃以上，只需反复蒸馏几次就可分离。但混合物若能形成恒沸液，这时蒸馏就起不到分离的作用，用蒸馏法只能将混合物部分分开。为了提高蒸馏的效率，减低反复蒸馏的次数，采用分馏柱进行分馏，分馏柱利用热交换的原理达到反复蒸馏的效果。当然也可以采用减压蒸馏和水蒸气蒸馏的方法。

12.7　分离新技术

12.7.1　固相微萃取法

1. 原理和过程

固相微萃取(SPME)是一种用途广泛而且越来越受欢迎的样品前处理技术，发展于 20

世纪 90 年代初。作为一种试样预分离富集方法,它既能进行试样预处理,又能用于进样,利用固相微萃取装置将试样纯化、富集后,再使用各种分析方法进行测定,尤为适用于微量有机物的分析。

固相微萃取是利用固体吸附剂将液体样品中的待分离组分吸附,再用洗脱液洗脱,也可利用加热解除吸附,这样就达到分离和富集的目的。

使用固相微萃取能够避免液液萃取带来的许多问题。例如,相分离不完全、定量分析回收率较低、使用玻璃器皿(易碎)、产生大量有机废液。与液液萃取相比,固相微萃取不仅更有效,而且更容易实现自动、快速、定量萃取,同时减少溶剂用量,缩短萃取时间。

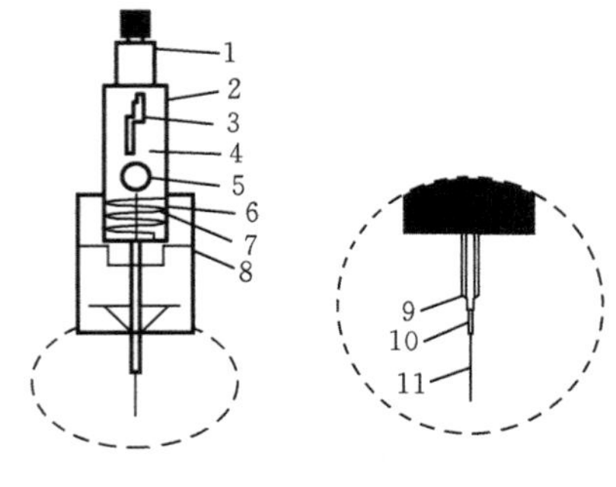

图 12-6　固相微萃取装置

1. 压杆;2. 筒体;3. 压杆卡持螺钉;
4. Z 形槽;5. 筒体视窗;
6. 调节针头长度的定位器;7. 拉伸弹簧;
8. 密封隔膜;9. 注射针管;
10. 纤维联结管;11. 熔融石英纤维

液体样品,尤其是不挥发的液体样品的萃取常常使用固相微萃取,对样品的萃取、浓缩和纯化效果都很显著。

固相微萃取装置如图 12-6 所示。石英纤维表面涂有一层高分子固相液膜作为吸附剂,其作用是吸附和富集有机物。不锈钢注射针管伸出的位置可利用定位器来调节,压杆卡持螺钉可通过 Z 形槽使不锈钢注射针管内石英纤维伸出或收入,而不锈钢注射针管可避免石英纤维表面的吸附剂在穿过密封隔膜时损失。

在气相色谱或液相色谱分析中常用固相微萃取来进行样品的处理。固相微萃取分离法可分为直接固相微萃取分离法和顶空固相微萃取分离法,其基本原理及分析过程如下。

(1) 固相微萃取装置由手柄和萃取头组成,萃取头是一根 1 cm 长的熔融石英纤维,在其表面涂有不同的吸附剂。而吸附剂的选择是关键,一般来说,非极性的待分离的化合物选择非极性的吸附剂,极性的待分离的化合物选择极性的吸附剂。

(2) 取样时,将萃取头浸于样品中或放置于样品的上部空间(顶空状态),样品中的有机物通过扩散原理被吸附在萃取头上。

(3) 当萃取头的吸附达到平衡后,将它插入气相色谱仪的进样口处。通过进样口的高温使吸附在萃取头上的被测组分解吸,然后随着载气流入色谱柱进行分离及测定。

2. 影响固相微萃取的因素

1) pH 值的影响

在固相微萃取中,由于溶液与吸附剂接触时间较短,所以固相微萃取中溶液的 pH 值允许范围很宽。但在选择不同的吸附剂时,pH 值的影响也很大。若以硅胶作为基体原料,通常选择的 pH 值为 2～7.5。当 pH 值超过这个范围,键合相就会水解和流失,或者硅胶本身溶解。

对于键合硅胶上反相固相微萃取过程,预处理的溶液和样品的 pH 值应调至最适宜点。吸附剂用于反相条件,则应选择适当的 pH 值,使分析物最大程度地保留在反相硅胶上。

2) 固相吸附剂的影响

石英纤维表面的固相吸附剂,也就是固相液膜的厚度,既影响对于分析物的固相吸附量，也影响平衡时间。显然，固相液膜越厚则吸附量越大，虽然检测灵敏度提高了，但达到吸附平衡的时间增加了，这会导致分析时间加长。影响分析灵敏度的因素还有固相涂层的性质，像聚二甲基硅氧烷这样的非极性固相涂层一般用于非极性或极性小的有机物的分离，而像聚丙烯酸酯这样的极性固相涂层更适合于极性有机物的分离。

3）搅拌的影响

影响固相微萃取分离速度的还有搅拌速度。若固相微萃取时不搅拌或搅拌不足，则被分离组分的液相扩散速度比较慢，且难以破坏固相表面的静止水膜，使萃取时间过长。因此，提高搅拌速度显然有利于固相微萃取。

4）温度的影响

升高体系温度，待测组分扩散系数增大，扩散速度也同时增大，所以升温能缩短达到吸附平衡的时间，加快分析速度。升温的不利影响在于减小了待测组分的分配系数，使固相吸附剂对待测组分的吸附量减小。

5）盐的影响

若基体变化，待分离物质在固液两相之间的分配系数也会发生相应改变。如果在溶液中加入 NaCl、KNO_3之类的强电解质，使离子强度增大，由于盐效应会减小待分离有机物的溶解度，这样就增大了分配系数，有利于提高分析方法的灵敏度。

3. 应用

固相微萃取分离法主要用于复杂样品中微量或痕量化合物分离与富集，广泛应用于环境污染物（如农药）、医药、食品饮料及生物质的分离分析。例如：血液和尿等体液中药物及代谢产物，药物和食品中有效成分或有害成分，有机污染物苯及其同系物、多环芳烃、硝基苯、氯代烷烃、多氯联苯、有机磷和有机氯农药的分离；环境水样中挥发性有机物，食品中的香料、添加剂和填充剂等的分离和富集等。

12.7.2　液膜分离法

1. 基本原理

液膜分离是一种萃取与反萃取同时进行的分离过程，它主要利用了组分在膜内的溶解与扩散性质的差别，此外，还利用了待分离组分与液膜内载体的可逆反应。液膜可视为悬浮在液体中的很薄的一层乳液颗粒，通常由溶剂（水或有机溶剂）、载体（添加剂）、乳化剂（表面活性剂）组成。构成膜的基体是溶剂，表面活性剂分子中含有亲水基团和疏水基团，通过定向排列以固定油水分界面，使膜的形状稳定。分离时，中性分子通过扩散溶入吸附在多孔聚四氟乙烯上的有机液膜中，再进一步扩散进入萃取相中，中性分子受萃取相中化学条件的影响又分解为离子（处于非活化态）而无法返回液膜中去，结果使被萃取相中的物质（离子）通过液膜进入萃取相中。

2. 影响膜分离的因素

影响膜分离的因素主要有待分离物质的状态、所处的化学环境、液膜的极性等。

溶液中待分离的物质只有转化为中性分子（活化态）才能进入有机液膜，所以将待分离组分由非活化态转化为活化态是提高液膜萃取分离技术的选择性的关键。

通过调节溶液的 pH 值，可以把各种 pK_a 不同的物质有条件地萃取出来。例如，萃取阴离子时，把水溶液的 pH 值调至酸性即可进行萃取。此时，阴离子和氢离子结合成相应酸的分子,它和溶液中原有的中性分子一起透过液膜进入萃取相,而阳离子则随水溶液流出。进入萃取相的酸分子若遇到碱性环境,则与周围的 OH^- 作用又释放出阴离子,而中性分子因为自由来往于液膜两侧,随洗涤过程进入清洗液,结果是水溶液中阴离子从被萃取相有选择地进入萃取相,而阳离子与中性分子则被排除在外。

由于有机液膜的极性直接与被萃取物质在其中的分配系数有关,极性越接近,分配系数越大。因此,处于活性态的被萃取物质也越容易扩散进入有机液膜。

3. 应用

液膜萃取分离法广泛应用于废水处理、湿法冶金、石油化工、生物医药等领域。例如,大气中微量胺的分离,含酚废水的处理,水中铜和钴离子的分离,水体中酸性农药的分离,抗生素、氨基酸的提取等。

12.7.3 超临界流体萃取分离法

1. 基本原理

超临界流体萃取分离法是利用超临界流体作萃取剂在两相之间进行的一种萃取方法。超临界流体是介于气态、液态之间的一种物态,它只能在物质的温度和压力超过临界点时才能存在。超临界流体的密度大,与液体相仿,所以它与溶质分子的作用力很强,很容易溶解其他物质。另一方面,它的黏度较小,接近于气体,传质速率很大,加上表面张力小,容易渗透固体颗粒,保持较大的流速,使萃取过程在高效、快速、经济的条件下完成。

2. 超临界流体萃取中萃取剂的选择

超临界流体萃取中萃取剂的选择随萃取对象的不同而改变。通常用二氧化碳作超临界流体萃取剂分离、萃取低极性和非极性的化合物,用氨或氧化亚氮作超临界流体萃取剂分离、萃取极性较大的化合物。

3. 超临界萃取流程

固体物料的超临界流体萃取流程如图 12-7 所示。

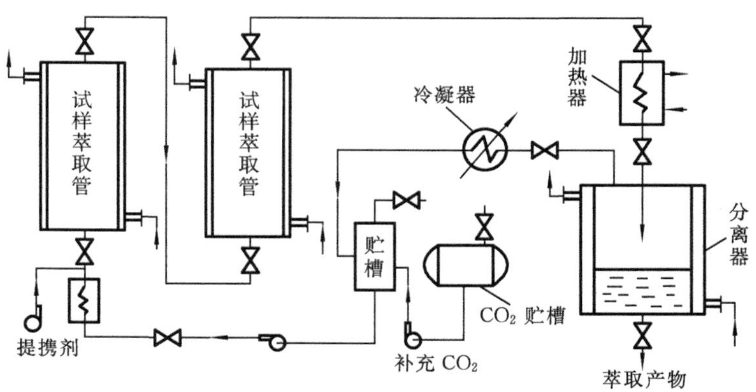

图 12-7 一种固体物料的超临界流体萃取流程示意图

1) 超临界流体发生源

由萃取剂贮槽、高压泵及其他附属装置组成,其功能是将萃取剂由常温、常压态转化为超临界流体。

2）超临界流体萃取部分

由试样萃取管及附属装置组成。处于超临界态的萃取剂在这里将被萃取溶质从试样基体中溶解出来，随着流体的流动使含被萃取溶质的流体与试样基体分开。

3）溶质减压分离部分

由喷口及吸收管组成。萃取出来的溶质及流体，必须由超临界态经喷口减压降温转化为常温常压态，此时流体挥发逸出，而溶质吸附在吸收管内多孔填料表面。用合适溶剂淋洗吸收管就可把溶质洗脱收集备用。

4. 超临界流体萃取分离法的操作方式

1）动态法

动态法是超临界流体萃取剂一次性直接通过试样萃取管，使被分离的组分直接从试样中分离出来，适用于萃取在超临界流体萃取剂中溶解度较大的物质，且试样基体又很容易被超临界流体渗透的情况。

2）静态法

静态法是将萃取的试样浸泡在超临界流体内，经过一段时间后再把萃取剂流体输入吸收管，适合于萃取与试样基体较难分离或在萃取剂流体内溶解度不大的物质，也适合于试样基体较为致密、超临界流体不易渗透的情况。

3）循环法

循环法是动态法和静态法的结合，首先将超临界流体萃取剂充满试样萃取管，然后用循环泵使流体反复多次经过试样，最后输入吸收管，适用于动态法不宜萃取的试样和场合。

5. 影响因素

1）压力的影响

压力的改变会使超临界流体对物质的溶解能力发生很大的改变。利用这种特性，只需改变萃取剂流体的压力，就可把试样中的不同组分按它们在流体中溶解度的不同萃取、分离出来。在低压下溶解度大的物质先被萃取出来，随着压力的增加，难溶性物质也逐渐与基体分离。

2）温度的影响

温度的变化也会改变超临界流体萃取的能力，它体现在影响萃取剂的密度和溶质的蒸气压两个因素。

(1) 在低温区（仍在临界温度以上），温度升高时，流体密度减小而溶质蒸气压增加不多，因此萃取剂的溶解能力降低，升温可以使溶剂从流体萃取剂中析出。

(2) 温度进一步升高到高温区时，虽然萃取剂密度进一步减小，但溶质的蒸气压的迅速增加起了主要作用，因而挥发度提高，萃取率反而增大。

(3) 吸收管和收集器的温度也会影响回收率，因为萃取出的溶质溶解或吸附在吸收管内，会放出吸附热或溶解热，降低温度有利于提高回收率。

3）萃取时间的影响

萃取时间取决于以下两个因素。

(1) 被萃取物在流体中的溶解度。溶解度越大，萃取率越高，萃取速率也越大。

(2) 被萃取物在基体中的传质速率。传质速率越大，萃取越完全，效率也越高。

4) 其他溶剂的影响

在超临界流体中加入少量其他溶剂可改变它对溶质的溶解能力。通常加入量不超过10%,而且以极性溶剂(如甲醇、异丙醇等)居多。加入少量的其他溶剂可以使超临界萃取技术的适用范围扩大到极性较大的化合物。

6. 应用

超临界流体萃取分离法具有高效、快速、后处理简单等特点,它特别适合于处理烃类及非极性脂溶性化合物,如醚、酯、酮等。既有从原料中提取和纯化少量有效成分的功能,又能从粗制品中除去少量杂质,达到深度纯化的效果。

超临界流体萃取分离法的另一个特点是它能与其他仪器分析方法联用,从而避免了试样转移时的损失,减少了各种人为的偶然误差,提高了方法的精密度。

12.7.4 其他分离新技术

分离新技术种类很多,下面简略介绍几种。在膜分离技术中,有微滤(MF)、超滤(UF)、纳滤(NF)和反渗透(RO)等,都是以压力差作为推动力的。其基本原理是在膜两边加上一定的压力差,小于膜孔径的组分和部分溶剂可以通过膜,大于膜孔径的大分子、盐和一些微粒不能通过膜,这样就达到分离的目的。它们的主要区别在于膜的结构和性能及被分离微粒直径。而电渗析和膜电解都是利用电位差作为推动力的膜分离技术,一般用于溶液除盐分或纯化组分。

在很多情况下用普通蒸馏并不适合,此时可采用特种蒸馏。常见的有恒沸蒸馏、萃取蒸馏、分子蒸馏、加盐蒸馏、反应蒸馏和膜蒸馏等。分子蒸馏是在高真空 (0.133～1 Pa)条件下进行的非平衡蒸馏,具有特殊的传质传热机理。它具有蒸馏温度低、分离程度高的特点,很适合用于活性物质或高沸点、高黏度物质的分离及纯化。膜蒸馏是蒸馏和膜过程的结合,用微孔膜将不同温度的溶液分离,利用膜两侧温差造成蒸气压差来进行组分分离。其他分离技术还有泡沫分离、磁分离、分子识别与印迹分离等。

本 章 小 结

1. 回收率和分离因数

评价一种分离方法的效果,通常可用回收率和分离因数来衡量。

$$R_A=\frac{\text{分离后 A 的测定量}}{\text{试样中 A 的总量}}\times 100\%$$

回收率 R_A 表示被分离组分的回收完全程度,回收率越高,表明被分离组分 A 的分离效果越好。

$$S_{B/A}=\frac{R_B}{R_A}$$

分离因数 $S_{B/A}$ 表示物质 A 与物质 B 分离的完全程度,$S_{B/A}$ 越小,分离效果越好。

2. 沉淀分离法

沉淀分离法是利用沉淀反应将待测组分与干扰组分进行分离的方法,较常用的沉淀剂是氢氧化物、硫化物、硫酸盐等。有机沉淀剂以其突出的优点在沉淀分离法中得到广泛的应用。共沉淀分离法是利用共沉淀现象对痕量组分进行分离和富集的方法。

3. 萃取分离法

萃取分离法是利用物质在互不相溶的溶剂中分配系数不同而进行分离的方法。物质被萃取的程度常用萃取率来表示。在实际萃取过程中，一般采用连续萃取，即采用增加萃取次数的方法来提高萃取率。常见的萃取体系有分子萃取体系、金属螯合物萃取体系、离子缔合物萃取体系和中性配合物萃取体系。

4. 层析法

层析法的基本原理是利用待分离组分在固定相和流动相分配或吸附的差异来进行分离的一种方法，主要有纸层析法和薄层色谱法。纸层析法是一种以滤纸作载体的色谱分离方法，薄层色谱法是将固定相均匀地涂在薄板上(玻璃或塑料)，形成具有一定厚度薄层的分离方法。

5. 离子交换分离法

离子交换分离法是利用离子交换剂与溶液中的离子发生的交换反应使离子分离的方法。离子交换剂主要有阳离子交换树脂、阴离子交换树脂等。离子交换操作时的步骤主要有树脂处理、装柱、交换、洗脱和再生。

6. 挥发和蒸馏分离法

挥发和蒸馏分离法是利用物质挥发性的差异来进行分离的方法，主要有蒸发、蒸馏、升华等。

7. 新分离技术

新分离技术有固相微萃取法、液膜分离法、超临界流体萃取法等。

阅读材料

生物分离技术

生物技术是 21 世纪最富发展潜力、发展最迅猛的科学技术，而生物分离技术是生物技术中的重要组成部分，也是十分重要的基础科学技术。生物分离技术是指从动植物的有机体或器官与微生物、生物工程产物(发酵液、培养液)及其生物化学产品中提取、分离、纯化出有用物质的技术过程，也称生物工程下游技术。生物分离技术实质上就是从复杂的生物类混合物中把一种或几种物质分离出来的技术。

目前生物分离技术的主要内容包括离心分离、冷冻离心分离、过滤分离、泡沫分离、萃取分离、絮凝、沉淀分离、膜分离、色谱(层析)分离、电泳和毛细管电泳分离技术，以及产品的浓缩、结晶、干燥等单一及复合技术。生物分离技术的对象可以是动植物与微生物原料，也可以是反应产物、中间产物或废物料；可以是小分子，也可以是大分子；可以是具有生物活性的物质(如酶类)，也可以是不具有生物活性的物质。生物分离技术的分类可以按单元操作分类，也可以依据分离技术操作形式或分离机理进行分类。

不同种类的生物分离技术，其原理各不相同。生物分离技术，主要是依据离心力、分子大小(筛分)、浓度差、压力差、电荷效应、吸附作用、静电作用、亲和作用、疏水作用、溶解度、平衡分离等原理对原料或产物进行分离、纯化。由于人们所需的生物产品不同(如植物果实、中草药、动物、菌体、酶或代谢产物)，用途各异，对产品的质量(纯度)要求也可以是多方面的，因此生物分离与纯化步骤就会有多种不同的组合，提取分离和精制纯化的方法也会是多种多样的。

生物分离技术研究的目的就是要缩短整个下游工程的流程和提高单项操作的效率。从发展趋势来看,必须从以往的那种零敲碎打的,既费时、费力,效果又不明显的做法中解放出来,转变观念,跟上整个生物科学技术的发展步伐。而研究发展生物分离过程的高效集成化技术是改进和优化生物下游处理过程的重要手段之一,也是生物工程在21世纪得到高度发展的重要保证。这种集成化技术不仅会改善发酵液和基因工程菌培养液的分离效果,而且对天然物质中高价值物质提取和分离过程的改进也会有明显而重要的指导意义和借鉴作用。因此,生物分离过程高效集成化研究的意义相当重大,其发展前景十分美好。

习　　题

1. 分离方法在定量分析中有什么重要性?分离时对常量和微量组分的回收率有何要求?
2. 在氢氧化物沉淀分离中,常用的有哪些方法?举例说明。
3. 某试样含 Fe、Al、Ca、Mg、Ti 元素,经碱熔融后,用水浸取,盐酸酸化,加氨水中和至出现红棕色沉淀(pH值约为3),再加入六亚甲基四胺加热过滤,分离沉淀和滤液。为什么溶液中刚出现红棕色沉淀,表示 pH值约为3?过滤后得到的沉淀是什么?滤液又是什么?试样中若含 Zn^{2+} 和 Mn^{2+},它们是在沉淀中还是在滤液中?
4. 用氢氧化物沉淀分离时,常有共沉淀现象,有什么方法可以减少沉淀对其他组分的吸附?
5. 共沉淀富集痕量组分,对共沉淀剂有什么要求?有机共沉淀剂较无机共沉淀剂有何优点?
6. 何谓分配系数、分配比?萃取率与哪些因素有关?采用什么措施可提高萃取率?为什么在进行螯合萃取时,溶液酸度的控制显得很重要?
7. 用硫酸钡重量法测定硫酸根时,大量 Fe^{3+} 会产生共沉淀。当分析硫铁矿(FeS_2)中的硫时,如果用硫酸钡重量法进行测定,有什么办法可以消除 Fe^{3+} 干扰?
8. 离子交换树脂分几类?各有什么特点?什么是离子交换树脂的交联度、交换容量?
9. 饮用水常被痕量氯仿污染,用1.0 mL 戊烷与100 mL 水样振荡,反复实验,结果证明有53%的氯仿被萃取到戊烷中,当10 mL 饮用水与1.0 mL 戊烷一起振荡,计算氯仿的萃取比例。

(91.9%)

10. 某一元有机弱酸 HA 在有机相和水相中的分配系数 $K_D=31$,HA 在水相中的离解常数 $K_a=2\times10^{-4}$,假设 A^- 不被萃取,如果50 mL 水相每次用10 mL 有机相连续萃取3次,在 pH=1.0 和 pH=4.0 时,HA 的萃取比例各为多少?

(99.7%,88.1%)

11. 现有0.100 0 mol/L 某一元有机弱酸(HA)100 mL,用25.00 mL 苯萃取后,取水相25.00 mL,用0.020 0 mol/L NaOH 溶液滴定至终点,消耗20.00 mL,计算该一元有机弱酸在两相中的分配系数 K_D。

(21.0)

12. 纸层析法分离 A、B 两物质时,得到 $R_{f(A)}=0.32$,$R_{f(B)}=0.70$。欲使 A、B 两种物质分开后,两斑点中心距离为4.0 cm,那么滤纸条应截取多长?

(10.5 cm)

第 13 章　定量分析步骤和复杂体系的定量分析

13.1　定量分析的一般步骤

试样(sample)的分析过程一般包括下列步骤:试样的采取和制备、称量、分解,干扰组分的掩蔽和分离、定量测定、分析结果的计算和评价等。

13.1.1　试样的采取与制备

试样的采取,即取样(sampling)十分重要。在进行分析前,首先要保证所取得的试样具有代表性,即试样的组成和被分析物料整体的平均组成一致。否则,分析工作即使做得十分认真、十分准确,也是没有意义的。因为在这种情况下,分析结果只不过代表了所取试样的组成,并不能代表被分析物料整体的平均组成。更有害的是,错误的分析数据可能导致科研工作上的错误结论,造成生产上的报废、材料上的损失,甚至给实际工作带来难以估计的不良后果。因此有必要扼要地讨论一下取样方法。

实际工作中要分析的物料是各种各样的,有的物料组成极不均匀,有的则比较均匀。对于组成比较均匀的物料,试样的采取即取样比较容易;对于组成不均匀的物料,要取得具有代表性的试样,是一件比较困难的事情。取样技术与物料的物理状态、贮存情况及数量等有关。对于不同形态的物料应采取不同的取样方法。

1. 固体物料的取样与制备

固体物料可以是各种坚硬的金属材料、矿物原料、天然产品等,也可以是各种颗粒状、粉末状、膏状的化工产品、半成品等。

各种金属材料,虽然经过熔融、冶炼处理,组成比较均匀,但是在冷却、凝固过程中,由于纯组分的凝固点比较高,常常在物体的表面先凝固下来,杂质向内部移动;物体的内部后凝固,凝固点较低,杂质含量较高。铸件越大,这种不均匀现象越严重。因此,不能光从物体的表面取样,也不应该仅从物体的不同部位钻取试样,而是应使钻孔穿过整个物体或达到厚度的一半,收集钻屑作为试样。也可以把金属材料从不同的部位锯断,收集锯屑作为试样。

固体物料(如矿石、煤炭等)常常露天放置,此类物料本来就是不均匀的,在堆放过程中往往由于粒径或相对密度不同而进一步发生“分层”现象,增加物料的不均匀性。例如,大块物料从上滚下,聚集在底部附近,细粒则堆集在中心。因而在采取此类试样时,应从物料堆的不同部位、不同深度分别取样。但这样做往往是比较困难的,因为要采取物料堆深处的试样时,需扒开物料堆,这会破坏贮存条件,促使空气流通,引起物料成分的变化;如果贮存的是燃料,甚至可能引起自燃。因此最好是在物料堆放过程中采取试样。如果物料是从皮带运输机输送过来堆放的,可在输送过程中,每隔一定时间采取一份试样,且每份试样都应从输送皮带的全宽度上取得,因为在运输过程中,往往也会发生“分层”现象,如大块靠近皮带边沿,细粉靠近中心等。

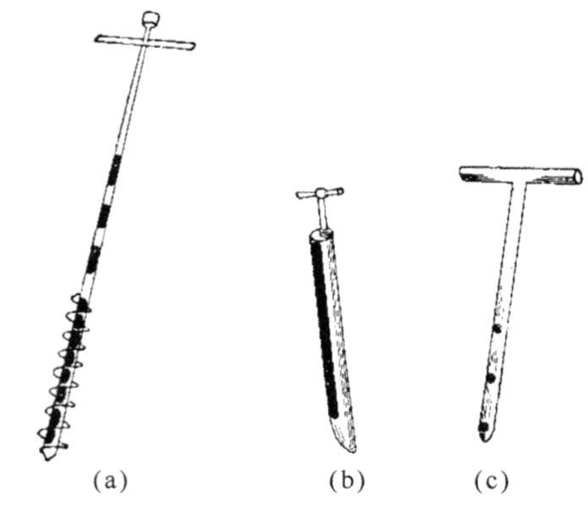

图 13-1 几种不同形式的取样器

如果物料被包装成桶、袋、箱、捆等,则首先应从一批包装中随机抽取若干件,然后用适当的取样器从每件中取出若干份。这类取样器一般可以插入各种包装的底部,以便从不同深度采取试样。图 13-1 所示是几种不同形式的取样器。

对于成堆的物料,为了使所采取的试样具有代表性,在取样时要根据堆放情况,从不同的部位和深度选取多个取样点,采取的份数越多越有代表性。但是,取样量过大会造成处理麻烦。一般而言,应取试样的量与其均匀程度、颗粒大小等因素有关。通常,试样的采取可按下面的经验公式(也称为取样公式)计算:

$$Q = Kd^{a} \tag{13-1}$$

式中:Q 是应采取试样的最低质量,kg;d 是物料中最大颗粒的直径,mm;K、a 为取样常数,与物料的均匀程度和易破碎程度有关,一般 K 在 0.02~0.15,a 在 1.8~2.5。

对于不均匀的固体物料,按前述方法取得的初步试样,其质量总是相当多的,可能是数十千克;其组成也是不均匀的,因此在送去分析前必须经过适当处理,使其质量减小,并成为组成十分均匀,而又粉碎得很细的微小颗粒,以便在分析时只需称取一小份(如 0.1~1.0 g),其组成就能代表大批物料的整体组成,且易于溶解。处理试样的步骤包括破碎、过筛、混合和缩分四步,必要时需反复进行。

1) 破碎

可使用各种破碎机击碎大块试样,较硬的试样可用腭式破碎机,中等硬度的或较软的可用锤磨机。为了进一步粉碎试样,对于较硬的试样可用球磨机。把试样和瓷球一起放入球磨机的容器中,盖紧后使之不断转动,由于瓷球不断翻腾、打滚,试样逐步被磨细。生物样品一般用万能粉碎机或组织捣碎机进行破碎。

破碎也可以手工操作。将试样放置于平滑的钢板上,用锤击碎;也可以把试样放在冲击钵中打碎。冲击钵由硬质的工具钢制成,其构造如图 13-2 所示。冲击钵的底座上有一可取下的套环,环中放入数块试样,插入杆,用锤击打数下,可把试样粉碎。然后可用研钵把试样进一步研磨成细粉。对于硬试样,可用玛瑙研钵或红柱石研钵研磨。

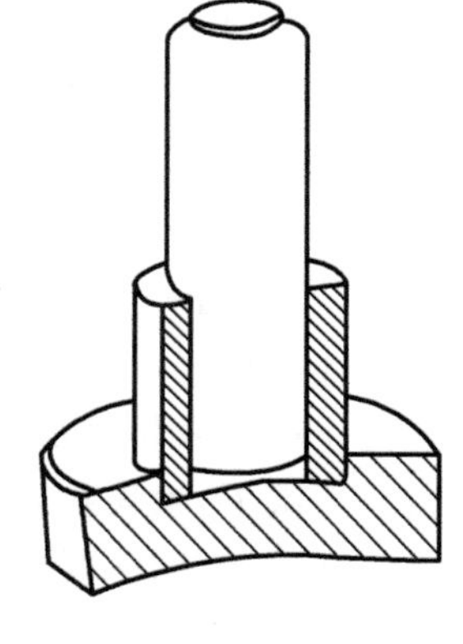
图 13-2 冲击钵

在破碎过程中,试样的组成会发生以下变化,应加以注意。

(1) 在粉碎试样的后阶段常常会引起试样中水分含量的改变。

(2) 试样在研磨过程中会引入某些杂质,如果这些杂质恰巧是待分析的某种微量组分,问题就更为严重。

(3) 试样在破碎、研磨过程中,常常因发热而使温度升高,引起某些挥发性组分的逸出。另外,由于试样粉碎后表面积大大增加,某些组分易被空气氧化。

(4) 试样中质地坚硬的组分难以破碎,锤击时容易飞溅逸出;较软的组分容易粉碎成粉末而造成损失,这样都将引起试样组成的改变。因此,试样只要磨细到能保证组成均匀且容易为试剂所分解即可，将试样研磨过细是不必要的。

2）过筛

在试样破碎过程中，应经常过筛。先用较粗的筛子过筛，随着试样颗粒逐渐地减小，筛目数应相应地增加。不能通过筛孔的粗颗粒试样，应反复破碎，直至能全部通过为止，切不可将难破碎的粗颗粒试样丢弃。因为难破碎的粗颗粒和容易破碎的细颗粒组成往往是不相同的，丢弃难破碎的粗颗粒将引起试样组成的改变。我国通用的筛号规格如表 13-1 所示。

表 13-1　筛孔直径与筛号的关系

筛号/目	20	40	60	80	100	120	200
筛孔直径/mm	0.83	0.42	0.25	0.177	0.149	0.125	0.074

3）混合

经破碎、过筛后的试样，应加以混合，使其组成均匀。可用人工进行混合。对于较大量的试样，可用锹将试样堆成一个圆锥，堆时每一锹都应倒在圆锥顶上，当全部堆好后，仍用锹将试样铲下，堆成另一个圆锥，如此反复进行，直至混合均匀。对于较少量的试样，可将试样放在光滑的纸上，依次提起纸张的一角，使试样不断地在纸上来回滚动，以达到混合的目的。为了混合试样，也可以将试样放在球磨机中转动一定时间。如果能用各种实验室用的混合机来混合试样，那就更为方便。

4）缩分

在破碎、混合过程中，随着试样颗粒越来越细，组成越来越均匀，可将试样不断地缩分，以减小试样的处理量。常用的缩分方法是四分法（如图 13-3 所示），就是将试样堆成圆锥形，将圆锥形试样堆压成锥台。然后通过圆心按十字形将试样堆平分为四等份。弃去对角的两份，而把其余的两份收集混合。这样经过一次四分法处理，就把试样量缩减一半。反复用四分法缩分，最后得到数百克均匀、粉碎的试样，密封于瓶中，贴上标签，把其送往分析室。近年还采用格槽缩样器（二分器，如图 13-4 所示）来缩分试样。格槽缩样器能自动地把相间格槽中的试样收集起来，而与另一半试样分开，以达到缩分目的。

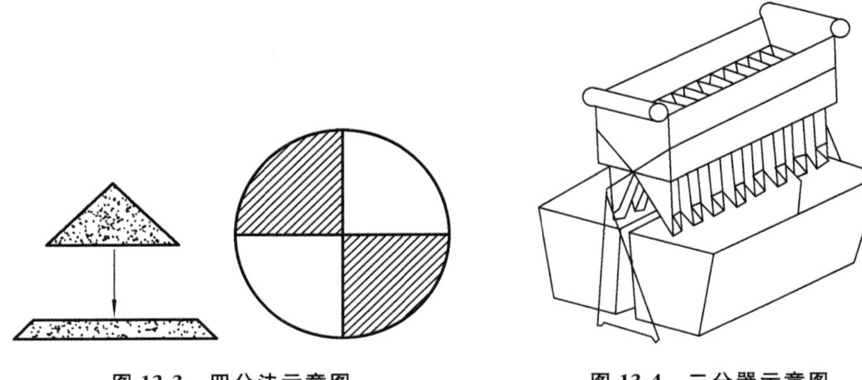

图 13-3　四分法示意图　　**图 13-4　二分器示意图**

过去试样处理都用人工操作，相当费时费力。现在对于破碎、过筛、混合、缩分等步骤都已逐步实现机械化和自动化，这样就方便、快速多了。

2. 液体物料的取样与制备

对于液体物料的取样应该注意两点:①必须清洁取样容器和取样用的管道;②在取样过程中勿使物料组成发生任何改变。例如:勿使挥发性组分、溶解的气体逸去;包含于液体物料中的任何固体微粒或不混溶的其他液体的微滴,应采入试样中;取样时勿把空气带入试样等。取得的试样应保存在密闭的容器中。如果试样见光后有可能发生反应,则应将它贮于棕色容器中,在保存和送去分析途中要注意避光等。

一般来说,液体物料组成比较均匀,取样也比较容易,取样数量可以少些。但是也要考虑到可能存在的不均匀性,事实上这种不均匀性常常是存在的。例如,湖水中的含氧量,在湖水表面和数米深处,可能相差数倍以上。为此,对于液体试样的取样也要注意使其具有代表性。

如果液体物料贮于较小的容器中,如分装于一批瓶中或桶中,取样前应选取数瓶或数桶,将其滚动或用其他方法将物料混合均匀,然后取样。如果把物料贮于大的容器中,或无法使其混合时,应用取样器从容器上部、中部和下部分别采集试样。对采得的试样分别进行分析,这时的分析结果分别代表这些部位物料的组成。也可以把取得的各份试样混合,然后进行分析,这时的分析结果代表物料的平均组成。

液体物料取样器可以用一般的瓶子,下垂重物使之可以浸入物料中。在瓶颈和瓶塞上系以绳子或链条,塞好瓶塞,浸入物料中的一定部位后,将绳子猛地一拉,就可以打开瓶塞,让这一部位的物料充满取样瓶。取出瓶子,倾去少许,塞上瓶塞,揩擦干净,贴上标签,送去分析。也可用特制的取样器取样,其原理基本上相同。从较小的容器中取样,可用特别的取样管取样,也可用一般的移液管,插入液面下一定深度,吸取试样。如果贮存物料的容器装有取样开关,就可以从取样开关放取试样。显然,较大的贮存容器(如液槽)应至少装有三个取样开关,且这三个取样开关应位于不同的高度,以便从不同的高度取得试样。

从管道输送的液体物料中连续取样时,可在管道中装入连续取样管,管径为 3.2～6.4 mm。连续取样管可以是直管,把管口切成 45°斜面,如图 13-5(a)所示;也可以把管口弯成 90°,管口铣成尖锐的边,如图 13-5(b)所示。由于管道中不同部位,液体的流速不同,组成也可能不一样,因此,取样管口应插入管道中间,对着液体流动方向。连续取样管也可以是开有孔或槽的管子,孔或槽也是对着液体流动方向,横贯整个管道,如图 13-5(c)所示。每隔一定时间用人工取样或用自动控制的机械装置取样,也可以就在连续取样管上安装分析指示仪表,直接进行"在线分析"。

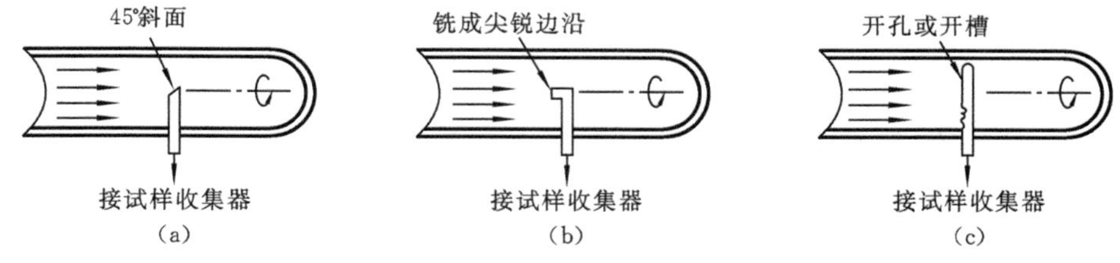

图 13-5　连续取样管

3. 气体试样的取样

气体分子的扩散作用使气体组成均匀,因而要取得具有代表性的气体试样,主要关注的不在于物料的均匀性,而在于取样时怎样防止杂质的进入。

气体取样装置由取样探头、试样导出管和贮样器组成。取样探头应伸入输送气体的管道或贮存气体的容器内部。贮样器可由金属或玻璃制成，也可由塑料袋制成，大小、形状不一。

气体试样可以在取样后直接进行分析。如果欲测定的是气体试样中的微量组分，贮样器中需要装有液体吸收剂，用以浓缩和富集欲测定的微量组分，这时的贮样器常常是喷泡式的取样瓶。如欲测定的是气体中的粉尘、烟等固体微粒，可采用滤膜取样夹，以阻留固体微粒，达到浓缩和富集的目的。

气体取样装置有时还要备有流量计和简单的抽气装置。流量计用以测量所采集气体的体积，抽气装置采用电动抽气泵。

气体样品主要有以下几种取样方法。

1）吸收液法

此法主要吸收气态（包括蒸气态）物质。常用的吸收液有水、水溶液、有机溶剂。吸收液的选择依据被测物质的性质及所用分析方法而定。但是，吸收液必须与被测物质发生作用快，吸收率高，同时便于以后的分析操作。

2）固体吸附剂法

吸附作用主要是物理性阻留，用于采集气溶胶。固体吸附剂一般分为颗粒状吸附剂和纤维状吸附剂两种。前者有硅胶、素陶瓷等，后者有滤纸、滤膜、脱脂棉、玻璃棉等。常用的硅胶是粗孔及中孔硅胶，这两种硅胶均有物理和化学吸附作用。素陶瓷需用酸或碱除去杂质，并在 110～120 ℃下烘干，由于素陶瓷并非多孔性物质，仅能在粗糙表面上吸附，所以取样后洗脱比较容易。采用的滤纸及滤膜要求质密而均匀，否则取样效率降低。

3）真空瓶法

当气体中被测物质浓度较高，或测定方法的灵敏度较高，或被测物质不易被吸收液吸收且用固体吸附剂取样有困难时，可用此方法取样。将容积不大于 1 L 的具有活塞的玻璃瓶抽空，在取样地点打开活塞，被测气体立即充满瓶中，然后往瓶中加入吸收液，使其有较长的接触时间以利于吸收被测物质，然后进行化学测定。

4）置换法

采集少量空气样品时，将取样器（如取样瓶、取样管）连接在一抽气泵上，使通过比取样器容积大 6～10 倍的空气，以便将取样器中原有的空气完全置换出来。也可将不与被测物质起反应的液体（如水、食盐水）注满取样器，取样时放掉液体，被测空气即充满取样器。

5）静电沉降法

此法常用于气溶胶状物质的取样。空气样品通过 12 000～20 000 V 的电场，在电场中气体分子电离所产生的离子附着在气溶胶粒子上，使粒子带电荷，此带电荷的粒子在电场的作用下就沉降到收集电极上，将收集电极表面沉降的物质洗下，即可进行分析。此法取样效率高、速度快，但在有易爆炸性气体、蒸气或粉尘存在时不能使用。

13.1.2　试样的分解

1. 无机试样的分解

许多分析测定工作是在水溶液中进行的，因此将试样分解，使之转变为水溶性的物质，溶解成试液，也是一个重要的工作。对于一些难溶的试样，为了使其转变为可溶性的物质，选择适当的分解方法和分解用的试剂,常常是分析工作顺利地进行的关键。

一般来说,所选用的试剂应能使试样全部分解转入溶液。如果仅能使一种或几种组分溶解,仍留有未分解的残渣,这种方法往往是不完全的,因而是不可取的。

对于所选用的试剂,首先应考虑其是否会影响测定。例如,测定试样中的 Br^-,不应选用 HCl 溶液作溶剂,否则大量 Cl^- 的存在影响 Br^- 的测定。其次,溶剂如果含有杂质,或者在分解过程中引入某种杂质,常常会影响分析结果。对于痕量组分的测定,这个问题尤为突出。因此,在痕量分析中,纯度也是选择溶剂的重要标准。

在溶解和分解过程中,如果不加注意,许多组分可能因挥发而造成损失。例如,用酸处理试样,会使二氧化碳、二氧化硫、硫化氢、硒化氢、碲化氢等挥发而造成损失;用碱性试剂处理,会使氨损失;用氢氟酸处理试样,会使硅和硼生成氟化物逸出。如果是含卤素的试样,用强氧化剂处理,会将卤素氧化成游离的氯、溴、碘而造成损失;用强还原剂处理试样,则会使砷、磷、锑生成易挥发的还原型物质。在热的 HCl 溶液中,三氯化砷、三氯化锑、四氯化锡、四氯化锗和氯化汞等挥发性的氯化物将因部分或全部挥发而造成损失。同样,氯氧化硒和氯氧化碲也能从热的 HCl 溶液中挥发损失一部分。当有 Cl^- 存在时,在热的、浓的高氯酸或硫酸溶液中铋、锰、钼、铊、钒和铬都将因部分挥发而造成损失。硼酸、硝酸和氢卤酸能从沸腾的水溶液中挥发而造成损失,而磷酸从热的浓硫酸或高氯酸中挥发而造成损失。一些挥发性氧化物(如四氧化锇、四氧化钌及七氧化二铼)能从热的乙酸溶液中挥发而造成损失等。

如有可能,分解试样最好能与干扰组分的分离相结合,以便能简单、快速地进行分析测定。例如,矿石中铬的测定,如果用 Na_2O_2 作为熔剂进行熔融,熔块以水浸取。这时铬被氧化成铬酸根转到溶液中,可直接用氧化还原法测定。铁、锰、镍等组分形成氢氧化物沉淀,可避免干扰。

为了分解试样,一般可用溶解法、熔融法和烧结法。

1) 溶解法

采用适当的溶剂将试样溶解制成溶液,这种方法比较简单、快速。常用的溶剂有水、酸和碱等。溶于水的试样一般为可溶性盐类,如硝酸盐、乙酸盐、铵盐、绝大部分的碱金属化合物,以及大部分的氯化物、硫酸盐等。对于不溶于水的试样,则采用酸或碱作为溶剂的酸溶法或碱溶法进行溶解,以制备分析试液。

酸溶法是利用酸的酸性、氧化还原性和形成配合物的作用,使试样溶解。钢铁、合金、部分氧化物、硫化物、碳酸盐矿物和磷酸盐矿物等常采用此法溶解。常用的酸溶剂有盐酸、硝酸、硫酸、磷酸、高氯酸、氢氟酸及各种混合酸。

碱溶法的溶剂主要为 NaOH 溶液和 KOH 溶液。碱溶法常用来溶解两性金属铝、锌及其合金,以及它们的氧化物、氢氧化物等。

在测定铝合金中的硅时,用碱溶解使硅以 SiO_3^{2-} 形式转到溶液中。如果用酸溶解则硅可能以 SiH_4 的形式挥发而造成损失,影响测定结果。

2) 熔融法

某些试样,如硅酸盐(当需要测定含硅量时)、天然氧化物、少数铁合金等,用酸作溶剂很难使它们完全溶解,常常需要用熔融法使它们分解。熔融法是利用酸性或碱性熔剂,在高温下与试样发生复分解反应,从而生成易于溶解的反应产物。由于熔融时反应物的浓度和温度(300～1 000 ℃)都很高,因而分解能力很强。

但熔融法具有以下缺点：

(1) 时常需用大量的熔剂(熔剂质量一般约为试样质量的 10 倍)，因而可能引入较多的杂质；

(2) 由于应用了大量的熔剂，在以后所得的试液中盐类浓度较高，可能给分析测定带来困难；

(3) 熔融时需要加热到高温，会使某些组分因挥发而造成损失；

(4) 熔融时所用的容器常常会受到熔剂不同程度的侵蚀，从而使试液中杂质含量增加。

因此，当试样可用酸性溶剂(或碱性溶剂)溶解时，应尽量避免用熔融法。

如果试样的大部分组分可溶于酸，仅有小部分难以溶解，则最好先用溶剂使试样的大部分溶解，然后过滤、分离出难以溶解的部分，再用较少量的熔剂熔融。熔块冷却、溶解后，将所得溶液合并，进行分析测定。

熔融一般在坩埚中进行。把已经磨细、混匀的试样置于坩埚中，加入熔剂，混合均匀。开始时缓缓升温，进行熔融。注意此时不要加热过猛，否则水分或某些气体的逸出会引起试样飞溅，而造成试样损失。可将坩埚盖住，然后渐渐升高温度，直到试样分解。应当避免温度过高，否则，会使熔剂分解，也会增加坩埚的腐蚀。熔融所需时间一般在数分钟到 1 h，这需要视试样的种类而定。当熔融过程进行到熔融物变澄清时，表示分解作用已经进行完全，熔融可以停止。但熔融物是否已澄清，有时不明显，难以判断，在这种情况下，分析者只能根据以往分析同类试样的经验，从加热时间来判断熔融是否已经完全。熔融完全后，让坩埚渐渐冷却，待熔融物将要开始凝结时，转动坩埚，使熔融物凝结成薄层，均匀地分布在坩埚内壁，以便于溶解。溶解所得溶液，应仔细观察其中是否残留未分解的试样微粒，如果分解不完全，应重做实验。

熔剂一般是碱金属的化合物。为了分解碱性试样，可用酸性熔剂，如碱金属的焦硫酸盐、氧化硼、KHF_2等。为了分解酸性试样，可用碱性熔剂，如碱金属的碳酸盐、氢氧化物和硼酸盐等。氧化性熔剂则有 Na_2O_2、$KClO_3$等。

3) 烧结法

烧结法又称为半熔融法，是让试样与固体试剂在低于熔点的温度下进行反应。因为温度较低，所以需要较长时间加热，但不易侵蚀坩埚，可以在瓷坩埚中进行。

(1) Na_2CO_3-ZnO 烧结法。此法常用于矿石或煤中全硫量的测定。试样和固体试样混合后加热到 800 ℃，此时 Na_2CO_3起熔剂的作用，ZnO 起疏松和通气的作用，空气中的氧将硫化物氧化为硫酸盐。用水浸取反应产物时，SO_4^{2-} 进入溶液中，SiO_3^{2-} 大部分析出为 $ZnSiO_3$沉淀。

若试样中含有游离硫，加热时易因挥发而造成损失，应在混合试样中加入少许 $KMnO_4$ 粉末，开始时缓慢升温，使游离硫氧化为 SO_4^{2-}。

(2) $CaCO_3$-NH_4Cl 烧结法。测定硅酸盐中的 K^+、Na^+，不能用含有 K^+、Na^+ 的熔剂，可用 $CaCO_3$-NH_4Cl 烧结法。其反应可用分解长石为例，反应方程式如下：

$$2KAlSi_3O_8+6CaCO_3+2NH_4Cl \xlongequal{} 6CaSiO_3+Al_2O_3+2KCl+6CO_2\uparrow+2NH_3\uparrow+H_2O$$

烧结温度为 750～800 ℃，反应产物仍为粉末状，但 K^+、Na^+ 已转变为氯化物，可用水浸取。

综上所述，各种无机物料的溶解方法如表 13-2 所示。

表 13-2　溶解无机物料的数种典型方法

物料类型		典型的试剂
活性金属		HCl、H_2SO_4、HNO_3
惰性金属		HNO_3、王水、HF
氧化物		HCl、Na_2CO_3熔融、Na_2O_2熔融
黑色金属		HCl、稀 H_2SO_4、$HClO_4$
铁合金		HNO_3、HNO_3+HF、Na_2O_2熔融
非铁合金	铝或锌合金	HCl、H_2SO_4、HNO_3
	镁合金	H_2SO_4
	铜合金	HNO_3
	锡合金	HCl、H_2SO_4、H_2SO_4+HCl
	铅合金	王水、HNO_3、$HNO_3+H_2C_4H_4O_6$(酒石酸)
	镍或镍-铬合金	王水、$HClO_4$、H_2SO_4
Zr、Hf、Ta、Nb、Ti 的金属氧化物，硼化物，碳化物，氮化物		HNO_3+HF
硫化物	酸溶	HCl、H_2SO_4、$HClO_4$
	酸不溶	HNO_3、HNO_3+Br_2、Na_2O_2熔融
	As、Sb、Sn 等	Na_2CO_3+S 熔融
磷酸盐		HCl、H_2SO_4、$HClO_4$
硅酸盐	二氧化硅含量较少	HCl、H_2SO_4、$HClO_4$
	不测定硅	$HF+H_2SO_4$ 或 $HClO_4$、KHF_2熔融
	一般	Na_2CO_3熔融、$Na_2CO_3+KNO_3$熔融

2. 有机试样的分解

为了测定有机试样中所含有的常量的或痕量的元素，一般需要把有机试样分解。这时既要使所需测定的元素能定量回收，又要使其能转变为易于测定的形态，同时又不应引入干扰组分。为了达到此目的，对于各种不同的有机物质，有多种分解方法，这里讲述干法灰化法和湿法灰化法。

1) 干法灰化法

这种方法主要是加热，使试样灰化分解，将所得灰分溶解后分析测定。分解时可以置试样于坩埚中，用火焰直接加热，也可于炉子(包括管式炉)中在控制的温度下加热灰化。应用这种灰化方法，砷、硒、硼、镉、铬、铜、铁、铅、汞、镍、磷、钒、锌等元素常因挥发而造成损失，因此对于痕量组分的测定，应用此法的不多。

干法灰化法也可以在氧瓶中进行，瓶中充满氧并放置少许吸收溶液。通电使试样在氧瓶中燃烧，使分解作用在高温下进行。分解完毕后摇动氧瓶，使燃烧产物完全被吸收，分析测定吸收液中硫、卤素和痕量金属。这种方法适用于热不稳定性试样的分解。对难以分解的试样，可用氢氧焰燃烧，温度可达 2 000 ℃左右。这种方法曾用来分解四氟甲烷，使氟定量地转变为 F^-，也可用来测定卤素和硫。

2）湿法灰化法

对于痕量元素的测定，用湿法灰化法分解有机试样较好，但所用试剂纯度要高。

硫酸可用做湿法灰化剂，但硫酸氧化能力不够强，分解需要较长时间。加入 K_2SO_4，以提高硫酸的沸点，可加速分解。硝酸是较强的氧化剂，但由于硝酸具有挥发性，在试样完全氧化分解前往往已挥发逸出，因此一般采用硫酸-硝酸混合酸。对于不同试样，可以采用不同配比。两种酸可以同时加入，也可以先加入硫酸，待试样焦化后再加入数滴辛醇，以防止发生泡沫，加热直至试样完全氧化，溶液变清，并蒸发至干，以除去亚硝基硫酸。此时所得残渣应溶于水，除非有不溶性氧化物和不溶性硫酸盐存在。应用此种灰化法，氯、砷、硼、锗、汞、锑、硒、锡会挥发逸出，磷也可能挥发逸出。

对于难以氧化的有机试样，用过氯酸-硝酸或过氯酸-硝酸-硫酸混合酸可使分解作用加速。这两种混合酸曾用来分解天然产物、蛋白质、纤维素、聚合物，也曾用来分解燃料油，使其中的硫和磷氧化成硫酸和磷酸而被测定。经研究，用这样的灰化法，除汞以外，其余各元素不会因挥发而造成损失。如果装以回流装置，可防止汞的挥发而造成的损失，而且可防止硝酸的挥发，以减少爆炸的可能性。但如果操作不当，也可能发生爆炸。因此，用过氯酸氧化有机试样，必须由有经验的操作者来做。

对于含有 Hg、As、Sb、Bi、Au、Ag 或 Ge 的金属有机物，用 H_2SO_4-H_2O_2 处理可得满意的结果，但卤素要挥发而造成损失。由于 H_2SO_4-H_2O_2 是强氧化剂，因而对于未知性能的试样不要随便应用。

用铬酸和硫酸混合物分解有机试样，分解产物可用来测定卤素。

用浓硫酸和 K_2SO_4，再加入氧化汞作催化剂，加热分解有机试样，将试样中的氮还原为 $(NH_4)_2SO_4$，以测定总含氮量，这是凯氏定氮法(Kjeldahl method)。但这种方法的反应过程尚不明了，所用催化剂除氧化汞以外尚可用铜或硒化合物。但硝酸盐、亚硝酸盐，以及含有偶氮、硝基、亚硝基、腈基的化合物等，需要特殊的处理，以回收逸出的含氮成分。

对于石油产品中硫含量的测定可用“灯法”，即在试样中插入“灯芯”，置于密封系统中，通入空气，点火使其燃烧，使试样中的硫氧化成 SO_2，吸收后加以测定。

3. 有机试样的溶解

为了测定有机试样中某些组分的含量，测定试样的物理性质，鉴定或测定其官能团，应选择适当的溶剂将有机试样溶解。这时一方面要根据试样的溶解度来选择溶剂，另一方面还必须考虑所选用的溶剂是否影响以后的分离测定。

首先，根据有机物质的溶解度来选择溶剂。“相似相溶”原则往往十分有用，即一般来说，非极性试样易溶于非极性溶剂中，极性试样易溶于极性溶剂中。分析化学中常用的有机溶剂种类极多，包括各种醇类、丙酮、丁酮、乙醚、甲乙醚、二氯甲烷、三氯甲烷、四氯化碳、氯苯、乙酸乙酯、乙酸、酸酐、吡啶、乙二胺、二甲基甲酰胺等。还可以应用各种混合溶剂，如甲醇与苯的混合溶剂、乙二醇和醚的混合溶剂等。混合溶剂的组成又可以改变，因此混合溶剂具有更广泛的适用性。

其次，有机溶剂的选择必须和以后的分离、测定方法结合起来加以考虑。例如，若试样中各组分是在用层析法分离后进行测定的，则所选用的溶剂应不妨碍层析分离的进行；若用紫外分光光度法测定试样的某些组分，则所用溶剂应不吸收紫外光；若用非水溶液中酸碱滴定法，则应根据试样的相对酸碱性选用溶剂等。因此，有机试样溶剂的选择常常要结合具体的分离和分析方法而定。

13.1.3 测定方法的选择

1. 测定的具体要求

当接到分析任务时，首先要明确分析目的和要求，确定测定组分、准确度及要求完成的时间。例如，对于相对原子质量的测定、标准试样分析和成品分析，准确度是主要的；对于高纯物质的有机微量组分的分析，灵敏度是主要的；对于生产过程中的控制分析，速度则是主要的。所以应根据分析目的和要求，选择适宜的分析方法。例如，测定标准钢样中硫的含量时，一般采用准确度较高的重量分析法；而对于炼钢炉前控制硫含量的分析，采用 1～2 min 即可完成的燃烧容量法。

2. 被测组分的性质

一般来说，分析方法都基于被测组分的某种性质。例如，Mn^{2+} 在 pH＞6 时可与 EDTA 定量配位，可用配位滴定法测定其含量；MnO_4^- 具有氧化性，可用氧化还原法测定；MnO_4^- 呈现紫红色，也可用比色法测定。

3. 被测组分的含量

测定常量组分时，多采用滴定分析法和重量分析法。由于滴定分析法简单、迅速，因此在重量分析法和滴定分析法均可采用的情况下，一般选用滴定分析法。测定微量组分时多采用灵敏度比较高的仪器分析法。例如，测定磷矿粉中磷的含量时，采用重量分析法或滴定分析法；测定钢铁中磷的含量时，则采用比色法。

4. 共存组分的影响

在选择分析方法时，必须考虑其他组分对测定的影响，尽量选择选择性较好的分析方法。如果没有适宜的方法，则应改变测定条件，加入掩蔽剂以消除干扰，或通过分离除去干扰组分之后，再进行测定。此外，还应根据本单位的设备条件、试剂纯度等，选择切实可行的分析方法。

综上所述，一种适宜于任何试样、任何组分的分析方法是不存在的。因此，必须根据试样的组成、组分的性质和含量、测定的要求、存在的干扰组分和本单位实际情况，选用合适的测定方法。

13.1.4 分析结果的质量评价

质量评价是对分析结果的可靠性作出判断，通常可分为“实验室内”的质量评价和“实验室间”的质量评价。评价的方法应根据具体的情况进行选择。“实验室内”的质量评价主要包括：用多次重复测定的方法，确定随机误差；用标准物质或标准方法检验是否存在系统误差；用互换仪器的方法确定是否存在仪器误差；用不同的分析人员进行重复测定的方法确定是否存在操作误差；用绘制质量控制图的方法及时发现测量过程中存在的问题。“实验室间”的质量评价由中心实验室指导进行：中心实验室将标准物质发给参加质量评价的实验室，将分析结果与标准物质证书上的保证值进行比较，以确定各实验室的分析结果是否存在系统误差。下面简单介绍几种质量评价的方法。

1. 用标准物质的方法

选择形态、浓度和含量与未知样品相近的标准物质，按照实际的分析方法和步骤，同时对标准物质和未知样品进行平行测定。如果标准物质的分析结果与证书上所给的保证值一致，则表明分析测定过程中不存在明显的系统误差，未知样品的分析结果是可靠的。

2. 用标准方法

用标准方法和所选用的分析方法进行对比，分别对不同浓度的样品进行测定。如果两种测定方法的结果符合线性关系，即 $Y=a+bX$，则用最小二乘法算出 a 和 b，当 a 的置信区间包含 0，b 的置信区间包含 1 时，则表明两种方法之间不存在系统误差，所选用的分析方法是准确的。

3. 用测定回收率的方法

在未知样品中加入与未知样品形态、浓度相近的标准物质，按照实际的分析方法和步骤进行测定，计算回收率。

$$回收率=\frac{加入标准物质后的样品测定值-未知样品测定值}{加入标准物质的量}\times 100\%$$

通过回收率可以判断分析方法的可靠性。

13.2 硅酸盐分析

13.2.1 概述

1. 硅酸盐在自然界中的存在

硅酸盐包括水泥、玻璃、陶瓷等人工硅酸盐和天然硅酸盐矿物、岩石，此外，还有一些如燃料灰、高炉渣等，从分析的观点上看，可以与硅酸盐相提并论。硅酸盐矿物在自然界中分布非常广泛，现在已知的矿物已有 2 000 种以上，而硅酸盐矿物不下 800 种，约占自然界已知矿物种类的 1/3。常见的硅酸盐矿物见表13-3。

表 13-3　常见的硅酸盐矿物

俗　名	分　子　式	俗　名	分　子　式
橄榄石	$[Mg,Fe(II)][SiO_4]$	绿帘石	$Ca_2(Al,Fe)_3(OH)[SiO_4]$
黄玉	$Al_2(F,OH)_2[SiO_4]$	锆英石	$ZrSiO_4$
绿柱石	$Be_3Al_2Si_6O_{18}$	辉石	$Ca(Mg,Fe,Al)[(Si,Al)_2O_6]$
角闪石	$Ca_2Na(Mg,Fe(II))_4(Al,Fe(III))[(Si,Al)_4O_{11}][OH]_2$	金云母	$KMg_3[AlSi_3O_{10}][F,OH]_2$
黑云母	$K(Mg,Fe(II))_3[AlSi_3O_{10}][F,OH]_2$	白云母	$KAl_2[AlSi_3O_{10}][OH]_2$
绿泥石	$(Mg,Fe(II))_5(Al,Fe^{3+})_2[Si_4O_{10}][OH]_8$	蛇纹石	$Mg_6[Si_4O_{10}][OH]_8$
滑石	$Mg_3[Si_4O_{10}][OH]_2$	高岭石	$Al_4[Si_4O_{10}][OH]_2$
正长石	$K[AlSi_3O_8]$	钠长石	$Na[AlSi_3O_8]$
钙长石	$Ca[Al_2Si_2O_8]$	霞石	$Na[AlSiO_4]$

在地质工作中,经常要求进行岩石组分全分析,其主要目的是了解岩石内部组分的含量变化,元素在地壳内的迁移情况和变化规律、元素的集中和分散、岩浆的来源及可能出现的矿物,以求解决矿体岩相分带,阐明岩石的成因等问题。在矿物定名时,化学组分的研究更有其重要意义。

硅酸盐矿物和岩石,有些本身在工业上、国防上就是极其重要的非金属材料和原料,如云母、长石、石棉、滑石、高岭石等。此外,一系列有用元素如铍、锂、硼、铯等,大部分取自硅酸盐矿物。通过化学成分的分析,可以确定其工业品位。

2. 硅酸盐矿物和岩石的组成及常见项目分析

组成硅酸盐矿物和岩石的成分中最主要的元素是 O、Si、Al、Fe、Ca、Mg、Na、K,其次是 Mn、Ti、B、Li、H、F 等。形成阴离子部分的元素除 Si 和 O 之外,H 也起着重要的作用,常形成 OH^- 或 H_2O。铝在硅酸盐中一方面代替硅而形成配阴离子,另一方面也可以阳离子形态形成铝盐。因此,硅酸盐岩石中既有铝的硅酸盐,也有铝硅酸盐,有时还有铝的铝硅酸盐。水在硅酸盐矿物和岩石中常以 OH^- 和 H_2O 两种形式存在。H_2O 在大多数情况下,以沸石水或层间水形式存在,只有少数以结晶水形式存在。

硅酸盐矿物和岩石组成复杂,几乎所有的天然元素都有可能存在于其中,但根据实际工作需要,常测定以下一些成分。

主要成分:SiO_2、Al_2O_3、Fe_2O_3、FeO、MnO、TiO_2、CaO、MgO、Na_2O、K_2O、P_2O_5、H_2O。在硅酸盐全分析中这 12 项必须测定。

次要成分:Cr_2O_3、V_2O_5、ZrO_2、SrO、BaO、CuO、NiO、CoO、Li_2O、B_2O_3。

某些稀有元素、贵金属和稀土金属等,根据研究情况确定是否测定。

3. 硅酸盐矿物和岩石的分解

1) 氢氟酸分解

氢氟酸是分解硅酸盐试样最有效的溶剂,主要因为氢氟酸与二氧化硅作用能够生成挥发性化合物四氟化硅或氟硅酸。大多数硅酸盐矿物和岩石能被氢氟酸分解,但难易程度不同。对一些较难分解的试样,可采用增压分解技术,或在分解时为器皿加盖,并适当延长加热时间,这样均能取得较好的效果。

用氢氟酸分解硅酸盐试样时,一般在硫酸或过氯酸存在的条件下进行。因为硫酸或过氯酸的存在,可使钛、锆、铌、钽等转化为硫酸盐或过氯酸盐,以防止其生成氟化物部分挥发损失。如果试样中含有较大量的碱土金属(钙、锶、钡)和铅,则在硫酸存在时,会形成难溶性的硫酸盐,给以后的分析带来麻烦。此时,应采用氢氟酸-过氯酸分解法。金属的过氯酸盐大多易溶于水,但钾、铷、铯的过氯酸盐水溶性较小,所以在测定钾、铷、铯时,用氢氟酸分解试样不应有过氯酸存在。

用氢氟酸分解试样时,必须将过量的氢氟酸加热除去,以免过量的 F^- 与一些金属离子生成稳定的配离子而影响这些金属离子的测定。

用氢氟酸分解试样的操作通常在铂器皿或聚四氟乙烯坩埚中进行。氢氟酸分解试样的方法主要用于测定亚铁、碱金属元素、锰、磷等,目前也用于硅酸盐矿物和岩石主要成分的系统分析。

2) 碳酸钠熔融分解

碳酸钠是一种常用的碱性熔剂。无水碳酸钠的熔点为 852 ℃。它与硅酸盐共熔时发生复分解反应，生成易溶性的硅酸钠盐。用碳酸钠熔融分解硅酸盐矿物和岩石试样时，试样一般应粉碎至通过 200 目筛。熔剂用量则取决于岩石的性质。如果为酸性岩石，熔剂用量应为试样量的 5～6 倍；如果为基性岩石，则需 10 倍以上的熔剂。熔前应仔细将试样与熔剂混匀，并在表面覆盖一层熔剂，然后逐渐升高温度至混合物熔融。升温过快时，反应剧烈，会有大量二氧化碳放出，使未分解的试样喷溅损失。一般在 950～1 000 ℃熔融 30～40 min，分解时可在铂坩埚中进行。使用铂坩埚时，要严格遵守铂器皿使用规则。

无水碳酸钠是分解硅酸盐矿物和岩石试样的良好熔剂，但由于其熔点较高，熔融需要在较高的温度下进行。为了克服这一缺点，有时可采用碳酸钾钠熔剂。碳酸钾钠熔剂是由 5 份碳酸钾和 4 份碳酸钠组成的混合熔剂，其熔点约为 700 ℃，比单种碳酸盐的熔点（K_2CO_3 的熔点为 891 ℃，Na_2CO_3 的熔点为 852 ℃）低。碳酸钾易吸湿，在使用前必须先脱水；钾盐被沉淀吸附的倾向也比钠盐的大，从沉淀中将其洗出较为困难，因此碳酸钾钠熔剂未被广泛采用。

3）苛性碱熔融分解

氢氧化钠、氢氧化钾都是分解硅酸盐矿物和岩石试样的有效熔剂。氢氧化钠、氢氧化钾熔点均较低（NaOH 的熔点为 328 ℃，KOH 的熔点为 404 ℃），因此可在较低温度（650～700 ℃）下分解试样，以减轻对坩埚的侵蚀。但是，由于分解温度较低，有些较难分解的硅酸盐试样会分解不完全。为了提高分解能力，有时加入少量过氧化钠共熔。

4）过氧化钠熔融分解

过氧化钠是一种有强氧化性的碱性熔剂，许多较难被酸或其他熔剂分解的硅酸盐矿物和岩石，例如，含有铬铁矿等难分解矿物的超基性岩，用氢氟酸溶解，或用碳酸钠、苛性碱一次熔融，往往分解不完全，用过氧化钠熔融分解就比较迅速、完全。

13.2.2　硅酸盐经典分析系统

在硅酸盐矿物和岩石的分析中，需要测定的指标比较多，经常测定的主要成分有 12 项，有时根据需要可多达 20 项以上。为了减少试样用量，加快分析速度，一般在同一份试样中，通过试样分解、分离、掩蔽等手段，分别消除干扰元素对测定的影响，可以系统地、连贯地进行数个组分的依次测定。

硅酸盐经典分析系统基本上是建立在重量分析法的基础上，已有一百多年的历史，分析过程需对干扰物质作完善的分离，花费的时间较长，不能适应生产发展的需要，现在已不多采用。但由于其分析结果比较准确，适用范围比较广泛，目前在试样标准的制定、外检试样分析及仲裁分析中，仍有应用。

硅酸盐经典分析系统，一次称样可连续测定二氧化硅、二（三）氧化物（主要包括三氧化二铝、三氧化二铁、二氧化钛）、氧化钙和氧化镁等项。分析过程大致包括以下几个步骤：试样分解，二氧化硅的分离和测定，二（三）氧化物的沉淀和测定，草酸钙的沉淀和测定，磷酸铵镁的沉淀和测定等。具体操作步骤如图 13-6 所示。

试样在铂坩埚中用碳酸钠熔融，熔块用水提取，用 HCl 溶液酸化，两次 HCl 溶液蒸干脱水，灼烧、称重，用氢氟酸、硫酸处理沉淀，根据质量差确定二氧化硅的含量。

沉淀硅酸后的滤液，用氨水两次沉淀铁、铝、钛等的氢氧化物，灼烧、称重，测得二（三）氧化物含量。再用焦硫酸钾熔融沉淀，稀硫酸提取，过滤，滤液分别用重铬酸钾或高锰酸钾滴

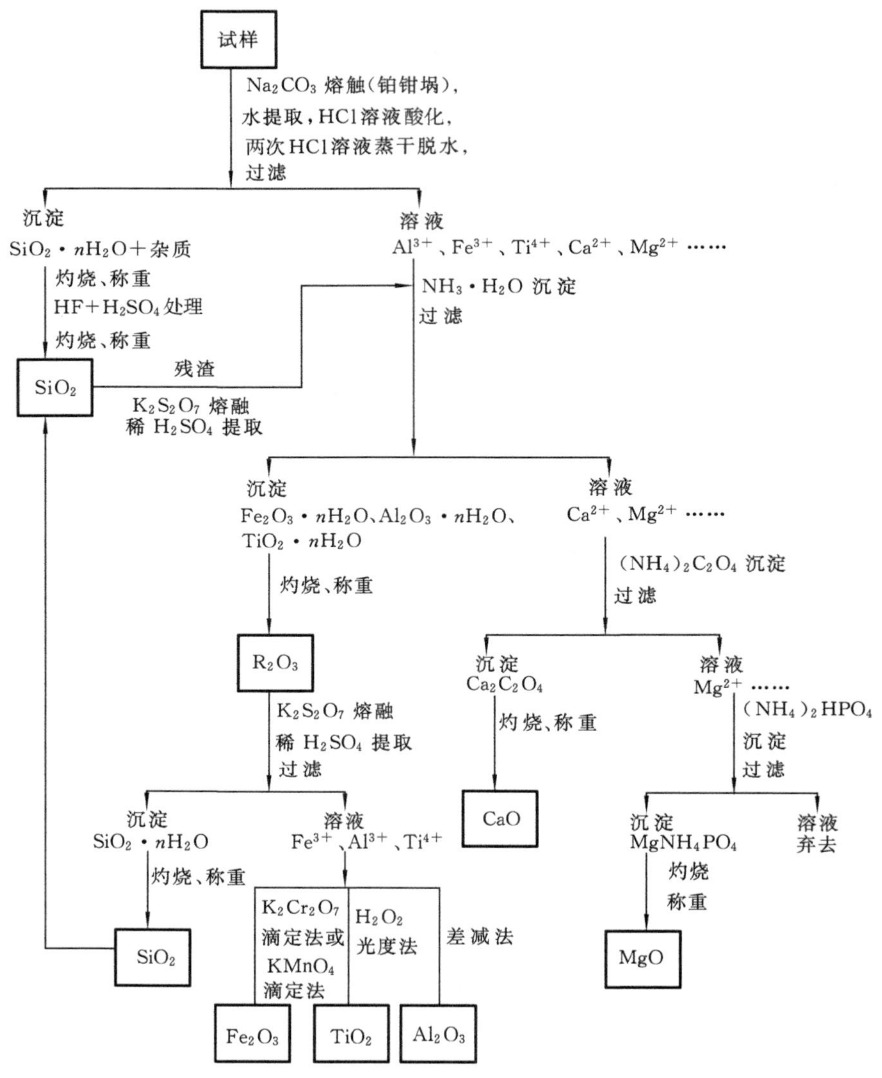

图 13-6　硅酸盐经典分析系统

定法测定三氧化二铁含量,用过氧化氢光度法测定二氧化钛含量;用差减法计算三氧化二铝含量。测定二氧化硅时,将氢氟酸处理后的残渣,用焦硫酸钾熔融处理后,也应合并于此,以测定二(三)氧化物。在分离氢氧化物沉淀后的滤液中,用草酸铵沉淀钙,灼烧成氧化钙,用重量分析法测定钙含量,或将草酸钙沉淀溶于硫酸,用高锰酸钾滴定法测定钙含量。

在分离草酸钙沉淀后的滤液中,用磷酸氢二铵沉淀镁,灼烧成焦磷酸镁,用重量分析法测定镁含量。

在硅酸盐经典分析中,氧化钾和氧化钠含量需另取试样测定。

13.2.3　硅酸盐矿物和岩石中主要成分的测定方法

将样品放入铂坩埚中,加入过氧化钠并搅匀,再覆上一层过氧化钠,加盖后于 520 ℃烧结 20 min,取出,冷却后放入 150 mL 塑料杯中,加入沸水和锇酸钠,浸取,用水将坩埚及盖洗净取出。冷却后，在摇动下将其慢慢倒入容量瓶中，稀释至刻度。

测定二氧化硅和五氧化二磷时以钼酸铵为显色剂，测定三氧化二铝时以铬天青为显色剂，测定二氧化钛时以二安替比林甲烷为显色剂，测定氧化亚铁时以邻菲罗啉为显色剂，采用分光光度法测定。

测定三氧化二铁、氧化锰、氧化钙、氧化镁、氧化锂、氧化铷和氧化铯时，常采用原子吸收分光光度法。

13.2.4　硅酸盐矿物和岩石全成分分析结果的表示方法和计算

1. 分析结果表示

在硅酸盐岩石全分析结束时，应提出分析报告。分析报告中各组分的测定结果必须符合测定的实际情况，必须在国家规定的允许误差范围之内，同时，全分析各项测定结果的总和也必须在国家规定的范围之内。

分析结果一般可以用以下形式表示：

(1) 低含量至高含量均以质量分数表示；

(2) 含量极少不便以数字表示时，可以用“痕量”二字表示；

(3) 通过测定确知不存在时，可以用“—”表示；

(4) 对于可能存在但未进行测定的项目，应标明“未测定”字样。

全分析结果各组分(%)的总和应不低于 99.3%，不高于 101.2%；在分析质量要求高的试样时，此总和应不低于 99.5%，不高于 100.75%。如果有不能合理相加的组分存在或缺少某些组分，则可不受此限制。

2. 氟、氯、硫的氧当量校正

在矿物中氟、氯以一价阴离子与金属离子化合，但报告结果时，金属均以氧化物形式表示，氟、氯又另以单质形式表示。这样，氧化物中氧的量是额外加入的，故在总量计算中应予以校正。其当量值为：全分析结果中有 1%的氟与氯，则应从总量中分别减去 0.42%与 0.23%。

关于硫氧当量，情况较为复杂，此处只讨论在重金属硫化物含量低至可以忽略不计的试样中的硫氧当量的校正。当试样中存在磁黄铁矿，而磁黄铁矿的分子式为 Fe_nS_{n+1}(主要形态为 Fe_7S_8)，它可被非氧化性酸(如 $HF+H_2SO_4$)分解(而 FeS_2 则几乎不溶)，并被比色测定后以 FeO 形式报出结果。于是额外增加了七个氧的量到 Fe_7S_8 之中，而 S 又以 w_S 的形式报出。因此，相当于八个硫的七个氧的量应从总量中减去。即总量中应减去这样一个数值：从硫化物硫的含量中，减去相当于 FeS_2 中的硫量之后的硫量(w_S(%))与 0.374 的乘积。

3. 烧失量的取舍

烧失量主要包括二氧化碳、化合水、有机质，以及少量的硫、氟、氯等物质。一般测烧失量主要是为了分析工作本身省略化合水、二氧化碳和有机质等指标的测定。但它在岩石矿物全分析中有很大的局限性，因此对烧失量测定数据如何取舍值得讨论。

(1) 若试样为较单纯的硅酸盐、碳酸盐、磷酸盐，则可预先测烧失量，并省略 H_2O、H_3O^+、CO_2、C 的测定，总量之中需减去氟氧当量。

(2) 若试样中硫化物、萤石、易氧化还原的金属氧化物(如 FeO、MnO_2)量较高或碳酸盐与硫化物共存时，建议不测烧失量而分别测 H_3O^+、CO_2 和 C。因为这类试样在高温灼烧时，除了结晶水和二氧化碳及有机质可保证从试样中逸出外,其他一些物质到底哪些失重,哪些增重,这不仅在推理上而且在事实上是含糊不清的,若把这么一个不定量失重和增重的代数和去参与总量计算,就会给总量计算带来错误。例如,萤石试样熔点较低,在 860～1 000 ℃灼烧时,矿样可能烧结成玻璃状圆球,使反应复杂化。此外,矿样中的二氧化硅也可能以 SiF_4 形式逸出。因此,其质量变化是各种反应综合的反映。又如,氧化亚铁在灼烧过程中可能被氧化成三氧化二铁,如果样品中氧化亚铁含量较高,则出现负值,另一方面若矿样中有机质较高,则三氧化二铁又会被还原为四氧化三铁。二氧化锰也可能被碳质还原成低价锰的氧化物。对于硫化物和碳酸盐共存的矿样情况更为复杂,灼烧时将发生下列反应:

$$4FeS_2 + 11O_2 \xrightarrow{500\ ℃以上} 2Fe_2O_3 + 8SO_2 \tag{1}$$

$$CaCO_3 \xrightarrow{876\ ℃以上} CaO + CO_2 \tag{2}$$

$$CaO + SO_2 \xrightarrow{[O]} CaSO_4 \tag{3}$$

反应(1)、(2)失重,反应(3)增重,且不定量进行,因此对这类试样测烧失量没有意义。

(3) 若试样中含有黄铁矿而无碳酸盐,则测烧失量时可少测 H_2O、H_3O^+、C 三项,但烧失量需校正硫氧当量。因为

$$4FeS_2 + 11O_2 \xlongequal{\quad} 2Fe_2O_3 + 8SO_2 \tag{4}$$

烧失量中包含了硫,由于硫单独报出结果,因此需要从总量中减去硫的含量;但在失去 8 个硫的同时进入了 6 个氧,这使烧失量结果偏低,校正时,需另加硫氧当量。据反应(4),有

$$2FeS_2 \longleftrightarrow Fe_2O_3$$

$$硫氧当量 = \frac{3O}{4S} = \frac{15.999 \times 3}{32.066 \times 4} = 0.374$$

对于只含黄铁矿的试样,烧失量作如下校正:

$$\begin{aligned} 烧失量(\%) &= 表观烧失量(\%) - w_S(\%) + 0.374 \times w_S(\%) \\ &= 表观烧失量(\%) - 0.626 w_S(\%) \end{aligned}$$

13.3　合 金 分 析

金属材料种类繁多,通常分为两大类:黑色金属和有色金属。铁、锰、铬及其合金称为黑色金属。除黑色金属以外统称为有色金属。有色金属又按其密度大小、在地壳中的贮量和分布等情况分为轻金属、重金属、贵金属、半金属、稀有金属(又可分为稀有轻金属、难熔金属、稀有分散金属、稀土金属和稀有放射性金属)。我国通常所指的有色金属包括铜、铅、锌、铝、锡、锑、镍、钨、钼、汞等十种金属及它们的合金。

本节选择钢铁和铝合金中合金元素分析作为代表,介绍钢铁、铝和铝合金中主要元素的定量分析方法。

13.3.1　钢铁中合金元素分析

1. 钢铁的主要成分及分类

钢铁中除基体元素铁以外的杂质元素有碳、锰、硅、硫、磷等。对于铁合金或合金钢来说,随其品种的不同常含有一定量的合金元素,如镍、铬、钨、钼、钒、钛、稀土元素等。钢铁中

杂质元素的存在对钢铁的性能影响很大。

碳在钢铁中有的以固溶体状态存在，有的生成碳化物（如 Fe_2C、Mn_3C、Cr_5C_2、WC、MoC 等）。碳是决定钢铁性能的主要元素之一。一般来说，含碳量高，硬度大，延性及冲击韧性弱，熔点较低；含碳量低，则硬度较小，延性及冲击韧性强，熔点较高。钢铁的分类常常以含碳量的高低为主要依据。含碳量（质量分数，下同）低于 0.2%的称为纯铁（或熟铁、低碳钢），含碳量为 0.2%～1.7%的称为钢，含碳量高于 1.7%的称为生铁。当然，通常高炉冶炼出来的生铁的含碳量常常更高，其含碳量为 2.5%～4%。另外，碳在钢铁中的存在状态对钢铁的性质影响也不小。灰口生铁中含石墨状态的碳较多，性质软而韧；白口生铁中含化合碳较多，则性质硬而脆。

锰在钢铁中主要以 MnC、MnS、FeMnSi 或固溶体状态存在。一般生铁中含锰量为 0.5%～6%，普通碳素钢中含锰量较低，含锰量为 0.8%～14%的为高锰钢，含锰量为 12%～20%的铁合金为镜铁，含锰量为 60%～80%的铁合金为锰铁。锰能增强钢的硬度，减弱延展性。高锰钢具有良好的弹性及耐磨性，用于制造弹簧、齿轮、铁路道岔，以及磨机的钢球、钢棒等。

硅在钢铁中主要以 FeSi、MnSi、FeMnSi 等形态存在，有时也形成固溶体或非金属夹杂物，如 $2FeO \cdot SiO_2$、$2MnO \cdot SiO_2$、硅酸盐。在高碳硅钢中有一部分以 SiC 状态存在，硅增大钢的硬度、弹性及强度，并提高钢的抗氧化力及耐酸性。硅促使碳游离为石墨状态，使钢铁富于流动性，易于铸造。生铁中，一般含硅量为0.5%～3%，当含硅量高于 2%而含锰量低于 2%时，则其中的碳主要以游离的石墨状态存在，熔点较高，约为 1 200 ℃，断口呈灰色，称为灰口生铁。因为含硅量较高，流动性较好，而且质软，易于车削加工，灰口生铁多用于铸造。如果含硅量低于 0.5%而锰含量高于 4%，则锰阻止碳以石墨状态析出而主要以碳化物状态存在，熔点较低，约为 1 100 ℃，断口呈银白色，易于炼钢。含硅量为 12%～14%的铁合金称为硅铁。含硅量为 12%、含锰量为 20%的铁合金称为硅锰铁，主要用做炼钢的脱氧剂。

硫在钢铁中以 MnS、FeS 状态存在。FeS 的熔点低，最后凝固，夹杂于钢铁的晶格之间。当加热压制时，FeS 熔融，钢铁的晶粒失去连接作用而碎裂。硫的存在所引起的这种"热脆性"严重影响钢铁的性能。因此，国家标准规定碳素钢中含硫量不得超过 0.05%，优质钢中含硫量应不超过 0.02%。

磷在钢铁中以 Fe_2P 或 Fe_3P 状态存在。磷化铁硬度较强，以致钢铁难以加工，并使钢铁产生"冷脆性"，也含有害杂质。但是当钢铁中含磷量稍高时，能使流动性增强而易于铸造，并可避免在轧钢时轧辊与轧件黏合，所以在特殊情况下又有意加入一定量的磷以达到此目的。

碳、硅、锰、硫、磷是生铁及碳素钢中的主要杂质元素，俗称为"五大元素"。因为它们对钢铁性能的影响很大，一般分析都要求测定它们。

镍能增大钢的强度和韧性，铬使钢的硬度增大、耐热性和耐腐蚀性增强，钨、钼、钒、钛等元素也能使钢的强度和耐热性能得到改善。

钢铁的分类是依据钢铁中除基体元素铁以外的化学成分的种类与数量不同而区分的，一般分为生铁、铁合金、碳素钢和合金钢四大类。

生铁中，一般含碳量为 2.5%～4%、含锰量为 0.5%～6%、含硅量为 0.5%～3%，还有少量的硫和磷。根据其中硅和锰含量的不同，碳的存在状态也不同，而又可以分为铸造生铁

(灰口生铁)和炼钢生铁(白口生铁)。

铁合金依其所含合金元素不同,分为锰铁、钒铁、硅铁、镜铁、硅锰铁、硅钙合金、稀土硅铁等。

碳素钢依其含碳量不同,分为低碳钢(含碳量≤0.25%)、中碳钢(0.25%<含碳量≤0.60%)和高碳钢(含碳量>0.60%)。

合金钢又称为特种钢,依合金元素含量不同,分为低合金钢(含合金元素量≤5%)、中合金钢(5%<含合金元素量≤10%)和高合金钢(含合金元素量>10%)。

当然钢铁的分类,除了按化学成分分类外,还有按其品质的分类方法、按冶炼方法的分类方法、按用途的分类方法等。

钢铁产品牌号常综合考虑几种分类方法,按标准方法用缩写符号表示。例如:A_3F 表示甲类平炉 3 号沸腾钢;40CrVA 表示平均含碳量为 0.40%,含 Cr、V,但两者含量均小于 1.5%的优质合金结构钢;Si45 表示含硅量为 45%的硅铁。

2. 分析试样的制备

试样制取方法有钻取法、刨取法、车取法、捣碎法、压延法、锯取法、抢取法、锉取法等。针对不同送检试样的性质、形状、大小等采取不同方法制取分析试样。对于生铁和碳素钢,用 1∶(1～5)的稀硝酸或稀盐酸(1∶1)分解;硅钢、含镍钢、钒铁、钼铁、钨铁、硅铁、硼铁、硅钙合金、稀土硅铁、硅锰铁合金,可以在塑料器皿中,先用浓硝酸分解,待反应停止后再加氢氟酸继续分解,或用过氧化钠于高温炉中熔融分解,然后以酸提取;铬铁、高铬钢、耐热钢、不锈钢,在塑料器皿中用浓盐酸加过氧化氢分解;高碳锰铁、含钨铸铁,于塑料器皿中用硝酸加氢氟酸分解,并过滤除去游离碳;高碳铬铁,用过氧化钠熔融分解,酸提取;钛铁,用硫酸(1∶1)分解。

3. 钢铁中五元素分析

1) 总碳

测定钢铁总碳方法很多,有物理法(结晶定碳法、红外吸收光谱分析法)、化学及物理化学法(燃烧-气体体积法、吸收重量法、电导法、真空冷凝法、库仑法)等。燃烧-气体体积法目前仍为国内外标准方法,该法分析准确度高,应用较广泛,适合于测定含碳量为 0.1%～5%的钢铁试样。

燃烧-气体体积法也称为气体容量法,其原理是,将钢铁试样置于 1 150～1 250 ℃的高温管式炉内,通氧气燃烧,钢铁中的碳和硫被定量氧化为 CO_2 和 SO_2。主要的反应式包括

$$C+O_2 = CO_2$$

$$4Fe_3C+13O_2 = 4CO_2+6Fe_2O_3$$

$$Mn_3C+3O_2 = CO_2+Mn_3O_4$$

$$4Cr_3C_2+17O_2 = 8CO_2+6Cr_2O_3$$

$$4FeS+7O_2 = 2Fe_2O_3+4SO_2$$

用脱硫剂(活性 MnO_2)吸收 SO_2,其反应式为

$$MnO_2+SO_2 = MnSO_4$$

然后测量生成的 CO_2 和过量 O_2 的体积,再将其与 KOH 溶液充分接触,CO_2 被 KOH 溶液完全吸收,其反应式为

$$CO_2+2KOH = K_2CO_3+H_2O$$

再次测量剩余气体的体积。两次体积之差为钢铁中总碳燃烧所生成的 CO_2 体积，由此可计算出钢铁中总含碳量。

2）硫

钢铁中硫的测定，其试样分解方法有两类：一类为燃烧法；另一类为酸溶解分解法。燃烧法分解后试样中硫转化为 SO_2，SO_2 浓度可用红外吸收光谱分析法直接测定，也可使它被水或多种不同组分的溶液所吸收，然后用滴定法（酸碱滴定法或氧化还原滴定法）、光度法、电导法、库仑法测定，最终依 SO_2 量计算样品中硫的含量。酸溶解分解法是用氧化性酸（硝酸加盐酸）分解，这时试样中的硫转化为 H_2SO_4，可用 $BaSO_4$ 重量分析法测定，也可以用还原剂将 H_2SO_4 还原为 H_2S，然后用光度法测定。若用非氧化性酸（盐酸加磷酸）分解，则硫转变为 H_2S，可直接用光度法测定。在这诸多方法中，燃烧-碘酸钾滴定法是一种经典方法，被列为标准方法。下面介绍燃烧-碘酸钾滴定法。

燃烧-碘酸钾滴定法原理是，钢铁试样在 1 100～1 250 ℃下通氧气燃烧，其中的硫化物被氧化为 SO_2，有关反应式为

$$3MnS + 5O_2 = Mn_3O_4 + 3SO_2$$

$$3FeS + 5O_2 = Fe_3O_4 + 3SO_2$$

生成的 SO_2 被水吸收后生成亚硫酸，反应式为

$$SO_2 + H_2O = H_2SO_3$$

在酸性条件下，以淀粉为指示剂，用碘酸钾-碘化钾标准溶液滴定至蓝色不消失为终点。滴定反应式为

$$IO_3^- + 5I^- + 6H^+ = 3I_2 + 3H_2O$$

$$I_2 + SO_3^{2-} + H_2O = 2I^- + SO_4^{2-} + 2H^+$$

化学计量关系为

$$n_S = 3n_{IO_3^-}$$

根据碘酸钾-碘化钾标准溶液的浓度和消耗量，计算钢铁中硫的含量。

3）磷

钢铁中磷的测定方法有多种，一般是使磷转化为磷酸，再与钼酸铵作用生成磷钼酸铵，在此基础上分别用重量分析法（沉淀形式为 $MgNH_4PO_4 \cdot 6H_2O$）、滴定法（酸碱滴定法）、磷钒钼酸光度法、磷钼蓝光度法等进行测定。磷钼蓝光度法不仅用于钢铁中磷的测定，而且对其他有色金属和矿物中微量磷的测定都有普遍应用，该法已被列为标准方法。

4）硅

硅的测定方法有重量分析法、滴定法（氟硅酸钾法）、光度法等，对硅的含量很低的钢铁的测定，多用硅钼蓝光度法。

5）锰

钢铁中锰的测定方法分为滴定法（氧化还原滴定法、配位滴定法）和光度法等，这里介绍过硫酸铵滴定法。

过硫酸铵滴定法的原理是，试样经硝酸加硫酸溶解，锰转化为 Mn^{2+}，再在 Ag^+ 的催化作用下，用过硫酸铵氧化生成 MnO_4^-，然后用亚砷酸钠-亚硝酸钠标准溶液滴定，其反应式为

$$3MnS + 14HNO_3 = 3Mn(NO_3)_2 + 3H_2SO_4 + 8NO + 4H_2O$$

$$MnS + H_2SO_4 = MnSO_4 + H_2S$$

$$3Mn_3C+28HNO_3 = 9Mn(NO_3)_2+10NO+3CO_2+14H_2O$$

在催化剂 $AgNO_3$ 作用下，$(NH_4)_2S_2O_8$ 对 Mn^{2+} 的催化氧化过程为

$$2Ag^+ + S_2O_8^{2-} + 2H_2O = Ag_2O_2 + 2H_2SO_4$$

$$5Ag_2O_2 + 2Mn^{2+} + 4H^+ = 10Ag^+ + 2MnO_4^- + 2H_2O$$

所产生的 MnO_4^- 用还原剂亚砷酸钠-亚硝酸钠标准溶液滴定，发生以下定量反应：

$$5AsO_3^{3-} + 2MnO_4^- + 6H^+ = 5AsO_4^{3-} + 2Mn^{2+} + 3H_2O$$

$$5NO_2^- + 2MnO_4^- + 6H^+ = 5NO_3^- + 2Mn^{2+} + 3H_2O$$

在溶解试样时还需加入磷酸，这主要是因为它能与 Fe^{3+} 配合为无色的$Fe(PO_4)_2^{3-}$，消除 Fe^{3+} 的黄色，以免影响终点观察。另一作用是防止在高温下 MnO_4^- 与 Mn^{2+} 生成 $Mn(OH)_2$ 沉淀，这是因为 H_3PO_4 与中间态的 Mn(Ⅲ)形成配合物$Mn(PO_4)_2^{3-}$，使过硫酸铵将低价锰直接氧化成 MnO_4^-，不使其产生其他中间价态的锰而造成误差。

过硫酸铵的量约为锰的量的 1 000 倍，在锰氧化完毕后，需加热煮沸使多余的过硫酸铵分解，但煮沸时间不宜过长，否则，MnO_4^- 也将分解。

滴定前，需加入 NaCl，产生 AgCl 沉淀，以消除 Ag^+ 对滴定的干扰。因为在 Ag^+ 存在下，滴定产生的 Mn^{2+} 会与氧化剂作用变为高价锰。同时，会因生成Ag_3AsO_3沉淀消耗滴定剂而造成误差。NaCl 的用量必须与 $AgNO_3$ 的用量相当，如果 NaCl 过多，也会因 Cl^- 与 MnO_4^- 反应产生误差。

4. 钢铁中合金元素分析方法

钢铁中合金元素很多，随铁合金或合金钢种类不同，合金元素的种类及其含量也不同，这里选择介绍几种合金元素的主要测定方法。

1）铬

普通钢含铬量小于 0.3%，一般铬钢含铬量为 0.5%～2%，镍铬钢含铬量为 1%～4%，高速工具钢含铬量为 5%，不锈钢含铬量最高可达 20%。钢铁试样中高含量铬常用滴定法测定，低含量铬一般用光度法测定。

测定铬的滴定法大多是基于铬的氧化还原特性，先用氧化剂将 Cr(Ⅲ)氧化至Cr(Ⅵ)，然后用还原剂(常用 Fe^{2+})滴定。氧化剂可以是过硫酸铵、高锰酸钾及高氯酸等。用过硫酸铵氧化时，可加硝酸银作催化剂，也可以不加。

测定铬的光度法有三类：第一类是基于 Cr(Ⅵ)先将显色剂氧化，然后再配位生成有色配合物，如二苯偕肼光度法；第二类是基于 Cr^{3+} 与显色剂直接进行显色反应，Cr^{3+}-EDTA、Cr^{3+}-CAS、Cr^{3+}-XO 等；第三类为铬的三元配合物，Cr(Ⅲ)和 Cr(Ⅵ)两种价态均有很多灵敏的多元配合物显色体系。下面以二苯偕肼光度法为例。

试样以硝酸溶解后，用硫酸与磷酸混合酸冒烟处理以破坏碳化物和驱尽硝酸，然后用过硫酸铵-硝酸银将 Cr(Ⅲ)氧化为 Cr(Ⅵ)，用亚硝酸钠还原 MnO_4^-，加入 EDTA 掩蔽铁，在 0.4 mol/L酸度下，二苯偕肼被氧化并生成一种可溶性紫红色配合物，在其最大吸收波长 540 nm 处，吸光度与铬量在一定范围内符合朗伯-比尔定律，以此进行铬的测定。本测定方法的灵敏度为 0.002 μg/mL，其主要反应式如下：

$$Cr+4HNO_3 = Cr(NO_3)_3+NO+2H_2O$$

$$3CrC+16HNO_3 = 3Cr(NO_3)_3+3CO_2+7NO+8H_2O$$

$$2Cr_3C_2+9H_2SO_4 = 3Cr_2(SO_4)_3+4C+9H_2$$

$$Cr_2(SO_4)_3+3(NH_4)_2S_2O_8+8H_2O = 2H_2CrO_4+3(NH_4)_2SO_4+6H_2SO_4$$

Cr(Ⅵ)与二苯偕肼的反应：Cr(Ⅵ)将二苯偕肼氧化为二苯基偶氮碳酰肼，而本身被还原为 2 价和 3 价。

Cr^{3+} 与二苯基偶氮碳酰肼的反应式为

$$Cr^{3+} + 2O{=}C\begin{matrix} \diagup N{=}N{-}C_6H_5 \\ \diagdown NH{-}NH{-}C_6H_5 \end{matrix} \longrightarrow$$

$$\left[\begin{matrix} & C_6H_5 & C_6H_5 & \\ & | & | & \\ & N{=}N & N{-}NH & \\ O{=}C & \searrow & Cr \swarrow & C{=}O \\ & NH{-}N & N{=}N & \\ & | & | & \\ & C_6H_5 & C_6H_5 & \end{matrix}\right]^{+} + 2H^{+}$$

显色时以 0.012～0.15 mol/L H_2SO_4 介质为宜，酸度低则显色慢，酸度高则色泽不稳定。

2）镍

普通钢含镍量一般小于 0.2%，结构钢、弹簧钢、滚球轴承钢含镍量小于 0.5%，而不锈钢、耐热钢含镍量从百分之几到百分之几十。

镍的测定方法很多，特别是测定镍的滴定法和光度法的体系很多。纵观镍的各种测定方法，可以发现以下特点。

(1) 镍试剂(丁二酮肟)是测定镍的有效试剂，依据镍与丁二酮肟的反应，可以用重量分析法、滴定法、光度法测定高、中、低含量的镍，而且被列为标准方法的几种方法均与该反应有关；

(2) 在测定镍的许多方法中，钴常常容易产生干扰，有时干扰可以较为方便地消除，大多难以消除；

(3) 适用于低含量测定的灵敏度高的光度法，大多数是多元配合物光度法。

试样用酸分解，在碱性(或氨性)介质中，当有氧化剂存在时，Ni^{2+} 被氧化成 Ni^{4+}，然后与丁二酮肟生成红色配合物。配合物的组成及稳定性与显色酸度密切相关，若在酸性介质中显色，氧化剂氧化丁二酮肟后的生成物与镍生成鲜红色配合物，但很不稳定。在 pH<11 的氨性介质中生成镍与丁二酮肟配合比为 1∶2 的配合物，$\lambda_{max}=400$ nm，但稳定性差，放置过程中组成会发生改变，λ_{max} 不断变化，难以应用。当 pH>12(强碱性)时，镍与丁二酮肟配合比为 1∶3，460 nm<λ_{max}<470 nm，此配合物稳定性好，可稳定 24 h 以上。

铁、铝、铬在碱性介质中易生成氢氧化物沉淀而干扰测定，过去采用酒石酸盐或柠檬酸盐来掩蔽，铁的酒石酸盐配合物和柠檬酸盐配合物均有一定颜色，影响测定的灵敏度和准确度。现在改用焦磷酸盐作掩蔽剂，获得良好效果。

3）钼

钼在钢中主要以固溶体及碳化物 Mo_2C、MoC 的形态存在。钼可增加钢的淬透性、热硬性、热强性，防止回火脆性，改善磁性等。普通钢含钼量在 1% 以下，不锈钢和高速工具钢含钼量可达 5%～9%。

钼的测定方法很多，有重量分析法、滴定法和光度法。由于钼在钢中的含量常常较低，光度法的研究和应用最为普遍。

试样经硝酸分解后，用硫酸(或硫酸与磷酸混合酸)或高氯酸冒烟处理，以进一步破坏碳化物和控制一定酸度。在酸性介质中，用 $SnCl_2$ 还原 Fe^{3+} 和 Mo(Ⅵ)，Mo(Ⅴ)与硫氰酸盐生成橙红色配合物，于 470 nm 波长处测量吸光度。主要反应式为

$$2H_2MoO_4+16NH_4SCN+SnCl_2+12HCl = 2[3NH_4SCN \cdot Mo(SCN)_5]+SnCl_4+10NH_4Cl+8H_2O$$

还原剂除 $SnCl_2$ 外，也可以用抗坏血酸或硫脲。不同还原剂所需酸度不同，用 $SnCl_2$ 作还原剂时，宜控制 $c_{1/2H_2SO_4}$ 为 0.7～2.5 mol/L；用抗坏血酸作还原剂时，宜控制 $c_{1/2H_2SO_4}$ 为 1～3 mol/L；用硫脲作还原剂时，宜控制为 8%～10%的 HCl 或 H_2SO_4 介质。

该显色体系显色反应速率快，但稳定性较差，特别是受温度影响较大，在 25 ℃时可稳定 30 min 以上，温度高于 25 ℃时，褪色较快，温度高于 32 ℃时会因硫氰酸盐分解而迅速褪色。如果将显色产物用氯仿或乙酸丁酯萃取后在有机相中测定吸光度，稳定性增强。

4) 钒

一般钢含钒量为 0.02%～0.3%，某些合金钢含钒量高达 1%～4%。钒能使钢具有一些特殊机械性能，如提高钢的抗张强度和屈服点，尤其是能明显提高钢的高温强度。

钒在生铁中形成固溶体，在钢中主要形成稳定的碳化物，如 V_4C_3、V_2C 或更复杂的碳化物等。钒也可以与氧、硫、氮形成极稳定的化合物。钒的碳化物等很稳定，几乎不溶于硫酸或盐酸，试样要用氧化性较强的硝酸、硝酸与盐酸混合酸、高氯酸等溶解。

钒的测定方法主要是滴定法和光度法。滴定法主要是基于氧化还原反应，常用 $KMnO_4$ 或 $(NH_4)_2S_2O_8$ 氧化剂将钒氧化到五价，然后用亚铁标准溶液滴定；也可直接用硝酸或硝酸铵氧化后用亚铁标准溶液滴定，方法简便、迅速。

其光度法的原理为：试样经混合酸分解，硫酸与磷酸混合酸冒烟处理，在冷溶液中，用 $KMnO_4$ 将钒氧化到五价，用亚硝酸钠或盐酸还原过量的 $KMnO_4$；在酸性介质中，试剂(*N*-苯甲酰-*N*-苯基羟胺)与钒(Ⅴ)生成一种可被氯仿萃取的紫红色螯合物，在 535 nm 波长下测其吸光度，可测得含钒量，主要反应式为

$$VO_2^+ + H^+ = VO(OH)^{2+}$$

$$VO(OH)^{2+} + \text{[N—OH, C=O]} \longrightarrow \text{[N—O, C=O]}_2 VO(OH) + 2H^+$$

反应必须在酸性介质中进行，且保证钒呈五价状态。萃取的介质可以是 $HCl\text{-}HClO_4$、$H_2SO_4\text{-}H_3PO_4$、$H_2SO_4\text{-}H_3PO_4\text{-}HCl$ 等，有人认为以 $H_2SO_4\text{-}H_3PO_4\text{-}HCl$ 介质为好。

5) 钛

钛在钢中不仅可以固溶体形式存在，而且可以 TiC、TiO_2、TiN 等化合态存在。它有稳定钢中碳和氮的作用，可以防止钢中产生气泡。它可以提高钢的硬度、细化晶粒，又能降低钢的时效敏感性、冷脆性和腐蚀性，从而改善钢的品质和机械性能。通常认为含钛量大于 0.025%时就称为合金元素。不锈钢含钛量为0.1%～2%，部分耐热合金、精密合金含钛量可高达 2%～6%。

钛可溶解于盐酸、浓硫酸、王水及氢氟酸中。但钢中钛的氮化物、氧化物非常稳定，只有在浓硫酸加热冒烟时才被分解，或者用 HNO_3-$HClO_4$，并加热至冒白烟来分解。在钛的试样分解时，若产生紫色的 Ti(Ⅲ)，不太稳定，易被氧化为 Ti(Ⅳ)，而 Ti(Ⅳ)在弱酸性溶液中易水解而生成白色的偏钛酸沉淀或胶体，难溶于酸或水，这一点在操作中要注意。

钛的测定方法很多，变色酸光度法和二安替比林甲烷分光光度法是测定钢铁中钛的国家标准方法。

13.3.2 铝及铝合金分析

铝合金的品种很多，性能和用途也不一样，通常分为铸造铝合金和变形铝合金，严格的铝合金术语参见 GB/T 8005.1—2008。

铸造铝合金分为简单的铝硅合金(Al-Si)、特殊铝合金(如铝硅镁 Al-Si-Mg)、铝硅铜(Al-Si-Cu)、铝铜铸造合金(Al-Cu)、铝镁铸造合金(Al-Mg)、铝锌铸造合金(Al-Zn)等。

变形铝合金根据其性能和用途的不同，通常分为铝、硬铝、防锈铝、线铝、锻铝、超硬铝、特殊铝和耐热铝等。

1. 铝合金分析的取样

铸锭，一个铸造批次应取一个样品；板材、带材每 2 000 kg 取一个样品，箔材每 500 kg 取一个样品；对于单卷质量大于规定定量的带卷、箔卷，每卷可取一个样品；管材、棒材、型材、线材，每 1 000 kg 产品取一个样品；锻件，不大于 2.5 kg 时，每 1 000 kg 产品应取一个样品，大于 2.5 kg 时，每 3 000 kg 产品取一个样品；少于规定量的部分产品，应另取一个样品。

所选取的用于制备化学分析试样的样品应洁净无氧化皮(膜)、无包覆层、无脏物、无油脂等。必要时，样品可用丙酮洗净，再用无水乙醇冲洗并干燥，然后制成各试样。样品上的氧化皮及脏点可用适当的机械方法或化学方法予以除去。在用化学方法清洗时，不得改变样品表面的性质。

2. 铝及铝合金试样的分解方法

由于铝的表面易钝化，钝化后不溶于硫酸和硝酸，因此，铝及铝合金试样常用 NaOH 溶液溶解到不溶时再用硝酸溶解，或先用盐酸溶解到不溶时，再加硝酸溶解。常用的分解方法有 $NaOH$-HNO_3、$NaOH$-H_2O、HCl-HNO_3、HCl-H_2O_2 或 $HClO_4$-HNO_3 等，而且在操作上，常常先加前者，溶解至不溶时，再加后者。

3. 铝的分析

铝是主体元素，商品金属铝含铝量在 97%以上，铸造铝合金含铝量为 80%左右，变形铝含铝量通常为 90%左右。

高含量铝的测定通常采用滴定法，包括 EDTA 滴定法和基于生成氟铝酸钾的酸碱滴定法。后者是基于铝化物和氟化钾作用生成氟铝酸钾并析出游离碱，其反应式为

$$Al^{3+}+3OH^- \longrightarrow Al(OH)_3$$

$$Al(OH)_3+6KF \longrightarrow K_3AlF_6+3KOH$$

反应中析出的游离氢氧化钾用标准 HCl 溶液滴定。通常加入酒石酸掩蔽铁，这时虽会生成铝的酒石酸配合物，但不妨碍铝与氟形成更稳定的配合物(K_3AlF_6)。该法于 50 mL 溶液中滴定时，50 mg Fe_2O_3、20 mg CaO 和 MgO、15 mg Pb、2 mg TiO_2、10 mg 以下 ZnO、0.2

mg MnO 均不影响铝的测定，对铝和铝合金分析来说是适宜的。但注意实验中不要引入 NH_4^+、CO_3^{2-}，以免妨碍测定。

4. 铝合金中其他元素的测定

铝合金中常见的合金元素有铜、镁、锰、锌、硅等，少数铝合金还有镍、铬、钛、铍、锆、硼及稀土元素。在铝及铝合金的分析中经常测定的除铝外，尚有铁、铜、镁、锌、硅和锰。

铝及铝合金中铁作为杂质元素，其含量很低，通常用邻菲罗啉分光光度法或原子吸收光谱分析法测定；铝合金中硅的测定方法有硅酸沉淀灼烧重量分析法和硅钼蓝分光光度法，含量大时用硅酸沉淀灼烧重量分析法，含量小时用硅钼蓝分光光度法；铝合金中铜的测定方法有分光光度法、火焰原子吸收光谱分析法、电解重量分析法等；铝合金中镁的测定方法有滴定法、分光光度法和原子吸收光谱分析法等；铝合金中锌的测定采用 EDTA 滴定法及原子吸收光谱分析法，含量高时用 EDTA 滴定法，含量低时用原子吸收光谱分析法；钛的测定，常用二安替比林甲烷分光光度法；铅的测定，采用原子吸收光谱分析法；微量 Ni 的测定，常采用丁二酮肟分光光度法和原子吸收光谱分析法。

13.4 水样分析

13.4.1 概述

水是人类十分宝贵的自然资源，分布于由海洋、江、河、湖、地下水、大气水分及冰川共同构成的地球水圈中，是人类生存的基本条件之一。水在自然的和人工的循环过程中，与环境接触，不仅自身的状态可能发生变化，而且作为溶剂可能溶解或携带各种无机的、有机的甚至是生命的物质，使其表观特性和应用受到影响。因此，分析水中存在的各种组分，作为研究、考察、评价和开发水资源的信息就显得十分必要。

水质污染可分为化学型污染、物理型污染和生物型污染三种主要类型。化学型污染是指随废水及其他废弃物排入水体的酸、碱、有机和无机污染物造成的水体污染；物理型污染包括色度和浊度物质污染、悬浮固体污染、热污染和放射性污染；生物型污染是由于将生活污水、医院污水等排入水体，随之引入某些病原微生物造成的污染。水质分析是关系人们身体健康、维护生态平衡、保障国民经济稳步发展的重要环节。

13.4.2 水质指标和标准

水中杂质的具体衡量尺度称为水质指标。各种水质指标表示水中杂质的种类和数量，由此可判断水质的优劣和是否满足要求。水质指标可分为物理指标、化学指标和微生物指标三类。物理指标有温度、气味、色度、浊度、总固体量及电导率等；化学指标有 pH 值、硬度、碱度、氯化物、硫酸盐等无机物、溶解性气体、有机物、有毒物质及放射性物质等；水中生存着各种微生物，常以微生物种类和数量作为判断污染程度的指标。

水质标准包括生活饮用水水质标准、工业用水水质要求、对污水排入水体的要求及对各种工业废水的要求等。

13.4.3 水样的采集和预处理

水样的采集是决定水质分析结果是否可靠的重要环节。水体的流动性较强，污染源复杂、排放不定，造成水质状态分布不均匀，各成分浓度变化较大，取样误差比分析误差大若干倍，因此，必须重视采集具有代表性的样品。

HJ 495—2009《水质采样方案设计技术规定》规定了水（包括底部沉积物和污泥）的质量控制、质量表征、污染物鉴别取样方案的原则，是各种天然水、工业用水、工业废水、污水和污水处理厂出水、暴雨污水和地面径流等各种水质取样制订取样方案，确定取样和水样预处理方法及水样保存措施的依据。

环境水样的组成是相当复杂的，并且多数污染成分含量低，存在形态各异，所以在分析测定之前，需要对水样进行预处理，以得到欲测组分适合于测定方法要求的形态、浓度和消除共存组分干扰的试样体系。

13.4.4　水样的物理性质检验

水的物理性质包括水温、水色、水臭、水味、残渣量、电导率、浊度、透明度、矿化度和氧化还原电位等。水的物理性质不但能影响到水质状况（例如，饮用水要求无色、无味、无臭、透明等，印染用水要求无色、无残留等），而且能从中预测其化学组分和生物特性。因此，水的物理性质是对水质综合评价的重要指标，是水质分析的重要内容。

水体热能的来源主要有以下途径：①水体吸收大气热量和太阳能；②生物体释放的能量和化学转化过程中释放的能量；③工业排放的高温废水等。水温的高低影响着水的物理化学性质。例如，水中溶解性气体（氧、二氧化碳等）的溶解度、水生生物活动、化学和生物化学反应速率及盐度、pH 值等都受水温变化的影响。水温因水源不同而有很大差别。一般来说，地下水温度比较稳定，通常为 8～12 ℃；地面水随季节和气候变化较大，大致变化范围为 0～30 ℃。工业废水的温度因工业类型、生产工艺不同而有很大差别。

纯净的水是无色而透明的，天然水通常显示各种不同的颜色。这些颜色主要来源于植物的叶、皮、根及分解产生的腐殖质，水中的低等植物，土壤颗粒和矿物质等。工业废水的污染常使水色变得十分复杂，如各种染料、色素和有色离子等。水色的存在，使饮用者有不快之感，且会使工业产品质量降低，尤其是食品、造纸、纺织、饮料等轻工业。

水臭是检验原水和处理水的水质必测项目之一；水臭主要来源于生活污水和工业废水中的污染物、天然物质的分解或与之有关的微生物活动。由于大多数水臭太复杂，可检出浓度又太低，故难以分离和鉴定产臭物质。无臭、无味的水虽然不能保证是安全的，但有利于增强饮用者对水质的信任感。检验水臭，也是评价水处理效果和追踪污染源的一种手段。

浊度表征水中悬浮物对光线透过时所发生的阻碍程度。水中含有泥土、粉砂、有机物、无机物、浮游生物和其他微生物等悬浮物和胶体物质，都可使水体呈现混浊。测定浊度的方法有分光光度法、目视比浊法、浊度计法等。

残渣分为总残渣、可滤性残渣和不可滤性残渣三种，它们是表征水中溶解性物质、不溶解性物质含量的指标。

矿化度是水化学成分测定的重要指标，用于评价水中总含盐量，是农田灌溉用水适用性评价的主要指标之一。该指标一般只用于天然水，对无污染的水样，测得的矿化度值与该水样在(105±3) ℃时烘干的可过滤性残渣量值相近。矿化度的测定方法有重量分析法、电导法、离子交换法、比重计法等。

水的电导率与其所含无机酸、碱、盐的量有一定关系。当它们的浓度较低时，电导率随浓度的增大而增加，因此，该指标常用于推测水中离子的总浓度或含盐量。不同类型的水有不同的电导率。新鲜蒸馏水的电导率为0.5～2 μS/cm，但放置一段时间后，因吸收了CO_2，增加到2～4 μS/cm；超纯水的电导率小于0.1 μS/cm；天然水的电导率多为50～500 μS/cm；矿化水可达500～1 000 μS/cm；含酸、碱、盐的工业废水电导率往往超过10 000 μS/cm；海水的电导率约为30 000 μS/cm。

13.4.5 水样中常见金属元素的测定

水体中的金属离子有些是人体健康必需的常量元素和微量元素，有些是有害于人体健康的，如汞、镉、铬、铅、铜、锌、镍、钡、钒、砷等。受“三废”污染的地面水和工业废水中有害金属离子和金属化合物的含量往往明显增加。

有害离子侵入人的肌体后，将会使某些酶失去活性而出现不同程度的中毒症状，其毒性的大小与金属种类、理化性质、浓度及存在的价态与形态有关。例如：汞、铅、镉、铬(Ⅵ)及其化合物对人体健康产生长远的有害影响；汞、铅、砷、锡等金属的有机化合物比相应的无机化合物毒性要强得多；溶解态金属要比颗粒态金属毒性强；六价铬比三价铬毒性强等。

1. 汞

汞及其化合物都有毒，无机盐中以氯化汞毒性最强，有机汞中以甲基汞、乙基汞毒性最强。汞是唯一在常温下呈液态的金属，容易挥发，汞蒸气可由呼吸道进入人体，液体汞也可被皮肤吸收，汞盐可以粉尘状态经呼吸道或消化道进入人体，食用被汞污染的食物，可造成慢性汞中毒。水中微量的汞可经食物链而成百万倍地富集，工业废水中的无机汞可与其他无机离子反应，形成沉积物沉于江河湖泊的底部，与有机分子形成可溶性有机配合物，结果使汞能够在这些水体中迅速扩散，通过水中厌氧微生物作用，汞转化为甲基汞，从而增加汞的脂溶性，非常容易在鱼、虾、贝类等体内蓄积，人们食用被汞污染的鱼、虾、贝类后引起“水俣病”。患者消化道症状不明显，主要为神经系统症状，重者可有刺痛异样感，动作失调、语言障碍、耳聋、视力模糊，以至于精神紊乱、痴呆。死亡率可达40%，且可造成婴儿先天性汞中毒。

天然水含汞极少，水中汞本底浓度一般不超过1×10^{-10} mg/L，由于沉积作用，底泥中的汞含量会大一些，本底值的高低与环境地理、地质条件有关。地面水汞污染的主要来源是贵重金属冶炼、食盐电解制钠、仪表制造、农药、军工、造纸、氯碱、电池生产、医院等行业排放的废水。

由于汞的毒性强，来源广泛，汞作为重要的测定项目为各国所重视，研究普遍，分析方法较多。化学分析法有硫氰酸盐法、EDTA配位滴定法及重量分析法等。仪器分析法有阳极溶出伏安法、气相色谱法、双硫腙分光光度法、中子活化法、X射线荧光光谱法、冷原子吸收法、冷原子荧光法等。

2. 铅

铅的污染主要来源于铅矿的开采，含铅金属冶炼，橡胶生产，含铅油漆颜料的生产和使用，蓄电池厂的熔铅和制粉，印刷业的铅版、铅字的浇铸，电缆及铅管的制造，陶瓷的配釉，铅质玻璃的配料及焊锡等工业排放的废水。汽车尾气排出的铅随降水进入地面水中，也造成铅的污染。

铅通过消化道进入人体后，即积蓄于骨髓、肝、肾、脾、大脑等处，形成所谓的“贮存库”，以后慢慢从中释放，通过血液扩散到全身并进入骨骼，引起严重的累积性中毒。地面水中，天然铅的浓度平均值大约是 0.5 μg/L，地下水中铅的浓度为1～60 μg/L，当铅浓度达到 0.1 μg/L 时，可抑制水体的自净作用。铅进入水体中与其他重金属一样，一部分被水生生物富集于体内，另一部分则随悬浮物絮凝沉淀于底泥中，甚至在微生物的参与下转化为四甲基铅。铅不能被生物代谢所分解，在环境中属于持久性的污染物。测定铅的方法有双硫腙分光光度法、原子吸收光谱分析法、阳极溶出伏安法。

3. 铬

铬化合物的常见价态有三价和六价。在水体中，六价铬一般以 CrO_4^{2-}、$HCr_2O_7^-$、$Cr_2O_7^{2-}$ 三种形式存在，受水体 pH 值、温度、氧化还原物质、有机质等因素的影响，三价铬和六价铬可以相互转化。

铬是生物体必需的微量元素之一。铬的毒性与其存在的价态有关，金属铬没有毒性，六价铬具有强毒性，为致癌物质，并易被人体吸收而在体内蓄积。通常认为六价铬的毒性比三价铬强 100 倍。但是，对鱼类来说，三价铬化合物的毒性比六价铬的强。当水中六价铬浓度达到 1 mg/L 时，水呈黄色并有涩味；三价铬浓度达 1 mg/L 时，水的浊度明显增加。陆地天然水中一般不含铬；海水中铬的平均浓度为 0.05 μg/L，饮用水中更低。

铬的工业污染源主要来自铬矿石加工、金属表面处理、皮革鞣制、印染、照相材料等行业的废水。铬是水质污染控制的一项重要指标。水中铬的测定方法主要有二苯碳酰二肼分光光度法、原子吸收光谱分析法、硫酸亚铁铵滴定法等。

4. 铜

铜是人体所必需的微量元素，缺铜会发生贫血、腹泻等症状，但过量摄入铜也会产生危害。铜对水生生物的危害较大，其毒性与其形态有关，游离铜离子的毒性比配合态铜的强得多。世界范围内，淡水平均含铜 3 μg/L，海水平均含铜 0.25 μg/L。铜的主要污染源是电镀、冶炼、五金加工、矿山开采、石油化工和化学工业等生产过程中排放的废水。测定水中铜的方法，主要有原子吸收光谱分析法、二乙基二硫代氨基甲酸钠萃取分光光度法和新亚铜灵萃取分光光度法，还可以用阳极溶出伏安法、示波极谱法和分光光度法。

5. 钙、镁硬度的测定

钙、镁是地球上存在非常广泛的元素，是人体必需的微量元素，对人体没有毒性。由于水流经石灰石、石膏、光卤石等岩层而含钙、镁，浅水和地下水中常含大量重碳酸钙和少量镁盐。钙、镁是水硬度的成分。低浓度碳酸钙、碳酸镁沉积在金属管道内壁形成防护层，可防止腐蚀，但钙、镁盐受热分解，在锅炉、管道和炊具内生成有害的水垢，所以工业用水需测定水的硬度，也就是钙、镁的含量。

6. 镉

镉是毒性较强的金属之一。镉在天然水中的含量通常小于 0.01 mg/L，低于饮用水的水质标准，天然海水中更低，因为镉主要在悬浮颗粒和底部沉积物中，水中镉的浓度很低，欲了解镉的污染情况，需对底泥进行测定。

镉污染物不易分解和自然消化，在自然界中是累积的，废水中的可溶性镉被土壤吸附，形成土壤污染。土壤中可溶性镉又容易被植物吸收，使食物中镉含量增加。人们食用这些食品后镉也随之进入人体，分布到全身各器官，主要贮存于肝、肾、胰和甲状腺中。镉也随尿排出，但需较长时间。

镉污染会产生协同作用,加剧其他污染物的毒性。实际上,单一的或纯净的含镉废水是少见的,所以呈现更强的毒性。我国规定,镉及其化合物,工厂最高允许排放浓度为 0.1 mg/L,并不得用稀释的方法代替必要的处理。镉污染主要来源于以下几个方面:①金属矿的开采和冶炼;②化学工业中涂料、塑料、试剂等企业;③生产轴承、弹簧、电光器械和金属制品等机械工业与电器、电镀、印染、农药、陶瓷、蓄电池、光电池、原子能等工业。

测定镉的方法主要有原子吸收光谱分析法、双硫腙分光光度法、阳极溶出伏安法等。

7. 砷

砷不溶于水,可溶于酸和王水。砷的可溶性化合物都具有剧毒,三价砷化合物比五价砷化合物毒性更强;砷在饮水中的最高允许浓度为 1×10^{-8} mg/L,口服 As_2O_3(俗称砒霜)5～10 mg 可造成急性中毒,致死量为 60～200 mg。地面水中砷的污染主要来源于硬质合金、染料、涂料、皮革、玻璃脱色、制药、农药、防腐剂等工业废水,化学工业、矿业的副产品会含有挥发性砷化物。含砷废水进入水体后,一部分随悬浮物、铁锰胶体物沉积于水底,另一部分存在于水中。砷的测定方法有分光光度法、阳极溶出伏安法及原子吸收光谱分析法等。

13.4.6 水样中常见非金属元素的测定

1. 溶解氧的测定

溶解氧是指溶解于水中分子状态的氧,即水中的 O_2。溶解氧是水生生物生存不可缺少的条件。溶解氧的一个来源是水中溶解氧未饱和时,大气中的氧气向水体渗入;另一个来源是水中植物通过光合作用释放的氧。溶解氧随着温度、气压、盐分的变化而变化。一般来说,温度越高,溶解的盐分越多,水中的溶解氧越低;气压越高,水中溶解氧越高。溶解氧除了被水中硫化物、亚硝酸根、亚铁离子等还原性物质消耗外,也被水中微生物的呼吸和有机质被水中好氧微生物氧化分解过程所消耗。所以说,溶解氧是水体自净能力的体现,溶解氧的大小反映出水体受到污染,特别是有机物污染的程度,它是水体污染程度指标,也是衡量水质的综合指标。测定水中溶解氧的方法有碘量法及其修正法、电化学探头法等。

2. 氰化物的测定

氰化物主要包括氢氰酸(HCN)及盐类(如 KCN、NaCN)。氰化物是剧毒物质,也是广泛应用的重要工业原料。在天然物质(如苦杏仁、桃仁、木薯及白果)中,均含有少量的氰化钾。在自然水体中一般不会出现氰化物,水体受到氰化物的污染,往往是由于工厂排放废水及使用含有氰化物的杀虫剂而引起的,它主要来源于金属、电镀、精炼、矿石浮选、炼焦、染料、制药、维生素、丙烯纤维制造、化工及塑料工业。人误服或在工作环境中吸入氰化物时,会造成中毒。中毒的主要原因是氰化物进入人体后,可与高铁型细胞色素氧化酶结合,使之变成氰化高铁型细胞色素氧化酶,失去传递氧的功能,引起组织缺氧而致中毒。

测定氰化物的方法,主要有滴定法、分光光度法、离子选择性电极法和电流法。

3. 氟化物的测定

氟在自然界中广泛存在,人体各组织都含有氟,氟是人体所必需的微量元素之一。饮水中氟浓度在 1 mg/L 左右时,既能防止龋齿,又对人体健康无害。氟化物对人体的危害,主要是使骨骼受害,表现有上、下肢长骨的疼痛,重者骨质疏松、增殖或变形,并易于发生自然骨折,即所谓的“氟骨病”。氟还可损害皮肤,表现有发痒、疼痛、湿疹及各种皮炎等。

炼铝、玻璃、陶瓷、钢铁、磷肥、搪瓷等工厂,都有含氟气体排出,煤炭燃烧时也有少量的氟排出。此外，还有不可忽视的灰尘，这些都给水体带来氟的污染。水中氟常见的测定方法有目视比色法、分光光度法、离子选择性电极法等。

4. 含硫化合物的测定

地下水（特别是温泉水）及生活污水中常含有硫化物，其中，一部分是在厌氧条件下，由于微生物的作用，使硫酸盐还原或含硫有机物分解而产生的。焦化、造气、选矿、造纸、印染、制革等工业废水中也含有硫化物。

水中硫化物，包括溶解性的 H_2S、HS^- 和 S^{2-}，酸溶性的金属硫化物，以及不溶性的硫化物和有机硫化物。通常所测定的硫化物是指溶解性的及酸溶性的硫化物。硫化氢毒性很大，可危害细胞色素氧化酶，造成细胞组织缺氧，甚至危及生命；它还腐蚀金属设备和管道，并可被微生物氧化成硫酸，加剧腐蚀性。因此，硫化氢的含量是水体污染的重要指标。

测定水中硫化物的方法有亚甲基蓝分光光度法、碘量法、电位滴定法、离子色谱法、库仑滴定法、比浊法等。

根据水体类型和对水质的要求不同，还可能要求测定其他阴离子或非金属无机物，如氯化物、余氯、碘化物、硫酸盐、二氧化硅、含磷化合物、硼等。

13.4.7　化学需氧量的测定

化学需氧量（化学耗氧量）是指在一定条件下，水中易被强化学氧化剂氧化的还原性物质所消耗的氧的量。

水中如果含有还原性有机物，如动、植物尸体或残骸分解的产物（如腐殖质）或工业生产的某些有机化合物，则使溶解于水中的氧因被消耗而减少，以致影响水生动物的生长，但是常常有利于某些厌氧细菌或微生物等的繁殖。这样的水不适于工业使用，特别是还因为其具有毒性而不能作为生活用水。这些还原性有机物，一般必须在较高温度及特定条件下，才能和强氧化剂作用，水中还可能含有无机还原性物质，如 NO_2^-、S^{2-}、Fe^{2+}、Cl^- 等离子，这些物质在常温下可以被强氧化剂氧化。化学需氧量主要是水中还原性有机物的含量。所以化学需氧量是水体被某些有机物污染的标志之一。但是，由于情况比较复杂，化学需氧量的高低，又不可能完全表示水被有机物污染的程度，而必须同时参考水的色度、烧失量、有机氮或蛋白质等，才能判断水的污染情况。测定化学需氧量，通常采用重铬酸钾氧化法。

13.5　食品安全分析

13.5.1　概述

1. 食品问题的现实严重性

“民以食为天”，如何保证食品安全成为世界上大多数国家共同面临的一个焦点话题。根据世界卫生组织的定义，食品安全是指“食物中有毒、有害物质对人体健康影响的公共卫生问题”。食品安全属于公共卫生优先事项，每年有数百万人因食用不安全食品而患病，还有许多人因此丧失生命。尤其是近年来，随着媒体的大量曝光，食品安全问题更受关注。比如，牛奶掺杂“三聚氰胺事件”、明胶合成的“人造鱼翅事件”、“地沟油事件”、“福寿螺事件”以及大米中镉超标事件等。因此，确保食品卫生及食用安全，消除疾病隐患，防范食物中毒已成为迫切需要解决的全球性问题。

2. 我国食品安全方面所面临的主要问题

我国食品安全方面所面临的主要问题有:食品制造过程中使用劣质原料,添加有毒物质的情况仍然难以杜绝;超量使用食品添加剂,滥用非食品加工用化学添加剂;农产品、禽类产品的安全状况也不容乐观,抗生素、激素和其他有害物质残留于禽、畜、水产品体内。基于此,我国对食品安全问题日趋重视,2009 年正式实施《中华人民共和国食品安全法》,2010 年成立了国务院食品安全委员会,同年中国法学会食品安全法治研究中心在北京成立,建立了我国首家食品安全的全国性法治研究机构。

3. 食品安全的分析检测

目前可用于食品安全检测的分析化学技术手段很多,且这些技术手段在检测不同物质时各具优势。常用的检测手段有化学分析法(重量分析法和滴定分析法)以及仪器分析法(色谱检测技术、光谱检测技术以及生物检测技术等),其检测对象主要在于食品中农药残留、兽药残留、重金属、重要有机污染物、天然毒素、转基因食品及生物性污染等方面。食品安全检测技术发展迅速,在食品检测方面的应用已较为成熟。然而近年来,食品安全问题仍然频频爆发,表明传统的检验方法已经满足不了当今社会的需求。如何加快食品安全检测技术的发展,达到快速、安全、准确、经济等目的,成为今后的发展方向。

13.5.2 食品中重金属的测定

1. 食品中重金属的危害

重金属污染是影响食品安全性的一个重要方面。重金属主要包括汞、镉、铅、铬、铜、锡,其中毒性很强的有铅、汞、镉等。食品中的有毒重金属元素,一部分来自农作物对重金属元素的富集,另一部分则来自食品生产加工、贮藏、运输过程中出现的污染。重金属进入人体后不能被分解,且要经过一定时间的积累才显示出毒性,给人体肝、肾及中枢神经系统等造成严重损害,并有“三致”(致突变、致畸及致癌)的潜在危险。汞以有机汞形式存在时毒性最强,甲基汞进入人体后,主要侵害人的神经系统,引起头痛、头晕、肢体麻木和疼痛、肌肉震颤、运动失调等,甚至可导致肝炎、肾炎、蛋白尿、血尿和尿毒症等;铅对儿童通常造成不可逆性的危害,主要表现为免疫功能低下、偏食、异食、贫血、智力障碍等;镉中毒可导致肾损伤,也可引起“骨痛病”,严重时骨骼变形,肌肉萎缩。根据《中华人民共和国食品安全法》和《食品安全国家标准管理办法》的规定,经食品安全国家标准审评委员会审查通过,我国发布了食品安全国家标准《食品中污染物限量》(GB 2762—2012),该标准规定了食品中重金属铅、镉、汞、砷、锡、镍和铬的限量指标。

2. 食品中铅的检测

测定食品中铅的方法主要为原子吸收光谱分析法和比色法等。其中,石墨炉原子吸收光谱分析法测定食品中的铅是将消解后的样品注入石墨炉中,电热原子化后吸收 283.3 nm 共振线。在一定浓度范围内,铅离子含量与吸收值成正比。另外,通过比色法也可测定食品中的铅含量,其原理为:铅离子与双硫腙形成红色配合物,在一定浓度范围内,溶液颜色深浅与铅离子的浓度成正比。可以氯仿为空白试剂,在 510 nm 波长处测定吸光度。

$$2S{=}C\begin{matrix}HN{-}NH{-}C_6H_5\\ N{=}N{-}C_6H_5\end{matrix} + Pb^{2+} \longrightarrow S{=}C\begin{matrix}HN{-}N(C_6H_5)\\ N{=}N(C_6H_5)\end{matrix}\!\!\!>Pb<\!\!\!\begin{matrix}(C_6H_5)N{=}N\\ (C_6H_5)N{-}NH\end{matrix}C{=}S + 2H^{+}$$

双硫腙　　　　　　　　双硫腙与 Pb^{2+} 配合物

3. 食品中汞的检测

目前测定食品中汞的方法主要为分光光度法、原子吸收光谱分析法、原子荧光光谱法、ICP-AES 和 ICP-MS 等。分光光度法是用于测定食品中汞含量的一种较为普及的技术，测定汞可选用双硫腙分光光度法。该方法原理为：双硫腙氯仿溶液和食品样品中的汞在酸性条件下可形成双硫腙汞，该配合物在氯仿溶液中呈橙黄色。在一定浓度范围内，溶液颜色深浅与汞离子的浓度成正比。因此，可以氯仿为空白试剂，在 491 nm 波长处进行吸光度测定。此外，冷原子吸收光谱分析法也可以用于食品中汞的测定，汞的共振线处于 253.7 nm，在一定浓度范围内，汞含量与吸收值成正比。

4. 食品中镉的检测

测定食品中镉的方法主要为原子吸收光谱分析法和比色法等。其中，石墨炉原子吸收光谱分析法测定食品中的镉是将消解后的样品注入石墨炉中，电热原子化后吸收 228.8 nm 共振线。在一定浓度范围内，镉离子含量与吸收值成正比。此外，通过比色法也可测定食品中的镉含量，其原理为：镉离子在碱性溶液中可与 6-溴苯并咪唑偶氮萘酚形成红色配合物。在一定浓度范围内，溶液颜色深浅与镉离子的浓度成正比。可以氯仿为空白试剂，在 585 nm 波长处进行吸光度测定。

13.5.3　药物残留和农药残留的测定

药物和农药在保证和促进农牧业发展，满足人们对农副产品的需要等方面发挥了极其重要的作用。然而，用于治疗和预防动植物疾病、促进动植物生长、防治虫害、提高食品感观品质、加工过程中防污、保鲜等的药物，如抗生素、激素、类激素药物、杀虫剂、消毒剂等，都有可能残留于食品中。食用残留药物和农药的食品而造成的中毒事件屡有发生。因此，食品药物残留和农药残留问题越来越受到人们的关注。

1. 药物残留的测定

现代化的畜禽生产中，普遍使用抗生素类药物。在农业生产上，抗生素可以防治病虫害，刺激植物生长，提高产量。药物使用后，一部分被分解或直接排出体外，另一部分将残留在畜禽体内，这种残留称为药物残留。残留的药物主要有抗生素类、激素类、磺胺类以及呋喃类等。

1) 抗生素类药物残留的测定

抗生素是由微生物（包括细菌、真菌、放线菌属）或高等动植物在生活过程中所产生的具有抗病原体或其他活性的一类次级代谢产物，是能干扰其他生活细胞发育功能的化学物质。人食用含有残留抗生素的肉、蛋、奶、鱼等动物性食品后，一般不表现急性毒性作用。但长时间摄入有低剂量抗生素残留的动物性食品，会造成抗生素在人体内蓄积，引起各种组织器官病变，甚至癌变。

抗生素种类繁多,结构复杂,测定方法各不相同,主要可分为微生物测定法、化学测定法和物理测定法三大类。其中以微生物测定法应用最广。因其测定原理基于抗生素对微生物的生理机能和代谢作用的抑制,试剂用量小,仪器简单,但这类方法测定时间较长,且结果误差较大。化学测定法和物理测定法则利用抗生素中某些基团的特殊性质或反应来测定其含量,包括比色法、荧光光谱法和色谱法等。比如可用比色法来检测食品中链霉素残留量。在酸性条件下,链霉素可与二硝基苯肼反应,生成黄色的链霉素二硝基苯腙。多余的试剂经乙酸丁酯提取除去后,于 430 nm 波长处测吸光度,以标准曲线求出样品中链霉素的含量。

2) 激素类药物残留的测定

激素类药物就是以人体或动物激素(包括与激素结构、作用原理相同的有机物)为有效成分的药物。激素类药物可以分为糖皮质激素、肾上腺皮质激素、去甲肾上腺激素、孕激素、雌激素、雄激素等。食用含激素的畜禽产品可干扰人激素正常代谢,长期食用含有蛋白同化剂残留药物的动物食品会影响机体的激素平衡,有的还会引起机体水、电解质、蛋白质、脂肪和糖的代谢紊乱等,甚至致癌、致畸。

动物性食品中性激素的含量极微,因此对测量方法灵敏度要求较高。较常用的方法有薄层色谱法、荧光分析法、气相色谱法和高效液相色谱法等。比如通过荧光分光光度法可检测食品中雌激素,雌激素经盐酸水解为甾体缀合物,然后经有机溶剂提取后,用硫酸处理,在紫外光照射下,产生蓝色荧光;其激发光波长为 542 nm,发射光波长为 560 nm,根据荧光强度,可测定雌激素的含量。

2. 农药残留的测定

农药以其见效快、性质稳定、便于贮存、价格低廉等优点,促进了现代农业的发展。然而,农药使用后会残留于生物体、收获物、土壤、水体、大气中,包括微量农药原体、有毒代谢物、降解物和杂质等,这些残留称为农药残留。目前,人工合成的化学农药有 500 余种,按其化学组成及结构分为有机磷类、有机氯类、氨基甲酸酯类、有机氮类、拟除虫菊酯类、有机砷类以及有机锡类等。

1) 有机磷农药残留的测定

有机磷农药多为磷酸酯类或硫代磷酸酯类,过去我国生产的有机磷农药绝大多数为杀虫剂,如常用的对硫磷、内吸磷、马拉硫磷、乐果、敌百虫及敌敌畏等。近年来,高效低毒的品种发展很快,逐步取代了一些高毒品种。有机磷农药能抑制乙酰胆碱酯酶,使乙酰胆碱积聚,引起毒蕈碱样症状、烟碱样症状以及中枢神经系统症状,严重时可因肺水肿、脑水肿、呼吸麻痹而死亡,重度急性中毒者还会发生迟发性猝死。

有机磷农药残留的检测可分为定性测定和定量测定。

(1) 定性测定。

① 刚果红法:将有机磷农药提取物进行臭氧化处理,然后与刚果红作用,以是否生成蓝色化合物来判断有机磷农药存在与否。

② 纸上斑点法:硫代磷酸酯类有机磷与 2,6-二溴苯醌氯酰亚胺,在溴蒸气作用下,形成各种有色化合物,据此鉴定是否存在有机磷及是何种有机磷。

(2) 定量测定。

有机磷农药残留的定量分析方法主要有气相色谱法和薄层色谱-酶抑制法等。气相色谱法是进行有机磷农药的定量分析的最常用方法之一，通过将样品的峰高(或峰面积)与标准品的峰高(或峰面积)相比较来进行定量分析。气相色谱法适用于水果、蔬菜、谷类的检测，最低检出量可达0.1～0.25 ng。

2) 有机氯农药残留的测定

有机氯农药是用于防治植物病、虫害的含有氯元素的有机化合物。它主要分为以苯为原料和以环戊二烯为原料两大类。苯类有机氯农药使用最早且应用最广，比如滴滴涕、六六六、三氯杀螨砜、五氯硝基苯、百菌清、道丰宁等。氯苯结构较稳定，生物体内酶难以降解，所以积存在动、植物体内的有机氯农药分子消失缓慢。由于这一特性，通过生物富集和食物链的作用，环境中的残留农药会进一步得到浓集和扩散。通过食物链进入人体的有机氯农药能在肝、肾、心脏等组织中蓄积，特别是由于这类农药脂溶性大，所以在体内脂肪中的蓄积更为突出。蓄积的残留农药也能通过母乳排出，或转入卵等，从而影响后代。

有机氯农药残留的检测可分为定性测定和定量测定。

(1) 定性测定。

① 焰色法：样品中的有机氯受热分解为氯化氢，它与铜勺表面的氧化铜作用，生成挥发性的氯化铜，在无色火焰中呈绿色。该法用以鉴别样品提取液中有机氯农药的存在。

② 亚铁氰化银试纸法：有机氯农药与碳酸钠灼烧生成氯化钠，氯化钠与硫酸作用生成氯化氢。氯化氢与亚铁氰化银试纸反应，在硫酸铁存在下产生蓝色，可鉴别有机氯农药的存在。

(2) 定量测定。

气相色谱法可实现大部分有机氯农药残留的定量测定。样品中有机氯农药(如滴滴涕和六六六)经提取、净化后用气相色谱法测定，用标准曲线法定量。电子捕获检测器对于电负性极强的化合物具有较高的灵敏度，利用这一特点，可分别测出微量的有机氯农药。不同异构体和代谢物可同时分别测定。

13.5.4 毒素的测定

1. *食品中存在的毒素*

人们在日常生活中所接触到的一些食品通常含有毒素，并且可能引入食品中的毒素种类很多，根据其来源的不同可分为天然毒素、因生物污染引入食品的毒素、因化学污染引入食品的毒素以及食品加工中形成的毒素。

1) 食品中的天然毒素

(1) 动物类食品中的天然毒素　动物类食品中的天然毒素包括动物组织中的有毒物质、海洋鱼类的毒素、河豚毒素(河鲀毒素)、贝类毒素和其他毒素。

(2) 植物类食物中的天然毒素　植物类食物中的天然毒素包括致甲状腺肿大物质、生氰糖苷、消化酶抑制剂以及生物碱糖苷等。

2) 因生物污染引入食品的毒素

因生物污染引入食品的毒素主要为一些真菌毒素，如黄曲霉毒素、杂色曲霉毒素、金黄色葡萄球菌毒素以及大肠杆菌毒素等。

3) 因化学污染引入食品的毒素

因化学污染引入食品的毒素主要有重金属、多环芳烃、多氯联苯、残留农药以及食品添加剂等。

4) 食品加工过程中形成的毒素

食品加工过程(如烟熏、煎炸、烘烤、高温杀菌等)中可形成毒素,常见的有苯并[a]芘、美拉德(Maillard)反应产物和一些杂环胺、腌肉中形成的亚硝基胺等。

2. 毒素的测定

1) 河豚毒素

河豚毒素广泛存在于河豚以及其他一些海洋动物体内。河豚毒素是一种强神经毒素,对人的致死剂量为 6～7 μg/ kg。

河豚毒素经分离提取后,将其溶于硫酸,并加少许重铬酸钾,若呈现鲜艳绿色,可定性判断河豚毒素的存在。所提纯样品通过气相色谱与质谱联用技术可定量分析。

2) 氰苷毒素

氰苷广泛存在于豆科、蔷薇科、禾本科,含有氰苷的食源性植物有木薯和豆类及果树的种子。氰苷毒性甚强,对人的致死剂量为 18 mg/kg。

氰苷在酸性条件下生成氰化氢气体,氰化氢气体与苦味酸试纸作用,生成红色的异氰紫酸钠,可作定性鉴定。氰化物在酸性溶液中蒸出后被吸收于碱性溶液中,将溶液调至中性,用氯胺 T 将氰化物转变成氯化氢,然后与异烟酸-吡唑酮作用生成蓝色染料,与标准系列比较进行定量分析。

3) 黄曲霉毒素

黄曲霉毒素普遍存在于花生、玉米等农产品。其毒性远远高于氰化物、砷化物和有机农药的毒性,其中以黄曲霉毒素 B1 毒性最大。黄曲霉毒素是目前已知最强致癌物之一。

样品经提取、浓缩、薄层分离后,黄曲霉毒素 M1 与 B1 在紫外光(波长 365 nm)下产生蓝紫色荧光,根据其在薄层上显示荧光的最低检出量来测定含量。

4) 二噁英

二噁英主要的污染源是化工、冶金、垃圾焚烧、造纸以及杀虫剂生产等产业。二噁英积聚最严重的地方是土壤、沉淀物和食品,特别是乳制品、肉类、鱼类和贝壳类食品。二噁英类的毒性因氯原子的取代数量和取代位置不同而有差异,其中 2,3,7,8-四氯代二苯-并-对二噁英是迄今为止人类已知的毒性最强的污染物,国际癌症研究中心已将其列为人类一级致癌物。

目前,有多种技术手段被用于食品中二噁英的检测,主要有化学检测方法、生物学检测方法以及免疫学检测方法。其中,高分辨率气相色谱与质谱联用技术是当前常用的检测食品中二噁英毒素的化学分析方法。该方法可实现多种二噁英异构体以及 2,3,7,8-氯代二噁英异构体的定量分析。

5) 苯并[a]芘

苯并[a]芘是一种多环芳香族碳氢化合物,谷类食物、蔬菜、脂肪和油类是人体苯并[a]芘的主要膳食来源。加工食物如烧烤、烟熏肉类或鱼类中含量也较高。苯并[a]芘是一种强致癌物质, 能够导致人和动物的肿瘤和癌变。

含苯并[a]芘的试样经分离提取后, 将提取液经液-液分配或层析柱净化,再通过气相色谱与质谱联用技术进行定量分析。

13.5.5 防伪/掺假分析

随着生产技术水平的不断提高与经济的迅速发展，市场上的食品品种日益增多。与此同时，人们对食品的质量提出了更高、更新的质量要求和质量标准，以保证食品的质量和自身的安全。然而仍存在一些不法分子为了牟取暴利，在食品加工、销售过程中掺入一些低价伪劣物质，欺骗消费者。食品掺假与其他商品掺假不同，它不仅会使消费者蒙受经济损失，更重要的是食用某些掺伪食品还可能影响消费者的身体健康，严重的还会危及生命。因此，掺假食品的检测是食品安全领域一个十分重要的方面。

1. 面粉防伪/掺假分析

面粉是很多地区居民的主食，目前有些不法分子往面粉及其制品中掺混石膏粉、滑石粉等杂质，既降低了面粉质量，又极大地危害了消费者的身体健康。通常可以通过检测面粉中 Ca^{2+}、Mg^{2+} 等离子含量来监测。

1）定性检测

将样品加酸进行消解后，加饱和 $(NH_4)_2C_2O_4$ 溶液，并滴加 1∶1 氨水，如有白色沉淀，表明有 Ca^{2+} 存在。另取一份消解后样品，加 1 滴镁试剂，再加入 2 滴 6 mol/L NaOH 溶液，如有天蓝色沉淀，表明有 Mg^{2+} 存在。

2）定量检测

将样品加酸进行消解后，加入三乙醇胺和硫化钠，然后以 EDTA 为配位剂，通过返滴定的方法，进行配位滴定。在滴定过程中，分别以钙指示剂和铬黑 T 为滴定 Ca^{2+} 和 Mg^{2+} 的指示剂。

2. 牛奶防伪/掺假分析

牛奶含有丰富的矿物质，钙、磷、铁、锌、铜、锰、钼的含量都很高。随着国民生活水平的不断提高，牛奶与牛奶制品的需求量呈现逐年上升的趋势，有些地方甚至出现了供不应求的局面，一些不法分子为了牟取暴利，向牛乳中掺杂使假。牛奶中掺假的方式很多，如掺豆浆、掺碱以及尿素等。

1）掺豆浆检测

在牛奶样品中，加入 1∶1 乙醇-乙醚混合液及 25 % NaOH 溶液，摇匀后静置观察，如呈现微黄色，表示有豆浆存在，呈暗白色为正常。

2）掺碱（Na_2CO_3 或 $NaHCO_3$）检测

在牛奶样品中滴加玫瑰红酸指示剂，若出现玫瑰红，表示有碱存在。

3）掺尿素检测

在牛奶样品中滴加二乙酰一肟，混匀，并在水中煮沸，若溶液变为红色，则表明掺有尿素。

3. 白酒防伪/掺假分析

中国白酒种类繁多。目前有些不法分子为降低酒的成本或增加酒的香味及甜味，不惜在白酒中掺入对人体可能致命的有毒物质，如甲醇和滴滴畏等。

1）甲醇的检测

白酒中甲醇在磷酸溶液中可被高锰酸钾氧化成甲醛，过量的高锰酸钾及在反应中产生的二氧化锰用硫酸-草酸溶液除去，所生成的甲醛与品红-亚硫酸作用生成蓝紫色醌型色素，与标准系列比较进行定量分析。

2) 滴滴畏的检测

取酒样 1 mL,置于洁净试管中,水浴蒸干,冷却后加吡啶 0.5 mL,并加 5 % NaOH 溶液 0.5 mL,置水浴中加热至沸,如溶液呈红色或桃红色,则酒样中掺有滴滴畏,同时需做空白实验。

13.5.6 食品安全的标志

目前,人们主要通过一些标志对所购买食品的品质进行判断,相关部门所颁布的关于食品安全的标志主要有以下几种:

(1)QS 是英文 Quality Safety(质量安全)的缩写,获得食品质量安全生产许可证的企业,其生产加工的食品经出厂检验合格的,在出厂销售之前,必须在最小销售单元的食品包装上标注由国家统一制定的食品质量安全生产许可证编号并加印或者加贴食品质量安全市场准入标志"QS"。

(2)无公害农产品能够把有毒有害物质控制在一定范围内,主要强调其安全性,是最基本的市场准入标准,普通食品都应达到这一要求。无公害农产品标志图案由麦穗、对勾和"无公害农产品"字样组成。

(3)绿色食品是对无污染的安全、优质、营养型食品的总称。它是指按特定生产方式生产,并经国家有关的专门机构认定,准许使用绿色食品标志的无污染、无公害、安全、优质、营养型的食品。

(4)有机食品包括粮食、蔬菜、水果、奶制品、水产品、禽畜产品、调料等,这类食品在生产加工过程中不得使用人工合成的化肥、农药和添加剂。对生产环境和品质控制的要求非常严格,是达到更高标准的安全食品。

(5)保健食品是食品的一个种类,具有一般食品的共性,能调节人体的机能,适合特定人群食用,但不能治疗疾病。

本 章 小 结

(1) 定量分析的一般步骤。

试样(气态、液态、固态试样)的采取和制备;试样的分解,包括无机试样的分解(溶解法、熔融法和烧结法)、有机试样的分解(干法灰化法和湿法灰化法)和有机试样的溶解(相似相溶原则);测定方法的选择;分析结果的评价。

(2) 硅酸盐矿物和岩石数量多、分布广,岩石、矿石中的化学成分常常比较复杂,而且组分的含量随形成条件不同而不同。在地质工作中,经常要求进行岩石组分全分析,其主要目的是了解岩石内部组分的含量变化、元素在地壳内的迁移情况和变化规律、元素的集中和分散、岩浆的来源及可能出现的矿物,以求解决矿体岩相分带,阐明岩石的成因等问题。通过化学成分的分析,可以确定其工业品位。了解硅酸盐矿物和岩石的组成、分解方法、全分析系统及主要成分的测定方法。

(3) 以钢铁和铝合金为代表,了解钢铁中合金元素分析及铝合金中一些元素的分析测定。

(4) 水的循环不息，为人类的生生息息创造良好的条件。在工业生产中，水起着重要的作用。分析测定水中存在的各种组分，可提供研究、考察、评价和开发水资源的重要信息。了解水质指标和水质标准，熟悉水中常见元素、化学需氧量的分析测定。

(5) 食品安全属于公共卫生问题之一。化学分析是加工及销售过程中食品质量安全检测的有效手段之一。目前可用于食品安全检测的分析化学技术手段很多，且这些技术手段在检测不同物质时各具优势。了解食品中铅、汞、镉等重金属元素的分析检测。

(6) 药物和农药残留是影响食品质量安全的一个重要因素，了解食品中抗生素类药物、激素类药物、有机磷农药和有机氯农药残留对人体的潜在危害以及残留物的检测手段。

(7) 了解食品中毒素和防伪/掺假的存在类别、形式和相关检测方法。

阅读材料

生物分析技术

20 世纪后期及 21 世纪，科技进步向人类生产生活渗透最快的两大技术领域，一是信息技术，二是生物技术。其中，生物技术发展很快，随之产生了一系列新技术、新方法，生物分析技术的发展必将促进生命科学的发展。目前，生物分析技术包括基因探针技术、聚合酶链式反应技术、免疫学检测技术、生物芯片和生物传感器技术等。

基因探针技术在分子生物学和分子遗传学的研究方面应用极为广泛。其中，基因探针对遗传病的诊断尤其重要。现已知许多遗传病的致病基因及其突变类型，其中由单基因突变所致的遗传病就达 6 000 多种。如世界上最常见、发生率最高的单基因遗传病地中海贫血症，是由于珠蛋白肽链合成障碍所致。应用珠蛋白基因探针对地中海贫血症风险胎儿作产前 DNA 分析，是比较可靠的诊断方法。聚合酶链式反应技术(简称 PCR)又称体外酶促基因扩增，是敏感、特异、快速的核酸分析技术，是分子生物学技术的一项突破，广泛应用于医学及遗传学方面。免疫分析技术的基本原理为抗原与抗体的结合反应。免疫学检测是目前生物学检测方法中用途最广泛的一种方法，具有特异性强、灵敏度高、方便快捷、分析容量大、检测成本低等特点。免疫分析技术已广泛应用于各种传染病、免疫性疾病、肿瘤的诊断与防治。生物芯片技术是通过缩微技术，根据分子间特异性相互作用的原理，将生命科学领域中不连续的分析过程集成于硅芯片或玻璃芯片表面的微型生物化学分析系统，以实现对细胞、蛋白质、基因及其他生物组分的准确、快速、大信息量的检测。生物芯片技术可用于寻找新基因、基因测序及基因表达分析、疾病诊断、药物筛选与毒理学研究、中药基因组学研究和中药现代化、植物的优选和优育、环境检测和防治，以及食品卫生监督等。生物传感器是用固定化的生物敏感材料作识别元件(包括酶、抗体、抗原、微生物、细胞、组织、核酸等生物活性物质)，与适当的理化换能器(如氧电极、光敏管、场效应管、压电晶体等)及信号放大装置构成的分析工具或系统。生物传感器技术主要应用于食品分析、环境监测、发酵工业和医学等领域。

目前，生物分析技术发展很迅速，并已作为一门独立的学科备受科研工作者关注。进一步克服目前生物分析技术的缺点、开发生物分析技术新用途以及探索生物分析新技术，仍将是今后生物分析技术发展的主要趋势。

习　题

1. 进行试样的采集、制备和分解时应注意哪些事项?
2. 选择分析方法时应注意哪些事项?
3. 已知铅锌矿的取样常数 $K=0.1, a=2$。
   (1) 采集的原始试样中最大颗粒的直径为 30 mm,最少应采集多少千克试样才具有代表性?
   (2) 将原始试样破碎并通过直径为 3.36 mm 的筛孔,再用四分法进行缩分,最多应缩分几次?
   (3) 如果要求最后所得分析试样不超过 100 g,试样通过筛孔的直径应为多少毫米?
   ((1)90 kg;(2)7 次;(3)1 mm)
4. 组成硅酸盐岩石矿物的主要元素有哪些?硅酸盐全分析通常测定哪些项目?
5. 综述钢铁试样和铝合金的分解方法。
6. 自拟一个铝合金中多元素系统分析流程。
7. 水质指标和水质标准的含义是什么?水质指标分哪几类?
8. 简述食品安全分析的任务和作用。
9. 食品安全分析包括哪些主要内容?食品安全分析的分析方法有哪些?
10. 我国目前面临的食品安全问题还有哪些?

附　　录

附录 A　弱酸在水中的离解常数(25 ℃)

弱　　酸	分　子　式	K_a	pK_a
砷酸	H_3AsO_4	$K_{a(1)}=5.80\times10^{-3}$	2.24
		$K_{a(2)}=1.10\times10^{-7}$	6.96
		$K_{a(3)}=3.16\times10^{-12}$	11.50
亚砷酸	$HAsO_2$	6.03×10^{-10}	9.22
硼酸	H_3BO_3	$K_{a(1)}=5.75\times10^{-10}$	9.24
碳酸	H_2CO_3	$K_{a(1)}=4.47\times10^{-7}$	6.38
		$K_{a(2)}=4.68\times10^{-11}$	10.25
氢氰酸	HCN	6.17×10^{-10}	9.21
铬酸	H_2CrO_4	$K_{a(1)}=1.6$	−0.2
		$K_{a(2)}=3.1\times10^{-7}$	6.51
氢氟酸	HF	6.6×10^{-4}	3.18
碘酸	HIO_3	1.7×10^{-1}	0.77
高碘酸	HIO_4	2.29×10^{-2}	1.64
亚硝酸	HNO_2	7.1×10^{-4}	3.15
过氧化氢	H_2O_2	1.8×10^{-12}	11.75
磷酸	H_3PO_4	$K_{a(1)}=7.6\times10^{-3}$	2.12
		$K_{a(2)}=6.3\times10^{-8}$	7.20
		$K_{a(3)}=4.4\times10^{-13}$	12.36
焦磷酸	$H_4P_2O_7$	$K_{a(1)}=0.16$	0.8
		$K_{a(2)}=6\times10^{-3}$	2.2
		$K_{a(3)}=2.0\times10^{-7}$	6.70
		$K_{a(4)}=4.0\times10^{-10}$	9.40
亚磷酸	H_2PO_3	$K_{a(1)}=3\times10^{-2}$	1.5
		$K_{a(2)}=1.62\times10^{-7}$	6.79
氢硫酸	H_2S	$K_{a(1)}=9.5\times10^{-8}$	7.02
		$K_{a(2)}=1.3\times10^{-14}$	13.9
硫酸	H_2SO_4	$K_{a(2)}=1.02\times10^{-2}$	1.99
亚硫酸	H_2SO_3	$K_{a(1)}=1.23\times10^{-2}$	1.91
		$K_{a(2)}=6.6\times10^{-8}$	7.18
偏硅酸	H_2SiO_3	$K_{a(1)}=1.7\times10^{-10}$	9.77
		$K_{a(2)}=1.6\times10^{-12}$	11.8

续表

弱　酸	分子式	K_a	pK_a
甲酸	$HCOOH$	1.78×10^{-4}	3.75
乙酸	CH_3COOH	1.8×10^{-5}	4.74
一氯乙酸	$CH_2ClCOOH$	1.4×10^{-3}	2.86
二氯乙酸	$CHCl_2COOH$	5.0×10^{-2}	1.30
三氯乙酸	CCl_3COOH	0.22	0.66
羟基乙酸	$CH_2OHCOOH$	1.5×10^{-4}	3.83
丙酸	C_2H_5COOH	1.38×10^{-5}	4.86
丙烯酸	C_2H_3COOH	5.6×10^{-5}	4.25
乳酸	$CH_3CHOHCOOH$	1.38×10^{-4}	3.86
草酸	$H_2C_2O_4$	$K_{a(1)}=5.9\times10^{-2}$	1.22
		$K_{a(2)}=6.4\times10^{-5}$	4.19
丙二酸	$CH_2(COOH)_2$	$K_{a(1)}=1.4\times10^{-3}$	2.85
		$K_{a(2)}=2.0\times10^{-6}$	5.70
琥珀酸	$(CH_2COOH)_2$	$K_{a(1)}=6.9\times10^{-5}$	4.16
		$K_{a(2)}=2.5\times10^{-6}$	5.61
己二酸	$(C_2H_4COOH)_2$	$K_{a(1)}=3.8\times10^{-5}$	4.42
		$K_{a(2)}=2.9\times10^{-6}$	5.54
酒石酸	$(CHOHCOOH)_2$	$K_{a(1)}=9.2\times10^{-4}$	3.04
		$K_{a(2)}=4.3\times10^{-5}$	4.37
抗坏血酸	$C_6H_8O_6$	$K_{a(1)}=7.9\times10^{-5}$	4.10
		$K_{a(2)}=1.6\times10^{-12}$	11.79
苹果酸	$C_2H_3OH(COOH)_2$	$K_{a(1)}=3.48\times10^{-4}$	3.46
		$K_{a(2)}=8.0\times10^{-6}$	5.10
柠檬酸	$C_3H_4OH(COOH)_3$	$K_{a(1)}=7.24\times10^{-4}$	3.14
		$K_{a(2)}=1.70\times10^{-5}$	4.77
		$K_{a(3)}=4.07\times10^{-7}$	6.39
苯酚	C_6H_5OH	1.1×10^{-10}	9.95
苯甲酸	C_6H_5COOH	6.46×10^{-5}	4.19
邻苯二甲酸	$C_6H_4(COOH)_2$	$K_{a(1)}=1.29\times10^{-3}$	2.89
		$K_{a(2)}=3.09\times10^{-6}$	5.51
水杨酸	$C_6H_4OHCOOH$	$K_{a(1)}=1.07\times10^{-3}$	2.97
		$K_{a(2)}=1.82\times10^{-14}$	13.74
对羟基苯甲酸	HOC_6H_4COOH	$K_{a(1)}=3.3\times10^{-5}$	4.48
		$K_{a(2)}=4.8\times10^{-10}$	9.32

附录 B　弱碱在水中的离解常数(25 ℃)

弱　　碱	分　子　式	K_b	pK_b
氨	NH_3	1.8×10^{-5}	4.74
羟胺	NH_2OH	9.1×10^{-9}	8.04
甲胺	CH_3NH_2	4.2×10^{-4}	3.38
乙胺	$C_2H_5NH_2$	5.6×10^{-4}	3.25
二甲胺	$(CH_3)_2NH$	1.2×10^{-4}	3.93
二乙胺	$(C_2H_5)_2NH$	1.3×10^{-3}	2.89
六亚甲基四胺	$(CH_2)_6N_4$	1.4×10^{-9}	8.85
乙醇胺	$HOC_2H_4NH_2$	3.2×10^{-5}	4.50
三乙醇胺	$(HOC_2H_4)_3N$	5.8×10^{-7}	6.24
乙二胺	$H_2NCH_2CH_2NH_2$	$K_{b(1)}=8.5\times10^{-5}$	4.07
		$K_{b(2)}=7.1\times10^{-8}$	7.15
苯胺	$C_6H_5NH_2$	4.6×10^{-10}	9.34
吡啶	C_5H_5N	1.7×10^{-9}	8.77

附录 C　金属配合物的稳定常数(25 ℃)

配　体	金属离子	离子强度	$\lg\beta_1$	$\lg\beta_2$	$\lg\beta_3$	$\lg\beta_4$	$\lg\beta_5$	$\lg\beta_6$
NH_3	Ag^+	0.1	3.40	7.40				
	Cd^{2+}	0.1	2.60	4.65	6.04	6.92	6.6	4.9
	Co^{2+}	0.1	2.05	3.62	4.61	5.31	5.43	4.75
	Co^{3+}	2	6.7	14.0	20.1	25.7	30.8	35.20
	Cu^{2+}	2	4.13	7.61	10.48	12.59		
	Ni^{2+}	0.1	2.75	4.95	6.64	7.79	8.50	8.49
	Zn^{2+}	0.1	2.27	4.61	7.01	9.06		
F^-	Al^{3+}	0.53	6.11	11.15	15.0	17.7	19.4	19.7
	Fe^{3+}	0.5	5.2	9.2	11.9			
	Th^{4+}	0.5	7.7	13.5	18.0			
	TiO^{2+}	3	5.4	9.8	13.7	17.4		
	Zr^{4+}	2	8.8	16.1	21.9			
Cl^-	Ag^+	0.2	2.9	4.7	5.0	5.9		
	Hg^{2+}	0.5	6.7	13.2	14.1	15.1		
	Sb^{3+}	4	2.26	3.49	4.18	4.72	4.72	4.11
Br^-	Ag^+	0	4.38	7.33	8.00	8.73		
	Bi^{3+}	2.3	4.30	5.55	5.89	7.82		9.70
	Cd^{2+}	3	1.75	2.34	3.32	3.70		
	Hg^{2+}	0.5	9.05	17.32	19.74	21.00		

续表

配　体	金属离子	离子强度	$\lg\beta_1$	$\lg\beta_2$	$\lg\beta_3$	$\lg\beta_4$	$\lg\beta_5$	$\lg\beta_6$
I^-	Ag^+	0	6.58	11.74	13.68			
	Bi^{3+}	2	3.63			14.95	16.80	18.80
	Cd^{2+}	0	2.10	3.43	4.49	5.41		
	Hg^{2+}	0.5	12.87	23.82	27.60	29.83		
	Pb^{2+}	0	2.00	3.15	3.92	4.47		
CN^-	Ag^+	0		21.10	21.7	20.6		
	Cd^{2+}	3	5.48	10.60	15.23	18.78		
	Cu^+	0		24.0	28.59	30.30		
	Fe^{2+}	0						35.4
	Fe^{3+}	0						43.6
	Hg^{2+}	0.1	18.0	34.7	38.5	41.4		
	Ni^{2+}	0.1				31.3		
	Zn^{2+}	0.1				16.7		
SCN^-	Ag^+	2.2		7.57	9.08	10.08		
	Au^+	0		23		42		
	Fe^{3+}	0	2.3	4.2	5.6	6.4	6.4	
	Hg^{2+}	1		16.1	19.0	20.9		
PO_4^{3-}	Fe^{3+}	0.66	9.35					
$S_2O_3^{2-}$	Ag^+	0	8.82	13.5				
	Hg^{2+}	0	29.86	32.26				
$C_2O_4^{2-}$	Al^{3+}	0	7.26	13.0	16.3			
	Cd^{2+}	0.5	2.9	4.7				
	Cu^{2+}	0.5	4.5	8.9				
	Fe^{2+}	0.5	2.9	4.52	5.22			
	Fe^{3+}	0	9.4	16.2	20.2			
	Mg^{2+}	0.1	2.76	4.38				
	Mn^{3+}	2	9.98	16.57	19.42			
	Ni^{2+}	0.1	5.3	7.64	8.5			
	Zn^{2+}	0.5	4.89	7.60	8.15			
柠檬酸根	Al^{3+}	0.5	20.0					
	Cd^{2+}	0.5	11.3					
	Co^{2+}	0.5	12.5					
	Cu^{2+}	0.5	18.0					
	Fe^{2+}	0.5	15.5					
	Fe^{3+}	0.5	25.0					
	Ni^{2+}	0.5	14.3					
	Pb^{2+}	0.5	12.3					
	Zn^{2+}	0.5	11.4					
磺基水杨酸根	Al^{3+}	0.1	12.9	22.9	29.0			
	Fe^{3+}	3	14.4	25.2	32.2			

续表

配　体	金属离子	离子强度	$\lg\beta_1$	$\lg\beta_2$	$\lg\beta_3$	$\lg\beta_4$	$\lg\beta_5$	$\lg\beta_6$
乙酰丙酮	Al^{3+}	0.1	8.1	15.7	21.2			
	Cu^{2+}	0.1	7.8	14.3				
	Fe^{3+}	0.1	9.3	17.9	25.1			
邻二氮杂菲	Ag^{+}	0.1	5.02	12.07				
	Cd^{2+}	0.1	6.4	11.6	15.8			
	Co^{2+}	0.1	7.0	13.7	20.1			
	Cu^{2+}	0.1	9.1	15.8	21.0			
	Fe^{2+}	0.1	5.9	11.1	21.3			
	Hg^{2+}	0.1		19.65	23.35			
	Ni^{2+}	0.1	8.8	17.1	24.8			
	Zn^{2+}	0.1	6.4	12.15	17.0			
乙二胺	Ag^{+}	0.1	4.7	7.7				
	Cd^{2+}	0.1	5.47	10.02				
	Co^{2+}	0.1	5.89	10.72	13.82			
	Cu^{2+}	0.1	10.55	19.60				
	Hg^{2+}	0.1		23.42				
	Ni^{2+}	0.1	7.66	14.06	18.59			
	Zn^{2+}	0.1	5.71	10.37	12.08			

附录 D　金属离子的 $\lg\alpha_{M(OH)}$ 值

金属离子	离子强度	pH 值													
		1	2	3	4	5	6	7	8	9	10	11	12	13	14
Ag^{+}	0.1											0.1	0.5	2.3	5.1
Al^{3+}	2					0.4	1.3	5.3	9.3	13.3	17.3	21.3	25.3	29.3	33.3
Ba^{2+}	0.1													0.1	0.5
Bi^{3+}	3	0.1	0.5	1.4	2.4	3.4	4.4	5.4							
Ca^{2+}	0.1													0.3	1.0
Cd^{2+}	3									0.1	0.5	2.0	4.5	8.1	12.0
Ce^{4+}	1～2	1.2	3.1	5.1	7.1	9.1	11.1	13.1							
Co^{2+}	0.1								0.1	0.4	1.1	2.2	4.2	7.2	10.2
Cu^{2+}	0.1								0.2	0.8	1.7	2.7	3.7	4.7	5.7
Fe^{2+}	1									0.1	0.6	1.5	2.5	3.5	4.5
Fe^{3+}	3			0.4	1.8	3.7	4.7	7.7	9.7	11.7	13.7	15.7	17.7	19.7	21.7
Hg^{2+}	0.1			0.5	1.9	3.9	5.9	7.9	9.9	11.9	13.9	15.9	17.9	19.9	21.9
La^{3+}	3										0.3	1.0	1.9	2.9	3.9
Mg^{2+}	0.1											0.1	0.5	1.3	2.3
Mn^{2+}	0.1										0.1	0.5	1.4	2.4	3.4
Ni^{2+}	0.1									0.1	0.7	1.6			
Pb^{2+}	0.1							0.1	0.5	1.4	2.7	4.7	7.4	10.4	13.4
Th^{4+}	1				0.2	0.8	1.7	2.7	3.7	4.7	5.7	6.7	7.7	8.7	9.7
Zn^{2+}	0.1									0.2	2.4	5.4	8.5	11.8	15.5

附录 E　EDTA 配合物的条件稳定常数

金属离子	pH 值														
	0	1	2	3	4	5	6	7	8	9	10	11	12	13	14
Ag^+					0.7	1.7	2.8	3.9	5.0	5.9	6.8	7.1	6.8	5.0	2.2
Al^{3+}			3.0	5.4	7.5	9.6	10.4	8.5	6.6	4.5	2.4				
Ba^{2+}						1.3	3.0	4.4	5.5	6.4	7.3	7.7	7.8	7.7	7.3
Bi^{3+}	1.4	5.3	8.6	10.6	11.8	12.8	13.6	14.0	14.1	14.0	13.9	13.3	12.4	11.4	10.4
Ca^{2+}					2.2	4.1	4.9	7.3	8.4	9.3	10.2	10.6	10.7	10.4	9.7
Cd^{2+}		1.0	3.8	6.0	7.9	9.9	11.7	13.1	14.2	15.0	14.4	14.4	12.0	8.4	4.5
Co^{2+}		1.0	3.7	5.9	7.8	9.7	11.5	12.9	13.9	14.5	14.7	14.1	12.1		
Cu^{2+}		3.4	6.1	8.3	10.2	12.2	14.0	15.4	16.3	16.6	16.6	16.1	15.7	15.6	15.6
Fe^{2+}			1.5	3.7	5.7	7.7	9.5	10.9	12.0	12.8	13.2	12.7	11.8	10.8	9.8
Fe^{3+}	5.1	8.2	11.5	13.9	14.7	14.8	14.6	14.1	13.7	13.6	14.0	14.3	14.4	14.4	14.4
Hg^{2+}	3.5	6.5	9.2	11.1	11.3	11.3	11.1	10.5	9.6	8.8	8.4	7.7	6.8	5.7	4.8
La^{3+}			1.7	4.6	6.8	8.8	10.6	12.0	13.1	14.0	14.6	14.3	13.5	12.5	11.5
Mg^{2+}						2.1	3.9	5.3	6.4	7.3	8.2	8.5	8.2	7.4	
Mn^{2+}			1.4	3.6	5.5	7.4	9.2	10.6	11.7	12.6	13.4	13.4	12.6	11.6	10.6
Ni^{2+}		3.4	6.1	8.2	10.1	12.0	13.8	15.2	16.3	17.1	17.4	16.9			
Pb^{2+}		2.4	5.2	7.4	9.4	11.4	13.2	14.5	15.2	15.2	14.8	13.9	10.6	7.6	4.6
Sr^{2+}						2.0	3.8	5.2	6.3	7.2	8.1	8.5	8.6	8.5	8.0
Th^{4+}	1.8	5.8	9.5	12.4	14.5	15.8	16.7	17.4	18.2	19.1	20.0	20.4	20.5	20.5	20.5
Zn^{2+}		1.1	3.8	6.0	7.9	9.9	11.7	13.1	14.2	14.9	13.6	11.0	8.0	4.7	1.0

附录 F　标准电极电位(25 ℃)

半　反　应	$\varphi^{\ominus}/V$	半　反　应	$\varphi^{\ominus}/V$
$Li^+ + e = Li$	−3.041	$Cu^{2+} + e = Cu^+$	0.153
$K^+ + e = K$	−2.925	$SO_4^{2-} + 4H^+ + 2e = H_2SO_3 + H_2O$	0.20
$Ba^{2+} + 2e = Ba$	−2.90	$AgCl + e = Ag + Cl^-$	0.22
$Sr^{2+} + 2e = Sr$	−2.89	$IO_3^- + 3H_2O + 6e = I^- + 6OH^-$	0.26
$Ca^{2+} + 2e = Ca$	−2.87	$Hg_2Cl_2 + 2e = 2Hg + 2Cl^-$	0.268
$Na^+ + e = Na$	−2.71	$Cu^{2+} + 2e = Cu$	0.340
$Mg^{2+} + 2e = Mg$	−2.37	$[Fe(CN)_6]^{3-} + e = [Fe(CN)_6]^{4-}$	0.36
$Al^{3+} + 3e = Al$	−1.66	$O_2 + 2H_2O + 4e = 4OH^-$	0.401
$ZnO_2^{2-} + 2H_2O + 2e = Zn + 4OH^-$	−1.22	$Cu^+ + e = Cu$	0.522

续表

半　反　应	$\varphi^{\ominus}$/V	半　反　应	$\varphi^{\ominus}$/V
$Mn^{2+}+2e = Mn$	−1.18	$I_2+2e = 2I^-$	0.54
$SO_4^{2-}+H_2O+2e = SO_3^{2-}+2OH^-$	−1.92	$MnO_4^-+e = MnO_4^{2-}$	0.56
$TiO_2+4H^++4e = Ti+2H_2O$	−0.89	$H_3AsO_4+2H^++2e = HAsO_2+2H_2O$	0.56
$2H_2O+2e = H_2+2OH^-$	−0.828	$MnO_4^-+2H_2O+3e = MnO_2+4OH^-$	0.58
$Zn^{2+}+2e = Zn$	−0.763	$O_2+2H^++2e = H_2O_2$	0.68
$HSnO_2^-+H_2O+2e = Sn+3OH^-$	−0.79	$Fe^{3+}+e = Fe^{2+}$	0.77
$Cr^{3+}+3e = Cr$	−0.74	$Hg_2^{2+}+2e = 2Hg$	0.796
$AsO_4^{3-}+2H_2O+2e = AsO_2^-+4OH^-$	−0.71	$Ag^++e = Ag$	0.799
$2CO_2+2H^++2e = H_2C_2O_4$	−0.49	$Hg^{2+}+2e = Hg$	0.851
$S+2e = S^{2-}$	−0.48	$2Hg^{2+}+2e = Hg_2^{2+}$	0.907
$Cr^{3+}+e = Cr^{2+}$	−0.41	$HNO_2+H^++e = NO+H_2O$	0.99
$Fe^{2+}+2e = Fe$	−0.44	$Br_2(l)+2e = 2Br^-$	1.08
$Cd^{2+}+2e = Cd$	−0.403	$IO_3^-+6H^++6e = I^-+3H_2O$	1.085
$Cu_2O+H_2O+2e = 2Cu+2OH^-$	−0.361	$2IO_3^-+12H^++10e = I_2+6H_2O$	1.195
$Tl^++e = Tl$	−0.345	$MnO_2+4H^++2e = Mn^{2+}+2H_2O$	1.23
$[Ag(CN)_2]^-+e = Ag+2CN^-$	−0.31	$O_2+4H^++4e = 2H_2O$	1.23
$Co^{2+}+2e = Co$	−0.28	$Au^{3+}+2e = Au^+$	1.29
$Ni^{2+}+2e = Ni$	−0.246	$Cr_2O_7^{2-}+14H^++6e = 2Cr^{3+}+7H_2O$	1.33
$V^{3+}+e = V^{2+}$	−0.255	$Cl_2(g)+2e = 2Cl^-$	1.358
$AgI+e = Ag+I^-$	−0.15	$BrO_3^-+6H^++6e = Br^-+3H_2O$	1.44
$Sn^{2+}+2e = Sn$	−0.136	$Ce^{4+}+e = Ce^{3+}$	1.443
$Pb^{2+}+2e = Pb$	−0.126	$ClO_3^-+6H^++6e = Cl^-+3H_2O$	1.45
$CrO_4^{2-}+4H_2O+3e = Cr(OH)_3+5OH^-$	−0.12	$PbO_2+4H^++2e = Pb^{2+}+2H_2O$	1.46
$Fe^{3+}+3e = Fe$	−0.036	$MnO_4^-+8H^++5e = Mn^{2+}+4H_2O$	1.491
$Ag_2S+2H^++2e = 2Ag+H_2S$	−0.036	$Mn^{3+}+e = Mn^{2+}$	1.51
$2H^++2e = H_2$	0.000	$2BrO_3^-+12H^++10e = Br_2+6H_2O$	1.52
$NO_3^-+H_2O+2e = NO_2^-+2OH^-$	0.01	$MnO_4^-+4H^++3e = MnO_2+2H_2O$	1.679
$S_4O_6^{2-}+2e = 2S_2O_3^{2-}$	0.09	$H_2O_2+2H^++2e = 2H_2O$	1.77
$TiO^{2+}+2H^++e = Ti^{3+}+H_2O$	0.10	$Co^{3+}+e = Co^{2+}$	1.842
$AgBr+e = Ag+Br^-$	0.10	$S_2O_8^{2-}+2e = 2SO_4^{2-}$	2.07
$Sn^{4+}+2e = Sn^{2+}$	0.15	$F_2+2e = 2F^-$	2.87

附录 G　条件电位

半 反 应	$\varphi^{\ominus'}$/V	介　质
$Ag^{2+}+e = Ag^{+}$	1.927	4 mol/L HNO_3
$Ce^{4+}+e = Ce^{3+}$	1.74	1 mol/L $HClO_4$
	1.44	0.5 mol/L H_2SO_4
	1.28	1 mol/L HCl
$Co^{3+}+e = Co^{2+}$	1.84	3 mol/L HNO_3
$[Co(en)_3]^{3+}+e = [Co(en)_3]^{2+}$	−0.2	0.1 mol/L KNO_3+0.1 mol/L 乙二胺(en)
$Cr^{3+}+e = Cr^{2+}$	−0.4	5 mol/L HCl
$Cr_2O_7^{2-}+14H^{+}+6e = 2Cr^{3+}+7H_2O$	1.08	3 mol/L HCl
	1.15	4 mol/L H_2SO_4
	1.028	1 mol/L $HClO_4$
$CrO_4^{2-}+2H_2O+3e = CrO_2^{-}+4OH^{-}$	−0.12	1 mol/L NaOH
$Fe^{3+}+e = Fe^{2+}$	0.767	1 mol/L $HClO_4$
	0.71	0.5 mol/L HCl
	0.68	1 mol/L H_2SO_4
	0.46	2 mol/L H_3PO_4
	0.51	1 mol/L HCl+0.25 mol/L H_3PO_4
$[Fe(EDTA)]^{3+}+e = [Fe(EDTA)]^{2+}$	0.12	0.1 mol/L EDTA，pH 值为 4～6
$[Fe(CN)_6]^{3-}+e = [Fe(CN)_6]^{4-}$	0.56	0.1 mol/L HCl
$H_3AsO_4+2H^{+}+2e = HAsO_2+2H_2O$	0.557	1 mol/L HCl
	0.557	1 mol/L $HClO_4$
$I_3^{-}+2e = 3I^{-}$	0.544 6	0.5 mol/L H_2SO_4
I_2(水)$+2e = 2I^{-}$	0.627 6	0.5 mol/L H_2SO_4
$MnO_4^{-}+8H^{+}+5e = Mn^{2+}+4H_2O$	1.45	1 mol/L $HClO_4$
$Pb^{2+}+2e = Pb$	−0.32	1 mol/L NaAc
$[SnCl_6]^{2-}$、$+2e = [SnCl_4]^{2-}+2Cl^{-}$	0.14	1 mol/L HCl
$Sn^{2+}+2e = Sn$	−0.16	1 mol/L $HClO_4$
Sb(Ⅴ)+2e ═ Sb(Ⅲ)	0.75	3.5 mol/L HCl
$[Sb(OH)_6]^{-}+2e = SbO_2^{-}+2OH^{-}+2H_2O$	−0.428	3 mol/L NaOH
$SbO_2^{-}+2H_2O+3e = Sb+4OH^{-}$	−0.675	10 mol/L KOH
Ti(Ⅳ)+e ═ Ti(Ⅲ)	−0.01	0.2 mol/L H_2SO_4
	0.12	2 mol/L H_2SO_4
	−0.04	1 mol/L HCl
	−0.05	1 mol/L H_3PO_4
$UO_2^{2+}+4H^{+}+2e = $ U(Ⅳ)$+2H_2O$	0.41	0.5 mol/L H_2SO_4

附录 H　一些难溶化合物的溶度积(25 ℃)

化合物	K_{sp}	pK_{sp}	化合物	K_{sp}	pK_{sp}	化合物	K_{sp}	pK_{sp}
AgAc	1.94×10^{-3}	2.71	Ag_2CrO_4	1.12×10^{-12}	11.95	$BaCrO_4$	1.17×10^{-10}	9.93
AgBr	5.35×10^{-13}	12.27	α-Ag_2S	6.69×10^{-50}	49.17	BaF_2	1.84×10^{-7}	6.74
$AgBrO_3$	5.34×10^{-5}	4.27	β-Ag_2S	1.09×10^{-49}	48.96	$Ba(IO_3)_2$	4.01×10^{-9}	8.40
AgCN	5.97×10^{-17}	16.22	Ag_2SO_3	1.49×10^{-14}	13.83	$BaSO_4$	1.07×10^{-10}	9.97
AgCl	1.77×10^{-10}	9.75	Ag_2SO_4	1.20×10^{-5}	4.92	$BiAsO_4$	4.43×10^{-10}	9.35
AgI	8.51×10^{-17}	16.07	Ag_3AsO_4	1.03×10^{-22}	21.99	Bi_2S_3	1.82×10^{-99}	98.74
$AgIO_3$	3.17×10^{-8}	7.50	Ag_3PO_4	8.88×10^{-17}	16.05	$CaCO_3$	4.96×10^{-9}	8.30
AgSCN	1.03×10^{-12}	11.99	$Al(OH)_3$	1.1×10^{-33}	32.97	CaF_2	1.46×10^{-10}	9.84
Ag_2CO_3	8.45×10^{-12}	11.07	$AlPO_4$	9.83×10^{-21}	20.01	$Ca(IO_3)_2$	6.47×10^{-6}	5.19
$Ag_2C_2O_4$	5.40×10^{-12}	11.27	$BaCO_3$	2.58×10^{-9}	8.59	$Ca(OH)_2$	4.68×10^{-6}	5.33
$CaSO_4$	7.10×10^{-5}	4.15	$Fe(OH)_3$	2.64×10^{-39}	38.58	$MnCO_3$	2.24×10^{-11}	10.65
$Ca_3(PO_4)_2$	2.07×10^{-33}	32.68	FeS	1.59×10^{-19}	18.80	$Mn(IO_3)_2$	4.37×10^{-7}	6.36
$CdCO_3$	6.18×10^{-12}	11.21	HgI_2	2.82×10^{-29}	28.55	$Mn(OH)_2$	2.06×10^{-13}	12.69
CdF_2	6.44×10^{-3}	2.19	$Hg(OH)_2$	3.13×10^{-26}	25.50	MnS	4.65×10^{-14}	13.33
$Cd(IO_3)_2$	2.49×10^{-8}	7.60	HgS(黑)	6.44×10^{-53}	52.19	$NiCO_3$	1.42×10^{-7}	6.85
$Cd(OH)_2$	5.27×10^{-15}	14.28	HgS(红)	2.00×10^{-53}	52.70	$Ni(IO_3)_2$	4.71×10^{-5}	4.33
CdS	1.40×10^{-29}	28.85	Hg_2Br_2	6.41×10^{-23}	22.19	$Ni(OH)_2$	5.47×10^{-16}	15.26
$Cd_3(PO_4)_2$	2.53×10^{-33}	32.60	Hg_2CO_3	3.67×10^{-17}	16.44	NiS	1.07×10^{-21}	20.97
$Co_3(PO_4)_2$	2.05×10^{-35}	34.69	$Hg_2C_2O_4$	1.75×10^{-13}	12.76	$Ni_3(PO_4)_2$	4.73×10^{-32}	31.33
CuBr	6.27×10^{-9}	8.20	Hg_2Cl_2	1.45×10^{-18}	17.84	$Sn(OH)_2$	5.45×10^{-27}	26.26
CuC_2O_4	4.43×10^{-10}	9.35	Hg_2F_2	3.10×10^{-6}	5.51	SnS	3.25×10^{-28}	27.49
CuCl	1.72×10^{-7}	6.76	Hg_2I_2	5.33×10^{-29}	28.27	$SrCO_3$	5.60×10^{-10}	9.25
CuI	1.27×10^{-12}	11.90	Hg_2SO_4	7.99×10^{-7}	6.10	SrF_2	4.33×10^{-9}	8.36
CuS	1.27×10^{-36}	35.90	$KClO_4$	1.05×10^{-2}	1.98	$Sr(IO_3)_2$	1.14×10^{-7}	6.94
CuSCN	1.77×10^{-13}	12.75	$K_2[PtCl_6]$	7.48×10^{-6}	5.13	$SrSO_4$	3.44×10^{-7}	6.46
Cu_2S	2.26×10^{-48}	47.64	Li_2CO_3	8.15×10^{-4}	3.09	$Sr_3(AsO_4)_2$	4.29×10^{-19}	18.37
$Cu_3(PO_4)_2$	1.39×10^{-37}	36.86	$MgCO_3$	6.82×10^{-6}	5.17	$ZnCO_3$	1.19×10^{-10}	9.92
$FeCO_3$	3.07×10^{-11}	10.51	MgF_2	7.42×10^{-11}	10.13	ZnF_2	3.04×10^{-2}	1.52
FeF_2	2.36×10^{-6}	5.63	$Mg(OH)_2$	5.61×10^{-12}	11.25	$Zn(IO_3)_2$	4.29×10^{-6}	5.37
$Fe(OH)_2$	4.87×10^{-17}	16.31	$Mg_3(PO_4)_2$	9.86×10^{-25}	24.01	ZnS	2.93×10^{-25}	24.53

附录Ⅰ　相对原子质量

元素	符号	相对原子质量	元素	符号	相对原子质量	元素	符号	相对原子质量
锕	Ac	[227]	金	Au	196.97	碳	C	12.011
银	Ag	107.87	硼	B	10.811	钙	Ca	40.078
铝	Al	26.982	钡	Ba	137.33	镉	Cd	112.41
镅	Am	[243]	铍	Be	9.012 2	铈	Ce	140.42
氩	Ar	39.948	铋	Bi	208.98	锎	Cf	[251]
砷	As	74.922	锫	Bk	[247]	氯	Cl	35.453
砹	At	[210]	溴	Br	79.904	锔	Cm	[247]
钴	Co	58.933	镥	Lu	174.97	氡	Rn	[222]
铬	Cr	51.996	钔	Md	[256]	钌	Ru	101.07
铯	Cs	132.91	镁	Mg	24.305	硫	S	32.066
铜	Cu	63.546	锰	Mn	54.938	锑	Sb	121.76
镝	Dy	162.50	钼	Mo	95.942	钪	Sc	44.956
铒	Er	167.26	氮	N	14.007	硒	Se	78.963
锿	Es	[254]	钠	Na	22.990	硅	Si	28.086
铕	Eu	151.96	铌	Nb	92.906	钐	Sm	150.36
氟	F	18.998	钕	Nd	144.24	锡	Sn	118.71
铁	Fe	55.845	氖	Ne	20.180	锶	Sr	87.621
镄	Fm	[257]	镍	Ni	58.693	钽	Ta	180.95
钫	Fr	[223]	锘	No	[254]	铽	Tb	158.93
镓	Ga	69.723	镎	Np	237.05	锝	Tc	[99]
钆	Gd	157.25	氧	O	15.999	碲	Te	127.60
锗	Ge	72.641	锇	Os	190.23	钍	Th	232.04
氢	H	1.007 9	磷	P	30.974	钛	Ti	47.867
氦	He	4.002 6	镤	Pa	231.04	铊	Tl	204.38
铪	Hf	178.49	铅	Pb	207.21	铥	Tm	168.93
汞	Hg	200.59	钯	Pd	106.42	铀	U	238.03
钬	Ho	164.93	钷	Pm	[145]	钒	V	50.942
碘	I	126.90	钋	Po	[210]	钨	W	183.84
铟	In	114.82	镨	Pr	140.91	氙	Xe	131.29
铱	Ir	192.22	铂	Pt	195.08	钇	Y	88.906
钾	K	39.098	钚	Pu	[244]	镱	Yb	173.04
氪	Kr	83.80	镭	Ra	226.03	锌	Zn	65.409
镧	La	138.91	铷	Rb	85.468	锆	Zr	91.224
锂	Li	6.941 2	铼	Re	186.21			
铹	Lr	[257]	铑	Rh	102.91			

附录J　相对分子质量

化　合　物	相对分子质量	化　合　物	相对分子质量	化　合　物	相对分子质量
AgBr	187.78	$CoSO_4 \cdot 7H_2O$	281.10	$Hg(NO_3)_2$	324.60
AgCN	133.89	$CrCl_3$	158.35	$Hg_2(NO_3)_2$	525.19
AgCl	143.32	$CrCl_3 \cdot 6H_2O$	266.45	$Hg_2(NO_3)_2 \cdot 2H_2O$	561.22
Ag_2CrO_4	331.73	$Cr(NO_3)_3$	238.01	HgO	216.59
AgI	234.77	Cr_2O_3	151.99	$HgSO_4$	296.65
$AgNO_3$	169.87	$CuCl_2$	134.45	Hg_2SO_4	497.24
AgSCN	165.95	$CuCl_2 \cdot 2H_2O$	170.48	KBr	119.00
Al_2O_3	101.96	CuI	190.45	$KBrO_3$	167.00
$Al(OH)_3$	78.00	$Cu(NO_3)_2$	187.56	KCl	74.551
$AlCl_3$	133.34	CuO	79.54	$KClO_3$	122.55
$AlCl_3 \cdot 6H_2O$	241.43	Cu_2O	143.09	$KClO_4$	138.55
$Al_2(SO_4)_3$	342.14	CuSCN	97.56	KCN	65.12
$Al_2(SO_4)_3 \cdot 18H_2O$	666.43	$CuSO_4$	159.61	K_2CO_3	138.21
As_2O_3	197.84	$CuSO_4 \cdot 5H_2O$	249.69	K_2CrO_4	194.19
As_2O_5	229.84	$FeCl_3$	162.61	$K_2Cr_2O_7$	294.19
$BaCO_3$	197.34	$FeCl_3 \cdot 6H_2O$	270.29	$K_3Fe(CN)_6$	329.25
$BaCl_2$	208.24	FeO	71.85	$K_4Fe(CN)_6$	368.35
$BaCl_2 \cdot 2H_2O$	244.26	Fe_2O_3	159.67	$KHSO_4$	136.17
$BaCrO_4$	253.32	Fe_3O_4	231.53	KI	166.00
BaO	153.33	$FeSO_4 \cdot H_2O$	169.92	KIO_3	214.00
$Ba(OH)_2$	315.47	$FeSO_4 \cdot 7H_2O$	278.02	$KMnO_4$	158.03
$BaSO_4$	233.39	$Fe_2(SO_4)_3$	399.88	KNO_2	85.10
$BiCl_3$	315.34	H_3AsO_3	125.94	KNO_3	101.10
$CaCO_3$	100.09	H_3AsO_4	141.94	K_2O	94.20
$CaCl_2$	110.98	H_3BO_3	61.83	KOH	56.11
$CaCl_2 \cdot 6H_2O$	219.08	HBr	80.91	KSCN	97.18
CaF_2	78.08	HCl	36.46	K_2SO_4	174.26
$Ca(NO_3)_2$	164.09	HCN	27.03	$MgCO_3$	84.31
CaO	56.08	HF	20.01	$MgCl_2$	95.21
$Ca(OH)_2$	71.09	HI	127.91	$MgCl_2 \cdot 6H_2O$	203.30
$CaSO_4$	136.14	HIO_3	175.91	$Mg(NO_3)_2 \cdot 6H_2O$	256.41
$Ca_3(PO_4)_2$	310.18	HNO_3	63.01	$MgNH_4PO_4$	137.33
$Ce(SO_4)_2$	332.24	H_2O	18.02	MgO	40.30

续表

化合物	相对分子质量	化合物	相对分子质量	化合物	相对分子质量
$Ce(SO_4)_2 \cdot 4H_2O$	404.30	H_2O_2	34.01	$Mg(OH)_2$	58.32
CO_2	44.01	H_3PO_4	98.00	$Mg_4P_2O_7$	222.55
$CoCl_2$	129.84	H_2S	34.08	$MgSO_4$	120.37
$CoCl_2 \cdot 6H_2O$	237.93	H_2SO_4	98.08	$Na_2B_4O_7$	201.22
$Co(NO_3)_2$	132.94	$HgCl_2$	271.50	$Na_2B_4O_7 \cdot 10H_2O$	381.37
$CoSO_4$	154.99	Hg_2Cl_2	472.09	$NaBiO_3$	279.97
NaBr	102.89	$NiCl_2 \cdot 6H_2O$	237.69	ZnO	81.38
NaCN	49.01	$Ni(NO_3)_2 \cdot 6H_2O$	290.79	ZnS	97.44
Na_2CO_3	105.99	$NiSO_4 \cdot 7H_2O$	280.85	$ZnSO_4$	161.46
$Na_2CO_3 \cdot 10H_2O$	286.14	P_2O_5	141.95	$ZnSO_4 \cdot 7H_2O$	287.56
NaCl	58.44	$PbCO_3$	267.20	BaC_2O_4	225.40
NaF	41.99	$PbCl_2$	278.10	CaC_2O_4	128.10
$NaHCO_3$	84.01	$PbCrO_4$	323.18	$CaC_2O_4 \cdot H_2O$	146.11
NaH_2PO_4	119.98	PbI_2	461.00	CH_3COOH	60.05
Na_2HPO_4	141.96	$Pb(NO_3)_2$	331.20	CH_3OH	32.04
NaI	149.89	PbO	223.20	CH_3COCH_3	58.07
$NaNO_2$	69.00	PbO_2	239.19	C_6H_5COOH	122.12
$NaNO_3$	84.99	$PbSO_4$	303.26	C_6H_5COONa	144.09
Na_2O	61.98	SO_2	64.07	CH_3COONa	82.02
NaOH	40.00	SO_3	80.06	$CH_3COONa \cdot 3H_2O$	136.08
Na_3PO_4	163.94	$SbCl_3$	228.11	CH_3COONH_4	77.08
Na_2SO_3	126.04	$SbCl_5$	299.02	C_6H_5OH	94.11
Na_2SO_4	142.04	Sb_2O_3	291.52	CCl_4	153.82
$Na_2SO_4 \cdot 10H_2O$	322.20	SiF_4	104.08	$H_2C_2O_4$	90.04
$Na_2S_2O_3$	158.11	SiO_2	60.09	$H_2C_2O_4 \cdot 2H_2O$	126.07
$Na_2S_2O_3 \cdot 5H_2O$	248.19	$SnCl_2$	189.60	HCOOH	46.03
NH_3	17.03	$SnCl_4$	260.52	$KHC_2O_4 \cdot H_2O$	146.14
NH_4Cl	53.49	SnO_2	150.71	MgC_2O_4	112.33
NH_4HCO_3	79.06	TiO_2	79.87	$Na_2C_2O_4$	134.00
$(NH_4)_2HPO_4$	132.05	WO_3	231.84	邻苯二甲酸氢钾	204.22
$(NH_4)_2MoO_4$	196.01	$ZnCO_3$	125.39	酒石酸	150.09
NH_4SCN	76.12	$ZnCl_2$	136.30	酒石酸氢钾	188.18
$(NH_4)_2SO_4$	132.14	$Zn(NO_3)_2$	189.39	Na_2EDTA	372.24

附录 K 一些离子的离子体积参数($\mathring{a}$)和活度系数(γ)

离子	$\mathring{a}$/nm	γ			
		离子强度为 0.005	离子强度为 0.01	离子强度为 0.05	离子强度为 0.1
H^+	0.9	0.934	0.914	0.854	0.826
Li^+,$C_6H_5COO^-$	0.6	0.930	0.907	0.834	0.796
Na^+,HCO_3^-,IO_3^-,$H_2PO_4^-$,Ac^-	0.4	0.927	0.902	0.817	0.770
$HCOO^-$,ClO_3^-,ClO_4^-,F^-,MnO_4^-,OH^-,HS^-	0.35	0.926	0.900	0.812	0.762
K^+,Br^-,CN^-,I^-,NO_3^-,NO_2^-,Cl^-	0.3	0.925	0.899	0.807	0.754
Ag^+,Cs^+,NH_4^+,Rb^+,Tl^+	0.25	0.925	0.897	0.802	0.745
Be^{2+},Mg^{2+}	0.8	0.756	0.690	0.517	0.446
Ca^{2+},Cu^{2+},Zn^{2+},Fe^{2+},$C_6H_4(COO)_2^{2-}$	0.6	0.748	0.676	0.484	0.402
Ba^{2+},Cd^{2+},Hg^{2+},Pb^{2+},S^{2-},$C_2O_4^{2-}$	0.5	0.743	0.669	0.465	0.377
Hg^{2+},CO_3^{2-},CrO_4^{2-},HPO_4^{2-},SO_3^{2-},SO_4^{2-}	0.4	0.738	0.661	0.445	0.351
Al^{3+},Cr^{3+},Fe^{3+},La^{3+}	0.9	0.540	0.443	0.242	0.179
Cit^{3-}(柠檬酸根)	0.5	0.513	0.404	0.179	0.112
$[Fe(CN)_6]^{3-}$,PO_4^{3-}	0.4	0.505	0.394	0.162	0.095
Ce^{4+},Th^{4+},Zr^{4+}	1.1	0.348	0.253	0.099	0.063
$[Fe(CN)_6]^{4-}$	0.5	0.305	0.200	0.047	0.020

参 考 文 献

[1] 华东理工大学分析化学教研组，四川大学工科化学基础课程教学基地. 分析化学[M]. 6 版. 北京：高等教育出版社，2009.

[2] 武汉大学. 分析化学(上、下册)[M]. 5 版. 北京：高等教育出版社，2006.

[3] 华中师范大学，东北师范大学，陕西师范大学，等. 分析化学[M]. 4 版. 北京：高等教育出版社，2011.

[4] 吴性良，朱万森，万林. 分析化学原理[M]. 北京：化学工业出版社，2004.

[5] 邱德仁. 工业分析化学[M]. 北京：化学工业出版社，2003.

[6] 张燮. 工业分析化学[M]. 北京：化学工业出版社，2003.

[7] 王海舟. 铁合金分析[M]. 北京：科学出版社，2003.

[8] 张正奇. 分析化学[M]. 北京：科学出版社，2001.

[9] R Kellner 等. 分析化学[M]. 李克安，金钦汉，等译. 北京：北京大学出版社，2001.

[10] 宫为民. 分析化学[M]. 大连：大连理工大学出版社，2000.

[11] 邹明珠，许宏鼎，于桂荣，等. 化学分析[M]. 2 版. 长春：吉林大学出版社，2001.

[12] 林邦 A. 分析化学中的络合作用[M]. 戴明译. 北京：高等教育出版社，1999.

[13] 汪尔康. 21 世纪的分析化学[M]. 北京：科学出版社，1999.

[14] 李龙泉，朱玉瑞，金谷，等. 定量化学分析[M]. 合肥：中国科学技术大学出版社，1999.

[15] 蒋子刚，顾雪梅. 分析检验的质量保证和计量认证[M]. 上海：华东理工大学出版社，1998.

[16] 容庆新，陈淑群. 分析化学[M]. 广州：中山大学出版社，1997.

[17] 彭崇慧，冯建章，张锡瑜，等. 定量化学分析简明教程[M]. 2 版. 北京：北京大学出版社，1997.

[18] 许晓文，杨万龙，沈含熙. 定量化学分析[M]. 天津：南开大学出版社，1996.

[19] 高华寿. 化学平衡与滴定分析[M]. 北京：高等教育出版社，1996.

[20] 薛华，李隆弟，郁鉴源，等. 分析化学[M]. 2 版. 北京：清华大学出版社，1994.

[21] 伊丽莹. 矿物分析化学[M]. 北京：科学出版社，1994.

[22] 林树昌，胡乃非. 分析化学[M]. 北京：高等教育出版社，1993.

[23] 张毅. 岩石矿物分析[M]. 2 版. 北京：地质出版社，1992.

[24] 罗庆尧，邓延倬，蔡汝秀，等. 分光光度分析[M]. 北京：科学出版社，1992.

[25] 张锡瑜，等. 化学分析原理[M]. 北京：科学出版社，1991.

[26] 陈国树. 环境分析化学[M]. 南昌：江西科学技术出版社，1988.

[27] 郑用熙. 分析化学中的数理统计方法[M]. 北京：科学出版社，1986.

索　引